机械工程系列规划教材

UG NX8.0 立体词典：产品建模

（第三版）

单　岩　郑才国　李中喜　朱生宏　周文学　编著

图书在版编目（CIP）数据

UG NX8.0 立体词典：产品建模 / 单岩等编著. —3 版
—杭州：浙江大学出版社，2015.8（2020.1 重印）
ISBN 978-7-308-14431-5

Ⅰ. ①U… Ⅱ. ①单… Ⅲ. ①计算机辅助设计—应用
软件②模具—计算机辅助设计—应用软件 Ⅳ. ①TH122

中国版本图书馆 CIP 数据核字（2015）第 040866 号

内容简介

本书以 UG NX8.0 为蓝本，详细介绍了三维产品建模技术的基础知识和相关技巧。全书共 18 章，主要内容包括三维建模基础知识、UG NX 基本操作、草图、实体建模、同步建模、曲线、曲面建模、装配功能和工程制图等。同时本书附有西门子 NX CAD 助理工程师认证考试大纲大纲，以便读者更清楚地了解 UG NX8.0 CAD 功能。

全书附有大量的功能实例，每个实例均有详细的操作步骤。但本书并不局限于功能的讲解，还着重介绍了三维建模基本思路，并配合应用实例的讲解、技术精华的剖析和操作技巧的指点，以帮助读者切实掌握用 UG NX 进行产品建模的方法和技巧。

针对教学的需要，本书由浙大旭日科技配套提供全新的立体教学资源库（立体词典），内容更丰富、形式更多样，并可灵活、自由地组合和修改。同时，还配套提供教学软件和自动组卷系统，使教学效率显著提高。

本书可以作为本科、高职高专等相关院校的 UG NX 教材，同时为从事工程技术人员和 CAD\CAM\CAE 研究人员提供参考资料。

UG NX8.0 立体词典：产品建模（第三版）

单　岩　郑才国　李中喜　朱生宏　周文学　编著

责任编辑　杜希武
封面设计　刘依群
出版发行　浙江大学出版社
（杭州市天目山路 148 号　邮政编码 310007）
（网址：http://www.zjupress.com）
排　　版　杭州好友排版工作室
印　　刷　嘉兴华源印刷厂
开　　本　787mm×1092mm　1/16
印　　张　27.75
字　　数　692 千
版 印 次　2015 年 8 月第 3 版　2020 年 1 月第 3 次印刷
书　　号　ISBN 978-7-308-14431-5
定　　价　58.00 元

浙江大学出版社市场运营中心联系方式：（0571）88925591；http://zjdxcbs.tmall.com

《机械工程系列规划教材》

编审委员会

第三版前言

作为制造业工程师最常用的、必备的基本技术，工程制图曾被称为是“工程师的语言”，也是所有高校机械及相关专业的必修基础课程。然而，在现代制造业中，工程制图的地位正在被一个全新的设计手段所取代，那就是三维建模技术。

随着信息化技术在现代制造业的普及和发展，三维建模技术已经从一种稀缺的高级技术变成制造业工程师的必备技能，并替代传统的工程制图技术，成为工程师们的日常设计和交流工具。与此同时，各高等院校相关课程的教学重点也正逐步由工程制图向三维建模技术转变。

UG 是 Unigraphics 的简称，起源于美国麦道航空公司。UG NX 是在 UG 软件基础上发展起来的，目前属于德国西门子公司。UG NX 软件集设计、制造、分析与管理全过程于一体，广泛应用于航空航天、汽车、机械及模具、消费品、高科技电子等领域的产品设计、分析及制造，是目前主流的大型 CAD/CAM/CAE 软件之一。本书以 UG NX8 为蓝本，在认真听取兄弟院校教师和读者意见的基础上，经编委会成员讨论后，对本书第一版修订而成，详细介绍了三维产品建模技术的基础知识和相关技巧。

本书集成了浙江大学多年来在三维建模应用技术方面的教学、培训及工程项目经验。全书共分 18 章，主要由三部分内容组成，即三维建模基础知识（第 2～3 章）、主流三维建模软件 UG NX（本书以 8.0 版为蓝本）功能操作（第 4、6～7、9、11～13、15、17 章）、三维建模基本思路与应用实例（第 5、8、10、14、16、18 章）。这种由“基础知识、操作技能、应用思路、实战经验”构成的四位一体教学内容，充分体现了三维建模技术的有机组成。为了让读者能真正理解掌握 UG NX 产品建模功能，本书穿插了大量的技巧、提示及典型实例，以便读者能边学边练，细心体会，扎实掌握。

此外，我们发现，无论是用于自学还是用于教学，现有教材所配套的教学资源库都远远无法满足用户的需求。主要表现在：1）一般仅在随书光盘中附以少量的视频演示、练习素材、PPT 文档等，内容少且资源结构不完整。2）难以灵活组合和修改，不能适应个性化的教学需求，灵活性和通用性较差。为此，本书特别配套开发了一种全新的教学资源：立体词典。所谓“立体”，是指资源结构的多样性和完整性，包括视频、电子教材、印刷教材、PPT、练习、试题库、教学辅助软件、自动组卷系统、教学计划等等。所谓“词典”，是指资源组织方式。即把一个个知识点、软件功能、实例等作为独立的教学单元，就像词典中的单词。并围绕教学单元制作、组织和管理教学资源，可灵活组合出各种个性化的教学套餐，从而适应各种不同的教学需求。实践证明，立体词典可大幅度提升教学效率和效果，是广大教师和学生的得力助手。

本书由单岩（浙江大学）、郑才国（成都理工大学工程技术学院）、李中喜（辽源职业技术学院）、朱生宏（温州机电技师学院）、周文学（金华市高级技工学院）等编写，可以作为本科、高职高专等相关院校的UG NX教材，同时为从事工程技术人员和CAD/CAM/CAE研究人员提供参考资料。限于编写时间和编者的水平，书中必然会存在需要进一步改进和提高的地方。我们十分期望读者及专业人士提出宝贵意见与建议，以便今后不断加以完善。

网站：www.51cax.com

邮箱：market01@sunnytech.cn

致电：0571-28811226，28852522

杭州浙大旭日科技开发有限公司为本书配套提供立体教学资源库、教学软件及相关协助，在此表示衷心的感谢。

最后，感谢浙江大学出版社为本书的出版所提供的机遇和帮助。

编　者

2015年3月

目 录

第1章 如何使用本书

立体词典是新一代的CAD/CAM/CAE课程资源库，它包括两方面含义：

“词典”：以CAD/CAM/CAE软件的单个功能、练习或实例为一个**基本教学单元**，制作和组织其对应的教学资源（称为单元教学资源），并以词典的方式进行组织、管理和使用。一个基本教学单元相当于词典中的一个单词，各基本教学单元之间相互独立。

“立体”：每个基本教学单元所对应的教学资源不仅包括静态的文字和图片，还包括该单元所对应的视频、练习、试题、**PPT**，以及教学计划、配套学习软件等多种形式的、全方位的教学资源。

立体词典由两部分组成，一是配套教学资源，二是教学工具，包括学习软件、试题库与组卷系统。

1.1 配套教学资源库

配套教学资源又分为单元教学资源和整体教学资源。

1. 单元教学资源

以CAD/CAM/CAE软件的单个功能、练习或实例为一个基本教学单元，如直线的绘制功能。围绕基本教学单元制作和组织的教学资源，称为**单元教学资源**，并以词典的方式进行组织和管理。

单元教学资源相当于词典中对一个单词的注解，是立体词典中最基本的教学资源包，可用于灵活组合出个性化的教学课件。

所有的单元教学资源按一定的目录（文件夹）规则存放，如图1-1所示。每个单元教学资源中包括对应的操作视频、电子教材（PDF）、PPT演示文档，以及练习素材，如图1-2所示。使用配套的学习软件可对单元教学资源进行管理和学习。

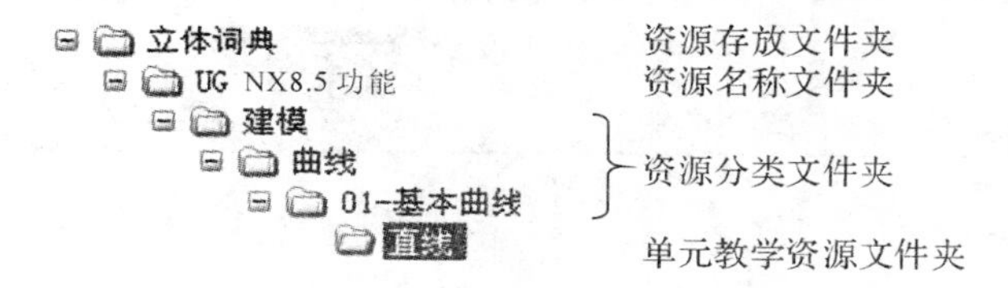

图1-1 教学资源存放规则

2. 整体教学资源

整体教学资源是不可分割的教学资源，如印刷教材、试题库、教学计划等。试题库中存放了大量的、多种形式的试题，包括理论题和操作题。利用配套的考试软件可从试题库方便地生成考试试卷。

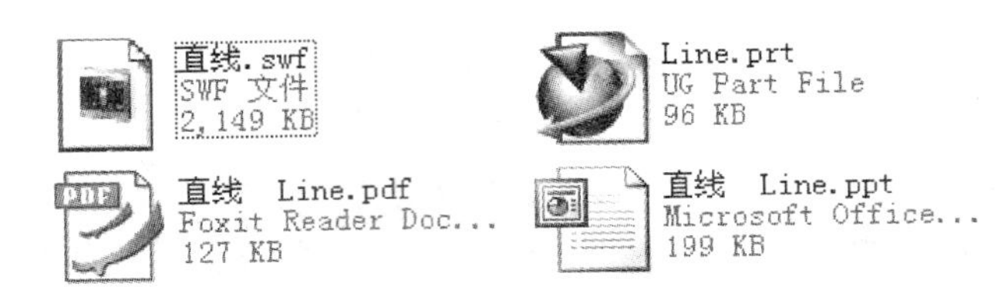

图 1-2 教学资源一览表

1.2 学习软件的使用

学习软件主要功能有两个：一是供学生学习和使用教学资源，相当于立体词典的用户界面；二是供教师按课时配置教学资源，这一功能仅限教学版。学习软件的使用说明请参阅学习软件中的“帮助”文档。学习软件使用界面如图 1-3 所示。

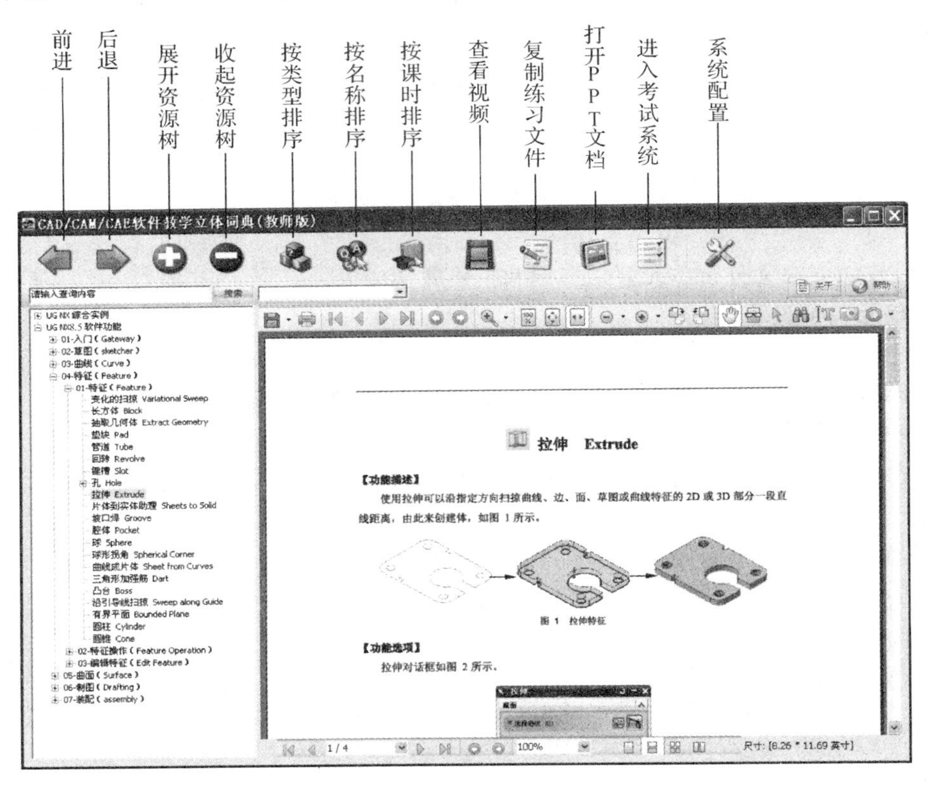

图 1-3 学习软件使用界面

1.3 试题库与组卷系统

立体词典汇集了大量的、各种类型的试题，并提供了一个快速、方便的试题生成和组卷系统，该系统是一个基于网络的在线软件，供教师免费使用。教师可点击学习软件的“进入

考试系统”图标打开相关网页，也可直接在网页浏览器中直接输入网址：http://www.51cax.com:8080/exam 打开该页面，然后凭自己的账号和密码登录该系统。

组卷功能的具体操作方法请参阅网页上的帮助文档。

本教材所包含的实例如表 1-1 所示。

1.4 实例一览表

表 1-1 实例一览表

序号	名 称	功能模块					
		草图	实体	曲面	装配	制图	逆向
1	草图入门实例	√					
2	端盖草图的绘制	√					
3	垫片零件草图的绘制	√					
4	吊钩零件草图的绘制	√					
5	机械零件 1 草图的绘制	√					
6	机械零件 2 草图的绘制	√					
7	机械零件 3 草图的绘制	√					
8	挂轮架零件草图的绘制	√					
9	扳手零件草图的绘制	√					
10	连接件实体建模		√				
11	接管零件实体建模		√				
12	支架零件实体建模		√				
13	传动轴实体建模		√				
14	端盖实体建模		√				
15	拨叉实体建模		√				
16	四通管实体建模		√				
17	座体实体建模		√				
18	小家电外壳曲面建模			√			
19	手机外壳底板曲面建模			√			
20	脚轮装配实例				√		
21	减速器装配				√		
22	管钳装配				√		
23	齿轮泵装配				√		
24	化工储罐的建模与装配				√		
25	法兰轴工程图实例					√	
26	虎钳工程图实例					√	
27	端盖工程图实例					√	

第2章　了解三维建模基础知识

人们生活在三维世界中，采用二维图纸来表达几何形体显得不够形象、逼真。三维建模技术的发展和成熟应用改变了这种现状，使得产品设计实现了从二维到三维的飞跃，且必将越来越多地替代二维图纸，最终成为工程领域的通用语言。因此三维建模技术也成为工程技术人员所必须具备的基本技能之一。

本章学习目标

- 了解三维建模技术的基本概貌；
- 了解三维建模取代二维制图设计的必然性；
- 了解三维建模技术的发展历程、价值和种类；
- 了解三维建模技术及其与CAD、CAE、CAM等计算机辅助设计技术之间的关系；
- 掌握三维建模的方法。

2.1　设计的飞跃——从二维到三维

目前我们能够看到的几乎所有印刷资料，包括各种图书、图片、图纸，都是平面的，是二维的，而现实世界是一个三维的世界。任何物体都具有三个维度，要完整地表述现实世界的物体，需要用X、Y、Z三个量来度量。所以这些二维资料只能反映三维世界的部分信息，必须通过抽象思维才能在人脑中形成三维映像。

工程界也是如此。多年来，二维的工程图纸一直作为工程界的通用语言，在设计、加工等所有相关人员之间传递产品的信息。由于单个平面图形不能完全反映产品的三维信息，人们就约定一些制图规则，如将三维产品向不同方向投影、剖切等，形成若干由二维视图组成的图纸，从而表达完整的产品信息，如图2-1所示。图中是用四个视图来表达产品的。

图纸上的所有视图，包括反映产品三维形状的轴测图（正等轴测图、斜二测视图或者其他视角形成的轴测图），都是以二维平面图的形式展现从某个视点、方向投影过去的物体的情况。根据这些视图以及既定的制图规则，借助人类的抽象思维，就可以在人脑中重构物体的三维空间几何结构。因此，不掌握工程制图规则，就无法制图、读图，也就无法进行产品的设计、制造，从而无法与其他技术人员沟通。

毋庸置疑，二维工程图在人们进行技术交流等方面起到了重要的作用。但用二维工程图形来表达三维世界中的物体，需要把三维物体按制图规则绘制成二维图形（即制图过程），其他技术人员再根据这些二维图形和制图规则，借助抽象思维在人脑中重构三维模型（即读图过程），这一过程复杂且易出错。因此以二维图纸作为传递信息的媒介，实属不得已而为之。

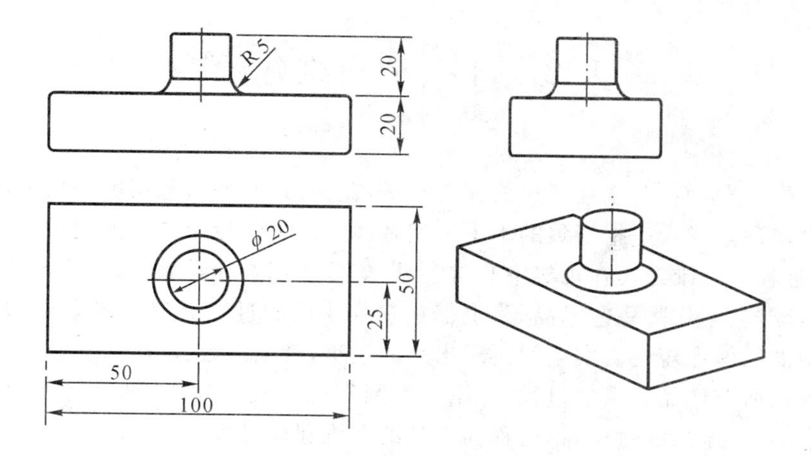

图 2-1　用二维图纸表示三维图形

那么，有没有办法可以直接反映人脑中的三维的、具有真实感的物体，而不用经历三维投影到二维、二维再抽象到三维的过程呢？答案是肯定的，这就是三维造型技术，它可以直接建立产品的三维模型，如图 2-2 所示。

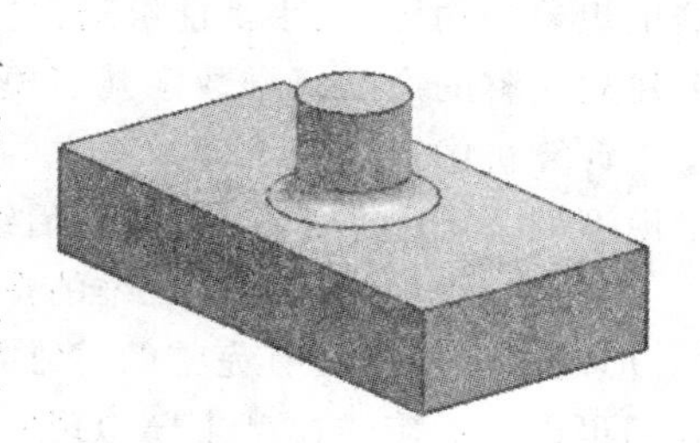

图 2-2　产品的三维模型

三维建模技术直接将人脑中设计的产品通过三维模型来表现，无须借助二维图纸、制图规范、人脑抽象就可获得产品的三维空间结构，因此直观、有效、无二义性。三维模型还可直接用于工程分析，尽早发现设计不合理之处，大大提高设计效率和可靠性。

但是，过去由于受计算机软、硬件技术水平的限制，三维建模技术在很长一段时间内不能实用化，人们仍不得不借助二维图纸来设计制造产品。而今，微机性能大幅提高，微机 CPU 的运算速度、内存和硬盘的容量、显卡技术等硬件条件足以支撑三维建模软件的硬件需求，而三维建模软件也日益实用化，因此三维建模技术在人类生活的各个领域开始发挥着越来越重要的作用。

正是三维建模技术的实用化，推动了 CAD、CAM、CAE（计算机辅助设计、计算机辅助制造、计算辅助工程分析技术，统称 CAx 技术）的蓬勃发展，使得数字化设计、分析、虚拟制造成为现实，极大地缩短了产品设计制造周期。

毫无疑问，三维建模必将取代二维图纸，成为现代产品设计与制造的必备工具。三维建模技术必将成为工程人员必备的基本技能，替代机械制图课程，成为高校理工科类学生的必修课程。

由于基于二维图纸的产品设计、制造流程已沿用多年，数字化加工目前也还不能完全取代传统的加工方式，因此，二维图纸及计算机二维绘图技术现在还不可能完全退出企业的产品设计、制造环节。但是只要建立了产品的三维数字模型，生成产品的二维图纸是一件非常容易的事情（参见本书 UG NX 制图部分的内容）。

事实上，三维建模并非一个陌生的概念，接下来先让我们深入理解什么是三维建模。

2.2 什么是三维建模

什么是三维建模呢?

设想这样一个画面：父亲在炉火前拥着孩子，左一刀、右一刀地切削一块木块；在孩子出神的眼中，木块逐渐成为一把精致的木手枪或者弹弓。木手枪或弹弓形成的过程，就是直观的三维建模过程。三维建模在现实中非常常见，如孩子们堆沙丘城堡、搭积木的过程是三维建模的过程，雕刻、制作陶瓷艺术品等，也都是三维建模的过程。三维建模是如此的形象和直观：人脑中的物体形貌在真实空间再现出来的过程，就是三维建模的过程。

广义地讲，所有产品制造的过程，无论手工制作还是机器加工，都是将人们头脑中设计的产品转化为真实产品的过程，都可称为产品的三维建模过程。

计算机在不到100年的发展时间里，几乎彻底改变了人类的生产、生活和生存方式，人脑里想象的物体，几乎都能够通过“电脑”来复现了。本书所说的“三维建模”，是指在计算机上建立完整的产品三维数字几何模型的过程，与广义的三维建模概念有所不同。

计算机中通过三维建模建立的三维数字形体，称为三维数字模型，简称三维模型。在三维模型的基础上，人们可以进行后续的许多工作，如CAD、CAM、CAE等。

虽然三维模型显示在二维的平面显示器上，与真实世界中可以触摸的三维物体有所不同，但是这个模型具有完整的三维几何信息，还可以有材料、颜色、纹理等其他非几何信息。人们可以通过旋转模型来模拟现实世界中观察物体的不同视角，通过放大/缩小模型，来模拟现实中观察物体的距离远近，仿佛物体就位于自己眼前一样。除了不可触摸，三维数字模型与现实世界中的物体没有什么不同，只不过它们是虚拟的物体。

计算机中的三维数字模型，对应着人脑中想象的物体，构造这样的数字模型的过程，就是计算机三维建模，简称三维建模。在计算机上利用三维造型技术建立的三维数字形体，称为三维数字模型，简称三维模型。

三维建模必须借助软件来完成，这些软件常被称为三维建模系统。三维建模系统提供在计算机上完成三维模型的环境和工具，而三维模型是CAx系统的基础和核心，因此CAx软件必须包含三维建模系统，三维建模系统也由此被广泛应用于几乎所有的工业设计与制造领域。

本书以世界著名的CAx软件——UG NX为例，介绍三维建模技术的基本原理、建模的基本思路和方法，其他CAx软件系统虽然功能、操作方式等不完全相同，但基本原理类似，学会使用一种建模软件后，向其他软件迁移将非常容易。

三维建模系统的主要功能是提供三维建模的环境和工具，帮助人们实现物体的三维数字模型，即用计算机来表示、控制、分析和输出三维形体，实现形体表示上的几何完整性，使所设计的对象生成真实感图形和动态图形，并能够进行物性(面积、体积、惯性矩、强度、刚度、振动等)计算、颜色和纹理仿真以及切削与装配过程的模拟等。具体功能包括：

- 形体输入　在计算机上构造三维形体的过程。
- 形体控制　如对形体进行平移、缩放、旋转等变换。

- 信息查询　如查询形体的几何参数、物理参数等。
- 形体分析　如容差分析、物质特性分析、干涉量的检测等。
- 形体修改　对形体的局部或整体修改。
- 显示输出　如消除形体的隐藏线、隐藏面，显示、改变形体明暗度、颜色等。
- 数据管理　三维图形数据的存储和管理。

2.3　三维建模——CAx的基石

CAx技术包括CAD(Computer Aided Design，计算机辅助设计)、CAM(Computer Aided Manufacturing，计算机辅助制造)、CAPP(Computer Aided Process Planning，计算机辅助工艺规划)、CAE(Computer Aided Engineering，计算机辅助工程分析)等计算机辅助技术；其中，CAD技术是实现CAM、CAPP、CAE等技术的先决条件，而CAD技术的核心和基础是三维建模技术。

以模制产品的开发流程为例，来考察CAx技术的应用背景以及三维建模技术在其中的地位。通常，模制产品的开发分为四个阶段，如图2-3所示。

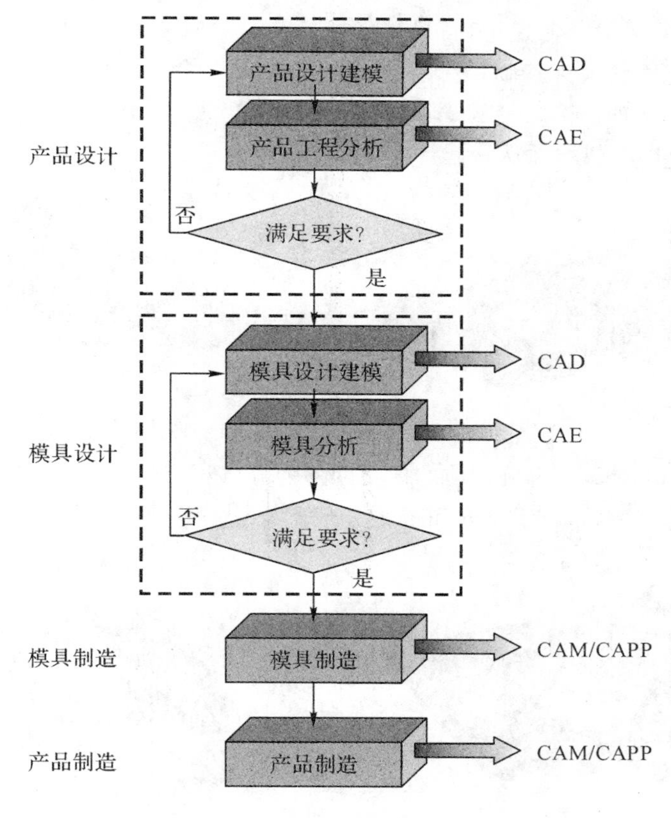

图2-3　模制产品开发的四个阶段

1. 产品设计阶段

首先建立产品的三维模型。建模的过程实际就是产品设计的过程，这个过程属于CAD领域。设计与分析是一个交互过程，设计好的产品需要进行工程分析(CAE)，如强度分析、刚度分析、机构运动分析、热力学分析等，分析结果再反馈到设计阶段（CAD），根据需要修改结构，修改后继续进行分析，直到满足设计要求为止。

2. 模具设计阶段

根据产品模型，设计相应的模具，如凸模、凹模以及其他附属结构，建立模具的三维模型。这个过程也属于CAD领域。设计完成的模具，同样需要经过CAE分析，分析结果用于检验、指导和修正设计阶段的工作。例如对于塑料制品，注射成型分析可预测产品成型的各种缺陷（如熔接痕、缩痕、变形等），从而优化产品设计和模具设计，避免因设计问题造成的模具返修甚至报废。模具的设计分析过程类似于产品的设计分析过程，直到满足模具设计要求后，才能最后确定模具的三维模型。

3. 模具制造阶段

由于模具是用来制造产品的模版，其质量直接决定了最终产品的质量，所以通常采用数控加工方式，这个过程属于CAM领域。制造过程不可避免地与工艺有关，需要借助CAPP领域的技术。

4. 产品制造阶段

此阶段根据设计好的模具批量生产产品，可能会用到CAM/CAPP领域的技术。

可以看出，模制品设计制造过程中，贯穿了CAD、CAM、CAE、CAPP等CAx技术，而这些技术都必须以三维建模为基础。

例如要设计生产如图2-4和图2-5所示的产品，必须首先建立其三维模型。没有三维建模技术的支持，CAD技术无从谈起。

图2-4　三维产品a

图2-5　三维产品b

产品和模具的CAE，不论分析前的模型网格划分，还是分析后的结果显示，也都必须借助三维建模技术才能完成，如图2-6和图2-7所示。

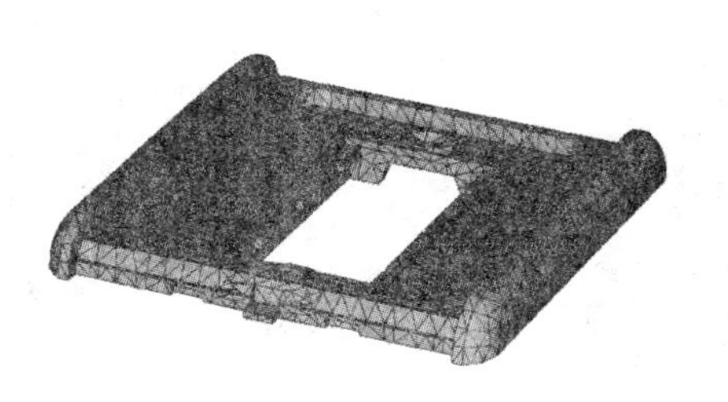

图2-6　模型网格划分

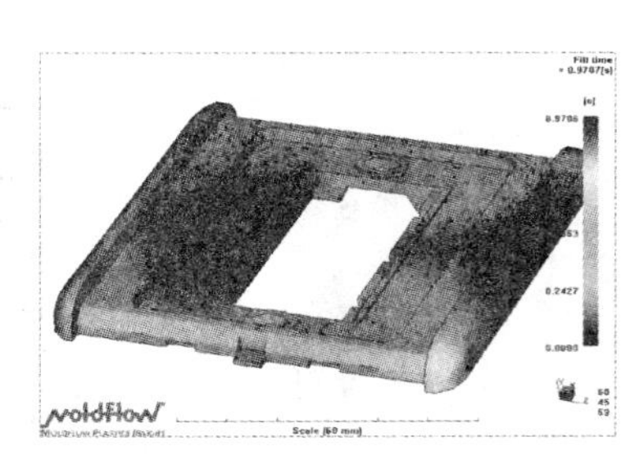

图2-7　模型的性能分析

对于CAM，同样需要在模具三维模型的基础上，进行数控（Numerical Control，NC）编程与仿真加工。图2-8显示了模具加工的数控刀路，即加工模具时，刀具所走的路线。刀具按照这样的路线进行加工，去除材料余量，加工结果就是模具。图2-9显示了模具的加工刀轨和加工仿真的情况。可以看出,CAM同样以三维模型为基础,没有三维建模技术,虚拟制造和加工是不可想象的。

图2-8 模具加工的数控刀路

图2-9 加工过程仿真

上述模制产品的设计制造过程充分表明,三维建模技术是CAD、CAE、CAM等CAx技术的核心和基础,没有三维建模技术,CAx技术将无从谈起。

事实上,不仅模制产品,其他产品的CAD、CAM、CAE也都离不开三维建模技术:从产品的零部件结构设计,到产品的外观、人体美学设计;从正向设计制造到逆向工程、快速原型,都离不开三维建模,如图2-10所示。

图2-10 各类三维建模技术的应用

2.4 无处不在的三维建模

目前，三维建模技术已广泛应用于人类生活的各个领域，从工业产品（飞机、机械、电子、汽车、模具、仪表、轻工）的零件造型、装配造型和焊接设计、模具设计、电极设计、钣金设计等，到日常生活用品、服装、珠宝、鞋业、玩具、塑料制品、医疗设施、铭牌、包装、艺术品雕刻、考古等。

近年来，三维建模还广泛用于电影制作、三维动画、广告、各种模拟器及景物的实时漫游、娱乐游戏等领域。电影特技制作、布景制作等利用 CAD 技术，已有十余年的历史，如、《星球大战》、《外星人》、《侏罗纪公园》、《黑客帝国》等科幻片，以及完全用三维电脑动画制作的影片《玩具总动员》等。三维电脑动画可以营造出编剧人员想象出的各种特技，设计出人工不可能做到的布景，为观众营造一种新奇、古怪和难以想象的环境，如《阿凡达》中用大量三维动画模拟了潘多拉星球上的奇异美景，让人仿佛身临其境。这些技术不仅节省大量的人力、物力，降低了拍摄成本，而且还为现代科技研制新产品提供了思路，如 007 系列电影中出现的间谍与反间谍虚拟设施，启发了新的影像监视产品的开发，促进了该领域的工业进展。

2.5 三维建模的历史、现状和未来

长久以来，工程设计与加工都基于二维工程图纸。但随着计算机三维建模技术的成熟，相关建模软件实用化后，这种局面被彻底改变了。

2.5.1 三维建模技术的发展史

在 CAD 技术发展初期，几何建模的目的仅限于计算机辅助绘图。随着计算机软、硬件技术的飞速发展，CAD 技术也从二维平面绘图向三维产品建模发展，由此推动了三维建模技术的发展，产生了三维线框建模、曲面建模以及实体建模等三维几何建模技术，在实体建模基础上发展起来的特征建模、参数化建模技术。

图 2-11 显示了产品三维建模技术的发展历程。曲面建模和实体建模的出现，使得描述单一零件的基本信息有了基础，基于统一的产品数字化模型，可进行分析和数控加工，从而实现了 CAD/CAM 集成。

目前，CAx 软件系统大多支持曲面建模、实体建模、参数化建模、混合建模等建模技术。这些软件经过四十年的发展、融合和消亡，形成了三大高端主流系统，即法国达索公司的 CATIA、德国 SIEMENS 公司的 Unigraphics（简称 UG NX）和美国 PTC 公司的 Pro/Engineer（简称 Pro/E）。

2.5.2 三维建模系统的未来

三维建模是现代设计的主要技术工具，必将取代工程制图成为工程业界的“世界语”。如前所述，三维建模比二维图纸更加方便、直观，包含的信息更加完整、丰富，能轻松胜任许多二维图纸不能完成的工作，对于提升产品的创新、开发能力非常重要。

- 标准化：主要体现在不同软件系统间的接口和数据格式标准化，以及行业标准零件

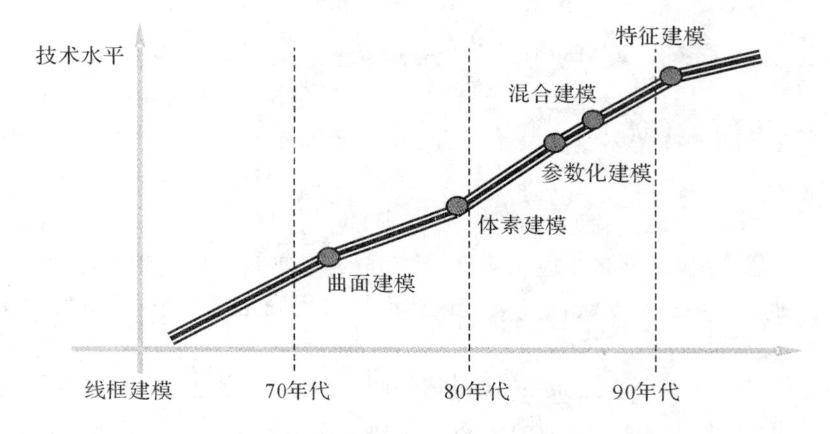

图 2-11　三维建模技术的发展历程

数据库、非标准零件数据库和模具参数数据库等方面。

- 集成化：产品各种信息（如材质等）与三维建模系统的集成。
- 智能化：三维建模更人性化、智能化，如建模过程中的导航、推断、容错能力等。
- 网络化：包括硬件与软件的网络集成实现，各种通信协议及制造自动化协议，信息通信接口，系统操作控制策略等，是实现各种制造系统自动化的基础。目前许多大的 CAD/CAM 软件已具备基于 Internet 实现跨国界协同设计的能力。
- 专业化：从通用设计平台向专业设计转化，结合行业经验，实现知识融接。
- 真实感：在外观形状上更趋真实化，外观感受、物理特性上更加真实。

不论从技术发展方向还是政策导向上看，三维建模都将在现代设计制造业中占据举足轻重的地位，成为设计人员必备的技能之一。

2.6　如何学好三维建模技术

学好三维建模技术，首先要掌握三维建模的基础知识、基本原理、建模思路与基本技巧，其次要学会熟练使用至少一个三维建模软件，包括各种建模功能的使用原理、应用方法和操作方法。

基础知识、基本原理与建模思路是三维建模技术学习的重点，它是评价一个 CAD 工程师三维建模水平的主要依据。目前常用 CAD 软件的基本功能大同小异，因此对于一般产品的三维建模，只要掌握了正确的建模方法、思路和技巧，采用何种 CAD 软件并不重要。掌握了三维建模的基本原理与正确思路，就如同学会了捕鱼的方法，学会了“渔”而不仅仅是得到一条“鱼”。

在学习三维建模软件时，也应避免只重视学习功能及操作方法的倾向，而应着重理解软件功能的整体组成结构、功能原理和应用背景，纲举而目张，这样才能真正掌握并灵活使用软件的各种功能。

同其他知识和技能的学习一样，掌握正确的学习方法对提高三维建模技术的学习效率和质量有十分重要的作用。那么，什么学习方法是正确的呢？下面给出几点建议：

- 集中精力打歼灭战。在较短的时间内集中完成一个学习目标，并及时加以应用，避免马拉松式的学习。

● 正确把握学习重点。包括两方面含义：一是将基本原理、思路和应用技巧作为学习的重点；二是在学习软件建模功能时也应注重原理。对于一个高水平的CAD工程师而言，产品的建模过程实际上首先要在头脑中完成，其后的工作只是借助某种CAD软件将这一过程表现出来。

● 有选择地学习。CAD软件功能相当丰富，学习时切忌面面俱到，应首先学习最基本、最常用的建模功能，尽快达到初步应用水平，然后再通过实践及后续的学习加以提高。

● 对软件建模功能进行合理的分类。这样不仅可提高记忆效率，而且有助于从整体上把握软件功能的应用。

● 从一开始就注重培养规范的操作习惯，在操作学习中始终使用效率最高的操作方式。同时，应培养严谨、细致的工作作风，这一点往往比单纯学习技术更为重要。

● 将平时所遇到的问题、失误和学习要点记录下来，这种积累的过程就是水平不断提高的过程。

学习三维建模技术和学习其他技术一样，要做到“在战略上藐视敌人，在战术上重视敌人”，既要对完成学习目标树立坚定的信心，又要脚踏实地地对待每一个学习环节。

2.7　本章小结

三维建模是在计算机上借助三维建模软件建立产品的三维数字模型的过程；在计算机上利用三维建模技术建立的三维数字形体，称为三维数字模型，简称三维模型。

同二维图纸相比，三维模型能够直观、无二义性地表达现实世界的物体，优越性显而易见。在目前计算机软、硬件发展完全可以支撑三维建模系统的情况下，三维模型必将取代二维图纸成为工程界的通用语言，三维建模技术必将取代二维工程制图，成为工程技术人员必备的基本技能，二维图纸的功能则将慢慢退化，主要供加工过程中校核之用。

三维建模技术是现代设计、制造技术的核心，计算机辅助设计(CAD)、计算机辅助制造(CAM)、计算机辅助分析(CAE)等技术必须建立在三维建模的基础上。目前，建立在三维建模上的产品涉及人类生活的方方面面，从航空航天、汽车、船舶等大工业，到家用电器、玩具、珠宝首饰、电影制作、游戏等领域，无处不在，渗透到人们的日常生活中。

为了掌握三维建模技术，必须掌握三维建模技术的基础知识、基本原理与造型思路，至少熟悉一个三维建模软件。本章给出了一些学习三维建模技术的建议。

2.8　思考与练习

1. 什么是三维建模技术?
2. 在现代工程技术中，为什么说三维建模技术是工程技术人员所必须具备的技能?
3. 三维建模技术与CAD、CAM、CAE等计算机辅助技术之间是什么关系?
4. 如何学好三维建模技术?

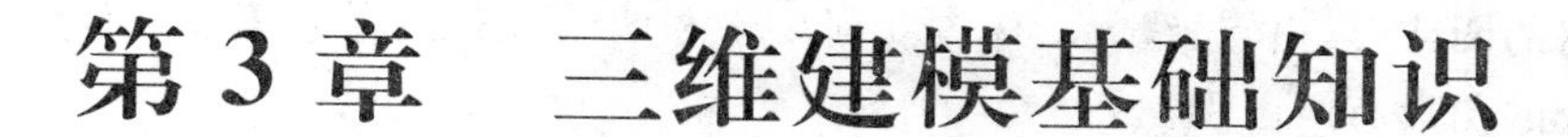

第 3 章　三维建模基础知识

学习三维建模技术，应首先了解三维建模技术的基础知识，包括相关概念、三维建模的种类、建模原理、图形交换标准等。本章涉及三维建模的背景知识很多，应重点理解三维建模的基本概念和相关知识，这些知识是所有三维建模软件共用的基础。

本章学习目标

- 了解图形及图形对象；
- 了解视图变换与物体变换；
- 了解常用的人机交互手段；
- 了解三维造型的种类（线框造型、曲面造型、实体造型等）；
- 理解曲面造型原理和曲面造型功能；
- 了解图形交换标准；
- 了解三维造型系统的组成；
- 了解常用 CAD/CAM/CAE 分类；
- 了解常用 CAD/CAM/CAE 软件。

3.1　三维建模基本概念

三维造型建模是计算机绘图的一种方式。本节主要介绍三维建模相关的一些基本概念。

3.1.1　什么是维

“二维”、“三维”的“维”，究竟是什么意思？简单地说，“维”就是用来描述物体的自由度数，点是零维的物体，线是一维物体，面是二维物体，体是三维物体。

可以这样理解形体的“维”：想象一个蚂蚁沿着曲线爬行，无论曲线是直线、平面曲线还是空间曲线，蚂蚁都只能前进或者后退，即曲线的自由度是一维的。如果蚂蚁在一个面上爬行，则无论面是平面还是曲面，蚂蚁可以有前后、左右两个方向可以选择，即曲面的自由度是二维的。如果一只蜜蜂在封闭的体空间内飞行，则它可以选择上下、左右、前后三个方向飞，即体的自由度是三维的。

那么，“二维绘图”、“三维建模”中的“维”，与图形对象的“维”是一回事吗？答案是否定的。二维绘图和三维建模中“维”的概念是指绘制图形所在的空间的维数，而非图形对象的维数。比如二维绘图只能在二维空间制图，图形对象只能是零维的点、一维的直线、一维的平面曲线等，二维图形对象只有区域填充，没有空间曲线、曲面、体等图形对象。而三维建模在三维空间建立模型，图形对象可以是任何维度的图形对象，包括点、线、面、体。

3.1.2 图形与图像

什么是图形？计算机图形学中研究的图形是从客观世界物体中抽象出来的带有灰度或色彩及形状的图或形，由点、线、面、体等几何要素和明暗、灰度、色彩等非几何要素构成，与数学中研究的图形有所区别。

计算机技术中，根据对图和形表达方式的不同，衍生出了计算机图形学和计算机图像处理技术两个学科，它们分别对图形和图像进行研究。

表3-1列出了图形与图像的区别。

表3-1 图形与图像的区别

比较项目	图　形	图　像
表达方式	矢量，方程	光栅，点阵，像素
理论基础	计算机图形学	计算机图像处理
原理	以图形的形状参数与属性参数来表示；形状参数可以是描述图形形状的方程的系数、线段的起止点等；属性参数则包括灰度、色彩、线型等非几何属性	用具有灰度或色彩的点阵来表示，每个点有各自的颜色或灰度，可以理解为色块拼合而成的图形
维数	任意维形体，包括零维的点、一维的线、二维的面、三维的体	平面图像，色块拼合而成，没有点、线、面、体的形体概念
直观的理解	数学方程描述的形体	所有印刷品、绘画作品、照片等
原始效果		
放大后的效果		
进一步放大后的局部效果		
旋转	可以绕任意轴、任意点旋转	只能在图像平面内旋转
软件	FreeHand、所有的CAD软件等	Paint、Photoshop等

解图像与图形的意义非常重要。图像表达的对象可以是三维的，但是表达方式只能是二维的；图形则完整地表达了对象的所有三维信息，可以对图形作变换视点、绕任意轴旋转等操作。

计算机图形学的主要研究对象是图形，研究计算机对图形的输入、生成、显示、输出、变换以及图形的组合、分解和运算等处理，是开发CAD软件平台的重要基础。使用CAD软件完成工作时，虽然不需要关注CAD软件本身的实现方法，但是理解其实现的机理对充分使用软件、合理规划任务还是很有帮助的。更多的相关技术知识可以参考计算机图形学方面的书籍。

3.1.3 图形对象

CAD软件中涉及的图形对象主要有点、线、面、体。

1. 点

点是零维的几何形体。CAD中的点一般可分为两类，一类是真实的“点”对象，可以对它执行建立、编辑、删除等操作；另外一类是指图形对象的“控制点”，如线段的端点、中点，圆弧的圆心、四分点等，这些“点”虽然可以用鼠标选中，但并不是真实的点对象，无须专门建立，也没有办法删除。这两类点初学者很容易混淆。

2. 线

线是一维的几何形体，一般分为直线和曲线。

直线一般用二元一次方程 $Ax+By+C=0$ 表达。可以通过指定两个端点(鼠标点选或者输入2个端点坐标)、一个端点和一个斜率等方式确定直线。

曲线包括二维平面曲线和三维空间曲线。二维平面曲线又有基本曲线和自由曲线之分。基本曲线是可用二元二次方程 $Ax^2+By^2+Cxy+Dx+Ey+F=0$ 表达的曲线，曲线上的点严格满足曲线方程，圆、椭圆、抛物线、双曲线都是基本曲线的特例。自由形状曲线是一种解析表达的曲线，通过给定的若干离散的控制点控制曲线的形状。控制点可以是曲线的通过点，也可以是构成控制曲线形状的控制多边形的控制点，还可以是拟合线上的点。常见的自由形状曲线有Ferguson曲线、Bezier曲线、B样条曲线和NURBS曲线等。

3. 面

面是二维的几何形体，分为平面和曲面。

平面的表达和生成比较容易理解，需要注意的是，平面(Plain)是二维对象，与物体表面(Surface)不是同一概念，如长方体的六个表面并不是平面对象，不能创建、编辑或删除，建立六个平面并不等于一个长方体。

曲面常被称为片体(Sheet)，是没有厚度的二维几何体。曲面功能是否丰富是衡量CAD软件功能的重要依据之一。与曲线类似，曲面也分为基本曲面和自由曲面。基本曲面通过确定的方程描述，如圆柱面、圆锥面、双曲面等。自由曲面没有严格的方程，通过解析法表达，常见的有Coons曲面、Bezier曲面、B样条曲面和NURBS曲面等。

4. 体

体是三维的几何形体。三维造型的目的就是建立三维形体。

建立三维形体时，通常在基本形体或者它们的布尔操作的基础上，增加材料(如加凸台、凸垫等)或减去材料(开孔、槽等)，然后进行一些细节处理(如倒角、抽壳等)，最终形成最后的形状。

基本形体可以是基本体素，如块(Block)、柱(Cylinder)、锥(Cone)、球(Sphere)等；也可以是二维形体经过扫描操作而形成的三维形体。

3.1.4 视图变换与物体变换

任何CAD软件都提供在屏幕上缩放、平移、旋转所绘制的图形对象的功能。正如工程制图中的局部放大图，物体的细节被放大了，但是其真实尺寸并没有放大一样，缩放、平移、旋转操作也不会改变物体本身的形状大小和相对位置，只是从视觉上对物体进行不同的观察。在屏幕上缩放物体，相当于改变观察点与物体间的距离，模拟了视点距离物体远近的观察效果；旋转屏幕中的物体，相当于改变视点与物体的相对方位，或者视点不变旋转物体，或者物体不动转动观察点。这些操作都不会改变物体的真实情况，称为视图变换。

那么如果要改变物体的真实形状、尺寸，又该如何操作呢？

通常，CAD软件都提供坐标变换（Transform）功能，以实现物体的缩放、旋转、平移、拷贝、移动、阵列等操作。这些操作真实作用于物体，会改变物体的真实形状，称为物体变换，它与视图变换有本质区别。

视图变换与物体变换虽然本质上不同，但是实现方法是相同的，都是坐标变换。视图变换是基于显示坐标系的变换，相当于改变观察物体的视点（距离或方位）；物体变换则是基于物体在真实世界中的世界坐标系进行变换，真实改变了物体的尺寸和形状。

3.1.5 人机交互

设计意图必须借助某种方式传递到计算机，计算机反馈的信息也必须借助某种方式被人类理解，这种方式就是人机交互，其实现必须借助于交互技术。

人机交互实际上是计算机的输入/输出技术。计算机的输入设备通常有键盘、鼠标、扫描仪、光笔/数字化仪等，输出设备主要有图形显示器和图形绘制设备（打印机、绘图仪等）。

人机交互的主要工具是鼠标、键盘和显示器。对应的交互操作有拾取、输入和显示。

- 拾取：用鼠标选取计算机显示器上的对象，如菜单选择、对话框选择、工具栏及其工具选择、图形对象选择等。
- 输入：用键盘输入各种文字数据，如命令输入、文档书写、参数输入等。
- 显示：显示器显示操作的结果。所有交互操作，如拾取和输入，在屏幕上都应有反应，如命令提示、对象高亮、输入回显、操作结果显示等。

交互操作的手段虽然只有三种，但是可以衍生很多交互功能，包括功能交互选择、图形交互操作等。图形交互操作如选择图形对象、定位图形对象、定向图形对象、显示图形对象等，这些交互功能往往是拾取、输入和显示操作的组合。

3.2 三维建模种类

根据三维建模在计算机上的实现技术不同，三维建模可以分为线框建模、曲面建模、实体建模等类型，如图3-1所示。其中实体建模在完成几何建模的基础上，又衍生出一些建模

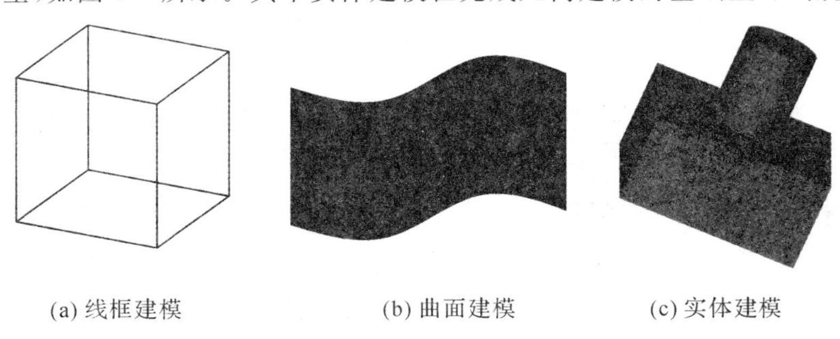

(a) 线框建模　　(b) 曲面建模　　(c) 实体建模

图3-1　各种三维建模类型

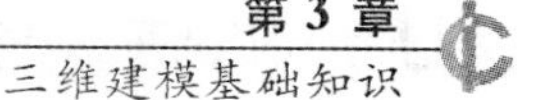

类型，如特征建模、参数化建模等。

3.2.1 特征建模

特征建模从实体建模技术发展而来，是根据产品的特征进行建模的技术。特征的概念在很长一段时间都没有非常明确的定义。一般认为，特征是指描述产品的信息集合，主要包括产品的形状特征、精度特征、技术特征、材料特征等，兼有形状和功能两种属性。例如，"孔"和"圆台"的形状都是圆柱形，建模时加入"孔"将减去目标体的材料，加入"圆台"则在目标体上增加材料，它们都不仅仅包含形状信息，因而属于特征。

线框模型、曲面模型和实体模型都只能描述产品的几何形状信息，难以在模型中表达特征及公差、精度、表面粗糙度和材料热处理等工艺信息，也不能表达设计意图。要进行后续的计算机辅助分析与加工，必须借助另外的工具。而特征模型不仅可以提供产品的几何信息，而且还可以提供产品的各种功能性信息，使得 CAx 各应用系统可以直接从特征模型中抽取所需的信息。

特征建模技术使得产品的设计工作在更高的层次上进行，设计人员的操作对象不再是原始的线条和体素，而是产品的功能要素。例如，"孔"特征不仅描述了孔的大小、定位等几何信息，还包含了与父几何体之间安放表面、去除材料等信息，特征的引用直接体现了设计意图，使得建立的产品模型更容易理解，便于组织生产，为开发新一代、基于统一产品信息模型的 CAD/CAM/CAPP 集成系统创造了条件。

以特征为基础的建模方法是 CAD 建模方法的一个里程碑，它可以充分提供制造所需要的几何数据，从而可用于对制造可行性方案的评价、功能分析、过程选择、工艺过程设计等。因此可以说，把设计和生产过程紧密结合，有良好的发展前景。

由于线框建模功能有限，而特征建模尚处于进一步的研究当中，因此现有的 CAD/CAM 软件均主要采用曲面建模和实体建模两种方式，有时也称为"混合建模"。

3.2.2 参数化建模

参数化设计(Parametric design)和变量化设计(Variational Design)是基于约束的设计方法的两种主要形式。其共同点在于：它们都能处理设计人员通过交互方式添加到零件模型中的约束关系，并具有在约束参数变动时自动更新图形的能力，使得设计人员不用自己考虑如何更新几何模型以符合设计上要求的约束关系。

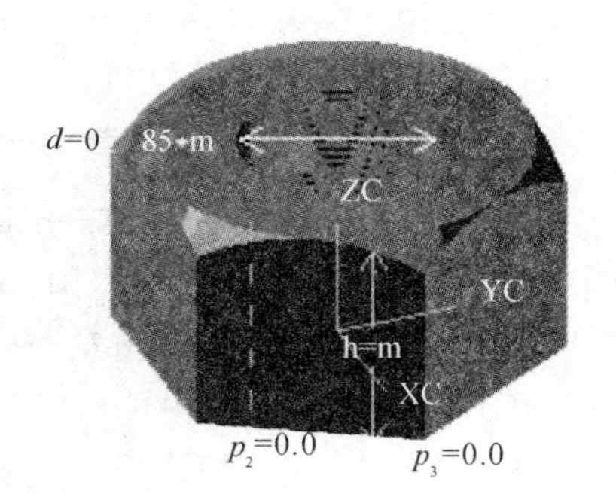

图 3-2 螺帽的参数化设计图

目前，参数化建模能处理的几何约束类型基本上是组成产品形体的几何实体公称尺寸关系和尺寸之间的工程关系，因此，参数化建模技术又称尺寸驱动几何技术。如图 3-2 所示的螺帽属于标准化系列产品，主要尺寸都依赖于模数 m，当 m 改变时，其他尺寸相关变化，模型也跟着变化。这类系列化、结构类似的产品，采用参数化建模很有优势，一般最常用于系列化标准件的建模。

3.2.3 变量化建模

与此相关的技术还有变量化设计技术(Variational Design)，它为设计对象的修改提供更大的自由度，允许存在尺寸欠约束，即建模之初可以不用每个结构尺寸、几何约束都十分明确，这种方式更加接近人们的设计思维习惯，因为设计新产品时，人们脑海中首先考虑的是产品形状、结构和功能，具体尺寸在设计深入展开时才会逐步细化，因此变量化设计过程相对参数化设计过程较宽松。

变量驱动进一步扩展了尺寸驱动技术，使设计对象的修改更加自由，为CAD技术带来新的革命。目前流行的CAD/CAM软件CATIA、UG、PRO/E都采用变量化建模。

3.3 图形交换标准

不同的CAD软件各有优势，企业通常同时采用多种CAD软件完成不同的工作，如在UG NX中完成部分造型工作，然后再在CATIA中完成另外一部分造型工作；或者在UG NX中完成产品三维造型，然后导入ANSYS等分析软件中进行分析等，这些都涉及不同软件间的数据交换问题。

不同的CAD系统产生不同数据格式的数据文件。为了在不同的CAD平台上进行数据交换，规定了图形数据交换标准。常用的图形数据交换标准分为二维图形交换标准和三维图形交换标准，二维图形交换标准有基于二维图纸的DXF数据文件格式，三维图形交换标准有基于曲面的IGES图形数据交换标准、基于实体的STEP标准以及基于小平面的STL标准等。

3.3.1 二维图形交换标准(DXF)

DXF(Data Exchange File)是二维CAD软件AutoCAD系统的图形数据文件格式。DXF虽然不是标准，但由于AutoCAD系统在二维绘图领域的普遍应用，使得DXF成为事实上的二维数据交换标准。DXF是具有专门格式的ASCII码文本文件，它易于被其他程序处理，主要用于实现高级语言编写的程序与AutoCAD系统的连接，或其他CAD系统与AutoCAD系统交换图形文件。

3.3.2 初始图形信息交换规范(IGES)

IGES(Initial Graphics Exchange Specification，初始图形信息交换规范)是基于曲面的图形交换标准，1980年由美国国家标准局ANSI发布，目前在工业界应用最广泛，是不同的CAD/CAM系统之间图形信息交换的一种重要规范。

IGES定义了一种“中性格式”文件，这种文件相当于一个翻译。在要转换的CAx软件系统中，把文件转换成IGES格式文件导出，其他CAx软件通过读入这种IGES格式的文件，翻译成本系统的文件格式，由此实现数据交换。这种结构方法非常适合在异种机之间或不同的CAx系统间进行数据交换，因此目前绝大多数CAx系统都提供读、写IGES文件的接口。

由于IGES定义的实体主要是几何图形信息，输出形式面向人们理解而非面向计算机，因此不利于系统集成。更为致命的缺陷是，IGES数据转换过程中，经常出现信息丢失与畸变问题。另外，IGES文件占用存储空间较大，虽然如今硬盘容量的限制不是很大的问题，

但会影响数据传输和处理的效率。

尽管如此，IGES仍然是目前各国广泛使用的事实上的国际标准数据交换格式，我国于1993年9月起将IGES3.0作为国家推荐标准。

IGES无法转换实体信息，只能转换三维形体的表面信息，例如一个立方体经IGES转换后，不再是立方体，而是只包含立方体的六个面。

3.3.3 产品模型数据交换标准(STEP)

STEP(Standard for the Exchange of Product model Data，产品模型数据交换标准)是三维实体图形交换标准，是一个产品模型数据的表达和交换的标准体系，1992年由ISO制定颁布。产品在各过程产生的信息量大，数据关系复杂，而且分散在不同的部门和地方。这就要求这些产品信息以计算机能理解的形式表示，而且在不同的计算机系统之间进行交换时保持一致和完整。产品数据的表达和交换，构成了STEP标准。STEP把产品信息的表达和用于数据交换的实现方法区分开来。

STEP采用统一的产品数据模型，为产品数据的表示与通信提供一种中性数据格式，能够描述产品整个生命周期中的所有产品数据，因而STEP标准的产品模型完整地表达了产品的设计、制造、使用、维护、报废等信息，为下达生产任务、直接质量控制、测试和进行产品支持等功能提供全面的信息，并独立于处理这种数据格式的应用软件。

STEP较好地解决了IGES的不足，能满足CAx集成和CIMS的需要，将广泛地应用于工业、工程等各个领域，有望成为CAx系统及其集成的数据交换主流标准。

STEP标准存在的问题是整个体系极其庞大，标准的制订过程进展缓慢，数据文件比IGES更大。

3.3.4 3D模型文件格式(STL)

STL文件格式最早是快速成型(RP)领域中的接口标准，现已被广泛应用于各种三维造型软件中，很多主流的商用三维造型软件都支持STL文件的输入输出。STL模型将原来的模型转化为三角面片的形式，以三角面片的集合来逼近表示物体外轮廓形状，其中每个三角形面片由四个数据项表示，即三角形的三个顶点坐标和三角形面片的外法线矢量。STL文件即为多个三角形面片的集合。目前STL文件格式在逆向工程(RE)中也非常常用，如实物经三维数字化测量扫描所得的数据文件常常是STL格式。

3.3.5 其他图形格式转换

在使用三维造型软件时，还经常遇见Parasolid、CGM和VRML等图形文件格式，它们有各自的图形核心标准。图形核心标准是计算机绘图的图形库，相关内容参见有关书籍。

很多大型CAD/CAX软件不仅提供标准格式的导入/导出，还直接提供了输入/输出其他CAD软件的文件格式。如图3-3所示是UG NX中导入/导出其他文件格式的菜单。UG NX除了直接支持一些常用的CAD/CAM软件的文件格式，如CATIA、Pro/E外，还支持Parasolid、CGM和VRML等。

- Parasolid是UG NX的图形核心库，包含了绘制和处理各种图形的库函数。有关图形核心库及其相关标准，读者可参见其他有关书籍及资料。

图 3-3　UG NX 导入/导出菜单

● CGM(Computer Graphics Metafile,计算机图形图元文件)包含矢量信息和位图信息,是许多组织和政府机构(包括英国标准协会(BSI)、美国国家标准化协会(ANSI)和美国国防部等)使用的国际性标准化文件格式。CGM 能处理所有的三维编码,并解释和支持所有元素,完全支持三维线框模型、尺寸、图形块等输出。目前所有的 Word 软件都能支持这种格式。

● VRML(Virtual Reality Modeling Language,虚拟现实造型语言)定义了一种把三维图形和多媒体集成在一起的文件格式。从语法角度看,VRML 文件显式地定义已组织起来的三维多媒体对象集合;从语义角度看,VRML 文件描述的是基于时间的交互式三维多媒体信息的抽象功能行为。VRML 文件的解释、执行和呈现通过浏览器实现。

3.4　三维建模系统的组成

三维建模系统是 CAx 软件的基础和核心,常常通过 CAx 软件体现其价值。图 3-4 显示了 CAD 系统的组成。

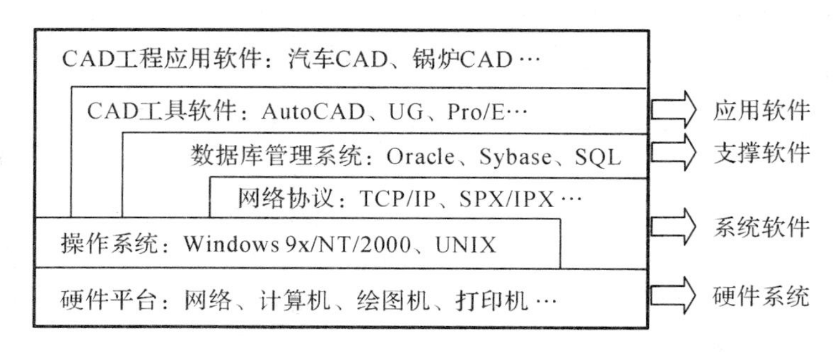

图 3-4　CAD 系统的组成

三维建模系统的组成与此类似，主要由计算机硬件与软件组成，硬件包括计算机、绘图仪、打印机、网络等平台；软件包括系统软件、支撑软件和应用软件等，包括操作系统、网络协议、数据库管理系统(DBMS)、CAD软件(包括三维建模软件)以及在CAD软件基础上开发的各种工程应用软件系统。图3-4不仅体现了三维建模系统的组成，也体现了三维建模系统在整个系统中所处的位置。

3.5 CAD/CAM/CAE软件分类

CAD/CAM/CAE软件种类众多，功能丰富，按照软件的应用领域，可以分为工业造型设计、机械设计与制造、行业专用软件等。

- 工业造型设计软件(包括电影动画制作软件)：3ds max、Rhino、Maya等。
- 机械设计与制造软件(包括模具设计制造软件)：此类软件数量众多，如UG NX、Pro/E、CATIA、SolidEdge、SolidWorks、Delcom系列、Cimatron、Inventor等。
- 行业专用软件：针对行业的专用CAD/CAM软件，如服装面料设计、款式设计软件(ET、格柏、PGM、富怡等)；鞋类设计软件(DIMENSIONS、SHOECAM、FORMA、SHOEMAGIC、SHOE-MAKER等)；雕刻软件(Type3、ARTCAM等)。

其中，机械设计与制造类软件应用最广。

3.6 常用CAD/CAM/CAE软件简介

CAx软件通常起源于工程应用，一般最初都是一些大型企业为了自身产品设计需要而研制的，以后逐渐发展为独立的信息系统公司，软件逐步商品化。例如，UG NX软件最初由美国麦道(MD)公司开发，CATIA由法国达索(Dassualt)飞机公司开发，I-DEAS软件由美国航空及宇航局(NASA)支持。这些软件经过近40年的不断融合与发展，逐渐形成了以下几个主流软件。

3.6.1 CATIA

CATIA软件是法国达索系统公司的CAD/CAM/CAE一体化软件，居世界CAD/CAM/CAE领域的领导地位，因其强大的曲面设计功能在飞机、汽车、轮船等行业享有很高的声誉。

CATIA V5版本基于微机平台，曲面设计能力强大，功能丰富，可对产品开发过程中的概念设计、详细设计、工程分析、成品定义和制造乃至成品在整个生命周期中的使用和维护等各个方面进行仿真，并能够实现工程人员间的电子通信。

CATIA包括机械设计、工业造型设计、分析仿真、厂矿设计、产品总成、加工制造、设计与系统工程等功能模块，可以供用户选择购买，如，创成式工程绘图系统GDR、交互式工程绘图系统ID1、装配设计ASD、零件设计PDG、线架和曲面造型WSF等，这些模块组合成不同的软件包，如机械设计包P1、混合设计包P2和机械工程包P3等。P3功能最强，适合航空、航天、汽车整车厂等用户，通常一般企业选P2软件包即可。

CATIA源于航空航天业，但其强大的功能得到各行业的认可，如在欧洲汽车业，CATIA已成为事实上的标准。目前，CATIA广泛应用于航空航天、汽车制造、造船、机械制造、电子/电器、消费品行业，几乎涵盖了所有的制造业产品。

3.6.2 I-DEAS

I-DEAS 软件最初由美国 SDRC 公司研制，目前属于德国西门子公司。

I-DEAS 最初从结构化分析起家，后来逐步形成了涵盖 CAD、CAM、CAE、PDM 全过程的集成软件系统，以动态导引器和 VGX(超变量几何)技术著名，分析功能尤其卓越，能解决大部分工程问题。I-DEAS 界面友好，导航功能操作方便，VGX 技术对建模技术产生较大影响。

I-DEAS Master Series 9 版本是工业界最完善的机械 CAD/CAM/CAE 系统之一，由 70 多个紧密集成的模块组成，覆盖产品设计、绘图、仿真、测试、加工制造的整个产品开发过程，功能强大且易于使用。主要功能模块包括核心功能(实体造型和建模、曲面造型、装配等)、工程设计、项目组管理、工程分析和加工。

I-DEAS 软件主要应用于航空航天、汽车、家电产品以及工业制造业。

3.6.3 Pro/ENGINEER

Pro/ENGINEER(简称 Pro/E)是美国 Parametric Technology Crop(PTC)公司的产品，Pro/E 以其参数化、基于特征、全相关等概念闻名于 CAD 界，操作较简单，功能丰富。

Pro/E 基本功能包括三维实体建模和曲面建模、钣金设计、装配设计、基本曲面设计、焊接设计、二维工程图绘制、机构设计、标准模型检查及渲染造型等，并提供大量的工业标准及直接转换接口，可进行零件设计、产品装配、数控加工、钣金件设计、铸造件设计、模具设计、机构分析、有限元分析和产品数据管理、应力分析、逆向工程设计等。

Pro/E 广泛应用于汽车、机械及模具、消费品、高科技电子等领域，在我国应用较广。Pro/E 的主要客户有空客、三菱汽车、施耐德电气、现代起亚、大长江集团、龙记集团、大众汽车、丰田汽车、阿尔卡特等。

3.6.4 UG NX

UG 是 Unigraphics 的简称，起源于美国麦道航空公司，目前属于德国西门子公司(具体请参看本书“第 4 章 UG NX 软件概述”，此处不再赘述)。

3.6.5 SolidEdge

SolidEdge 是 UGS 公司的中档 CAD 软件产品，目前归属德国西门子公司。SolidEdge 基于 Windows 操作系统，主要包括实体造型、装配、模塑加强、钣金及绘图等模块，在汽车、电子等企业的零配件设计方面拥有广泛的用户团体，客户包括 Alcoa、NEC Engineering、Volvo 等。

3.6.6 SolidWorks

SolidWorks 与 SolidEdge 软件属于同等档次的软件，原属于 SolidWorks 公司，1997 年被达索公司收购。SolidWorks 软件是基于 Windows 的微机版特征造型软件，能完成造型、装配、制图等功能，用户界面友好，易学易用，价格适中，适合中小型工业企业选购。

3.6.7 Cimatron

Cimatron 软件是以色列 Cimatron 公司的产品，是工模具行业中非常有竞争实力的 CAD/CAM 软件，也是全球最强的电极设计和加工软件之一，其微铣削功能较有特色。主

要应用于汽车、航空航天、计算机、电子、消费类商品、医药、军事、光学仪器、通信产品和玩具等领域。主要客户包括福特、尼桑、三菱、通用、一汽大众、长春客车、海尔集团、春兰空调等著名企业。

3.6.8 Mastercam

Mastercam 软件是美国 CNC 公司的产品。Mastercam 基于 PC 平台，可以完成形体几何造型、曲面加工编程、刀具路径校验、后处理等工作，在模具加工行业拥有众多客户。

3.7 如何选用合适的软件

CAD/CAM/CAE 软件由于应用广泛，呈现出百花齐放的局面，一方面为不同特色的软件提供了应用土壤，另一方面也为企业选用合适的软件产品带来了一定的困惑。在一个企业中，存在多种 CAD 软件是十分常见的。

目前市场上流行的 CAD/CAM/CAE 软件，是经历了无数次兼并融合发展的结果，每个软件都有其特点，功能十分丰富。但是，软件只是工具，如同手绘图纸中的笔和尺，最终要应用到各个领域才能体现价值。企业必须选择合适的软件，并能用软件解决实际问题。

如何选择软件呢？CAD/CAM/CAE 软件通常价格较高，一旦选定后不可能经常更换，因此选择软件是比较慎重的事情。一般，选择软件首先必须以适用为原则，同时考虑软件的价格、扩充性、配套和售后服务等因素。具体地，主要应从以下几个方面考虑。

- 考虑软件功能、硬件要求、使用起点等因素，选择适合本行业产品的特点和需求的软件，不唯软件论。例如，汽车、摩托车等产品对曲面造型、数控加工要求较高，因此该类产品的生产企业和配套企业大多选用 UG NX 或 CATIA 软件；而对一些系列化、标准化的通用产品开发，Pro/E 也是常见的选择。
- 考虑企业应用需求扩充的可能性，选择软件应略有前瞻性。例如原先主要做加工的企业，以后可能涉及一部分设计工作，选择软件时就不能只选择面向加工的软件。
- 考虑软件的行业普及性。为大型企业提供外包和配套生产的企业，常常被要求采用与其相同的 CAD/CAM 软件，选择软件时应特别注意。另一方面，应用面较广的软件在配套资料、软件培训、售后服务等方面通常也有较大优势。
- 注意软件的发展趋势，考虑软件提供商软件开发、升级方面的投入，尽量选择发展前景较好、可持续性发展的软件。
- 价格因素。应根据自身的经济能力，综合考虑软件的性价比来选择合适的软件。

值得注意的是，各种软件的核心功能往往大同小异，而这些功能已经能够满足大多数产品的建模要求。掌握三维建模技术的关键并不在于软件的功能及其操作是否熟练，而在于是否能够掌握正确的建模思路和技巧，灵活运用这些功能进行建模。因此，软件的使用人员要不断提高自己使用软件的水平，灵活运用软件提供的功能解决实际问题。

3.8 本章小结

本章首先介绍了三维建模中一些容易混淆的基本概念，这些概念对于理解三维建模的原理非常重要。

为了在计算机中建立物体的三维数字模型，先后产生了线框建模、曲面建模、实体建模方法。在实体建模方法基础上又发展了特征建模、参数化建模和变量化建模方法，这些方法各有特点，现有的CAD/CAM软件大多采用实体建模和曲面建模为主的混合建模技术。

三维模型建立之后，还存在数据交换的问题。不同的建模软件有不同的数据格式，通过图形交换标准实现相互间的数据传递。DXF、IGES、STEP、STL等是常用的图形交换标准。

最后本章对常见的CAD/CAM/CAE三维建模软件进行了简要介绍，使读者对目前CAD/CAM/CAE软件有一个概貌性的了解，然后给出了软件选用的基本原则。选择软件必须以适用为原则，同时综合考虑软件的功能、扩充性、行业普及性、发展趋势、价格、配套和售后服务等因素。

3.9 思考与练习

1. 什么是形体的“维”？空间曲线为什么是一维图形对象？曲面为什么是二维图形对象？
2. 三维建模系统由哪些部分组成？
3. 图形与图像有什么区别？
4. 在计算机屏幕上缩放图形会改变形体的大小吗？怎样才能真正改变形体的大小？
5. 三维建模与二维制图是什么关系？
6. 三维建模技术有哪些流派？
7. 在一个CAD软件上建立的三维模型能够被另外的CAD软件识别吗？怎样识别？
8. 常用的CAD/CAM软件有哪些？各有什么特点？主要应用于哪些领域？
9. 选择CAD/CAM软件应考虑哪些因素？

第4章 UG NX软件概述

UG NX是通用的、功能强大的三维机械CAD/CAM/CAE集成软件。本章主要介绍了UG NX软件的发展历史、技术特点、常用工作模块以及运用UG NX进行产品建模的一般流程等。

本章学习目标

- 了解UG NX软件的发展历史；
- 了解UG NX软件的技术特点；
- 了解UG NX软件的常用功能模块；
- 了解UG NX的设计流程。

4.1 UG NX软件简介

UG是Unigraphics的简称，起源于美国麦道航空公司，UG NX是在UG软件基础上发展起来的。UG NX目前属于德国西门子公司，网站www.ugs.com(英文)、www.ugs.com.cn(中文)。

UG NX软件集CAD/CAM/CAE/PDM/PLM于一体，CAD功能使工程设计及制图完全自动化；CAM功能内含大量数控编程库(机床库、刀具库等)，数控加工仿真、编程和后处理比较方便；CAE功能提供了产品、装配和部件性能模拟能力；PDM/PLM帮助管理产品数据和整个生命周期中的设计重用。

UG NX软件广泛应用于航空航天、汽车、机械及模具、消费品、高科技电子等领域的产品设计、分析及制造，被认为是业界最具有代表性的数控软件和模具设计软件。

UG NX软件的主要客户包括BE Aerospace、波音、英国航空公司、丰田、福特、通用、尼桑、三菱、夏普、日立、诺基亚、东芝、西门子、富士通、索尼、三洋、飞利浦、克莱斯勒、宝马、奔驰等世界著名企业。

4.2 UG NX软件的发展历史

UG的问世到现在经历了几十年，在这短短几十年里，UG NX软件发生了翻天覆地的变化。主要历程如下：

1960年，McDonnell Douglas Automation (现在的波音公司)公司成立。

1976年，收购了Unigraphics CAD/CAE/CAM系统的开发商——United Computer公司，UG的雏形问世。

1983年，UG上市。

1989年，Unigraphics宣布支持UNIX平台及开放系统的结构，并将一个新的与STEP标准兼容的三维实体建模核心Parasolid引入UG。

1993年，Unigraphics引入复合建模的概念，可以实体建模、曲线建模、框线建模、半参数化及参数化建模融为一体。

1996年，Unigraphics发布了能自动进行干涉检查的高级装配功能模块、最先进的CAM模块以及具有A类曲线造型能力的工业造型模块；它在全球迅猛发展，占领了巨大的市场份额，已经成为高端及商业CAD/CAE/CAM应用开发的常用软件。

1997年，Unigraphics新增了包括WEAV(几何连接器)在内的一系列工业领先的新增功能。WEAV这一功能可以定义、控制、评估产品模板，被认为是在未来几年中业界最有影响的新技术。

2000年，Unigraphics发布了新版本的UG17，使UGS成为工业界第一个可以装载包含深层嵌入"基于工程知识"(KBE)语言的世界级MCAD软件产品的供应商。

2002年，Unigraphics发布了UG NX1.0.新版本继承了UG18的优点，改进和增加了许多功能，使其功能更强大，更完美。

2003年，Unigraphics发布了新版本UG NX2.0。新版本基于最新的行业标准，它是一个全新支持PLM的体系结构。EDS公司同其主要客户一起，设计了这样一个先进的体系结构，用于支持完整的产品工程。

2008年06月，Siemens PLM Software发布NX6.0，建立在新的同步建模技术基础之上的NX 6将在市场上产生重大影响。同步建模技术的发布标志着NX的一个重要里程碑，并且向MCAD市场展示Siemens的郑重承诺。NX 6将为我们的重要客户提供极大的生产力提高。

2009年10月，西门子工业自动化业务部旗下机构、全球领先的产品生命周期管理(PLM)软件与服务提供商Siemens PLM Software宣布推出其旗舰数字化产品开发解决方案NX软件的最新版。NX 7.0引入了"HD3D"(三维精确描述)功能，即一个开放、直观的可视化环境，有助于全球产品开发团队充分发掘PLM信息的价值，并显著提升其制定卓有成效的产品决策的能力。此外，NX 7.0还新增了同步建模技术的增强功能。

4.3 UG NX软件的技术特点

UG NX不仅具有强大的实体造型、曲面造型、虚拟装配和产生工程图的设计功能，而且在设计过程中可以进行机构运动分析、动力学分析和仿真模拟，提高了设计的精确度和可靠性。同时、可用生成的三维模型直接生成数控代码，用于产品的加工，其处理程序支持多种类型的数控机床。另外、它所提供的二次开发语言UG/OPEN GRIP、UG/OPENAPI简单易学，实现功能多，便于用户开发专用的CAD系统。具体来说，该软件具有以下特点：

1)具有统一的数据库，真正实现了CAD/CAE/CAM各模块之间数据交换的无缝接合，可实施并行工程；

2)采用复合建模技术，可将实体建模、曲面建模、线框建模、显示几何建模与参数化建模融为一体；

3）基于特征（如：孔、凸台、型腔、沟槽、倒角等）的建模和编辑方法作为实体造型的基础，形象直观，类似于工程师传统的设计方法，并能用参数驱动；

4）曲线设计采用非均匀有理 B 样线条作为基础，可用多样方法生成复杂的曲面，特别适合于汽车、飞机、船舶、汽轮机叶片等外形复杂的曲面设计；

5）出图功能强，可以十分方便地从三维实体模型直接生成二维工程图。能按 ISO 标准标注名义尺寸、尺寸公差、形位公差汉字说明等，并能直接对实体进行局部剖、旋转剖、阶梯剖和轴测图挖切等，生成各种剖视图，增强了绘图功能的实用性；

6）以 Parasolid 为实体建模核心，实体造型功能处于领先地位。目前著名的 CAD/CAE/CAM 软件均以此作为实体造型的基础；

7）内嵌模具设计导引 MoldWizard，提供注塑模向导、级进模向导、电极设计等，是模具业的首选；

8）提供了界面良好的二次开发工具 GRIP 和 UFUNC，是 UGNX 的图形功能与高级语言的计算机功能紧密结合起来；

9）具有良好的用户界面，绝大多数功能都可以通过图标实现，进行对象操作时，具有自动推理功能，同时在每个步骤中，都有相应的信息提示，便于用户做出正确的选择。

4.4 UG NX 软件的常用功能模块

UG NX 系统由大量的功能模块组成，这些模块几乎涵盖了 CAD/CAM/CAE 各种技术。常用模块如图 4-1 所示。本书主要介绍基本环境、建模、制图以及装配四个模块，其重点是建模模块。

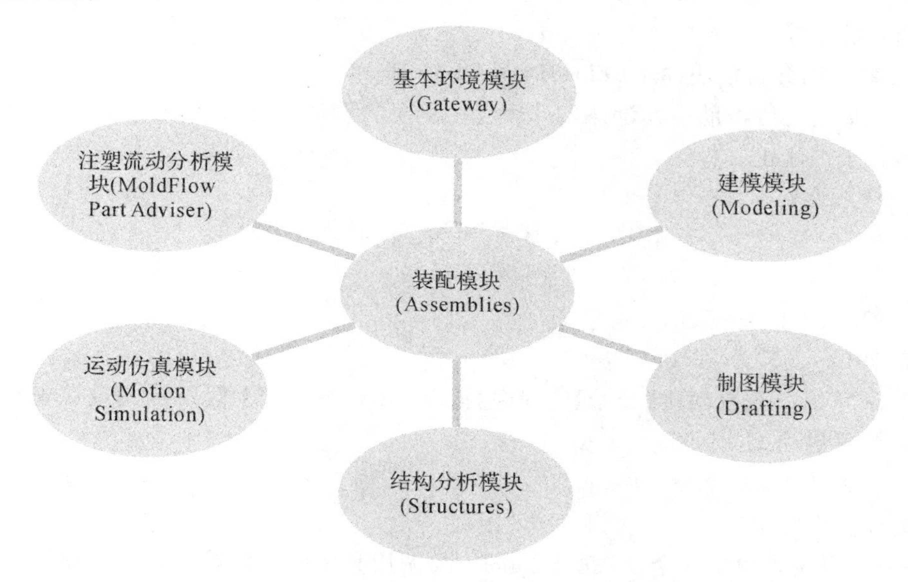

图 4-1 UG NX 系统的功能模块

1. 基本环境模块(Gateway)

启动 UG NX 后，首先进入的就是 Gateway 模块。Gateway 模块是 UG NX 的基础模块，它仅提供一些最基本的功能，如新建文件、打开文件，输入输出不同格式的文件、层的控制、视图定义等，因此是其他模块的基础。

2. 建模模块(Modeling)

该模块提供了构建三维模型的工具，包括：曲线工具、草图工具、成形特征、特征操作、曲面工具等。曲线工具、草图工具通常用来构建线框图；特征工具则完全整合基于约束的特征建模和显示几何建模的特性，因此可以自由使用各种特征实体、线框架构等功能；曲面工具是架构在融合了实体建模及曲面建模技术基础之上的超强设计工具，从而能设计出如工业造型设计产品般的复杂曲面外形。

3. 制图模块(Drafting)

该模块使设计人员能方便地获得与三维实体模型完全相关的二维工程图。三维模型的任何改变会同步更新工程图，不仅减少了因三维模型改变更新二维工程图的时间，而且能确保二维工程图与三维模型完全一致。

4. 装配模块(Assemblies)

该模块提供了并行的自上而下和自下而上的产品开发方法。在装配过程中可以进行零部件的设计、编辑、配对和定位，还可对硬干涉进行检查。

5. 结构分析模块(Structures)

该模块能将几何模型转换为有限元模型，可进行线性静力、标准模态与稳态热传递、线性屈曲分析，同时还支持对装配部件，包括间隙单元的分析，分析的结果可用于评估各种设计方案，优化产品设计，提高产品质量。

6. 运动仿真模块(Motion Simulation)

该模块可对二维或三维机构进行运动学分析、动力学分析和设计仿真，可以完成大量的装配分析，如干涉检查、轨迹包络等；还可以分析反作用力，并用图表示各构件位移、速度、加速度的相互关系等。

7. 注塑流动分析模块(MoldFlow Part Adviser)

使用该模型可以帮助模具设计人员确定注塑模的设计是否合理，检查出不合适的注塑模几何体并予以修正。

4.5 UG NX工作流程

UG NX的工作流程如下：

1)启动UG NX。

以UG NX8.5选择菜单【开始】|【程序】|【Siemens NX8.5】|【NX8.5】或双击桌面上的UG NX8.5可启动UG NX。

2)新建或打开UG NX文件。

3)选择应用模块。

UG NX系统是由十几个模块所构成的。要调用具体的模块，只需在【应用】菜单或【标准】工具条的【开始】下拉菜单中选择相应的模块名称即可。

4)选择具体的应用工具，并进行相关的设计。

不同的模块具有不同的应用工具。通常【建模】模块的应用工具通常分布在【插入】和【编辑】菜单中。例如曲线、实体特征、曲面特征等应用工具位于【插入】菜单下，相应曲线、实

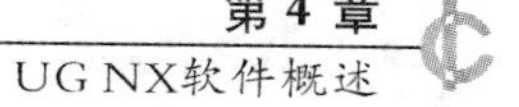

体特征、曲面特征的编辑工具位于【编辑】菜单下。

5)保存文件。

6)退出 UG NX 系统。

4.6 基于 UG NX 的产品设计流程

基于 UG NX 的产品设计流程,通常是先对产品的零部件进行三维造型,在此基础上再进行结构分析、运动分析等,然后再根据分析结果,对三维模型进行修正,最终将符合要求的产品模型定型。定型之后,可基于三维模型创建相应的工程图样,或进行模具设计和数控编程等。因此,用 UG NX 进行产品设计的基础和核心是构建产品的三维模型,而产品三维造型的构建其实质就是创建产品零部件的实体特征或片体特征。

实体特征通常由基本体素(如矩形、圆柱体等)、扫描特征等构成,或在它们的基础上通过布尔运算后获得;对于扫描特征的创建,往往需要先用曲线工具或草图工具创建出相应的引导线与截面线,再利用实体工具来构建。

片体特征的创建,通常也需要先用曲线工具或草图工具创建好构成曲面的截面线和引导线,再利用曲面工具来构建。片体特征通过缝合、增厚等操作可创建实体特征;实体特征通过析出操作等也可以获得片体特征。

使用 UG NX 进行产品设计的一般流程如图 4-2 所示。

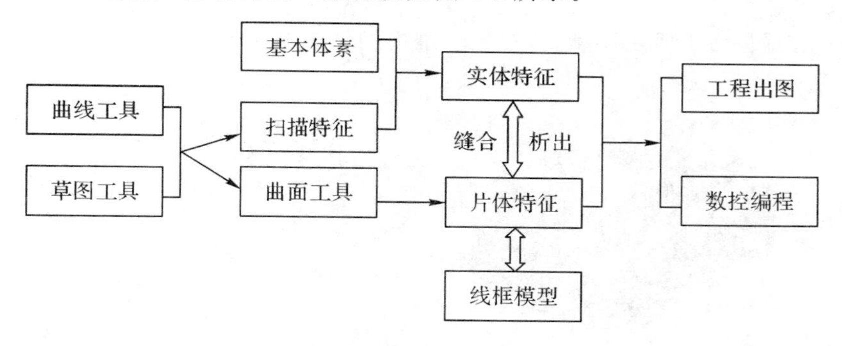

图 4-2 UG NX 产品设计的一般流程

4.7 本章小结

本章从发展历史、技术特点、常用工作模块等方面对 UG NX 软件进行介绍,使读者对 UG NX 软件有一个概貌性的了解。然后给出了 UG NX 的工作流程,最后介绍了基于 UG NX 的产品设计流程。

4.8 思考与练习

1. UG NX 软件有哪些技术特点?
2. UG NX 软件有哪些常用功能模块?各自的功能是什么?
3. 使用 UG NX 的一般流程包含哪些步骤?

第5章　UG NX入门实例

本章将介绍一个简单零件的建模过程，通过对本例的学习与揣摩，读者可以快速认识与了解UG NX8.5，掌握UG NX的一般造型思路和设计流程。

本章学习目标

- 掌握UG NX产品建模流程；
- 了解草图的创建；
- 了解实体建模；
- 了解工程图的创建。

5.1　一个入门实例

例5-1　完成图5-1所示模型，并根据三维模型创建相应的工程图纸。

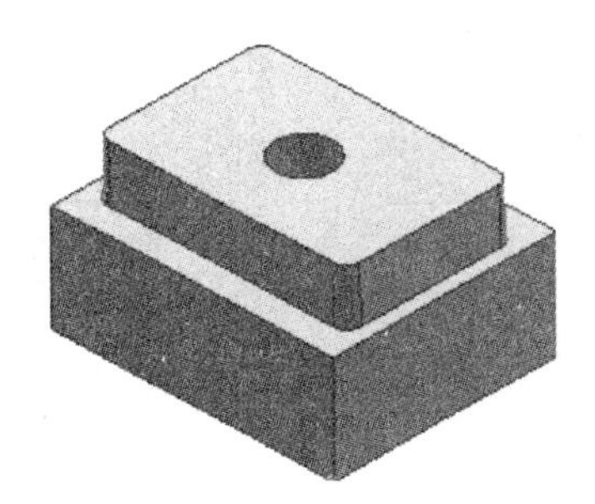
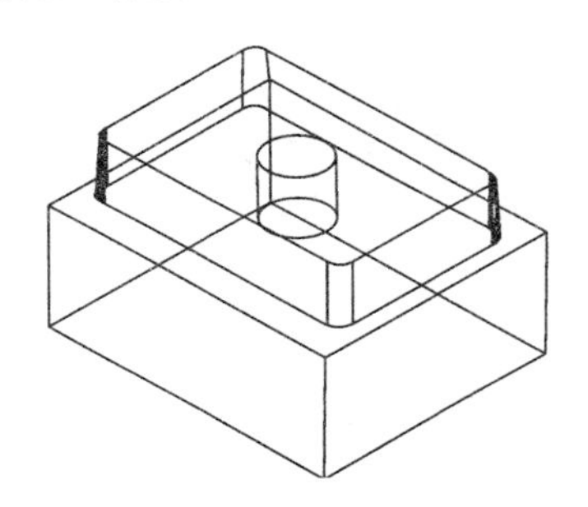

图5-1　入门实例模型图

1. 新建文件

按快捷键Ctrl+N，调出【新建文件】对话框。指定文件的存储位置、部件名及单位后单击【确定】按钮。

2. 规划与设置图层

1)规划图层

本例是将二维截面线拉伸成实体，再在实体上添加详细特征，最后根据三维实体创建工程图。故初步规划将二维截面线放置在第41层，实体放置在第1层，工程图纸放置在第61层。

2)设置图层

按Ctrl+L，调出【图层设置】对话框；将【工作层】文本框中的数字改为41，然后按回车键，即可将41层设置为工作层，按MB2退出对话框。

3. 创建二维截面线

单击【曲线】工具条中的【矩形】命令，弹出点构造器；在 XC、YC、ZC 三个文本框中输入坐标点（－50，40，0）后按 MB2，再次输入坐标（50，－40，0）并按 MB2，即可绘制出 100×80 的矩形框，如图 5-2 所示；单击对话框中的【取消】按钮退出对话框。

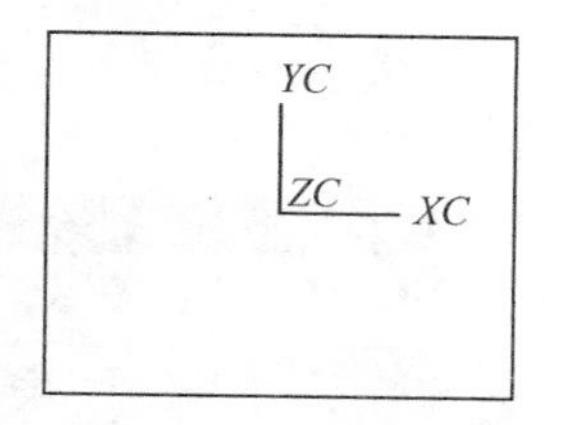

图 5-2　绘制 100×80 矩形框

4. 创建基体

1）将工作层切换到放置实体的层。

按 Ctrl＋L 调出【图层的设置】对话框，将【工作层】文本框中的数字改为 1，然后按回车键，即可将第 1 层设置为工作层，按 MB2 退出对话框。

2）创建拉伸体。

（1）单击【特征】工具条上的【拉伸】命令，或者选择菜单【插入】|【设计特征】|【拉伸】命令，或者直接按快捷键 X，弹出【拉伸】对话框，如图 5-3(a)所示。

（2）在选择条上的【曲线规则】下拉列表中选择【相连曲线】，再选择矩形轮廓线中的一条直线（即可选中矩形的四条边）。

（3）输入开始距离为 0，结束距离为 60，如图 5-3(b)所示。

（4）单击【确定】按钮，即可生成实体，如图 5-3(c)所示。

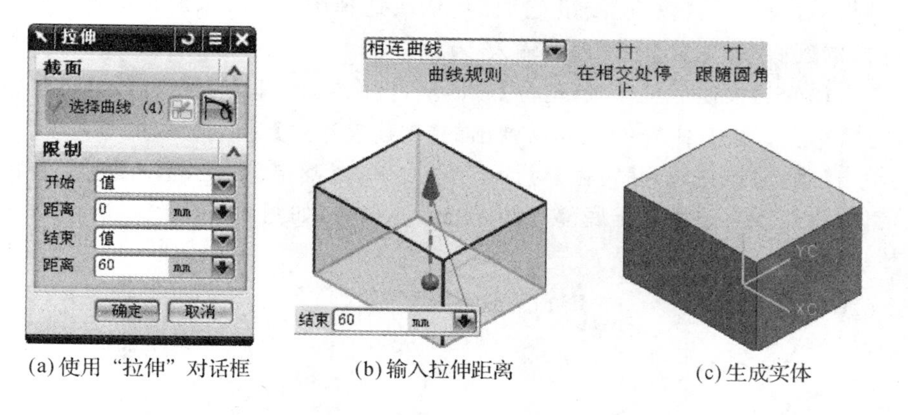

(a) 使用“拉伸”对话框　(b) 输入拉伸距离　(c) 生成实体

图 5-3　创建拉伸体的步骤

5. 绘制凸垫

1）调用【垫块】命令：单击【特征】工具条上的【垫块】命令，弹出【凸垫】对话框，如图 5-4 所示。

2）指定垫块的类型、放置面及参考线：单击对话框中的【矩形】按钮，弹出【矩形垫块】对话框，选择拉伸体的上表面作为矩形垫块的放置面。指定放置面后，系统弹出【水平参考】对话框，选择如图 5-5 所示拉伸体的实体边缘作为水平参考。

3）指定矩形垫块参数：指定水平参考线后，系统会接着弹出如图 5-6 所示的对话框，依次输入 90，60，20，5，2。

4）定位凸台

（1）按 MB2 或单击【确定】按钮后，系统将弹出如图 5-7 所示的【定位】对话框。

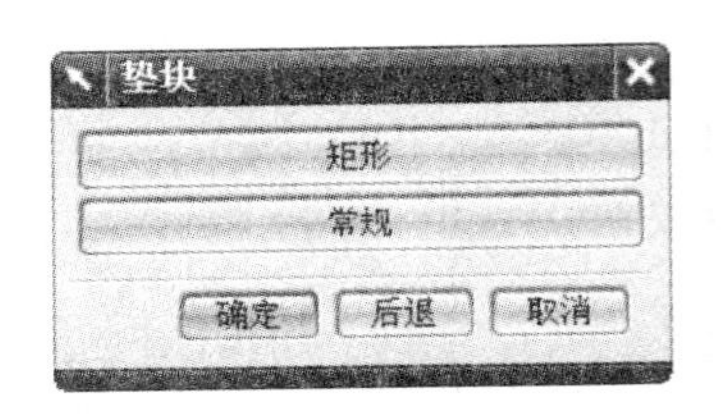

图 5-4　垫块对话框

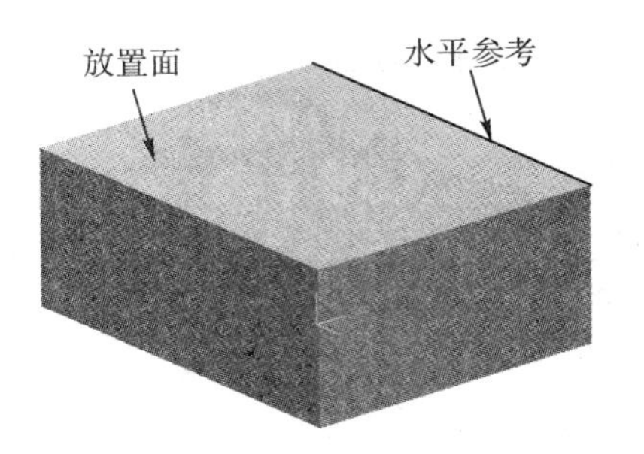

图 5-5　选择水平参考

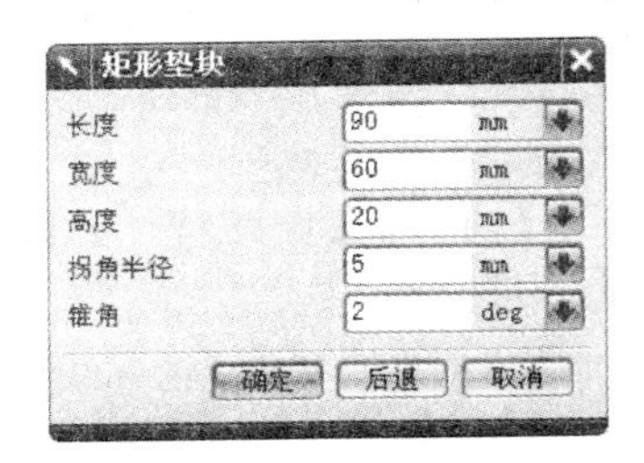

图 5-6　输入矩形垫块参数

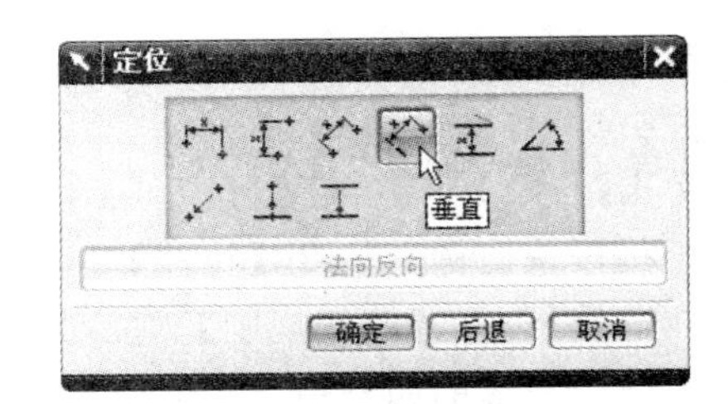

图 5-7　定位对话框

(2)单击对话框中的【垂直】按钮，然后依次选择图 5-8 所示的目标边 1 和工具边 1，在随后弹出的【创建表达式】对话框中输入 10。

(3)单击【确定】按钮后又回到【定位】对话框，再次单击【垂直】按钮，然后依次选择图 5-8所示的目标边 2 和工具边 2，在随后弹出的【创建表达式】对话框中输入 5。

(4)单击【确定】按钮回到【定位】对话框，再次单击【确定】按钮，退出【定位】对话框。通过以上定位，将使矩形垫块位于底部拉伸体的中心位置，如图 5-9 所示。

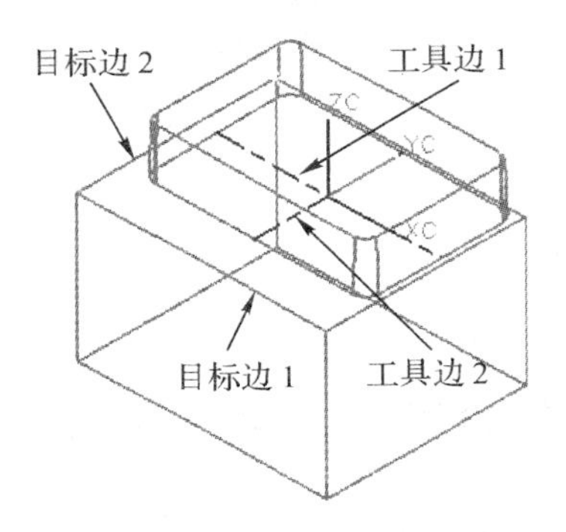

图 5-8　目标边和工具边的选择

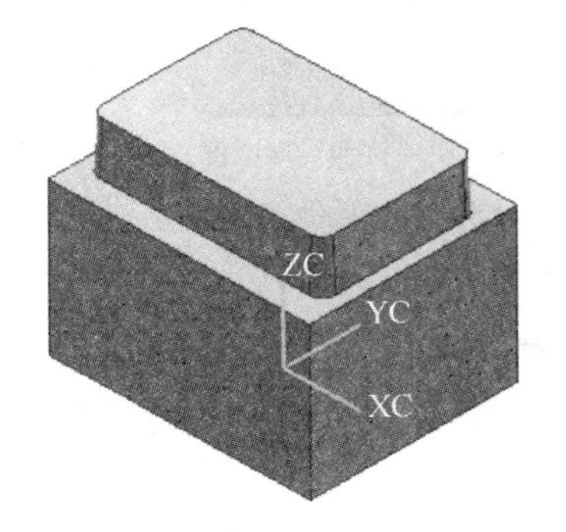

图 5-9　绘制完成的垫块

6. 绘制简单孔

1)调用【孔】工具：单击【特征】工具条上的【孔】，或选择菜单【插入】|【设计特征】|【孔】命令，弹出如图 5-10(a)所示的【孔】对话框。

2)指定孔类型及孔参数：在【类型】下拉列表中选择【常规孔】，在【形状和尺寸】组中的【成形】下拉列表中选择【简单】，然后在数值框中依次输入孔的参数，如图 5-10(a)所示。

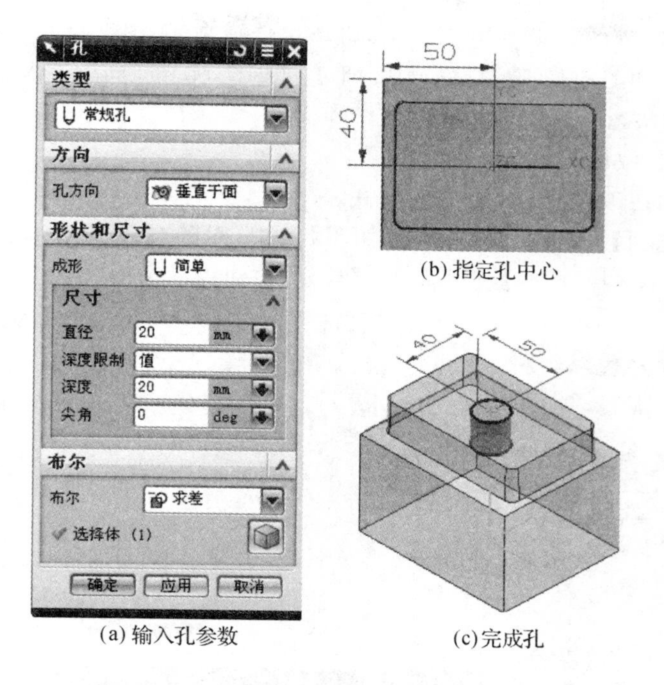

(a) 输入孔参数

(b) 指定孔中心

(c) 完成孔

图 5-10　绘制简单孔

3)指定孔放置面:选中凸台的上表面作为孔的放置面。

4)指定圆孔中心:指定圆孔的放置面后,系统自动激活草图功能,并弹出【点】对话框;先在任意位置创建一个点,然后为其标注尺寸,如图 5-10(b)所示;单击工具条上的按钮 完成草图 ,退出草图模块。

5)单击【确定】按钮,即可创建指定参数的简单孔,如图 5-10(c)所示。

7. 编辑实体模型

双击拉伸体,系统弹出如图 5-3(a)所示的对话框;将【结束】文本框中的数字改为 40,按 MB2 即可修改拉伸体的高度。

8. 创建工程图纸

1)图层设置

(1)消隐图层

为避免二维截面线对工程图的影响,在创建工程图之前应将二维图隐藏。可以用【隐藏】工具来隐藏二维截面线,但鉴于本例中二维截面线位于第 41 层,隐藏了第 41 层,就隐藏了二维截面线。所以按快捷键 Ctrl+L 调出【图层设置】对话框,选择第 41 层后,单击对话框上的【设为不可见】按钮,即可隐藏 41 层,从而达到隐藏二维截面线的目的。

(2)设置 61 层作为工程图放置层

在【实用工具】条上的【工作图层】组合框中输入 61,然后按回车键,即可将 61 层设置为工作层,如图 5-11 所示。

图 5-11　设置工作图层

2)创建工程图纸

在【标准】工具条的【开始】下拉菜单中选择【制图】命令,进入制图模块;选择【图纸】工具条的【新建图纸页】按钮，进入图纸页对话框，将单位选择毫米、图纸尺寸选择 A3、投影方式选择第一角度投影，如图 5-12 所示；按 MB2 即可生成工程图纸，同时进入制图模块；再次按 MB2 退出添加视图状态。

3)工程图纸的参数设置

(1)指定隐藏线在工程图纸中的显示方式

选择菜单【首选项】|【视图】命令，弹出如图 5-13 所示的对话框，选择【隐藏线】选项卡，在【线型】下拉列表中选择【虚线】线型后单击【确定】按钮。

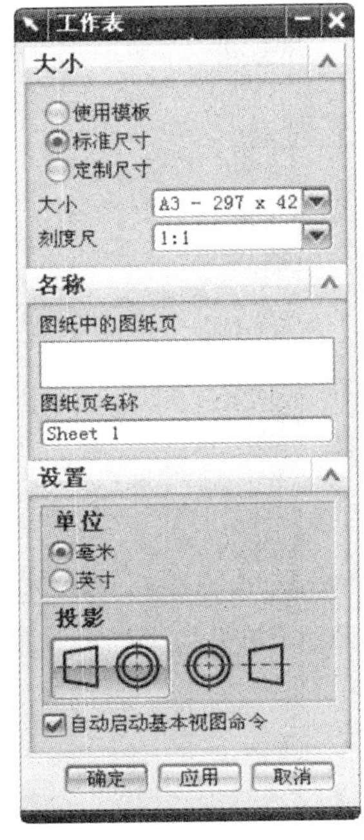

图 5-12　选择图纸参数

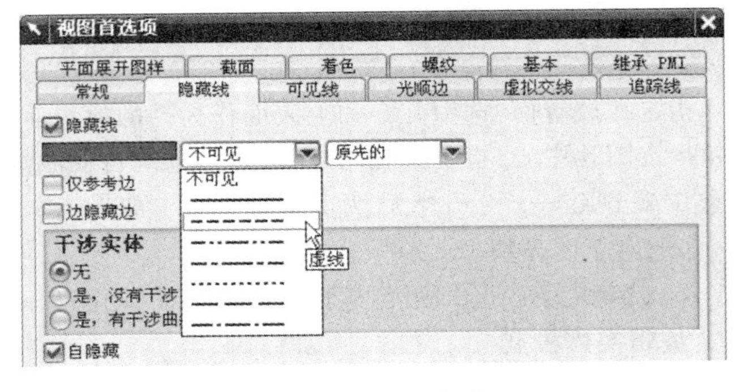

图 5-13　设置线形

(2)指定标注参数

①选择菜单【首选项】|【注释】命令，弹出【注释首选项】对话框。

②单击【单位】选项卡，在单位下拉框中选择【毫米】后确定(指定标注单位为“毫米”)，如图 5-14(a)所示。

③切换至【尺寸】选项卡，在精确至小数点后几位的设置下拉框中选择 0(指定标注尺寸的数据类型：小数点后 0 位)，如图 5-14(b)所示。

④按 MB2 直到退出对话框。

(3)设置视图边界

选择菜单【首选项】|【制图】命令，弹出【制图首选项】对话框，切换到【视图】选项卡，取消选择【显示边界】复选框，如图 5-15 所示。

4)添加视图

(1)选择菜单【插入】|【视图】|【基本视图】命令，或单击【图纸】工具条中的【基本视图】命令，弹出如图 5-16 所示对话框。

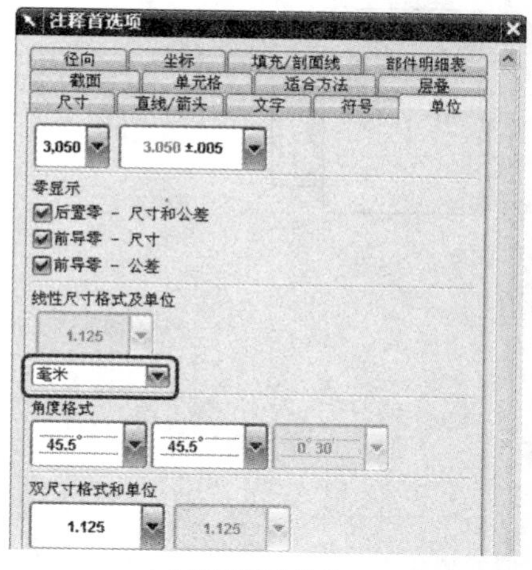

(a) 选择标注单位

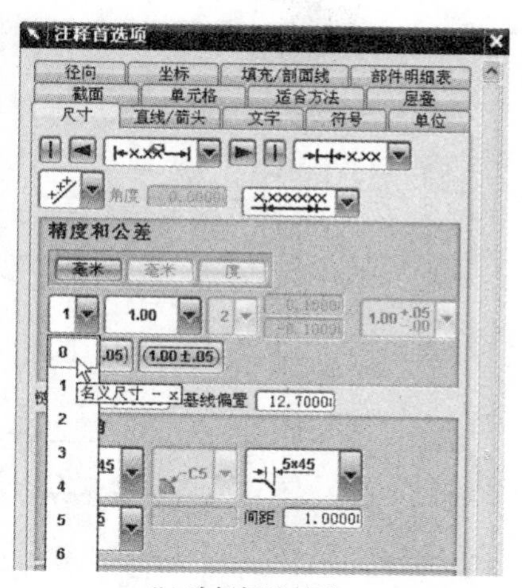

(b) 选择标注精度

图 5-14

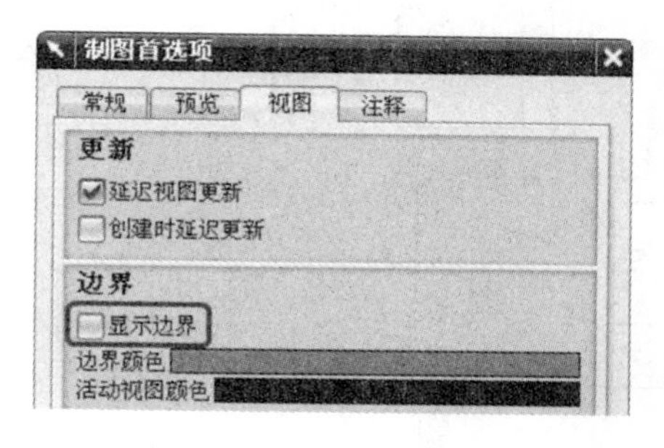

图 5-15　设置视图边界

图 5-16　添加视图

(2)在下拉列表框中选择【俯视图】作为输入模型，然后在图纸区中的适合位置按 MB1，即可将俯视图引入到工程图中，如图 5-17 所示。

(3)向下移动鼠标，在适合的位置按 MB1 即可生成侧视图；向右移动鼠标，在适合的位置按 MB1 即可生成右视图；按 MB2 退出视图添加状态。结果如图 5-18 所示。

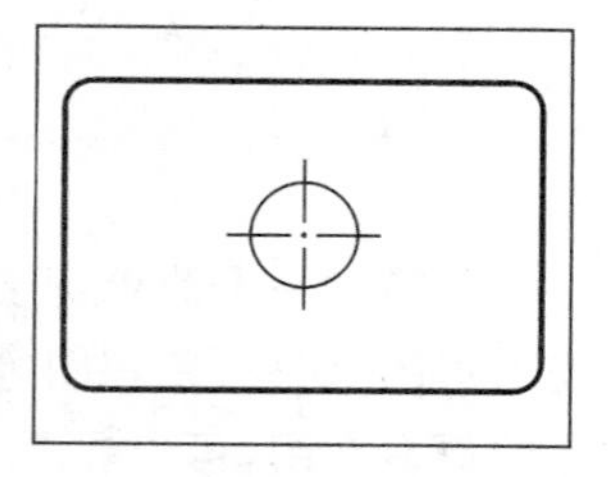

图 5-17　模型的俯视图

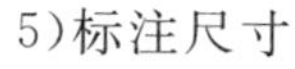

5)标注尺寸

选择菜单【插入】|【尺寸】|【自动判断】命令，或单击【尺寸】工具条中的【自动判断尺寸】命令，对图纸中的视图进行尺寸标注，如图 5-19 所示。

9. 保存文件

使用快捷键 Ctrl ＋ S，将绘制完的图形保存至硬盘。

在建模过程中，每完成一项工作就应保存文件，以免由于突发事件，造成无谓的损失。

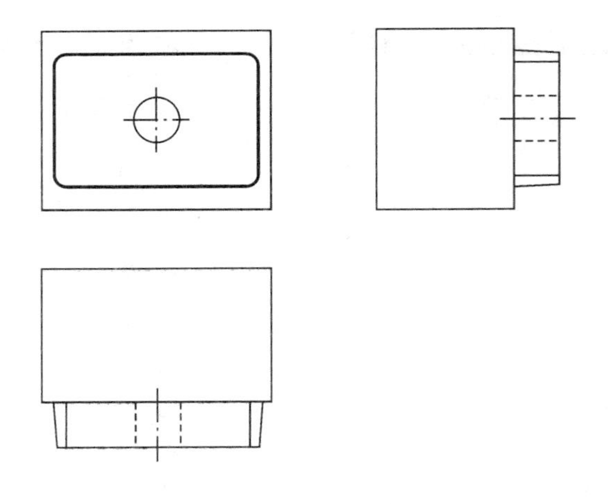

图 5-18　生成模型的侧视图

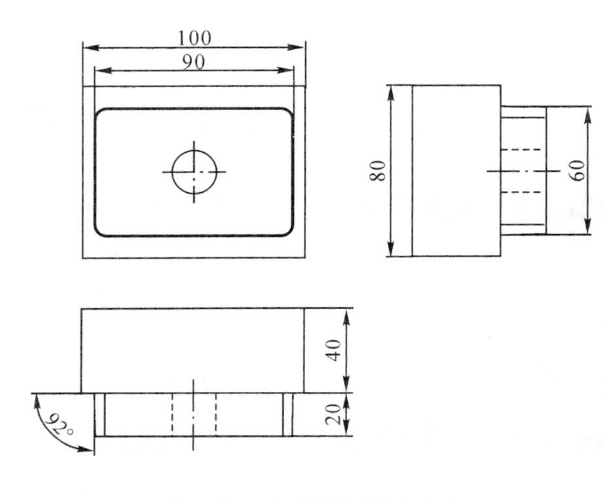

图 5-19　自动标注模型尺寸

5.2　本章小结

本章通过一个简单例子介绍了 UG NX8.5 产品建模的流程。虽然模型比较简单，但是涵盖了草图、实体、工程图等部分内容，以及图层设置、拉伸、凸垫、孔等常用功能。至于功能命令的更多介绍，可以参考后面章节的内容。

5.3　思考与练习

1. 简述 UG NX8.5 产品建模的典型流程。
2. 本章所讲述的入门实例用到了 UG NX8.5 中哪几个功能模块以及哪些命令？

第 6 章　UG NX基本操作

学习 UG NX，必须先了解 UG NX 的工作环境、常用工具以及基本元素等，这些都是进一步学习的基础，也是开展正式工作的前提。通过本章的学习，要对 UG NX 的基本操作有一个比较全面的了解，因此在本章学习过程中要多思考、多领悟，以将这些基本技能彻底融会贯通。

本章学习目标

- 熟悉 UG NX 的用户界面、常用菜单、快捷菜单和常用工具条；
- 掌握中英文界面、工具条、用户默认设置、模板、角色等环境定制的方法；
- 掌握鼠标、快捷键、对象选择的应用；
- 掌握 UG NX 常用工具：图层、组、坐标系等；
- 掌握点、矢量、平面等基本元素的创建方法。

6.1　UG NX 工作环境

6.1.1　UG NX 用户界面

1. 标准显示窗口

启动 UG NX8.5 软件后，通过【标准】|【新建】命令，再选择文件类型为【模型】，即可进入到【建模】模块中，其界面如图 6-1 所示。

1)标题栏

标题栏的主要作用是显示应用软件的图标、名称、版本、当前工作模块以及文件名称等。

2)菜单栏

菜单栏由 13 个主菜单组成，几乎包含了所有的 UG NX 功能命令。与所有的 Windows 软件一样，单击任意一项主菜单，便可得到它的一系列子菜单。

3)工具栏

单击工具栏上的图标，即可调用相应的操作命令。在 UG NX8.5 中，工具栏已按功能类别分成多个工具条，同一类的操作命令放在一个工具条上。

4)选择条

在建模时选用相应的命令，对模型中的点、线、面、体等特征进行过滤，以便于对单个特征进行选择操作。

5)提示栏和状态栏

提示栏的作用是显示与操作相关的提示信息。在执行每个指令步骤时，系统均会在提示栏中显示使用者必须执行的动作，或提示使用者的下一个动作。

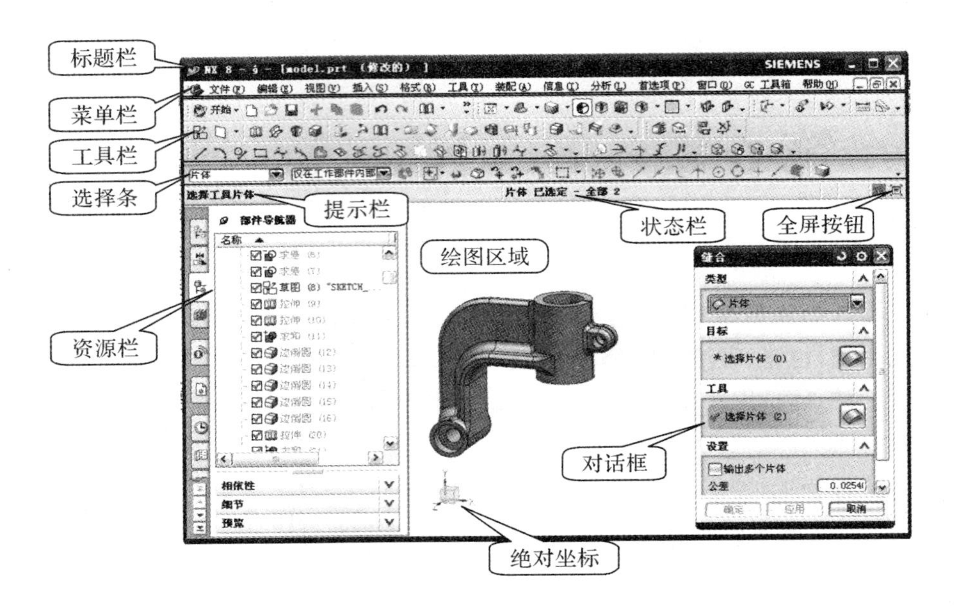

图 6-1　UG NX 用户界面

状态栏位于提示栏的右边，其作用是显示系统及图素的状态信息。如选择点时，系统会显示当前鼠标指针的点信息；系统执行某个指令之后，状态栏会显示该指令结束的信息

6）资源栏

资源栏用于放置一些常用的工具，包括装配导航器、部件导航器、历史、角色等。部件导航器以树的形式记录了特征的建模过程。装配导航器显示装配树及其相应的操作。在导航器树形图的节点上右击，就会弹出相应的快捷菜单，因而可以方便地执行对该节点的操作，如显示尺寸，编辑参数，删除、抑制和隐藏体等。

7）绘图区域

创建、显示和修改 CAD 模型的区域。

绘图区域的背景颜色也是可以定制的，选择菜单【首选项】|【背景】，即可定制背景颜色。

8）对话框

对话框的作用是实现系统与用户的交互，属性的选择与参数的设置。对话框通常由动作按钮、下拉列表框、文本框等构成，如图 6-2 所示。

- 文本框：用于输入或显示文字或数值；
- 矢量反向按钮：使当前的矢量反向；
- 下拉列表按钮：单击该按钮，会弹出一下拉列表；
- 下拉列表：列出可以选择或操作的对象，其选项内容可能是文字也可能是图形；
- 单选按钮：在一组待选项中，只能同时选一个选项；
- 复选按钮：在一组待选项中，只能选一项；选中的选项，一般以“√”标识；
- 滑块：用鼠标拖动，可获得某一数值或百分比值；
- 预览及动作按钮：单击该按钮可以完成某个动作，或弹出另一个对话框，对话框中常用的动作按钮和它们的含义如表 6-1 所示。

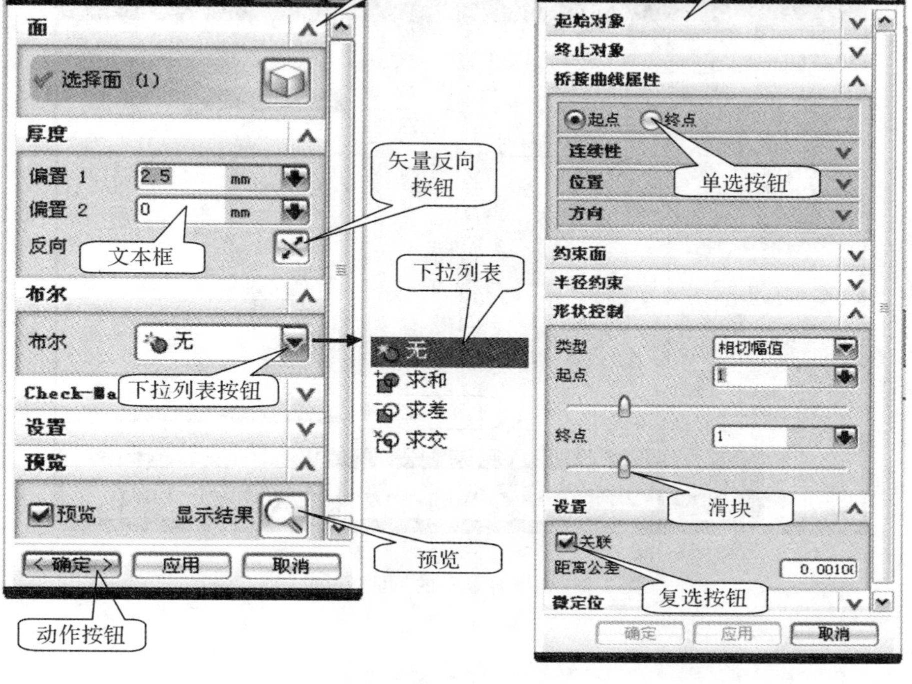

图 6-2　UG NX 的对话框

表 6-1　UG NX 的动作按钮及含义

按　钮	含　　义
【确定】	完成操作并关闭对话框或显现下一个对话框
【应用】	完成操作但不关闭对话框，可以继续使用该对话框
【后退】	回到上一个对话框或取消上一个选取的对象
【取消】	取消操作并关闭对话框

关于界面中绝对坐标系的介绍，请参照本章 6.6 小节。

2. 全屏幕显示窗口

单击图 6-1 右上角的全屏按钮，即可进入全屏幕显示窗口。利用全屏幕选项，当菜单栏、工具条、资源条以及选择条均被移除时，用户将在图形窗口拥有更多的屏幕空间。在全屏幕显示的情况下，通过【工具条管理器】可以访问菜单条和所有 UG NX 命令。利用全屏按钮可以使窗口在标准显示与全屏幕显示之间切换。

图 6-3 展示了全屏幕显示的 UG NX 窗口的基本组成。

6.1.2　鼠标操作

通常使用的鼠标有三种配置类型，如图 6-4 所示。

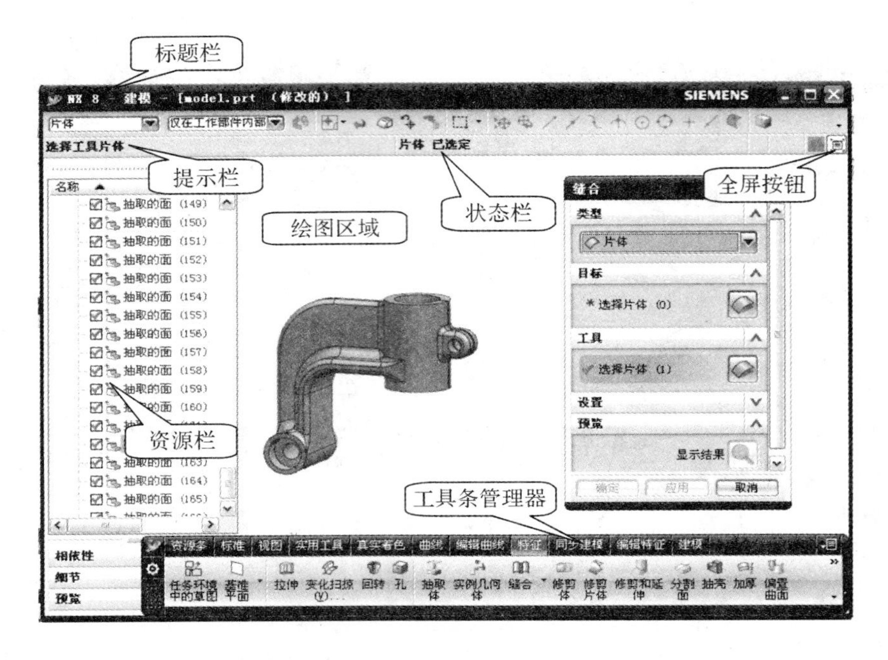

图 6-3　全屏幕显示的 UG NX 窗口

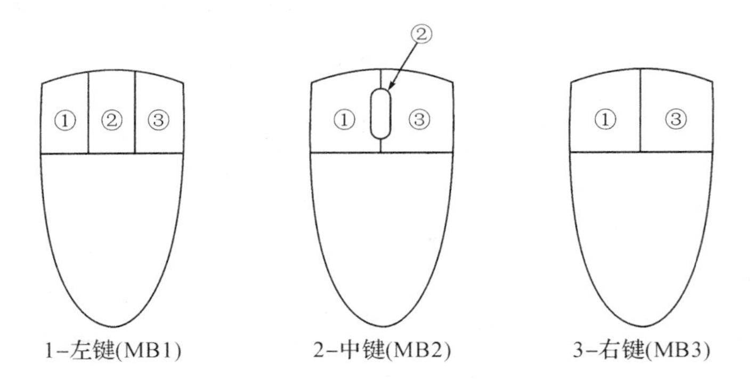

图 6-4　常用鼠标按键

1）在一个两键鼠标上，当需要使用中键时，同时使用左、右键即可。

2）在一个三键鼠标上，可以组合使用鼠标键。

- 中键＋右键（MB2＋MB3）：平移对象。
- 中键＋左键（MB2＋MB1）：缩放对象。

使用鼠标键可以执行的动作如表 6-2 所示。

表 6-2　鼠标按键及对应动作

鼠标键	动　作
鼠标左键①	选择或拖拽对象
鼠标中键②	对话框打开时，按 MB2，相当于单击对话框上的默认按钮（一般情况下为【确认】按钮） 在图形窗口中按下 MB2 的同时拖动鼠标即可旋转几何体 按住 Ctrl 键＋MB2 不放，拖动鼠标即可缩放几何体 按住 Shift 键＋MB2 不放，拖动鼠标即可平移几何体
鼠标右键③	显示各种功能的快捷菜单
旋转滚轮②	在图形窗口中缩放视图 在列表框中、菜单中和信息窗口中上下滚卷

6.1.3　常用菜单

1. 文件

【文件】菜单提供了文件管理的功能，要求掌握以下菜单项。

1）新建

创建一个新文件，快捷键为 Ctrl＋N。新建文件时必须指定文件的模板类型、存放路径和文件名。选择不同的模板类型，【新建文件】对话框右上角【预览】区内会自动显示模板的样式。

2）打开

打开 UG NX 文件，快捷键为 Ctrl＋O。通过【打开部件文件】对话框浏览到欲打开的文件，单击【OK】按钮即可。

直接击 UG NX 文件也可打开该文件。

UGNX 8.5 如要打开或保存含有中文路径的文件，须在【我的电脑】|【高级】|【环境变量】|【新建系统变量】，变量名：UGII_UTF8_MODE；变量值：1。

3）关闭

该命令仅能关闭 UG NX 文件，而不能关闭 UG NX 软件。【关闭】菜单项下还有多个子菜单项，其中常用的有以下 3 个：

- 选定的部件：关闭指定的文件。选择该选项，会弹出一个对话框，列出当前所有已打开的文件，选择要关闭的文件，再单击【OK】按钮，即可关闭指定的文件。
- 所有部件：关闭当前所有已经打开的文件。
- 保存并关闭：保存并关闭当前文件。

4）保存

保存文件，快捷键为 Ctrl＋S。为避免由于操作失误或死机等原因造成文件丢失或损坏，在三维造型过程中，每隔一段时间就应按快捷键 Ctrl＋S 保存当前文件。

5）导入/导出

导入/导出其他格式文件。通过该功能可以实现 UG NX 与其他软件的数据交换。

6）退出

退出 UG NX 系统，关闭软件。

2. 编辑

1)撤消列表

单击【编辑】|【撤消列表】,会弹出一个子菜单,列出能够撤消的一些操作,选择其一就可以恢复到相应的状态。

2)删除

用于删除指定的几何元素,快捷键为 Ctrl+D。按快捷键 Ctrl+D 后会弹出【类选择】,选择欲要删除的几何对象后,单击鼠标中键即可删除所选的几何对象。

删除几何对象的另两种方法是:①选择欲要删除的几何对象,然后按键盘上的【Del】键;②选择要删除的对象,并在其上单击鼠标右键,再在快捷菜单中选择【删除】命令。

如果欲删除的几何对象是其他几何对象的父节点,则无法删除该几何对象。为达到"消除"该对象的目的,可将其隐藏,或将其移动至"不可见图层"上。

---

3)显示和隐藏

建模过程中,经常需要隐藏一些实体,使系统仅显示出需要的实体。【显示和隐藏】菜单项中又包括有若干个子菜单项,其中须掌握的菜单项如下。

- 隐藏:隐藏指定的几何对象,快捷键为 Ctrl+B。调用该命令后,会弹出【类选择】对话框,选择欲要隐藏的对象后,单击鼠标中键即可(与删除对象的操作相似)。
- 反向隐藏全部:互换隐藏与显示的对象,即隐藏正在显示的对象,并将原来隐藏的对象显示出来。快捷键为 Ctrl+Shift+B。
- 取消隐藏所选的:从隐藏的对象中选择出一个或若干个几何对象,并显示出来。快捷键为 Ctrl+Shift+K。调用该命令后,会弹出【类选择】对话框,并且系统会临时显示所有隐藏的对象,选择欲显示的对象后,单击鼠标中键即可将所选择的几何对象由隐藏状态改变成显示状态。
- 显示部件中所有的:显示部件中的所有对象,包括原来处于隐藏状态的对象,快捷键为 Ctrl+Shift+U。

4)对象显示

修改几何对象的工作图层、颜色、线型等属性,快捷键为 Ctrl+J。调用【对象显示】命令后,会弹出一个【类选择】对话框;选择欲改变显示属性的对象后,单击鼠标中键,会弹出如图 6-5所示的【编辑对象显示】对话框;修改相应的属性后,单击鼠标中键即可。常用的选项如下:

- 图层。文本框中的数字为所选对象所在的图层。修改数字并按回车键,即可将对象移动到对应的图层。
- 颜色。更改对象的显示颜色。单击颜色按钮,然后在【颜色】对话框中选取一种颜色即可。若需更多颜色选项,请单击【颜色】对话框中的【资源板】按钮,再进行选取;若要获取某个几何体对象的颜色,请单击【颜色】对话框中的按钮,然后选择几何体对象,系统会自动取得所选对象的颜色。
- 线型。指定曲线的线型。在其下拉列表中选择一种线型即可。
- 宽度。指定曲线的宽度。UG NX 提供了三种线宽:细线宽度、正常宽度、粗线宽度。需注意的是只有通过菜单【首选项】|【可视化】|【直线】调用的对话框中的【显示宽度】选项选

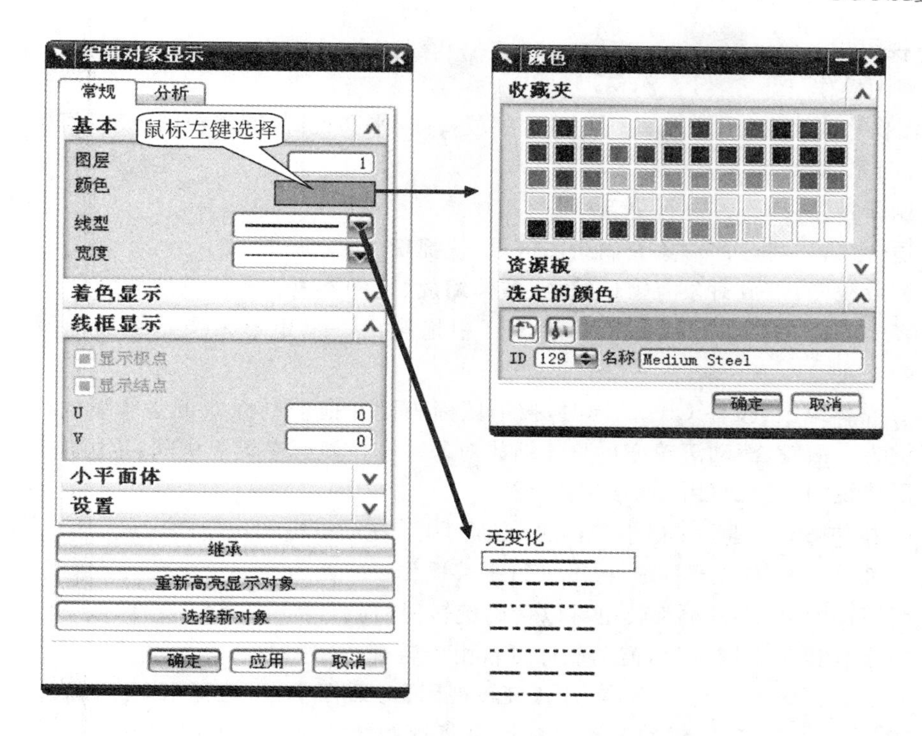

图 6-5　编辑对象显示对话框和颜色对话框

中的情况下才能显示曲线的宽度。

● U/V(网络数)。在线框模式下,实体的面和曲面可用网格面来显示,如图 6-6 所示。U、V 方向的网格数可以修改:单击【编辑对象显示】对话框中的【线框显示】,然后在 U、V 文本框中输入 U、V 方向对应的网络数,通过【视图工具条】|【静态线框】选项,即可对 U、V 线进行察看。

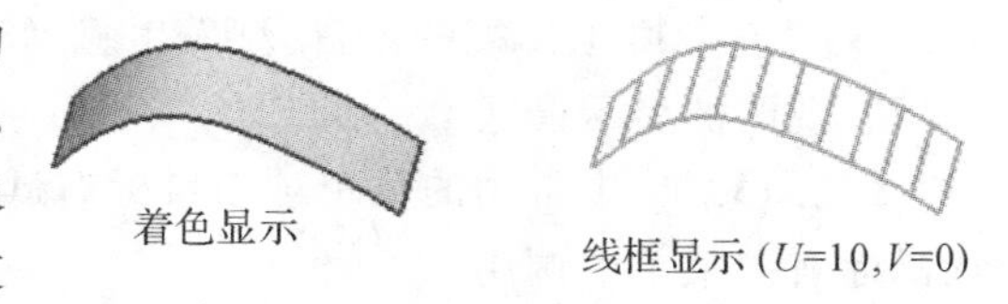

图 6-6　不同的面显示方式

5)移动对象

移动对象是指将几何对象作平移、旋转、点到点移动、CSYS 到 CSYS 移动等操作。每种移动都有两种选择:复制或移动,其区别在于移动是将原有图素移动到新的位置;复制是保留原有图素,并在新的位置上绘制相同的图素。

按快捷键 Ctrl＋T,弹出【类选择器】对话框;选择欲变换的几何体后,单击鼠标中键,会弹出如图 6-7 所示的【移动对象】对话框,要求用户选择变换类型。UG NX 共提供了 10 种变换类型,常用的有:距离、角度、点到点、CSYS 到 CSYS,具体操作请参见 6.8.2 节。

图 6-7　移动对象对话框

3. 视图

1)视图操作

视图操作主要包括：刷新、适合窗口、缩放视图、平移视图、旋转视图、设置视图为WCS、重新生成工作视图等。

- 刷新：对当前部件进行更新操作。
- 适合窗口：将几何对象充满绘图区域，快捷键为Ctrl+F。
- 缩放视图：缩放对象有窗口缩放、整体缩放、比例缩放和非比例缩放之分。

  ☆ 窗口缩放：缩放状态下，在绘图区中拖拉出一个矩形来指定缩放范围。快捷键为F6。

  ☆ 整体缩放：按住Ctrl的同时，按下鼠标中键并拖动鼠标即可整体缩放视图。若中键为一滚轮，滚动滚轮亦可整体缩放对象。按住鼠标左键+中间，也可进行缩放。
- 平移视图：可以自由平移绘图区域。

  ☆ 按住Shift键+鼠标中键，光标变成手形，拖动鼠标即可绘图区域。

  ☆ 按住鼠标中间+右键，也可进行平移操作。
- 旋转视图：可以自由旋转也可以精确旋转视图。

  ☆ 按住鼠标中键不放，拖动鼠标可自由旋转视图。

  ☆ 按快捷键Ctrl+R，在弹出的【旋转视图】对话框中，可选择X轴、Y轴、Z轴或【任意】四个图标之一，然后拖动鼠标即可将视图绕X轴、Y轴、Z轴或自由旋转。选择X轴、Y轴或Z轴后，还可以在对话框中设置旋转的角度，从而实现精确旋转。
- 设置视图为WCS：将绘图区域按当前WCS坐标放正。
- 重新生成工作视图：当模型发生显示变形时，可使用此功能对视图进行更新。

2)视图的显示模式

【视图】菜单中常用的菜单项与鼠标右键菜单项内容相似，因此，为了操作方便，通常是从鼠标右键菜单中调用。

在视图区域的空白处，单击鼠标右键，会弹出如图6-8所示的快捷菜单。

在快捷菜单中，选择【定向视图】中的某个视图，可以将视图调整为相应的视图位置。

“前视图”是从Y轴的负方向观察三维模型得到的视图。若建好三维模型后，还需要创建工程图，则在创建三维模型时，应规划好三维模型的布局。

---

3)设置旋转点

选择右键菜单中【设置旋转点】，对绘图区域中的任意位置进行捕捉，再拖动鼠标即可将视图绕该点旋转。

4)实体的显示模式

选择右键菜单中【渲染模式】下的各种选项可以调整实体的显示模式，如图6-9所示。

常用的显示模式及它们的对比如图6-10所示。

- 局部着色：指部分表面用着色方式，其他表面用线框方式显示。一般用于突出表面对象的某一部分，适用于复杂零件或装配图。

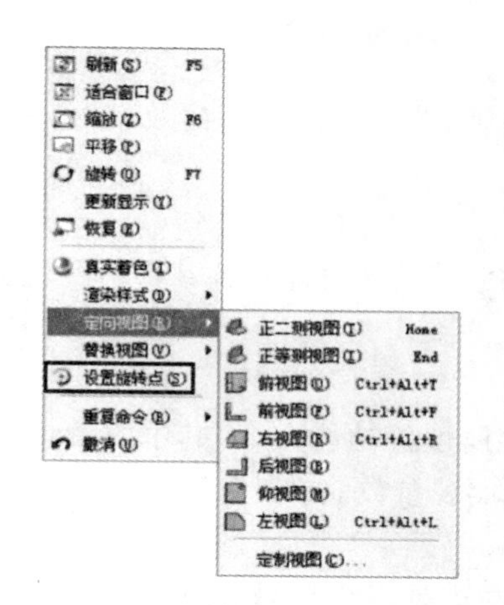

图 6-8　视图显示模式菜单

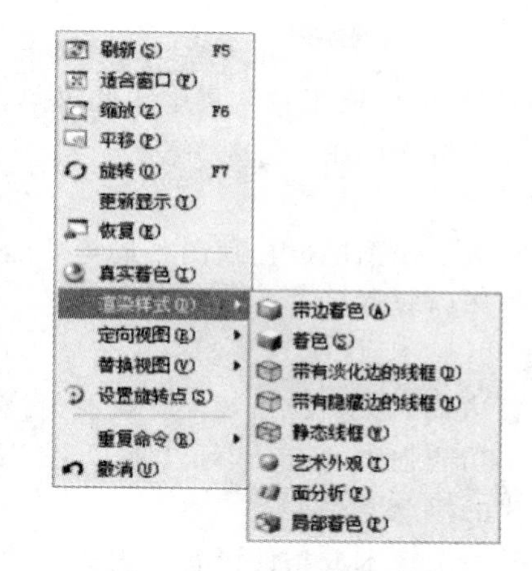

图 6-9　实体显示模式菜单

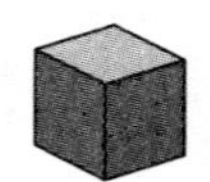

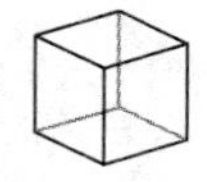
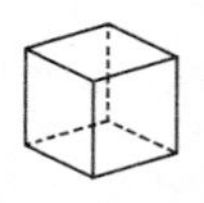
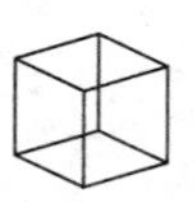

带边着色　着色　带有淡化边的线框　带有隐藏边的线框　静态线框

图 6-10　常用实体的显示模式

- 艺术外观：与着色显示类似，不同之处在于添加了背景。
- 面分析：用不同颜色、线条和图案等显示指定表面上各处的变形、曲率半径等。

4)截面视图

截面视图采用动态剖切对象的方式来显示对象的内部结构。

单击【视图】|【截面】|【新建截面】命令，弹出如图 6-11 所示的【视图截面】对话框。可以通过拖动、移动和旋转剖切手柄来轻松操控截面。

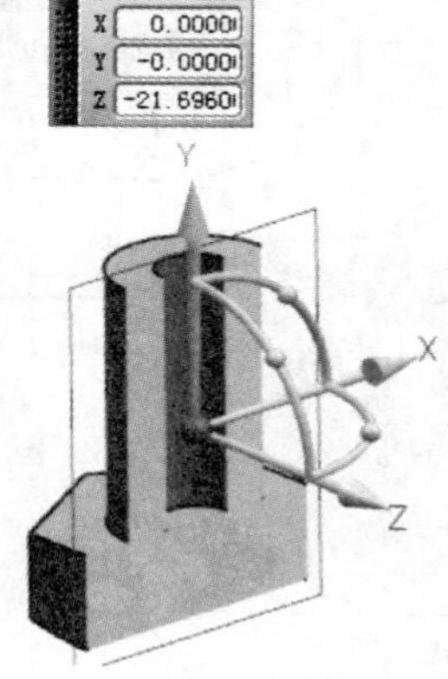

图 6-11　截面视图的建立

4. 插入

UG NX 常用的建模工具均集中于此菜单。通常，为提高建模的效率，这些工具应采用快捷键或从工具栏中调用。

5. 格式

集中了有关工作图层、组、视图布局等功能命令，读者要能熟练掌握格式菜单中的图层、组的使用。具体内容详见 6.5 节。

6. 工具

包含了表达式、电子表格、装配导航器、材料属性等功能命令，其中应重点掌握表达式。表达式是一个功能强大的工具，可以使 UG NX 实现参数化设计。

1)表达式的概念

表达式是一个算术或条件语句。表达式的左边是一个且只能有一个变量，右边是一个数学表达式或一个条件语句。例如：

$$P0=10$$

是一个表达式。

$$P1=10+2*P0$$

也是一个表达式。但

$$P0+1=P1+2$$

就不再是一个表达式了，因为其左边不是一个变量。

2)表达式语言

表达式的变量名、操作符号、内置函数、流程控制与一般的编程语言比较类似，具体可查看软件提供的帮助。

3)创建表达式的方法

- 手工创建表达式：通过菜单【工具】|【表达式】或快捷键 Ctrl + E，弹出如图 6-12 所示的对话框。指定类型(如长度、面积等)及相应的单位(如 mm、m 等)后，在【名称】文本框中输入表达式名称，在【公式】文本框中输入表达式，单击 按钮即可。
- 自动创建表达式：每创建一个特征、定位一个特征、创建一个草图、标注草图尺寸、定

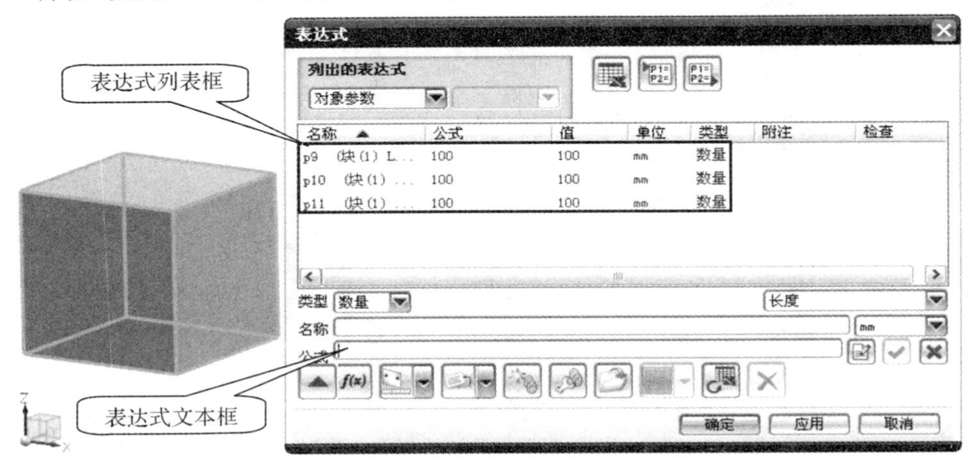

图 6-12 表达式的创建对话框

位草图等操作后，系统都会自动建立表达式。如图 6-12 所示，创建了一个矩形体后，系统自动创建三个反映矩形长、宽、高的表达式 P6=100，P7=100，P8=100。

4)编辑表达式

编辑表达式是指修改表达式名称、表达式的值、删除表达式等操作。

- 删除表达式：在列表框中选择要删除的表达式，然后单击删除按钮 ✕ 。
- 修改表达式的值：在列表框中选择要修改名称的表达式(选中的表达式会显示在文本框中)，然后在【公式】文本框中修改表达式的值，单击 ✔ 按钮即可完成修改。
- 修改表达式的名称：在列表框中选择要修改名称的表达式，然后在【名称】文本框中修改表达式的名称，单击 ✔ 按钮即可完成修改。

7. 装配

所谓装配就是通过关联条件在部件间建立约束关系，以确定部件在产品中的空间位置。关于装配的具体内容详见第 15 章。

8. 信息

用于查询几何对象的信息。该菜单下有很多子菜单，最常用的是【对象】菜单，快捷键为 Ctrl+I。

按快捷键 Ctrl+I，弹出【类选择器】，选择欲查询的几何对象后，单击鼠标中键，即可弹出几何体详细信息的文件：包括类型、图层、颜色和状态等信息。

9. 分析

最常用的是有测量距离、测量角度、偏差分析等。

1)距离

距离测量(Measure Distance)就是测量两元素间的距离、曲线的长度或圆弧的半径。

2)角度

测量两个对象之间的夹角，对象可以是曲线、直线或平面。

3)偏差

偏差分析包括三部分的内容：检查、相邻边和测量，其中【检查】使用最为广泛。【检查】是检测两个对象(点、曲线、边和面)之间的距离误差和角度误差，根据距离误差和角度误差可以判断点是否在线或面上、是否共线、线是否在曲面上。

10. 首选项

包含设置默认参数的命令。默认参数设置是否合理直接影响 UG NX 的功能和工作效率。

1)对象

设置对象的显示属性，快捷键为 Ctrl+Shift+J。与按 Ctrl+J 弹出的【编辑对象显示】工具相似，差别在于【编辑对象显示】中设置的属性只对所编辑的对象起作用，而这里设置的对象参数将只对之后创建的对象起作用。

2)选择

设置与选择相关的参数，快捷键为 Ctrl+Shift+T。应重点关注选择球的尺寸的设置：在【选择半径】下拉列表中有三个值，分别为：小、中、大，默认为中。

3)编辑视图背景

单击【首选项】|【背景】命令，弹出【编辑背景】对话框，如图 6-13 所示。

对话框分为3部分，分别用来设置着色显示模式和线框显示模式下的背景。

- 着色视图：设置着色显示模式下的绘图区域的背景色。
  - ☆ 普通指引线：单一背景颜色，由【纯色】按钮来指定。
  - ☆ 渐变：背景颜色是渐变的，需分别指定绘图区域俯视图与仰视图的颜色。
- 线框视图：设置线框显示模式下的背景色，选项如上。
- 普通颜色：指定单一色调时的颜色。
- 【默认渐变颜色】按钮，用于恢复渐变背景系统默认的颜色选项。

图 6-13　编辑背景对话框

4）可视化

设置与对象名称、视图边界、预选对象颜色等视觉效果相关联的参数，除以下几个选项外，通常可采用默认设置。

- 设置直线线宽的显示效果

只有选中【直线】选项卡中的复选框【显示线宽】，系统才以对象的实际线宽来显示，反之则以细线来显示直线。

- 视图名称/边界设置

设置在模型视图中是否显示对象名称、视图名称或视图边框。需要注意的是该选项的设置只对建模模块有效，对制图模块无效。

5）可视化性能

在进行逆向造型或其他较大模型的设计时，需要去掉【大模型】选项卡中的【固定帧速度】选项，其余选项可采用默认值。

11. 应用

菜单内容与【标准】工具条【起始】命令图标的下拉菜单相似。切换应用模块只需在【应用】菜单或【起始】命令图标的下拉菜单中选择相应的模块名称即可。

UG NX系统在默认情况下不显示这一菜单。要显示该菜单项，需先将菜单栏脱离至绘图区，使之成为悬浮状，然后再对菜单栏进行定制。

12. 窗口

UG NX 系统属于多文档软件，即允许同时打开多个部件文件，但工作部件只能是一个。要切换工作部件，只需在【窗口】菜单下选择相应的部件文件名称即可。

13. 帮助

调用帮助文件。最常用的是【根据关联】选项，热键为 F1，用来启动上下文的相关在线帮助文件：在调用某一功能后，按下 F1 热键，即可调用相应于该功能的帮助。

6.1.4 快捷菜单

UG NX 提供一组弹出式快捷菜单，右击后在光标位置显示一即时的命令列表。根据右击的对象类型的不同，出现的命令列表也不同。

1. 视图快捷菜单

右击图形窗口空白处，弹出如图 6-14 所示的视图快捷菜单。

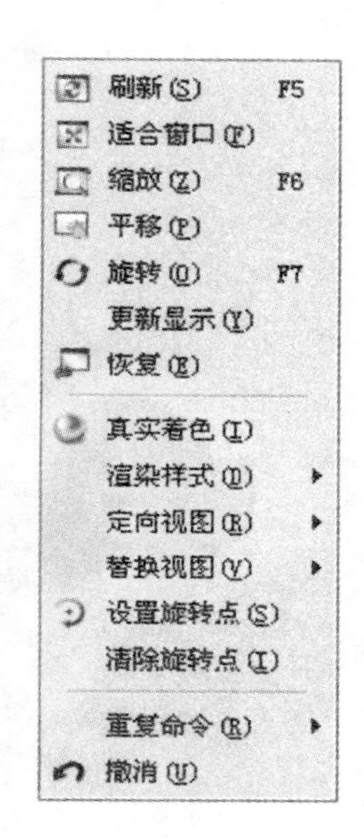

图 6-14 视图快捷菜单

视图快捷菜单中各选项的含义如表 6-3 所示。

表 6-3 视图快捷菜单各选项含义

选 项	含 义
刷新	通过消除留下的孔、隐藏或删除对象来更新图形窗口。它也可移除临时显示的项目，如星号和箭头矢量。
适合窗口	将几何对象充满绘图区域，快捷键为 Ctrl+F。
缩放	通过放大或缩小视图来缩放整个部件。
平移	可以自由旋转也可以精确旋转视图。
旋转	选择该选项后光标变成手形，拖动鼠标即可移动对象。
更新显示	通过清理图形窗口更新显示。更新工作坐标系、曲线和边缘、草图和相关定位尺寸、自由度指示器、基准面和平面。更新显示也执行刷新选项的任务，如擦去临时显示和刷新屏幕。
恢复	在大多数操作之后立即恢复原先的视图。
渲染样式	控制视图中曲面对象的外观。
定向视图	修改一特定视图的方向到一预定义视图。只改变视图的方向而不改变视图名。
替换视图	从一特定视图切换到一预定义视图。
设置旋转点	选择一屏幕位置或捕捉点，以建立备选旋转中心。
清降旋转点	清楚备选旋转中心以恢复绕视图中心的旋转。
撤消	取消前一个操作。

2. 特定对象的快捷菜单

特定对象的快捷菜单允许用户快速执行在一选择对象上的操作。它比使用工具条或菜单栏更快，并仅显示相关命令。

图 6-15 分别给出了特征、组件等特定对象的快捷菜单。

3. 辐射状菜单

辐射状菜单提供快速获取选项的另一种方法。当按下鼠标右键不放时，根据光标位置或所选对象的不同，出现一个围绕光标位置呈现 1～8 个图标的辐射状菜单，如图 6-16 所

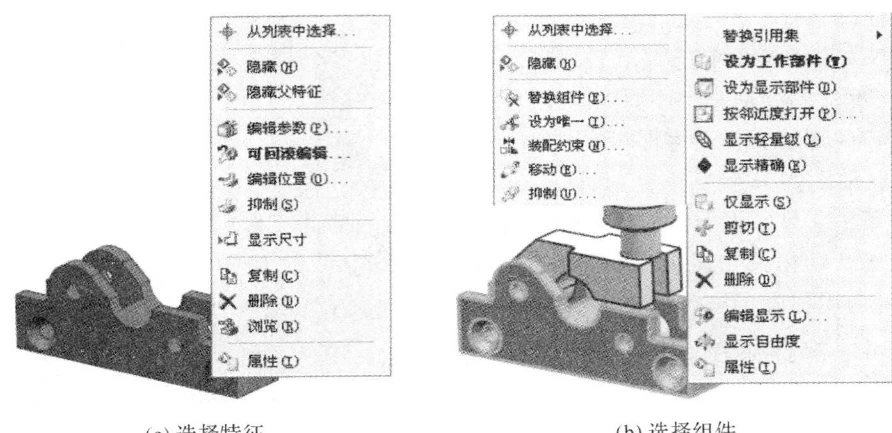

(a) 选择特征　　　　(b) 选择组件

图 6-15　特定对象的快捷菜单

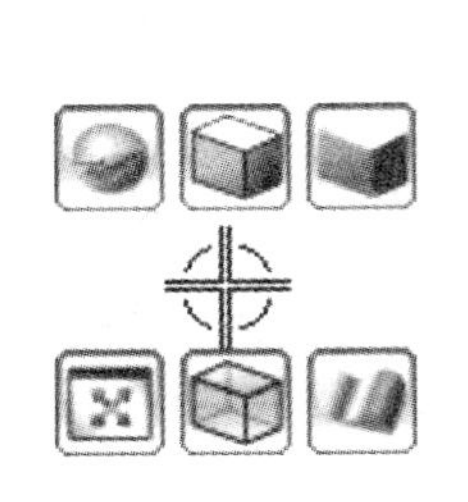

无选择对象(图形窗口)

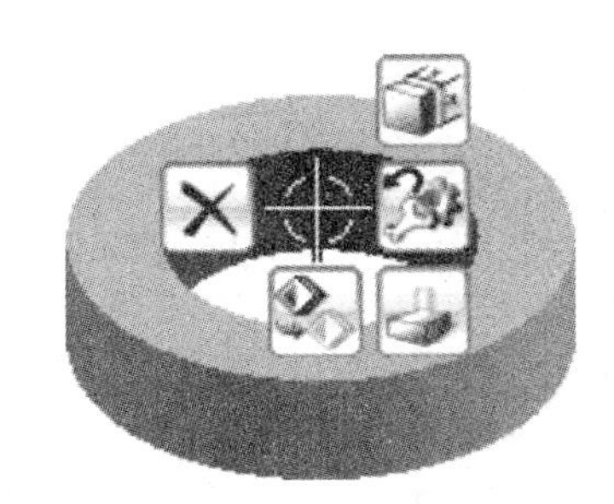

有选择对象(特征)

图 6-16　辐射状菜单

示。利用它可以快速获取所需的命令。

6.1.5　常用工具条

UG NX 将常用的功能进行分类，形成二十多个工具条。工具条图标下可以显示或隐藏图标文字。对于初学者，最好参考本章 6.2.2 节"定制工具条"一节中介绍的方法显示常用工具条的图标文字；对软件操作较熟练的读者，则应隐藏图标文字，以扩大绘图区域。将鼠标指针置于工具栏图标按钮之上并停顿约 1 秒钟，也会出现该图标按钮功能的提示。

"建模"模块下常用的工具条如下：

1)【标准】工具条

【标准】工具条集成了大部分【文件】和【编辑】菜单中的常用命令，用来管理文件和模块。通常可通过定制，只保留【起始】按钮，其余操作命令由快捷键或从菜单中调用。

2)【视图】工具条

用来调整实体在视图中的位置、大小和显示模式。通常，视图的操作是通过鼠标右键弹出的快捷菜单及鼠标中键来实现的。

3)【实用工具】工具条

包括图层的设置、坐标系的显示以及实体的显示与隐藏等命令，如图 6-17 所示。通常应包括图层与坐标系操作的命令图标。

图 6-17　实用工具工具条

4)【曲线】工具条

该工具条与【插入】菜单中与曲线相关的命令功能相近,包含了生成曲线和曲线操作的命令,相关内容详见第 12 章。

5)【编辑曲线】工具条

与【编辑】菜单中【曲线】选项的某些功能相同,相关内容详见第 12 章。

6)【特征】工具条

与【插入】菜单的某些功能相近,相关内容详见第 9 章。

7)【编辑特征】工具条

【编辑特征】工具条包括【编辑特征参数】、【移动特征】和【移除参数】等,相关内容详见第 9 章。

8)【曲面】工具条与【编辑曲面】工具条

【曲面】工具条和【编辑曲面】工具条包含了构建曲面和曲面编辑的大部分命令,相关内容详见第 13 章。

9)【选择条】工具条

不同命令状态,【选择条】工具条上的图标会有所不同。如图 6-18(a)所示的是捕捉点时的选择条工具条,图 6-18(b)所示是选择截面线时的选择条工具条。关于"选择条工具条"的使用请参阅 6.4.4 节。

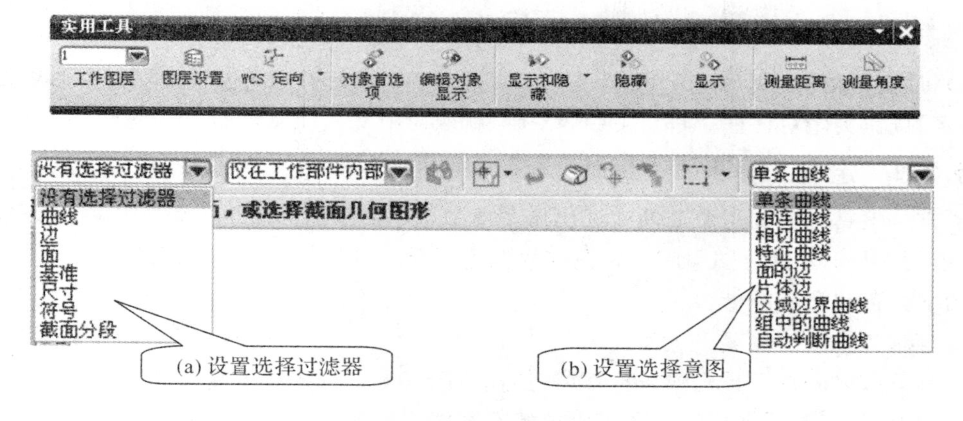

图 6-18　选择条工具条

6.2　环境定制

UG NX 系统的默认参数是针对大众化的要求而设计。使用者可以根据自己的偏好和应用情况对参数进行一定更改,例如切换语言环境(中文版还是英文版)、定制工具条、用户默认设置、模板和角色等。

6.2.1 切换中英文界面

UG NX 提供了多种语言界面，语言界面的切换可通过修改操作系统的环境变量来实现。

切换中英文界面的步骤如下：

1）选择【开始】|【控制面板】|【性能与维护】|【系统】|【高级】|【环境变量】。

2）在【系统变量】列表框中找到【UGII_LANG】选项，选择【编辑】按钮（或直接用鼠标左键双击），如图 6-19 所示的对话框。

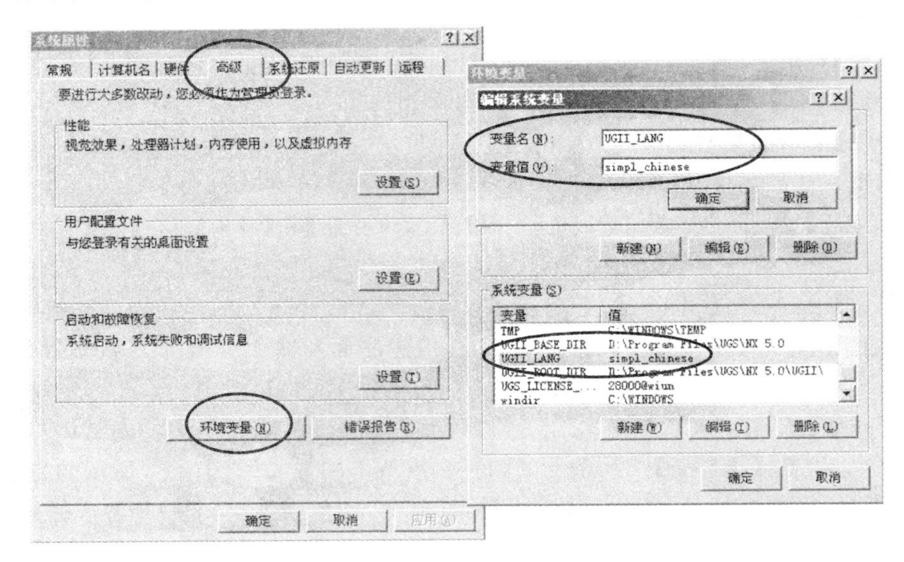

图 6-19　系统变量对话框

3）将【变量值】改成 Simpl_Chinese 或 English（字母大小写均可，但千万不可输错），单击【确定】按钮关闭对话框。重启 UG NX 后，就变成中文或英文界面。

6.2.2 定制工具条

通常从工具栏上调用命令的速度比从菜单中调用命令的速度快。但工具栏上的图标太多，会占用 UG NX 的绘图空间。因此应根据需要对工具栏进行定制，使工具栏上只显示最常用的工具条和命令图标。

1）定制工具条的位置

工具条可以嵌在工具栏内，也可以悬浮在绘图区域。嵌入式工具条可以放置在 UG NX 软件的四个周边，而浮动式工具条可以放置在视图区域的任意位置。

2）显示/隐藏工具条

在工具栏上单击鼠标右键，然后在快捷菜单中选择要显示或隐藏的工具条名称即可。在快捷菜单中选择【定制】，或系统菜单中选择【工具】|【定制】项，会弹出如图 6-20 所示的对话框，选中或取消选中【工具条】页面中的工具条复选框也可达到显示/隐藏工具条的目的。

3）显示/隐藏工具条中的命令名称

单击【定制】|【工具条】列表框内的任意一个工具条名称，然后选中对话框右侧的【图标

下面的文本】复选框。复选方框内有“√”符号的，则该工具条会同时显示了命令图标及相应命令名称，反之则仅显示命令图标，如图 6-20 所示。

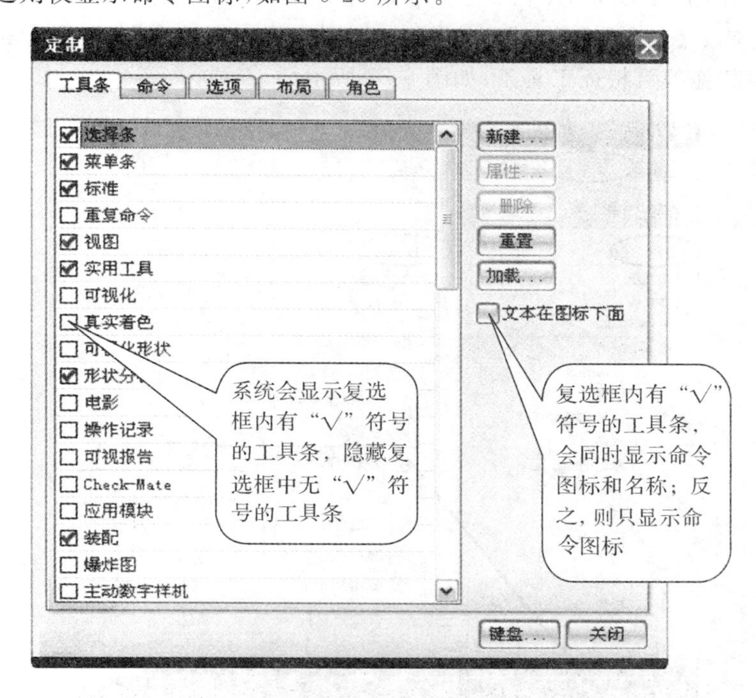

图 6-20　显示/隐藏工具条

4)显示/隐藏工具条上的命令图标

在工具条上增减命令是增加工作效率和合理安排视图空间的有效方式。

要更改工具条上的命令图标，可单击工具条右下角处的箭头，然后从【添加或移除按钮】菜单中选择要添加或移除的命令。例如要在【编辑曲线】工具条中添加【修剪拐角】图标，可单击【编辑曲线】工具条右下端的三角符号▼|【添加或移除按钮】|【编辑曲线】，然后在弹出菜单中单击图标名称【修剪拐角】，使之前部的复选框内出现√符号，如图 6-21 所示。

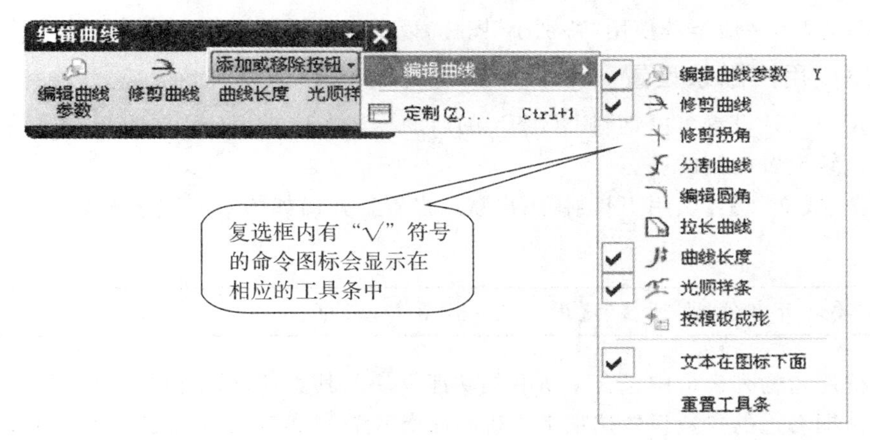

图 6-21　显示/隐藏工具条上命令图标

5)在工具条中添加被隐藏的命令

在工具条中添加被UG NX隐藏的命令是为了提高软件的使用效率和增加工作进度。

例如在【定制】|【命令】|【类别】列表框中，使用鼠标左键选中【编辑】|【命令】列表中的【变换】功能，将其拖拽至特征工具条，如图6-22所示。

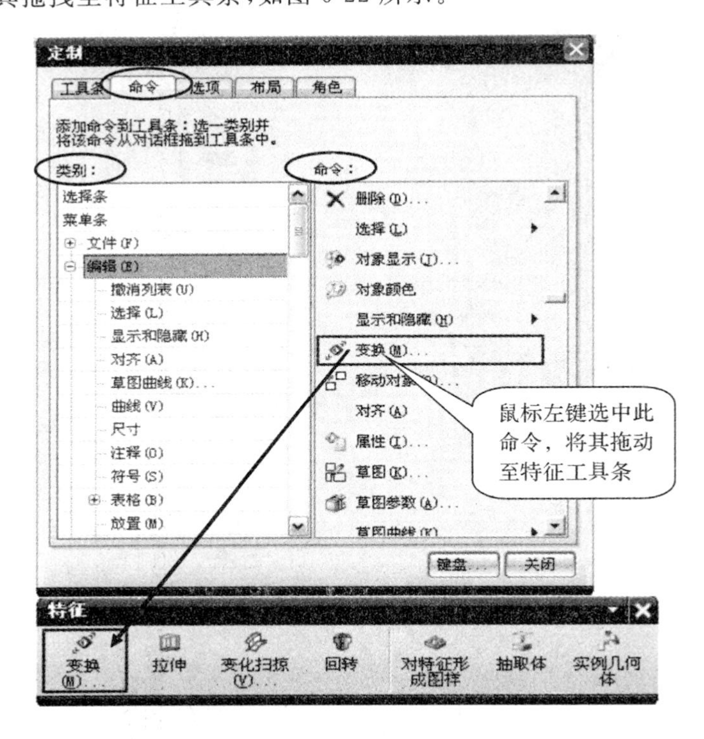

图6-22　在工具条中添加被隐藏的命令

6)定制命令图标的大小

在如图6-20所示的【自定义】对话框中选择【选项】，切换到如图6-23所示的页面。

在该页面的下半部分可以设置工具条图标的大小以及菜单图标的大小，有：特别小、小、中和大四种选项，一般推荐使用“特别小”图标，以扩大绘图区域的工作空间。

6.2.3　用户默认设置

使用用户默认设置可以定制UG NX的启动。许多功能和对话框的初始设置和参数都是由用户默认设置控制的。

选择菜单【文件】|【实用工具】|【用户默认设置】，弹出如图6-24所示的【用户默认设置】对话框。

不需要打开部件，也可启动【用户默认设置】对话框。

对话框左边的列表框中包含了所有的功能模块及其类别，用户选择相应模块及类别后，即可在对话框右边的参数设置选项卡中进行参数设置。参数设置完成后需要重启UG NX软件才能生效。

用户默认设置可以在三个级别上控制：站点、组以及用户。站点是最高级别，用户是最

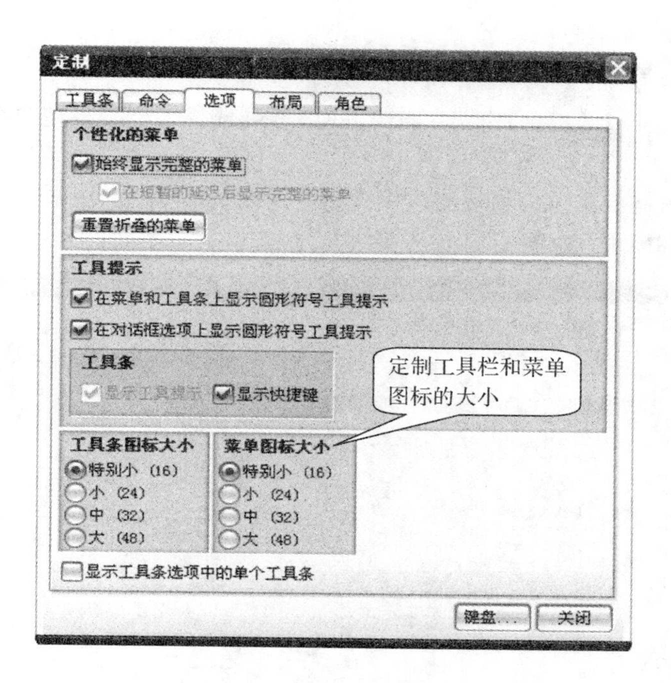

图 6-23　定制命令图标的大小

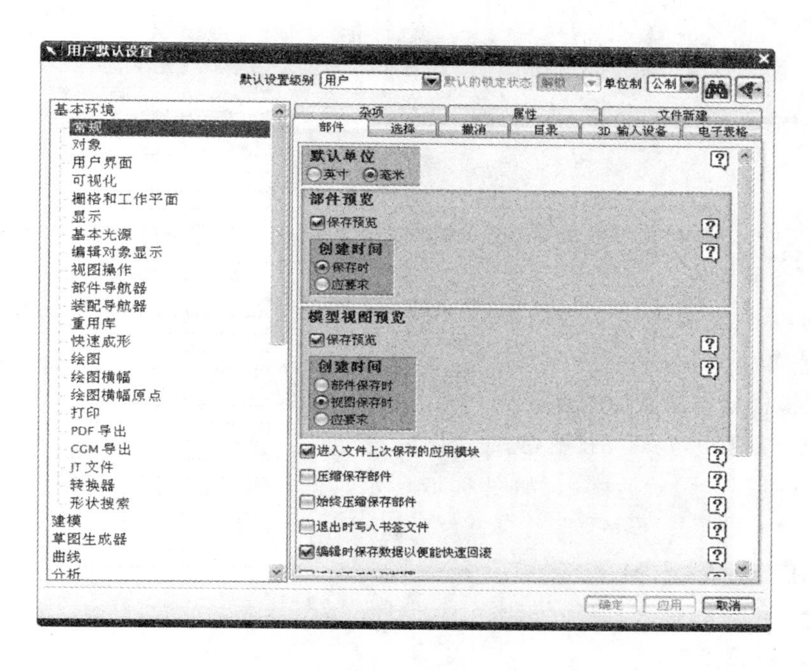

图 6-24　用户默认设置对话框

低级别。级别较高的管理者可以锁定那些他们不希望任何下属人员更改的用户默认设置。组级别可以锁定用户级别的用户默认设置，而站点级别则可以锁定组和用户级别的默认设置，用户级别不能锁定默认设置。

6.2.4 模板

1. 使用新文件模板

当选择菜单【文件】|【新建】建立一新部件时，可以选择一模板以建立新的产品文件，如图 6-25 所示。

- 标准模板是有效的。模板按照应用类型分别编组，如模型、图纸、仿真和加工等。
- 可使用毛坯模板建立没有定制内容的文件。

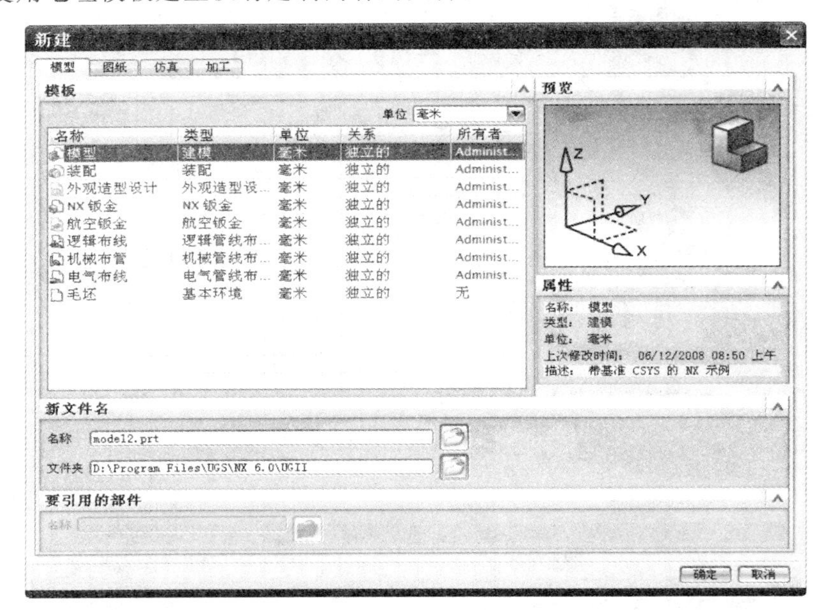

图 6-25 新建模板文件

在建立文件之后，UG NX 基于模板启动相应的应用。例如，如果选择一个建模模板，UG NX 将启动建模应用。

基于对每个模板类型的客户默认值，UG NX 为新文件生成一个默认名和位置。可以修改文件名与位置。

2. 利用模板建立新文件的步骤

1）单击【标准】工具条上的【新建】命令图标 。

2）在弹出的【新建】对话框中（如图 6-25 所示），选择需要的文件类型选项卡（模型、图纸、仿真或加工）。

3）选择需要的模板。

4）（可选）输入文件名与路径信息，

5）单击【确定】按钮。

6.2.5 角色

使用【角色】 可以用多种方式来控制用户界面的外观，例如菜单条上的显示项目、工具条上显示的按钮、按钮名称是否显示在按钮下方等。

当定义好一个角色以后，可以将其添加到面板，以方便与他人分享。

1. 角色样例

UG NX 提供了多种角色样例，可以从中选择适合自己需要的角色样例。角色面板中包括下列组：

1)系统默认。针对新用户和高级用户的普通角色，如图 6-26 所示。

图 6-26　系统默认角色

2)行业特定。为各种行业配置的实例，如图 6-27 所示。

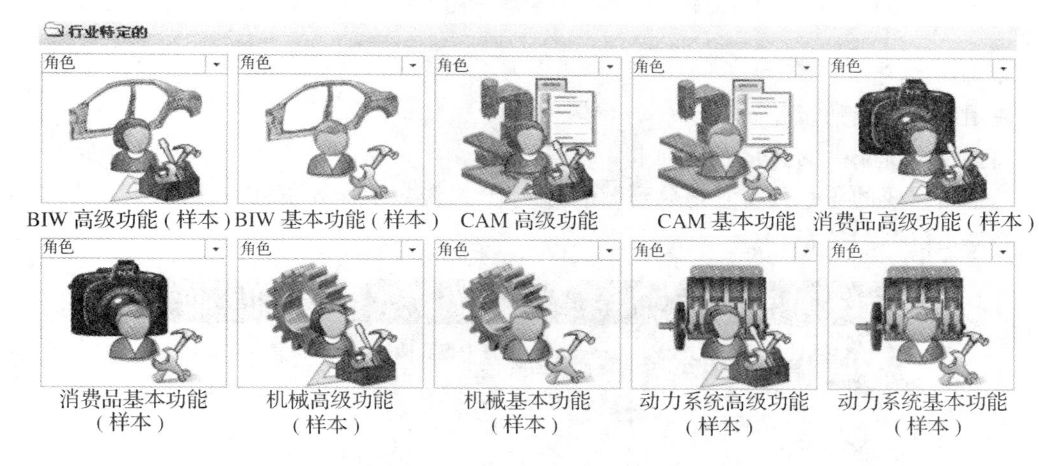

图 6-27　行业特定角色

3)用户。在保存一个或多个个人的配置之后出现，如图 6-28所示。

图 6-28　用户角色

2. 创建角色

创建角色的步骤如下：

1)单击资源条上的【角色】选项卡。

2)在【角色】资源板中右键单击，并选择【新建角色用户】，如图 6-29 所示。

3)在【角色属性】对话框中，输入新角色的名称、描述并选择该角色可用的应用模块，如图 6-30 所示。

4)(可选)添加一个图像，该图像与角色名称一起显示在【角色】资源板中。图像的格式可以是 BMP 格式或 JPEG。

5)单击【确定】按钮后，新的用户角色将出现在【角色】资源板的【用户】文件夹中。

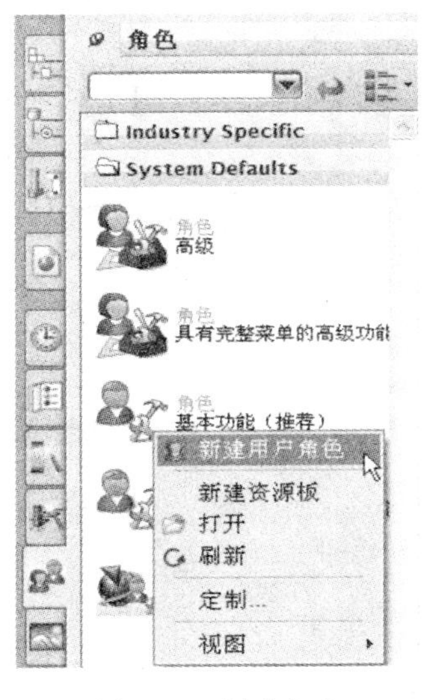

图 6-29　创建角色

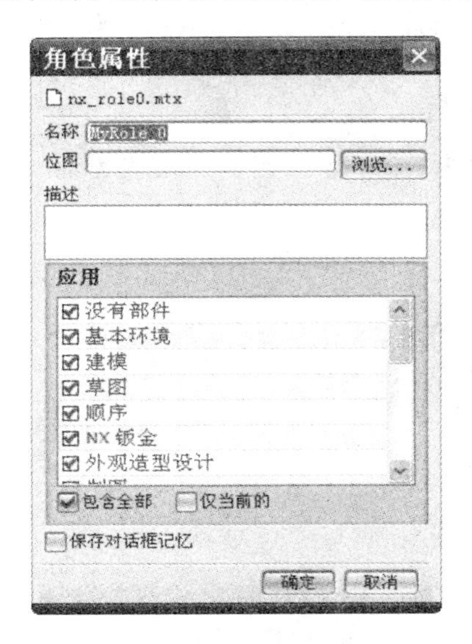

图 6-30　角色属性对话框

3. 使用角色

使用一个角色的步骤如下：

1)单击资源条上的【角色】选项卡。

2)单击需要的角色或将它拖放到图形窗口中，系统显示加载角色信息，如图 6-31 所示。

3)单击【确定】按钮。

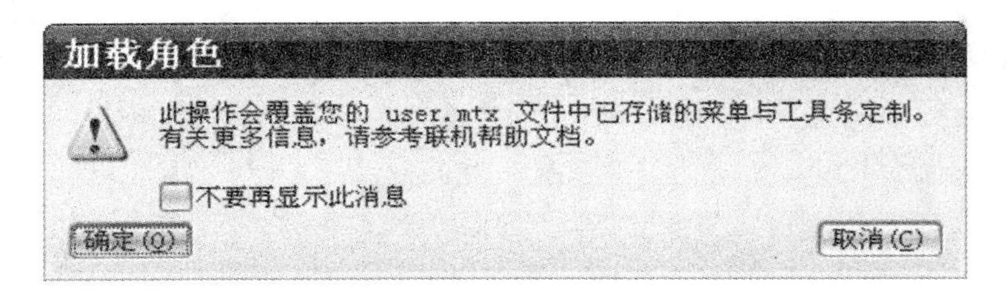

图 6-31　加载角色对话框

6.3　快捷键

除了可从菜单、工具栏中调用命令外，还可利用快捷键的方式来调用命令。菜单后列出的 Ctrl＋N、Ctrl＋O、K、R 等就是快捷键。使用快捷键能极大地提高三维造型的速度。

6.3.1 常用快捷键表

最常用的快捷键如表 6-4 所示。

表 6-4 常用快捷键

按　键	功　能	按　键	功　能
Ctrl+N	新建文件	Ctrl+J	改变对象的显示属性
Ctrl+O	打开文件	Ctrl+T	移动对象
Ctrl+S	保存	Ctrl+M	进入建模模块
Ctrl+R	旋转视图	Ctrl+B	隐藏选定的几何体
Ctrl+F	满屏显示	Ctrl+Shift+ B	互换隐藏与显示的对象
Ctrl+Z	撤消	Ctrl+Shift+U	显示所有隐藏的几何体
Ctrl+D	删除	Ctrl+Shift+ K	从隐藏对象中选取不再隐藏的对象
X	拉伸实体	W	显示 WCS

6.3.2 快捷键定制

快捷键可根据需要自行定义，自定义方法请参阅例 6-1。

例 6-1 将【文件】菜单中【另存为】的快捷键定义为 Ctrl+Alt+A

(1)单击图 6-32 所示的【自定义】对话框右下角的【键盘】按钮，得到如图 6-32 所示的【定制键盘】对话框。

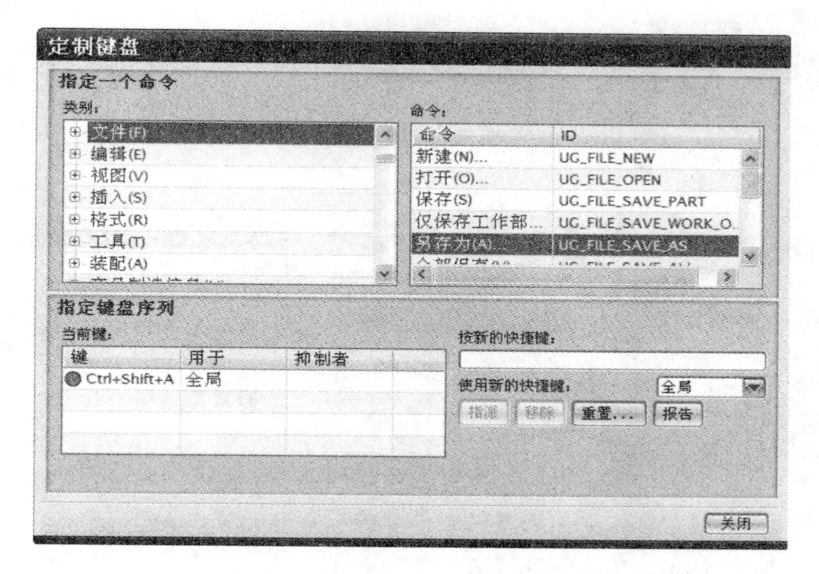

图 6-32 定制键盘对话框

(2)在【类别】列表框选择命令所在的菜单项【文件】，然后在【命令】列表中选择相应的命令【另存为】。

(3)单击【当前键】列表中的 Ctrl+Shift+A，再单击右侧的【移除】按钮自动，即可删除原有的快捷键。

(4)单击【按新的快捷键】下方的文本框，然后同时按下键盘上的 Ctrl、Alt、A 键，再单击【指派】按钮，即可将组合键 Ctrl+Alt+A 定义为【另存为】的快捷键。

设置快捷键时，要注意不能与已有的快捷键冲突。因此在定义快捷键之前，最好先按该快捷键，以便查看是否已经赋予了另一个命令。

对于使用频率很高的命令，快捷键可使用单字母键。如UG NX中默认【拉伸】操作的快捷键为字母K，【旋转】操作的快捷键为字母R，尽可能不要采用2个以上的组合键。

6.4 对象选择

6.4.1 直接选择

将光标放在待选几何体上，按MB1即可选取该对象，选中的对象会高亮显示。也可按住鼠标左键不放，并拖动鼠标画出一个矩形，则该矩形区域内的所有对象被选中。

6.4.2 取消选择对象

如果选择了一个并不希望选择的对象，可在按下Shift键的同时再次单击它，即可取消选择。为了取消选择图形窗口中的所有已选对象，可按Esc键。

6.4.3 类选择器

按快捷键Ctrl+J或Ctrl+T等，系统会自动弹出如图6-33所示的【类选择】对话框。

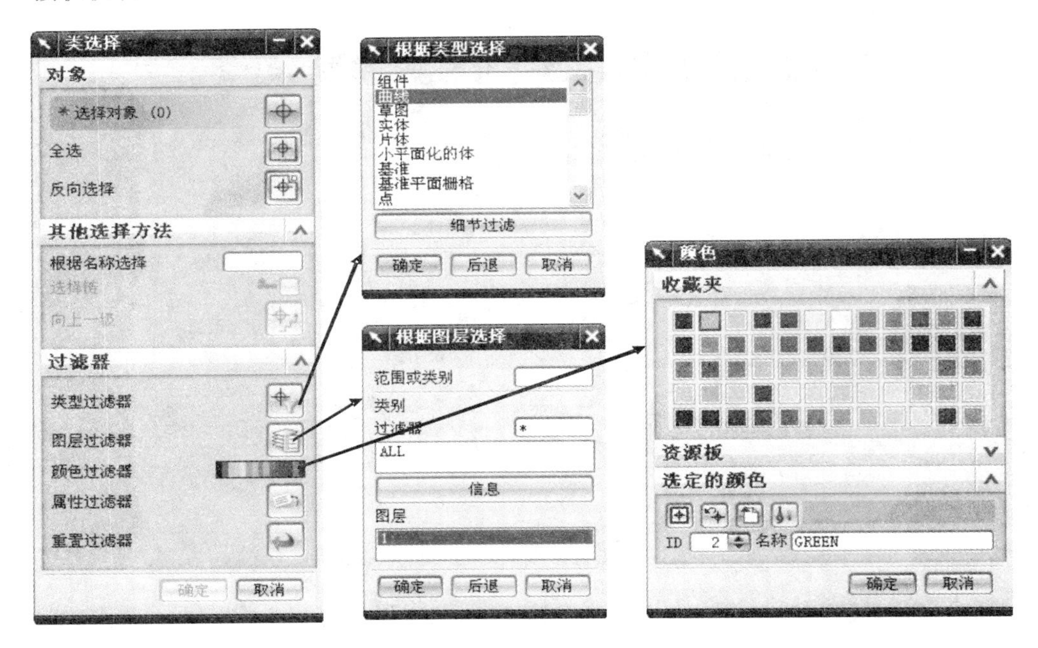

图6-33 类选择对话框

1)类型过滤器。单击【类型过滤器】按钮就会出现【根据类型选择】对话框，可在此对话框中指定几何对象类型，如曲线，确认以后则将只能选择曲线元素。

2)图层过滤器。单击【图层过滤器】按钮，则出现【根据图层选择】对话框，可在此对话框中指定几何对象所在的工作层，如指定图层为1，则确认以后将只能选择位于图层1上的元素。

3)颜色过滤器。根据颜色来选择几何对象。使用颜色特征来选择几何对象的方法如下:单击【颜色过滤器】按钮,弹出【颜色】对话框,选择需要的颜色(或者单击【继承】按钮,再选择与所需颜色相同的几何体,系统会自动取得相应的颜色),确认以后将只能选择到与指定颜色相同的几何对象。

通过指定【类选择】对话框中的过滤器,能大大提高选择的效率。

6.4.4 选择条

【选择条】工具条图 6-18 所示。通过设置选择条中的"过滤器"和"选择意图",有助于快速选择对象。

"过滤器"主要是限定几何对象的类型、颜色、所在图层等要素;"选择意图"主要体现在是选择单个对象还是多个对象。

"选择意图"部分图标只有当选择类型为多个表面或曲线时,系统才会显示。

1)曲线选择意图

- 单个曲线:一次仅选择单条曲线。
- 相连曲线:选择首尾相连的一组曲线中的任一条曲线,则整组曲线被自动选中。
- 相切曲线:选择一组相切曲线中的任一条曲线后,则整组曲线被自动选中。
- 面的边:选择实体的一个面,则该面的边界被自动选中。
- 片体边缘:选择一个曲面,则该曲面的边界被自动选中。

2)曲面选择意图

- 单个面:一次仅选择鼠标选择的单个面。
- 区域面:该选项下,需要指定种子面与边界面,系统自动选中种子面(含)以外、边界面以内的一个连续区域。
- 相切面:该选项下,选择一组相切曲面中的任一曲面后,则整组曲面被自动选中。
- 相邻面:该选项下,系统自动选中与所选择面相邻的面。

6.4.5 快速拾取

当选择对象时,在选择球内常常有多个对象存在,利用【快速拾取】功能可以方便地浏览这些候选对象。

如果在选择球位置上有多于一个的可选对象,光标停留几秒后将变为【快速拾取指示器】,如图 6-34 所示。

此光标提示在那个位置有多于一个的可选对象,单击左键 MB1,弹出如图 6-35 所示的【快速拾取】对话框。可以在对话框中选择对象,鼠标在名称上移动,相应的对象就会高亮显示,单击名称,相应对象就会被选中。

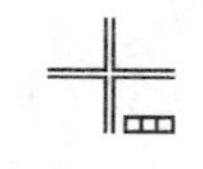

图 6-34 快速拾取光标

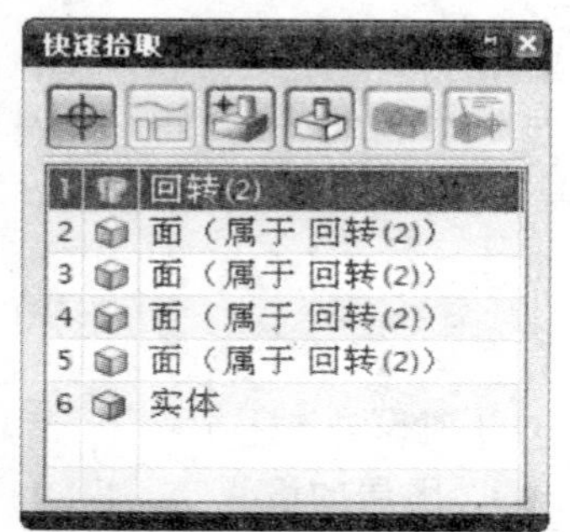

图 6-35 快速拾取对话框

6.4.6 选择首选项

选择菜单【首选项】|【选择】命令,弹出如图 6-36 所示的【选择首选项】对话框。

1. 高亮显示预设置

当移动光标经过对象时,它们会以预选颜色高亮显示。默认预选是激活的,可通过取消选择【高亮显示滚动选择】命令关闭它，如图 6-36 所示。

预览高亮颜色由菜单【首选项】|【可视化】|【颜色/线性】下的预选颜色设置决定，如图 6-37 所示。

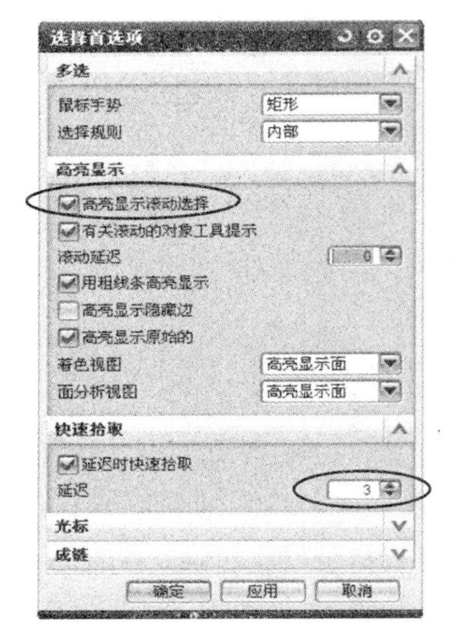

图 6-36　选择首项对话框

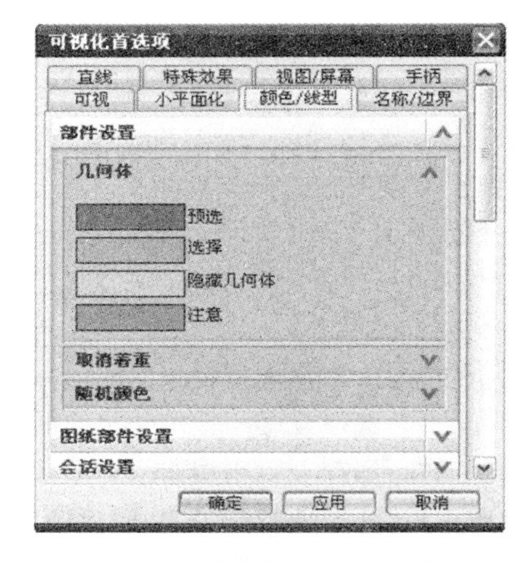

图 6-37　可视化首选项对话框

2. 快速拾取预设值

可以改变让【快速拾取指示器】光标出现而必须静止停留的时间量，如图 6-36 所示。在【快速拾取】一栏中，改变【延迟】值(秒)即可。

6.5　图层与组

图层与组是 UG NX 管理几何数据、几何对象的重要工具。在构建大数据量、复杂的零件时特别有用。

6.5.1　图层

图层，类似于透明纸。在透明纸(层)上建立好各自的模型后，叠加起来，就可以成为完整的几何模型。

1. 图层的设置

图层的设置主要是设置图层的属性、建立和编辑类别、查看图层对象的数量等。

按快捷键 Ctrl+L 可调用图层的设置工具，其对话框如图 6-38 所示。

- 工作：工作层对应的编号。修改编号并按 Enter 键，编号所对应的图层将可成为工作层(原工作图层自动变为“可选的”图层)。
- 范围或类别：输入图层范围或层集名称，并按回车键，系统会在层列表框中自动选取指定类别范围内的图层，并改变其显示状态。
- 类别和过滤器：过滤器的使用在 UG NX 中极为普遍。只有满足过滤条件的才可显示(或选择)，可以用“?”代表任意一个字符，用“ * ”代表任意一个字符串。指定过滤条件后，按回车键,【类别】列表框中将只显示满足过滤器条件的类别。

● 编辑类别:对类别的名称、类别中所包含的图层进行编辑。

● 信息:显示目前使用的图层数据。

● 图层/状态:在图层列表框中显示层的编辑与层的状态。

● 层状态设置:图层具有四种状态。

☆ 不可见:层上的对象不显示。

☆ 只可见:层上的对象是可见的,但不能选择,也不能进行其他操作。

☆ 可选的:层上的对象是可见的,而且也能被选择、被编辑。

☆ 工作层:与“可选的”图层类似,其上对象是可见的、可选的、可被编辑的。不同之处在于,新创建的对象只位于工作层上;且在一个部件文件中只有一个工作层。

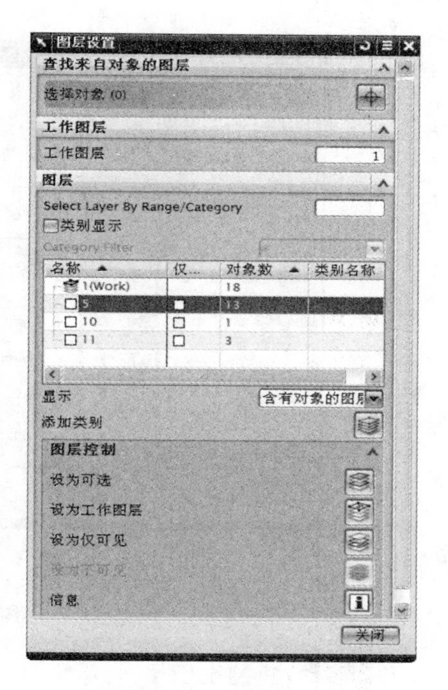

图 6-38　图层设置对话框

在【图层】列表中选中层,然后单击相应的按钮,即可将所选层设置成指定的层状态。

● 层图在显示框中的设置有以下几种情况。

☆ 所有图层:该选项下,【图层】列表框中列出所有图层。

☆ 含有对象的图层:该选项下,【图层】列表框中只列出含有对象的图层。

☆ 所有可选图层:该选项下,【图层】表框中列出所有满足过滤条件的图层。

● 显示对象数量。选中该选项,则【图层】列表框中列出各个图层中含有元素的数量。

● 显示类别名。选中该选项,则【图层】列表框中显示图层所属的类别名称。

● 全部适合后显示。在设置完【图层】后,当前视图显示所有可见的几何元素。

2. 类别

UG NX 中最多可使用256个图层,要提高图层的操作效率,应对图层进行分组。例如只需选择图6-39(a)中框选类别(其已经被定义为存放实体数据类型的图层类别),即可自动选中所有放置实体数据的图层,如图6-39(b)所示。单击【格式】|【图层类别】命令,会弹出如图6-39(a)所示的【图层类别】设置对话框。

● 类别文本框:显示所选类别名称或输入所创建的类别的名称。

● 创建/编辑按钮:单击该按钮前,需要在【类别】文本框中输入类别名称。如果输入的名称是已存在的类别名称,则进行编辑操作,反之则创建新的类别。单击【创建/编辑】按钮,系统会弹出如图6-39(b)所示的对话框,可以向类别中添加或移除图层。

● 删除/重命名:用于删除类别或重命名类别。

● 描述文本框:用于显示或输入对类别的描述。类别的描述亦不支持中文。

● 加入描述:输入对类别的描述后需单击【加入描述】按钮即可为类别添加描述文字。

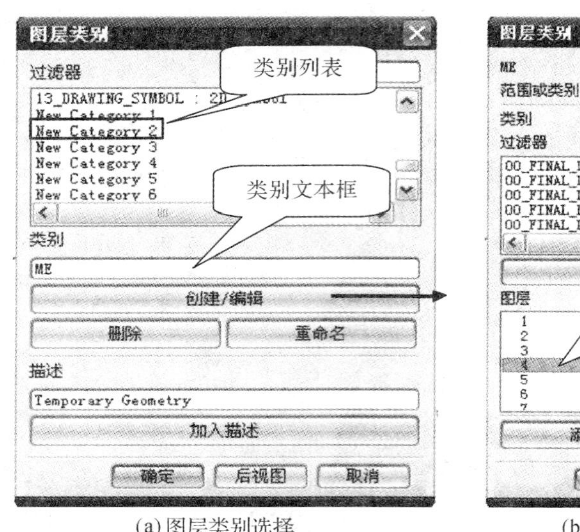

(a) 图层类别选择

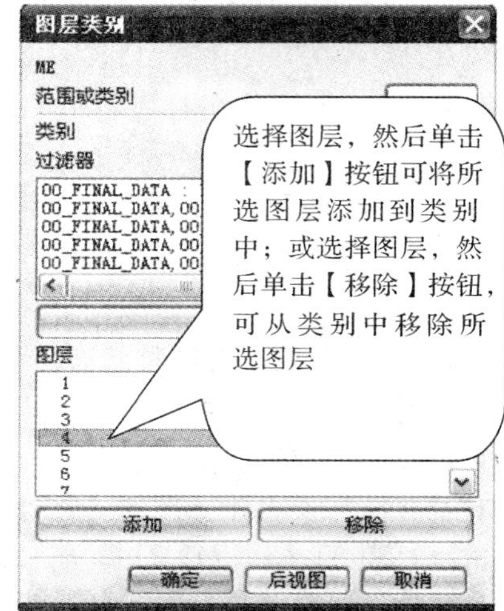

(b) 选择实体数据放置图层

图 6-39　图层类别设置

3. 移动/复制至图层

将所选择的几何元素移动或复制到指定图层。单击【实用】工具条中的【移动至图层】及【复制至图层】图标后，选取要移动/复制的几何元素，然后在【目标图层或类别】文本框中输入图层号，按 MB2 或单击【确定】按钮即可。

6.5.2　组

可将多个独立的几何元素如草图、曲线、实体、曲面等组合成一个组(Group)。在 UG NX 中，组作为单一的几何体来看待。

同组的几何元素可位于不同的图层、类别。组也可作为其他组的成员，如图 6-40 所示。

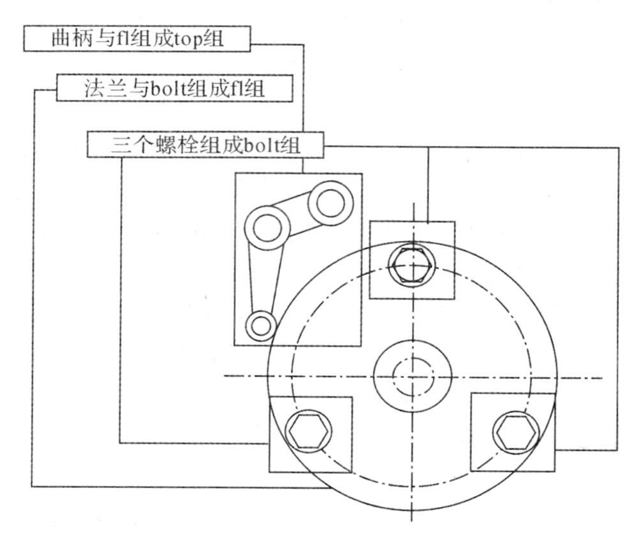

图 6-40　组的概念

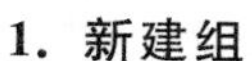

1. 新建组

选择菜单【格式】|【分组】|【新建组】，在【新建组】对话框中输入组名称后，选择几何元素，按 MB2 或单击【应用】按钮。

2. 从组中移除

选择菜单【格式】|【分组】|【从组中移除】，选择要从组中删除的几何元素后，按 MB2 或单击【应用】按钮。

3. 取消分组

选择菜单【格式】|【分组】|【取消分组】，选择组中的任一成员后，按 MB2 单击【应用】按钮。

6.5.3 特征分组

多个独立的特征如倒圆角、倒角、孔等特征可组合成一个特征集。运用【特征分组】工具可以从特征集中移除特征，也可以将特征添加到组中。

选择菜单【格式】|【分组】|【特征分组】，弹出如图 6-41 所示的【特征集】对话框。

1. 创建特征集

选择菜单【格式】|【分组】|【特征分组】，弹出【特征分组】对话框。在【特征组名称】文本框中输入特征集名称，在【部件中的特征】列表框中选择要加入到特征集中的特征，并单击▶将所选特征添加到【组中的特征】列表框中，最后按 MB2 或单击【应用】按钮。

2. 编辑特征集

在 UG NX 中，特征集是作为单一特征看待的。因此，特征集会在部件导航器中作为一个节点存在。选择该节点，就可以选中该特征集。双击部件导航器中的特征集节点，会弹出【特征集】对话框，在对话框中添加/删除组中的特征即可。

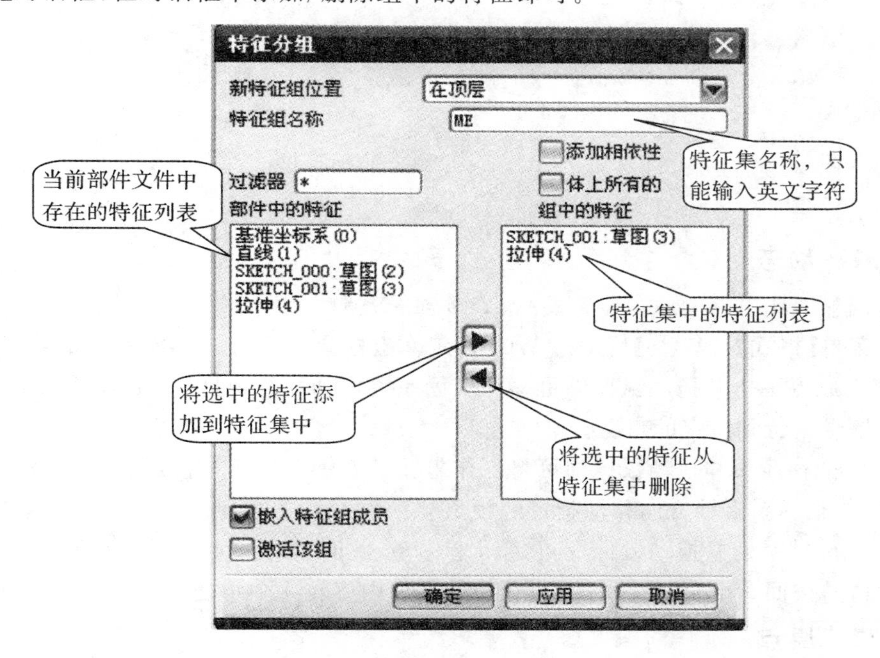

图 6-41　特征分组对话框

6.6 坐标系

UG NX 系统中有 3 种坐标系：绝对坐标系(ACS，Absolute Coordinate System)、工作坐标系(WCS，Current Work Coordinate System)和机械坐标系(MCS，Machine Work Coordinate System)。不管是哪一类坐标系，坐标系总是正交的(即彼此成直角)且符合右手法则。ACS 是系统默认的坐标系统，原点永远不会改变，亦即绝对坐标系是固定不变的，且通常显示在视图的左下角。WCS 是用户使用的坐标系，可以根据需要设置自己的 WCS。MCS 一般用于模具设计加工中。

因为只有 WCS 的 XC-YC 平面才为工作面，所以建模过程中往往需要通过"坐标构造器"构建新的 WCS(原来的 WCS 可存储为一个坐标元素，以便将来切换)。工作坐标系符号用 XC、YC、ZC 标记(其他坐标系统的符号为 X、Y、Z)。

对 WCS 操作的功能命令集中在 UG NX 主菜单【格式】|【WCS】中，如图 6-42 所示。

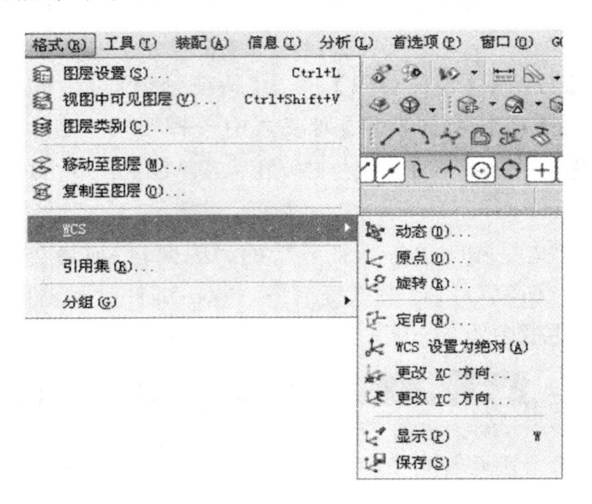

图 6-42 WCS 命令菜单

6.6.1 动态

动态调整工作坐标的原点位置及 X、Y、Z 轴的方向。

选择菜单【格式】|【WCS】|【动态 WCS】，工作坐标会呈现如图 6-43 所示的可编辑状态。

● 单击原点手柄并拖动鼠标即可移动坐标原点，此时与"捕捉"点工具条联合使用就可以将坐标原点定位到特定的点上。

● 单击平移箭头并拖动鼠标即可将工作坐标沿着轴向平移；直接输入一数值并按回车键，可将工作坐标系沿轴方向移动指定的距离。

● 单击旋转手柄并拖动鼠标即可旋转坐标系，此时坐标原点不动；直接在弹出的框内输入角度值并按回车键，可将坐标系在相应的平面内旋转一个角度。

6.6.2 原点

移动坐标轴的原点。

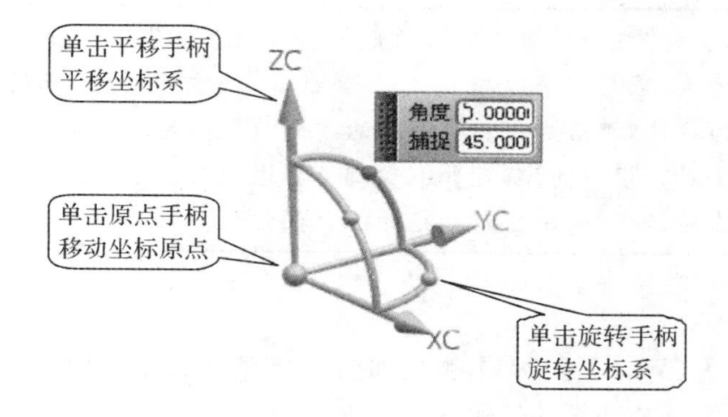

图 6-43　可编辑状态 WCS

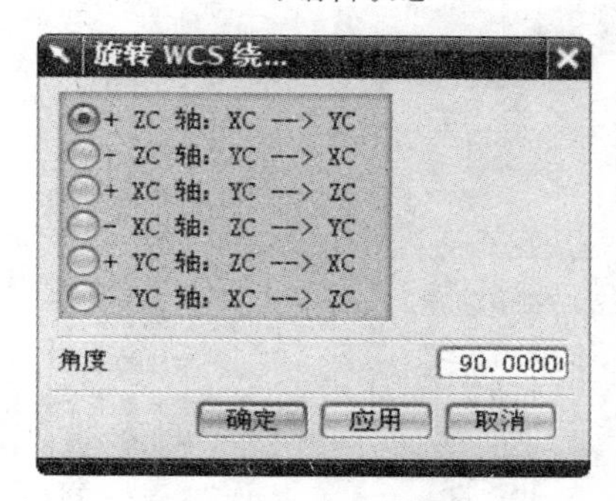

图 6-44　WCS 旋转对话框

选择菜单【格式】|【WCS】|【原点】，弹出【点】对话框，提示用户选择一个点。指定一点后，当前工作坐标系的原点就移动到指定点的位置，而坐标系的矢量方向保持不变。

6.6.3　旋转

绕指定的坐标轴，将坐标系旋转指定的角度。

选择菜单【格式】|【WCS】|【旋转 WCS】，弹出如图 6-44所示的对话框。

选择旋转轴及旋转角度。如选取"＋YC 轴：ZC→XC"，并在【角度】栏中输入一个数值(表示坐标轴沿指定方向转过的角度，如输入 90)，单击【确定】按钮即可完成坐标的旋转，如图 6-45 所示。

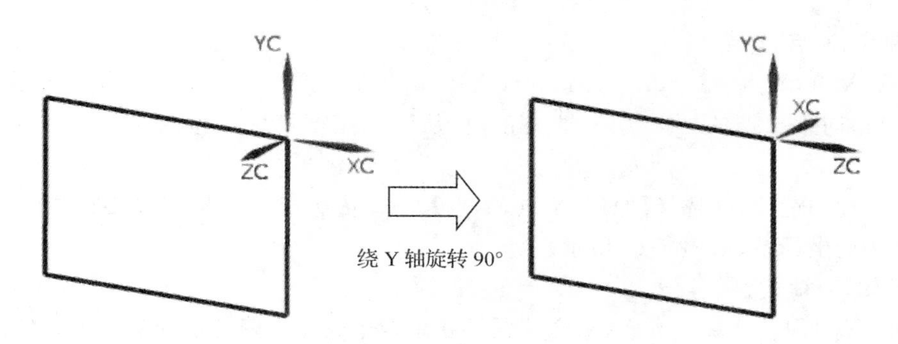

图 6-45　将 WCS 绕 Y 轴旋转 90°

笛卡尔坐标系符合"右手螺旋法则"，所以旋转方向可由"右手螺旋法则"来确定。以"+ZC为旋转轴"为例，竖起右手拇指且使之与ZC正轴方向一致，正的旋转角度就是将坐标系以+ZC轴为旋转轴，沿右手四指弯曲的方向旋转指定的角度。

按MB2或单击对话框中的【确定】按钮，都不会退出对话框，其作用相当于单击了【应用】按钮。欲要退出对话框，请单击对话框的【取消】按钮。

6.6.4 定向

选择菜单【格式】|【WCS】|【定向】，弹出如图6-46所示的坐标构造器，利用坐标系构造器，可以选择坐标元素或构建新的坐标系。

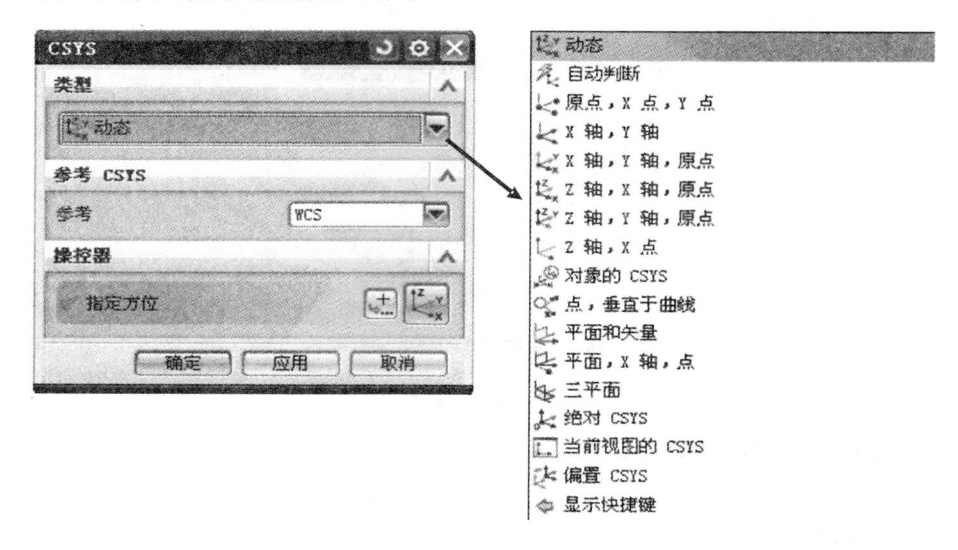

图6-46 WCS的定向对话框

1. 自动判断

系统根据用户的操作创建相应的WCS。

在自动判断方式中，用得最多的是选择矩形的平面，坐标系原点自动位于平面的中心，X轴平行于长边，Y轴平行于短边。如果是圆平面，坐标系中心自动位于圆中心，但X轴和Y轴不能确定。

2. 原点，X点，Y点

"原点，X点，Y点"(Origin, X-Point, Y-Point)方式需要指定3点。第一点为坐标原点，第一点指向第二点的方向为X轴的正向，从第二点至第三点按右手定则确定Z轴的正向。

调用坐标构造器，并选择【原点，X点，Y点】方式；依次指定3点；按MB2或单击【应用】按钮即可构造坐标系，如图6-47所示。

3. X轴，Y轴

"X轴，Y轴"(X-Axis, Y-Axis)方式需要指定两个矢量。两矢量的交点作为坐标原点，第一个矢量方向为X轴正向，从第一个矢量至第二个矢量由右手定则确定Z轴的正向。

调用坐标构造器，并选择【X轴，Y轴】方式；指定第一个矢量(如选择边缘1)和第二个矢量(如选择边缘 2);按 MB2 或单击【应用】按钮即可构造坐标系,如图 6-48 所示。

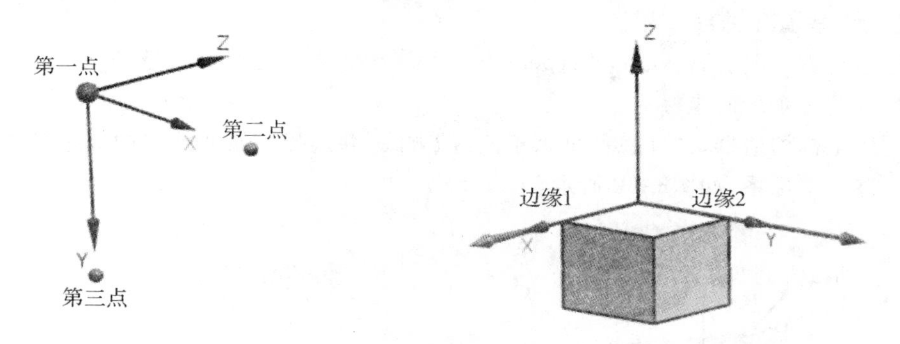

图 6-47　原点,X 点,Y 点构造 WCS　　图 6-48　X 轴,Y 轴构造 WCS

4. X 轴,Y 轴,原点

"X 轴,Y 轴,原点"(X-Axis,Y-Axis,Origin)方式需指定两个矢量和一点。第一个矢量为 X 轴的正向,从第一个矢量至第二个矢量由"右手法则"确定 Z 轴的正向,指定的点作为坐标原点。

调用坐标构造器,并选择【X 轴,Y 轴,原点】"方式;指定第一个矢量(如选择边缘 1)、第二个矢量(如选择边缘 2)和一点;按 MB2 即可构造坐标系,如图 6-49 所示。

5. Z 轴,X 点

"Z 轴,X 点"(Z-Axis, X-Point)方式需要指定一个矢量和一个点。Z 轴为给定的矢量方向,X 轴正向为与给定矢量垂直且指向定义点的方向,Y 轴的方向由 Z 轴至 X 轴按右手定则确定,三矢量的交点作为坐标原点。

调用坐标构造器,并选择【Z 轴,X 点】方式;分别指定一个矢量(如选择边缘 1)和一点;按 MB2 即可构造坐标系,如图 6-50 所示。

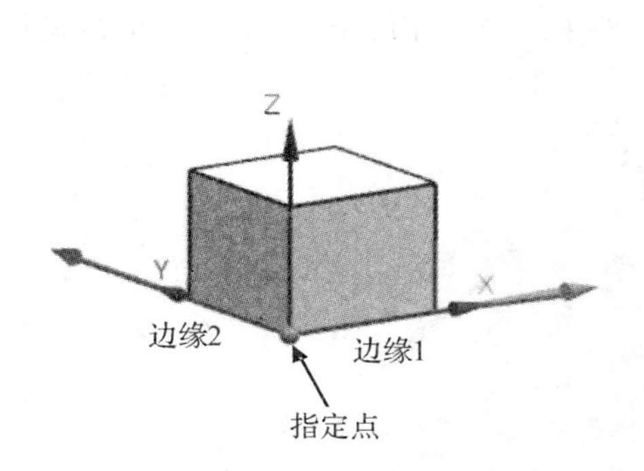

图 6-49　X 轴,Y 轴,原点构造 WCS

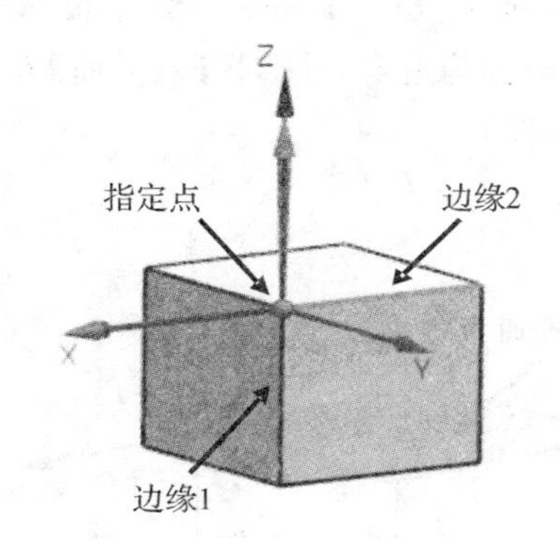

图 6-50　Z 轴,X 点构造 WCS

6. 对象的 CSYS

"对象的 CSYS"(CSYS of Object)方式需要选择一条平面曲线或一个实体表面(平面),实体表面或平面曲线所在的面即为新的坐标系的 XOY 平面。坐标系的中心为平面曲线或实体表面的中心,X 方向为水平方向,Y 方向为铅垂方向。

调用坐标构造器,并选择【坐标系对象】方式,选择平面曲线或实体表面(平面),按 MB2

即可构造坐标系，如图 6-51 所示。

7. 点，垂直于曲线

“点，垂直于曲线”(Point, Perpendicular Curve)方式是根据所选曲线及曲线上的一个指定点创建一个新的坐标系。

调用坐标构造器，选择【点，垂直于曲线】方式，并选择一条曲线和曲线上的一点，按 MB 即可构造一坐标系，如图 6-52 所示。

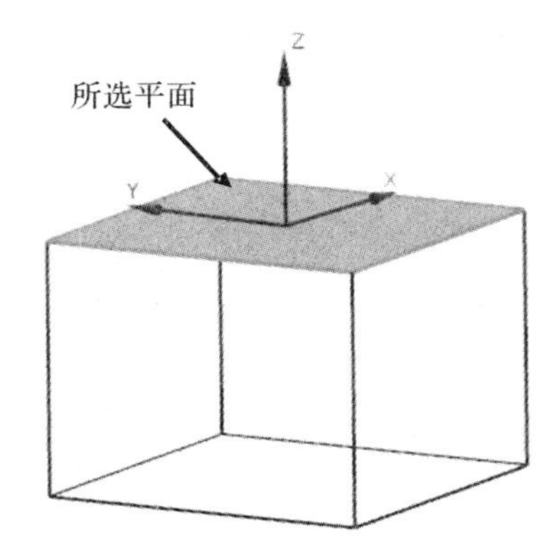

图 6-51　对象的 CSYS 构造 WCS

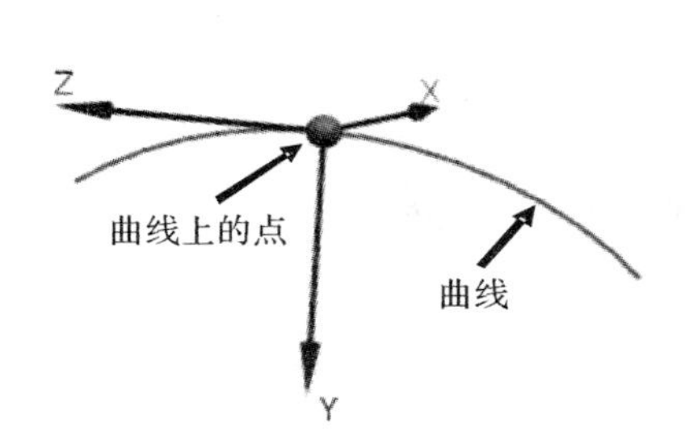

图 6-52　点，垂直于曲线构造 WCS

8. 平面和矢量

“平面和矢量”(Plane and Vector)方式需要指定一个平面和一个矢量。X 轴为平面法向，Y 轴为所指定的矢量在平面内的投影，原点为指定矢量与平面交点。

调用坐标构造器，并选择【平面和矢量】方式，选择一个平面并指定一个矢量，按 MB2 即可构造坐标系，如图 6-53 所示。

9. 三平面

“三平面”(Three Plane)方式是根据所选择的三个平面来定义坐标系。

调用坐标构造器，并选择【三平面】方式，依次选择三个平面；按 MB2 即可构造坐标系，如图 6-54 所示。

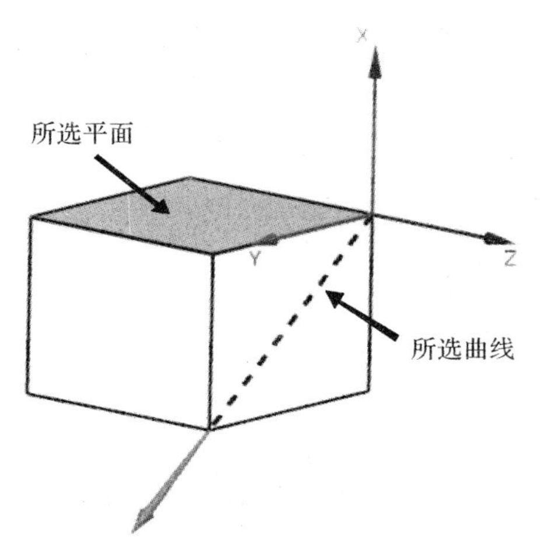

图 6-53　平面和矢量构造 WCS

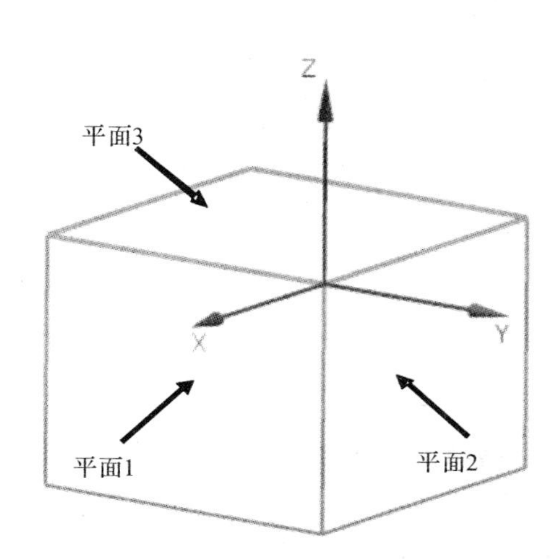

图 6-54　三平面构造 WCS

10. 绝对 CSYS

“绝对坐标”(Absolute CSYS)方式是在绝对坐标(0,0,0)处重新创建一个坐标,通过此功能可将坐标系恢复到初始状态。

11. 当前视图的 CSYS

利用“当前视图的坐标系”(CSYS of Current View)方式所创建的坐标系的 XC 轴平行于当前视图的底,YC 轴垂直于视图的底,原点位于当前视图的中心。

12. 偏置 CSYS

“偏置坐标”(Offset From CSYS)方式是通过指定 X、Y、Z 轴方向的偏置值来定义一个新的坐标系,该方式下可选择已存在的坐标。

6.6.5 显示

若当前工作坐标系(WCS)处于隐藏状态,选择菜单【格式】|【WCS】|【显示】后,将显示 WCS;反之,则隐藏 WCS。

6.6.6 保存

选择菜单【格式】|【WCS】|【保存】,系统将保存当前工作坐标系(WCS)。选择保存后的工作坐标系,单击右键,弹出快捷菜单,选择【删除】将删除选定的工作坐标系。

6.7 基本元素的创建

6.7.1 点

点的绘制和捕捉是最基础的绘图功能之一,各种图形的定位基准往往是各种类型的点。选择菜单【插入】|【基准/点】|【点】命令,弹出如图 6-55 所示的【点】对话框。

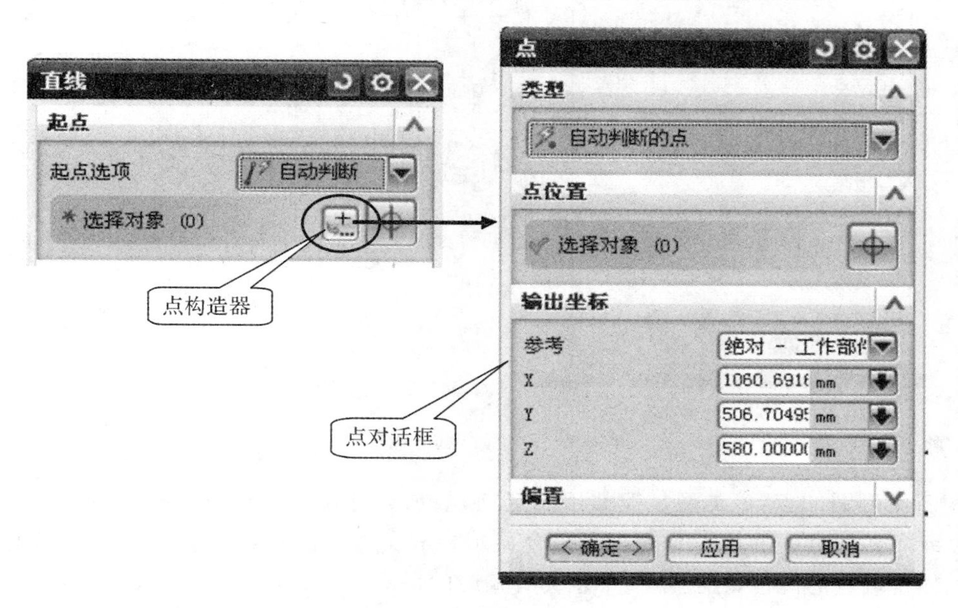

图 6-55 点构造对话框

单击某些命令对话框中的【点构造器】图标，也可弹出【点】对话框，如图 6-55 所示。

通过【点】构造器创建点的方法有四种，下面分别介绍。

1. 特征点

特征点是指几何体上特殊位置处的点，如图 6-56 所示，包括曲线的终点、中点、控制点、交点、圆弧中心、象限点、已存点、点在曲线上和点在曲面上 9 种类型。

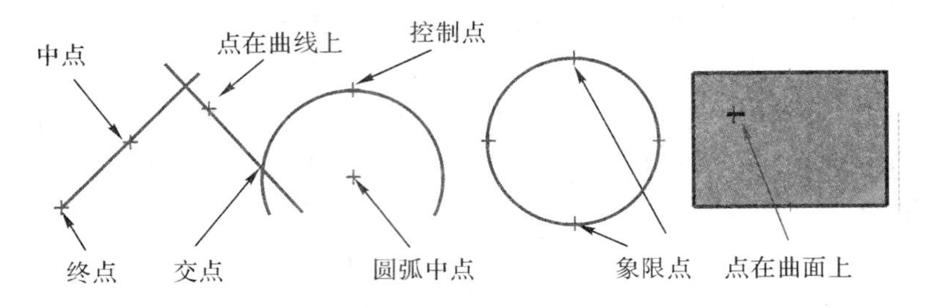

图 6-56 特征点的类型

特征点的类型可在【点】对话框的下拉列表或者使用【选择条】工具栏中的捕捉点进行指定，如图 6-57 所示。

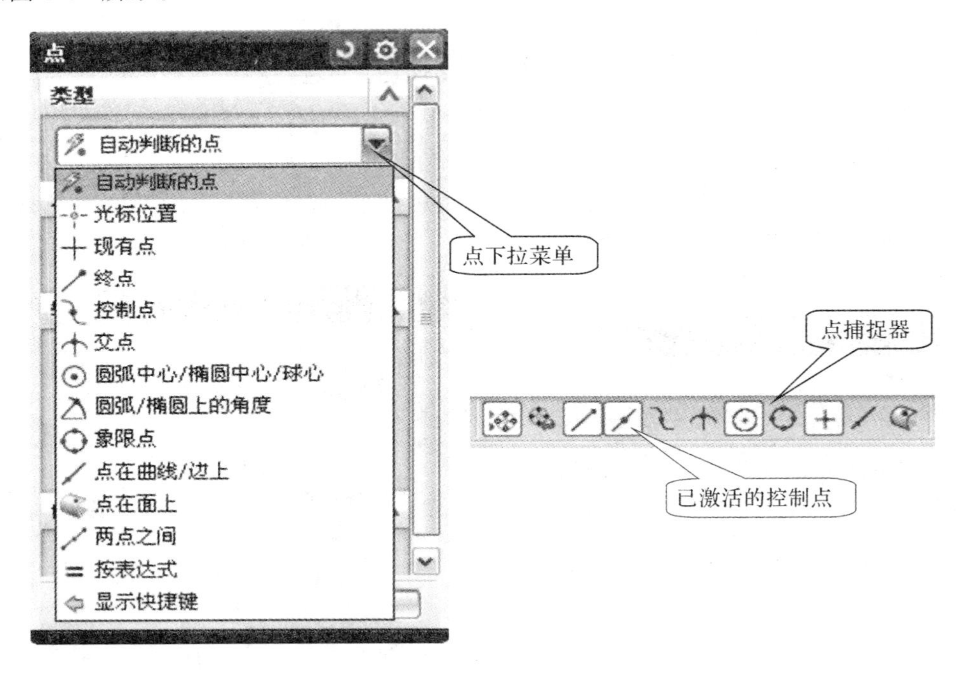

图 6-57 特征点的捕捉

● 自动判断的点：该类型是最常用的选项，根据光标位置自动判断是下列所述的哪种特征点或者光标点。选择时光标右下角会显示相应类型的图标，如图 6-58 所示，光标右下角显示的是端点的图标，在提示栏中也会有相应的提示。

● 光标位置：在光标点状态下，单击鼠标左键 MB1 即可在当前光标所在处创建一点。其实是当前光标所在位置投影至 XC-YC 平面内形成的点。

● 现有点：在某个现有点上构造点，或通过选择某个现有点指定一个新点。

● 终点：在现有的直线、圆弧、二次曲线以及其他曲线的端点处指定一个点。

● 控制点：在几何对象的控制点处指定一个点。

● 交点：在两条曲线的交点处，或一条曲线和一个曲面或平面的交点处指定一个点。

● 圆弧中心/椭圆中心/球心：在圆弧、圆、椭圆的圆心或球的球心处指定一个点。

图 6-58 自动判断的点

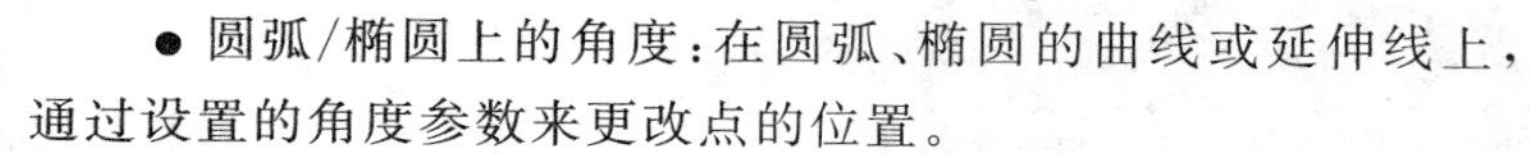

● 圆弧/椭圆上的角度：在圆弧、椭圆的曲线或延伸线上，通过设置的角度参数来更改点的位置。

● 象限点：在一个圆弧或一个椭圆的四分点处指定一个点。

● 点在曲线/边上：在选择的曲线上指定一个点，并且可以通过设置 U 向参数来更改点在曲线上的位置。

● 面上的点：在选择的曲面上指定一个点，并且可以通过设置 U 向参数和 V 向参数来更改点在曲面上的位置。

● 两点之间：在两点之间指定一个点。

可同时激活多种特征点。被激活特征点的命令图标呈现高亮显示状态，如图 6-57 所示。再次单击被激活的图标可以取消激活状态。

---

2. 坐标点

在指定的坐标值处创建点。在【点】|【输入坐标】对话栏内的 XC、YC、ZC 文本框中输入点的坐标值，单击鼠标中键后，即可在指定坐标处创建一点。UG NX 共提供了三种坐标输入的方式：绝对-工作部件、绝对-显示部件、WCS，如图 6-59 所示。

3. 偏置点

如图 6-59 所示，UG NX 一共提供了 5 种偏置点的生成方式。

● 直角坐标系：选择一个现有点，输入相对于现有点的 X、Y、Z 增量来创建点。

● 圆柱坐标系：选择一个现有点，输入半径、角度及 Z 增量来创建点。

● 球坐标系：选择一个现有点，输入半径、角度 1 及角度 2 来创建点。

● 沿矢量：选择一个现有点和一条直线，并输入距离来创建点。

● 沿曲线：选择一个现有点和一条曲线，并输入圆弧长或圆弧长的百分比来创建点。

6.7.2 矢量

在 UG 建模过程中，经常用到矢量构造器来创建矢量，比如实体构建时的生成方向、投影方向、特征生成方向等。矢量构造器存在于特征创建的对话框中。单击某些对话框中的矢量构造器图标，即可弹出【矢量】对话框，如图 6-60 所示。

矢量定义的类型有很多种，如图 6-60 所示。【矢量】对话框的【类型】下拉列表中的各矢量定义类型的含义如下：

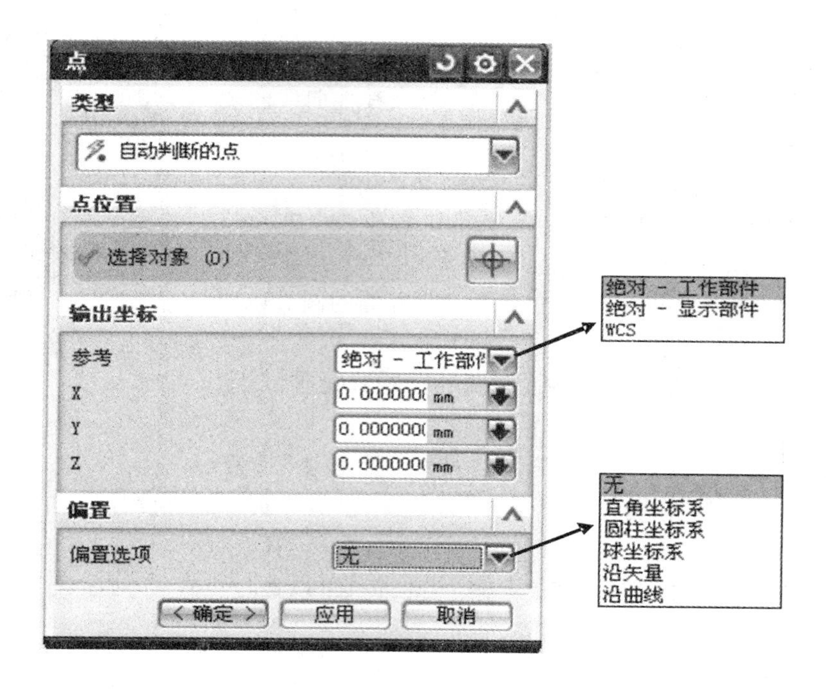

图 6-59　在指定坐标处创建点

图 6-60　矢量对话框

1．自动判断

系统根据用户所选择的几何图形自动推断并生成的相应矢量。

2. 两点

所创建的矢量通过指定的两点，且其方向由第一点指向第二点。

在【类型】下拉列表中选择【两点】，然后指定两点，即可生成矢量，如图 6-61 所示。

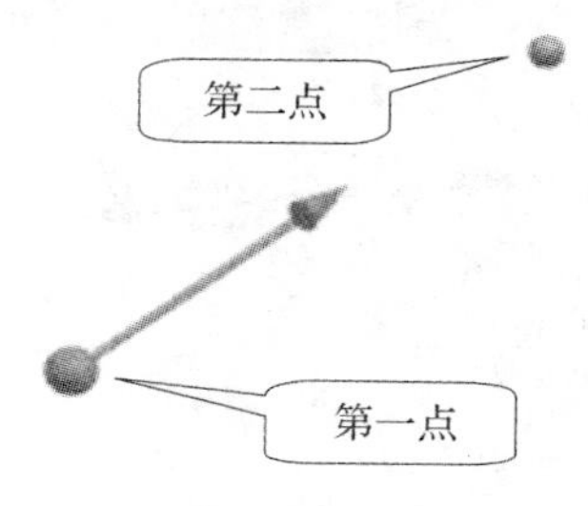

图 6-61　两点生成矢量

3. 与 XC 成一角度

所创建的矢量位于 XC-YC 平面内，且与 XC 轴成指定的角度。

在【类型】下拉列表中选择【与 XC 成一角度】，然后在【相对于 XC-YC 平面中 XC 的角度】对话栏内的【角度】文本框中输入角度值，按 MB2 即可生成矢量，如图 6-62 所示。

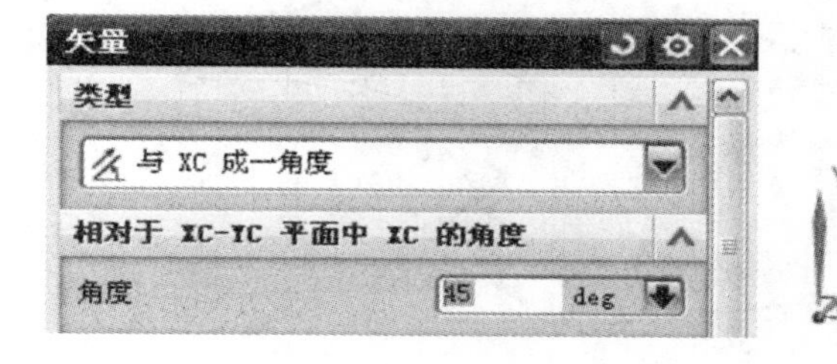

图 6-62　与 XC 角度生成矢量

4. 曲线/轴矢量

根据所选的边缘或曲线来定义矢量。若选取的是直线，则矢量方向是由选择点指向其距离最近的端点；若选取的是圆或圆弧，则矢量通过圆心，并垂直于圆所在的平面。

在【类型】下拉列表中选择【曲线/轴矢量】，然后选择一条边界线（或一条直线），即可生成矢量，如图 6-63 所示。

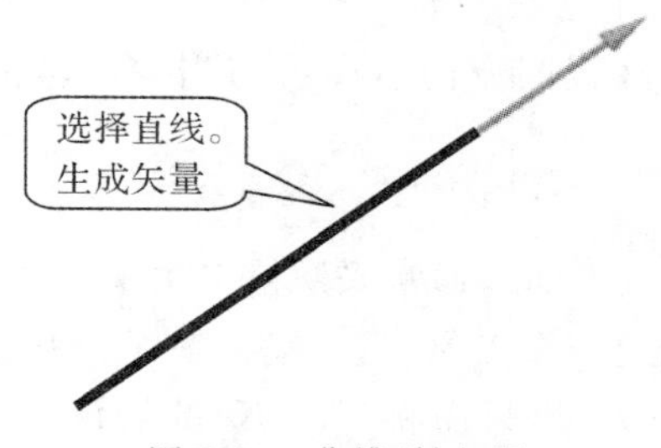

图 6-63　曲线/轴矢量

5. 曲线上矢量

所创建的矢量通过曲线上的一点，且与曲线相切。点的位置可由限定弧长或者弧长百分比来确定。

在【类型】下拉列表中选择【曲线上矢量】；然后选择一条曲线，并指定曲线上的一点，即可生成矢量，如图 6-64 所示。

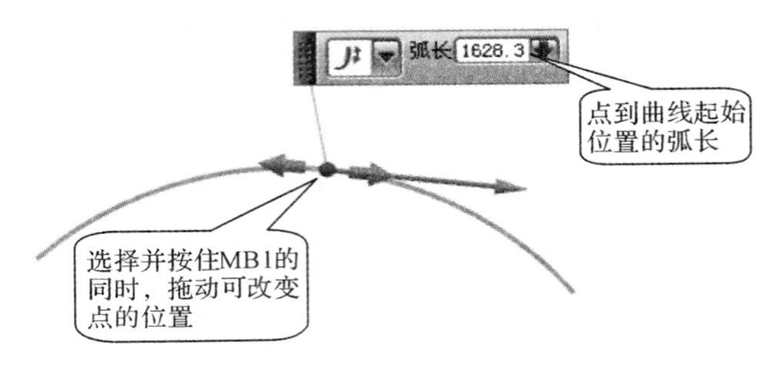

图 6-64 曲线上矢量

6. 面/平面法向

所创建的矢量与所选择的平面的法线或圆柱面的轴线平行。

在【类型】下拉列表中选择【面的法向】，然后选择一个面，即可生成矢量，如图 6-65 所示。

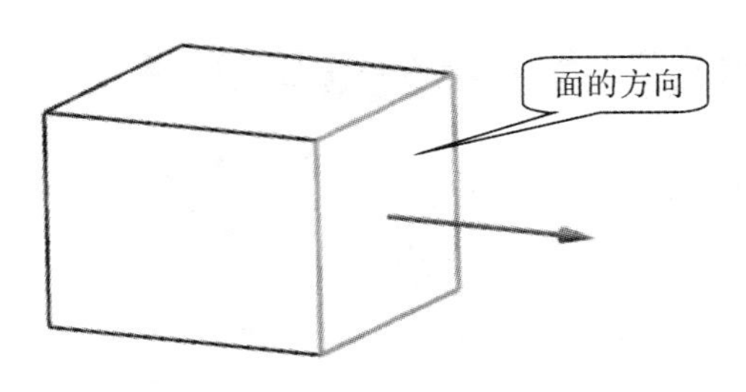

图 6-65 面/平面法向矢量

7. 基准轴

所创建的矢量与指定的基准轴平行。

在【类型】下拉列表中选择矢量与 XC(或 YC 或 ZC 或-XC 或-YC 或-ZC)轴平行，即可创建矢量方向。

8. 视图方向

所创建的矢量与当前屏幕的法线方向一致。

在【类型】下拉列表中选择【视图方向】，即可与当前屏幕的法线方向一致，创建出矢量方向。

9. 按系数

不同的坐标系，矢量的系数不同。通常采用笛卡尔坐标及球坐标系。

- 在笛卡尔坐标系下，确定一个矢量，需要输入三个分量值(I,J,K)。例如在笛卡尔坐标系下要创建"Z 轴的正方"向矢量，只需将(I,J,K)的值设置为(0,0,1)；要创建"Z 轴的负方向"矢量，只需将(I,J,K)的值设置为(0,0,－1)。
- 球坐标系的创建，须在 phi 及 Theta 两个选项中，输入对应的变量值，即可创建矢量方向。

6.7.3 基准平面及平面

使用【基准平面】及【平面】工具可以创建无边界的平面对象。创建的平面在 UG NX8.5 系统中用一个矩形平面及 3∶4∶5 的直角三角形符号表示，如图 6-66 所示。平面对象一般用作辅助平面，如参考平面、裁切平面等。

(a) 基准平面

(b) 平面

图 6-66　基准平面和平面的符号表示

基准平面是可进行关联选项设置，而平面对象是非关联的，且不显示在【部件导航器】中。

单击【特征】工具条上的【基准平面】，弹出如图 6-67 所示的【基准平面】对话框。

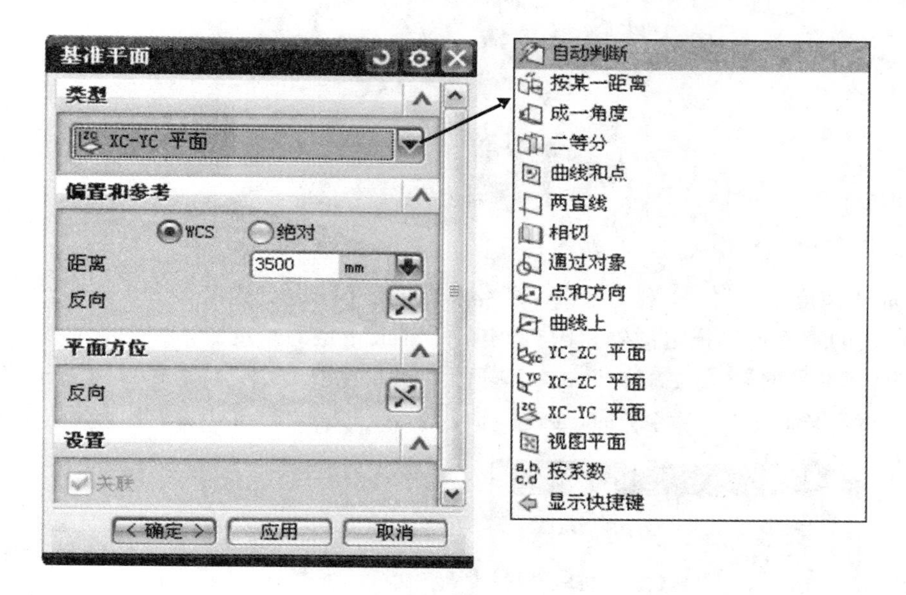

图 6-67　基准平面对话框

【基准平面】与【平面】命令，在下拉类型中的选项及功能的作用都是一致的，下面以【基准平面】为例，对类型中的常用子选项进行介绍。

1. 自动判断

根据用户选择的对象，自动判断并生成平面。如图 6-68 所示，选择两个圆柱体的侧面后，会自动创建一平面，如图 6-68(a)所示。但由于与两个圆柱面相切的平面有 4 个，通过单击【基准平面】对话框中【平面方位】组的【备选解】，可在这 4 个平面中进行切换，如图 6-68(b)、(c)、(d)所示。切换到正确位置后，按 MB2 即可创建平面。

2. 按某一距离

所创建的平面与指定的面平行，其间隔距离由用户指定。需要指定两个参数：参考平面、距离值，如图 6-69 所示。

参考平面可以直接选择【基准平面】对话框中的 XC-YC 平面、ZC-YC 平面、XC-ZC 平面。

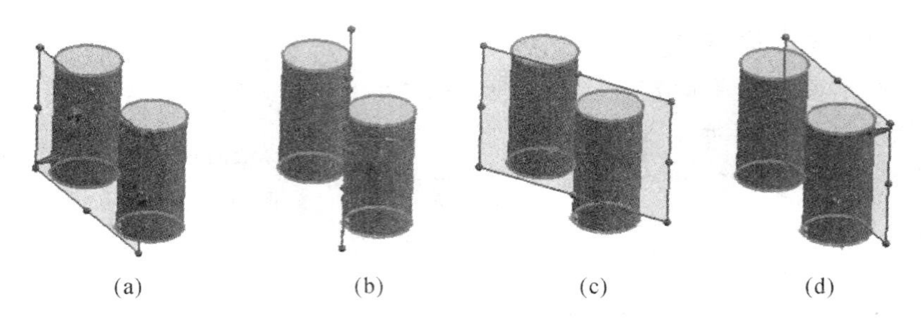

图 6-68　自动判断生成平面

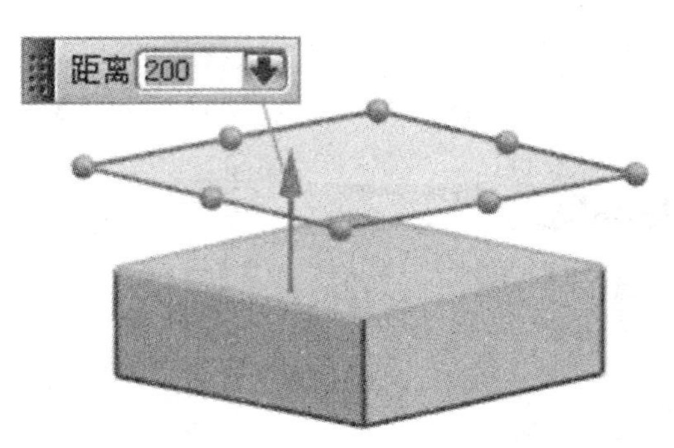

图 6-69　按某一距离生成平面

3. 成一角度

所创建的平面通过指定的轴，且与指定的平面成指定的角度。

调用【基准平面】工具后，弹出图 6-70 所示对话框；在【类型】下拉列表中选择【成一角度】，然后指定平面参数：参考平面、通过的轴、与平面的夹角，按 MB2，如图 6-70 所示。

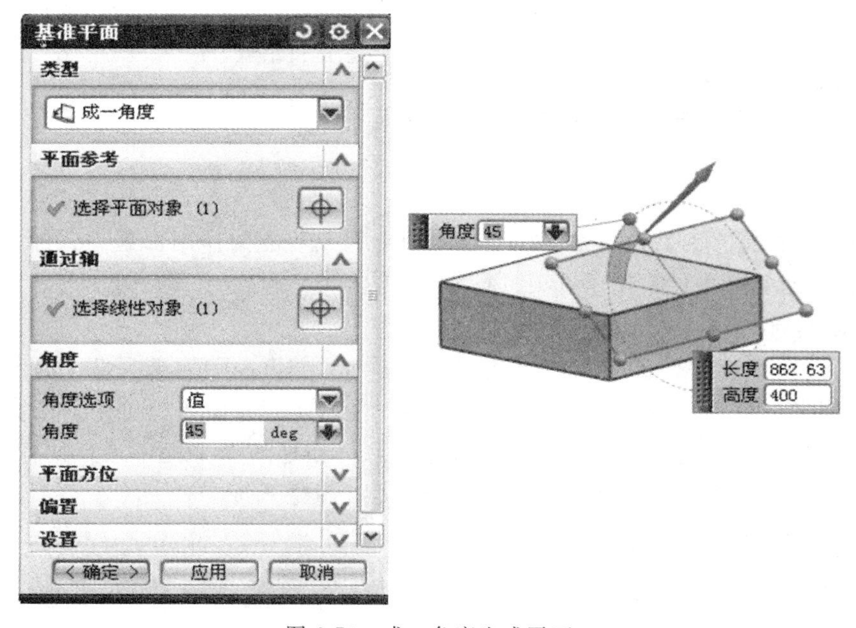

图 6-70　成一角度生成平面

4．曲线和点

其子类型有：曲线和点、一点、两点、三点、点和曲线/轴、点和平面/面等。常用的有三点、曲线和点。

三点方式下只需任意选择三点，即可创建通过所选三点的平面。

“曲线和点”方式则创建一个通过指定的点，且与所选择的曲线垂直的平面。需要指定两个参数：平面通过的点、平面垂直的曲线，如图 6-71 所示。

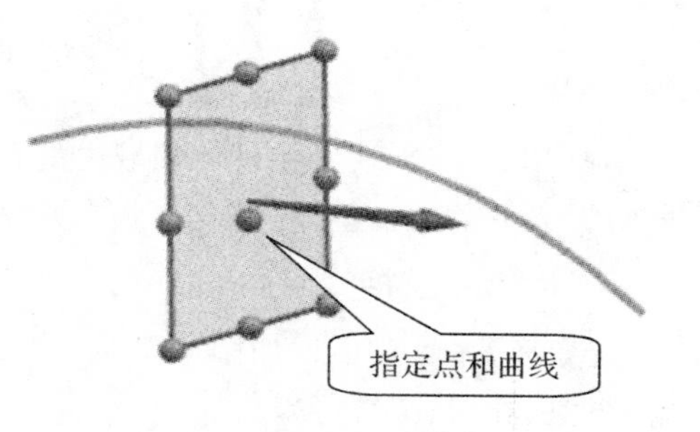

图 6-71　曲线和点生成平面

5．两直线

根据所选择的两直线创建平面。若两条直线共面，则所创建的平面通过指定的两条直线；反之，则所创建的平面通过第一条直线，且与第二条直线平行。

6．在曲线上

所创建的平面通过曲线上的一点，且与曲线垂直，如图 6-72 所示。曲线上的位置可通过在【曲线上的位置】组中设置弧长或百分比来确定。

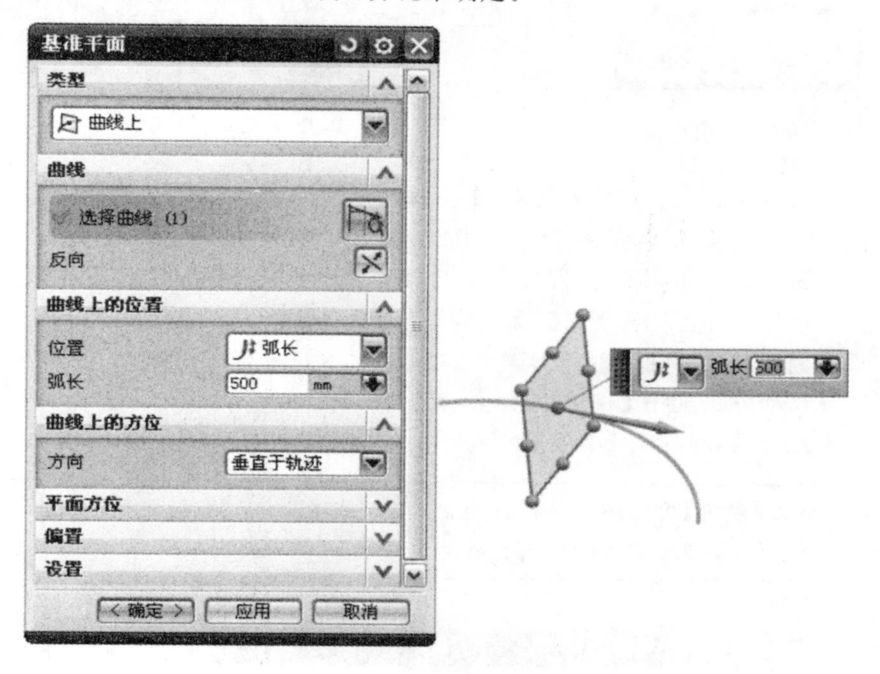

图 6-72　通过曲线上点生成平面

7．固定平面

固定平面是指 XC-YC、YC-ZC、XC-ZC 三个主平面，在【类型】下拉列表中选择其一即可创建相应的平面。

6.8 几何变换

随着UGNX软件在设计领域内的普及，其个别模块也在不断更新。变换与移动对象在早期版本中是一个整体，自6.0版本开始各自独立，在操作上更加灵活方便。

6.8.1 变换

【变换】命令对话框如图6-73所示属于【标准】工具条。主要用于对选择的对象进行缩放、镜像、阵列、拟合等操作。

例6-2 比例

将实体帽部按原有比例放大一倍，缩放点为帽部顶面的圆心，如图6-74所示。

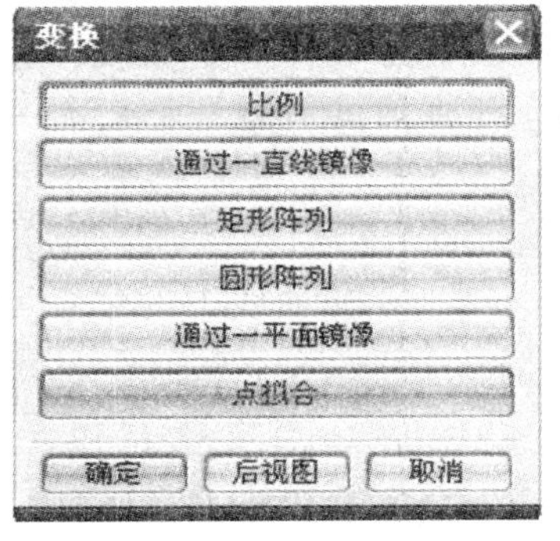

图6-73 几何变换对话框

图6-74 按比例放大

(1) 打开Translate1.prt，然后使用【变换】命令。

(2) 选择转换对象：实体帽部，然后单击鼠标中键，弹出【变换】对话框。

(3) 选择转换方式：使用【比例】选项，系统接着弹出要求选择缩放点对话框。

(4) 拾取帽部圆心，弹出【比例】对话框，如图6-75所示。

(5) 输入刻度尺比例值为2，点击确定，对话框显示如图6-76所示。

(6) 选择移动方式：单击【移动】按钮，点击子对话框中移除参数按钮执行操作。

(7) 单击【取消】按钮退出【变换】命令。

无论是单击【确定】按钮还是按鼠标中键，都只会使几何对象再运算一次，而不会退出对话框。要退出【变换】需单击【取消】按钮才可以。

图6-75 变换比例对话框

图 6-76　输入刻度尺比例值

例 6-3　通过一直线镜像

以复制方式将如图 6-77(a)所示实体沿直线做镜像,结果如图 6-77(b)。

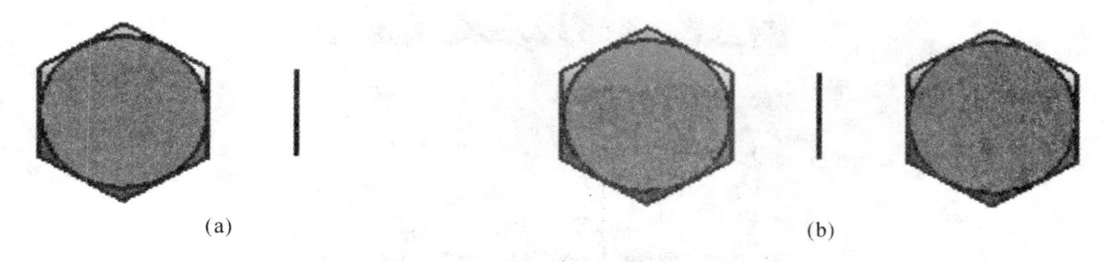

图 6-77　通过一直线镜像实例

(1) 打开 Translate2. prt,然后使用【变换】命令。

(2) 选择欲转换的对象:实体,然后单击鼠标中键,弹出【变换】对话框。

(3) 选择转换方式:【通过一直线镜像】,弹出【选择直线】对话框,如图 6-78 所示。

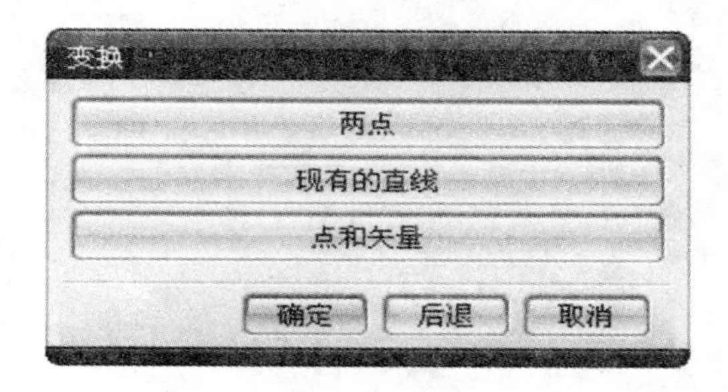

图 6-78　选择直线对话框

(4) 选择现有的直线按钮,点击图示直线段,弹出移动方式对话框。

(5) 选择移动方式:单击【复制】按钮执行操作。

(6) 单击【取消】按钮退出【变换】命令。

例 6-4 矩形阵列

使图 6-79(a)中的矩形在 A 点作一个矩形阵列，结果如图 6-79(b)。

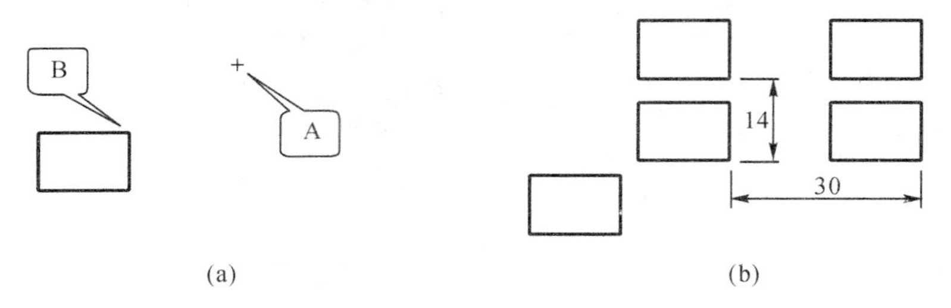

图 6-79 矩形阵列实例

(1) 打开 Translate3. prt，然后使用【变换】命令。

(2) 选择欲转换的对象：选择矩形，然后单击鼠标中键，弹出【变换】对话框。

(3) 选择转换方式：单击【矩形阵列】按钮。

(4) 指定矩形阵列参考点：选择 B 点。

(5) 选择阵列原点：选择 A 点。

(6) 在【变换】对话框中输入阵列参数，如图 6-80 所示。

图 6-80 阵列参数对话框

(7) 选择移动方式：单击【复制】按钮。

(8) 单击【取消】按钮，退出转换命令。

例 6-5 圆形阵列

将图 6-81(a)中矩形相对 A 点处作圆周阵列，结果如图 6-81(b)。

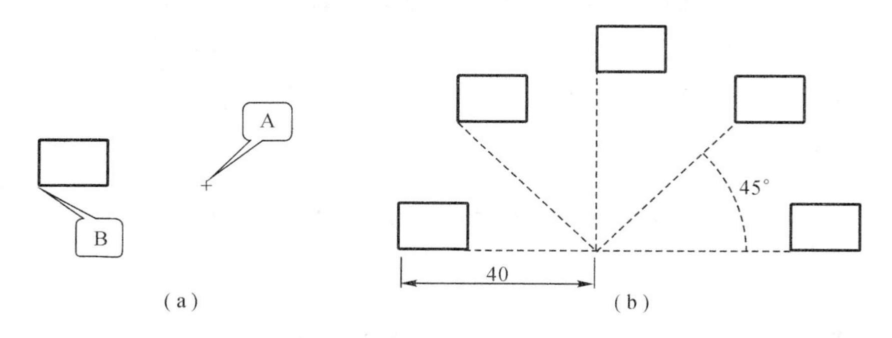

图 6-81 圆形阵列实例

(1) 打开 Translate4. prt,然后使用【变换】命令。

(2) 选择欲转换的对象:选择矩形,然后单击鼠标中键,弹出【变换】对话框。

(3) 选择转换方式:单击【圆形阵列】按钮。

(4) 指定圆形阵列参考点:选择 B 点。

(5) 指定环形阵列中心:选择 A 点。

(6) 输入圆形阵列参数,如图 6-82 所示。

图 6-82　圆形阵列参数输入对话框

(7) 选择移动方式:单击【复制】按钮。

(8) 单击【取消】按钮,退出变换操作。

例 6-6　通过一平面镜像

以复制方式将如图 6-83(a)圆柱体沿平面做镜像,结果如图 6-83(b)所示。

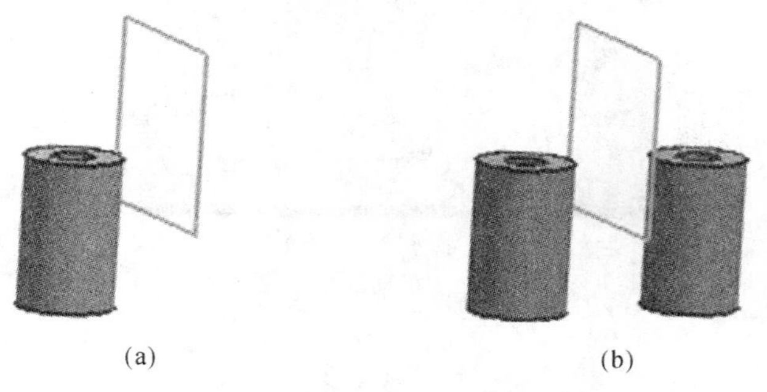

(a)　　(b)

图 6-83　通过一平面镜像实例

(1) 打开 Translate5. prt,然后使用【变换】命令。

(2) 选择欲转换的对象:圆柱体,然后单击鼠标中键,弹出【变换】对话框。

(3) 选择转换方式:【通过一平面镜像】,弹出【平面】对话框,如图 6-84 所示。

(4) 选择现有的基准平面后点击确定。

(5) 选择移动方式:单击【复制】按钮执行操作。

(6) 单击【取消】按钮退出【变换】命令。

图 6-84　平面选择对话框

6.8.2　移动对象

使用移动对象命令如图 6-85 所示可对选择的对象进行多达 9 种类似变换的编辑,分别是距离、角度、点之间的距离、径向距离、点到点、根据三点旋转、将轴与矢量对齐、CSYS 到 CSYS、动态等。变换的结果可具有参数关联性，可动态改变编辑效果。

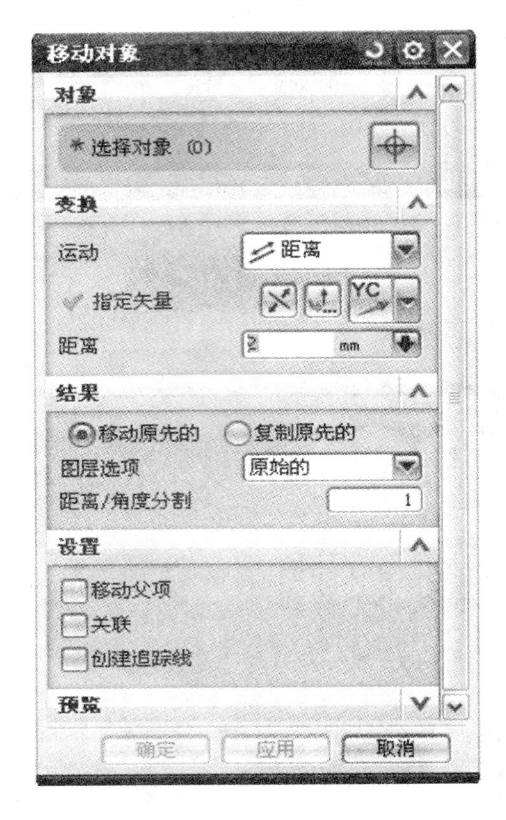

图 6-85　移动对象对话框

例 6-7　距离

以复制方式将实体沿 X 方向移动距离为 100，如图 6-86 所示。

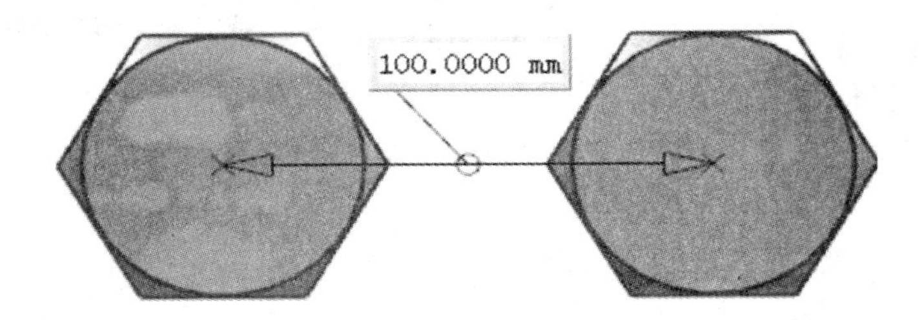

图 6-86　按距离复制实体实例

（1）打开 Move Object1. prt，然后按快捷键 Ctrl＋T 调用【移动对象】命令。

（2）选择对象为实体；运动方式为距离；指定矢量栏后会出现预览轴，选择 X 轴；距离值为 100，如方向相反可点击反向按钮进行调整；选择复制原先的按钮。此时软件会出现预览效果，点击确定，完成平移操作。设置参数如图 6-87 所示。

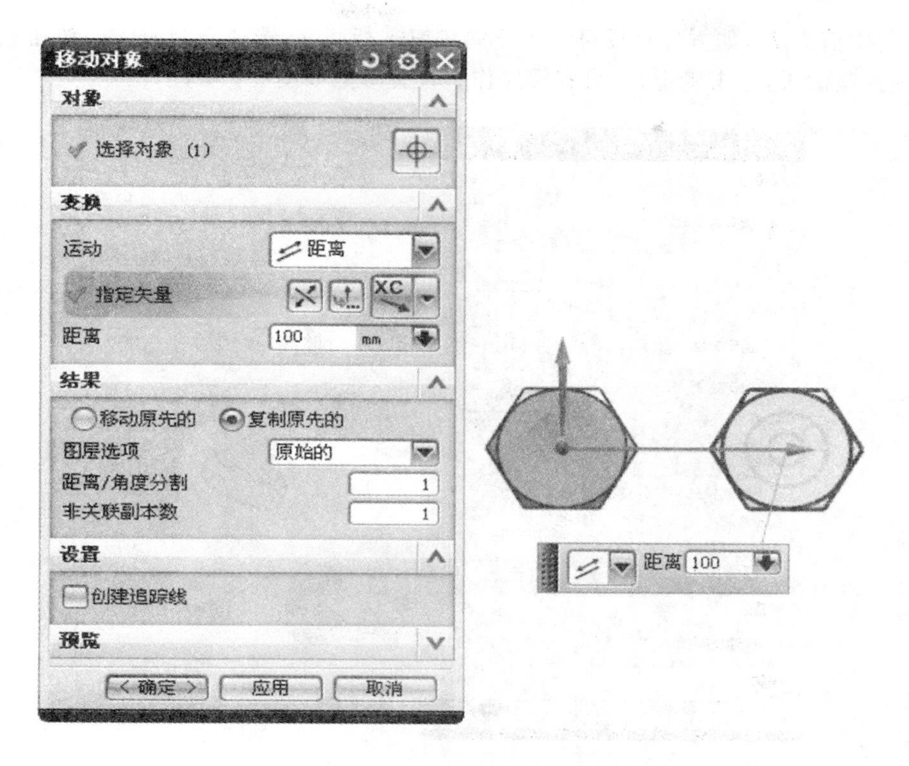

图 6-87　按距离复制实体参数设置

例 6-8　角度

以复制方式将如图 6-88 实体沿点 A 作相对 Z 轴旋转 70 度运动。

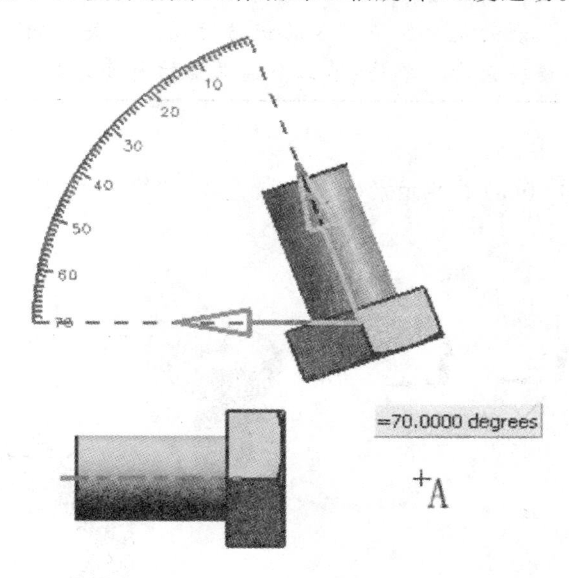

图 6-88　按角度复制实体实例

(1) 打开 Move Object2. prt，然后使用快捷键 Ctrl+Shift+M 调用【移动对象】命令。

(2) 选择对象为实体；运动方式为角度；指定矢量栏后会出现预览轴，选择 Z 轴；指定轴点为A；角度值为70，如方向相反可点击反向按钮进行调整；选择复制原先的按钮。此时软件会出现预览效果，点击确定，完成旋转操作。设置参数如图6-89所示。

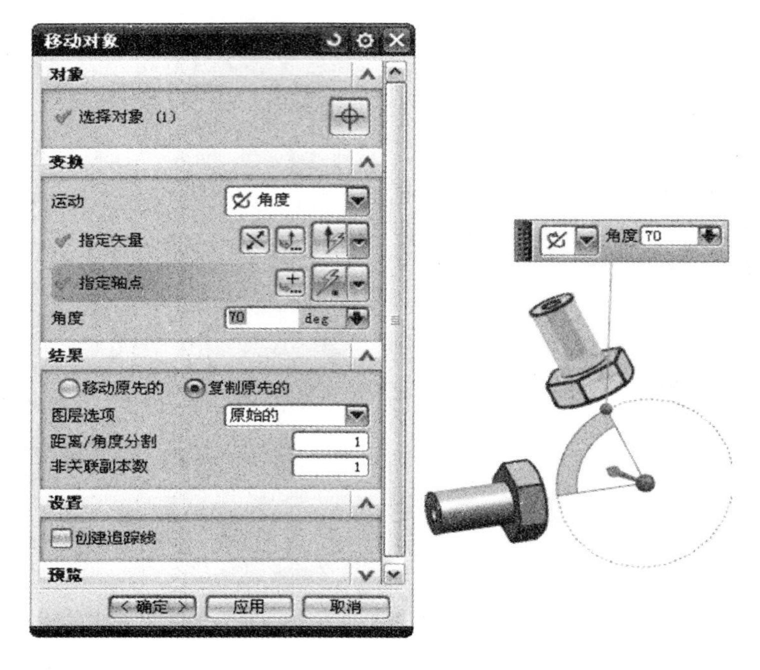

图6-89　按角度复制实体参数设置

需要注意的是结果中的距离/角度分割与非关联副本数的概念。这么说吧，距离/角度分割值假如为3，则代表的是角度值1/3的旋转运动。非关联副本数假如为2，则出现2个副本，第一个副本旋转角度为单倍；第二个副本旋转角度为双倍。

例6-9　点到点

以复制方式将图6-90(a)中各元素(坐标系、直线、基准平面、实体等)从点A复制至点B，结果图6-90(b)所示。

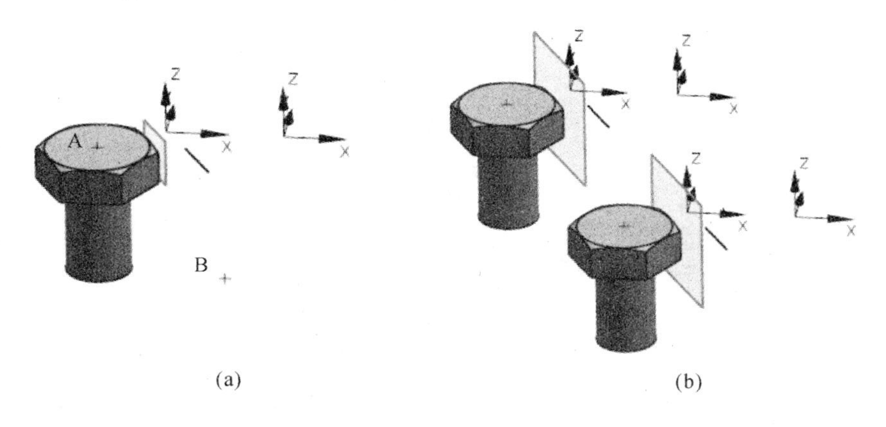

图6-90　按点到点方式复制元素实例

(1) 打开 Move Object3. prt，然后使用快捷键 Ctrl+T 调用【移动对象】命令。

(2) 选择对象为除去点外所有对象；运动方式为点到点；指定出发点为圆心 A；指定终止点为 B；选择复制原先的按钮。此时软件会出现预览效果，点击确定，完成点到点的移动操作。设置参数如图 6-91 所示。

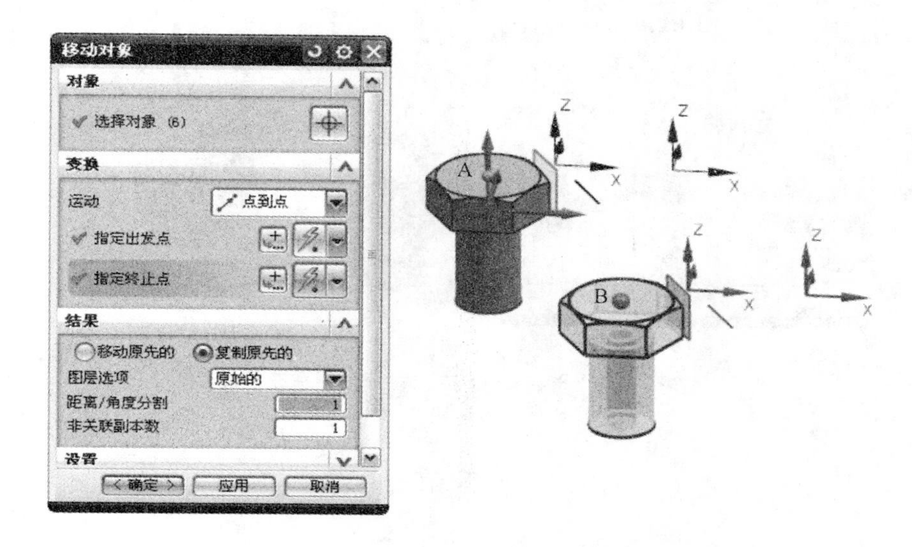

图 6-91　按点到点方式复制元素参数设置

例 6-10　CSYS 到 CSYS

将图 6-92(a)中圆柱与立方体作坐标系 CSYS 的对齐，结果如图 6-92(b)所示。

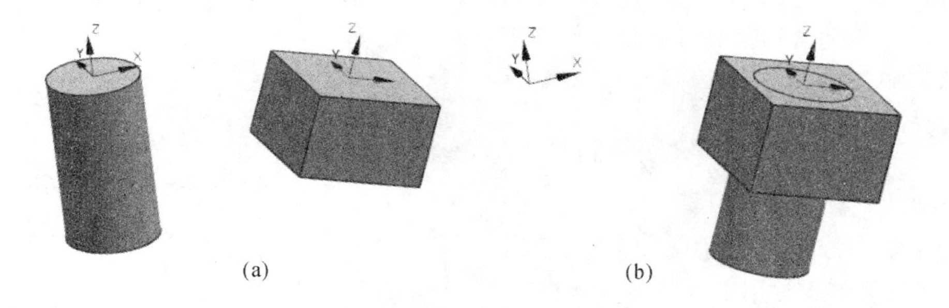

图 6-92　按 CSYS 到 CSYS 方式对齐坐标系实例

(1) 打开 Move Object4. prt，然后使用快捷键 Ctrl+T 调用【移动对象】命令。

(2) 选择对象为圆柱体；运动方式为 CSYS 到 CSYS；指定从 CSYS 选择圆柱体的坐标系；指定到 CSYS 选择立方体的坐标系；选择移动原先的按钮。此时软件会出现预览效果，点击确定，完成坐标系之间的对齐操作。设置参数如图 6-93 所示。

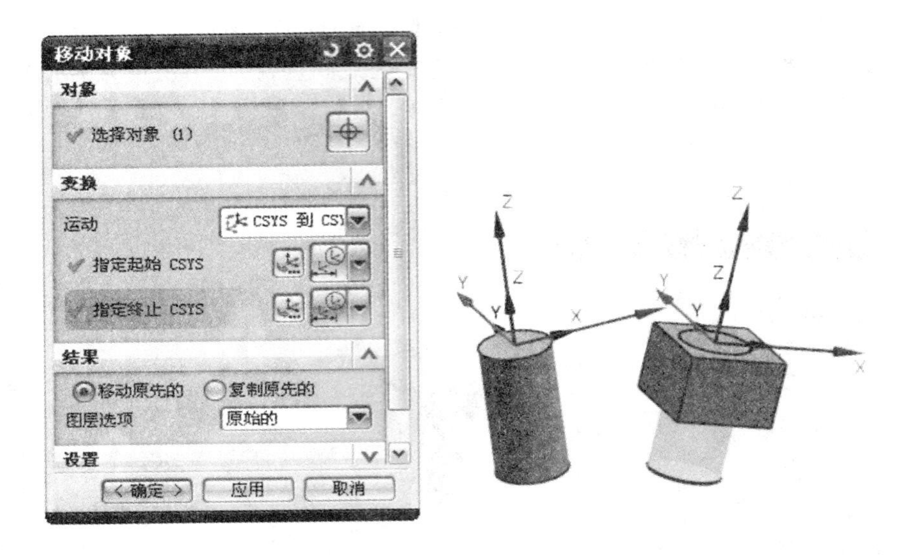

图 6-93 按 CYS 到 CSYS 方式对齐坐标系参数设置

6.9 本章小结

本章主要介绍了以下内容：

- UG NX 工作环境，包括用户界面、常用菜单、快捷菜单和常用工具条。
- UG NX 环境定制的方法，包括切换中英文界面、定制工具条、用户默认设置、模板和角色等。
- 鼠标、快捷键、对象选择的操作方法，以及快捷键的定制方法。
- UG NX 的常用工具(图层、组和坐标系)。
- UG NX 的基本元素(点、矢量和坐标系)。

6.10 思考与练习

1. 简述 UG NX8.5 的用户界面的组成。
2. 常用菜单和常用工具条各有哪些?
3. 如何切换 UG NX 的中英文界面?
4. 如何定制用户的工具栏和工具条?
5. 用户默认设置和角色各自的作用分别是什么?
6. 如何使用鼠标达到缩放、旋转和平移视图的效果?
7. 如何定制快捷键?
8. 如何切换工作层? 要将几何对象移动到指定图层应如何操作?
9. 请将工作坐标系的 XC-YC 平面切换成 XC-ZC 平面。
10. 打开 Layer.prt 文件，并将图层 31、61、62 设置为不可见。

第7章　草　　图

草图与曲线功能相似，也是一个用来构建二维曲线轮廓的工具，其最大的特点是绘制二维图时只需先绘制出一个大致的轮廓，然后通过约束条件来精确定义图形。当约束条件改变时，轮廓曲线也自动发生改变，因而使用草图功能可以快捷、完整地表达设计者的意图。

草图是 UG NX 软件中建立参数化模型的一个重要工具。

本章将介绍如何创建草图与草图对象、约束草图对象、草图操作以及管理与编辑草图等方面的内容。

本章学习目标

- 了解草图环境及创建草图的一般步骤；
- 掌握创建草图与草图对象的方法；
- 了解内部草图与外部草图的区别；
- 掌握草图约束方法及技巧；
- 掌握草图操作工具和管理工具。

7.1　概　　述

草图是 UG NX 中用于在部件内建立 2D 几何体的应用。一个草图就是一个被创建在指定平面上的已命名的二维曲线集合，可以利用草图来满足广泛的设计需求。

1)通过扫掠、拉伸或旋转一草图来创建一实体或一片体；

2)创建含有成百甚至上千个草图曲线的大比例 2D 概念布局；

3)创建一构造几何体，如一运动轨迹或一间隙弧，它们并非用于定于部件特征。

在一般建模中，草图的第一项作用最常用，即在草图的基础上，创建所需的各种特征。

7.1.1　草图与特征

草图在 UG NX 中被视为一种特征，每创建一个草图均会在部件导航器中添加一个草图特征，因此每添加一个草图，在部件导航器中就会添加相应的一个节点。部件导航器所支持的操作对草图也同样有效。

7.1.2　草图与层

草图位于创建草图时的工作层上，因此在创建草图前应设置好工作层。为保证工作空间的整洁，每个草图应分别放置在不同的图层。

当某一草图被激活时，系统自动将工作层切换到草图所在的图层。

当退出草图状态时，若图 7-2(b)所示的【保持图层状态】设置为关，系统会自动将工作层切换回草图激活前的工作层，否则草图所在层仍为工作层。

当曲线添加到激活的草图中时，这些曲线也被自动移至草图所在的图层。

7.1.3 草图功能简介

在 UG NX8.5 中，既可通过建模菜单中的【直接草图】工具条，在无须进入草图环境下，对草图进行直接的绘制。也可与以前版本相同，使用【任务环境中的草图】命令进入草图环境来制作草图。

如图 7-1 所示为直接草图工具条。在草图绘制的过程中可根据自我的需求，点击【在草图任务环境中】命令，可使草图重新回到草图环境中进行制作。由于直接草图与草图环境中的命令完全一致，本书将以草图环境为主，对草图功能展开解析。

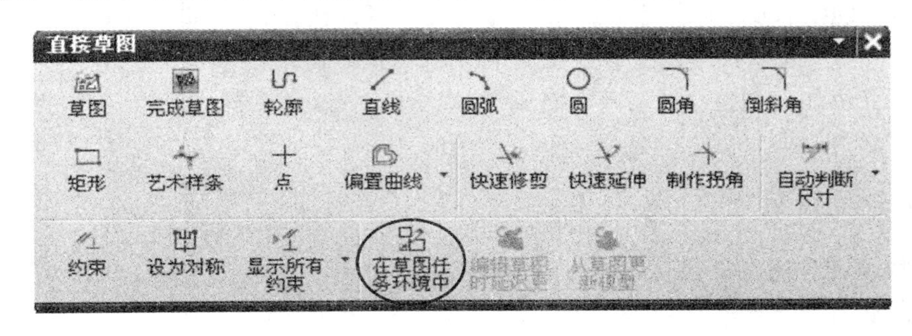

图 7-1　直接草图工具条

草图功能总体上可以分为四类：创建草图对象、约束草图、对草图进行各种操作和草图管理。其实，这四项功能本质上就是应用【草图】和【草图工具】工具条上的命令进行的一系列操作。如利用【草图工具】上的命令在草图中创建草图对象（如一个多边形）、设置尺寸约束和几何约束等。当用户需要修改草图对象时，可以用【草图工具】中的命令进行一些操作（如镜像、拖曳等）。另外，还要用到“草图管理”（一般通过【草图】上的各种命令）对草图进行定位、显示和更新等。

7.1.4 草图参数预设置

草图参数预设置是指在绘制草图之前，设置一些操作规定。这些规定可以根据用户自己的要求而个性化设置，但是建议这些设置能体现一定的意义，如曲线的前缀名最好能体现出曲线的类型。

选择菜单【首选项】|【草图】，会弹出如图 7-2 所示的草图参数预设置对话框。

- 尺寸标签：标注尺寸的显示样式。共有三种方式：表达式、名称和值，如图 7-3 所示。
- 屏幕上固定文本高度：在缩放草图时会使尺寸文本维持恒定的大小。如果清除该选项并进行缩放，则会同时缩放尺寸文本和草图几何图形。
- 文本高度：标注尺寸的文本高度。
- 创建自动判断的约束：选择后将自动的创建一些可以由系统判断出来的约束。
- 捕捉角：设置捕捉角的大小。在绘制直线时，直线与 XC 或者 YC 轴之间的夹角小于捕捉角时，系统会自动将直线变为水平线或者垂直线，如图 7-4 所示。默认值为 3°，可以指定的最大值为 20°。如果不希望直线自动捕捉到水平或垂直位置，则将捕捉角设置为零。
- 显示自由度箭头：选中该复选框，激活的草图以箭头的形式来显示自由度。

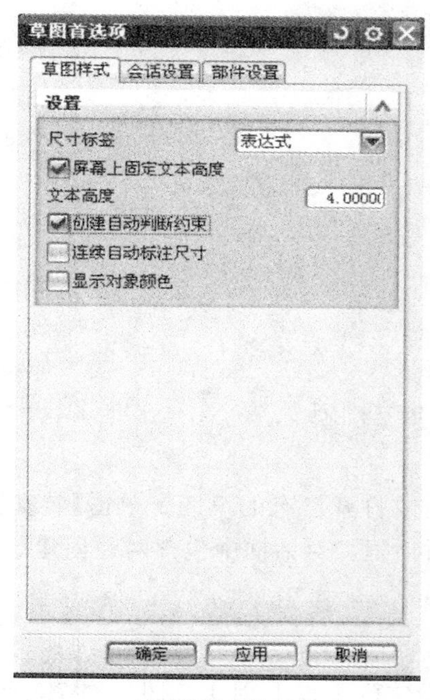

(a) 草图样式选项卡

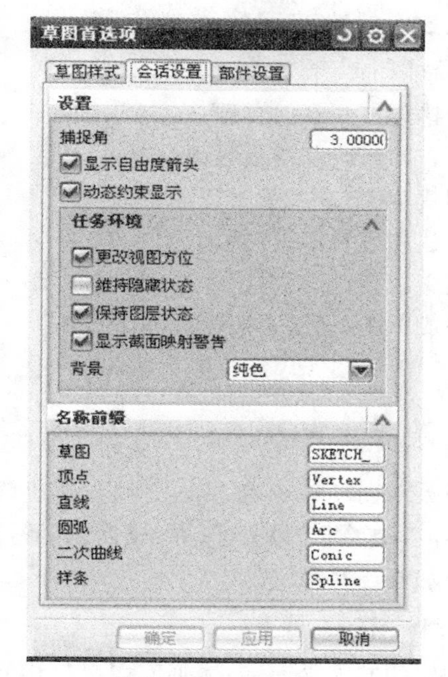

(b) 会话设置选项卡

图 7-2 草图参数预设置对话框

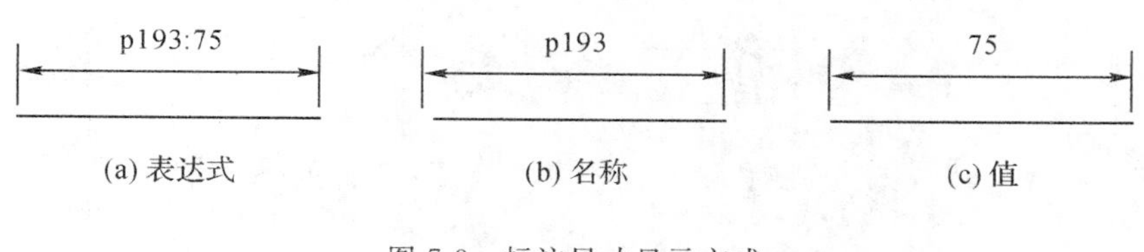

(a) 表达式　　(b) 名称　　(c) 值

图 7-3 标注尺寸显示方式

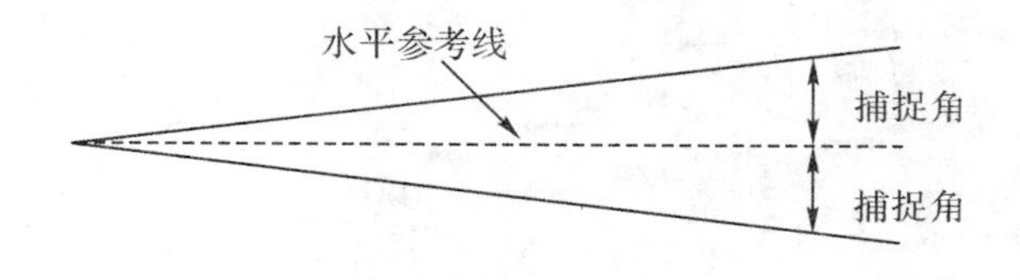

图 7-4 设置捕捉角

● 动态约束显示：选中该复选框，如果相关几何体很小，则不会显示约束符号。要忽略相关几何体的尺寸查看约束，可以关闭这个选项。

● 更改视图方位：选中该复选框，当草图被激活后，草图平面改变为视图平面；退出激活状态时，视图还原为草图被激活前的状态。

● 保持图层状态：选中该复选框，激活一个草图时，草图所在的图层自动成为工作图层；退出激活状态时，工作图层还原到草图被激活前的图层。如果不选中该复选框，则当草图变为不激活状态时，这个草图所在的图层仍然是工作图层。

7.1.5 创建草图的一般步骤

绘制草图的一般步骤如下：

1)新建或打开部件文件；

2)检查和修改草图参数预设置；

3)创建草图，进入草图环境；

4)创建和编辑草图对象；

5)定义约束；

6)完成草图，退出草图生成器。

7.2 创建草图

在进入草图任务环境之前，必须先新建草图或打开已有的草图。单击【特征】工具条上的【任务环境中的草图】图标，弹出【创建草图】对话框。对话框中包含两种创建草图的类型：在平面上和基于路径。

7.2.1 在平面上

在选定的基准平面、实体平面或以坐标系设定的平面上创建草图。图7-5所示的对话框中各选项的含义如下。

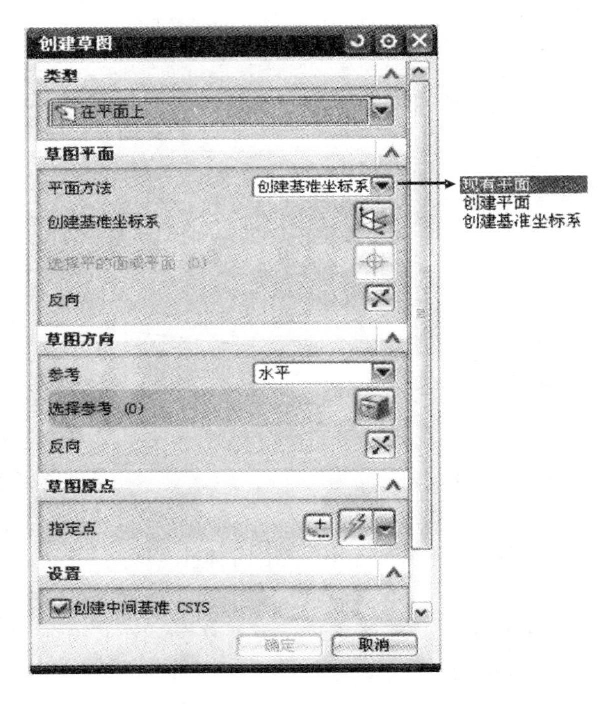

图7-5　在平面上创建草图对话框

● 草图平面：确定如何定义目标平面，共有三种方式。

☆ 现有平面：选取基准平面为草图平面，也可以选取实体或者片体的平表面作为草图平面。

☆ 创建平面：利用【平面】对话框创建新平面，作为草图平面。

☆ 创建基准坐标系：首先构造基准坐标系，然后根据构造的基准坐标系创建基准平面作为草图平面。

● 参考：将草图的参考方向设置为水平或竖直。

☆ 水平：选择矢量、实体边、曲线等作为草图平面的水平轴（相当于 XC-YC 平面上的 XC 轴）。

☆ 竖直：选择矢量、实体边、曲线等作为草图平面的竖直轴（相当于 XC-YC 平面上的 YC 轴）

7.2.2 基于路径

在曲线轨迹路径上创建出垂直于轨迹、平行于轨迹、平行于矢量和通过轴的草图平面，并在草图平面上创建草图。图 7-6 所示的对话框中各选项的含义如下。

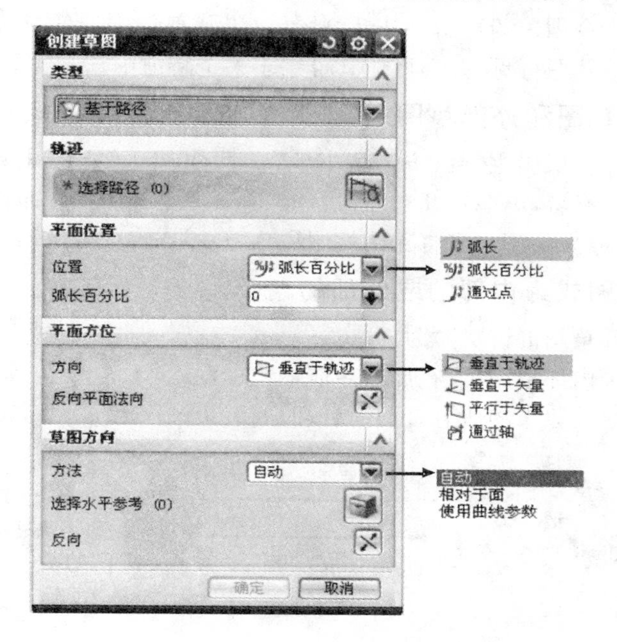

图 7-6 基于路径创建草图

● 路径：即在其上要创建草图平面的曲线轨迹。

● 平面位置：指定如何定义草图平面在轨迹中的位置，共有三种方式。

☆ 弧长：用距离轨迹起点的单位数量指定平面位置。

☆ %弧长百分比：用距离轨迹起点的百分比指定平面位置。

☆ 通过点：用光标或通过指定 X 和 Y 坐标的方法来选择平面位置。

● 平面方位：指定草图平面的方向，共有四种方式。

☆ 垂直于轨迹：将草图平面设置为与要在其上绘制草图的轨迹垂直。

☆ 垂直于矢量：将草图平面设置为与指定的矢量垂直。

☆ 平行于矢量：就草图平面设置为与指定的矢量平行。

☆ 通过轴：使草图平面通过指定的矢量轴。

- 草图方位：确定草图平面中工作坐标系的 XC 轴与 YC 轴方向。

  ☆ 自动：程序默认的方位。

  ☆ 相对于面：以选择面来确定坐标系的方位。一般情况下，此面必须与草图平面呈平行或垂直关系。

  ☆ 使用曲线参数：使用轨迹与曲线的参数关系来确定坐标系的方位。

7.3　内部草图与外部草图

7.3.1　基本概念

根据【变化的扫掠】、【拉伸】或【旋转】等命令创建的草图都是内部草图。如果希望使草图仅与一个特征相关联时，请使用内部草图。

单独使用草图命令创建的草图是外部草图，可以从部件中的任意位置查看和访问。使用外部草图可以保持草图可见，并且可使其可用于多个特征中。

7.3.2　内部草图和外部草图之间的区别

1）内部草图只能从所属主特征访问。外部草图可以从部件导航器和图形窗口中访问。

2）除了草图的所有者，不能打开有任何特征的内部草图，除非使草图外部化。一旦使草图成为外部草图，则原来的所有者将无法控制该草图。

7.3.3　使草图成为内部的或外部的

以一个基于内部草图的【拉伸】为例。

1）要外部化一个内部草图，可在部件导航器中的【拉伸】上单击右键，并选择【使草图为外部的】，草图将放在其原来的所有者前面（按时间戳记顺序），如图 7-7(b)所示。

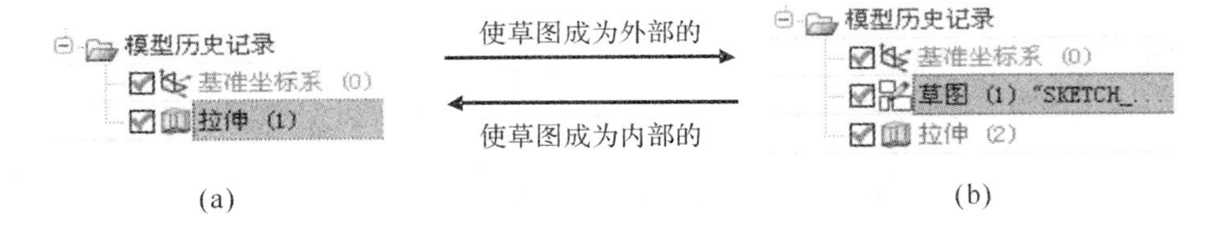

图 7-7　使草图成为内部的或外部的方法

2）要反转这个操作，可右键单击原来的所有者，然后选择【使草图为内部的】，结果如图 7-7(a)所示。

3）要编辑内部草图，执行以下操作之一：

- 在部件导航器中单击右键【拉伸】，选择【编辑草图】。
- 双击【拉伸】，在【拉伸】对话框中，单击【绘制截面】图标。

7.4　创建草图对象

草图对象是指草图中的曲线和点。建立草图工作平面后，就可以在草图工作平面上建立草图对象。可用以下两种方式来创建草图对象：

1)在草图中直接绘制草图。

2)将图形窗口中的点、曲线、实体或片体上的边缘线等几何对象添加到草图中。

7.4.1 自由手绘草图曲线

单击【草图工具】工具条中的命令图标，就会弹出相应的工具条，如图 7-8 所示。工具条的左侧为对象类型，右侧为点的输入模式。

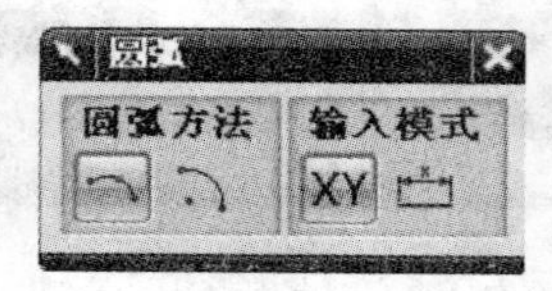

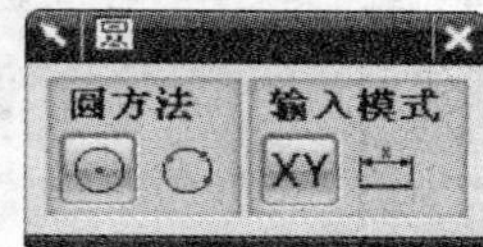

图 7-8 自由手绘草图曲线

利用【轮廓】工具可绘制直线和圆弧(在对象类型中选择相应的图标即可)，且以线串方式进行绘制，即上一条曲线的终点为下一条曲线的起点。

草图曲线的绘制方法与第 6 章所述的曲线绘制方法基本相同，最大的区别在于使用草图工具绘制时，不必太在意尺寸是否准确，只需绘制出近似轮廓即可。近似轮廓线绘制完成后，再进行尺寸约束、几何约束，即可精确控制它们的尺寸、形状、位置。关于绘制草图曲线的功能，本书不再赘述，而只对草图中点的输入作简单说明。在草图中，可用以下三种方式输入点。

- 光标点：直接单击鼠标左键。当光标移动到特殊点时，系统会自动捕捉到这些特殊点并且高亮显示。
- 坐标模式：坐标模式是采用直角坐标方式输入 X、Y 坐标来确定点。单击 XY 图标可进入坐标模式，系统会显示一直角坐标输入对话框，如图 7-9(a)所示，在其中输入 XC、YC 值后按回车键或 MB2 键。
- 参数模式：参数模式是采用极坐标方式输入相对于当前点的角度和长度值来确定目标点。单击图标可进入参数模式，系统会显示一极坐标输入对话框，如图 7-9(b)所示，在其中输入角度值和长度值后按回车键或 MB2 键即可。

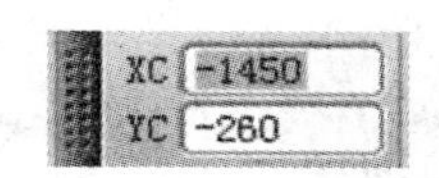

(a) 直角坐标输入对话框

(b) 极坐标输入对

图 7-9 坐标模式参数输入框

绘制草图对象时，点线显示与其他对象对齐；虚线显示可能的约束，按 MB2 可锁定或解锁所建议的约束。

7.4.2 投影曲线

曲线按照草图平面的法向进行投影，从而成为草图对象，并且原曲线仍然存在。可以投影的曲线包括所有的二维曲线、实体或片体边缘。

7.5 约束草图

草图的功能在于其捕捉设计意图的能力，这是通过建立规则来实现的，这些规则称为约束。草图约束限制草图的形状和大小，包括几何约束（限制形状）和尺寸约束（限制大小）。

草图约束命令如图 7-10 所示。

图 7-10　草图约束命令

7.5.1　自由度

草图的约束状态分为欠约束、完全约束和过约束三种。为了定义完整的约束而不是过约束或欠约束，读者应该了解草图对象的自由度，如图 7-11 所示。

① 此点仅在 X 方向上可以自由移动；

② 此点仅在 Y 方向上可以自由移动；

③ 此点在 X 和 Y 方向上都可以自由移动。

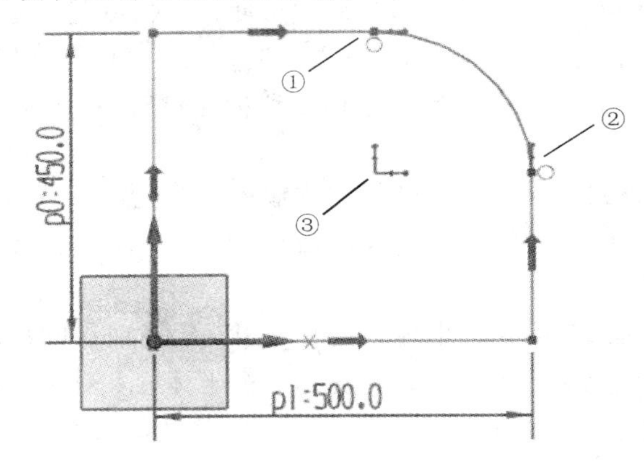

图 7-11　草图对象的自由度

图 7-12 给出了一般对象的自由度（尚未添加约束）。

- 点：有两个自由度，即沿 X 和 Y 方向移动；
- 直线：四个自由度，每端两个；
- 圆：三个自由度，圆心两个，半径一个；
- 圆弧：五个自由度，圆心两个，半径一个，起始角度和终止角度两个；
- 椭圆：五个自由度，两个在中心，一个用于方向，主半径和次半径两个；
- 部分椭圆：七个自由度，两个在中心，一个用于方向，主半径和次半径两个，起始角度和终止角度两个；
- 二次曲线：六个自由度，每个端点有两个，锚点有两个；
- 极点样条：四个自由度，每个端点有两个；
- 过点样条：在它的每个定义点处有两个自由度。

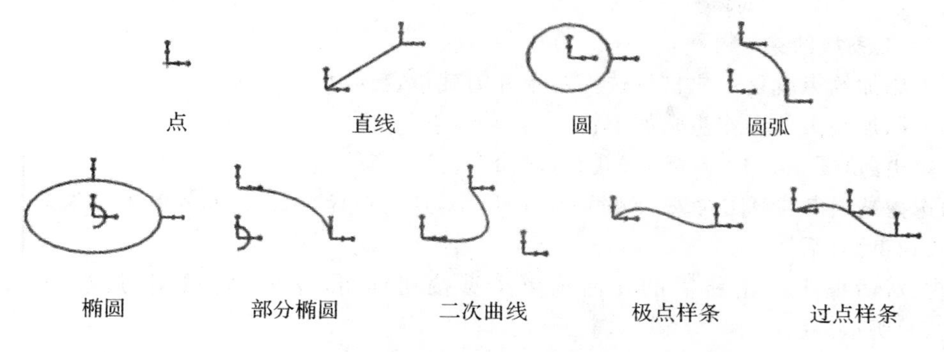

图 7-12　一般对象的自由度

调用了【约束】命令后，系统会在未约束的草图曲线定义点处显示自由度箭头符号，也就是相互垂直的红色小箭头，红色小箭头会随着约束的增加而减少。当草图曲线完全约束后，自由度箭头也会全部消失，并在状态栏中提示“草图已完全约束”。

7.5.2　几何约束

1. 约束

建立草图对象的几何特性（如要求一条线水平或垂直等）或指定在两个或更多的草图对象间的关系类型（如要求两条线正交或平行等）。

表 7-1 中描述了常见的几何约束。

表 7-1　常见几何约束

符　号	约束类型	描　　述
	固定	根据选定几何体的类型，定义几何体的固定特性
	完全固定	创建足够的约束，以便通过一个步骤来完全定义草图几何形状的位置和方向
	水平	使选择的单条或多条直线平行于草图的 X 轴
	竖直	使选择的单条或多条直线平行于草图的 Y 轴
	共线	定义两条或多条位于相同直线上或穿过同一直线的直线
	相切	定义两条或多条直线，使其相切
	平行	约束两个或多个线性对象或圆/圆弧相互平行
	垂直	约束两个或多个线性对象或圆/圆弧相互垂直
	等长	定义两条或多条直线，使其长度相同
	等半径	定义两个或多个圆或圆弧有相同的半径
	点在曲线上	约束一个点，使其位于曲线上或曲线的延长线上
	中点	定义一点的位置，使其与直线或圆弧的两个端点等距
	重合	定义两个或多个具有相同位置的点
	同心	定义两个或多个有相同中心的圆或椭圆弧
	恒定长度	一直线在没有长度值输入的情况下，约束为当前长度
	恒定角度	一直线在没有角度值输入的情况下，约束其在当前角度上

2. 手工添加约束

手工添加约束就是用户自行选择对象并为其指定约束。

手工添加约束的操作步骤如下：

1)单击【草图工具】工具条上的【约束】命令。

2)选择被约束的草图对象，如图7-13(a)所示，这里选择直线和圆，此时弹出如图7-13(b)所示的【约束】对话框。

3)在对话框中单击所需的几何约束类型按钮即可，这里单击【相切】按钮，结果如图7-13(c)所示。

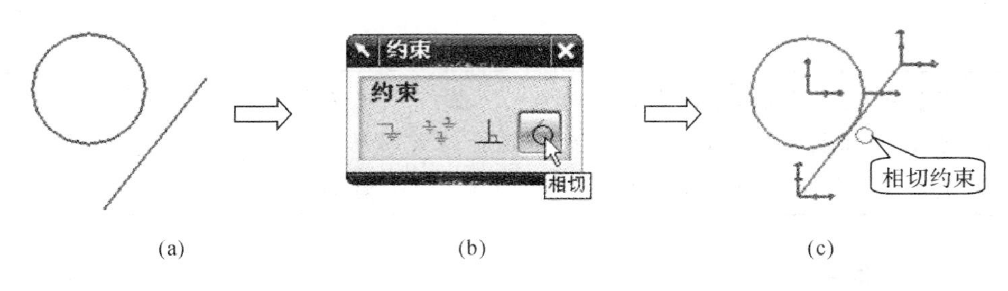

图7-13　手工添加约束过程

【约束】对话框中所包含的约束类型是由约束对象决定的，根据所选对象不同，弹出的【约束】对话框中也会显示出不同的约束条件。

---

3. 自动判断约束

使用草图创建对象时，会出现自动判断的约束符号，按住键盘上的Alt键可临时禁止自动判断约束。如图7-14所示，光标附近的符号表示自动判断的约束。

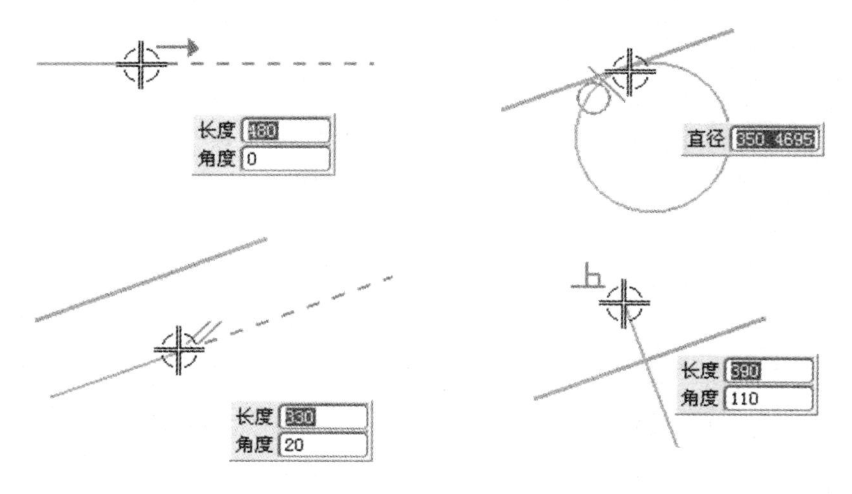

图7-14　自动判断约束

单击【草图工具】工具条上的【自动判断约束和尺寸】命令，弹出如图7-15所示的对话框。在该对话框中可以选择需要系统自动判断和应用的约束。

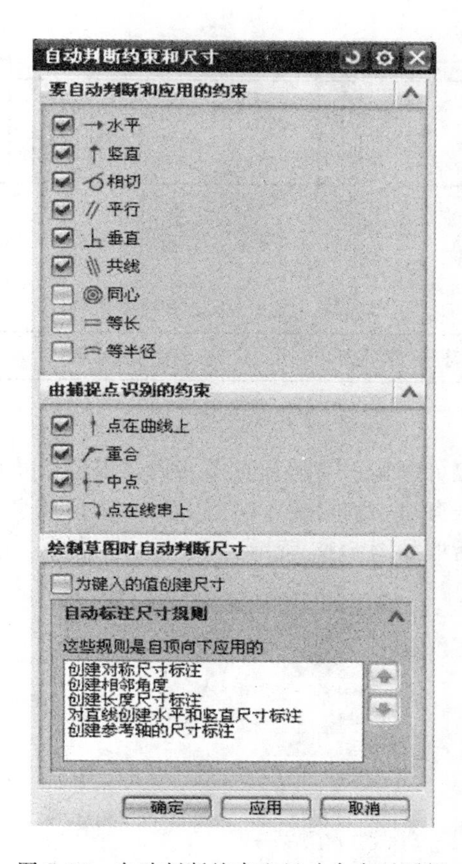

图 7-15　自动判断约束和尺寸命令对话框

4. 创建自动判断的约束

使用【创建自动判断的约束】可以在创建或编辑草图几何图形时，启用或禁用【自动判断约束】。如果激活这个选项，在创建对象时，实际创建系统自动判断的约束；相反则不创建约束，如图 7-16 所示。

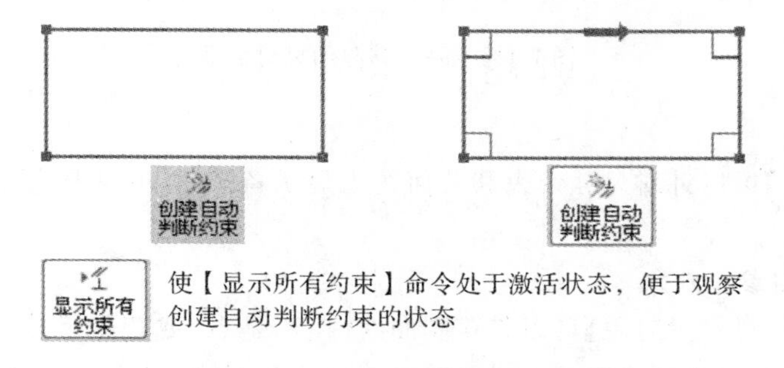

图 7-16　创建自动判断的约束

5. 显示所有约束/不显示约束

使用【显示所有约束】和【不显示约束】可在图形窗口中显示和隐藏约束符号。这两个命令均为开关命令，但两者不能同时处于激活状态，如图 7-17 所示。

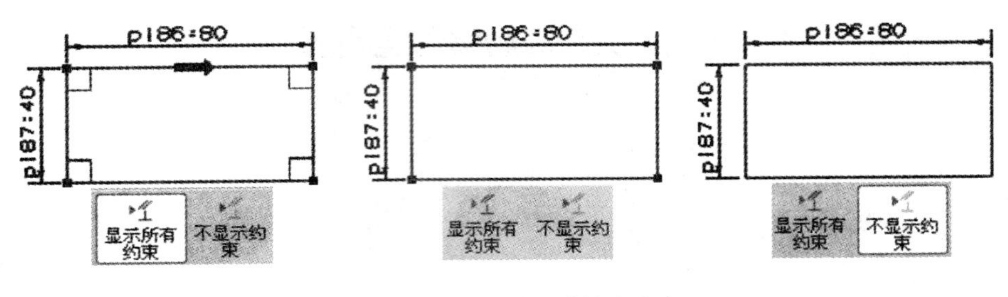

图 7-17　显示/不显示约束命令

如果缩小草图，某些符号可能不显示，放大草图即可显示。

---

6. 显示/移除约束

使用【显示/移除约束】可以显示与所选草图几何体或整个草图相关的几何约束，也可以移除指定的约束，或在信息窗口中列出关于所有几何约束的信息。

【显示/移除约束】对话框如图 7-18 所示。

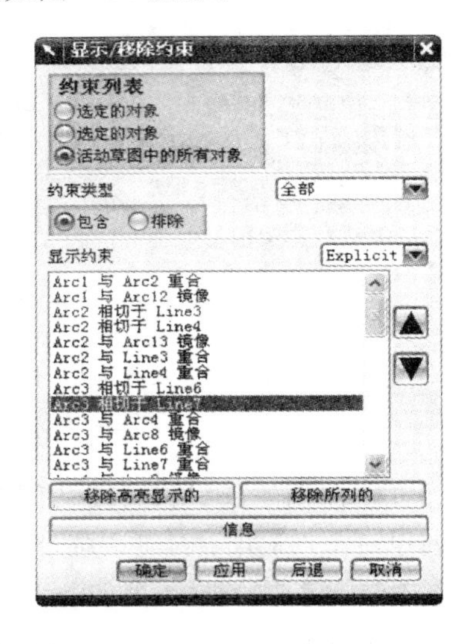

图 7-18　显示/移除约束对话框

7. 备选解

使用【备选解】可以针对尺寸约束和几何约束显示备选解，并选择一个结果，如图 7-19、图 7-20 所示。

8. 转换至/自参考对象

使用【转换至/自参考对象】可以将草图曲线（但不是点）或草图尺寸由活动对象转换为参考对象，或由参考对象转换回活动对象。参考尺寸并不控制草图几何图形。默认情况下，用双点划线这种线型显示参考曲线。

7.5.3　尺寸约束

尺寸约束用于建立一个草图对象的尺寸（如一条线的长度、一个圆弧的半径等）或两个对象间的关系（如两点间的距离），如图 7-21 所示。

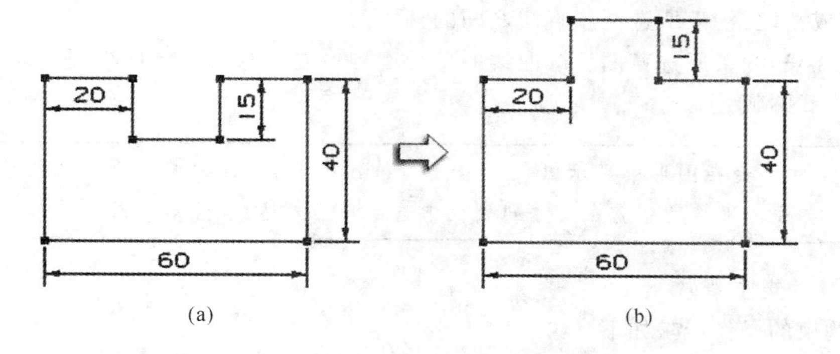

(a) (b)

图 7-19 备选解结果 1

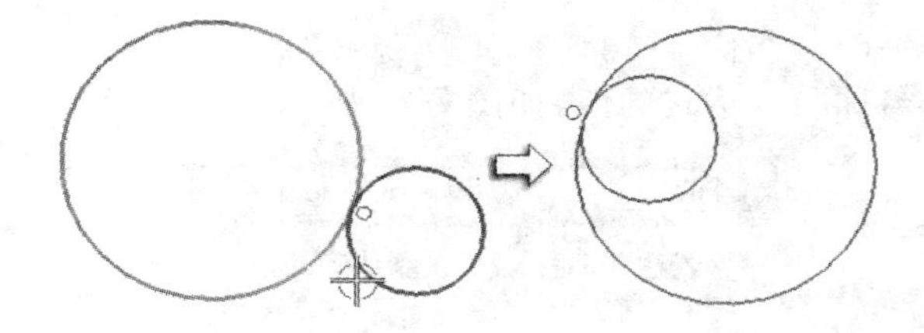

图 7-20 备选解结果 2

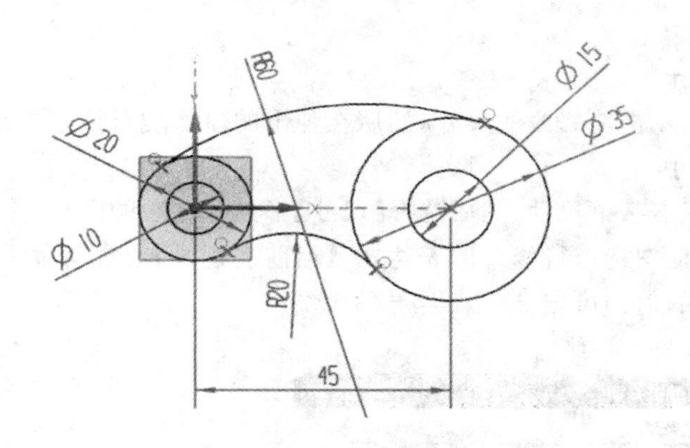

图 7-21 尺寸约束实例

1. 尺寸约束类型

UG NX 草图中具有 9 种尺寸约束类型。

- 自动判断的尺寸：根据光标位置和选择的对象智能地推断尺寸约束类型。
- 水平：在两点间建立一平行于 XC 轴的尺寸约束。
- 竖直：在两点间建立一平行于 YC 轴的尺寸约束。
- 平行：在两点间建立一平行于两点连线的尺寸约束。平行尺寸是指两点间的最短距离。
- 垂直：建立从一线到一点的正交距离约束。
- 直径：建立一个圆或圆弧的直径约束。
- 半径：建立一个圆或圆弧的半径约束。

- 成角度：约束所选两条直线之间的夹角。
- 周长：约束所选草图轮廓曲线的总长度到一要求的值。周长约束允许选择的曲线类型为直线和圆弧。

周长尺寸不会在图形中显示出来，而只以 Perimeter 为前缀的尺寸表达式值放置在尺寸列表框中，要修改此类尺寸需在尺寸列表框中选取尺寸表达式，然后修改表达式的值。

---

2. 尺寸约束步骤

尺寸约束的操作步骤如下：

1)选择【草图工具】工具条上的尺寸约束图标，或选择菜单【插入】|【尺寸】菜单下的相应尺寸约束类型；

2)选择被约束的草图曲线；

3)输入表达式的名称和表达式的值，如图 7-22 所示；

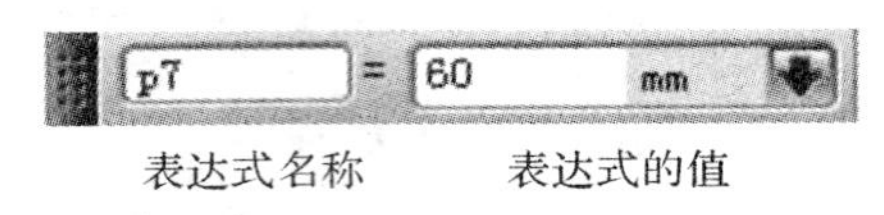

图 7-22　输入表达式的名称和值

4)按中键(MB2)确定。

3. 修改尺寸约束

1)修改单个尺寸

在草图环境下，双击待修改的尺寸，然后在弹出的【尺寸】对话框中修改尺寸值即可。

2)修改多个尺寸

草图环境下，双击某个尺寸，然后选择【尺寸】工具条左边的图标，将弹出如图 7-23 所示的对话框。在对话框中选择待修改的表达式，【当前表达式】会自动激活，从中修改尺寸表达式的名称及表达式的值即可。

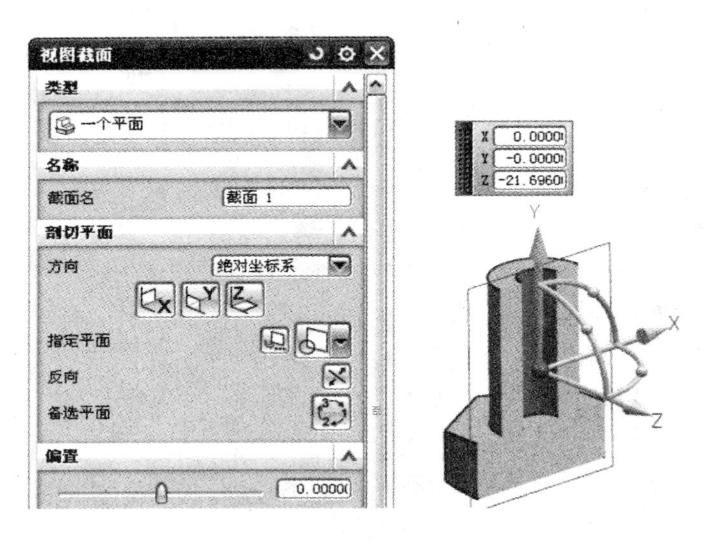

图 7-23　修改多个尺寸对话框

若已经离开了草图环境，也可以从菜单【工具】|【表达式】来调用【表达式】对话框，再进行相应的编辑。

7.5.4　约束技巧与提示

1. 建立约束的次序

对于建立约束的次序有以下几点建议：

1)添加几何约束：固定一个特征点。

2)按设计意图添加充分的几何约束。

3)按设计意图添加少量尺寸约束(会频繁更改的尺寸)。

2. 约束状态

草图的约束状态有三种：

1)欠约束状态

在约束创建过程中，系统对欠约束的曲线或点显示自由度箭头，并在提示栏显示“草图需要N个约束”，且默认情况下部分约束的曲线为栗色。

2)完全约束状态

当完全约束一个草图时，在约束创建过程中自由度箭头不会出现，并在提示栏显示“草图已完全约束”，且默认情况下几何图形更改为浅绿色。

3)过约束状态

当对几何对象应用的约束超过了对其控制所需的约束时，几何对象就过约束了。在这种情况下，提示栏显示“草图包含过约束的几何体”，且与之相关的几何对象以及任何尺寸约束的颜色默认情况下都会变为红色。

约束也会相互冲突。如果发生这种情况，则发生冲突的尺寸和几何图形的颜色默认情况下会变为红色。因为根据当前给定的约束不能对草图求解，系统将其显示为上次求解的情况。

3. 约束技巧

尽管不完全约束草图也可以用于后续的特征创建，但最好还通过尺寸约束和几何约束完全约束特征草图。完全约束的草图可以确保设计更改期间，解决方案能始终一致。针对如何约束草图以及如何处理草图过约束，可以参照以下技巧：

1)一旦遇到过约束或发生冲突的约束状态，应该通过删除某些尺寸或约束的方法以解决问题。

2)尽量避免零值尺寸。用零值尺寸会导致相对其他曲线位置不明确的问题。零值尺寸在更改为非零尺寸时，会引起意外的结果。

3)避免链式尺寸。尽可能尝试基于同一对象创建基准线尺寸。

4)用直线而不是线性样条来模拟线性草图片段。尽管它们从几何角度看上去是相同的，但是直线和线性样条在草图计算时是不同的。

7.6 草图操作

草图环境中提供了多种草图曲线的编辑功能与操作工具，如编辑曲线、编辑定义线串、偏置曲线、镜像曲线等。接下来将一一介绍这些工具。

7.6.1 编辑曲线

对草图曲线进行编辑，编辑方法与曲线的编辑方法类似，请参照第 12 章，此处不再赘述。

7.6.2 编辑定义截面

草图一般用于拉伸、变化的扫掠等扫掠特征，因此多数草图本质是定义截面线串和/或引导线串。通过【编辑定义截面】命令能够添加或删除某些草图对象，以改变截面形状或引导路径，如图 7-24 所示。

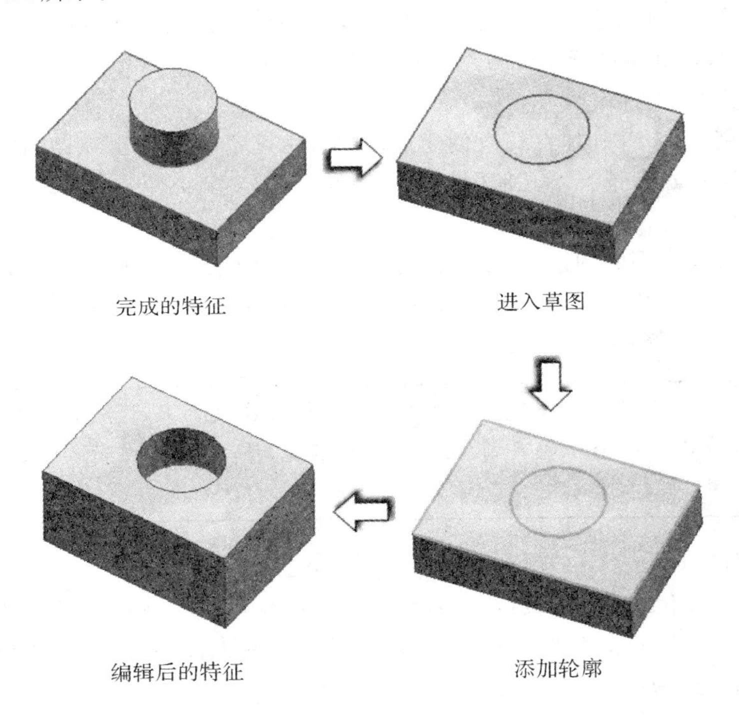

图 7-24 编辑定义截面

要添加对象到定义线串，只需选中对象即可；要从定义线串中移除对象，在选中对象时按 Shift 键即可。

7.6.3 偏置曲线

在距已有曲线或边缘一恒定距离处创建曲线，并生成偏置约束，如图 7-25 所示。修改原先的曲线，将会更新偏置的曲线。

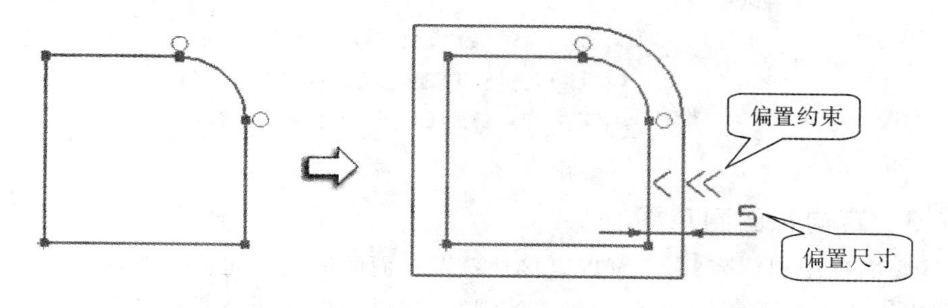

图 7-25 偏置曲线过程

7.6.4 镜像曲线

通过指定的草图直线创建草图几何体的镜像副本，并将此镜像中心线转换为参考线，且作用镜像几何约束到所有与镜像操作相关的几何体，如图 7-26 所示。

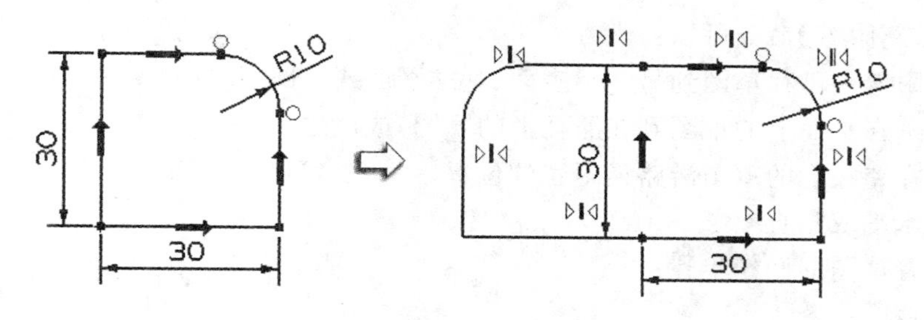

图 7-26 镜像曲线过程

7.7 草图管理

草图管理主要是指利用【草图】工具条上的一些命令进行操作，如图 7-27 所示。

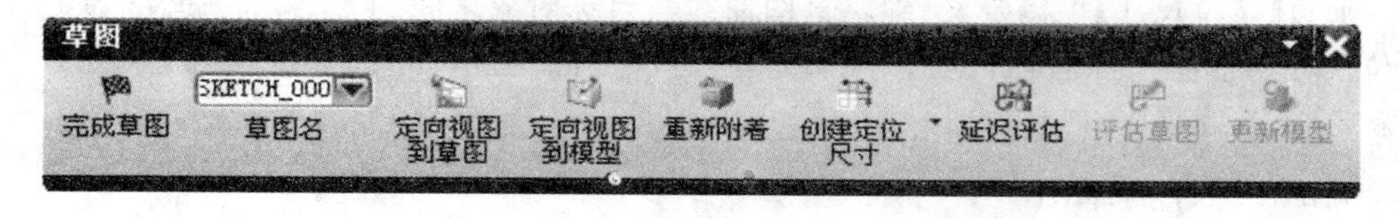

图 7-27 草图工具条

7.7.1 完成草图

通过此命令可以退出草图环境并返回到使用草图生成器之前的应用模块或命令。

7.7.2 草图名

UG 在创建草图时会自动进行名称标注。通过【草图名】命令可以重定义草图名称，也可以改变激活的草图。

如图 7-28 所示，草图名称包括三个部分：草图＋阿拉伯数字＋“SKETCH_阿拉伯数字”。修改时只可修改最后一部分。

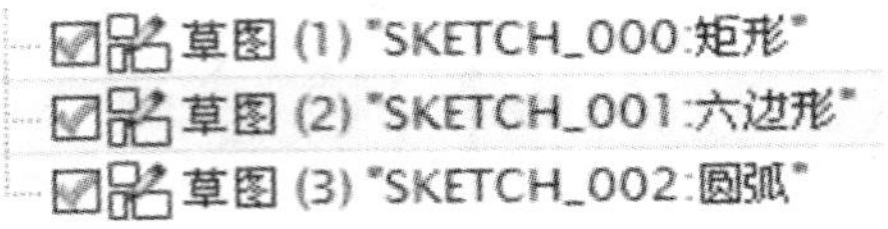

草图 (1) "SKETCH_000:矩形"
草图 (2) "SKETCH_001:六边形"
草图 (3) "SKETCH_002:圆弧"

图 7-28 草图名称

7.7.3 定向视图到草图

通过【定向视图到草图】命令可以直接从草图平面的法线方向进行查看。当用户在创建草图过程中视图发生了变化，不便于对象的观察时，可通过此命令调整视图。

7.7.4 定向视图到模型

通过【定向视图到模型】命令可以将视图调整为进入草图之前的视图。这也是为了便于观察绘制的草图与模型间的关系。

7.7.5 重新附着

通过【重新附着】命令可以：

1)重新附着一已存草图到另一平表面、基准平面或一路径。

2)切换一在平面上的草图到在路径上的草图，或反之。

3)改变在路径上的草图沿路径附着的位置。

4)更改水平或竖直参考。

重新附着草图的操作步骤：

1)打开草图；

2)单击【草图】工具条上的【重新附着】命令；

3)选择新的目标基准平面或平表面；

4)(可选)选择一水平或垂直参考；

5)单击【确定】按钮。

7.7.6 创建定位尺寸

通过【定位尺寸】可以定义、编辑草图曲线与目标对象之间的定位尺寸。它包括创建定位尺寸、编辑定位尺寸、删除定位尺寸、重新定义定位尺寸等四种选项，如图 7-29 所示。

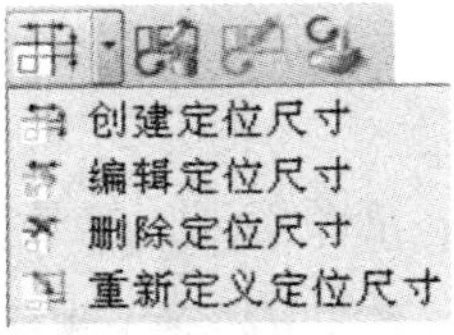

创建定位尺寸
编辑定位尺寸
删除定位尺寸
重新定义定位尺寸

图 7-29 定位尺寸命令

7.7.7 评估草图

1. 延迟评估

通过此命令可以将草图约束评估延迟到选择【评估草图】命令时才进行。

- 创建曲线时，系统不显示约束。
- 定义约束时，在选择【评估草图】命令之前，系统不更新几何图形。

拖动曲线或者使用【快速修剪】或【快速延伸】命令时，不会延迟评估。

2. 评估草图

此命令只有在使用【延迟评估】命令后才可使用。创建完约束后单击此命令可以对当前草图进行分析，以实际尺寸改变草图对象。

7.7.8 更新模型

当前草图如果已经被用于拉伸、旋转等特征，在改变尺寸约束后，拉伸、旋转后的特征并不会马上进行改变，需要单击此命令才能更改使用当前草图创建的其他特征。

7.8 本章小结

本章主要介绍草图与草图对象的创建方法、约束草图对象、草图操作以及管理与编辑草图等方面的内容，其中约束草图是重中之重，需要熟练掌握。二维草图是基础也是建模环节中重要的一环，学好二维草图，对任何复杂的结构模型都能轻松地设计。

7.9 思考与练习

1. 什么是草图？草图最大的特点是什么？
2. 请简述创建草图的基本步骤。
3. 什么是自由度？自由度有什么作用？
4. 简述建立约束的次序。
5. 约束状态有哪几种？各有什么特征？
6. 什么是“自动约束”？应如何设置“自动约束”类型？应如何检查系统自动添加的约束？应如何删除系统自动添加的约束？
7. 什么是定义线串？应如何编辑“定义线串”？
8. 分别绘制如图7-30、图7-31、图7-32所示的草图。

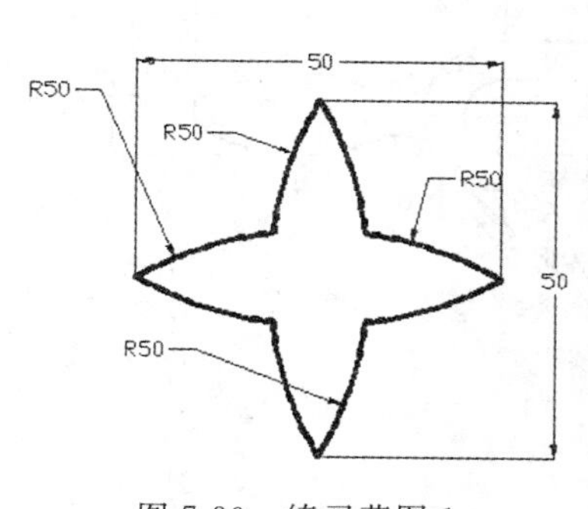

图7-30 练习草图1

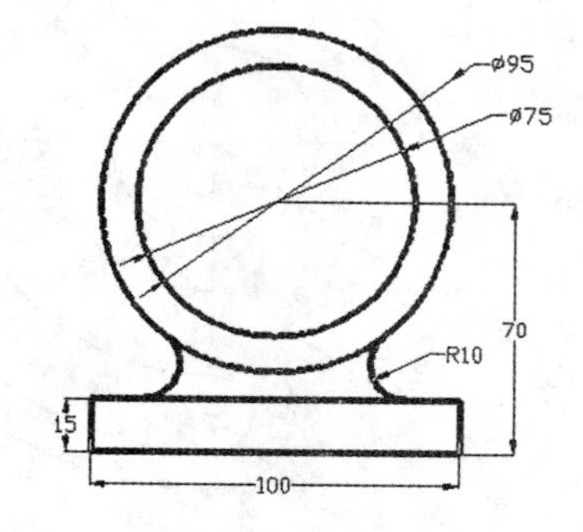

图7-31 练习草图2

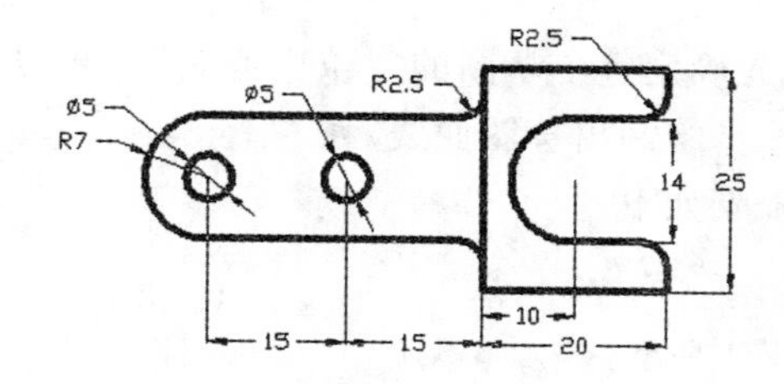

图7-32 练习草图3

第 8 章　草图绘制实例

为了更好地说明如何创建草图、如何创建草图对象、如何对草图对象添加尺寸约束和几何约束以及如何进行相关的草图操作，本章将以几个实例来详细说明草图的绘制操作。

本章学习目标

- 熟练掌握草图绘制工具；
- 掌握草图的绘制思路。

8.1　挂轮架零件图绘制

本节以挂轮架零件图为例，使用草图工具来完成该图的绘制。如图 8-1 所示为该零件的二维图。

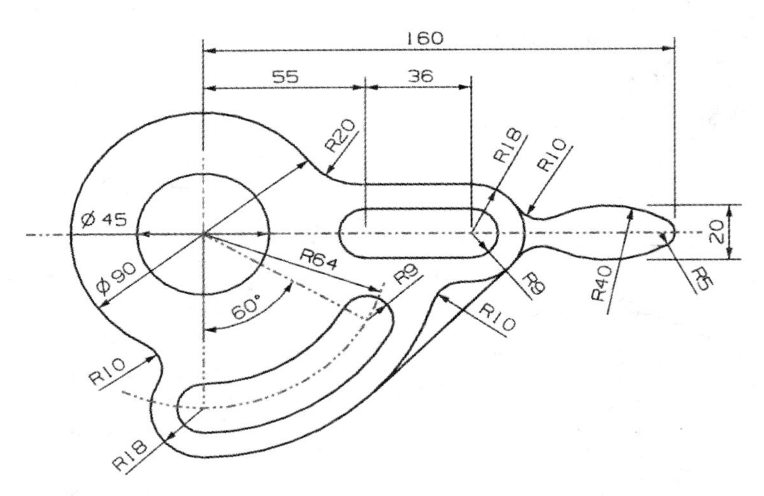

图 8-1　挂轮架零件二维图

绘制草图的思路是：首先确定整个草图的定位中心，接着根据由内向外、由主定位中心到次定位中心的绘制步骤逐步绘制出草图曲线。

绘制垫片零件草图的步骤如下：

1)进入草图环境；

2)确定整个草图的定位中心；

3)确定次定位中心；

4)绘制相切直线及圆角；

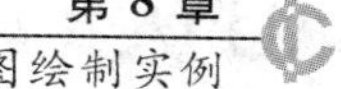

5)整理草图。

8.1.1 进入草图环境

(1)新建一文件,并调用【建模】模块。

(2)新建草图

①单击【特征】工具条上的【任务环境中的草图】命令,弹出【创建草图】对话框。

②程序默认的草图平面为“XC-YC 平面”,草图参考方位为“水平”,这里取默认值,单击【创建草图】对话框中的【确定】按钮,进入草图绘制环境。

③点击取消【草图工具】工具条中的【连续自动标准尺寸】按钮。

8.1.2 确定整个草图的定位中心

①单击【草图工具】工具条上的【圆】命令,在基准坐标系附近绘制两个同心圆,如图 8-2(a)所示。

②单击【草图工具】工具条上的【约束】命令,依次选择圆的圆心和基准坐标系的原点,弹出如图 8-2(b)所示的【约束】对话框。单击对话框中的【重合】命令,使圆心与基准坐标系的原点重合,如图 8-2(c)所示。

③单击【草图工具】工具条上的【自动判断的尺寸】命令,选择刚绘制的圆,对其进行尺寸的标注,结果如图 8-2(d)所示。

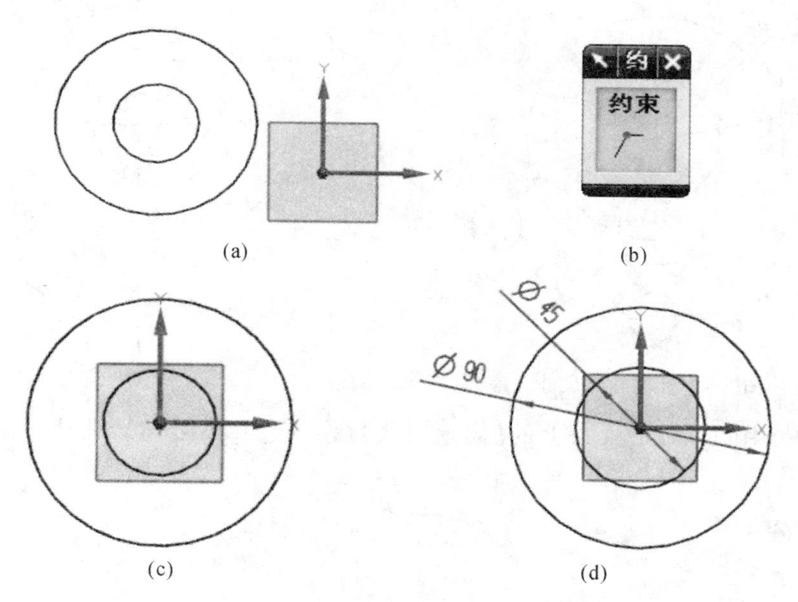

(a) (b) (c) (d)

图 8-2 确定整个草图的定位中心

8.1.3 确定次定位中心

(1)绘制圆弧形跑道

①使用【草图工具】工具条上的【直线】及【圆弧】命令,绘制出如图 8-3(a)所示的直线和圆弧。

②单击【约束】命令,将圆弧的圆心约束至草图的定位中心处。使用【自动判断的尺寸】

命令，标注两直线的夹角。结果如图 8-3(b)所示。

③单击【草图工具】工具条上的【快速修剪】命令，对曲线进行修剪后，选中三条曲线，单击鼠标右键选择【转换为参考】。结果如图 8-3(c)所示。

④单击【草图工具】工具条上的【圆】命令，选择参考曲线的端点处，绘制出组成跑道的主要圆形。接着使用【自动判断的尺寸】命令标注圆弧尺寸，结果如图 8-4 所示。

⑤单击【草图工具】工具条上的【圆弧】命令，绘制余下的圆弧曲线，并使用【约束】命令将圆心约束至草图的定位中心处。修剪后的结果如图 8-5 所示。

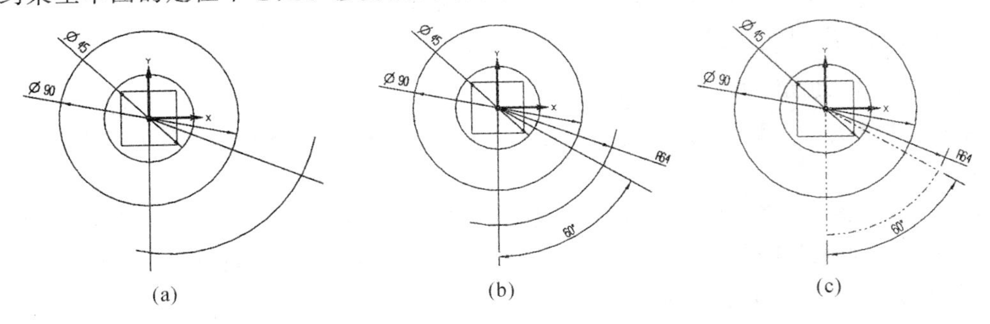

图 8-3　确定次定位中心

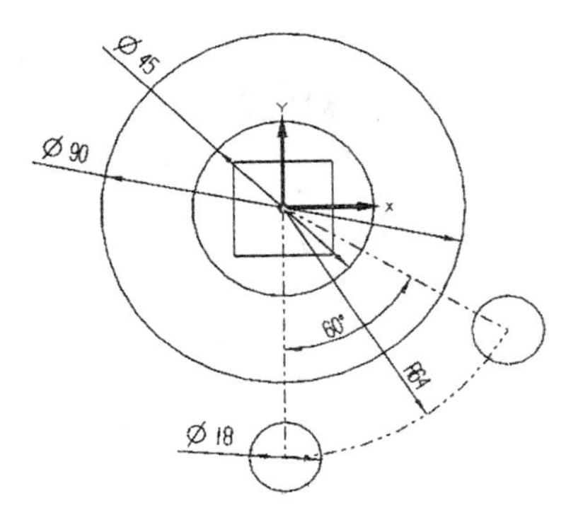

图 8-4　标注圆弧尺寸

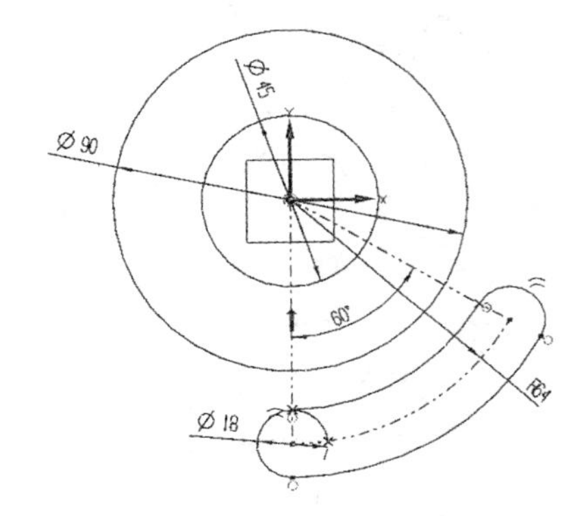

图 8-5　修剪结果

⑥单击【草图工具】工具条上的【偏置曲线】命令，选择需要偏置曲线。结果如图 8-6 所示。

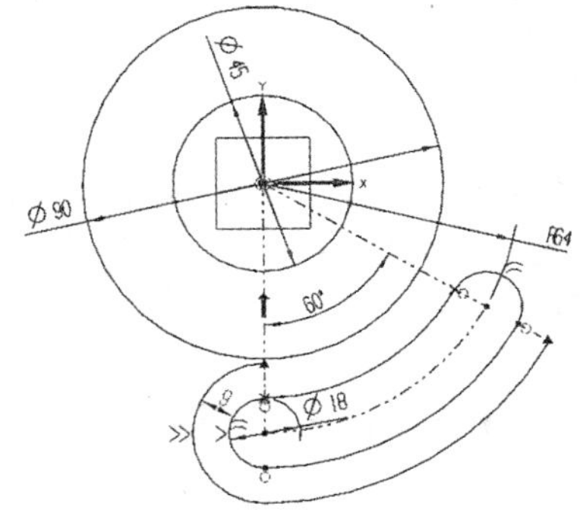

图 8-6　偏置曲线

(2)绘制跑道

①绘制跑道图形的方法请参照圆弧形跑道进行制作,完成后的结果请参考图8-7所示。

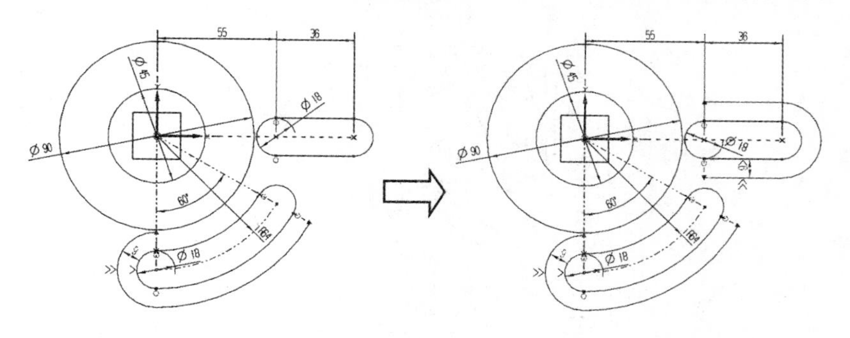

图8-7 绘制跑道

②单击【草图工具】工具条上的【快速延伸】命令,将跑道外侧曲线进行延长。结果如图8-8所示。

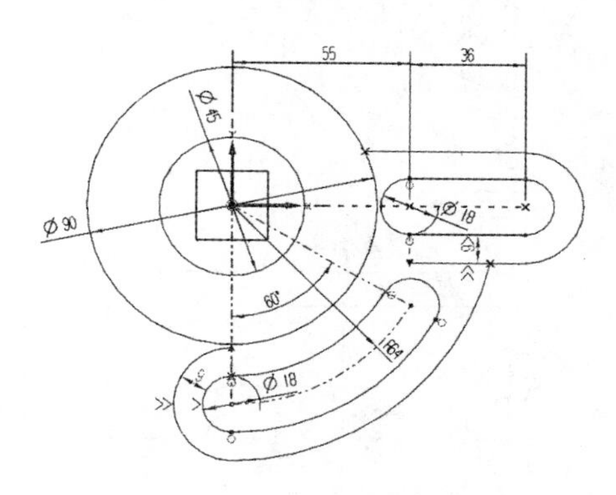

图8-8 延伸跑道外侧曲线

(2)绘制鱼形草图

①使用【圆】命令,绘制出R5的圆,并将其约束到位,结果如图8-9(a)所示。

②单击【圆弧】命令,绘制出R40的圆,并将其约束到位,结果如图8-9(b)所示。

③单击【镜像曲线】命令,选择X轴作为中心线,将绘制的R40圆弧镜像至另一边,并修剪到位。结果如图8-9(c)所示。

8.1.4 绘制相切直线及圆角

(1)单击【草图工具】工具条上的【圆角】命令,创建出圆角特征。并使用【自动判断的尺寸】命令将尺寸标注完整。结果如图8-10所示。

(2)使用【直线】命令,绘制出相切线。结果如图8-10所示。

8.1.5 整理草图

单击【草图工具】工具条上的【快速修剪】命令,对草图的多余曲线进行修剪。结果如图8-11所示。

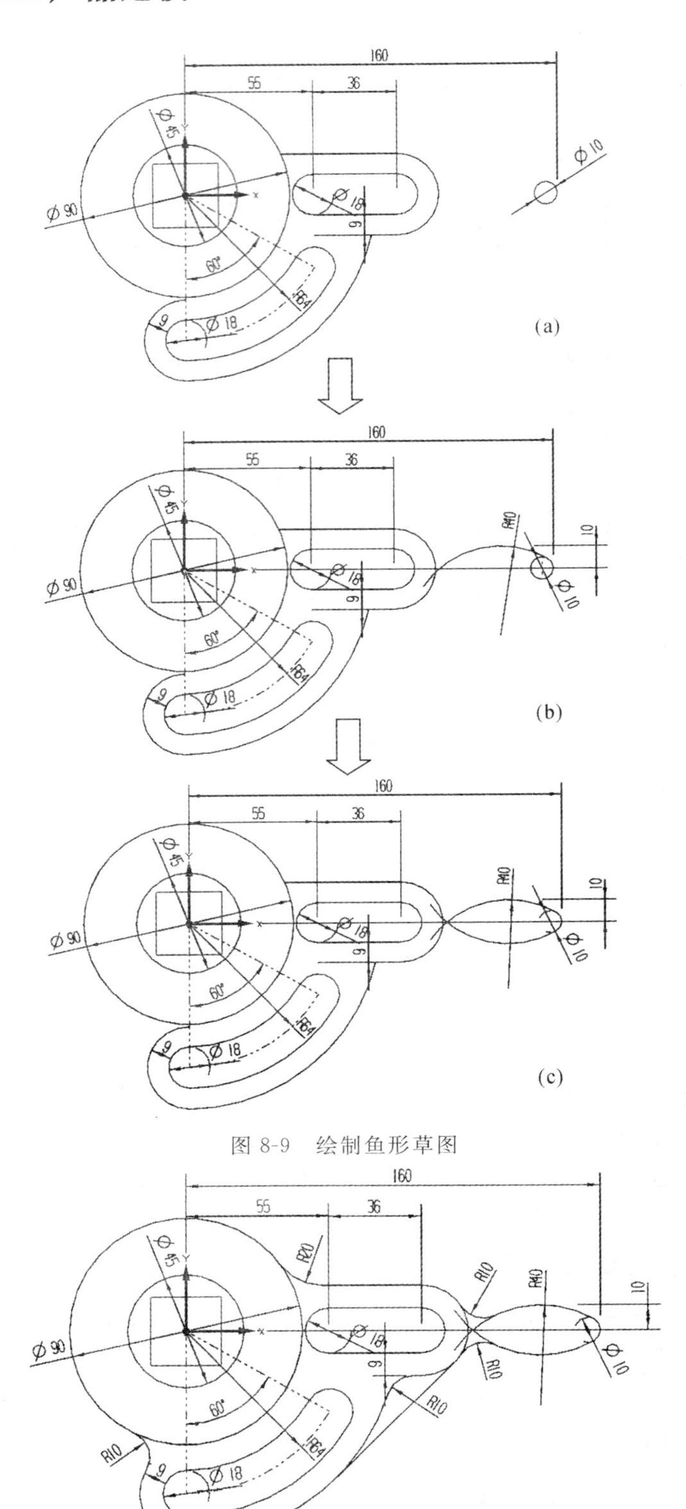

图 8-9　绘制鱼形草图

图 8-10　绘制相切直线及圆角

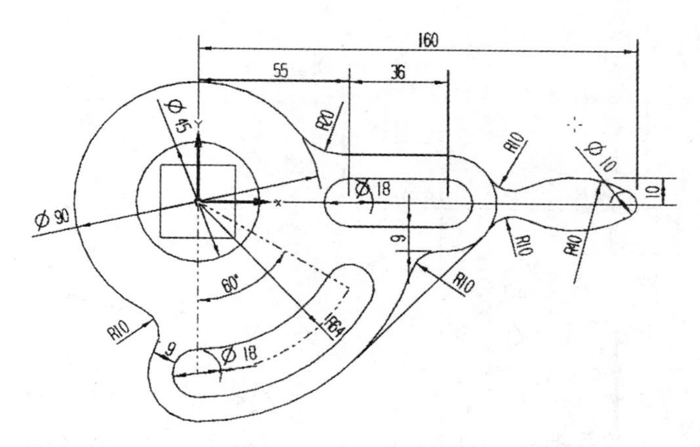

图 8-11 整理草图结果

8.2 吊钩零件草图的绘制

本例绘制的是一吊钩零件草图，如图 8-12 所示为吊钩零件的图纸。

绘制吊钩零件草图的步骤如下：

(1)确定整个草图的定位中心，如图 8-13 所示。

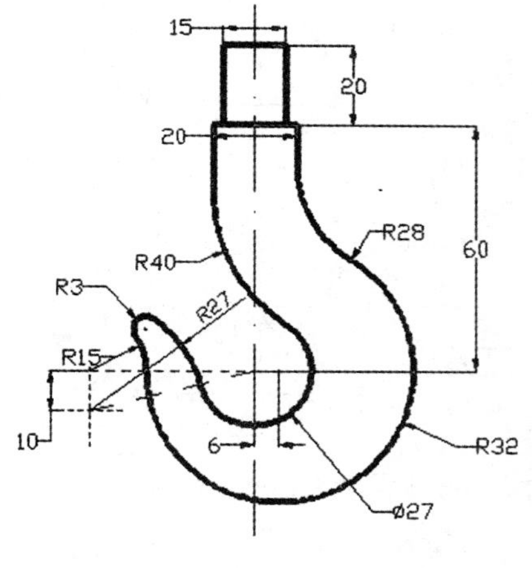

图 8-12 吊钩零件图纸

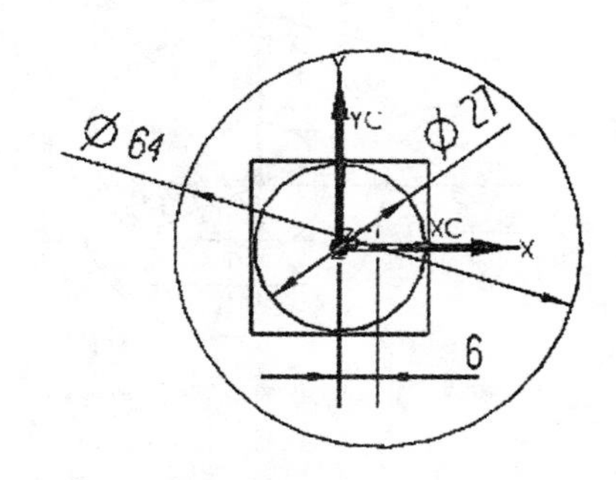

图 8-13 确定整个草图的定位中心

(2)绘制矩形并添加约束，如图 8-14 所示。

(3)倒圆角，如图 8-15 所示。

(4)绘制两段圆弧，如图 8-16 所示。

(5)修剪曲线并倒圆角，如图 8-17 所示。

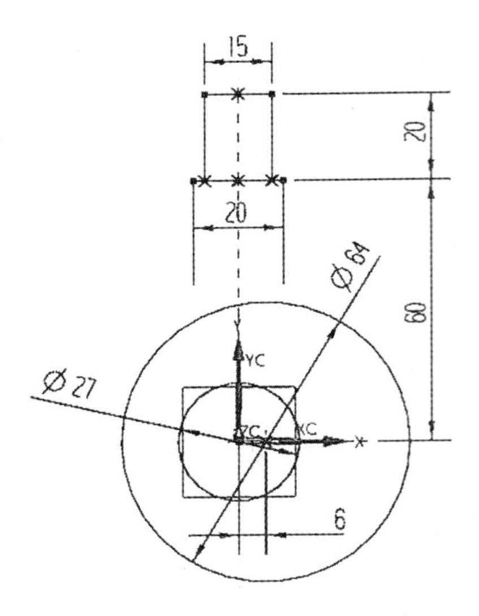

图 8-14　绘制矩形并添加约束

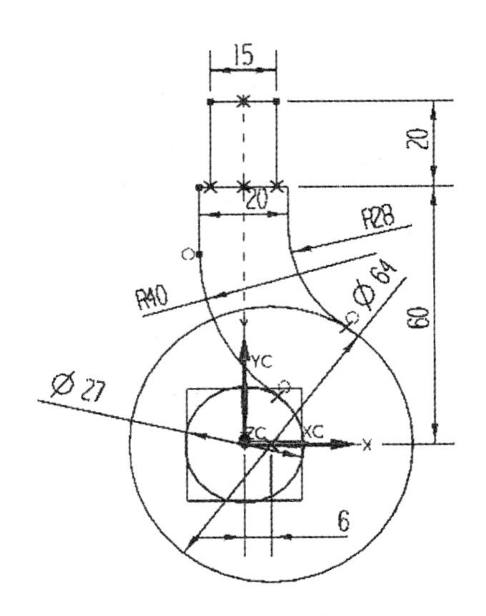

图 8-15　倒圆角

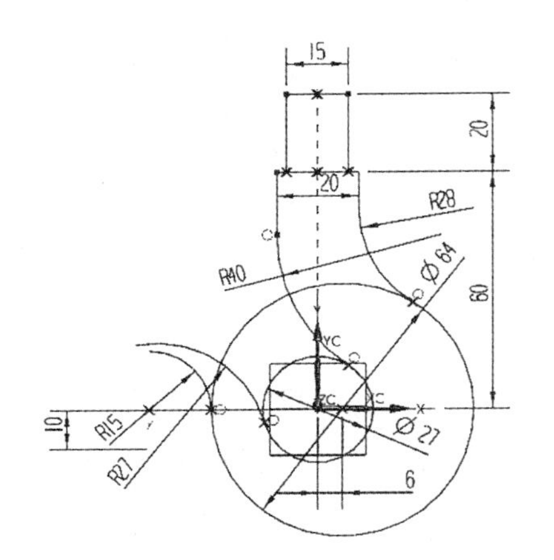

图 8-16　两段圆弧的绘制

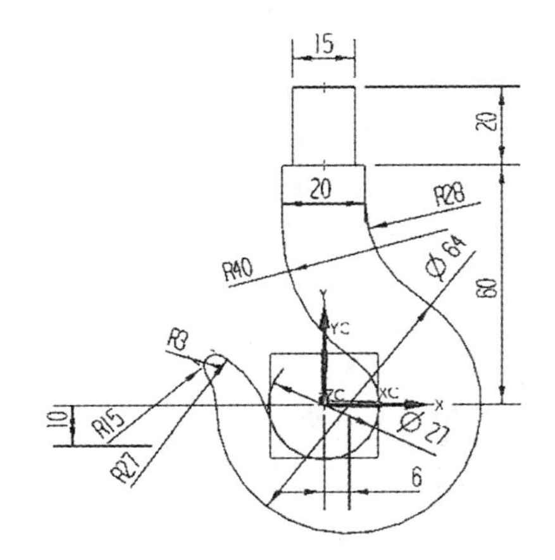

图 8-17　修剪曲线并倒圆角

8.3　机械零件草图的绘制

本例绘制的是一机械零件草图，如图 8-18 所示为该机械零件的图纸。

绘制该机械零件草图的步骤如下：

(1)确定整个草图的定位中心，如图 8-19 所示。

(2)确定次定位中心，如图 8-20 所示。

(3)绘制外部轮廓，如图 8-21 所示。

(4)绘制细节部分，如图 8-22 所示。

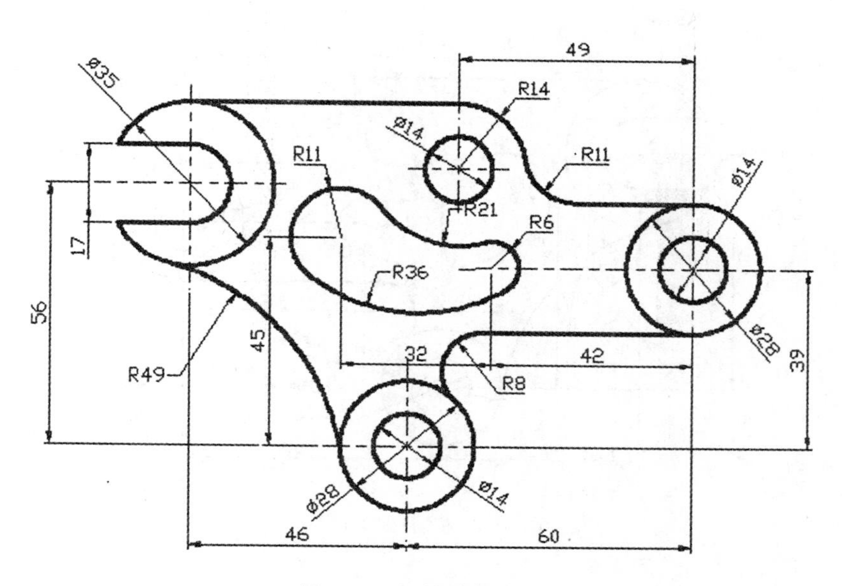

图 8-18　机械零件草图

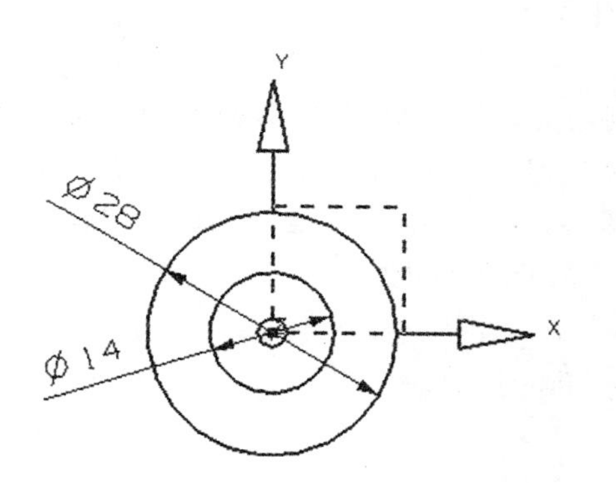

图 8-19　确定整个草图的定位中心

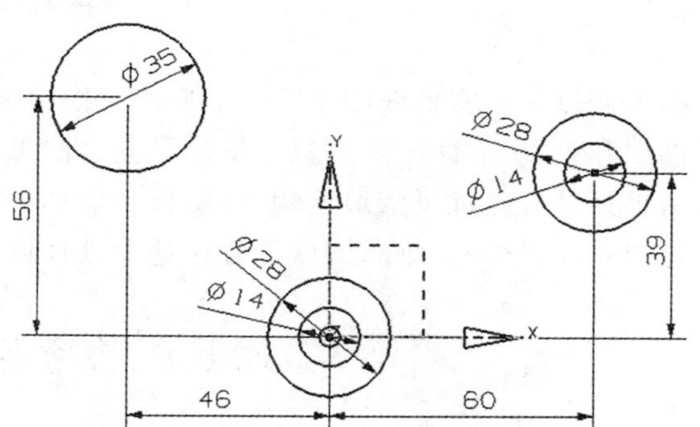

图 8-20　确定次位中心

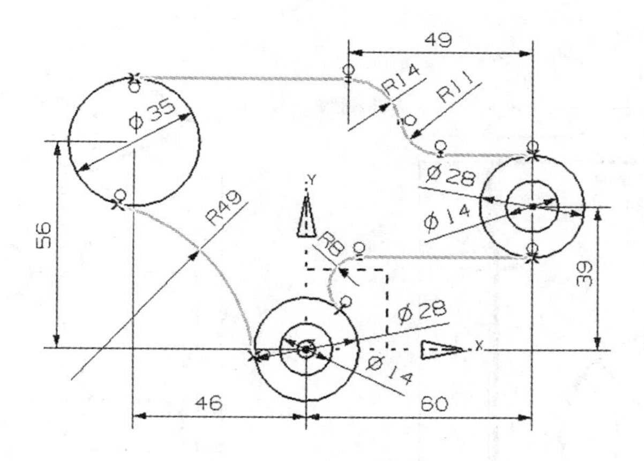

图 8-21　绘制外部轮廓

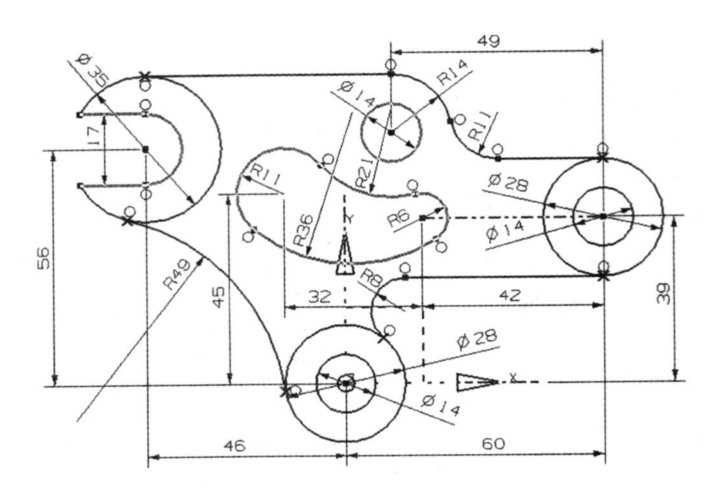

图 8-22　绘制细节部分

8.4　本章小结

本章通过三个实例介绍了 UG NX 的草图绘制功能。由于篇幅限制，只对第一个实例做了详细介绍，后面两个实例只是给出了其绘制思路。学习本章后，希望读者在实践中能够对草图工具进行熟练灵活地运用，并掌握草图的绘制思路。二维草图是基础也是建模环节中重要的一环，学好二维草图就能轻松地设计任何复杂的结构模型。

8.5　思考与练习

1. 绘制如图 8-23 所示的箱体零件草图。
2. 绘制如图 8-24 所示的支架零件草图。

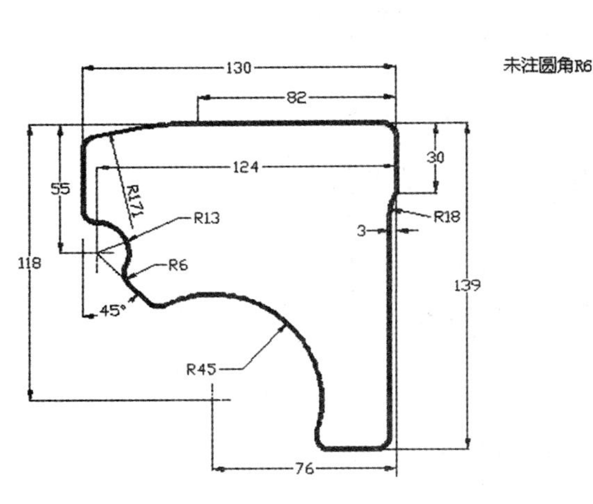

图 8-23　箱体零件草图

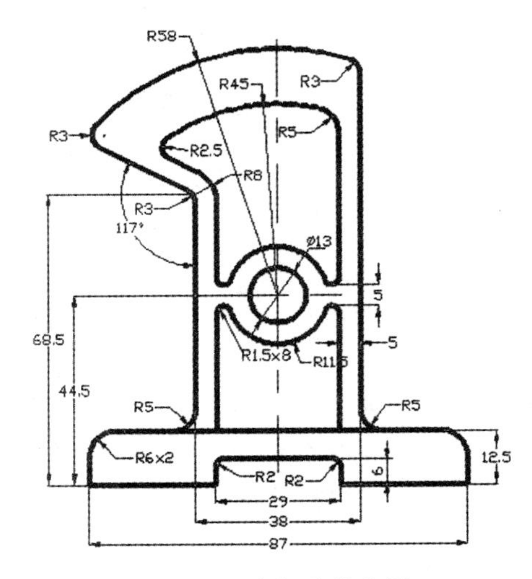

图 8-24　支架零件草图

第9章 实体建模

实体模型可以将用户的设计概念以真实的模型在计算机上呈现出来，因此更符合人们的思维方式，同时也弥补了传统的线结构、面结构的不足。采用实体模型，可以方便地计算出产品的体积、面积、质心、质量、惯性矩等，让人们真实地了解产品。实体模型还可用于装配间隙分析、有限元分析和运动分析等，从而让设计人员能够在设计阶段就能发现问题。因此直接创建三维实体模型也越来越重要。

本章学习目标

- 掌握布尔操作工具：求和、求差、求交；
- 掌握基准特征构建工具：基准轴、基准平面、基准坐标系；
- 掌握扫掠法构建实体工具：拉伸、回转、管道；
- 掌握成形特征工具：孔、凸台、腔体、垫块、键槽、开槽；
- 掌握特征操作工具：拔模、倒斜角、边倒圆、面倒圆、软倒圆、抽壳、缝合、修剪体等；
- 掌握特征编辑方法：编辑特征参数、移除参数、抑制特征、特征回放。

9.1 概　述

实体建模就是利用实体模块所提供的功能，将二维轮廓图延伸成为三维的实体模型，然后在此基础上添加所需的特征，如抽壳、钻孔、倒圆角等。除此之外，UG NX 实体模块还提供了将自由曲面转换成实体的功能，如将一个曲面增厚成为一个实体，将若干个围成封闭空间的曲面缝合为一个实体等。

9.1.1 基本术语

- 特征：特征是由具有一定几何、拓扑信息以及功能和工程语义信息组成的集合，是定义产品模型的基本单元，例如孔、凸台等。特征的基本属性包括尺寸属性、精度属性、装配属性、功能属性、工艺属性、管理属性等。使用特征建模技术提高了表达设计的层次，使实际信息可以用工程特征来定义，从而提高了建模速度。
- 片体、壳体：指一个或多个没有厚度概念的面的集合。
- 实体：具有三维形状和质量的，能够真实、完整和清楚地描述物体的几何模型。在基于特征的造型系统中，实体是各类特征的集合。
- 体：包括实体和片体两大类。
- 面：由边缘封闭而成的区域。面可以是实体的表面，也可以是一个壳体。
- 截面线：即扫描特征截面的曲线，可以是曲线、实体边缘、草图。
- 对象：包括点、曲线、实体边缘、表面、特征、曲面等。

9.1.2 UG NX 特征的分类

在 UG NX 中，特征可分为三大类：

● 参考几何特征：在 UG NX 中，三维建模过程中使用辅助面、辅助轴线等是一种特征，这些特征就是参考几何特征。由于这类特征在最终产品中并没有体现，所以又称为虚体特征。

● 实体特征：零件的构成单元，可通过各种建模方法得到，比如拉伸、旋转、扫描、放样、孔、倒角、圆角、拔模以及抽壳等，如图 9-1 所示。

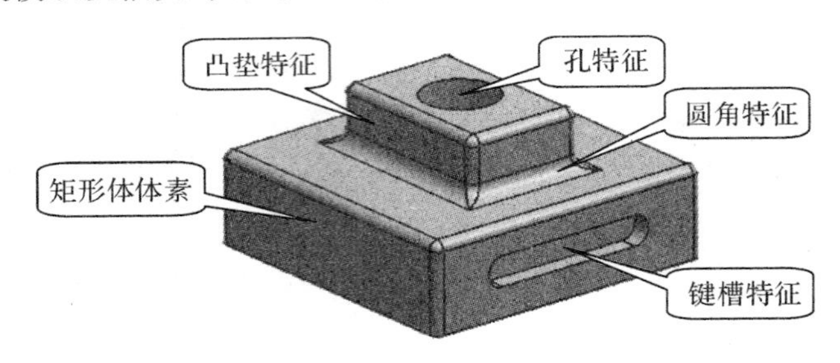

图 9-1　实体特征

● 高级特征：高级特征包括通过曲线建模、曲面建模等生成的特征。

本章将详细介绍参考几何特征、实体特征这两类特征的创建方法与编辑方法。

9.1.3 UG NX 实体特征工具

UG NX 实体特征工具包括造型特征、特征操作和特征编辑。

1. 造型特征

造型特征是 UG NX 构造实体特征的主要方法，包括：

● 扫描特征。通过拉伸、旋转截面线或沿引导线扫掠等方法创建实体，所创建的实体与截面线相关。

● 成形特征。在一个已存在的实体模型上，添加具有一定意义的特征，如孔、腔体、凸台等。用户还可以用“自定义特征”的方式建立部件特征库，以提高建模速度。

● 参考特征。包括基准平面及基准轴两个参考特征，主要起辅助创建实体的作用。

● 体素特征。利用基本体素（矩形体、圆柱体、圆锥体、球体）等快速生成简单几何体。

造型特征工具分布于【插入】菜单中的【设计特征】、【关联复制】、【组合】、【修剪】、【偏置/缩放】、【细节特征】中。而常用的造型特征工具可从【特征】工具条中调用。【特征】工具条如图 9-2 所示。

2. 特征编辑

特征编辑包括编辑特征参数、编辑定位尺寸、移动特征、特征重排序等。特征编辑工具集中在菜单【编辑】|【特征】中。特征编辑工具也可从【特征编辑】工具条中调用。【特征编辑】工具条如图 9-3 所示。

9.1.4 建模流程

UG 的特征建模实际上是一个仿真零件加工的过程，如图 9-4 所示，图中表达了零件加工与特征建模的一一对应关系。

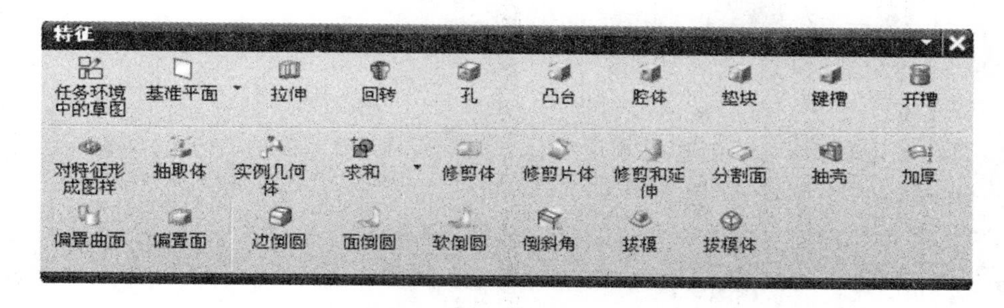

图 9-2 特征工具条

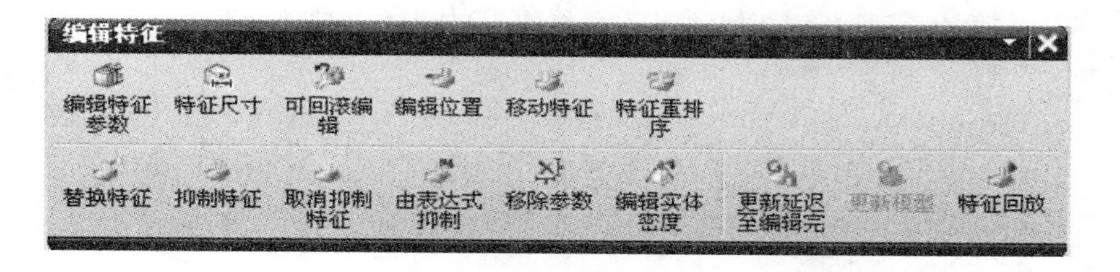

图 9-3 特征编辑工具条

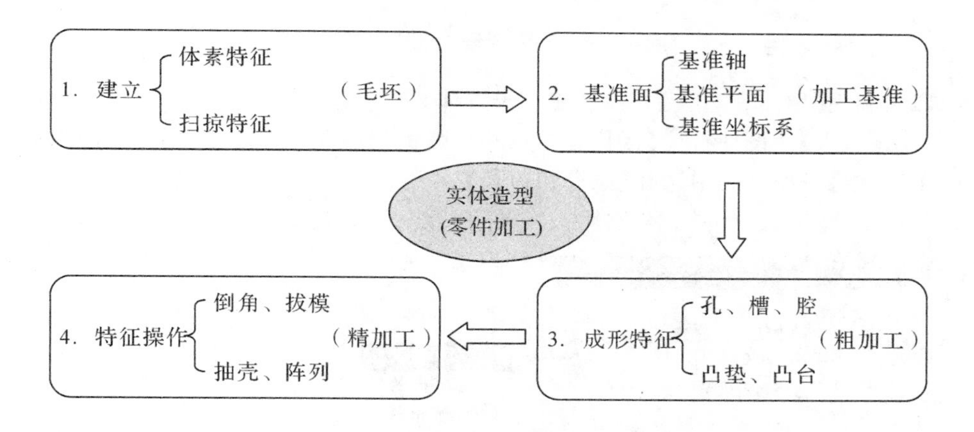

图 9-4 UG 特征建模流程

9.2 体素特征与布尔操作

9.2.1 体素特征

体素特征是基本的解析几何形状，包括长方体、圆柱、圆锥和球。一般用作实体建模初期的基本形状，可从【插入】|【设计特征】中选择使用相应功能。

建立一体素特征的操作步骤如下：

1)选择要创建的体素类型；

2)选择创建方法；

3)输入参数值；

4)(可选)执行布尔操作；

5)单击【确定】按钮完成。

1. 长方体

使用【长方体】命令可以创建基本块实体，如图 9-5 所示。块与其定位对象相关联。创建长方体的方法有 3 种，分别是：

1)原点和边长。通过定义每条边的长度和顶点来创建长方体。

2)二点和高度。通过定义底面的两个对角点和高度来创建长方体。如果第二个点在不同于第一个点的平面(不同的 Z 值)上，则系统通过垂直于第一个点的平面投影该点来定义第二个点。

3)两个对角点。通过定义两个代表对角点的 3D 体对角点来创建长方体。

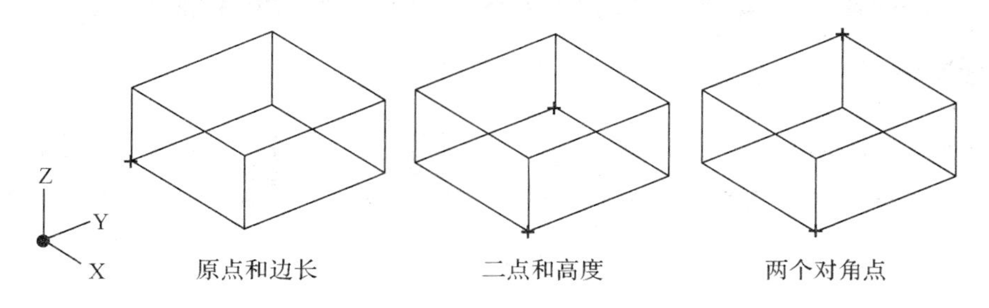

图 9-5　创建长方体

例 9-1　利用【原点和边长】方式创建一长方体

(1)使用【插入】|【设计特征】|【长方体】命令，弹出如图 9-6(a)所示的长方体对话框。

(2)在【类型】下拉列表中选择【原点和边长】。

(3)在长度、宽度、高度栏中分别输入三条边长度(如图为 20)。

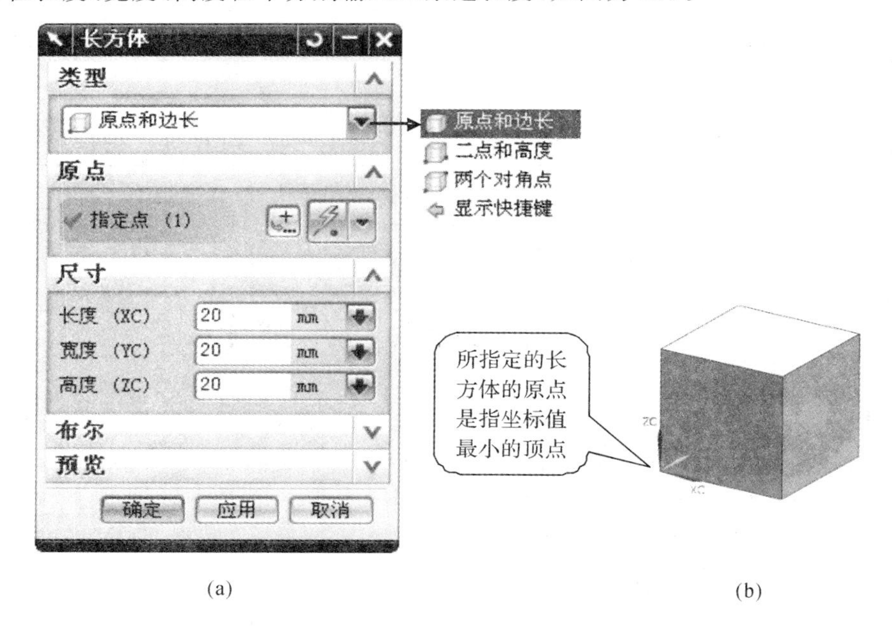

图 9-6　利用原点和边长创建长方体

(4)单击【点构造器】按钮，在点构造器中指定长方体的原点(0,0,0)。

(5)按钮【确定】按钮，结果如图 9-6(b)所示。

2. 圆柱

使用【圆柱】命令可以创建基本圆柱形实体，如图 9-7 所示。圆柱与其定位对象相关联。创建圆柱体的方法有 2 种，分别是：

1)轴、直径和高度。使用方向矢量、直径和高度创建圆柱。

2)圆弧和高度。使用圆弧和高度创建圆柱。软件从选定的圆弧获得圆柱的方位。圆柱的轴垂直于圆弧的平面，且穿过圆弧中心。矢量会指示该方位。选定的圆弧不必为整圆，软件会根据任一圆弧对象创建完整的圆柱。

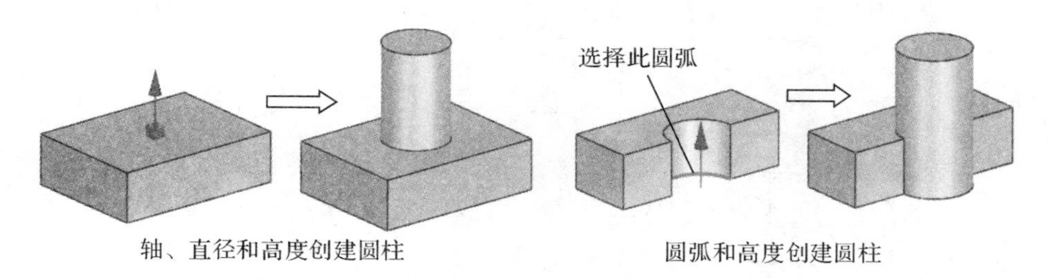

图 9-7　创建圆柱

例 9-2　利用【轴、直径和高度】方式创建一圆柱体

(1)使用【插入】|【设计特征】|【圆柱】命令，弹出如图 9-8(a)所示的圆柱对话框。

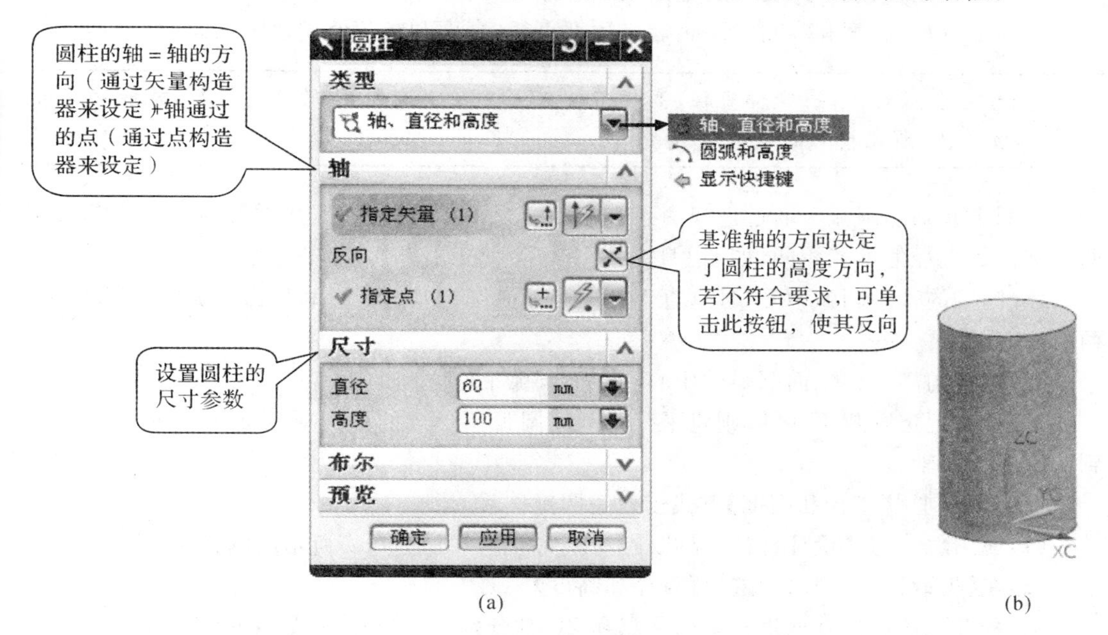

图 9-8　利用轴、直径和高度方式创建圆柱体

(2)在【类型】下拉列表中选择【轴、直径和高度】。

(3)利用【轴】组中的【矢量构造器】将圆柱体的轴的方向设定为【ZC】方向，利用【点构造器】设置轴通过(0,0,0)点。

(4)输入圆柱体的直径和高度分别为60和100。

(5)单击【确定】按钮，圆柱体创建完毕，结果如图9-8(b)所示。

3. 圆锥

使用【圆锥】命令可以创建基本圆锥形实体。圆锥与其定位对象相关联。创建圆锥体的方法有5种，分别是：

1)直径和高度。通过定义底部直径、顶部直径和高度值创建圆柱，如图9-9所示。

2)直径和半角。通过定义底部直径、顶部直径和半角值创建圆柱，如图9-10所示。

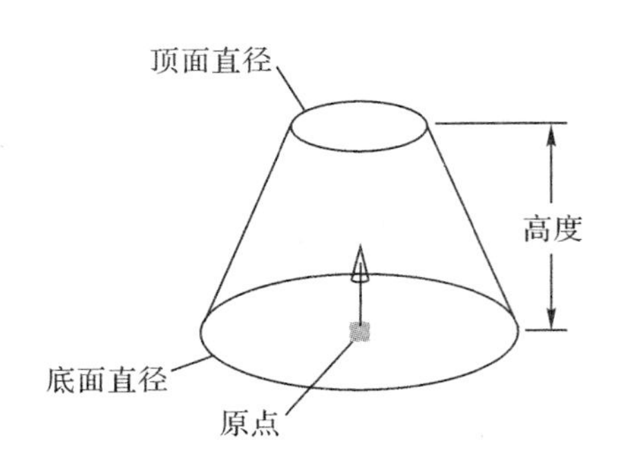

图9-9　利用直径和高度创建圆锥

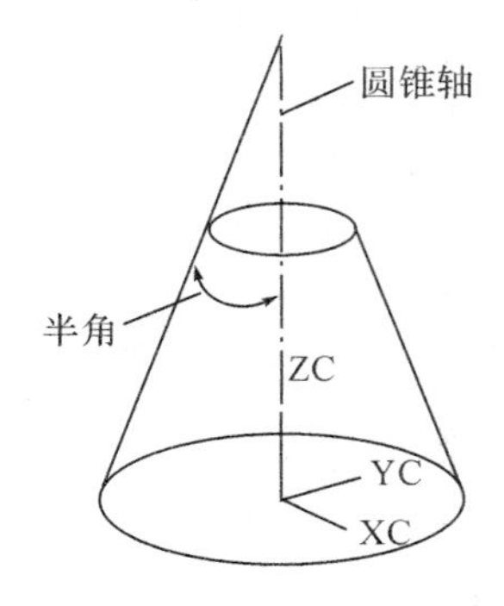

图9-10　利用直径和半角创建圆柱

3)底部直径，高度和半角。通过定义底部直径、高度和半角值创建圆柱。

4)顶部直径，高度和半角。通过定义顶部直径、高度和半角值创建圆柱。

由于已知底部直径、顶部直径、高度值、半角值这四个参数中的任意3个，就能确定第4个参数的值，所以前4种创建方式类似。

---

5)两个共轴的圆弧。通过选择两条圆弧创建圆柱，这两条圆弧并不需要相互平行，但这两条圆弧的直径值不能相同，如图9-12所示。需注意以下几点：

(1)圆锥的轴是圆弧中心，且垂直于基座圆弧。圆锥基座圆弧和顶面圆弧的直径来自这两条选定圆弧；

(2)圆锥的高度即顶面圆弧的中心和底面圆弧平面之间的距离；

(3)如果选定圆弧不共轴，则将平行于基座圆弧所形成的平面对顶面圆弧进行投影，直到两条圆弧共轴。

例9-3　利用【直径和高度】方式创建一圆锥体

(1)使用【插入】|【设计特征】|【圆柱】命令，弹出如图9-11(a)所示的圆锥对话框。

(2)在【类型】下拉列表中选择【直径和高度】。

(3)系统默认选择基准坐标系的原点和ZC轴分别作为【指定点】和【指定矢量】。

(4)在【尺寸】组中，输入【底部直径】、【顶部直径】和【高度】分别为20、10、25。

(5)单击【确定】按钮，结果如图9-11(b)所示。

例9-4　利用【两个共轴的圆弧】方式创建一圆锥体

(1)打开Solid_lone.prt，然后调用【圆锥】工具。

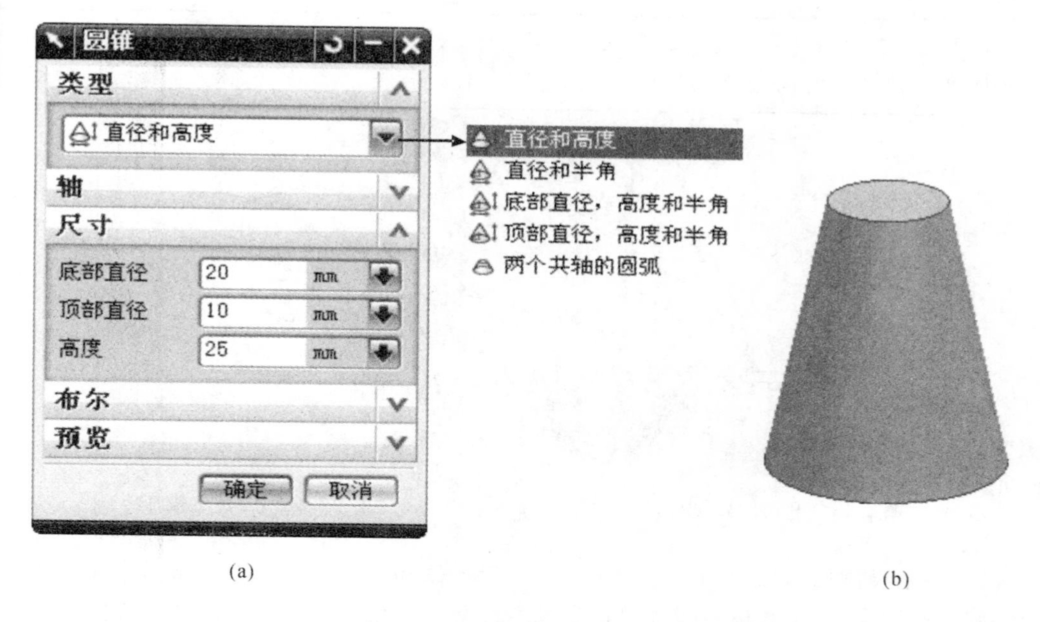

(a)　　(b)

图 9-11　利用直径和高度创建圆锥体实例

(2)在【类型】下拉列表中选择【两个共轴的圆弧】。

(3)选择两个圆弧。

(4)单击【确定】按钮,结果如图 9-12 所示。

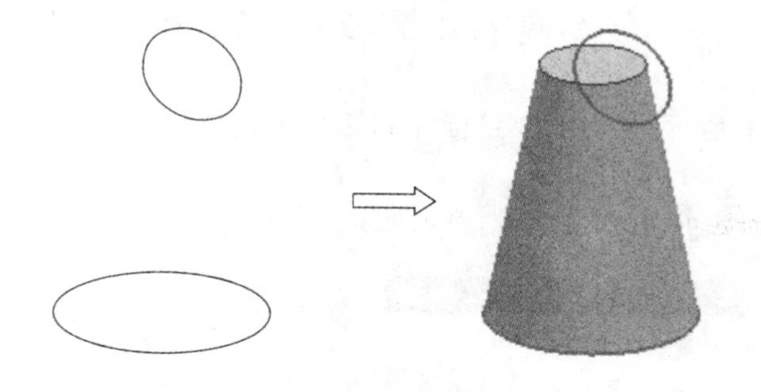

图 9-12　利用两共轴圆弧创建圆柱实例

4. 球

使用【球】命令可以创建基本球形实体。球与其定位对象相关联。创建球的方法有 2 种,分别是:

1)中心和直径。通过定义直径值和中心创建球。

2)圆弧。通过选择圆弧来创建球。圆弧不必为完整的圆,系统根据任一圆弧对象创建完整的球,并根据选定的圆弧定义球的中心和直径,如图 9-13 所示。

9.2.2　布尔操作

布尔操作用于组合先前已存在的实体和片体,布尔操作包括求和、求差和求交。

在UG NX中求和、求差、求交、装配切割、缝合命令，统一集合于组合下拉菜单中，用户可根据制作模型时的需要切换使用。如图9-14所示。

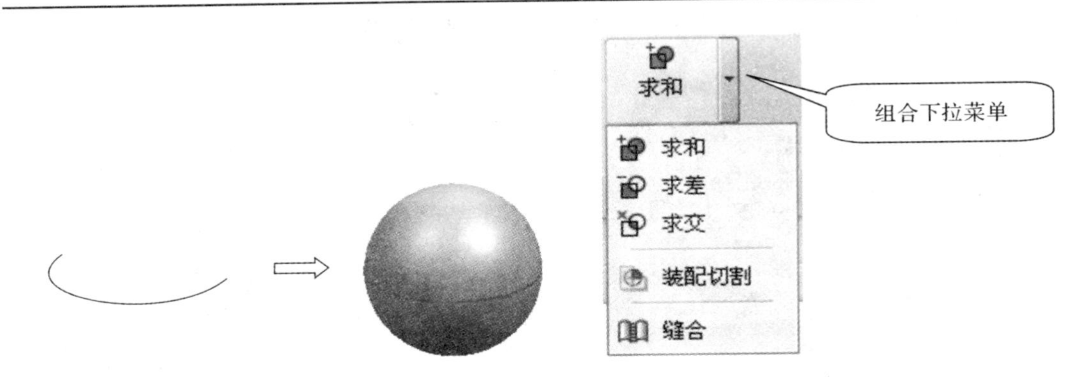

图 9-13 利用圆弧创建球

图 9-14 布尔操作

每个布尔操作选项都将提示用户选择一个目标体和一个或多个工具体。目标体被工具体修改，操作结束时，工具体将成为目标体的一部分。可用相应选项来控制是否保留目标体和工具体未被修改的备份。

1. 求和

使用【求和】命令可以将两个或多个工具实体的体积组合为一个目标体。

例 9-5 利用【求和】工具，将多个实体结合成为一个实体

(1)打开 Solid_Unite. prt，然后单击【特征】工具条上的【求和】命令，弹出【求和】对话框，如图9-15(a)所示。

(2)如图9-15(b)所示，选择一个目标体和四个工具体。注意：目标体只有一个，工具体可以有几个。

(3)单击【确定】按钮，结果如图9-15(c)所示。

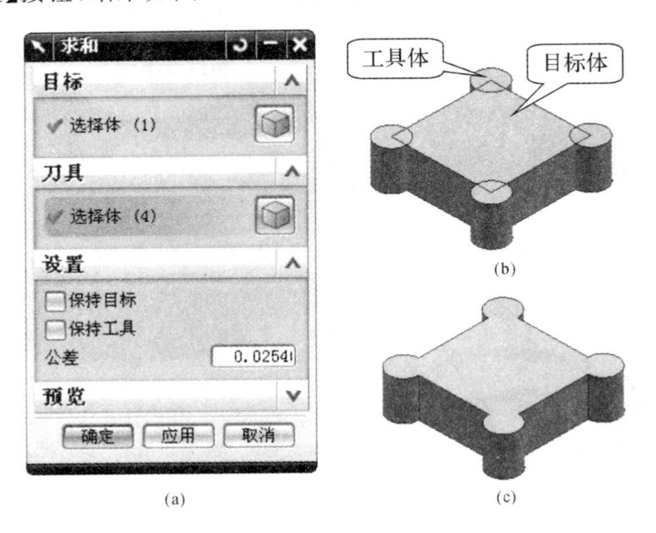

图 9-15 布尔求和

运用求和的时候要注意，目标体和刀具体之间必须有公共部分。如图9-16所示的情况，这两个体之间正好相切，其公共部分是一条交线，即相交的体积是0，这种情况下是不能求和的，系统会提示工具体完全在目标体外，这个要注意。

图9-16　布尔求和错误

2. 求差

从目标体中减去刀具体的体积，即将目标体中与刀具体相交的部分去掉，从而生成一个新的实体，如图9-17所示。

例9-6　利用【求差】工具从一个目标体中减去四个刀具体

(1)打开Solid_Subtract.prt，然后单击【特征】工具条上的【求差】命令，弹出【求差】对话框。

(2)如图9-17(a)所示，选择一个目标体和四个工具体。

(3)单击【确定】按钮，结果如图9-17(b)所示。

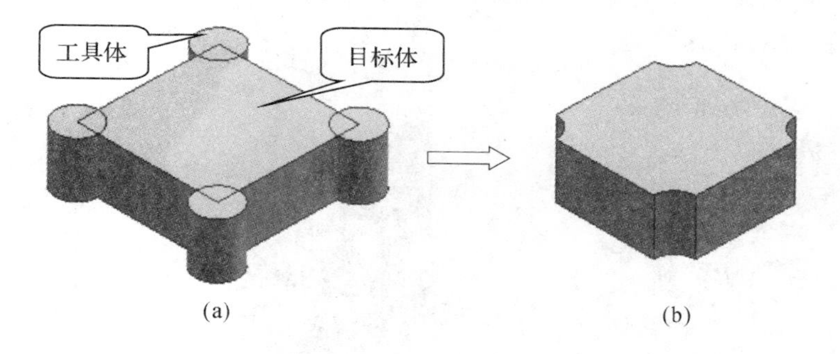

图9-17　布尔求差

求差的时候，目标体与刀具体之间必须有公共的部分，体积不能为零。

3. 求交

使用求交可以创建包含目标体与一个或多个工具体的共享体积或区域的体。

例9-7　利用【求交】工具求两个实体的共同部分

(1)打开Solid_Intersect.prt，然后单击【特征】工具条上的【求交】命令，弹出【求交】对话框。

(2)选择目标体和刀具体，如图9-18所示。

(3)单击MB2，即可获得目标体与刀具体的公共部分，如图9-18所示。

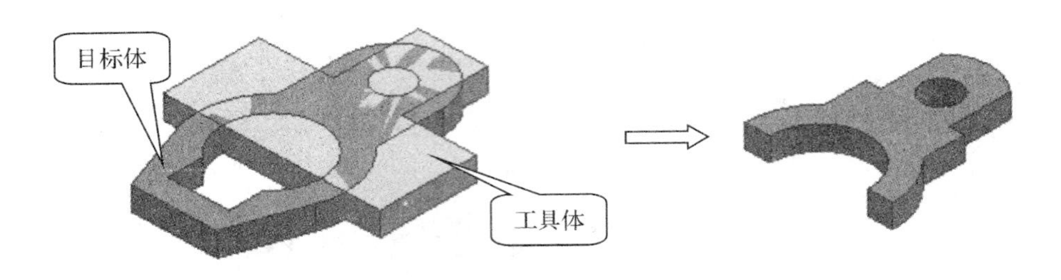

图 9-18　布尔求高

9.3　基准特征

9.3.1　基准轴

【基准轴】命令定义了一线性参考，以帮助我们建立其他对象，如基准平面、旋转特征和圆形阵列等。图 9-19(a)所示是一个应用基准轴的示例。

基准轴与矢量的创建方法基本相同，其区别在于：

● 基准轴在 UG NX 中作为特征存在(每个基准轴在【部件导航器】中都会有一个节点)；

● 矢量表示一个方向，基准轴则除能表示方向外，还含有位置的信息。如矢量 YC 仅表示平行于 YC 轴；而基准轴 YC 则不仅表示该轴平行于 YC 轴，而且还表示通过坐标原点。

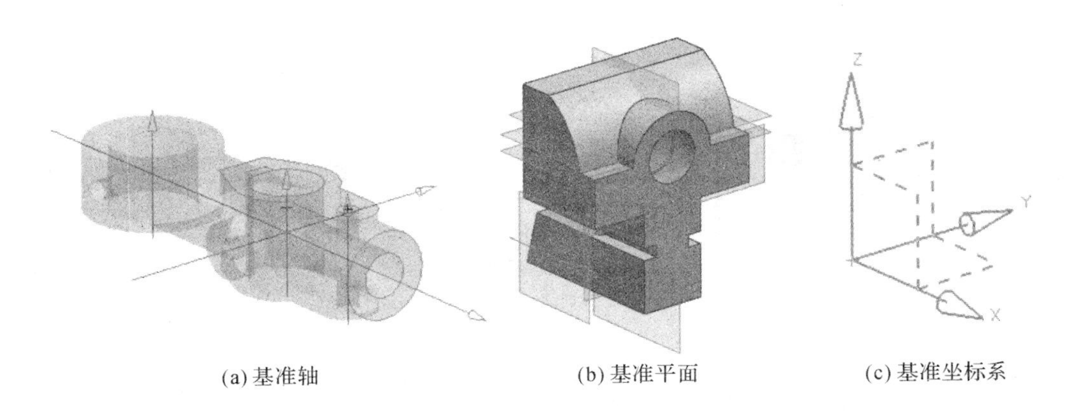

(a) 基准轴　(b) 基准平面　(c) 基准坐标系

图 9-19　基准特征

9.3.2　基准面

通过【基准面】命令可以建立一平面的参考特征，以帮助定义其他特征。图 9-19(b)所示是一个应用基准面的示例。

基准平面与平面的创建方法基本相同，其区别主要在于【基准平面】工具创建的平面是作为特征处理的，每创建一个基准平面，在【部件导航器】中都会增加一个相应的节点。

9.3.3 基准坐标系

通过【基准坐标系】命令可以创建关联的坐标系，它包含一组参考对象，如图9-19(c)所示。可以利用参考对象来关联地定义下游特征的位置与方向。

一个基准坐标系包括下列参考对象：

- 整个基准CSYS
- 三个基准平面
- 三个基准轴
- 原点

可以更改基准坐标系的显示尺寸。每个基准坐标系都可具有不同的显示尺寸。显示大小由比例因子参数控制，1为基本尺寸。如果指定比例因子为0.5，则得到的基准坐标系将是正常大小的一半。如果指定比例因子为2，则得到的基准坐标系将是正常比例大小的两倍。

例9-8 创建基准轴和基准面

(1)打开Solid_Datum.prt。

(2)创建与底部圆柱外侧面相切的基准面。

①单击【特征】工具条上的【基准平面】命令，弹出【基准平面】对话框。

②在【类型】下拉列表中选择【自动判断】。

③选择底部圆柱的外侧面，再选择基准平面，在【角度】选项中输入0度，通过【备选解】按钮和【反向】按钮，调节平面位置和方位如图9-20(a)左图所示。

④单击MB2，结果如图9-20(a)右图所示。

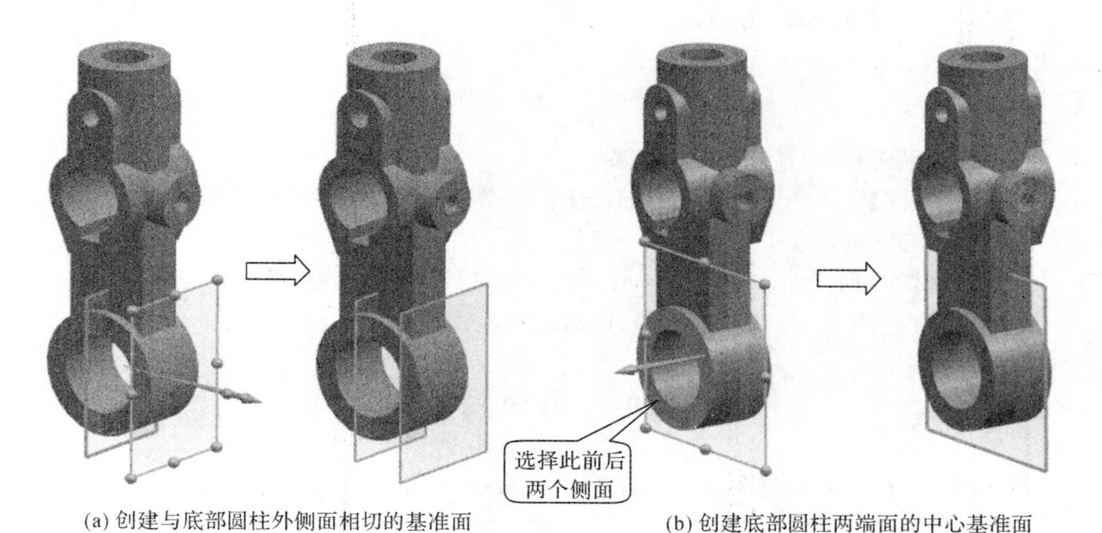

(a) 创建与底部圆柱外侧面相切的基准面　　(b) 创建底部圆柱两端面的中心基准面

图9-20　创建基准轴和基准面实例

(3)创建底部圆柱两端面的中心基准面。

①调用【基准平面】工具，在在【类型】下拉列表中选择【二等分】。

②如图 9-20(b)左图所示，选择圆柱两端面。

③单击【确定】按钮，结果如图 9-20(b)右图所示。

(4)创建过圆柱面中心轴的基准轴。

①单击【特征】工具条上的【基准轴】命令，弹出【基准轴】对话框。

②在【类型】下拉列表中选择【自动判断】。

③选择圆柱面中心轴符号，如图 9-21(a)左图所示。

④单击【确定】按钮，完成基准轴的创建，结果如图 9-21(a)右图所示。

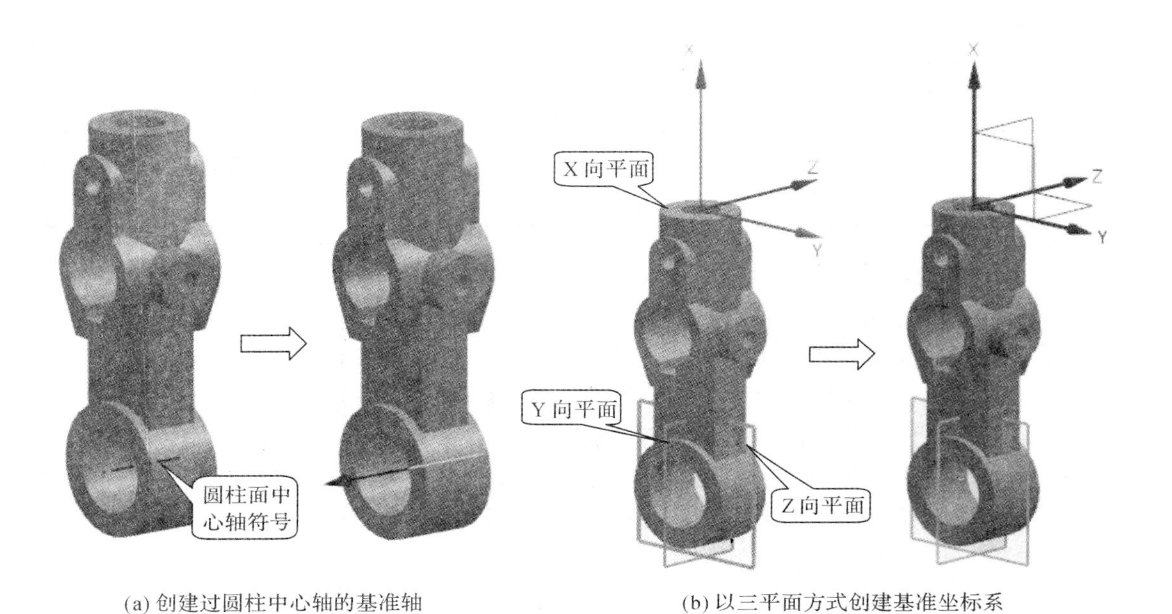

(a) 创建过圆柱中心轴的基准轴　　(b) 以三平面方式创建基准坐标系

图 9-21　完成基准轴和基准面的创建

(5)以【三平面】方式创建基准坐标系。

①单击【特征】工具条上的【基准 CSYS】命令，弹出【基准 CSYS】对话框。

②在【类型】下拉列表中选择【三平面】。

③依次选择 X 向平面、Y 向平面和 Z 向平面，如图 9-21(b)左图所示。

④单击【确定】按钮，结果如图 9-21(b)右图所示。

9.4　扫掠特征

扫掠特征是构成非解析形状毛坯的基础。可以通过拉伸、回转、管道建立扫掠特征。

9.4.1　拉伸

使用【拉伸】命令可以沿指定方向扫掠曲线、边、面、草图或曲线特征的 2D 或 3D 部分一段直线距离，由此来创建体如图 9-22 所示。拉伸过程中需要指定截面线、拉伸方向、拉伸距离。

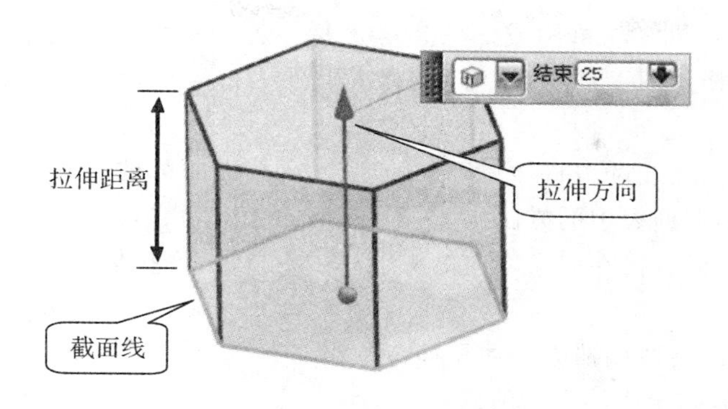

图 9-22 拉伸

单击【特征】工具条上的【拉伸】命令，弹出如图 9-23 所示的对话框。该对话框中各选项含义如下所述。

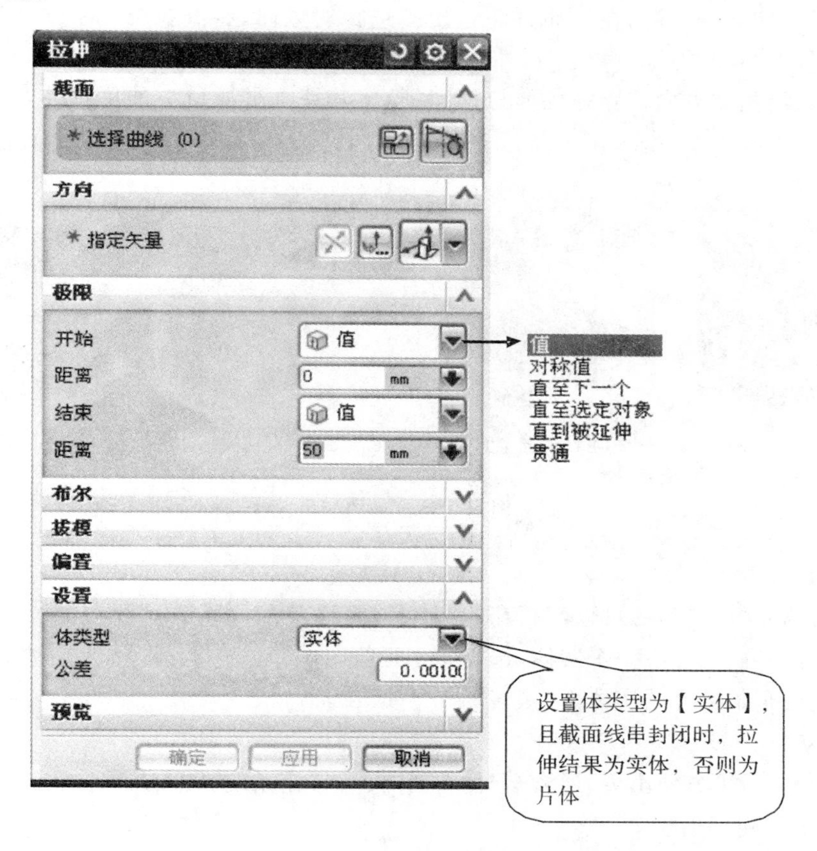

图 9-23 拉伸对话框

1. 截面

指定要拉伸的曲线或边。

● 绘制截面：单击此图标，系统打开草图生成器，在其中可以创建一个处于特征内部的截面草图。在退出草图生成器时，草图被自动选作要拉伸的截面。

● 选择曲线：选择曲线、草图或面的边缘进行拉伸。系统默认选中该图标。在选择截面时，注意配合【选择意图工具条】使用。

2. 方向

指定要拉伸截面曲线的方向。默认方向为选定截面曲线的法向，可以通过【矢量构造器】和【自动判断】类型列表中的方法构造矢量。

单击反向按钮，或直接在矢量方向箭头上双击，可以改变拉伸方向。

3. 极限

定义拉伸特征的整体构造方法和拉伸范围。

● 值：指定拉伸起始或结束的值。

● 对称值：开始的限制距离与结束的限制距离相同。

● 直至下一个：将拉伸特征沿路径延伸到下一个实体表面，如图 9-24(a)所示。

● 直至选定对象：将拉伸特征延伸到选择的面、基准平面或体，如图 9-24(b)所示。

● 直到延伸部分：截面在拉伸方向超出被选择对象时，将其拉伸到被选择对象延伸位置为止，如图 9-24(c)所示。

● 贯通：沿指定方向的路径延伸拉伸特征，使其完全贯通所有的可选体，如图 9-24(d)所示。

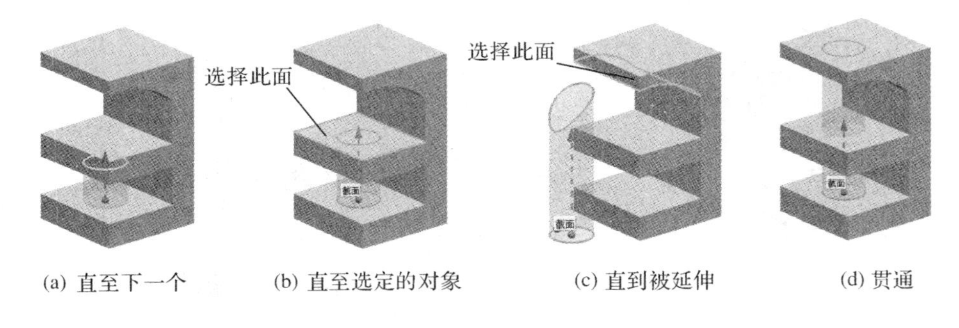

图 9-24　拉伸的极限

4. 布尔

在创建拉伸特征时，还可以与存在的实体进行布尔运算。

如果当前界面只存在一个实体，选择布尔运算时，自动选中实体；如果存在多个实体，则需要选择进行布尔运算的实体。

5. 拔模

在拉伸时，为了方便出模，通常会对拉伸体设置拔模角度。共有 6 种拔模方式。

● 无：不创建任何拔模。

● 从起始限制：从拉伸开始位置进行拔模，开始位置与截面形状一样，如图 9-25(a)所示。

● 从截面：从截面开始位置进行拔模，截面形状保持不变，开始和结束位置进行变化，如图 9-25(b)所示。

● 从截面-不对称角：截面形状不变，起始和结束位置分别进行不同的拔模，两边拔模角可以设置不同角度，如图 9-25(c)所示。

● 从截面-对称角：截面形状不变，起始和结束位置进行相同的拔模，两边拔模角度相同，如图 9-25(d)所示。

● 从截面匹配的终止处：截面两端分别进行拔模，拔模角度不一样，起始端和结束端的形状相同，如图 9-25(e)所示。

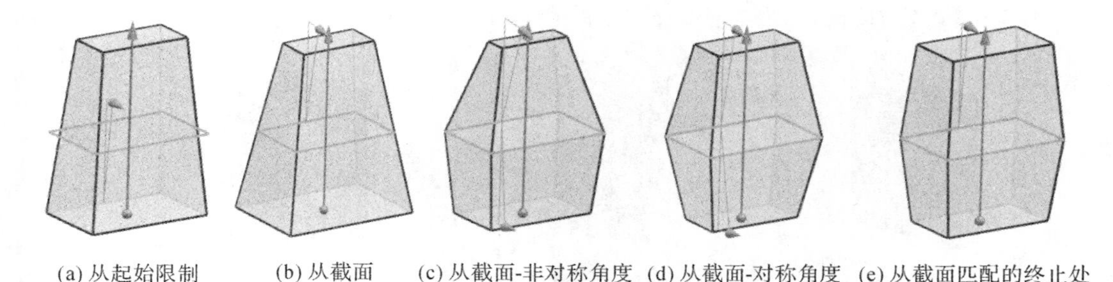

(a) 从起始限制　(b) 从截面　(c) 从截面-非对称角度　(d) 从截面-对称角度　(e) 从截面匹配的终止处

图 9-25　拔模方式

6. 偏置

用于设置拉伸对象在垂直于拉伸方向上的延伸，共有四种方式。

● 无：不创建任何偏置。

● 单侧：向拉伸添加单侧偏置，如图 9-26(a)所示。

● 两侧：向拉伸添加具有起始和终止值的偏置，如图 9-26(b)所示。

● 对称：向拉伸添加具有完全相等的起始和终止值(从截面相对的两侧测量)的偏置，如图 9-26(c)所示。

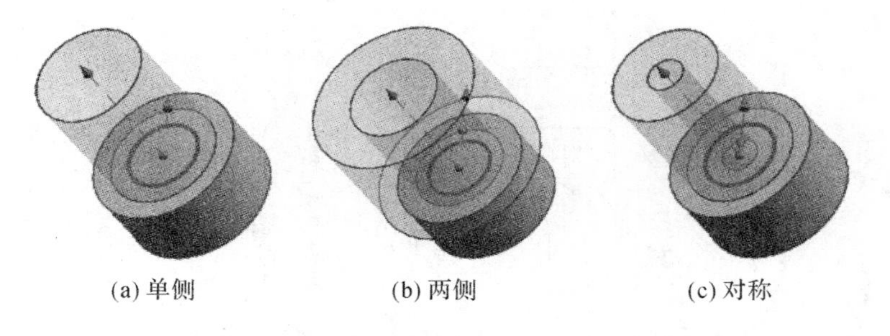

(a) 单侧　(b) 两侧　(c) 对称

图 9-26　偏置方式

7. 设置

用于设置拉伸特征为片体或实体。要获得实体，截面曲线必须为封闭曲线或带有偏置的非闭合曲线。

例 9-9　利用【拉伸】工具创建拉伸体

(1)打开 Solid_Extrude. prt，然后调用【拉伸】工具。

(2)选择如图 9-27(a)所示的截面线串。

(3)接受系统默认的方向，默认方向为选定截面曲线的法向。

(4)在【限制】组中设置【起始】为【值】，【距离】为 0，【结束】为【直至选定对象】，选择如所示长方体的背面。

(5)设置【布尔】为【求差】,系统自动选中长方体。

(6)设置【拔模】为【从起始限制】,输入【角度】为-2。

(7)设置【偏置】为【单侧】,输入【结束】为-2,如图 9-27(b)所示。

(8)设置【体类型】为【实体】,其余参数保持默认值。

(9)单击【确定】按钮,结果如图 9-27(c)所示。

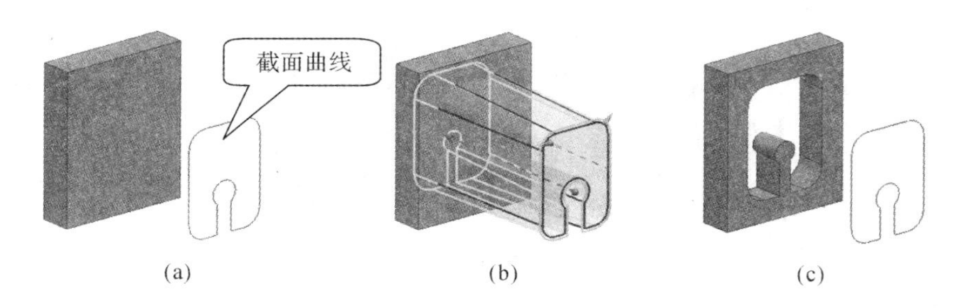

图 9-27 利用拉伸创建拉伸体实例

9.4.2 回转

使用【回转】可以使截面曲线绕指定轴回转一个非零角度,以此创建一个特征,如图 9-28 所示。

单击【特征】工具条上的【回转】命令,弹出如图 9-29 所示的对话框。该对话框中各选项含义如下所述。

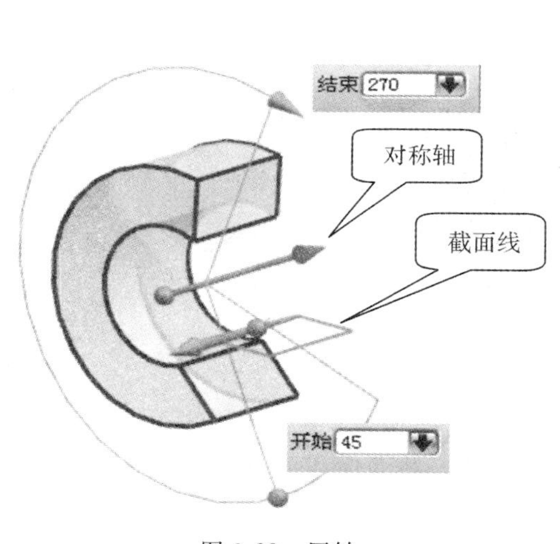

图 9-28 回转

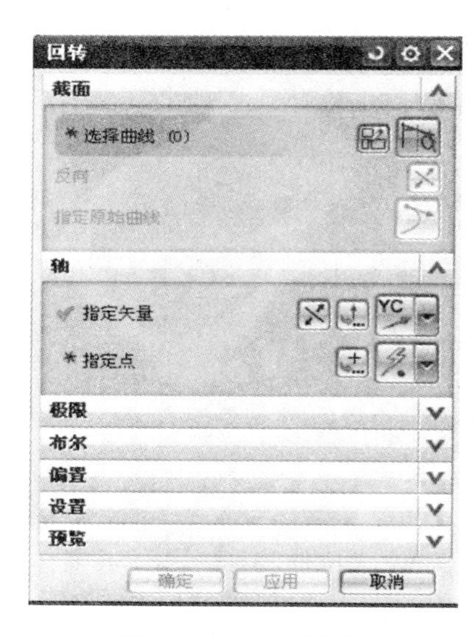

图 9-29 回转对话框

1. 截面

截面曲线可以是基本曲线、草图、实体或片体的边,并且可以封闭也可以不封闭。截面曲线必须在旋转轴的一边,不能相交。

2. 轴

指定旋转轴和旋转中心点。

● 指定矢量：指定旋转轴。系统提供了两类指定旋转轴的方式，即【矢量构造器】和【自动判断】。

● 指定点：指定旋转中心点。系统提供了两类指定旋转中心点的方式，即【点构造器】和【自动判断】。

3. 极限

用于设定旋转的起始角度和结束角度，有两种方法。

● 值：通过指定旋转对象相对于旋转轴的起始角度和终止角度来生成实体，在其后面的文本框中输入数值即可。

● 直至选定对象：通过指定对象来确定旋转的起始角度或结束角度，所创建的实体绕旋转轴接于选定对象表面。

4. 偏置

用于设置旋转体在垂直于旋转轴方向上的延伸。

● 无：不向回转截面添加任何偏置。

● 两侧：向回转截面的两侧添加偏置。

5. 设置

在体类型设置为实体的前提下，以下情况将生成实体：a. 封闭的轮廓；b. 不封闭的轮廓，旋转角度为 360 度；c. 不封闭的轮廓，有任何角度的偏置或增厚。

例 9-10 利用【回转】工具创建旋转体

(1)打开 Solid_Revolve. prt，然后调用【回转】工具。

(2)选择截面曲线。

(3)选择基准坐标系的 Y 轴为【指定矢量】，选择原点为【指定点】。

(4)在【限制】栏中设置起始角度为 0，结束角度为-150，其余参数保持默认值，如图 9-30 所示。

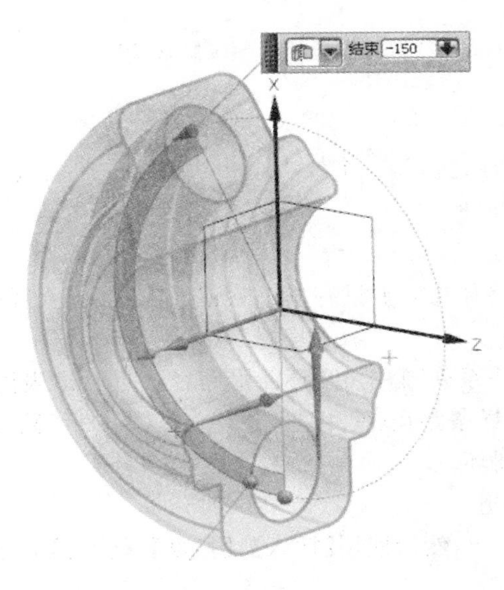

图 9-30 利用回转创建旋转体实例

(5)单击【确定】按钮，完成回转体的创建。

9.4.3 沿引导线扫掠

通过【沿引导线扫掠】命令可以将指定截面曲线沿指定的引导线运动，从而扫掠出实体或片体。

如果引导路径上两条相邻的线以锐角相交，或引导路径上的圆弧半径对于截面曲线而言太小，将无法创建扫掠特征。换言之，路径必须是光顺的、切向连续的。

在体类型设置为实体的前提下，满足以下情况之一将生成实体：a. 导引线封闭，截面线不封闭；b. 截面线封闭，导引线不封闭；c. 截面进行偏置。

例 9-11 沿引导线扫掠

(1)打开 Solid_Swept. prt，然后使用【插入】|【扫略】|【沿引导线扫掠】命令，弹出如图 9-31(a)所示的对话框。

(2)如图 9-31(b)所示，选择截面曲线，按 MB2，然后选择引导线。

(3)在【偏置】组中，输入【第一偏置】和【第二偏置】分别为-0.5 和 0.3。

(4)单击【确定】按钮，结果如图 9-31(c)所示。

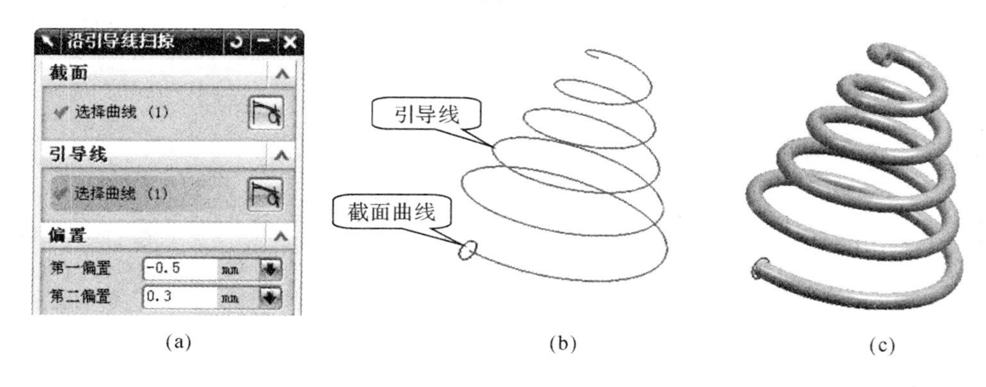

(a) (b) (c)

图 9-31 沿引导线扫掠实例

9.4.4 管道

使用【管道】命令可以通过沿着一个或多个相切连续的曲线或边扫掠一个圆形横截面来创建单个实体，如图 9-32(a)所示。

管道有两种输出类型：

- 单段：在整个样条路径长度上只有一个管道面(存在内直径时为两个)。这些表面是 B 曲面，如图 9-32(b)所示。
- 多段：多段管道用一系列圆柱和圆环面沿路径逼近管道表面，如图 9-32(c)所示。其依据是用直线和圆弧逼近样条路径(使用建模公差)。对于直线路径段，把管道创建为圆柱。对于圆形路径段，创建为圆环。

例 9-12 创建多段管道

(1)打开 Solid_Tube. prt，然后使用【插入】|【扫略】|【管道】命令，弹出如图 9-32(a)所示的对话框。

(2)选择样条线作为【路径】。

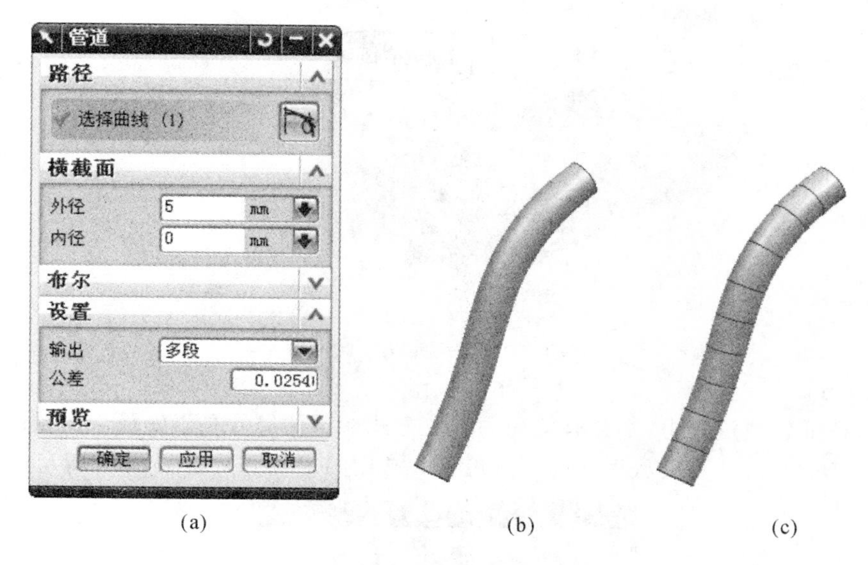

图 9-32　创建多段管道实例

(3)在【外径】和【内径】文本框中分别输入5和0,设置【输出】为【多段】,其余参数保持默认值。

(4)单击【确定】按钮,结果如图9-32(c)所示。

9.5　成形特征

成形特征用于添加结构细节与模型上,它仿真零件的粗加工过程。这些特征包括:

1)添加材料到目标实体,如凸台、垫块等;

2)从目标实体上减去材料,如孔、键槽、开槽等;

3)用户自定义特征,添加材料到目标实体上,或从目标实体减去材料,如腔体。

有预定义形状的标准成形特征包括:孔、凸台、垫块、腔、键槽、开槽。

9.5.1　成形特征概述

为方便读者学习后续内容,现对成形特征中的常用术语及创建成形特征的一般步骤作详细介绍。

1. 安放表面和水平参考

所有有预定义形状的标准成形特征都需要一个安放表面。除开槽外,其他所有标准成形特征的安放表面都是平面的;对于开槽特征,安放表面则必须是柱面或锥面。

安放表面通常是选择已有实体的表面,如果没有平表面可用作安放面,可以使用基准平面作为安放面。特征是正交于安放表面建立的,并且与安放表面相关联。

水平参考定义特征坐标系的X轴。任一可投射到安放表面上的线性边缘、平表面、基准轴或基准面均可被定义为水平参考。

为了定义有长度参数的设计特征(如键槽、矩形腔与矩形凸垫)的长度方向,需要定义水平参考。为了定义水平或垂直类型的定位尺寸,也需要水平参考,如图9-33所示。

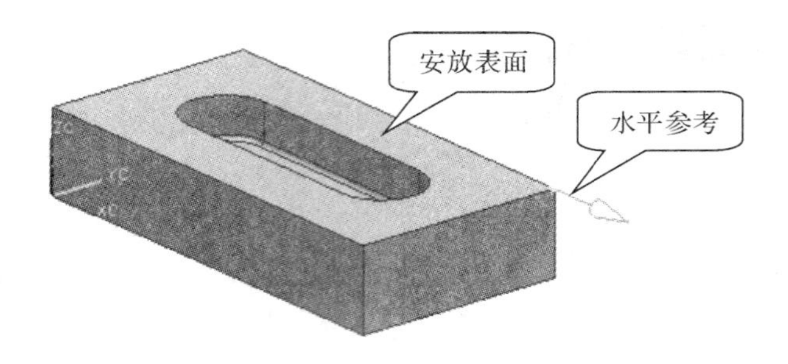

图 9-33 安放表面和水平参考

2. 定位方法

在成形特征创建过程中，都会有特征的定位方式。定位尺寸是沿安放面测量的距离值，它们用来定义设计特征到安放表面的正确位置。常用的定位方式如图 9-34 所示。

图 9-34 定位对话框

- 水平：指定两点间的距离，沿一选择的水平参考测量，如图 9-35 所示。
- 竖直：指定两点间的距离，正交于水平参考测量，如图 9-36 所示。

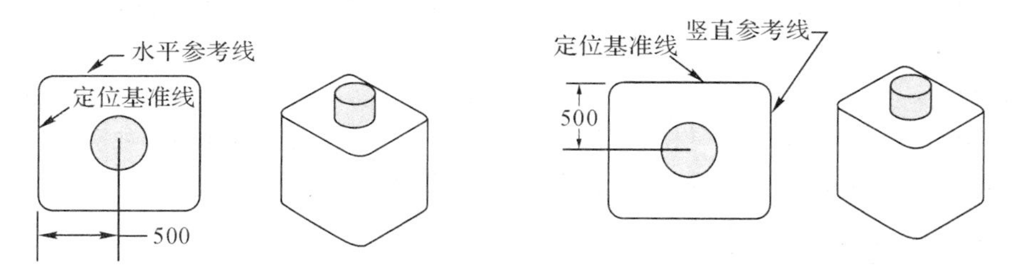

图 9-35 水平定位　　图 9-36 竖直定位

- 平行：指定两点间的最短距离，如图 9-37 所示。
- 垂直：指定一线性边缘、基准面或轴与一点间的最短距离，如图 9-38 所示。

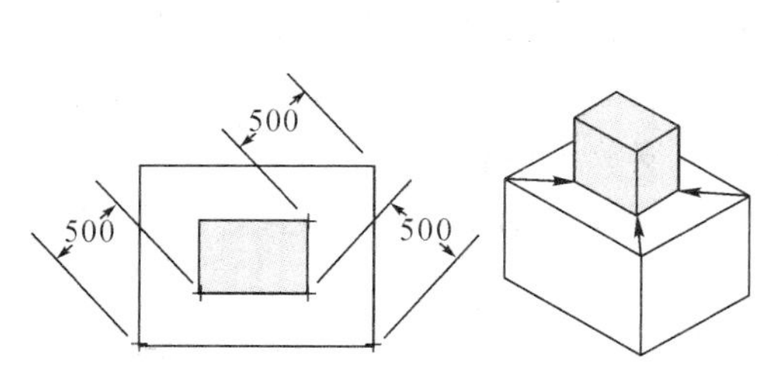

图 9-37 平行定位

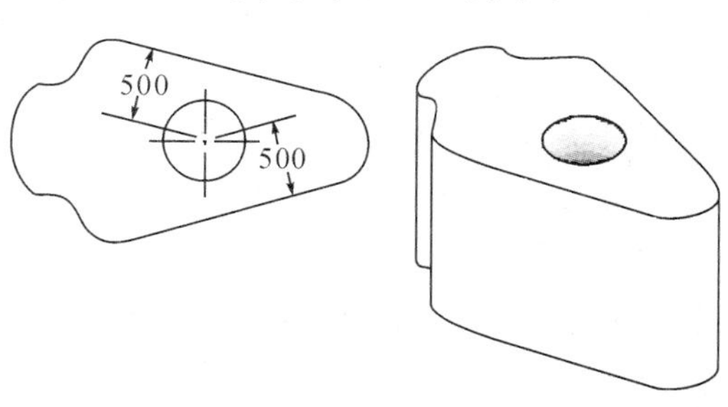

图 9-38 垂直定位

● 按一定距离平行：指定线性边缘与平行的另一线性边缘、基准面或轴在一给定距离上，如图9-39所示。

● 角度：以给定角度，在特征的线性边和线性参考边之间创建定位约束尺寸，如图9-40所示。

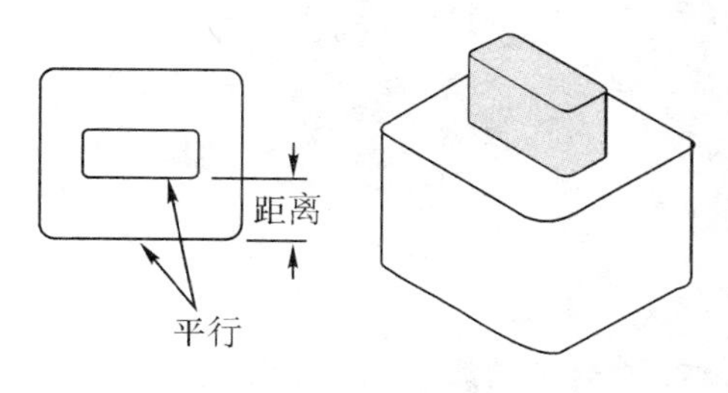

图9-39　按一定距离平行定位

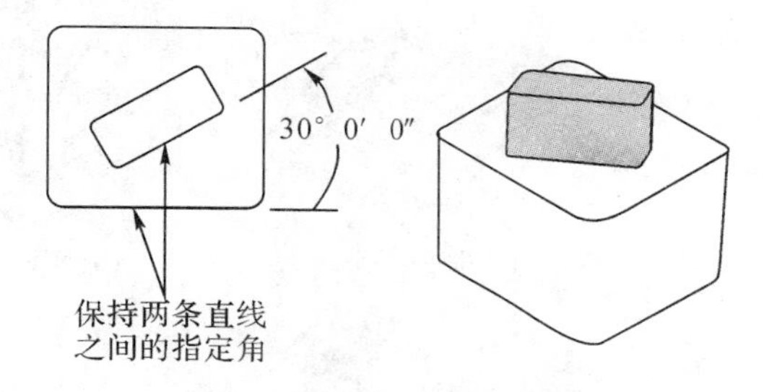

图9-40　按角度定位

● 点到点：指定两点间的距离为零，如图9-41所示。

● 点到线：指定一线性边缘、基准面或轴与一点间的距离为零，如图9-42所示。

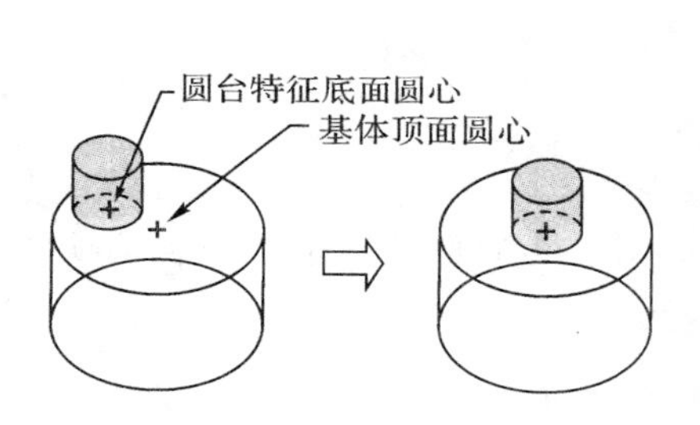

图9-41　点到点定位

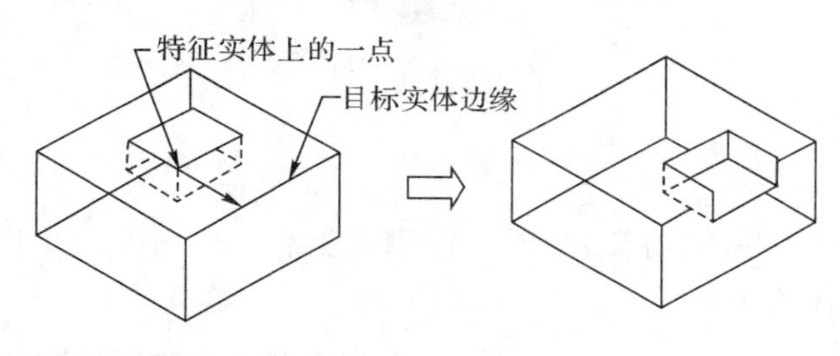

图9-42　点到线定位

● 线到线：指定线性边缘与平行的另一线性边缘、基准面或轴的距离为零，如图9-43所示。

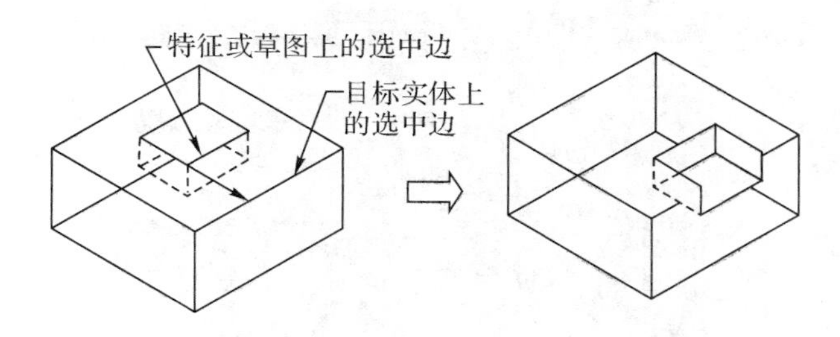

图9-43　线到线定位

9.5.2　孔

通过【孔】命令可以在部件或装配中添加以下类型的孔特征：

● 常规孔（简单、沉头、埋头或锥形状）

● 钻形孔

● 螺钉间隙孔（简单、沉头或埋头状）

- 螺纹孔
- 孔系列(部件或装配中一系列多形状、多目标体、对齐的孔)

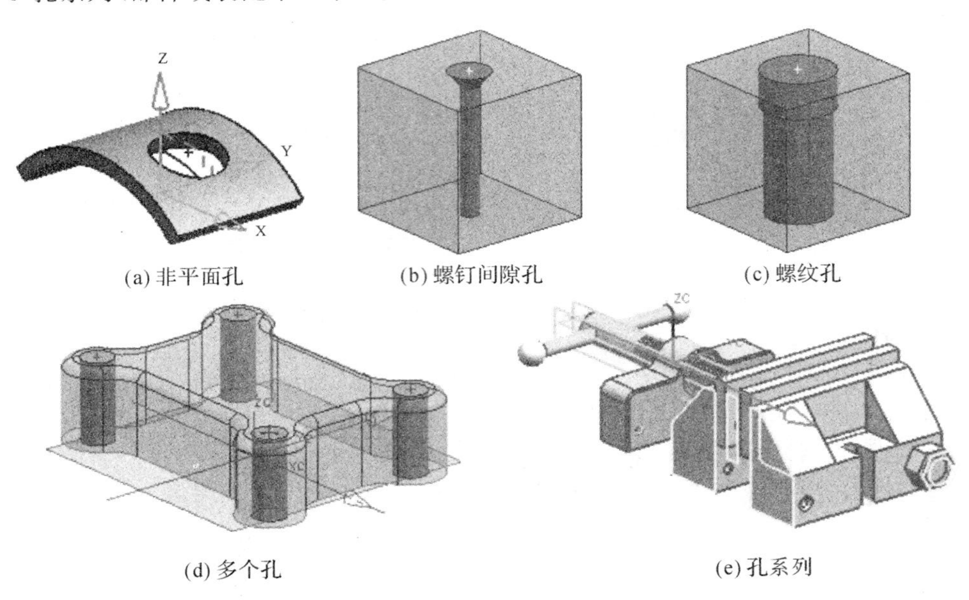

(a) 非平面孔　(b) 螺钉间隙孔　(c) 螺纹孔

(d) 多个孔　(e) 孔系列

图 9-44　各类型孔

单击【特征】工具条上的【孔】命令，弹出如图 9-45 所示的对话框，该对话框中各选项的含义如下。

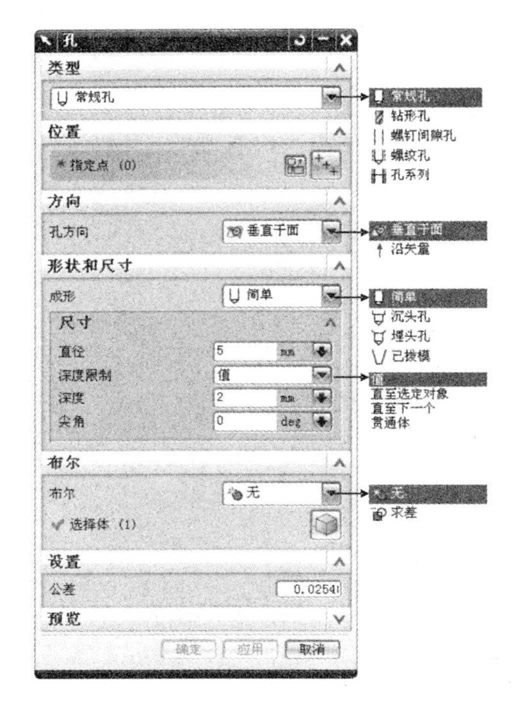

图 9-45　孔命令对话框

● 类型：孔的种类，包括常规孔、钻形孔、螺钉间隙孔、螺纹孔和孔系列，如图 9-44 所示。

● 位置：孔的中心点位置，可以通过草绘或选择参考点的方式来获得。

● 方向：孔的生成方向，包括垂直于面和沿矢量两种指定方法。

● 成形：孔的内部形状，包括简单孔、沉头孔、埋头孔及已拔模等形状的孔，如图 9-46 所示。

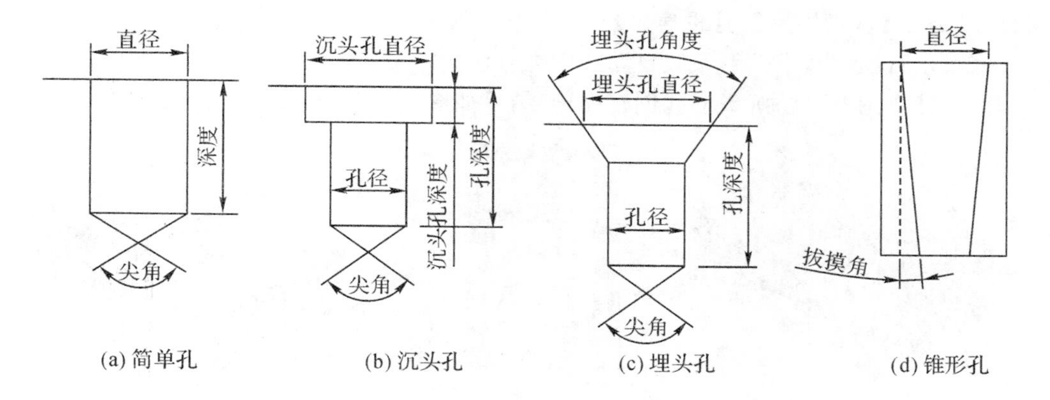

(a) 简单孔　(b) 沉头孔　(c) 埋头孔　(d) 锥形孔

图 9-46　孔的内部形状

● 尺寸：孔的尺寸，包括直径、深度、尖角等。

● 直径：孔的直径。

● 深度限制：孔的深度方法，包括值、直至选定对象、直至下一个和贯通体。

● 深度：孔的深度，不包括尖角。

例 9-13　创建孔特征

(1)打开 Solid_Hole.prt，然后调用【孔】工具。

(2)创建一简单通孔。

①在【类型】下拉列表中选择【常规孔】。

②如图 9-47(a)所示，选择凸台圆弧中心。

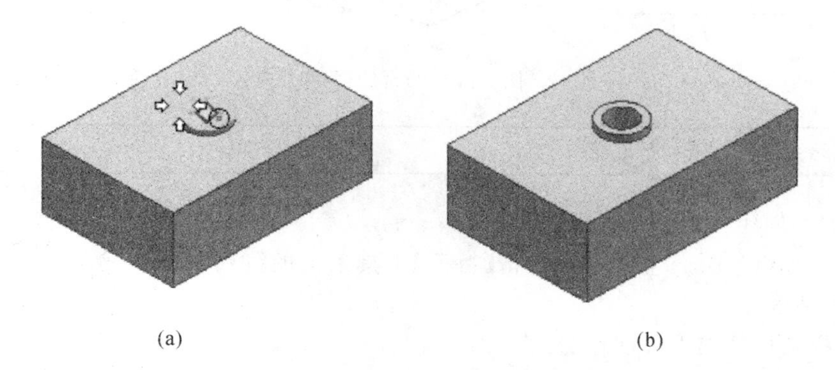

(a)　(b)

图 9-47　创建孔特征实例

③在【形状和尺寸】组中设置【成形】为【简单】，【直径】为 20，【深度限制】为【贯通体】。

④【布尔】设置为【求差】，系统自动选中立方体。

⑤单击【应用】按钮，简单通孔创建完毕，结果如图 9-47(b)所示。

(3)创建一沉头通孔

①在如图 9-48(a)所示的位置附近选择顶面，系统自动进入草图环境，并弹出【点】对话框。

②如图 9-48(b)所示，绘制一个点，并为其添加尺寸约束，然后退出草图环境。

③在【形状和尺寸】组中设置【成形】为【沉头孔】,【沉头孔直径】为 30,【沉头孔深度】为 5,【直径】为 20【深度限制】为【贯通体】。

④【布尔】设置为【求差】，系统自动选中立方体。

⑤单击【应用】按钮，沉头通孔创建完毕，结果如图 9-48(c)所示。

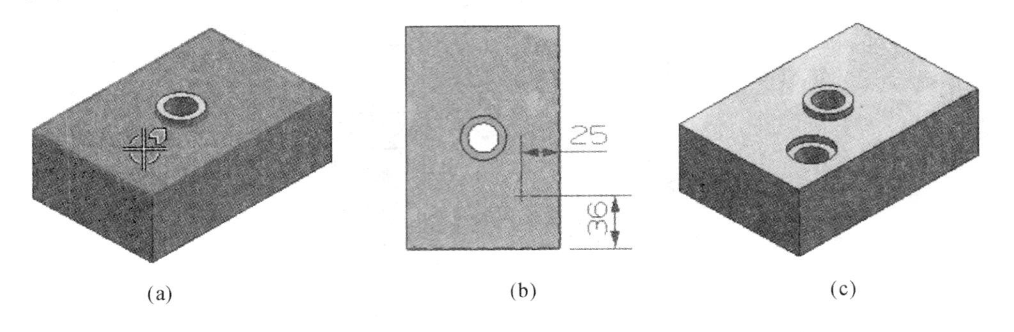

图 9-48　创建沉头通孔实例

9.5.3　凸台

使用【凸台】命令可以在模型上添加具有一定高度的圆柱形状，其侧面可以是直的或拔模的，如图 9-49 所示。创建后，凸台与原来的实体加在一起成为一体。

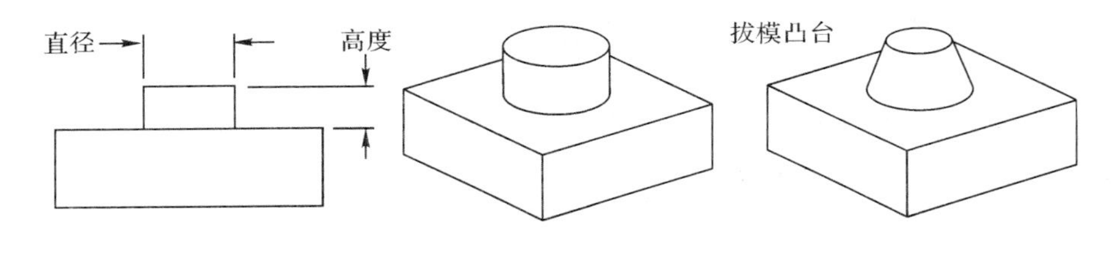

图 9-49　凸台的创建

凸台的锥角允许为负值。

例 9-14　创建一锥形凸台

(1)打开 Solid_Boss. prt，然后单击【特征】工具条上的【凸台】命令，弹出如图 9-50 所示的【凸台】对话框。

(2)选择圆柱体的上表面作为凸台的放置面。

(3)输入如图 9-50 所示的参数。

(4)单击【应用】按钮，弹出【定位】对话框。

(5)单击【定位】对话框中的【点落在点上】按钮 。

(6)如图 9-51 所示，选择圆柱体上表面的边缘，系统弹出如图 9-52 所示的【设置圆弧的位置】对话框。

(7)单击【圆弧中心】按钮,完成凸台的创建,结果如图 9-51 所示。

图 9-50　输入凸台参数　　图 9-51　创建凸台完毕　　图 9-52　定位设置

9.5.4　腔体

通过【腔体】命令可以在已存实体中建立一个型腔,如图 9-53 所示。

单击【特征】工具条中的【腔体】命令,弹出如图 9-54 所示的对话框。

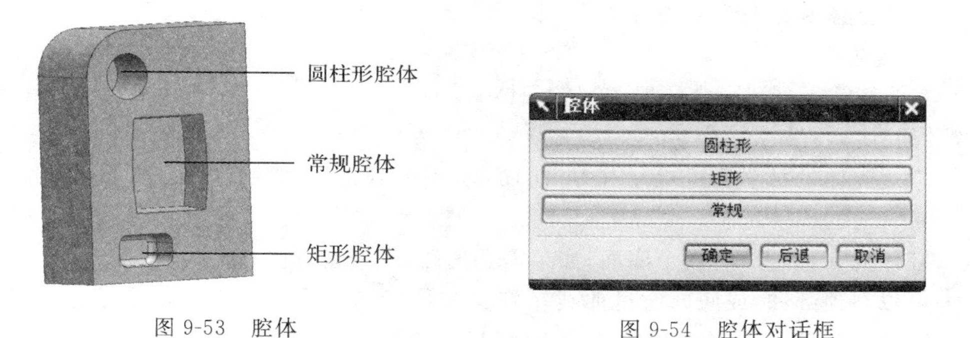

图 9-53　腔体　　图 9-54　腔体对话框

腔体共有三种类型,下面分别介绍。

1. 圆柱形腔体

定义一个圆形的腔体,指定其深度,有没有圆角底面,侧面是直的还是锥形,如图 9-55 所示。

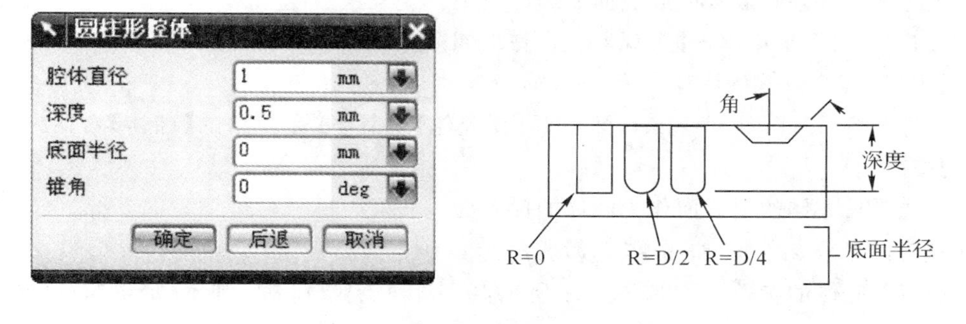

图 9-55　圆柱形腔体

2. 矩形腔体

定义一个矩形的腔体，指定其长度、宽度和深度，拐角处和底面上有没有圆角，侧面是直的还是带锥度的，如图 9-56 所示。

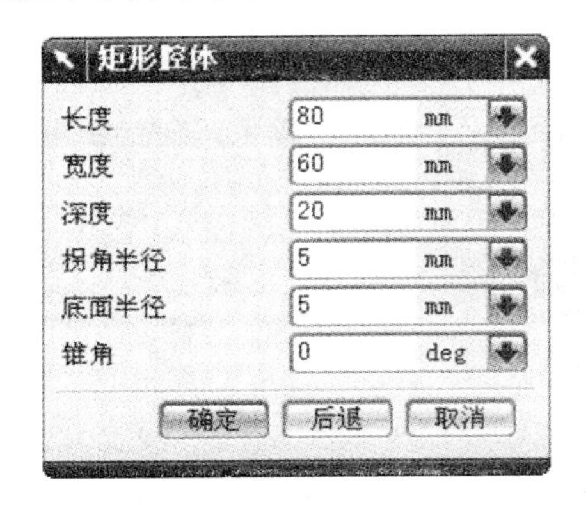

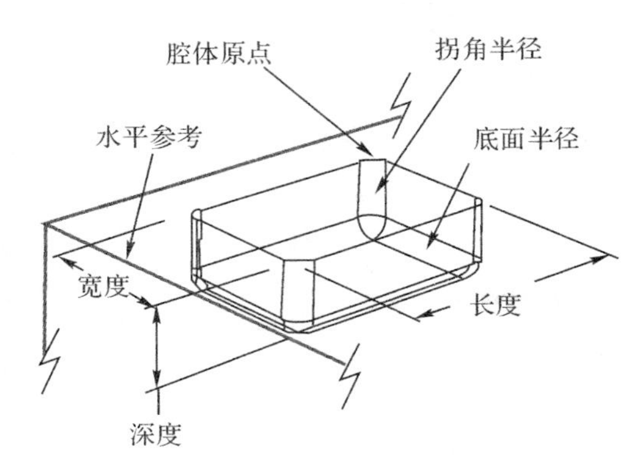

图 9-56　矩形腔体

拐角半径必须大于等于底面半径。

3. 常规腔体

在实体特征上创建一个一般类型的腔体。

常规腔体具有如下特性：

- 常规腔体的放置面可以是自由曲面，而不像其他腔体选项那样，要严格地是一个平面。
- 腔体的底部定义有一个底面，如果需要的话，底面也可以是自由曲面。
- 可以在顶部和/或底部通过曲线链定义腔体的形状。曲线不一定位于选定面上，如果没有位于选定面，它们将按照选定的方法投影到面上。
- 曲线没有必要形成封闭线串，也可以是开放的，甚至可以让线串延伸出放置面的边。
- 在指定放置面或底面与腔体侧面之间的半径时，可以将代表腔体轮廓的曲线指定到腔体侧面与面的理论交点，或指定到圆角半径与放置面或底面之间的相切点。
- 腔体的侧面是定义腔体形状的理论曲线之间的直纹面。如果在圆角切线处指定曲线，系统将在内部创建放置面或底面的理论交集。

在【腔体】对话框中单击【常规】按钮，弹出如图 9-57 所示的对话框。

例 9-15　创建一矩形腔体

(1)打开 Solid_Pocket_1. prt，然后调用【腔体】工具，并在弹出的【腔体】对话框中单击【矩形】按钮。

(2)选择长方体的上表面作为腔体的放置面。

(3)选择水平参考线，如图 9-58(a)所示。

(4)矩形腔体的参数设置如图 9-56 所示，单击【确定】按钮，弹出【定位】对话框。

(5)如图 9-58(a)所示，单击【定位】对话框中的【垂直】按钮，根据【提示栏】的信息分别选择目标边 1 和刀具边 1，然后在表达式文本框中输入距离 50，按 MB2。

(6)再次单击【定位】对话框中的【垂直】按钮，用同样的方式定义目标边 2 和刀具边 2

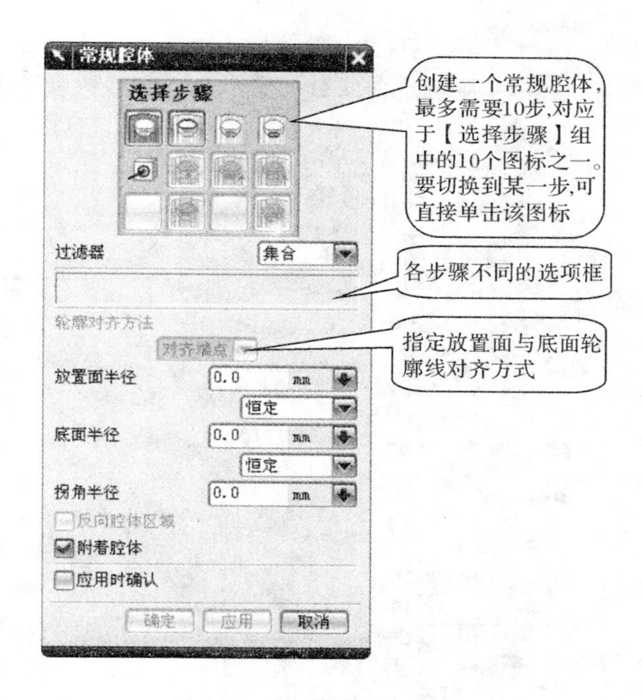

图 9-57　常规腔体对话框

之间的距离 40。

(7)单击【确定】按钮,完成矩形腔体的创建,结果如图 9-58(b)所示。

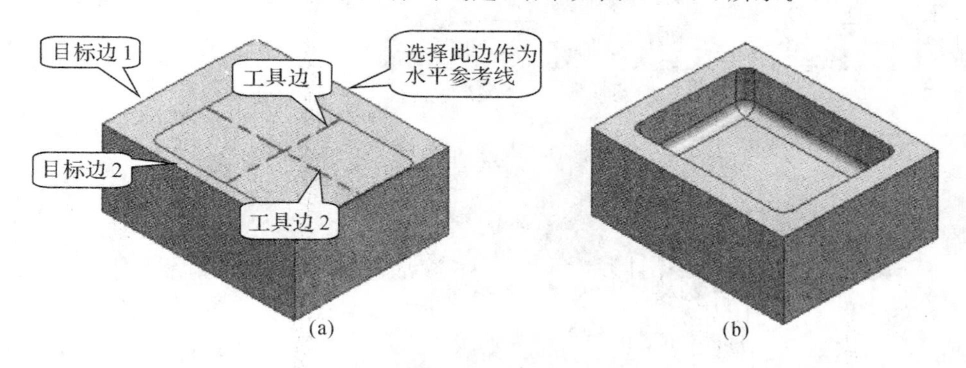

图 9-58　创建矩形腔体实例

例 9-16　创建一常规腔体

(1)打开 Solid_Pocket_2. prt,然后调用【腔体】工具,并在弹出的【腔体】对话框中单击【常规】按钮,弹出【常规腔体】对话框。

(2)指定腔体的放置面:在第一个图标【放置面】处于激活状态下,选择曲面作为腔体的放置面。选择完毕后,按 MB2,系统自动激活第三个图标【底面】。

(3)指定放置面上的轮廓线:在选择条【曲线规则】下拉列表中选择【相连曲线】,然后选择五角星的一条边,按 MB2,即可选中五角星的 10 条边。

(4)指定底面:在【底面】激活的状态下,偏置参数如图 9-59 所示,表示底面为放置面向下偏置 5mm 后得到，然后按 MB2，自动激活第四个图标【底面轮廓曲线】。

(5)指定底面轮廓线：在【底面轮廓曲线】激活状态下，拔模参数设置如图 9-60 所示，半径参数设置如图 9-61 所示。

(6)单击 MB2，完成常规腔体的创建，结果如图 9-62 所示。

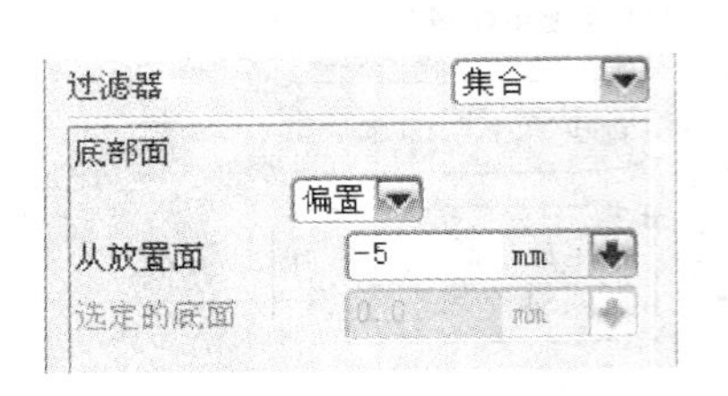

图 9-59　指定底面

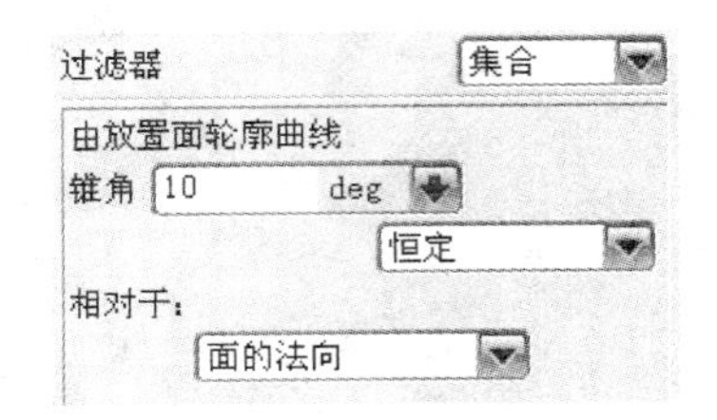

图 9-60　拔模参数设置

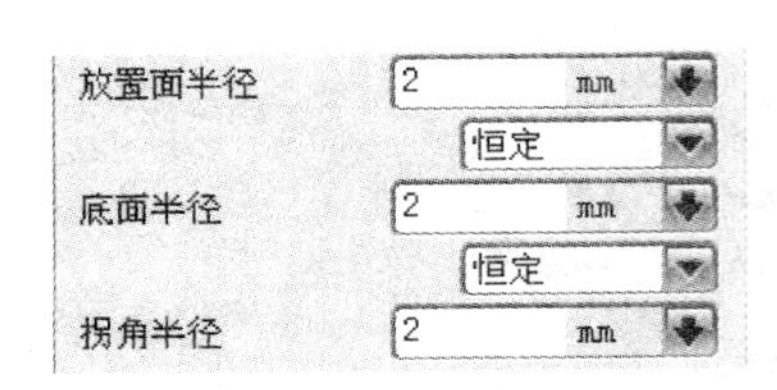

图 9-61　半参数设置

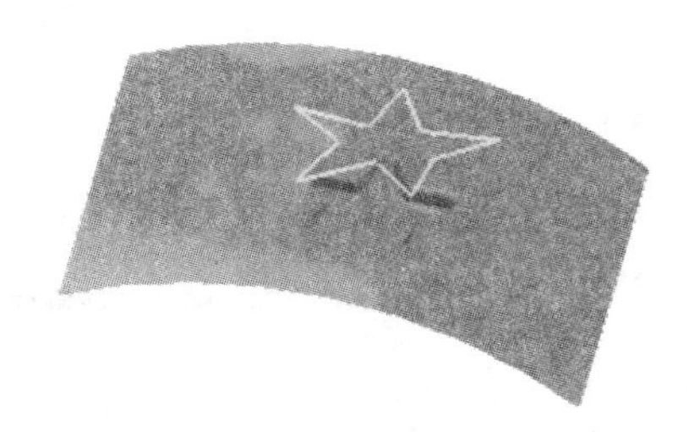

图 9-62　常规腔体创建结果

9.5.5　垫块

使用【垫块】命令，可在现存实体上建立矩形垫块或常规垫块，如图 9-63 所示。

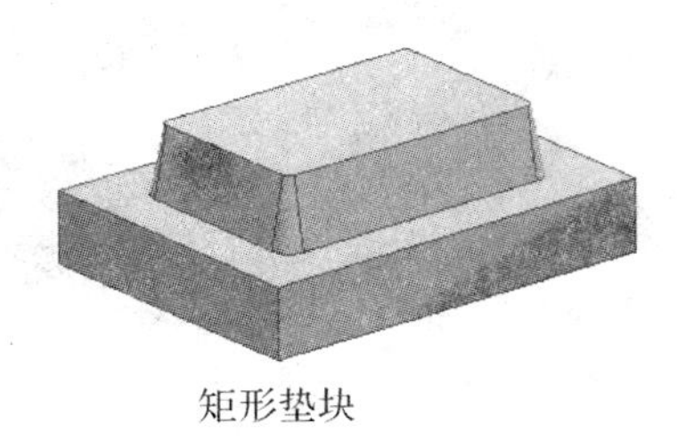

矩形垫块

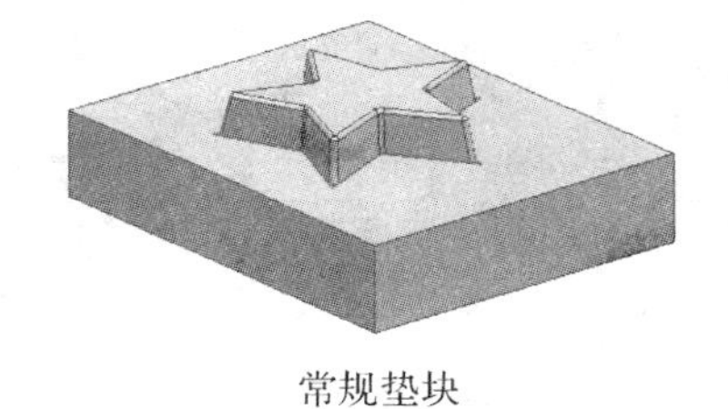

常规垫块

图 9-63　垫块

垫块共有两种，下面分别介绍。

1. 矩形垫块

定义一个有指定长度、宽度和高度，在拐角处有指定半径，具有直面或斜面的垫块，如图 9-64 所示。矩形垫块的创建步骤与矩形腔体类似。

2. 常规垫块

定义一个比矩形垫块选项具有更大灵活性的垫块。常规垫块的特性和创建方法与常规腔体类似，故此处不再赘述。

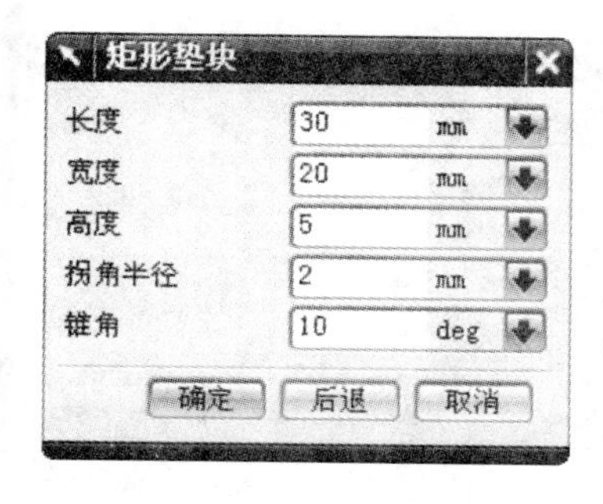

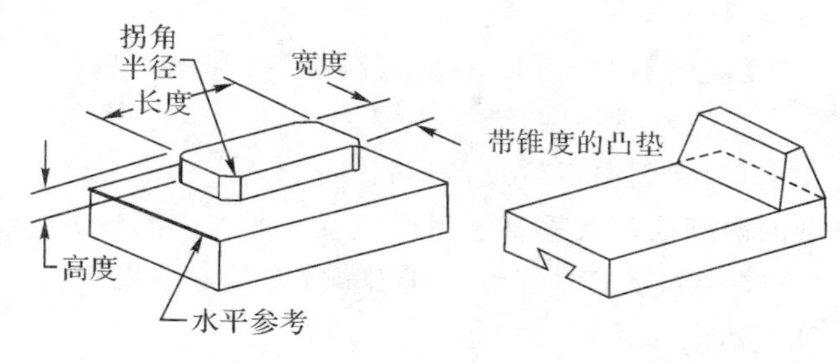

图 9-64　矩形垫块的创建

【腔体】的功能刚好与【垫块】相反,【腔体】是剔除材料,而【垫块】是添加材料。

例 9-17　创建矩形垫块

(1)打开 Solid_Pad. prt,然后单击【特征】工具条上的【垫块】命令,弹出【垫块】对话框,单击对话框中的【矩形】按钮。

(2)选择长方体的上表面作为矩形垫块的放置面。

(3)选择如图 9-65 所示的边作为水平参考。

(4)输入如图 9-64 所示的矩形垫块的各个参数,单击【确定】按钮,弹出【定位】对话框。

(5)如图 9-67 所示,单击【定位】对话框中的【垂直】按钮,根据【提示栏】的信息分别选择目标边 1 和工具边 1,然后在表达式文本框中输入距离 15,按 MB2。

(6)再次单击【定位】对话框中的【垂直】按钮,用同样的方式定义目标边 2 和工具边 2 之间的距离 20。

(7)单击【确定】按钮,完成矩形垫块的创建,结果如图 9-66 所示。

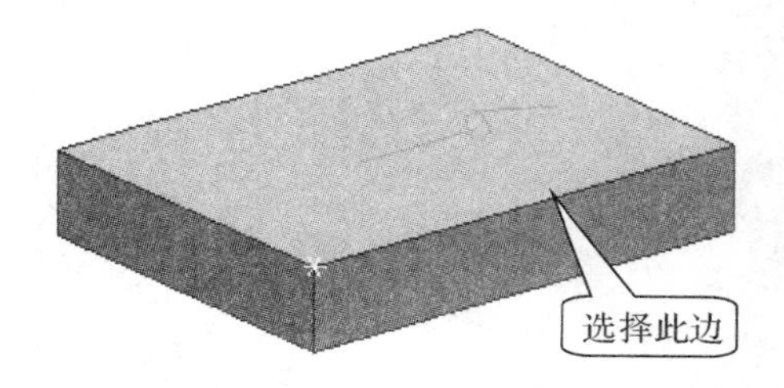

图 9-65　水平参考边的选择

图 9-66　矩形垫块创建实例结果

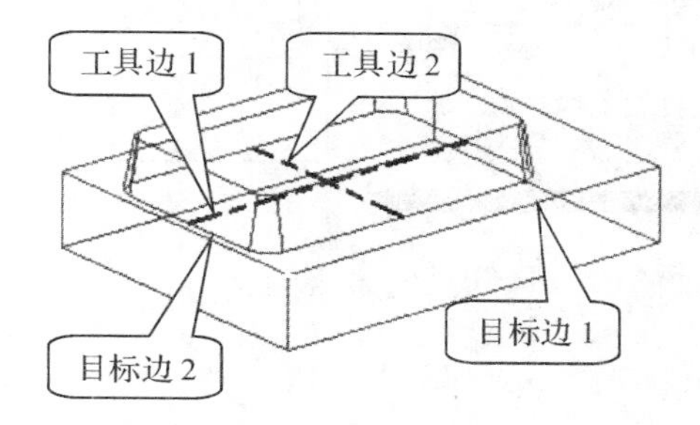

图 9-67　设置定位边

9.5.6 键槽

使用【键槽】命令可以满足建模过程中各种键槽的创建。在机械设计中，键槽主要用于轴、齿轮、带轮等实体上，起到周向定位及传递扭矩的作用。所有键槽类型的深度值都按垂直于平面放置面的方向测量。

单击【特征】工具条上的【键槽】命令，弹出如图 9-68所示的对话框。

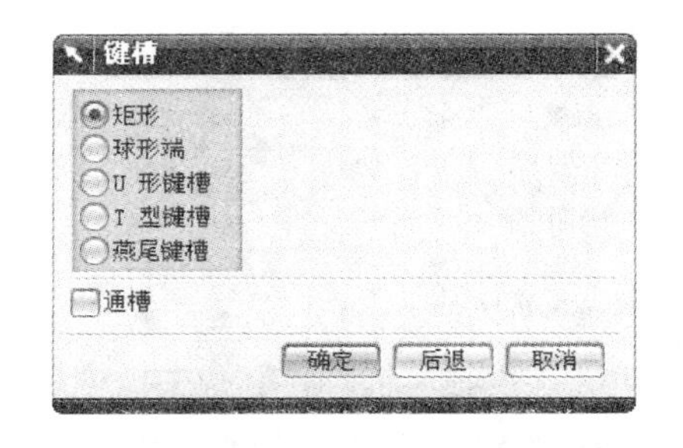

图 9-68 键槽命令对话框

键槽只能创建在平面上。

若选中图 9-68【键槽】对话框中的【通槽】复选框，则需要选择键槽的起始通过面和终止通过面(不需再设置键槽的长度)，所创建的矩形键槽如图 9-69(b)所示。

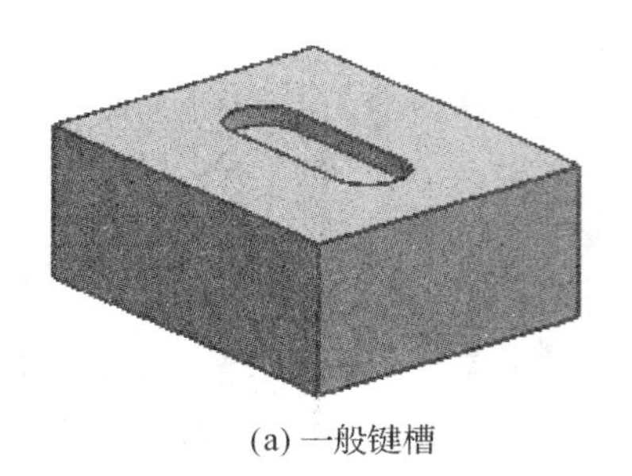

(a) 一般键槽

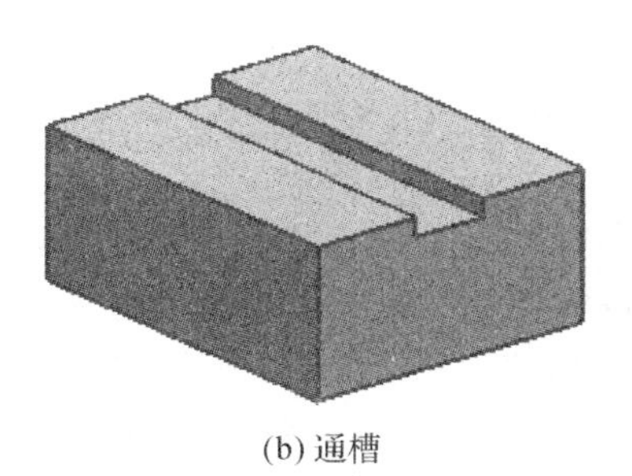

(b) 通槽

图 9-69 键槽的形式

键槽共有五种类型，下面分别介绍。

1. 矩形槽

沿着底边创建有锐边的键槽，如图 9-70 所示。

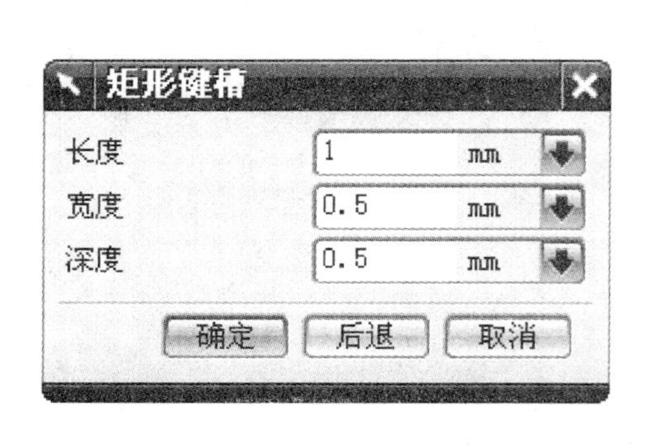

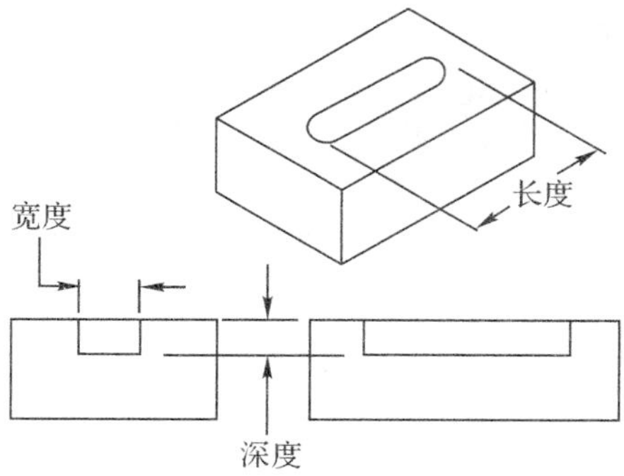

图 9-70 矩形槽

2. 球形端槽

创建保留有完整半径的底部和拐角的键槽，如图 9-71 所示。

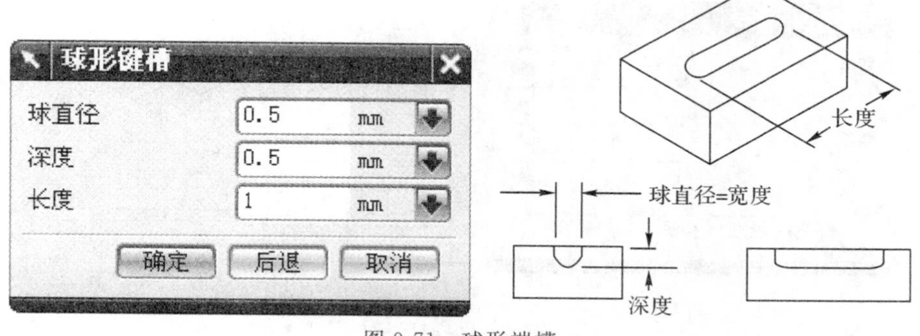

图 9-71　球形端槽

槽宽等于球直径(即刀具直径)。槽深必须大于球半径。

3. U 形槽

创建有整圆的拐角和底部半径的键槽,如图 9-72 所示。

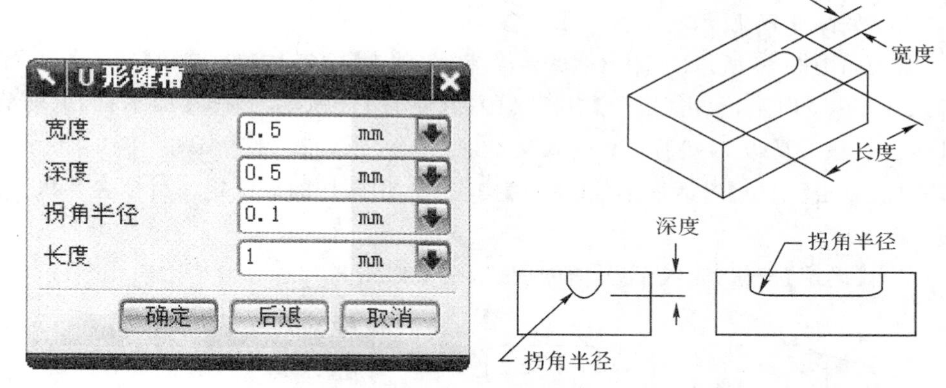

图 9-72　U 形槽

槽深必须大于拐角半径。

4. T 形键槽

创建一个横截面是倒 T 的键槽,如图 9-73 所示。

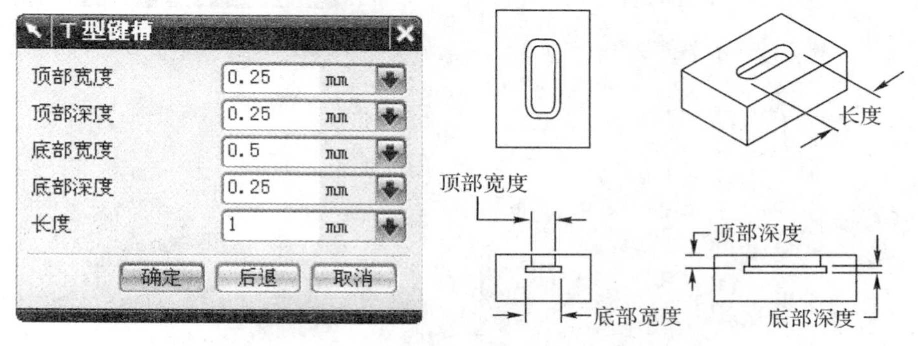

图 9-73　T 形键槽

5. 燕尾槽

创建燕尾槽型的键槽。这类键槽有尖角和斜壁,如图 9-74 所示。

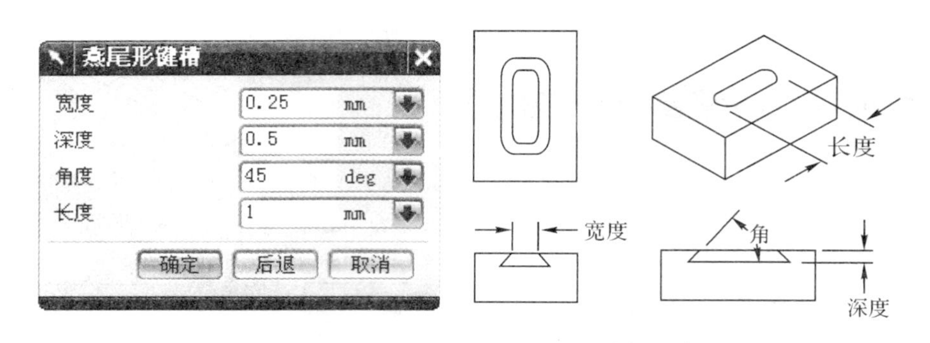

图 9-74　燕尾槽

例 9-18　创建一 U 形键槽

(1)打开 Solid_Slot. prt,然后调用【键槽】命令。

(2)在图 9-68 所示的【键槽】对话框中选择【U 形槽】单选按钮。

(3)选择长方体的上表面作为 U 形槽的放置面。

(4)选择如图 9-75 所示的边作为水平参考。

(5)输入如图 9-76 所示的 U 形槽的各个参数,单击【确定】按钮,弹出【定位】对话框。

(6)如图 9-77 所示,单击【定位】对话框中的【垂直】按钮,根据【提示栏】的信息分别选择目标边 1 和工具边 1,然后在表达式文本框中输入距离 15,按 MB2。

(7)再次单击【定位】对话框中的【垂直】按钮,用同样的方式定义目标边 2 和工具边 2 之间的距离 30。

(8)单击【确定】按钮,完成 U 形槽的创建,结果如图 9-78 所示。

图 9-75　水平参考边的选择

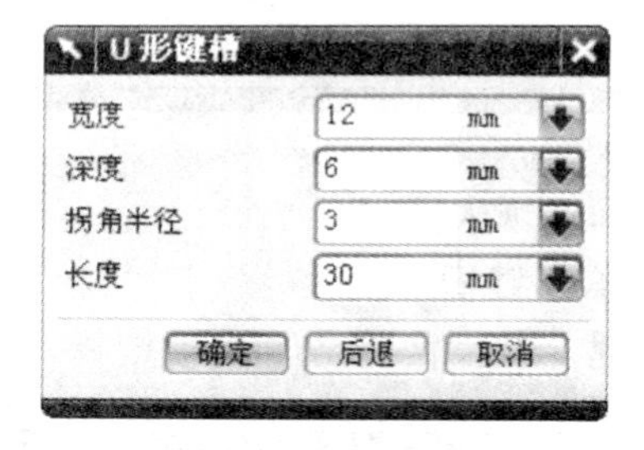

图 9-76　U 形槽参数输入

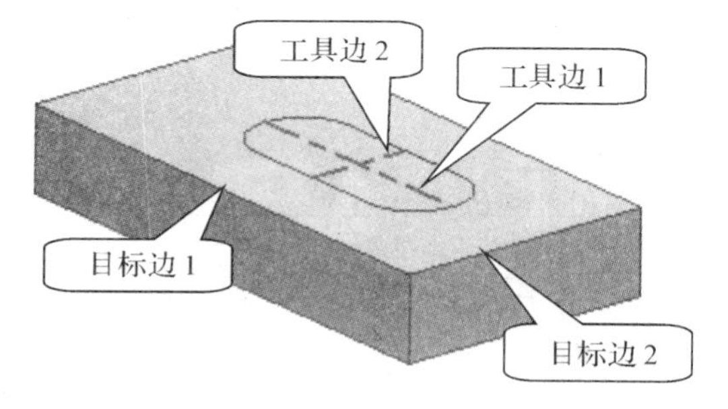

图 9-77　定位槽

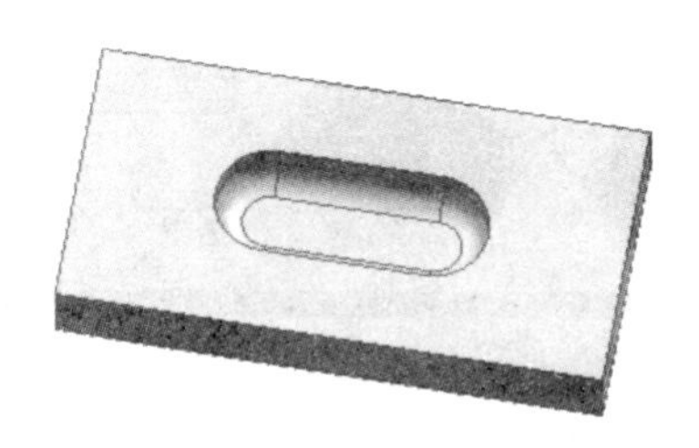

图 9-78　U 形键槽创建实例结果

9.5.7 开槽

使用【开槽】命令可以在圆柱体或锥体上创建一个外沟槽或内沟槽，就好像一个成形刀具在旋转部件上向内(从外部定位面)或向外(从内部定位面)移动，如同车削操作。

单击【特征】工具条上的【开槽】命令，弹出如图 9-79 所示的对话框。

【开槽】的定位和其他的成形特征的定位稍有不同，只能在一个方向上定位槽，即沿着目标实体的轴。没有定位尺寸菜单出现，通过选择目标实体的一条边及工具(即槽)的边或中心线来定位槽，如图 9-80 所示。

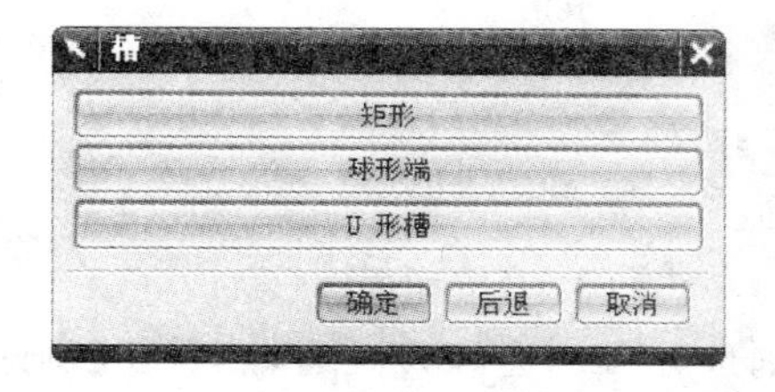

图 9-79 开槽命令对话框

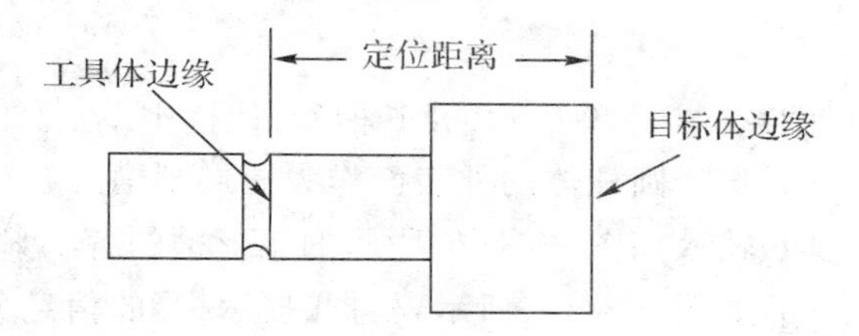

图 9-80 开槽成形特征

开槽共有三种类型，下面分别介绍。

1. 矩形槽

创建在周围保留尖角的槽，如图 9-81 所示。

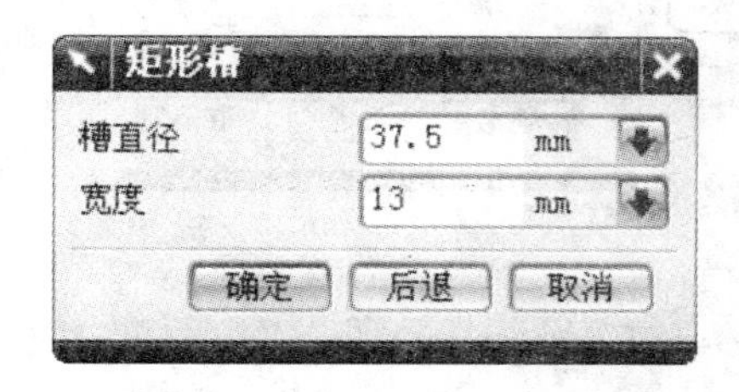

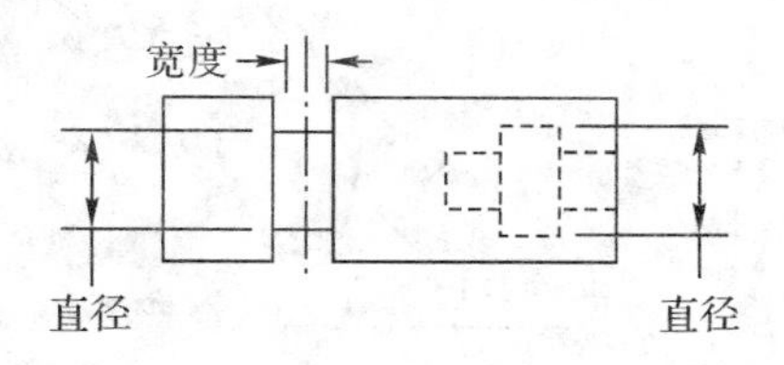

图 9-81 矩形槽

2. 球形端槽

创建在底部保留完整半径的槽，如图 9-82 所示。

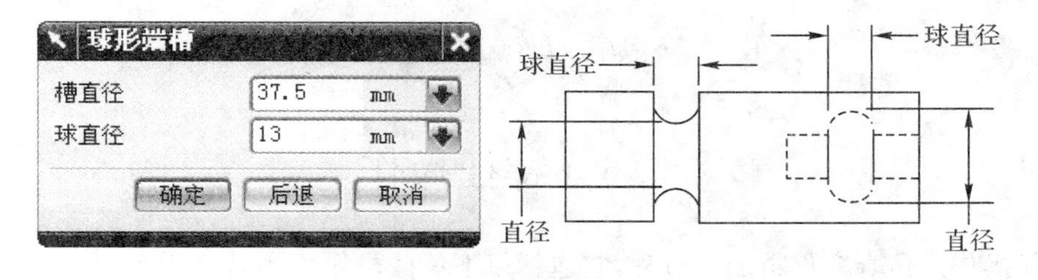

图 9-82 球形端槽

3. U 形槽

创建在拐角处保留半径的槽，如图 9-83 所示。

例 9-19 创建一矩形割槽

(1)打开 Solid_Groove. prt，然后调用【开槽】工具。

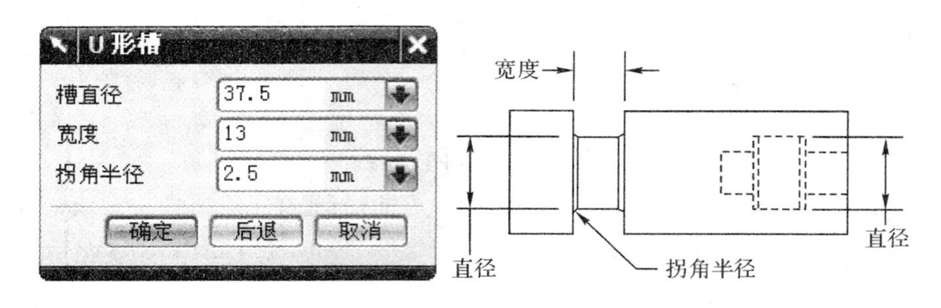

图 9-83 U 形槽

(2)在图 9-79 所示的【开槽】对话框中单击【矩形】按钮。

(3)选择圆柱体的外表面作为矩形割槽的放置面。

(4)输入如图 9-84(b)所示的矩形槽的各个参数，单击【确定】按钮。

(5)如图 9-84(a)所示，根据【提示栏】的信息分别选择目标边和刀具边，然后在【创建表达式】文本框中输入距离 25。

(6)按 MB2，完成矩形割槽的创建，结果如图 9-84(c)所示。

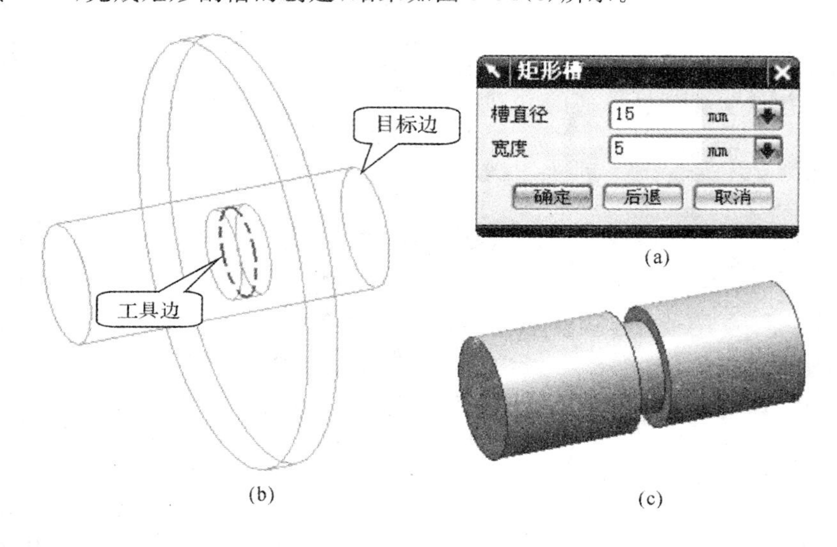

图 9-84 U 形割槽创建实例

9.6 特征操作

特征操作是仿真零件精加工过程，它包括以下一些操作。

- 边缘操作：边倒圆、倒斜角等。
- 面操作：面倒圆、缝合等。
- 体操作：抽壳、缩放体等。
- 关联复制操作：镜像体、实例特征等。

9.6.1 拔模

使用【拔模】命令可以将实体模型上的一张或多张面修改成带有一定倾角的面。拔模操作在模具设计中非常重要，若一个产品存在倒拔模的问题，则该模具将无法脱模。

单击【特征】工具条中的【拔模】命令，弹出如图 9-85 所示的对话框。

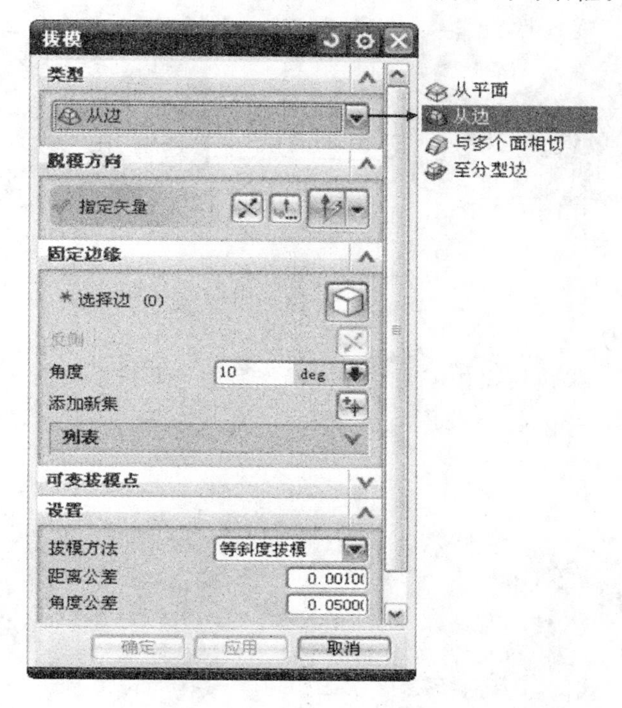

图 9-85　拔模命令对话框

共有四种拔模操作类型:【从平面】、【从边】、【与多个面相切】以及【至分型边】，其中前两种操作最为常用。

1. 从平面

从固定平面开始，与拔模方向成一定的拔模角度，对指定的实体进行拔模操作，如图 9-86 所示。

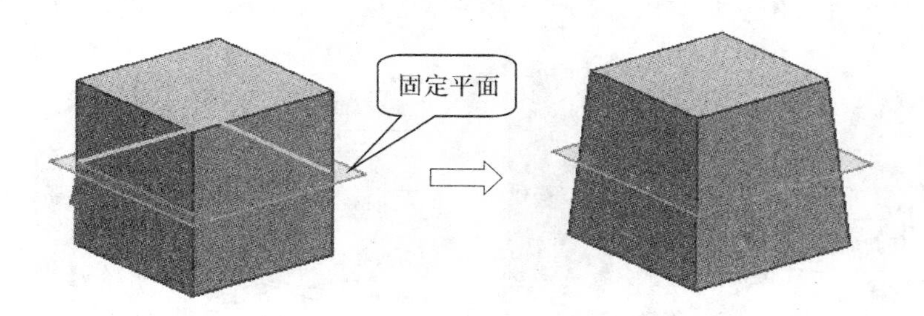

图 9-86　从平面拔模

所谓固定平面是指该处的尺寸不会改变。

---

2. 从边

从一系列实体的边缘开始，与拔模方向成一定的拔模角度，对指定的实体进行拔模操作，如图 9-87 所示。

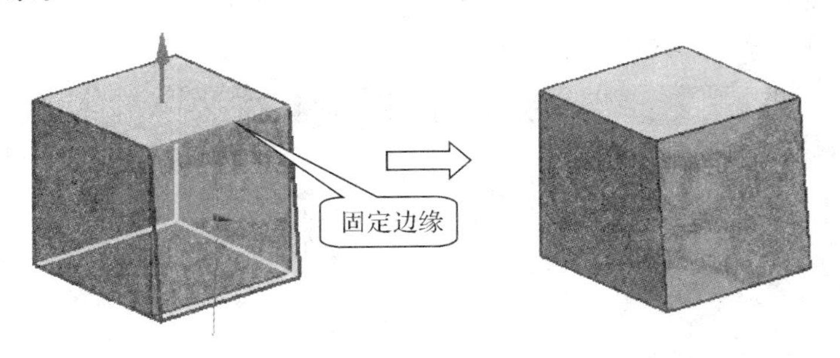

图 9-87　从边拔模

3. 与多个面相切

与多个面相切：如果拔模操作需要在拔模操作后保持要拔模的面与邻近面相切，则可使用此类型。此处，固定边缘未被固定，是移动的，以保持选定面之间的相切约束，如图 9-88 所示。

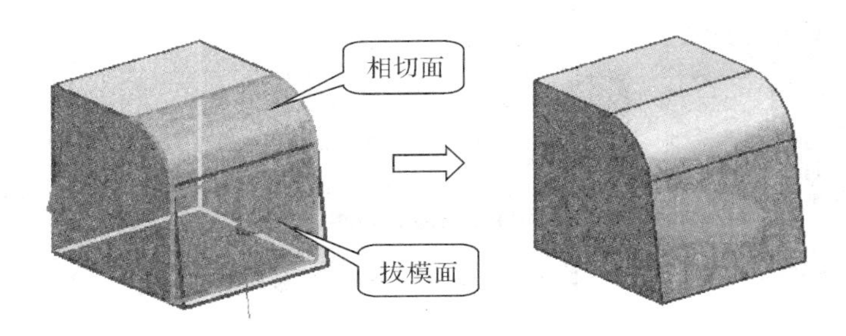

图 9-88　与多个面相切拔模

选择相切面时一定要将拔模面和相切面一起选中，这样才能创建拔模特征。

---

4. 至分型边

主要用于分型线在一张面内，对分型线的单边进行拔模，如图 9-89 所示。

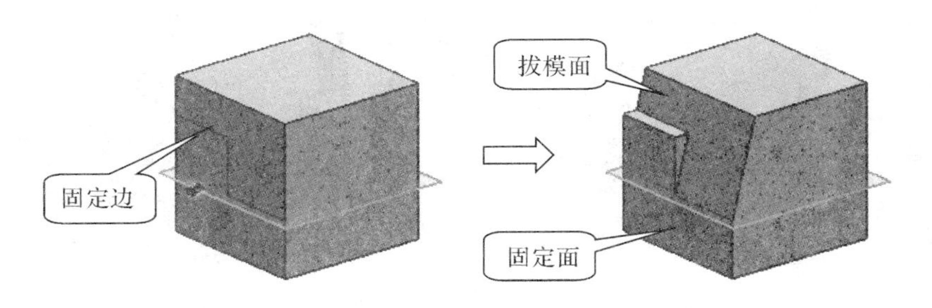

图 9-89　至分型边拔模

在创建拔模之前，必须通过“分割面”命令用分型线分割其所在的面。

例 9-20　从平面拔模

(1)打开 Solid_Taper_From_Plane.prt，然后调用【拔模】工具。

(2)在【类型】下拉列表中选择【从平面】。

(3)系统默认选择 Z 轴方向作为脱模方向，这里保持默认设置，按 MB2。

(4)选择长方体的底面作为固定面，然后选择如图 9-90(a)所示的侧面作为拔模面。

(5)输入角度值为 10，单击【确定】按钮，即可创建拔模特征，结果如图 9-90(b)所示。

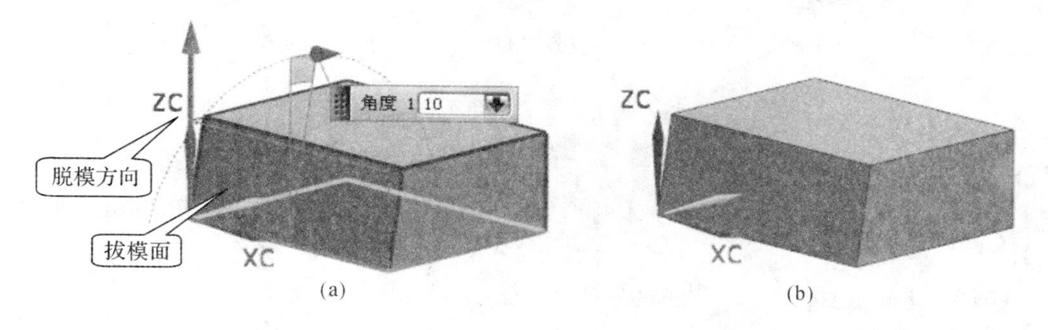

图 9-90　从平面拔模实例

例 9-21　从边拔模

(1)打开 Solid_Taper_From_Edges.prt，然后调用【拔模】工具。

(2)在【类型】下拉列表中选择【从边】。

(3)系统默认选择 Z 轴方向作为脱模方向，这里保持默认设置，按 MB2。

(4)选择圆柱体的下边缘作为固定边缘，如图 9-91(a)所示，并输入角度值为 3。

(5)单击【确定】按钮，结果如图 9-91(b)所示。

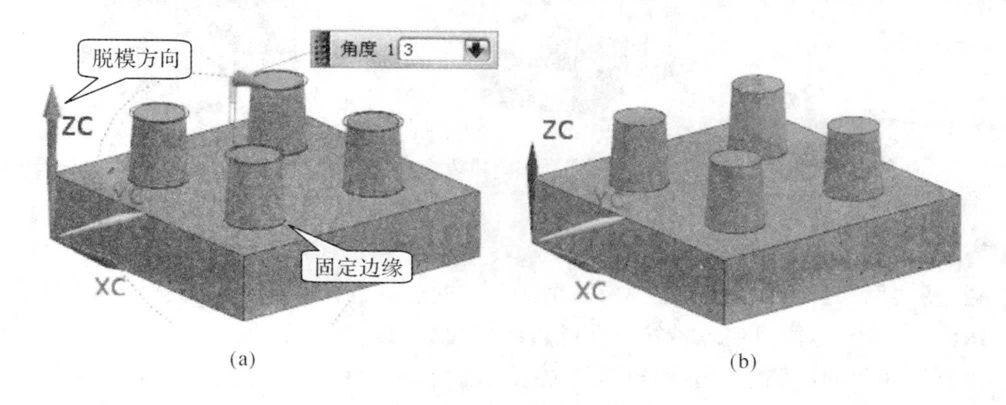

图 9-91　从边拔模实例

9.6.2　倒斜角

使用【倒斜角】命令可以将一个或多个实体的边缘截成斜角面。

倒斜角有三种类型：对称、非对称、偏置和角度，如图 9-92 所示。

例 9-22　以【对称】方式创建倒斜角

(1)打开 Solid_Chamfer.prt，然后单击【特征】操作工具条上的【倒斜角】命令，弹出【倒

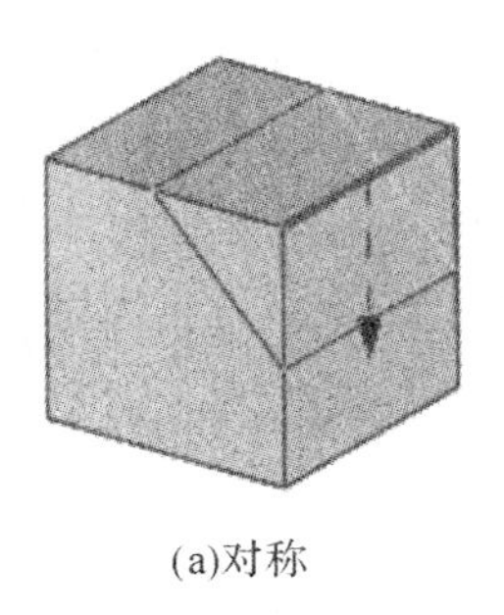
(a)对称

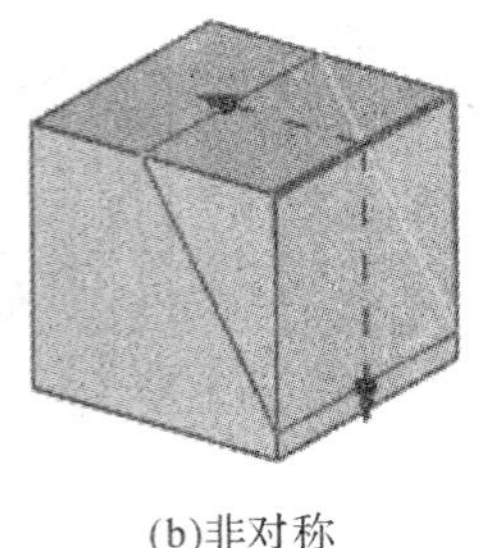
(b)非对称

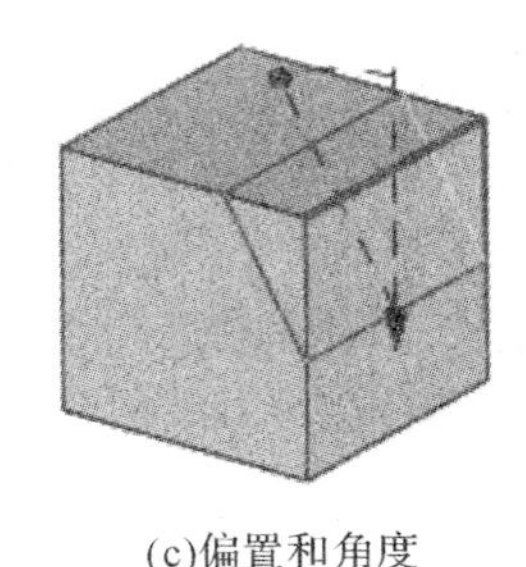
(c)偏置和角度

图 9-92　倒斜角类型

斜角】对话框，如图 9-93 所示。

(2)如图 9-94 所示，选择拉伸体的上表面的边缘作为要倒斜角的边，并输入距离值为 10。

(3)单击【确定】按钮。即可创建倒斜角特征，结果如图 9-95 所示。

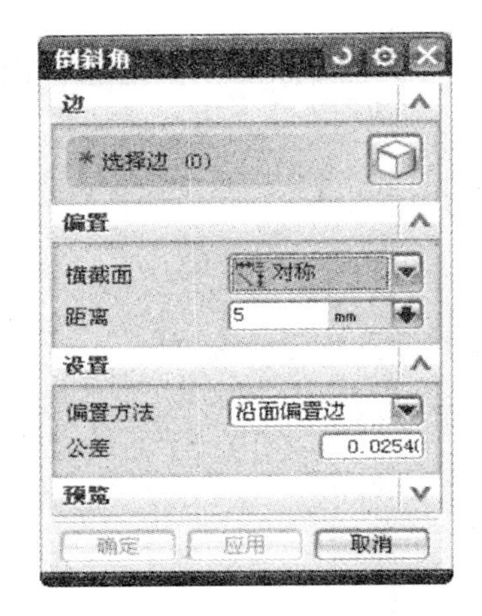

图 9-93　倒斜角命令对话框

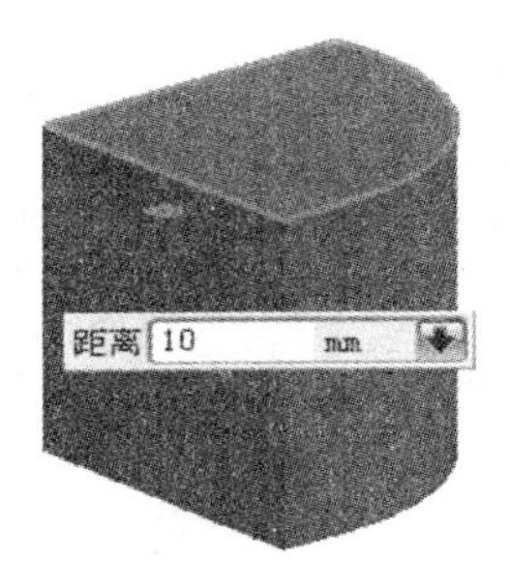

图 9-94　选择倒斜角边

图 9-95　以对称方式创建倒斜角实例结果

9.6.3　边倒圆

通过【边倒圆】命令可以使至少由两个面共享的边缘变光顺。倒圆时就像沿着被倒圆角的边缘滚动一个球，同时使球始终与在此边缘处相交的各个面接触。

倒圆球在面的内侧滚动会创建圆形边缘(去除材料)，在面的外侧滚动会创建圆角边缘(添加材料)，如图 9-96 所示。

单击【特征】工具条上的【边倒圆】命令，弹出如图 9-97 所示的对话框。该对话框中各选项含义如下所述。

1. 要倒圆的边

此选项区主要用于倒圆边的选择与添加，以及倒角值的输入。若要对多条边进行不同圆角的倒角处理，则单击【添加新集】按钮即可。列表框中列出了不同倒角的名称、值和表达式等信息，如图 9-98 所示。

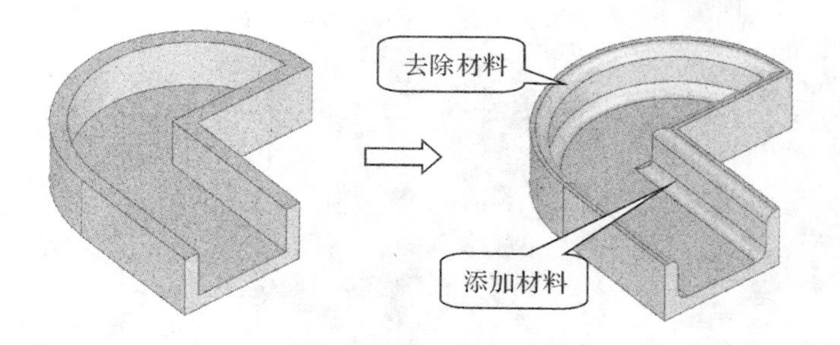

图 9-96　边倒圆

图 9-97　边倒圆命令对话框

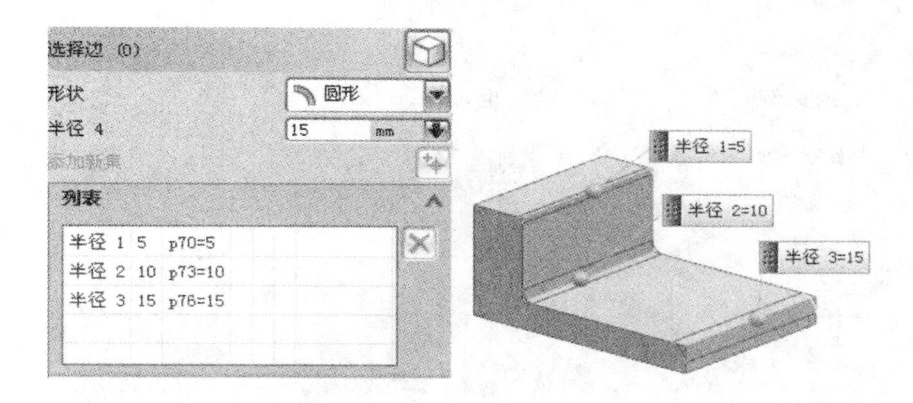

图 9-98　倒圆信息

2. 可变半径点

通过向边倒圆添加半径值唯一的点来创建可变半径圆角，如图 9-99 所示。

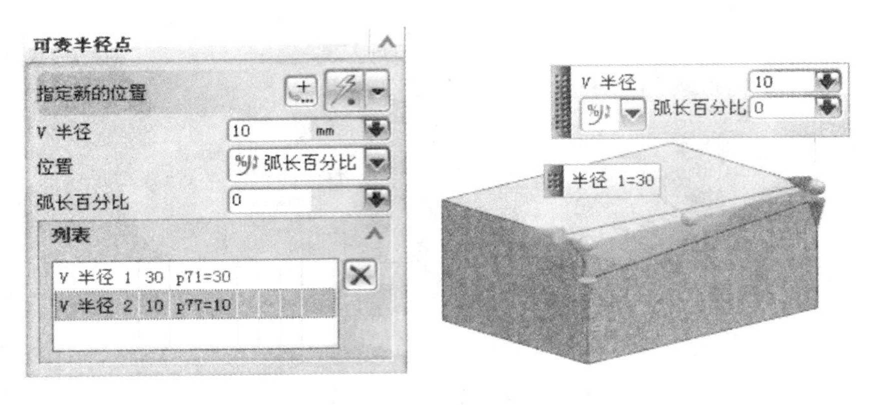

图 9-99 可变半径圆角

3. 拐角倒角

在三条线相交的拐角处进行拐角处理。选择三条边线后，切换至拐角栏，选择三条线的交点，即可进行拐角处理。可以改变三个位置的参数值来改变拐角的形状，如图 9-100 所示。

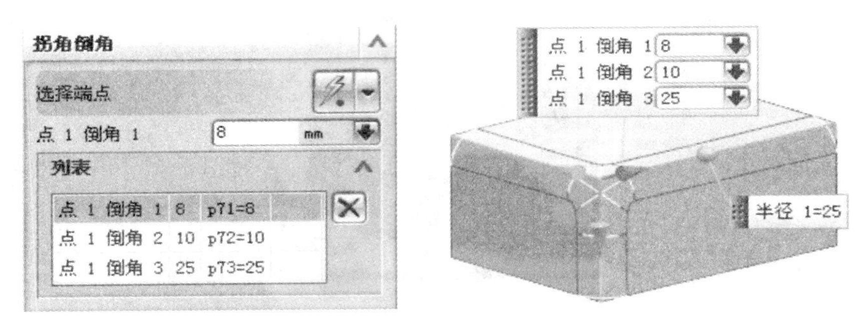

图 9-100 拐角倒角

4. 拐角突然停止

使某点处的边倒圆在边的末端突然停止，如图 9-101 所示。

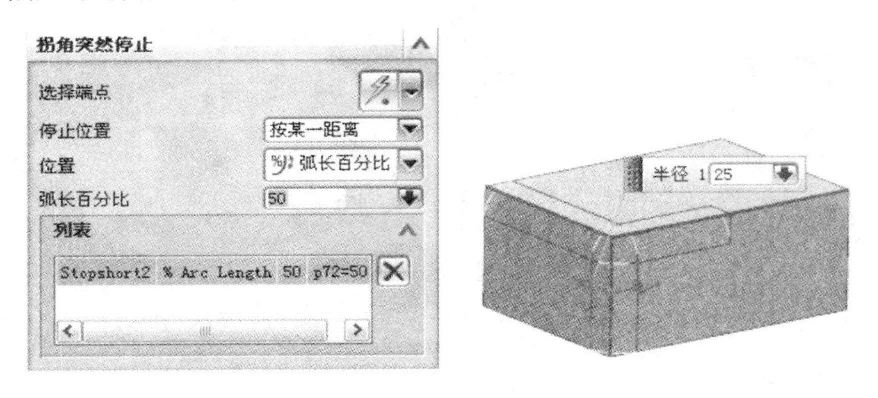

图 9-101 拐角突然停止的边倒圆

5. 修剪

可将边倒圆修剪至明确选定的面或平面，而不是依赖软件通常使用的默认修剪面，如图 9-102 所示。

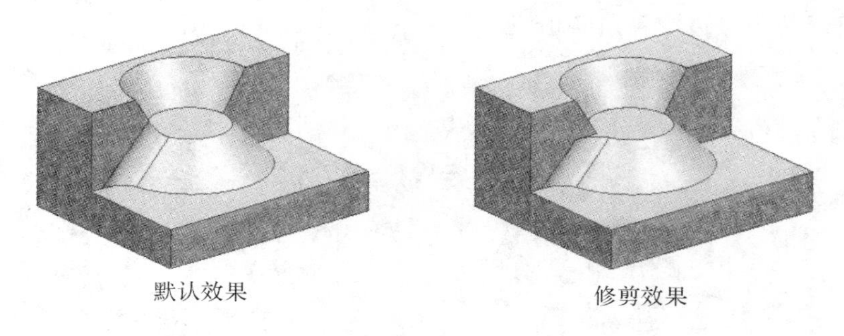

图 9-102 修剪

6. 溢出解

当圆角的相切边缘与该实体上的其他边缘相交时，就会发生圆角溢出。选择不同的溢出解，得到的效果会不一样，可以尝试组合使用这些选项来获得不同的结果。如图 9-103 所示为【溢出解】选项区。

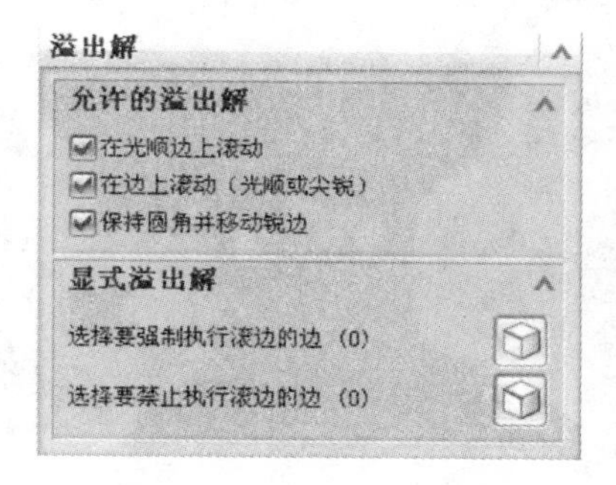

图 9-103 溢出解

● 在光顺边上滚动：允许圆角延伸到其遇到的光顺连接(相切)面上。如图 9-104 所示，①溢出现有圆角的边的新圆角；②选择时，在光顺边上滚动会在圆角相交处生成光顺的共享边；③未选择在光顺边上滚动时，结果为锐共享边。

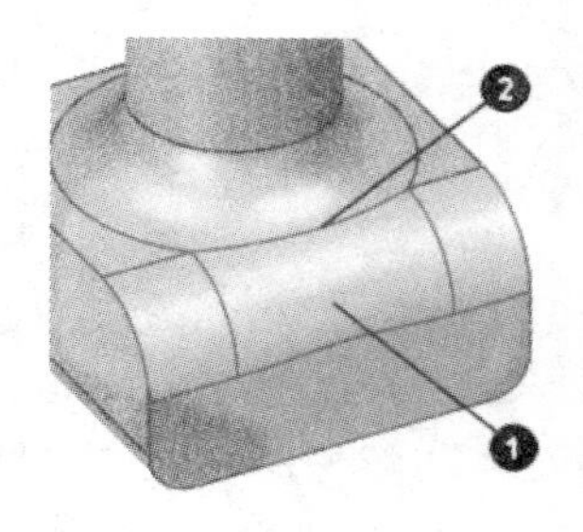

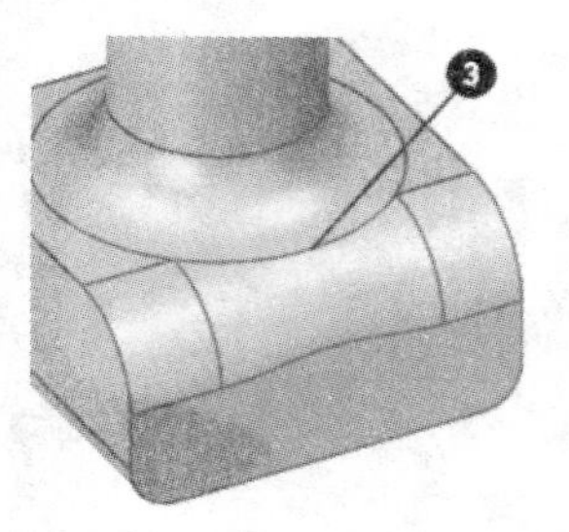

图 9-104 在光顺边上滚动的溢出解

● 在边上滚动(光顺或尖锐)：允许圆角在与定义面之一相切之前发生，并展开到任何边(无论光顺还是尖锐)上。如图 9-105 所示，①选择在边上滚动(光顺或尖锐)时，遇到的边不更改，而与该边所在面的相切会被超前；②未选择在边上滚动(光顺或尖锐)时，遇到的边发生更改，且保持与该边所属面的相切。

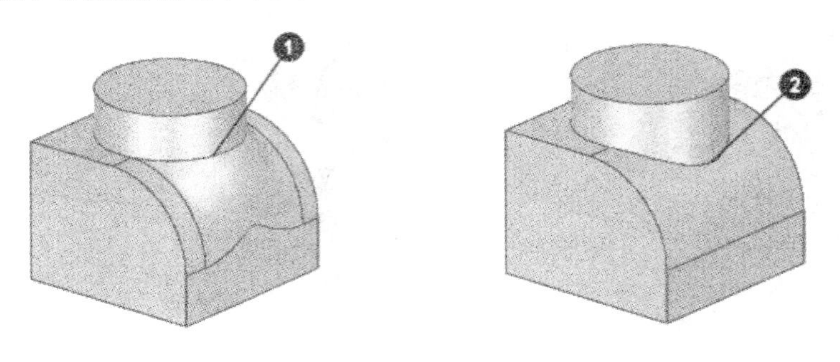

图 9-105　在边上滚动(光顺式或尖锐)的溢出解

● 保持圆角并移动锐边：允许圆角保持与定义面的相切，并将任何遇到的面移动到圆角面。如图 9-106 所示，①选择在锐边上保持圆角选项的情况下预览边倒圆过程中遇到的边；②生成的边倒圆显示保持了圆角相切。

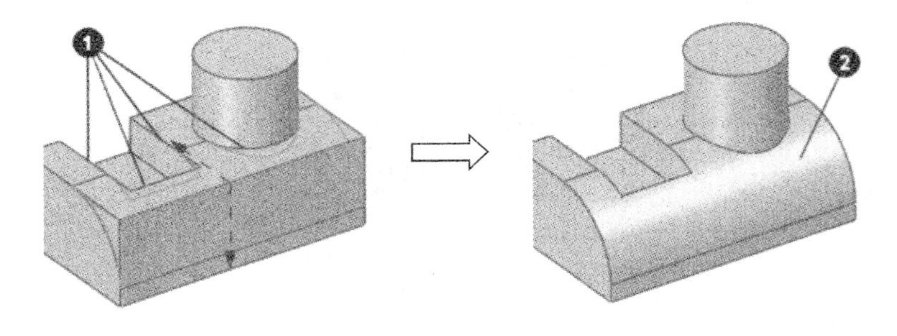

图 9-106　保持圆角并移动锐边的溢出解

7. 设置

【设置】选项区主要是控制输出操作的结果。

● 凸/凹 Y 处的特殊圆角：使用该复选框，允许对某些情况选择两种 Y 型圆角之一，如图 9-107 所示。

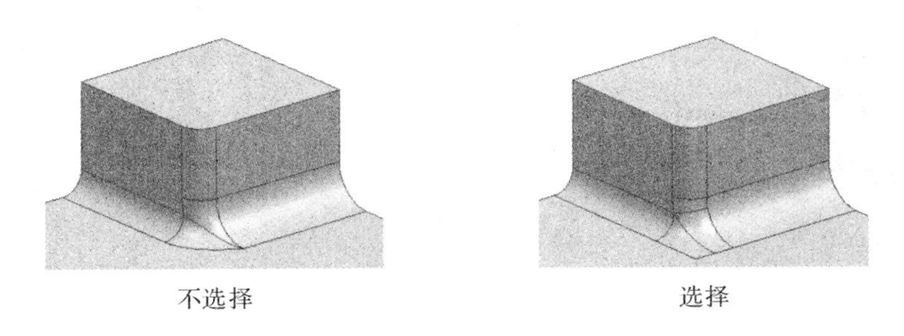

图 9-107　设置凸/凹 Y 处的特殊圆角

● 移除自相交：在一个圆角特征内部如果产生自相交，可以使用该选项消除自相交的情况，增加圆角特征创建的成功率。

● 拐角倒角：在产生拐角特征时，可以对拐角的样子进行改变，如图 9-108 所示。

从拐角分离

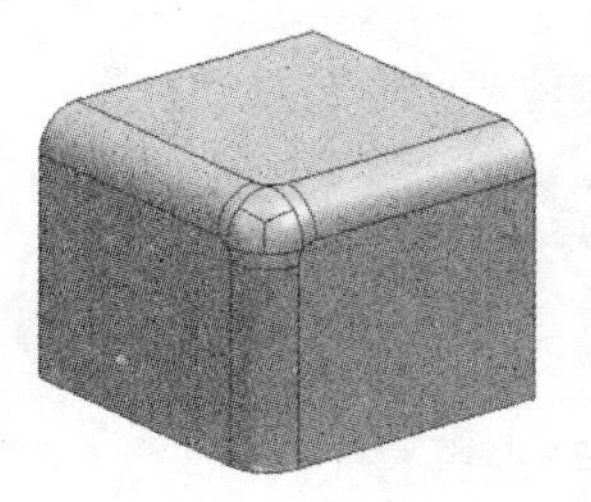

带拐角包含

图 9-108 拐角倒角

例 9-23 创建恒定半径的边倒圆

(1)打开 Solid_Edge_Blend.prt，然后调用【边倒圆】工具。

(2)选择如图 9-109 所示实体上表面上的所有边(共 10 条)，输入半径 1 值为 3。

(3)单击【添加新集】按钮，然后选择实体侧面的 4 条边，输入半径 2 值为 10，系统将其添加到【列表】中，如图 9-110 所示。

(4)单击【确定】按钮，结果如图 9-111 所示。

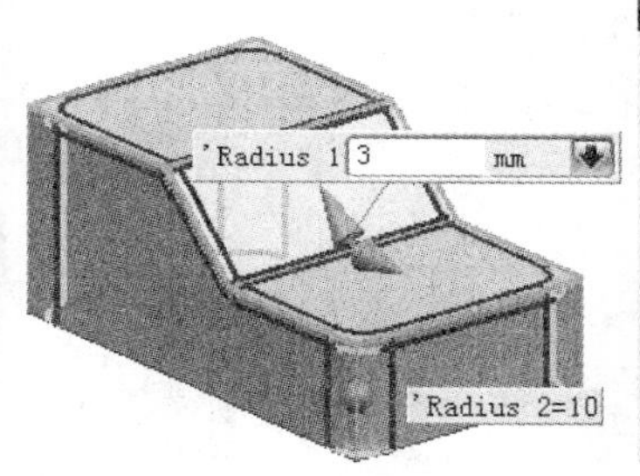

图 9-109 实例实体

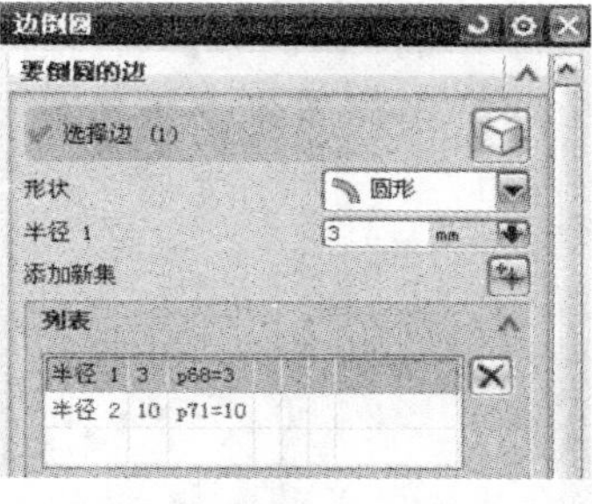

图 9-110 边倒圆参数输入

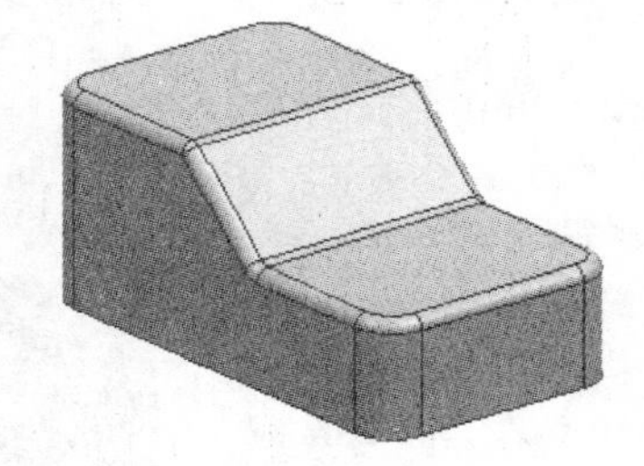

图 9-111 创建恒定半径边倒圆实例结果

9.6.4 面倒圆

使用【面倒圆】命令可以在两个(组)面之间添加相切倒圆角面，圆角半径可以是恒定的、由规律控制或由相切控制线来控制。面倒圆角操作可以在实体或曲面间进行。

单击【特征】工具条中的【面倒圆】命令，弹出如图 9-112 所示的对话框。该对话框中各选项含义如下所述。

1. 类型

有两个定义面链和三个定义面链 2 种类型。

● 两个定义面链：创建面倒圆，就好像与两组输入面恒定接触时滚动的球对着它一样，倒圆横截面平面由两个接触点和球心定义，如图 9-113 所示。

● 三个定义面链：沿着脊线扫掠横截面，倒圆横截面的平面始终垂直于脊线，如图 9-114 所示。

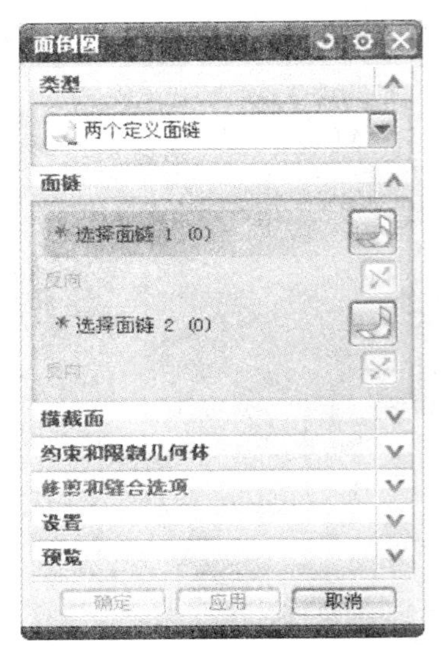

图 9-112　面倒圆对话框

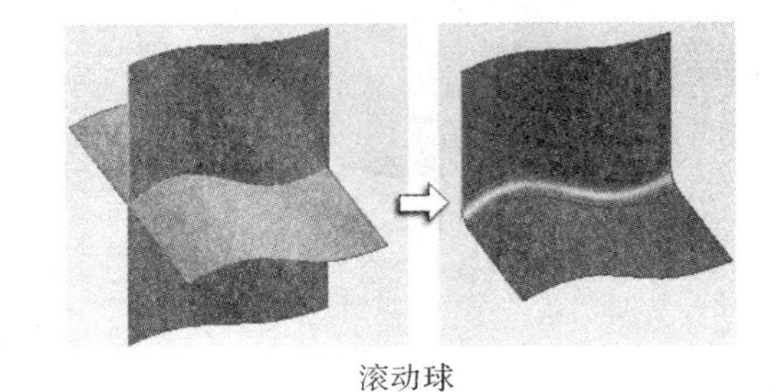

图 9-113　两个定义面链面倒圆

2. 面链

可以是一张面，也可以是多张面，在选择时可以通过【选择意图工具条】辅助选择。选择后，面的法向应指向圆角中心；可以双击箭头或单击【反向】图标 更改面的法向。

3. 横截面

有【圆形】、【对称二次曲线】和【不对称二次曲线】三种横截面形状。

● 圆形：这种形状就等于一个球沿着两面集交线滚过所形成的样子，如图 9-115(a)所示。

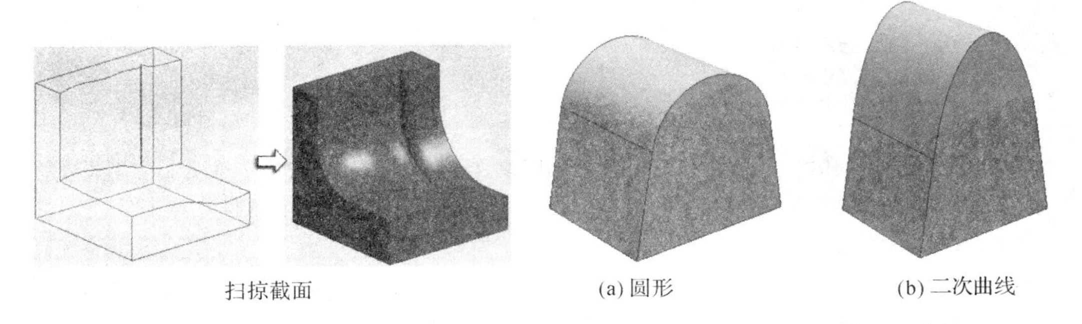

图 9-114　三个定义面链面倒圆

图 9-115　圆形和二次曲线形横截面

● 二次曲线：这种类型倒出来的圆角截面是一个二次曲线，相对来说圆角形状比较复杂，可控参数也比较多，如图 9-115(b)所示。

4. 约束和限制几何体

● 选择重合曲线：如果要倒圆通过一边缘代替相切到定义面组，可以选择此复选框。如图 9-116 所示，圆角半径大于台阶 1 的高度，就需要利用重合边倒圆角。

● 选择相切曲线：如图 9-117 所示，假设要创建一个面倒圆，沿着曲线 1 与曲线 1 所在的面相切，并与面 2 相切，这时就要用到【选择相切曲线】。

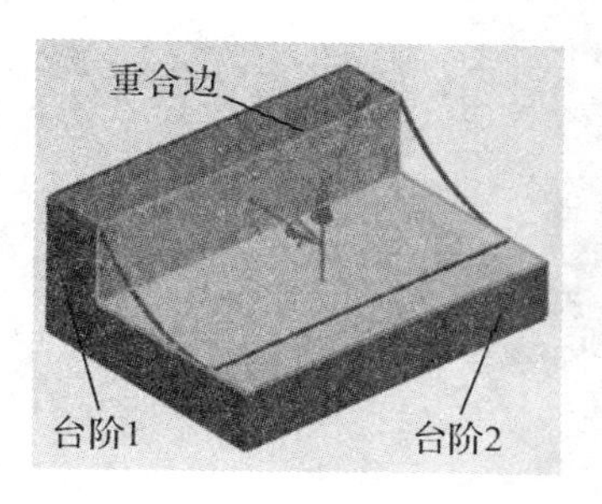

图 9-116　选择重合曲线约束和限制几何体

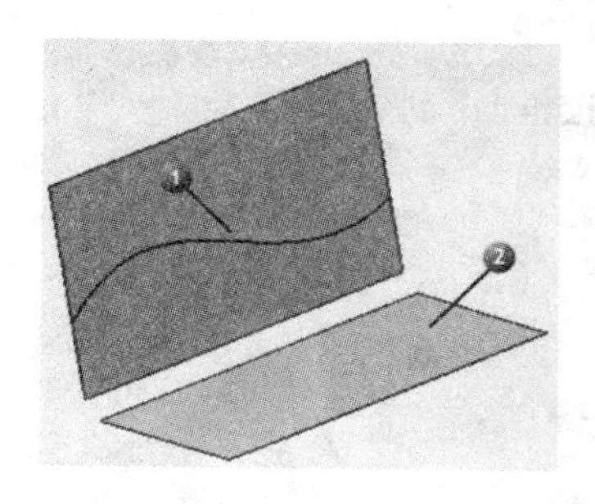

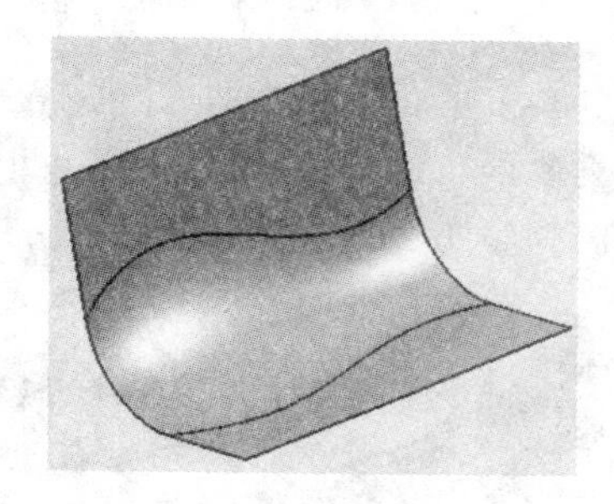

图 9-117　选择相切曲线约束和限制几何体

● 相切曲线：若相切曲线在第一组面链上，则选择【在第一条链上】；反之，选择【在第二条链上】。

5. 修剪和缝合选项

利用这些选项规定让系统自动地修剪和/或缝合倒圆到部件中，如图 9-118 所示。

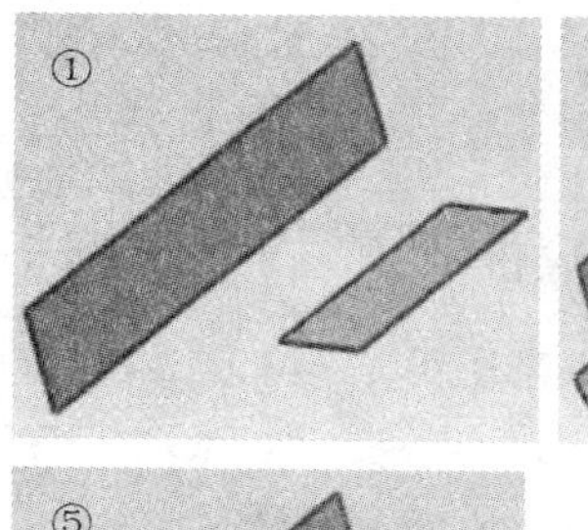

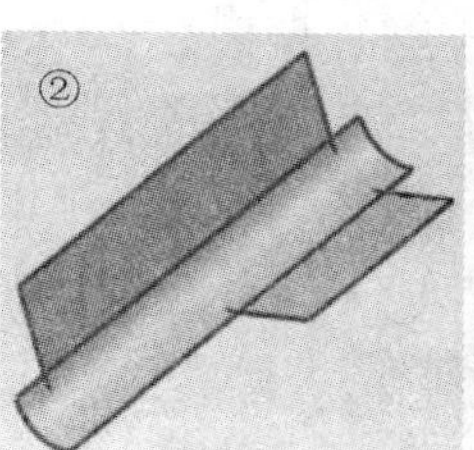

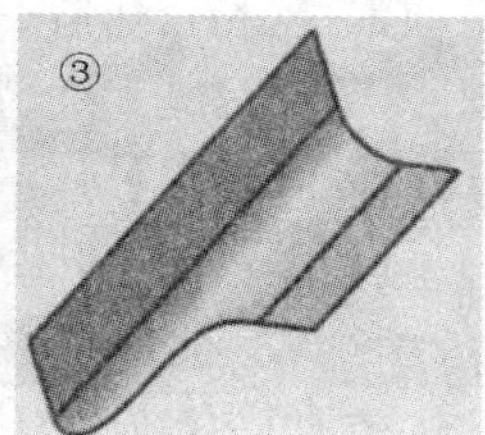

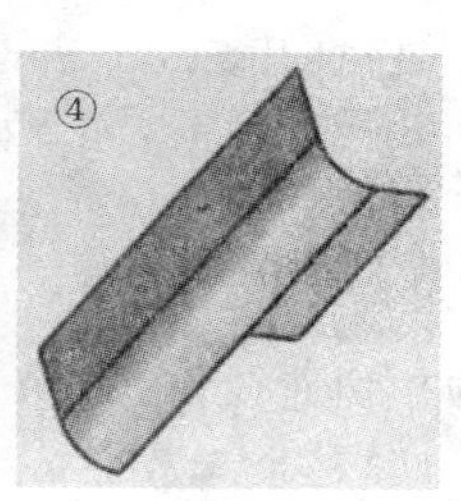

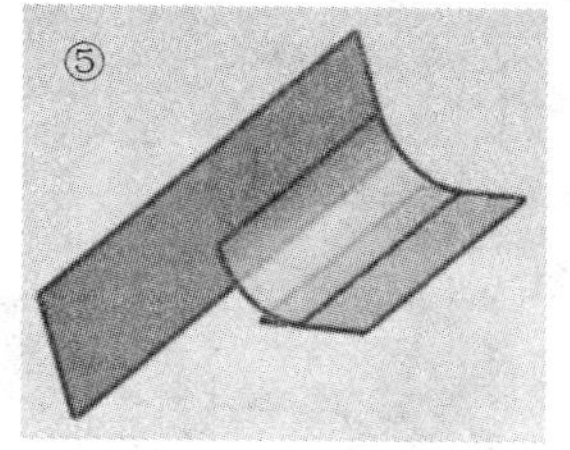

①原始输入面。
②不修剪输入面。
③打开修剪输入面和缝合选项，修剪至所有输入面。
④打开修剪输入面和缝合选项，修剪至长输入面。
⑤关闭修剪输入面和缝合选项，修剪至短输入面。

图 9-118　修剪和缝合选项

6. 设置

● 相遇时添加相切面：为每个面链选择最小面数。然后，面倒圆会根据需要自动选择其他相切面，以继续在部件上进行倒圆。如图 9-119 所示，面倒圆自动沿相切面选择倒圆，但在面 1 处停止，因为它不相切。此选项仅当【类型】设置为【滚动球】时才可用。

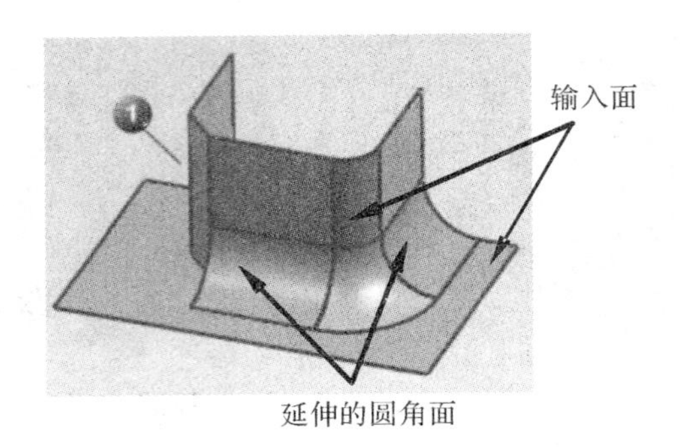

图 9-119　相遇时添加相切面的面倒圆

● 在锐边终止：如图 9-120 所示，不选择该复选框时，创建倒圆就像凹口不存在一样，然后使用凹口来修剪这个面；选择该复选框时，从定义面的最后一个边缘开始延伸倒圆，这样，倒圆就不会遇到锐边。

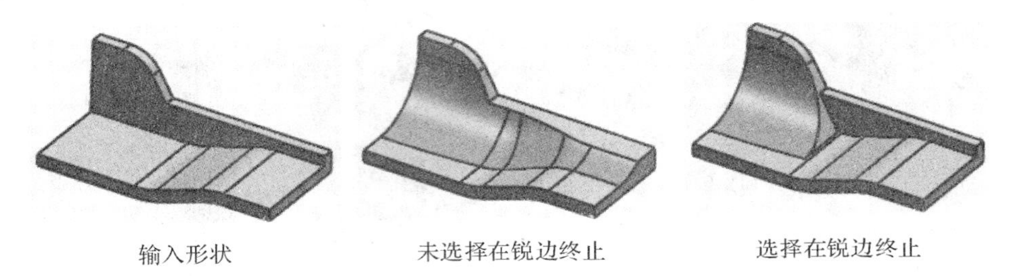

图 9-120　在锐边终止的面倒圆

例 9-24　创建面倒圆

(1)打开 Solid_Face _Blend. prt，然后调用【面倒圆】工具。

(2)在【类型】下拉列表中选择【两个定义面链】。

(3)如图 9-121 所示，选择面 1，按 MB2，然后选择面 2，注意矢量方向。

(4)在【倒圆横截面】组中选择【半径方法】为【相切约束】，然后选择如图 9-122 所示的曲线为相切曲线。

(5)其余参数保持默认值，单击【确定】按钮，结果如图 9-123 所示。

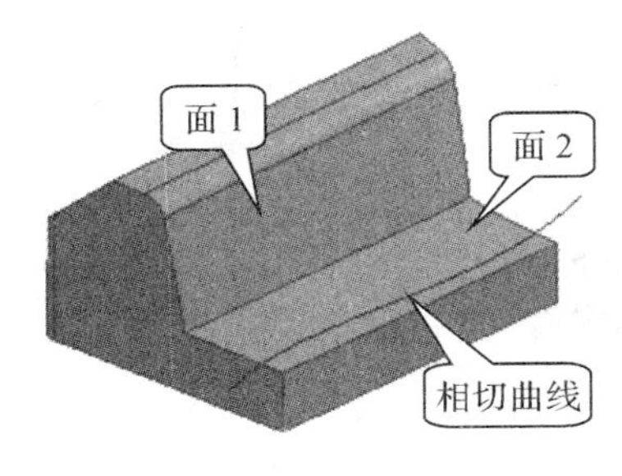

图 9-121　选择面

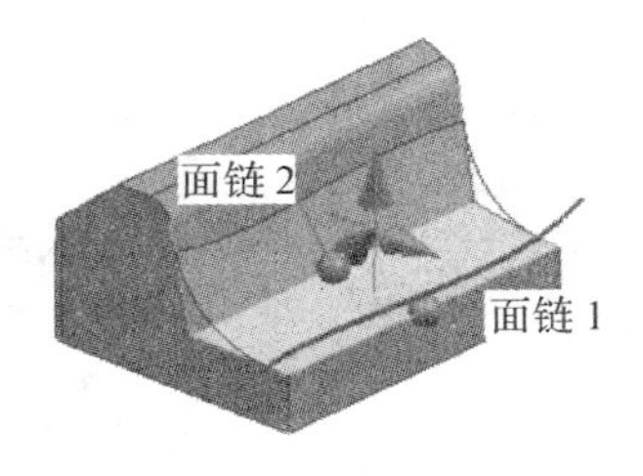

图 9-122　选择相切曲线

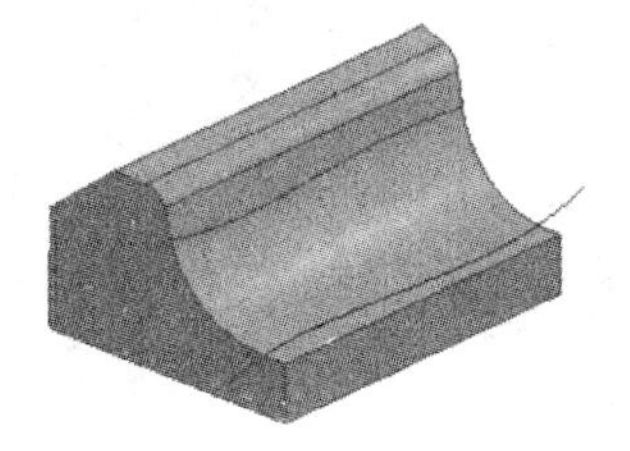

图 9-123　创建面倒圆实例结果

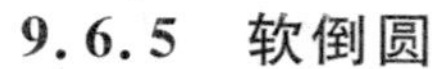

9.6.5 软倒圆

通过软倒圆命令可以创建其横截面形状不是圆弧的圆角,这可以帮助避免出现有时与圆弧倒圆相关的生硬的“机械”外观。这个功能可以对横截面形状有更多的控制,并允许创建比其他圆角类型更美观悦目的设计。调整圆角的外形可以产生具有更低重量或更好应力阻力属性的设计。

例 9-25 创建软倒圆

(1)打开 Solid_Soft _Blend. prt,然后单击【特征】工具条上的【软倒圆】命令,弹出如图 9-124(a)所示的【软倒圆】对话框。

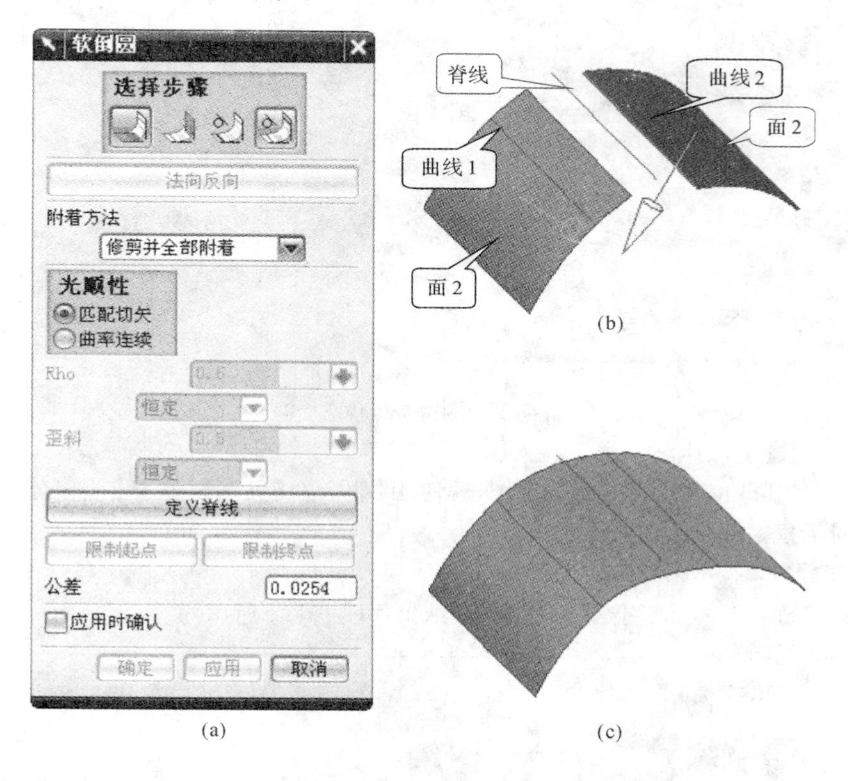

图 9-124 创建软倒圆实例

(2)指定相切面及相切控制线:单击,选择面 1,单击,选择面 2,单击,选择曲线 1,单击,选择曲线 2,单击【定义脊线串】按钮,选择脊线,并按 MB2 确定,如图 9-124(b)所示。

(3)单击【确定】按钮,即可完成软倒圆的创建,结果如图 9-124(c)所示。

9.6.6 镜像体和镜像特征

使用【镜像特征】命令可以用通过基准平面或平面镜像选定特征的方法来创建对称的模型。而使用【镜像体】命令可以用基准平面镜像部件中的整个体。

例 9-26 创建镜像特征

(1)打开 Solid_Mirror_ Feature. prt,然后使用【插入】|【关联复制】|【镜像特征】命令,弹出【镜像特征】对话框。

(2)在【相关特征】列表中选择位于最后的四个特征,如图 9-125(a)所示。

（3）在【平面】下拉列表中选择【新平面】，然后选择【YC-ZC 平面】。

（4）单击【确定】按钮，结果如图 9-125(b)所示。

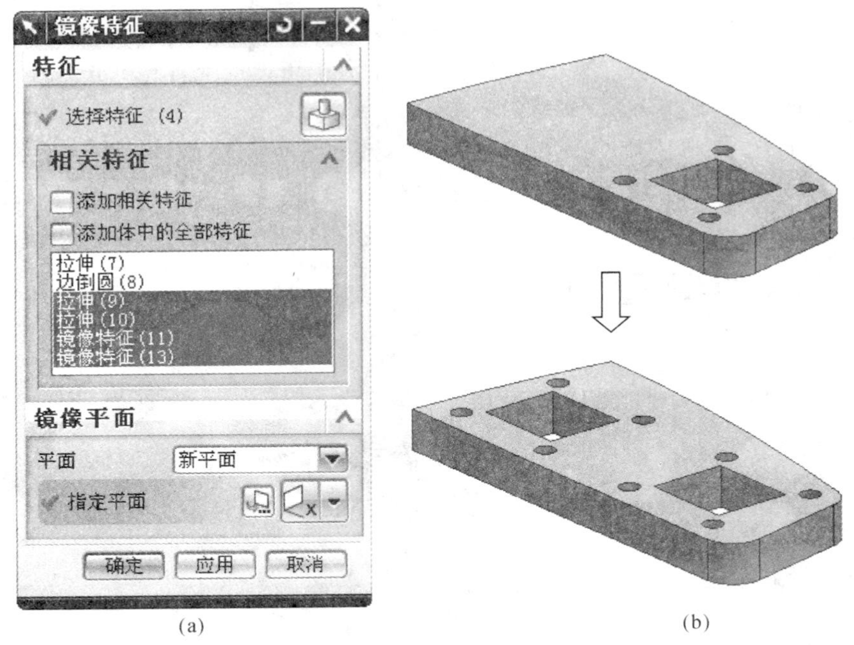

(a) (b)

图 9-125 创建镜像特征实例

例 9-27 创建镜像体

（1）打开 Solid_Mirror _Body. prt，然后使用【插入】|【关联复制】|【镜像体】命令，弹出【镜像体】对话框。

（2）选择实体，按 MB2，然后选择基准平面。

（3）单击【确定】按钮，镜像体创建完毕，结果如图 9-126 所示。

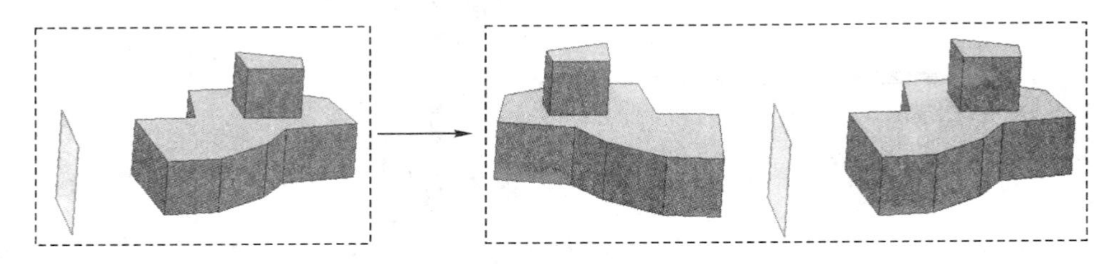

图 9-126 创建镜体实例

9.6.7 修剪体

使用修剪体可以使用一个面或基准平面修剪一个或多个目标体。选择要保留的体的一部分，并且被修剪的体具有修剪几何体的形状。法向矢量的方向确定保留目标体的哪一部分。矢量指向远离保留的体的部分，如图 9-129 所示。

当使用面修剪实体时，面的大小必须足以完全切过体。

例 9-28 用片体修剪实体

(1)打开 Solid_Trim _Body. prt，然后单击【特征】工具条上的【修剪体】命令，弹出【修剪体】对话框，如图 9-127 所示。

(2)选择实体作为目标体，如图 9-128 所示，按 MB2，设置【工具选项】为【面或平面】，然后选择片体作为刀具体，预览结果如图 9-129 所示。

(3)单击【确定】按钮，结果如图 9-130 所示。

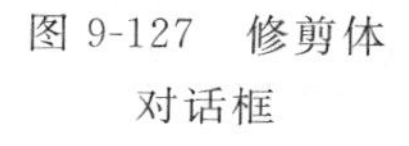
图 9-127　修剪体对话框

图 9-128　选择相标体和刀具体

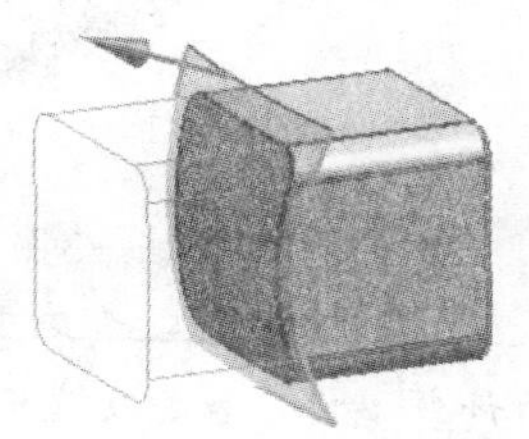
图 9-129　修剪体预览结果

图 9-130　用片体修剪实体实例结果

9.6.8　缝合

使用【缝合】命令可以将两个或更多片体连结成一个片体。如果这组片体包围一定的体积，则创建一个实体。

例 9-29　将多个片体缝合成一个片体

(1)打开 Solid_Sew. prt，然后单击【特征】工具条上的【缝合】命令，弹出【缝合】对话框，如图 9-131 所示。

(2)在【类型】下拉列表中选择【片体】。

(3)选择任一面作为目标体，框选其余的面作为刀具体。

(4)其余参数保持默认值。

(5)单击【确定】按钮，完成片体的缝合，结果如图 9-132 所示。

图 9-131　缝合对话框

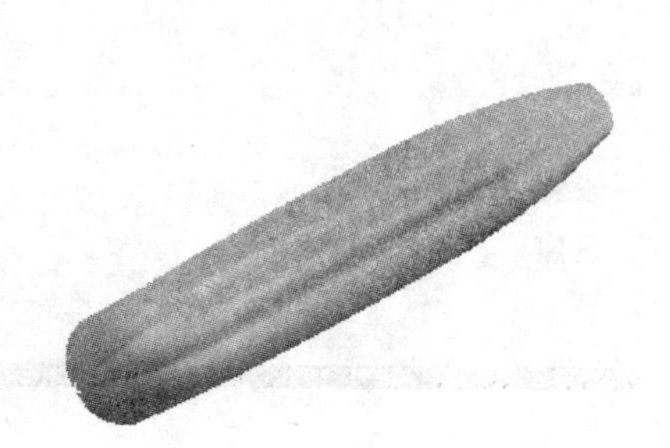

图 9-132　片体缝合结果

9.6.9 螺纹

使用【螺纹】命令可以在具有圆柱面的特征上创建符号螺纹或详细螺纹，如图 9-133 所示。这些特征包括孔、圆柱、凸台以及圆周曲线扫掠产生的减去或增添部分。

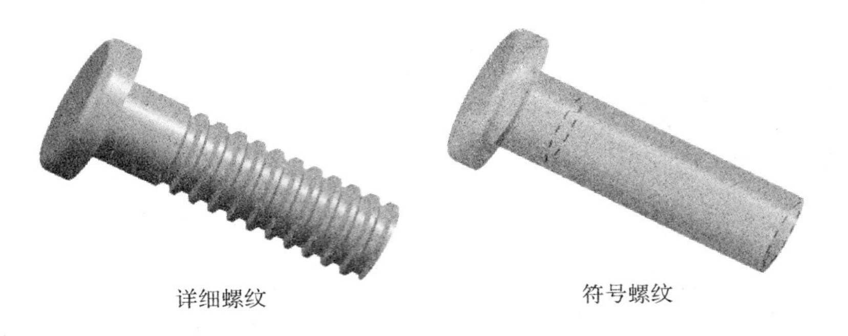

图 9-133 螺纹

“符号螺纹”的计算量小，生成及显示快，推荐使用。“详细螺纹”看起来更真实，但由于计算量大，导致生成及显示缓慢，建议不要使用。

9.6.10 抽壳

使用【抽壳】命令可以根据为壁厚指定的值抽空实体或在其四周创建壳体，也可为面单独指定厚度并移除单个面。

单击【特征】工具条上的【抽壳】命令，弹出如图 9-134 所示的对话框。

图 9-134 抽壳命令对话框

1. 移除面,然后抽壳

指定在执行抽壳之前移除要抽壳的体的某些面。首先选择要移除的两个面,然后输入厚度值即可。还可创建厚度不一致的抽壳。

2. 对所有面抽壳

指定抽壳体的所有面而不移除任何面。

例 9-30 对所有面抽壳

(1)打开 Solid_Shell_1. prt,然后调用【抽壳】工具。

(2)在【类型】下拉列表中选择【对所有面抽壳】。

(3)选择立方体,并输入厚度值为 2,注意箭头方向向内,如图 9-135 所示。

(4)单击【确定】按钮,完成抽壳创建。

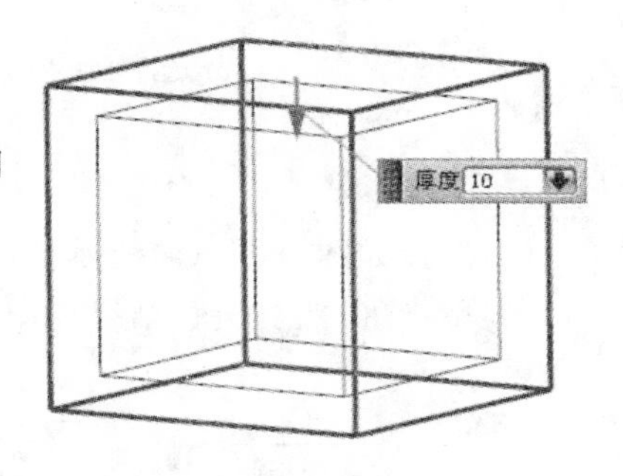

图 9-135 对所有面抽壳实例

例 9-31 创建变化厚度抽壳

(1)打开 Solid_Shell_2. prt,然后调用【抽壳】工具。

(2)在【类型】下拉列表中选择【移除面,然后抽壳】。

(3)如图 9-136 所示,选择要移除的两个面,并输入厚度为 2。

(4)切换至【备选厚度】一栏,选择要变化厚度的面,再输入该面的厚度为 5,如图 9-137 所示。

(5)单击【确定】按钮,结果如图 9-138 所示。

图 9-136 选择要移除的面

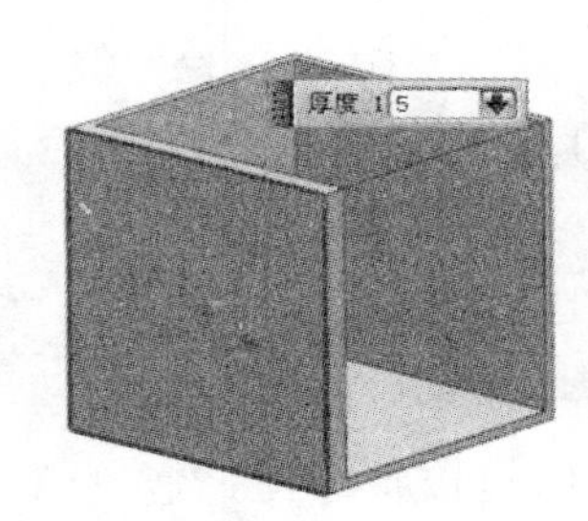

图 9-137 选择要变化厚度的面

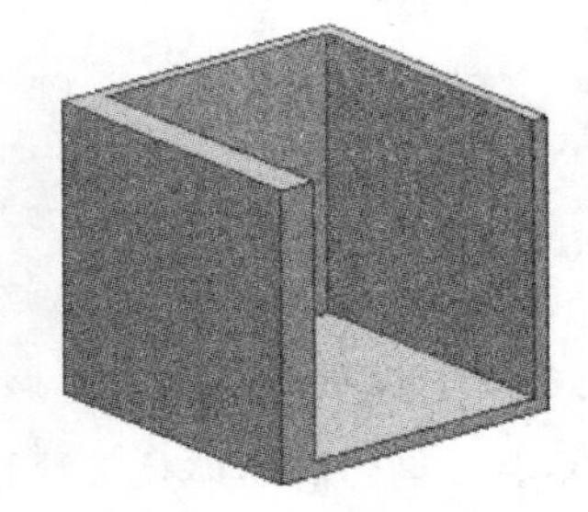

图 9-138 创建变化厚度抽壳实例

9.6.11 偏置面

使用【偏置面】命令可以沿面的法向偏置一个或多个面。

例 9-32 偏置面

(1)打开 Solid_Offset_Face. prt,然后单击【特征】工具条上的【偏置面】命令,弹出如图 9-139 所示的对话框。

(2)选择如图 9-140(a)所示的两个面作为要偏置的面,并输入偏置值为 1,双击方向箭头使其向下,或可以单击对话框中的【反向】按钮,这样做的效果是使底面变薄。

(3)单击【应用】按钮,结果如图 9-140(b)所示。

图 9-139 偏置面命令对话框

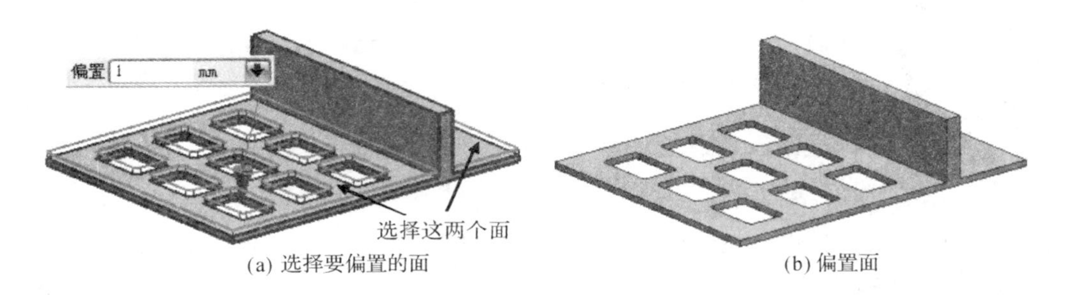

(a) 选择要偏置的面 (b) 偏置面

图 9-140

(4)选择如图 9-141(a)所示的面作为要偏置的面，并输入偏置值为 5，注意箭头的方向。

(5)单击【确定】按钮，结果如图 9-141(b)所示。

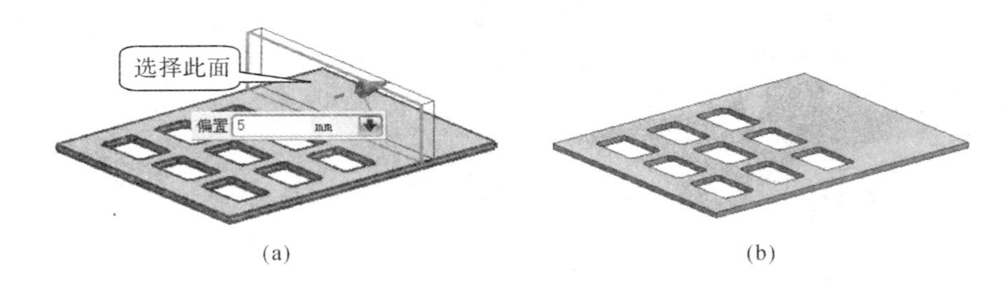

(a) (b)

图 9-141 偏置面实例

9.7 编辑特征

特征的编辑是对前面通过实体造型创建的实体特征进行各种操作。

9.7.1 编辑特征参数

UG NX 创建的实体是参数化的，可以很方便地通过编辑修改实体的参数达到修改实体的目的。使用【编辑特征参数】命令可以编辑当前模型的特征参数。

例 9-33 编辑特征参数

(1)打开 Solid_ Edit_Feature. prt，然后单击【编辑特征】工具条上的【编辑特征参数】命令，弹出如图 9-142(a)所示的【编辑参数】对话框。

(2)在对话框选择“简单孔(4)”，也可以直接在图形窗口中选择该孔，如图 9-143(a)所示。

(3)按 MB2，弹出如图 9-142(b)所示的【编辑参数】对话框，单击【特征对话框】按钮，弹出如图 9-142(c)所示的对话框。

(4)输入直径值为 0.5，连按三次 MB2，完成孔特征的编辑，结果如图 9-143(b)所示。

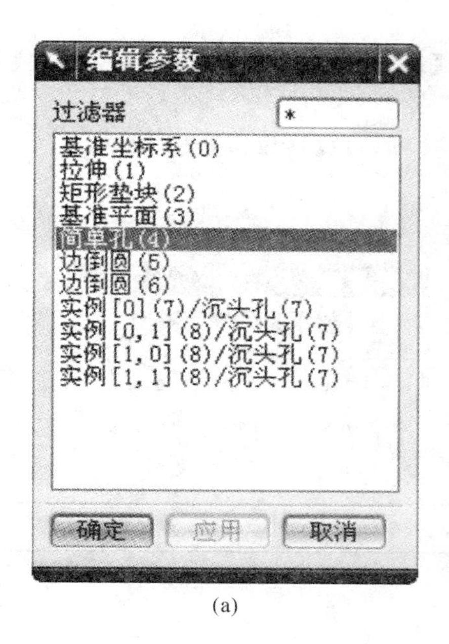

(a)

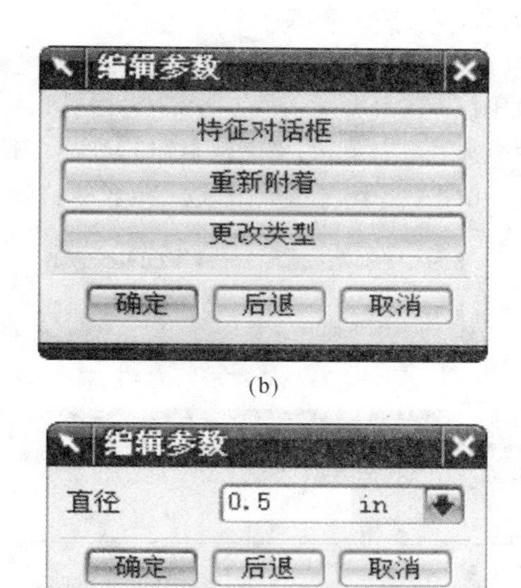

(b)

(c)

图 9-142　编辑特征参数命令对话框

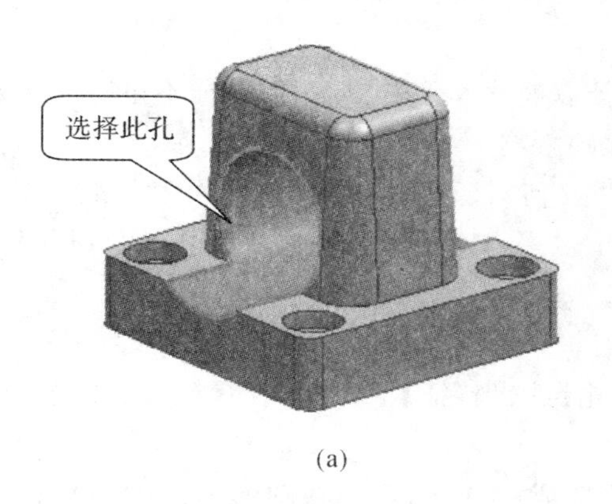

(a)

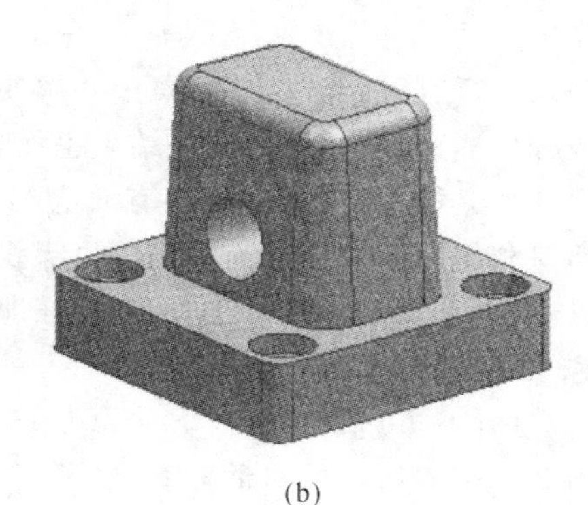

(b)

图 9-143　编辑特征参数实例

【编辑参数】对话框中的内容会随着所选择的实体的不同而发生变化，通常与创建该实体特征时的对话框相似。

创建实体时需要设置的参数在编辑特征参数时均可重新设置。

9.7.2　移除参数

参数可以方便我们更改设计结果，但有时也会妨碍我们改变某个实体，所以在逆向工程中经常要用到【移除参数】这个命令。移除参数经保存后不可返回。

例 9-34 移除参数

(1)打开 Solid_Remove Parameters. prt，单击【编辑特征】工具条上的【移除参数】命令，弹出如图 9-144 所示的对话框。

(2)选择实体，单击【确定】按钮，弹出如图 9-145 所示的【移除参数】提示框。

(3)单击【是】按钮，完成实体参数的移除。

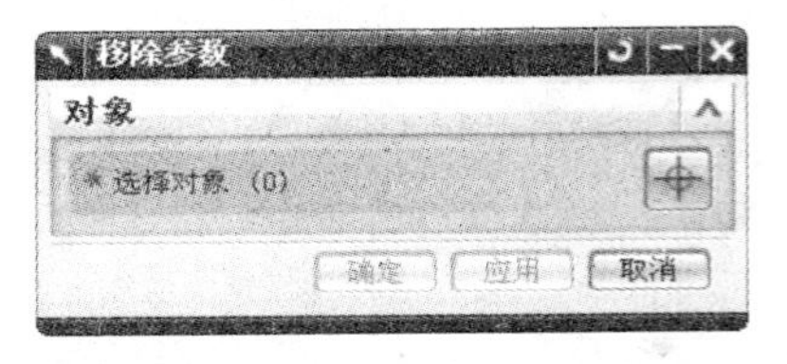

图 9-144 移除参数命令对话框

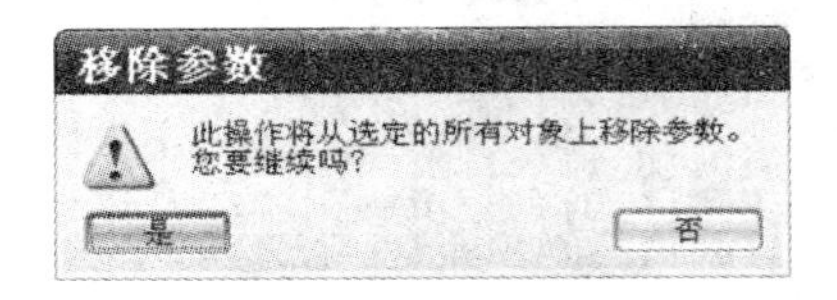

图 9-145 移除参数提示框

此命令不支持草图曲线。

9.7.3 抑制特征

通过【抑制特征】命令可以抑制选取的特征，即暂时在图形窗口中不显示特征。这有很多好处：

1)减小模型的大小，使之更容易操作，尤其当模型相当大时，加速了创建、对象选择、编辑和显示时间。

2)在进行有限元分析前隐藏一些次要特征以简化模型，被抑制的特征不进行网格划分，可加快分析的速度，而且对分析结果也没多大的影响。

3)在建立特征定位尺寸时，有时会与某些几何对象产生冲突，这时可利用特征抑制操作。如要利用已经建立倒圆的实体边缘线来定位一个特征，就不必要删除倒圆特征，新特征建立以后再取消抑制被隐藏的倒圆特征即可。

例 9-35 抑制特征

(1)打开 Solid_Suppress_Feature. prt，单击【编辑特征】工具条上的【抑制特征】命令，弹出如图 9-146(a)所示的对话框。

(2)在对话框中的列表中选择要被抑制的特征，选中的特征在图形窗口中高亮显示，如图 9-146(b)所示。也可以直接在图形窗口中选择要抑制的特征。

(3)选择【列出相关对象】复选框，如果选定的特征有许多相关对象的话，这样操作可显著地减少执行时间。

(4)单击【确定】按钮，结果如图 9-146(c)所示。

实际上，抑制的特征依然存在于数据库里，只是将其从模型中删除了。因为特征依然存在，所以可以用【取消抑制特征】调用它们。【取消抑制特征】是【抑制特征】的反操作，即在图形窗口重新显示被抑制了的特征。

设计中，最好不要在“抑制特征”位置创建新特征。

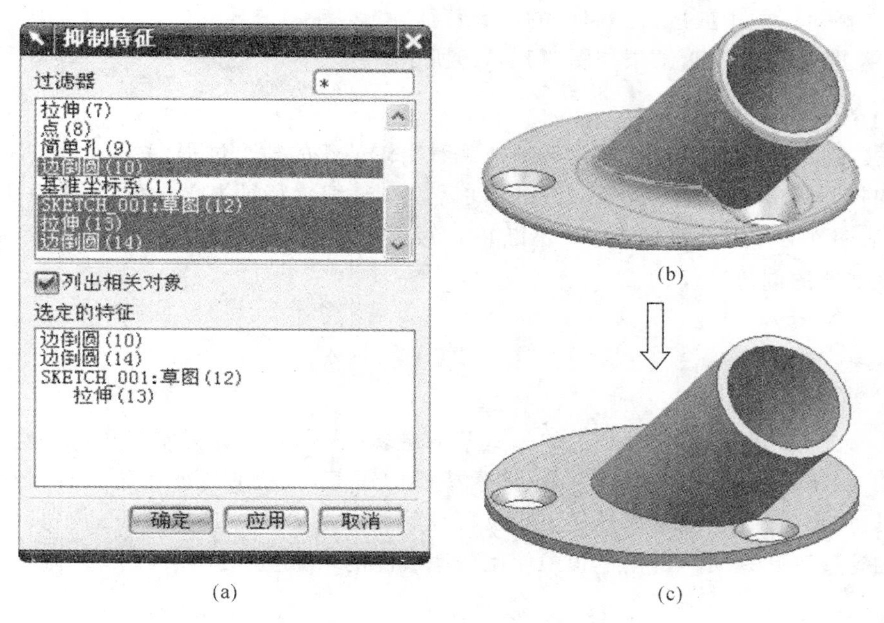

图 9-146　抑制特征命令实例

9.7.4　取消抑制特征

【取消抑制特征】工具是将被抑制的特征重新显示出来。

例 9-36　取消抑制特征

(1)打开 Solid_Unsuppress_Feature. prt,然后单击【编辑特征】工具条上的【取消抑制特征】命令,弹出如图 9-147(a)所示的对话框。

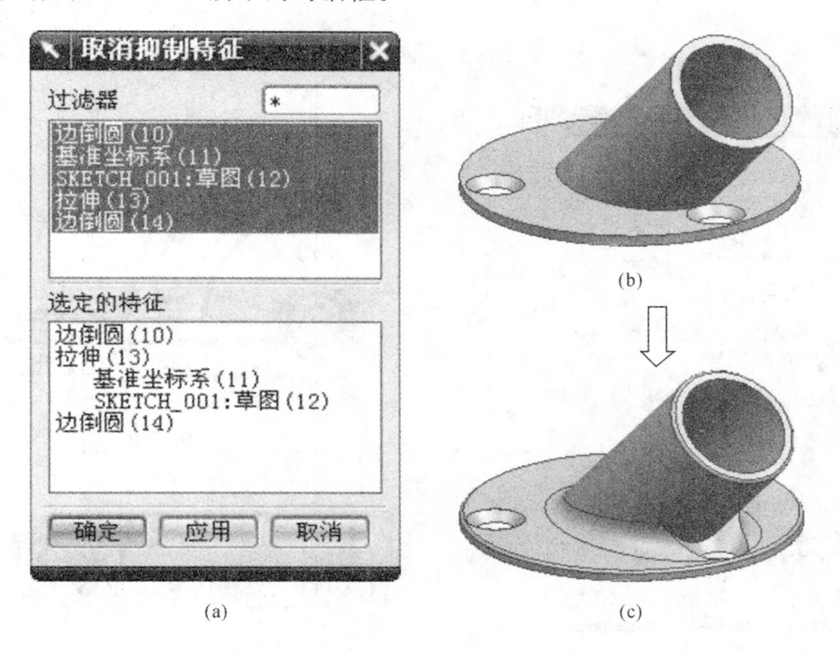

图 9-147　取消抑制特征命令实例

（2）选择对话框中【过滤器】组中的所有特征。

（3）单击【确定】按钮，结果如图 9-147(c)所示。

9.7.5 特征回放

使用【特征回放】命令可使用户清晰地观看实体创建的整个过程。

例如打开 Solid_Edit_Feature.prt 文件后，单击【编辑特征】工具条中的【特征回放】命令，弹出如图 9-148 所示的对话框。不断单击对话框中的【步进】按钮，视图区域就会逐步显示该实体的创建过程。

9.8 本章小结

本章首先介绍与实体建模相关的一些基本概念，然后结合实例详细介绍了实体建模中的核心功能，主要包括：布尔操作工具、体素特征构建工具、基准特征构建工具、扫掠法构建实体工具、成形特征工具、特征操作工具及特征编辑方法。实体建模涉及的工具较多，但本章涉及的这些工具是实体建模过程中使用频率最高的，一定要灵活掌握。

9.9 思考与练习

1. 什么是特征？常用的特征工具有哪些？
2. 在 UG NX 中，如何利用片体创建实体？
3. 定位方式有哪几种？各自的含义是什么？
4. 设计一支架零件，其图纸如图 9-149 所示。

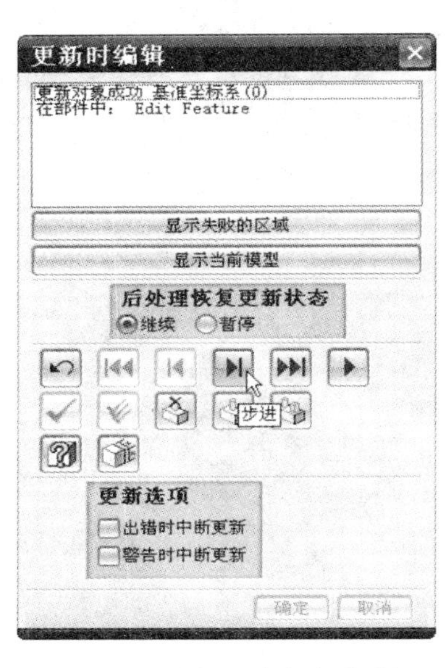

图 9-148 特征回放命令对话框

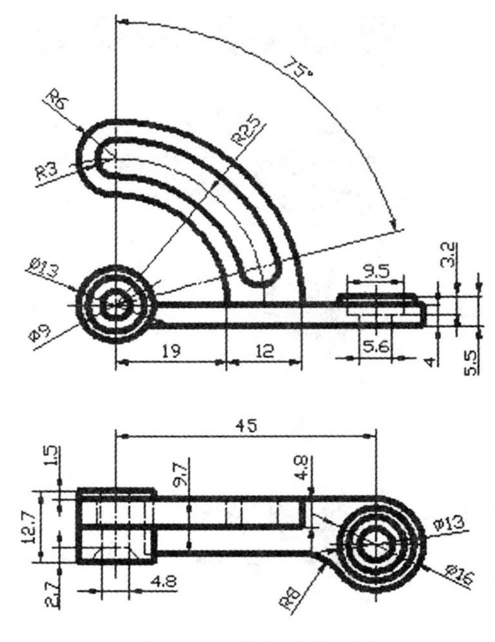

图 9-149 支架零件图纸

第 10 章　实体建模实例解析

很多初学者都有这样的体会:明明已较好地掌握了三维建模软件的功能,至少操作基本功能没有什么问题,可是一遇到具体产品的三维建模时,却往往不知如何下手,即使勉强动手,也常常是边做边返工。特别是对于较复杂的产品造型,往往会陷入混乱而不能自拔。

造成上述现象的主要原因主要是没有掌握三维建模的基本思路。也就是说,要真正掌握三维建模技术,应掌握两方面的内容:其一是掌握一种三维建模软件,包括各种建模功能的使用原理、应用方法和操作方法;其二掌握是三维建模的基础知识、基本原理、建模思路、基本技巧与实战经验。尤其是第二点,它不仅直接决定了工程师的建模能力,而且还对其建模效率的有重要影响。

本章学习目标

- 掌握用建模树法分析与分解模型;
- 掌握根据建模树完成实体建模的方法。

10.1　实体建模的基本思路

10.1.1　建模树法

一个产品的三维建模可以看作是由许多个基本的、简单的几何元素通过各种关系“合成”的。如图 10-1 所示,零件 PART 可分解成若干个基本几何元素,这一分解过程的图称为产品建模树。产品建模树由不同层次的节点组成,末端节点是基本几何元素,上一层节点由下一层节点通过某种关系运算得到,在产品建模树中可明确标注出这种运算。

产品的建模树是三维建模思路的集中体现。以建模树为核心,三维建模的过程可分为两个相反的阶段。

- 分析阶段:也称分解阶段,即通过对产品的分析,将产品按图 10-1 中虚箭头所示的方向分解,这是一个从上(顶端节点)向下(末端节点)的分解过程。
- 实现阶段:也称合成阶段,即从建模树的末端节点(基本几何元素)开始,利用三维建模软件的几何元素构造功能和关系运算功能,沿着实箭头所示的方向不断生成上一层节点,直到生成顶端节点(产品模型)为止。

上述的建模思路称为建模树法。其中,产品分析阶段是核心,是建模思路的主要内容,它体现了建模工程师的分析水平和经验。而实现阶段可以看作是按照建模树所规定的步骤进行程序化的操作。

可以说,在分析阶段结束时,建模工作实际上已经在工程师的头脑中完成了。

以图 10-1 所示为例,分析阶段的过程可描述为:

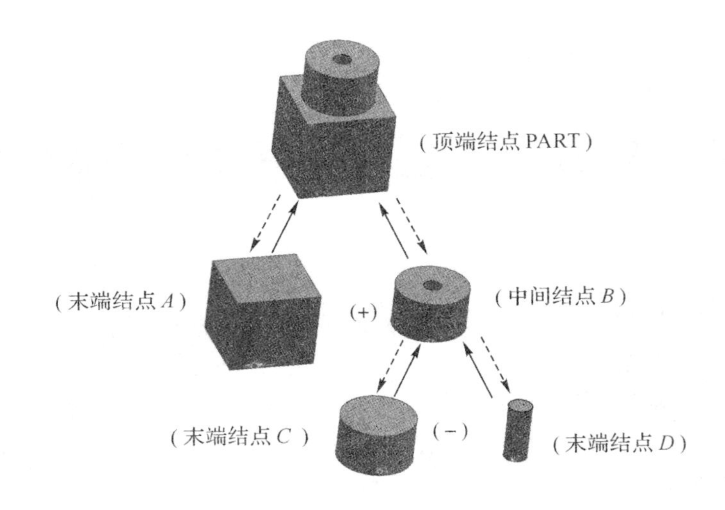

图 10-1　建模树法过程

(1)将零件PART分解为两个节点A和B,其中A已经不能继续分解,是末端节点。B可以继续分解。A和B之间的关系运算是加,即A加B形成PART。图中用符号(+)表示加运算。

(2)将节点B继续分解为节点C和节点D,并且C和D都不能继续分解,即它们都已经是末端节点。C和D之间的关系运算是减,即C减D得到B。图中用符号(-)表示减运算。

分析阶段完成后,就进入实现阶段。实现阶段包含两个工作内容:一是制作末端节点,二是从末端节点开始,利用关系运算沿建模树自下而上生成各层节点直到顶端节点。

以图10-1所示零件为例,其实现阶段的过程可描述为:

(1)制作末端节点C和D。

(2)将C、D进行减运算得到中间节点B。

(3)制作末端节点A。

(4)将A、B进行加运算得到产品模型(顶端节点)PART。

在实现阶段需要特别注意各层节点,特别是末端节点的制作次序。其原则是:建模树的分枝应依次单独实现,避免同时制作几个分枝。原因是如果同时制作几个分枝,将导致在建模开始的阶段,图面上的几何元素过多,从而使图面变得杂乱无章,影响对建模的观察和判断。例如,在图10-1中,第一步并不是将所有的末端节点都制作出来,而是只制作最底层的末端节点C和D,在进行了它们之间的关系运算并得到中间节点B之后,才制作末端节点A。

针对实现阶段的这个原则,在分析阶段首先将建模树分成几个主要的枝干,称为子建模树。然后先取一个子建模树进行分析和实现,将其制作完成后再回过头处理另一个子建模树,直到所有的子建模树制作完成。最后,在各子建模树之间进行关系运算得到顶端节点,从而完成整个建模树的制作。这一方法尤其适用于组合产品、复杂产品的建模。

建模树法的优点是显然的,它使建模的实现过程变得一目了然,既克服了对复杂产品无从下手的障碍,又可有效地避免在建模过程中出现混乱的情况。

另外需要指出的是,一个产品模型往往可以有多种分解方法,从而得到不同的建模树,

这就是建模树的多义性，它使得产品模型具备了一定的灵活性。

尽管产品建模树的分解方案具有多样性，但不同的方案在实现效率方面往往有较大的差别。建模工程师应注重在实践中总结和积累经验，不断提高自己的建模分析能力。

10.1.2 三维建模软件的使用

建模树法的实现阶段是利用三维建模软件完成的，从实现阶段的过程描述可以看出，该阶段工作包括两方面内容：

- 基本几何元素(末端节点)的制作。基本几何元素制作功能繁多，其中还包括了对几何元素的编辑功能，如剪切、倒角等。
- 节点之间的关系运算。包括加、减、交、切割、裁剪、倒圆角等。

UG NX软件提供了基本几何元素制作(包括编辑)的功能和各种关系运算功能，同时为了简化操作，还将常用几何元素的制作功能和关系运算操作合并在一起形成组合功能。例如，"孔"功能实际上就是圆柱体制作功能和减运算的组合，利用该功能可将图10-1的实现阶段中的前两步操作简化为：

(1)制作末端节点C。

(2)在C上打孔得到中间节点B。

充分利用三维建模软件中的组合功能是提高建模效率的有效途径。

10.1.3 实体建模

实体建模的生成方式主要有两种。

- 直接采用建模树法生成，即由实体几何元素通过关系运算构成。建模树法在实体建模中应用时具有方案灵活多样的特点，同一个产品一般会有多种建模树分解方案，需要工程师有一定的实际经验，选择其中效率最高的方案。
- 由曲面建模转化而来。转化方式主要有两种，一是曲面增厚，二是曲面缝合。

采用建模树法进行实体建模时还需要注意，在生成树的每个节点时(包括底部节点和顶部节点)往往还需要进行一些编修，如倒角或倒圆角处理等。

10.2 简单实例解析

本节以一个简单实体的三维建模为例，来介绍按建模树法的思路完成三维建模的过程。该实体零件的二维图如图10-2所示。为使读者能直观地了解实体建模方案的多义性，给出了两个不同的建模方案，并对它们的效率进行了对比。

在实例讲解中，以字母T加数字表示建模树的末端节点，以字母M加数字表示建模树的中间节点。

10.2.1 方案一

1. 分析阶段

建模树分解如图10-3所示。

2. 实现阶段

实现流程可表示为：

(1)制作末端节点T1、T2、T3、T4、T5。

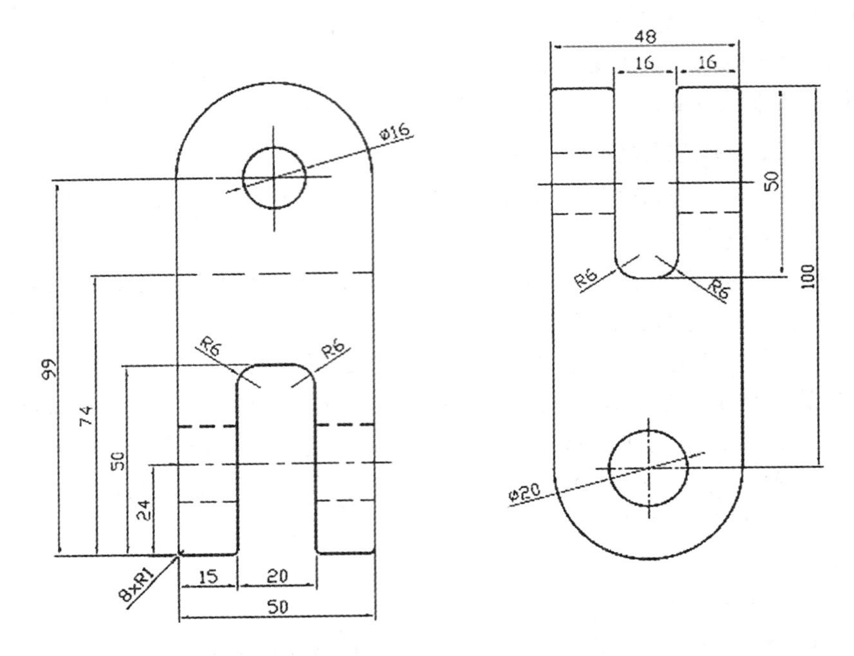

图 10-2　需三维建模的零件二维图

(2)在 T1、T2、T3、T4、T5 之间进行加运算得到中间节点 M1。

(3)制作末端节点 T6。

(4)在 M1 与 T6 之间进行减运算得到节点 M2。

(5)制作末端节点 T7。

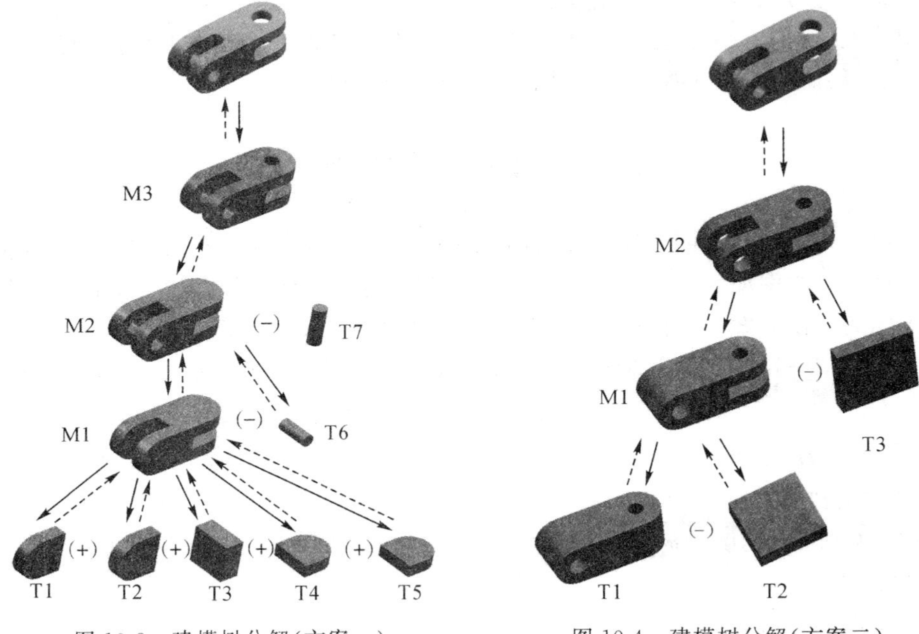

图 10-3　建模树分解(方案一)　　图 10-4　建模树分解(方案二)

(6)在 M2 与 T7 之间进行减运算得到顶端节点 M3,并进行倒圆角处理。

10.2.2 方案二

1. 分析阶段

建模树分解如图 10-4 所示。

2. 实现阶段

实现流程可表示为:

(1)制作末端节点 T1、T2。

(2)在 T1、T2 之间进行减运算得到中间节点 M1。

(3)制作末端节点 T3。

(4)在 M1 与 T3 之间进行减运算得到节点 M2,并进行倒圆角处理。

显然,方案二的操作步骤要比方案一更简洁,两个方案的对比直观地表现出合理的分析和分解对建模效率的影响。读者应在实践中不断总结经验,不断提高产品建模分析能力,力求使每一个产品模型都做到良好的分析和分解,并在此基础上形成自己的建模风格,成为一名高水平的建模工程师。

另外需要注意的是,在第一个方案中,我们将打孔操作分成两步进行,即先制作一个与孔的尺寸相同的圆柱体(末端节点),然后通过减运算得到孔。而在第二个方案中,我们将仅仅将打孔作为制作末端节点 T1 的一个操作步骤,并采用软件的打孔功能一次完成。由此可见,采用优化的分解方案可减少末端节点的数量,简化建模树,从而减少建模的复杂度,提高工作效率。

在某些情况下,一个零件甚至没有进行分解的必要,它本身就可能是一个末端节点,如图 10-5(f)所示的零件。图 10-5 表示该零件节点的制作过程。

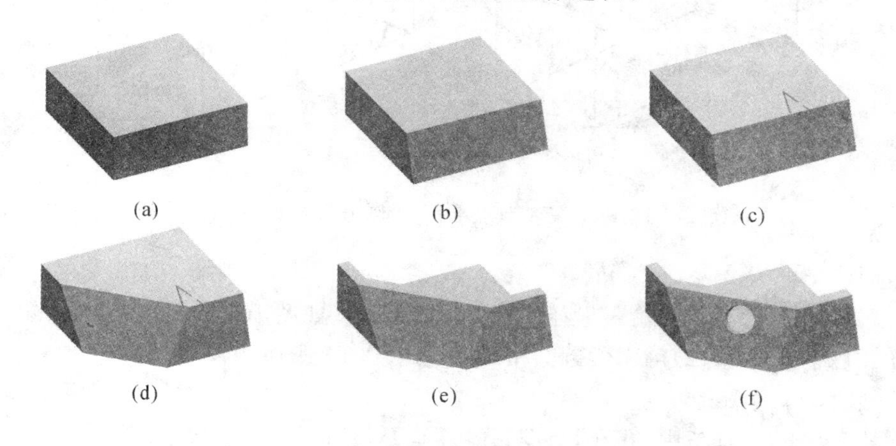

图 10-5 单个零件节点的制作过程

10.2.3 基于方案二的具体软件实现过程

由于篇幅限制,这里仅介绍操作过程,具体的建模思路请详见第 11 章。其实现流程可表示为:

(1)制作末端节点 T1、T2。

(2)在 T1、T2 之间进行减运算得到中间节点 M1。

(3)制作末端节点 T3。

(4)在 M1 与 T3 之间进行减运算得到节点 M2,并进行倒圆角处理。

1. 启动 UG NX

新建一文件,并调用【建模】模块。

2. 创建 T1 节点

(1)创建矩形体

①使用【插入】|【设计特征】|【长方体】命令,弹出【长方体】对话框。

②在【类型】下拉列表中选择【原点和边长】。

③在长度、宽度、高度文本框中分别输入 124、50、48,指定矩形的原点坐标值为(0,0,0)。

④单击【确定】按钮,即可生成如图 10-6 所示的矩形体。

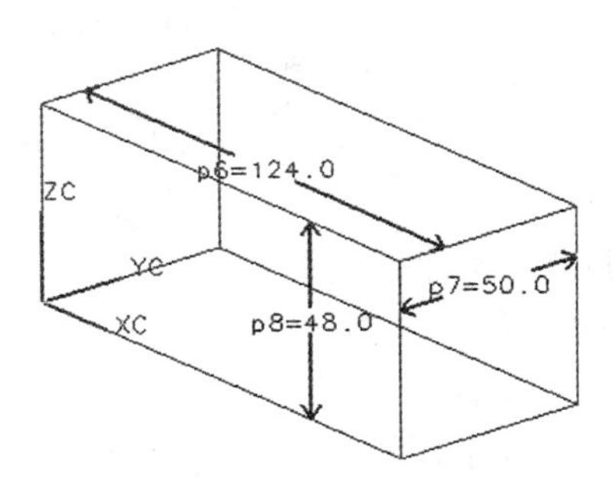

图 10-6　T1 节点矩形体的创建

(2)创建半径为 25 的倒圆角

①单击【特征】工具条中的【边倒圆】命令,弹出【边倒圆】对话框。

②输入半径值为 25,然后选择如图 10-7(a)所示的两条边。

③单击【应用】按钮,即可完成倒圆角,结果如图 10-7(b)所示。

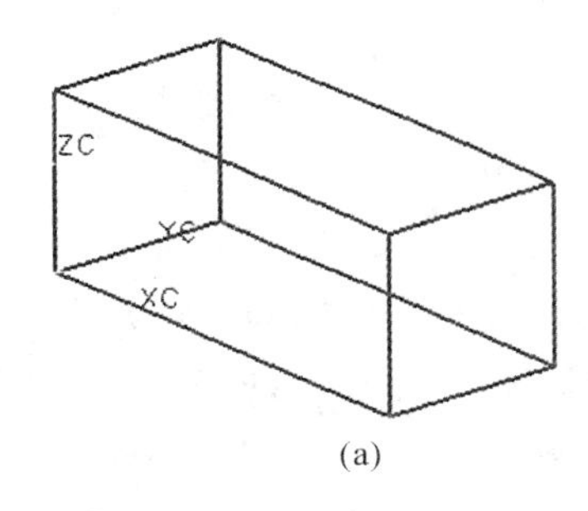

(a)

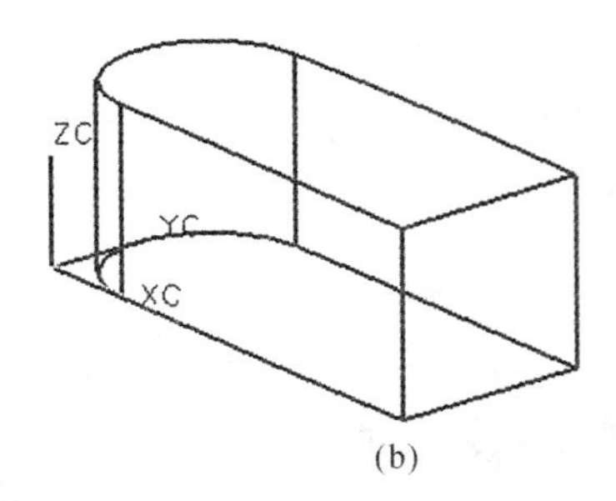

(b)

图 10-7　T1 节点半径 25 倒圆角的创建

(3)创建半径为 24 的倒圆角

①在【边倒圆】对话框中输入半径值为 24,然后选择如图 10-8(a)所示的两条边。

②单击【确定】按钮,即可完成倒圆角,结果如图 10-8(b)所示。

(4)创建ϕ20 的圆孔：

①单击【特征】工具条中的【孔】命令,弹出【孔】对话框。

②设置【类型】为【常规孔】,【成形】为【简单】,【深度限制】为【贯通体】,【布尔】为【求差】,并在【直径】文本框中输入 20。

③选择如图 10-9 所示的圆心。

④单击【应用】按钮,即可完成ϕ20 的圆孔,如图 10-10 所示。

(5)创建ϕ16 的圆孔

参照步骤(4),完成ϕ16 的圆孔,结果如图 10-11 所示。

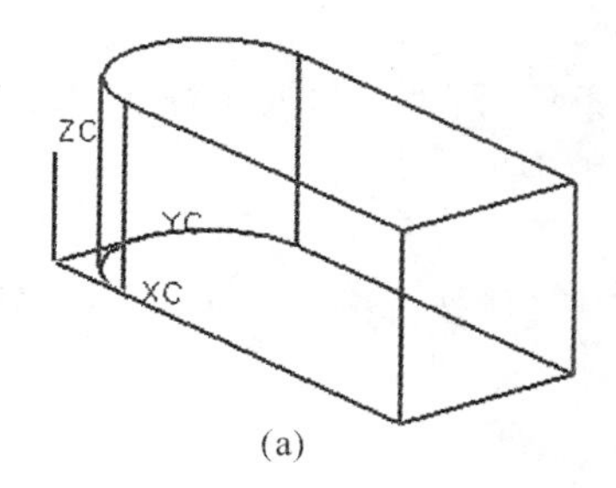

(a)

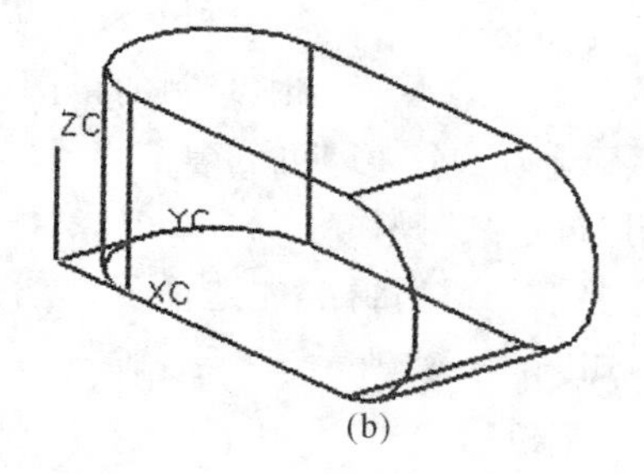

(b)

图 10-8　T1 节点半径 24 倒圆角的创建

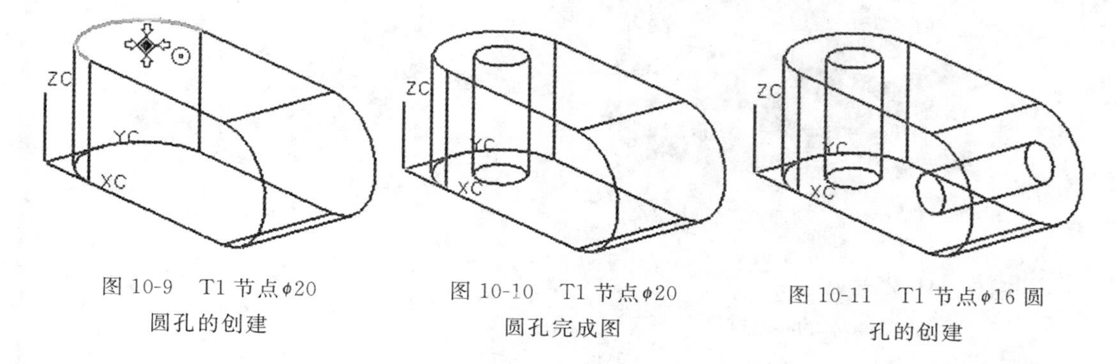

图 10-9　T1 节点ϕ20 圆孔的创建

图 10-10　T1 节点ϕ20 圆孔完成图

图 10-11　T1 节点ϕ16 圆孔的创建

3. 制作中间节点 M2

(1)在【实用工具】工具条上的【工作图层】组合框中输入 21,并按 Enter 键,将工作层设置到 21 层。

(2)创建 T2 拉伸体截面

①单击【特征】工具条中的【任务环境中的草图】命令,弹出【创建草图】对话框,设置【平面方法】为【自动判断】,选择如图 10-12(a)所示的面作为草图的放置面后,即可进入草图环境。

②单击【草图工具】工具条中的【矩形】命令,绘制一矩形。

③单击【草图工具】工具条中的【自动判断的尺寸】工具,对矩形进行尺寸约束,如图 10-12(b)所示

④单击【完成草图】按钮,退出草图。

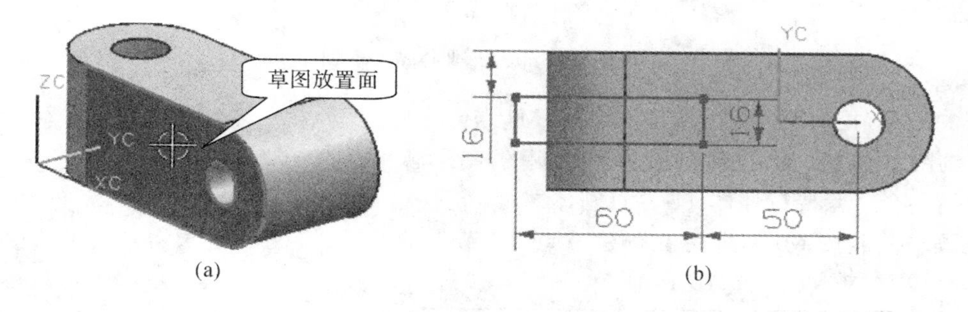

(a)　　(b)

图 10-12　T2 节点拉伸体截面的创建

(3)拉伸 T2 节点

调用【拉伸】工具；截面为刚绘制的草图，限制条件可自定，只要拉伸体穿过基体即可，布尔类型选择【无】，按 MB2 即可创建节点 T2，如图 10-13 所示。

(4)利用“布尔减”操作完成 M2 节点

调用【求差】工具，【目标】体选择 T1 基体，【工具】体选择 T2 拉伸体，按 MB2 后即可完成 M2 节点，如图 10-14 所示。

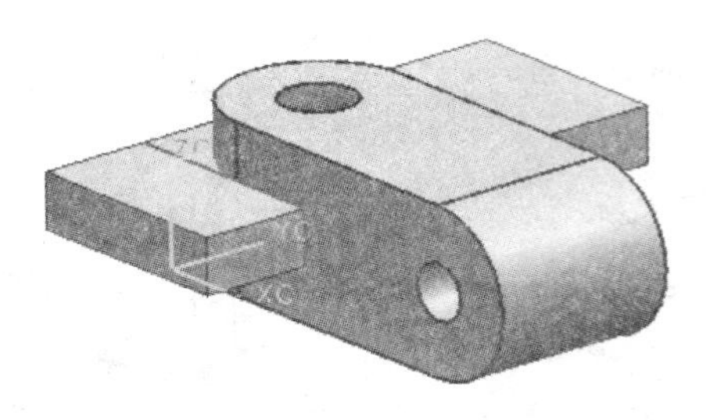

图 10-13　拉伸 T2 节点

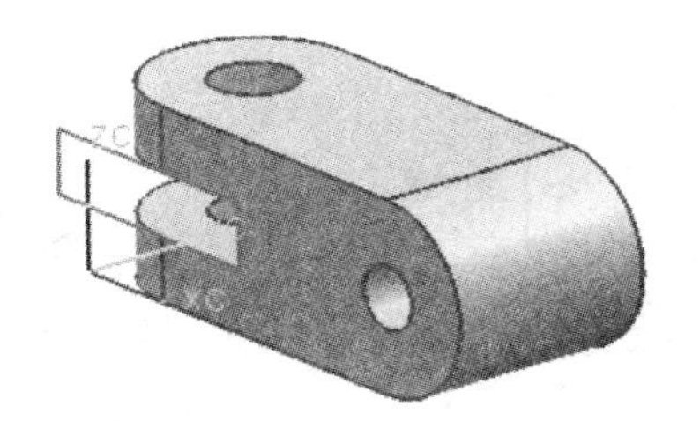

图 10-14　M2 节点完成图

4. 制作 M1 节点

(1)创建 T3 拉伸体的草图

参照步骤 3 中第(2)步，创建如图 10-15 所示草图。

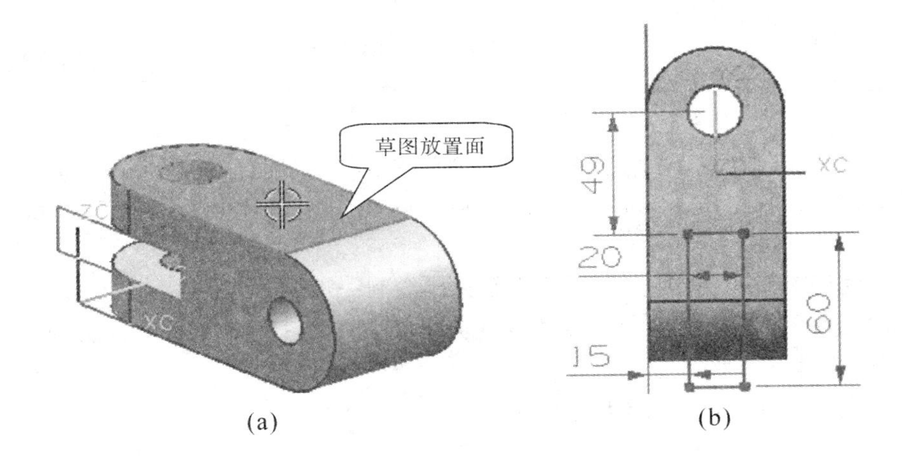

图 10-15　T3 节点拉伸体截面的创建

(2)利用“拉伸”工具完成 T3 节点和 M1 节点

调用【拉伸】工具；拉伸截面为刚绘制的草图，限制条件可自定，只要拉伸体 T3 穿过基体即可，布尔类型选择【求差】，按 MB2，即可在创建节点 T3 节点的同时，完成 M1 节点，如图 10-16 所示。

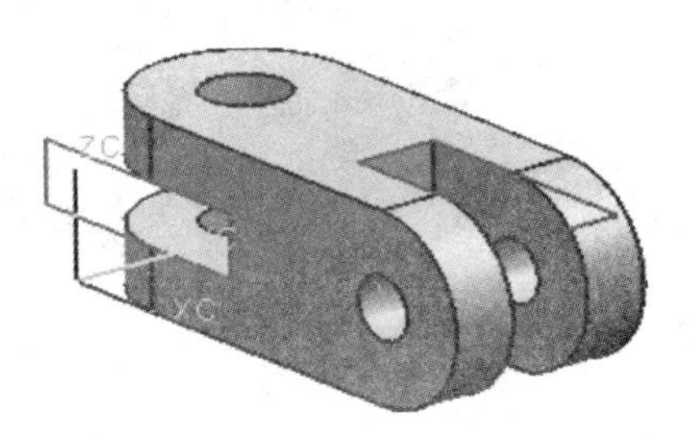

图 10-16　M1 节点完成图

这里利用了拉伸体与布尔操作的组合功能。利用组合功能，能大大提高建模的效率。

(3)按快捷键 Ctrl+L,调用【图层设置】对话框;选择 1 层,然后单击【设为工作图层】按钮,再选择 21 层,然后单击【设为不可见】按钮,使 21 层不可见,按 MB2 退出对话框,从而隐藏以上所创建的草图。

5. 按先断后连的原则,给 M1 节点添加倒圆角

(1)调用【边倒圆】工具,半径设置为 6,选择如图 10-17 所示的四条边,按 MB2,即可完成四条边的倒圆角操作。

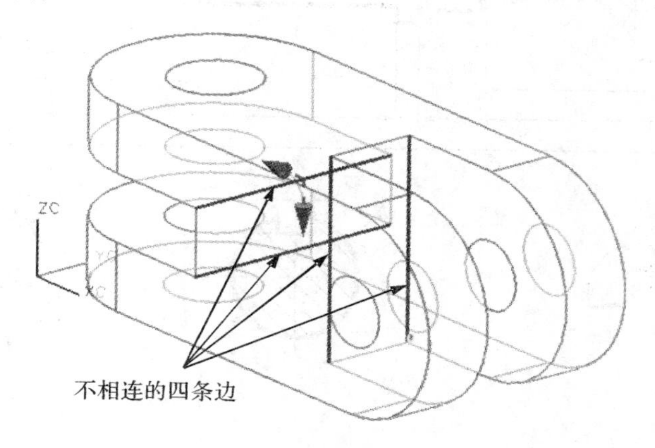

图 10-17　M1 节点倒圆角的创建 1

(2)再次调用【边倒圆】工具,在【选择条】的【曲线规则】下拉列表中选择【相切曲线】,然后选择如图 10-18(a)所示的 3 条边缘线,按 MB2 后,即可完成连倒圆角操作,如图 10-18(b)所示。

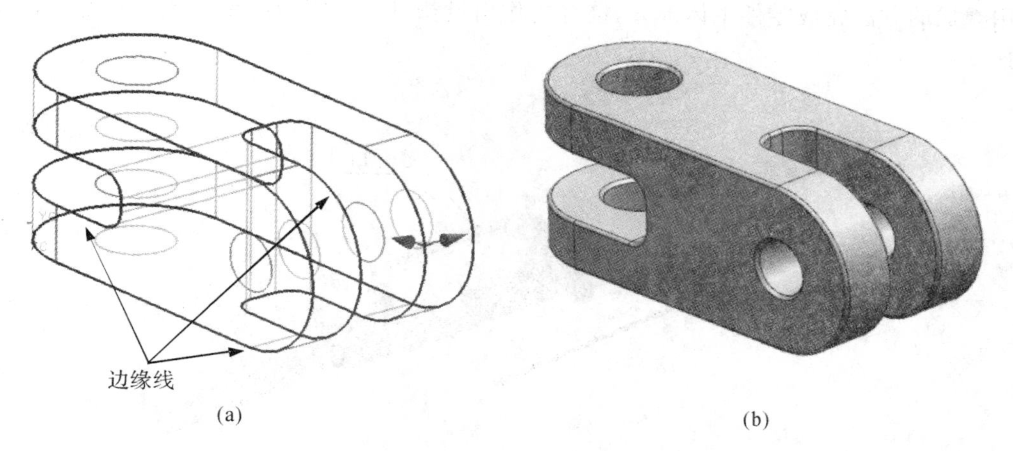

图 10-18　M1 节点倒圆角的创建 2 及完成图

10.3　传动轴实体建模

本节以传动轴零件为例,来介绍产品三维建模的建构流程。如图 10-19 所示为该实体零件的二维图。

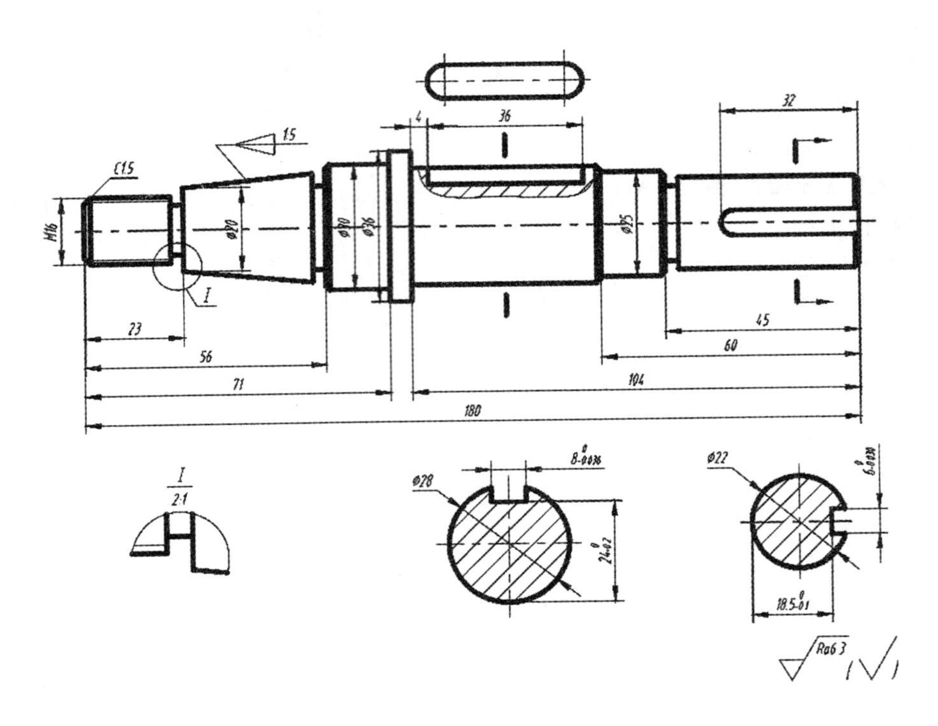

图 10-19 传动轴零件二维图

10.3.1 实例解析

如图 10-20 所示为传动轴零件的特征分解图。在建构时可先按从左至右的建模顺序，采用叠加的方法完成零件主体部分，接着制作出键槽 T1、T2 特征，最后创建产品中的斜角特征。

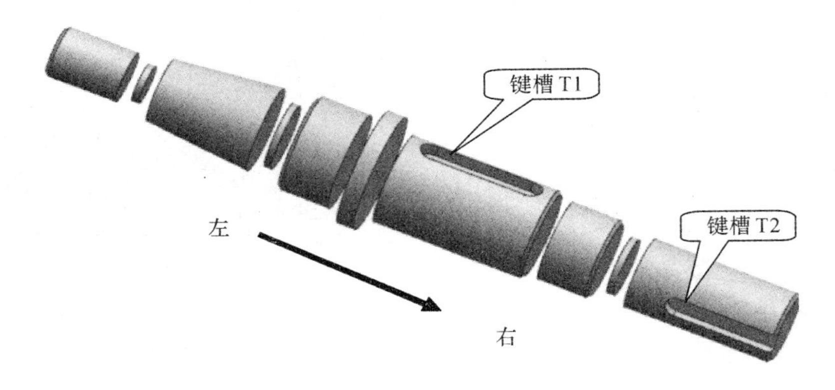

图 10-20 传动轴零件特征分解图

10.3.2 建模实施过程

1. 启动 UG NX

新建一文件，并调用【建模】模块。

2. 创建主体

(1)创建ϕ16 圆柱，使用【插入】|【设计特征】|【圆柱体】命令，选择【类型】为【轴、直径和高度】，指定的矢量方向为 ZC。然后单击【点捕捉器】按钮，按当前工作坐标系指定原点坐标值为(0,0,0)，并选择【确定】按钮。在【尺寸】对话框中输入【直径】16，【高度】为 21。完成后的结果如图 10-21 所示。

(2)创建ϕ12 圆柱，使用【插入】|【设计特征】|【拉伸】命令，选择如图 10-23 所示轮廓边，沿 ZC 方向制作，输入【开始】距离为 0，【结束】距离为 2。在【偏置】对话框中选择偏置属性为【单侧】，距离为-2，并与ϕ16 圆柱布尔求和。结果如图 10-22 所示。

(3)创建主体圆台，使用【插入】|【设计特征】|【圆锥】命令，选择【类型】为【直径和高度】，指定的矢量方向为 ZC。指定的原点为ϕ12 圆柱的顶部圆心，在【尺寸】对话框中输入【底部直径】20，【顶部直径】为 26.2，【高度】为 31，并与主体布尔求和。结果如图 10-23 所示。

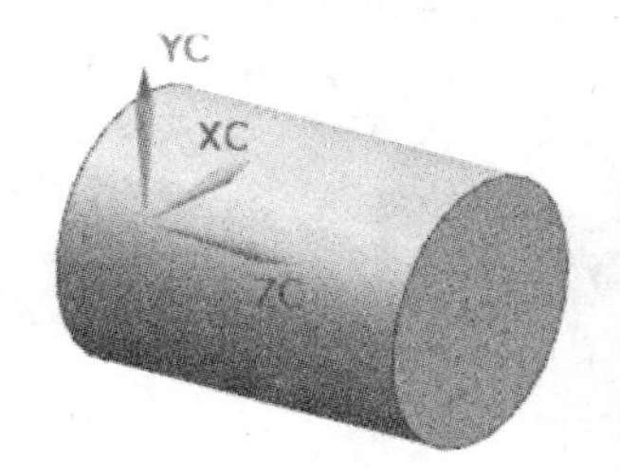

图 10-21　创建ϕ16 圆柱

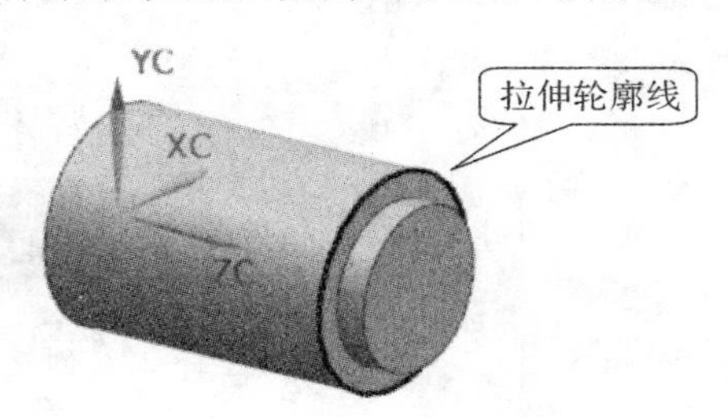

图 10-22　创建ϕ12 圆柱

(4)创建ϕ20.2 圆柱，调用【拉伸】命令，选择如图 10-25 所示轮廓边，沿 ZC 方向制作，输入【开始】距离为 0，【结束】距离为 2。在【偏置】对话框中选择偏置属性为【单侧】，距离为一3，并与主体布尔求和。结果如图 10-24 所示。

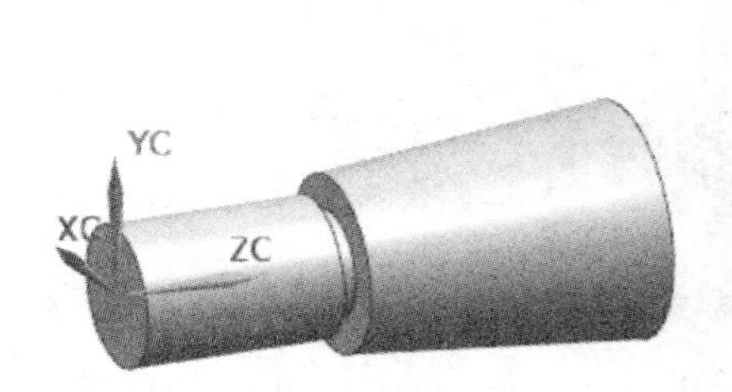

图 10-23　创建主体圆台

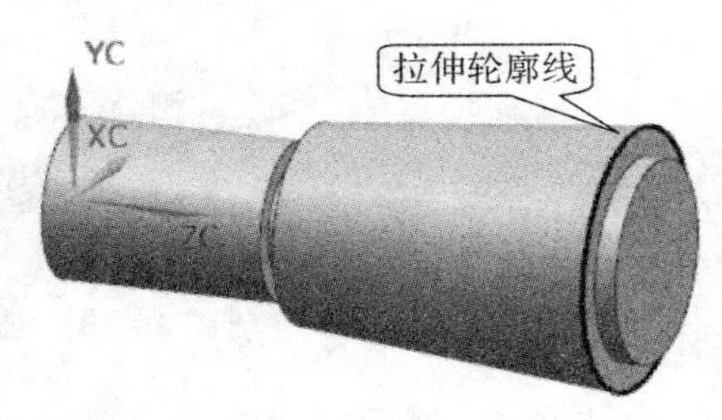

图 10-24　创建ϕ20.2 圆柱

(5)创建ϕ30 圆柱，调用【圆柱体】命令，指定的矢量方向为 ZC。指定的原点为ϕ20.2 圆柱的顶部圆心，在【尺寸】对话框中输入【直径】30，【高度】为 15，并与主体布尔求和。结果如图 10-25 所示。

(6)创建ϕ36 圆柱，调用【圆柱体】命令，指定的矢量方向为 ZC。指定的原点为ϕ30 圆柱的顶部圆心，在【尺寸】对话框中输入【直径】36，【高度】为 5，并与主体布尔求和。结果如图 10-26 所示。

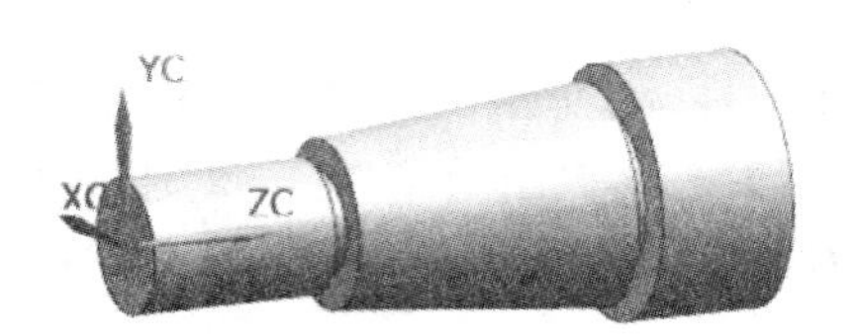

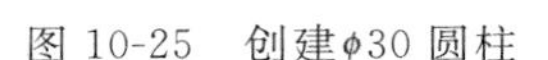
图 10-25　创建φ30 圆柱

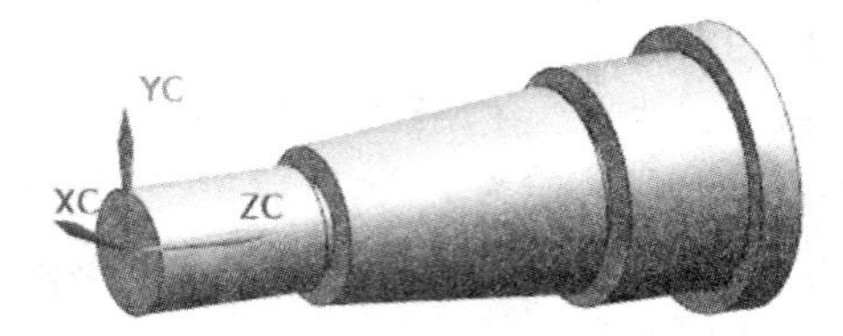

图 10-26　创建φ36 圆柱

(6)创建φ28 圆柱，调用【圆柱体】命令，指定的矢量方向为 ZC。指定的原点为φ36 圆柱的顶部圆心，在【尺寸】对话框中输入【直径】28，【高度】为 44，并与主体布尔求和。结果如图 10-27 所示。

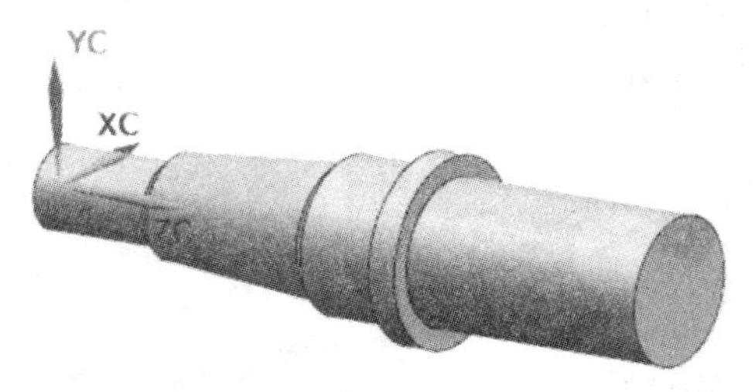

图 10-27　创建φ28 圆柱

(7)创建φ25 圆柱，调用【圆柱体】命令，指定的矢量方向为 ZC。指定的原点为φ28 圆柱的顶部圆心，在【尺寸】对话框中输入【直径】25，【高度】为 15，并与主体布尔求和。结果如图 10-28 所示。

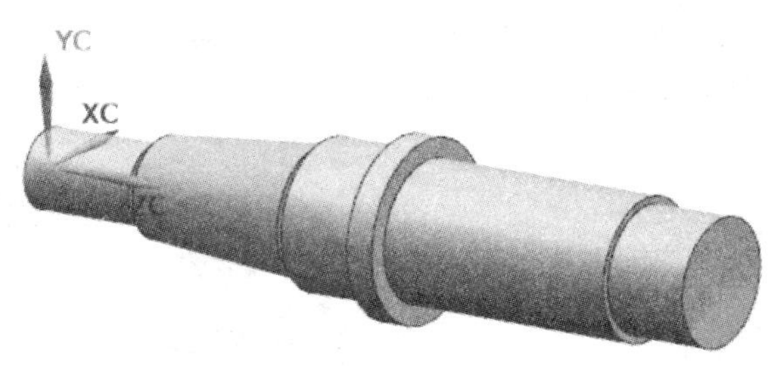

图 10-28　创建φ25 圆柱

(8)创建φ18 圆柱，调用【圆柱体】命令，指定的矢量方向为 ZC。指定的原点为φ25 圆柱的顶部圆心，在【尺寸】对话框中输入【直径】18，【高度】为 2，并与主体布尔求和。结果如图 10-29 所示。

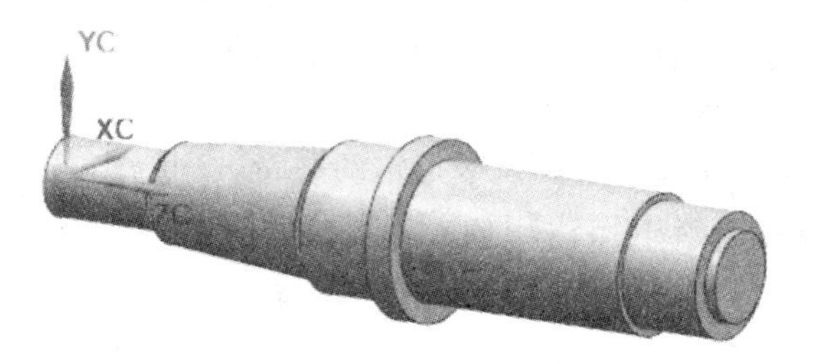

图 10-29　创建φ18 圆柱

(9)创建ϕ22 圆柱,调用【圆柱体】命令,指定的矢量方向为 ZC。指定的原点为ϕ18 圆柱的顶部圆心,在【尺寸】对话框中输入【直径】22,【高度】为 43,并与主体布尔求和。结果如图 10-30 所示。

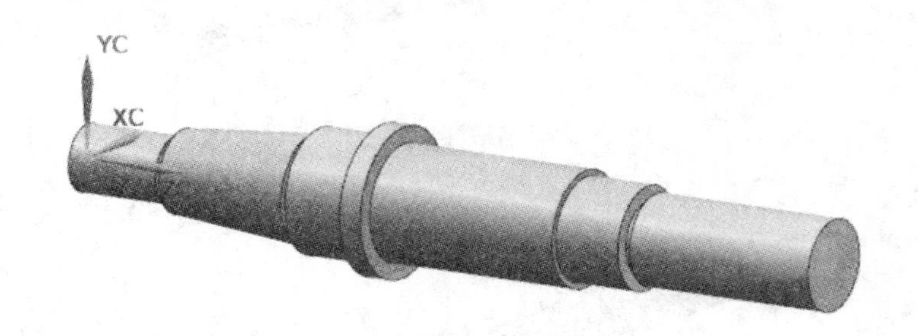

图 10-30　创建ϕ22 圆柱

3. 创建键槽特征

(1)创建键槽 T1 特征

①激活当前工作坐标系,沿 ZC 方向平移 80 距离,结果如图 10-31(a)所示。再旋转工作坐标系,按如图 10-31(b)所示放置。

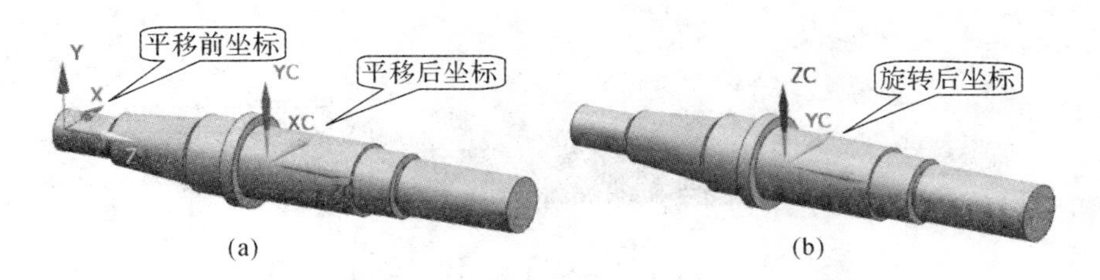

图 10-31　设置工作坐标系

②使用【特征】工具条中的【任务环境中的草图】命令,进入草图环境。创建如图 10-32 所示草图。

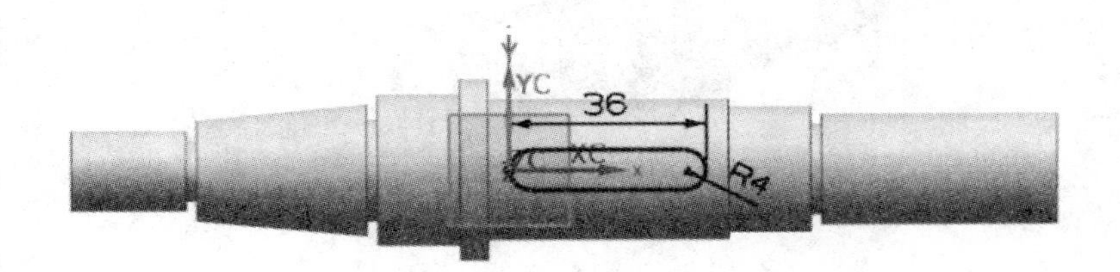

图 10-32　创建键槽 T1 特征草图

③使用【特征】工具条中的【拉伸】命令,起始距离为 10,结束距离为 35,选择草图截面沿 ZC 方向拉伸制作 T1 键槽,并与主体布尔求差。结果如图 10-33 所示。

(2)创建键槽 T2 特征

①移动工作坐标系,按如图 10-34 所示放置。

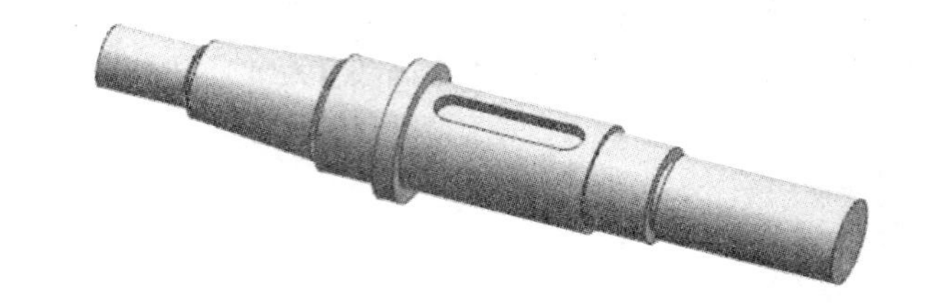

图 10-33　键槽 T1 特征完成图

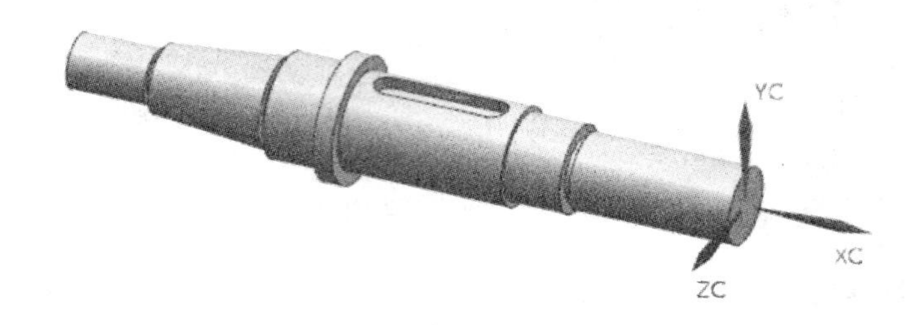

图 10-34　移动工作坐标系

②使用【特征】工具条中的【任务环境中的草图】命令，进入草图环境。创建如图 10-35 所示草图。

图 10-35　创建键槽 T2 特征草图

③使用【特征】工具条中的【拉伸】命令，起始距离为 7.5，结束距离为 35，选择草图截面沿 ZC 方向拉伸制作 T2 键槽，并与主体布尔求差。结果如图 10-36 所示。

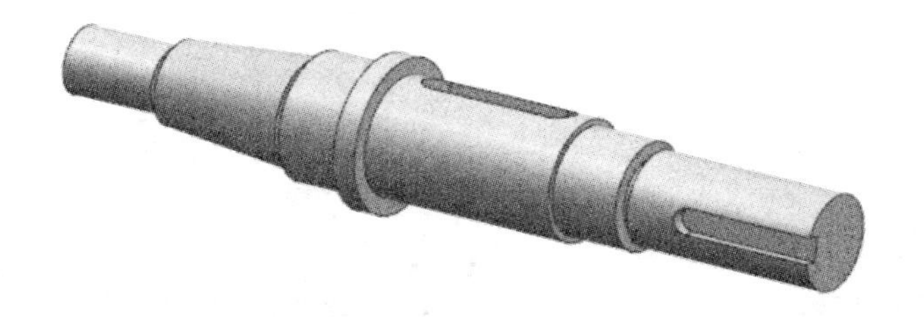

图 10-36　键槽 T2 特征完成图

4. 创建斜角特征

使用【特征】工具条中的【倒斜角】命令，选择如图 10-37 所示边缘进行斜角制作，【横截面】为【对称】，【距离】输入 1。

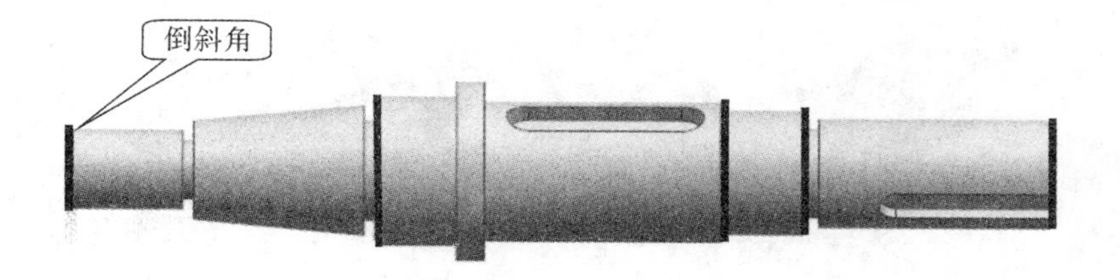

图 10-37　创建斜角特征

10.4　端盖实体建模

本节以端盖零件为例，来介绍产品三维建模的建构流程。如图 10-38 所示为该实体零件的二维图。

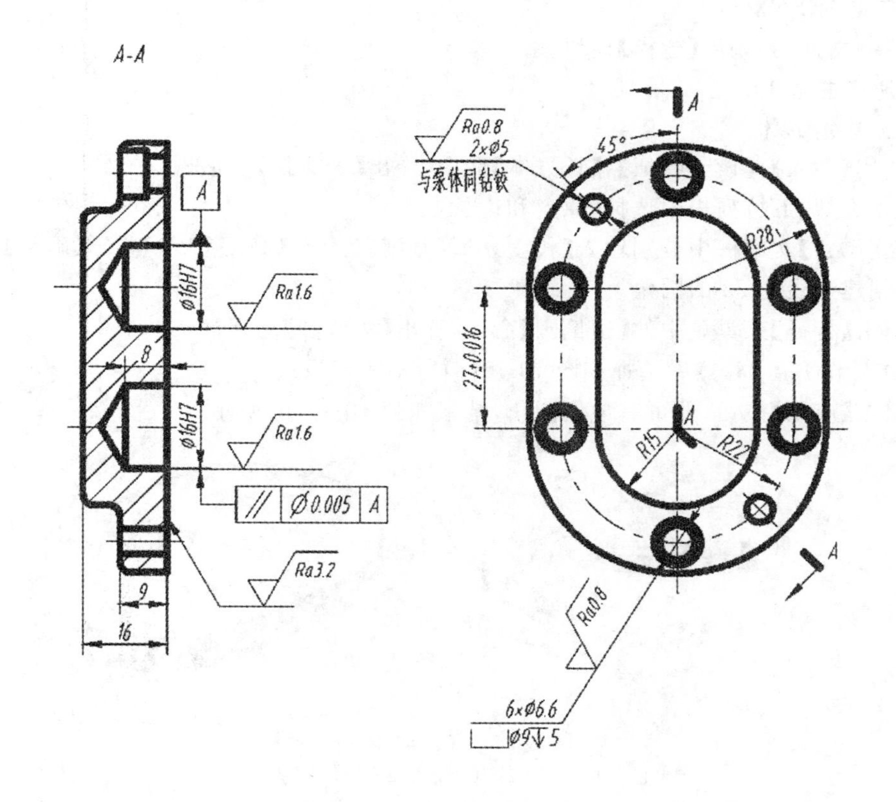

图 10-38　端盖零件二维图

10.4.1　实例解析

如图 10-39 所示为端盖零件的建模顺序。在建模时可先制作出主体 T1、T2，再建构圆孔特征，最后制作圆角及斜角特征。

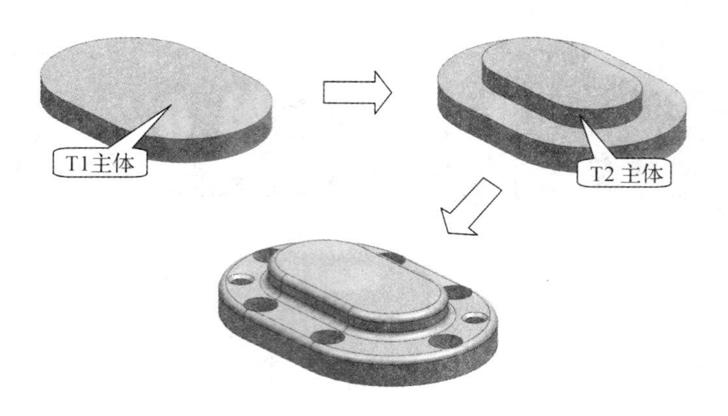

图 10-39　端盖零件建模顺序

10.4.2　建模实施过程

1. 启动 UG NX

新建一文件，并调用【建模】模块。

2. 创建主体 T1

(1)创建矩形体

①使用【插入】|【设计特征】|【长方体】命令，弹出【长方体】对话框。

②在【类型】下拉列表中选择【原点和边长】。

③在【尺寸】文本框中分别输入【长度】83，【宽度】为 56，【高度】为 9，单击【确定】按钮。

(2)创建半径为 28 的圆角

①单击【特征】工具条中的【边倒圆】命令，弹出【边倒圆】对话框。

②输入半径值 28，然后选择如图 10-40(a)所示的四条边。

③单击【应用】按钮，即可完成倒圆角，结果如图 10-40(b)所示。

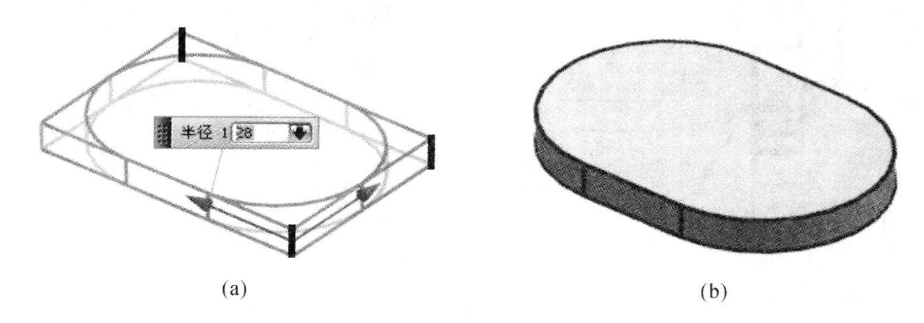

图 10-40　主体 T1 半径 28 圆角的创建

3. 创建主体 T2

(1)使用【插入】|【设计特征】|【拉伸】命令，弹出【拉伸】对话框。

(2)选择如图 10-41(a)所示的轮廓边作为拉伸所使用的截面曲线，并指定 Z 轴作为矢量方向。

(3)在【极限】对话框中输入【开始】距离为 0，【结束】距离为 7。在【偏置】对话框中选择偏置属性为【单侧】，距离为－13。

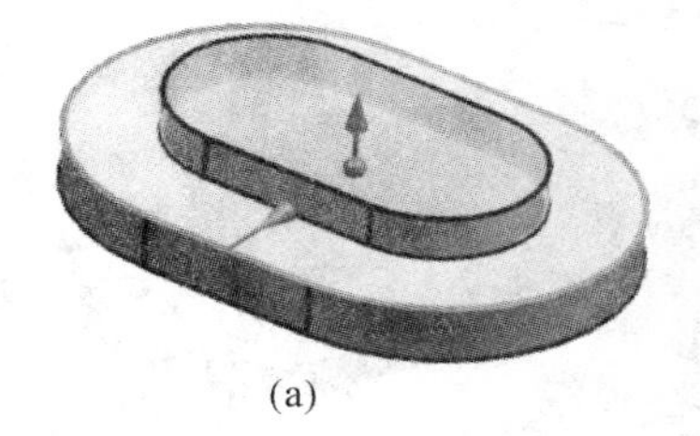
(a)

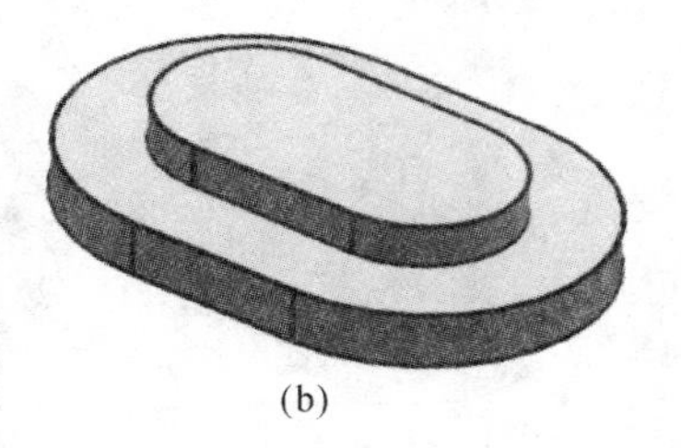
(b)

图 10-41　主体 T2 的创建

(4)选择【布尔】为【求和】与主体 T1 连接。最终完成的结果如图 10-41(b)所示。

4. 创建ϕ16 圆孔

(1)单击【特征】工具条中的【孔】命令,弹出【孔】对话框。

(2)设置【类型】为【常规孔】,【成形】为【简单】,【深度限制】为【值】,在【直径】文本框中输入 16,【深度】为 8,【顶锥角】为 120°,并选择【布尔】为【求差】。

(3)选择如图 10-42(a)所示的圆心。

(4)单击【应用】按钮,即可完成ϕ16 的圆孔,如图 10-42(b)所示。

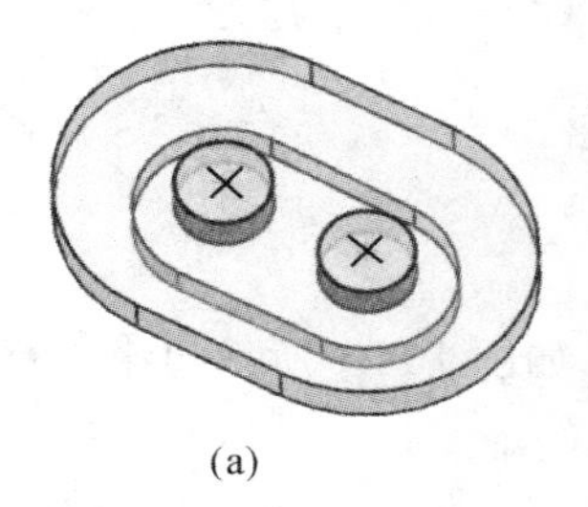
(a)

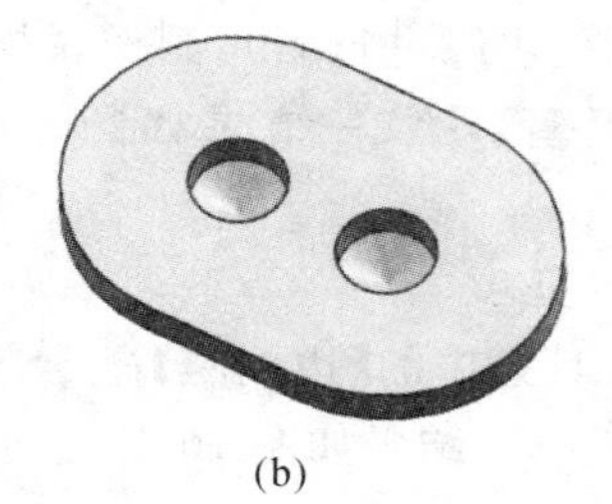
(b)

图 10-42　ϕ16 圆孔的创建

5. 创建沉头孔

(1)使用【插入】|【来自曲线集的曲线】|【偏置】命令,弹出【偏置曲线】对话框。选择【曲线】为 T1 主体的外轮廓边缘,【偏置】的距离为 6。结果如图 10-43 所示。

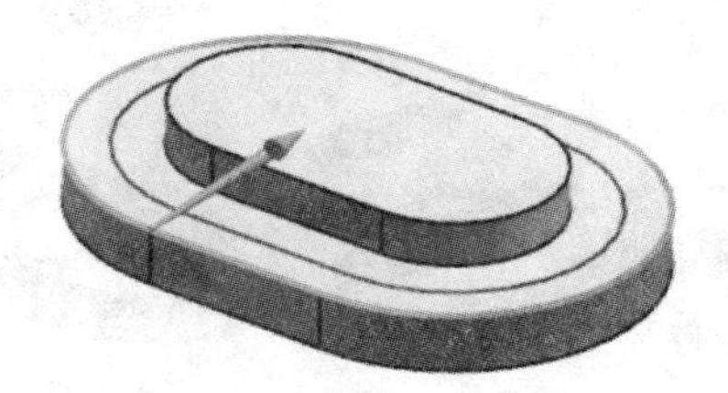

图 10-43　沉头孔放置的基准位置

(2)单击【特征】工具条中的【孔】命令,弹出【孔】对话框。

(3)设置【类型】为【常规孔】,【成形】为【沉头】,【沉头直径】为 9,【沉头深度】为 5,圆孔【直径】为 6.6,【深度限制】为【贯通体】,并选择【布尔】为【求差】。

(4)选择如图 10-44(a)所示的圆心。

(5)单击【应用】按钮,即可完成沉头孔的创建,结果如图 10-44(b)所示。

6. 创建ϕ5 圆孔

(1)使用【特征】工具条中的【任务环境中的草图】命令,进入草图环境,在 T1 主体顶面,创建如图 10-45 所示草图。

(2)单击【特征】工具条中的【孔】命令,弹出【孔】对话框。

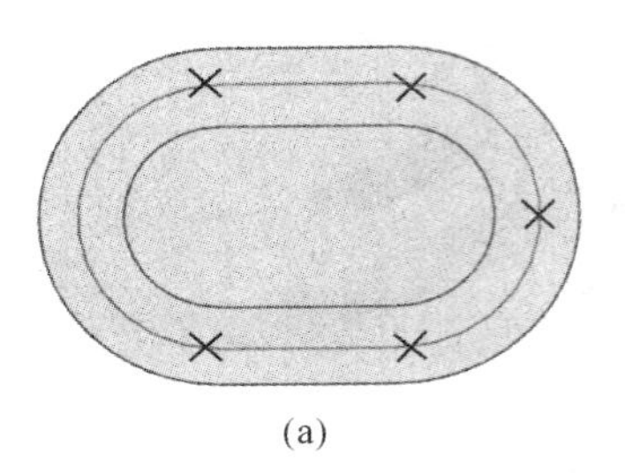

(a)

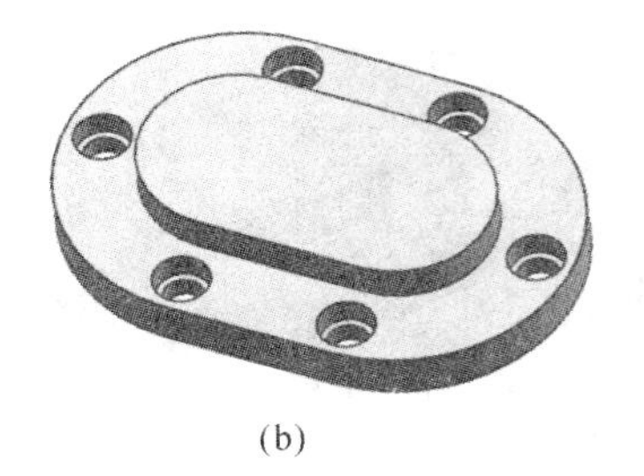

(b)

图 10-44　沉头孔的主置及完成图

(3)设置【类型】为【常规孔】,【成形】为【简单】,【深度限制】为【贯通体】,在【直径】文本框中输入 5,并选择【布尔】为【求差】。

(4)选择如图 10-45 所示草图中直线的端点作为圆心。

(5)单击【应用】按钮,即可完成ϕ5 的圆孔。

(6)使用【特征】工具条中的【倒斜角】命令,对 T1 主体上的圆孔边缘进行斜角制作,【横截面】为【对称】,【距离】为 1。结果如图 10-46 所示。

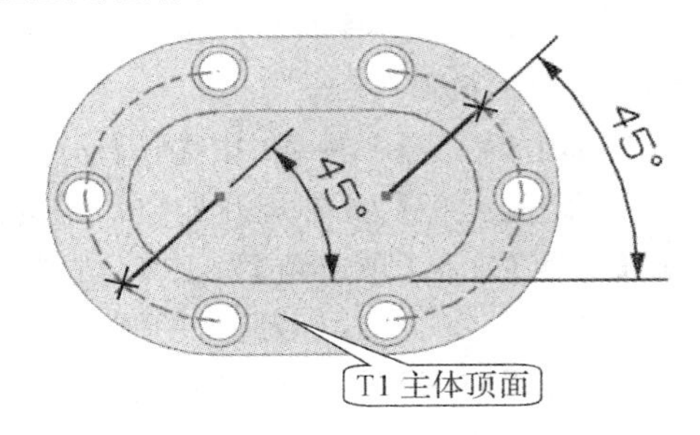

图 10-45　ϕ5 圆孔草图

7. 创建圆角特征

使用【特征】工具条中的【边倒圆】命令,选择如图 10-47 所示边缘进行圆角制作,【形状】为【圆形】,【半径】为 2。结果如图 10-47 所示。

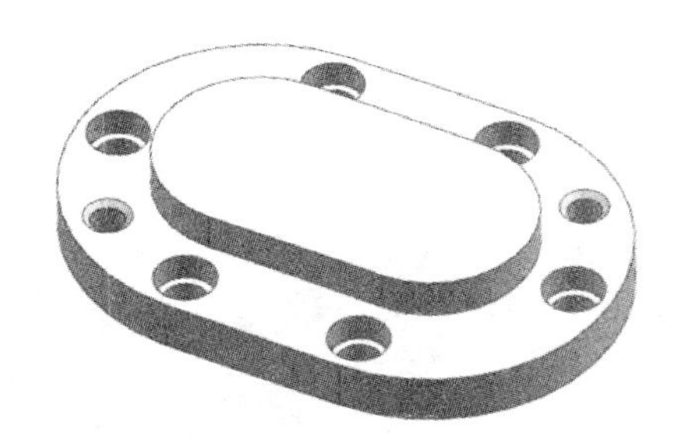

图 10-46　倒斜角完成图

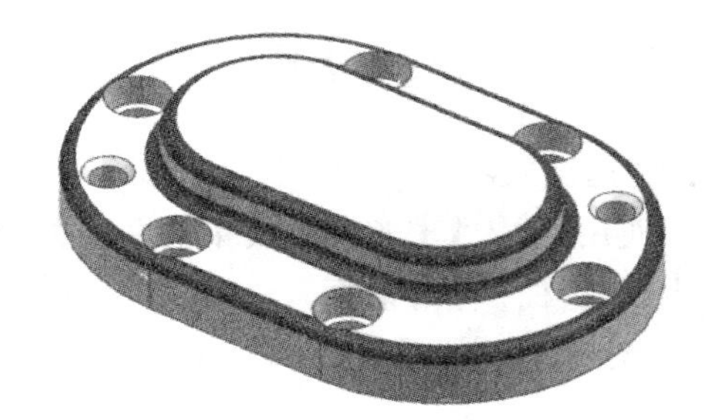

图 10-47　创建圆角特征

10.5　本章小结

本章首先介绍以建模树来直观地描述如何进行产品建模分析,然后通过几个具体实例讲解了产品三维建模的过程。

需要指出的是,在实际建模工作中,并不是一定要将建模分解图(建模树)绘出来,读者应该努力培养在头脑中"绘制"建模树的习惯,这就是所谓的"胸有成竹"。

三维建模是一项复杂、灵活的技术,期望通过一种万能的套路解决所有建模问题的想法是不现实的。读者应在掌握基本方法之后,通过大量的实践来积累丰富的经验,最终形成自己的风格,成为建模高手。

10.6 思考与练习

1. 设计一轮盘零件，其图纸如图 10-48 所示。

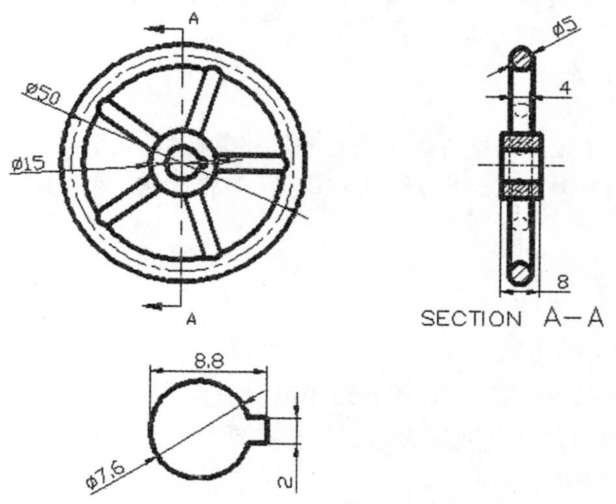

图 10-48 轮盘零件图纸

2. 设计一连接件，其图纸如图 10-49 所示。

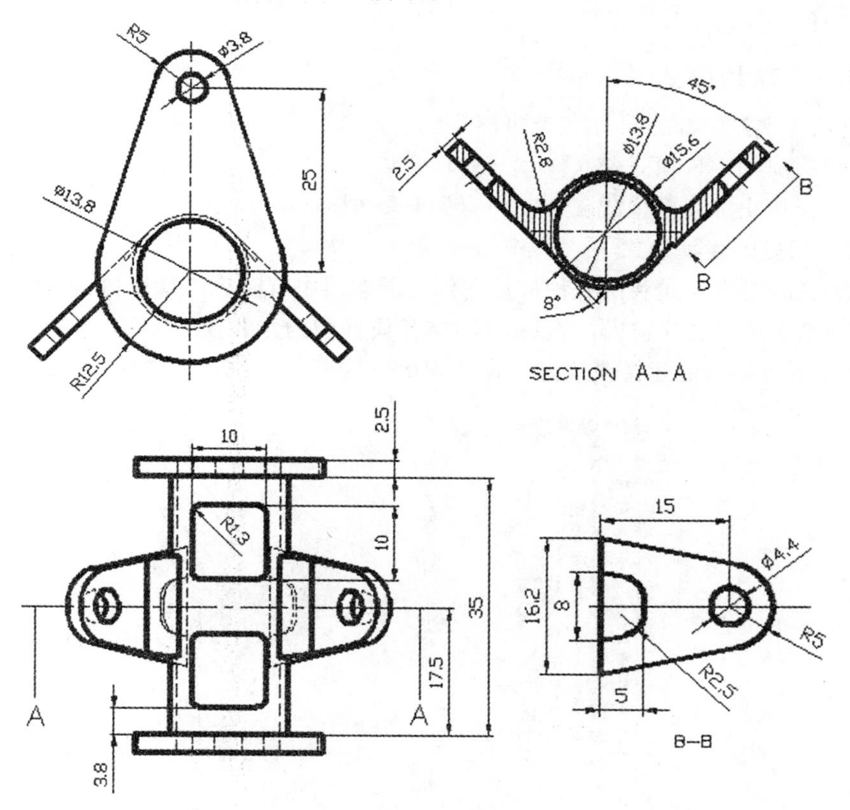

图 10-49 连接件图纸

第11章 同步建模

本章简要地介绍了UG NX的建模模式和同步建模技术，详细地描述了同步建模相关命令的功能及其应用实例，主要内容包括移动面、偏置区域、替换面、删除面、重用面、约束面、尺寸等。

本章学习目标

- 了解UG NX的建模模式；
- 了解同步建模技术的特点、作用及适用范围；
- 掌握同步建模相关命令的功能，包括：移动面、偏置区域、替换面、删除面、调整圆角大小；调整面的大小、重用面、约束面、尺寸。

11.1 同步建模概述

11.1.1 建模模式

在使用【建模】模块时，可以选择两种建模模式之一：

- 基于历史的建模模式 History Mode
- 独立于历史的建模模式 History-Free Mode

1. 基于历史的建模模式

基于历史的建模模式利用一种显示在部件导航器中有时序的特征树，创建与编辑模型。这是传统的基于历史的建模模式，也是UG NX设计中的主要模式。

图11-1所示接管的建模模式是一种基于历史的模式，它是一个相关参数化模型。

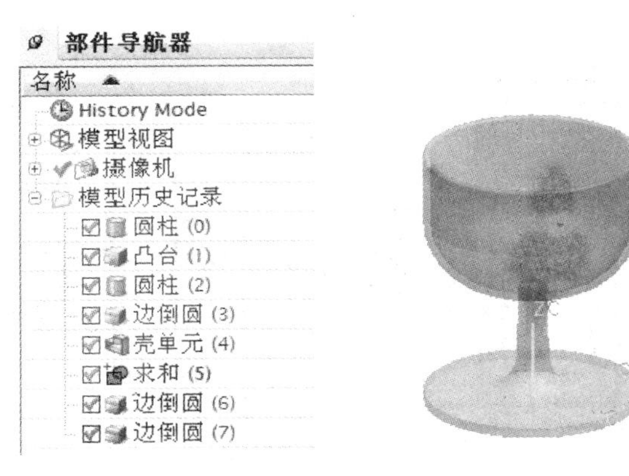

图11-1 基于历史的建模模式

2. 独立于历史的建模模式

独立于历史的建模模式是一种独立于历史的设计方法，设计改变仅强调修改模型的当前状态，并用同步关系维护存在于模型中的几何条件。在此模式下，仅建立不依附顺序结构的同步特征，而没有一个排列好的特征顺序。

同步特征是一个在独立于历史模式中建立和存储的特征。同步特征仅修改局部几何体，无须更新和回放全程特征树。这意味着设计人员可以比在历史模式中更快地编辑特征。

图 11-2 所示模型的建模模式是独立于历史的建模模式，它利用同步建模方法添加角度尺寸，从而改变两个面之间的位置。

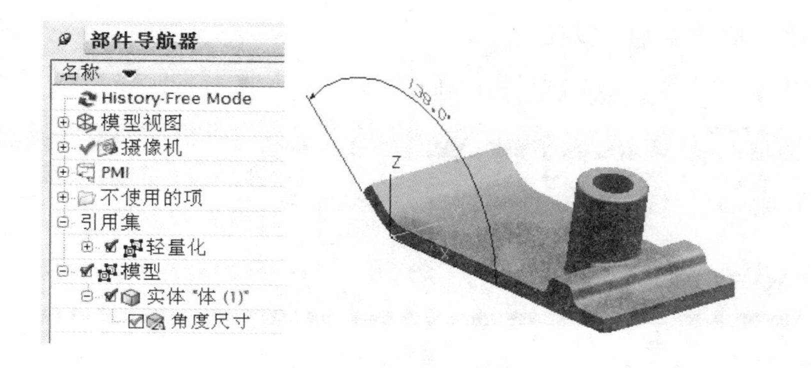

图 11-2 独立于历史的建模模式

3. 两种建模模式的切换

可以通过下列方法切换建模模式：

1)选择菜单【插入】|【同步建模】|【历史记录模式】或【无历史记录模式】。

2)选择菜单【首选项】|【建模】|【建模首选项】|【编辑】|【建模模式】|【历史记录模式】或【无历史记录模式】，如图 11-3 所示。

3)在【部件导航器】中右键单击【历史记录模式】节点并选择【历史记录模式】或【无历史记录模式】，如图 11-4 所示。

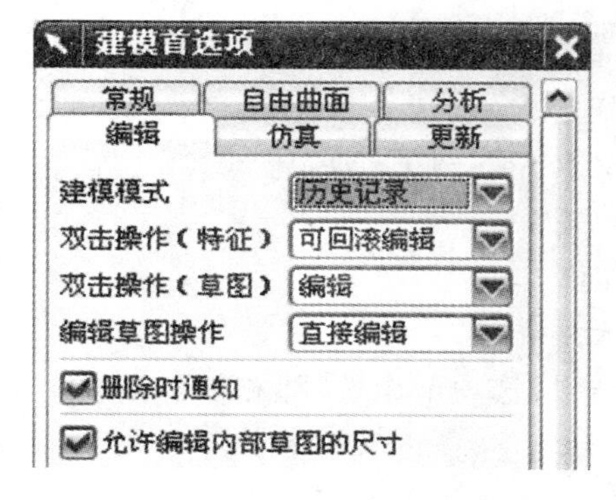

图 11-3 两种建模模式的切换方式 1

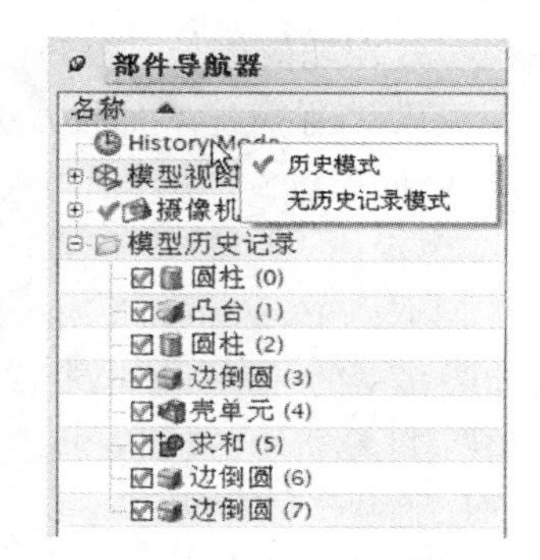

图 11-4 两种建模模式的切换方式 2

11.1.2 同步建模技术

UG NX 提供了独特的同步建模技术，使设计人员能够修改模型，而不用管这些模型来自哪里；也不用管创建这些模型所使用的技术；也不用管是 UG NX 的参数化模型或非参数化模型，或者是从其他 CAD 系统导入的模型。

利用其直接处理任何模型的能力，大大减少了浪费在重构或转换几何模型上的时间。此外，设计者能利用参数化特征而不受特征历史的限制。

同步建模主要适用于由解析面（如平面、圆柱、圆锥、球、圆环）组成的模型。这并不意味着必须是“简单”部件，因为具有成千上万个面的模型也是由这些类型的面组成的。

11.1.3 同步建模工具

利用同步建模功能可以实现很多操作，如图 11-5 所示为【同步建模】工具条。

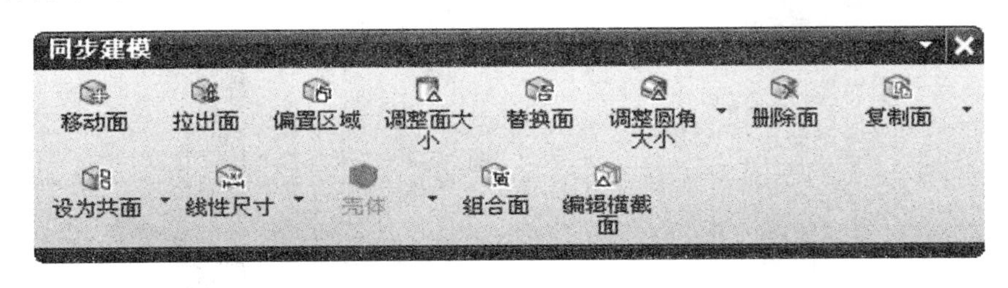

图 11-5　同步建模工具条

此外，通过菜单【插入】|【同步建模】，也可以调用所需的同步建模工具。

11.2 同步建模功能

11.2.1 移动面

通过移动面命令可以移动一个或多个面并自动地调整相邻的倒圆面，常用于样机模型的快速调整。

单击【同步建模】工具条上的【移动面】命令，弹出【移动面】对话框，如图 11-6 所示。

- 选择面：选择一个或多个要移动的面。
- 面查找器：在几何体上寻找与已选择面存在某种几何关系的面。
- 运动：提供移动已选择面的方法，包括距离—角度、距离、角度、点之间的距离、径向距离、点到点、根据三点旋转、将轴与矢量对齐、CSYS 到 CSYS、增量 XYZ 等。

例 11-1　移动面

（1）打开 Move _Face. prt，并调用【移动面】工具。

（2）选择要移动的一个面，如图 11-7 所示。

（3）在如图 11-8 所示的【面查找器】的【结果】选项卡中选择【相切】，系统自动选择与所选面相切的面。

（4）此时【结果】选项卡发生了改变，如图 11-9 所示，选择【共轴】，系统自动选择与所选面共轴的面。

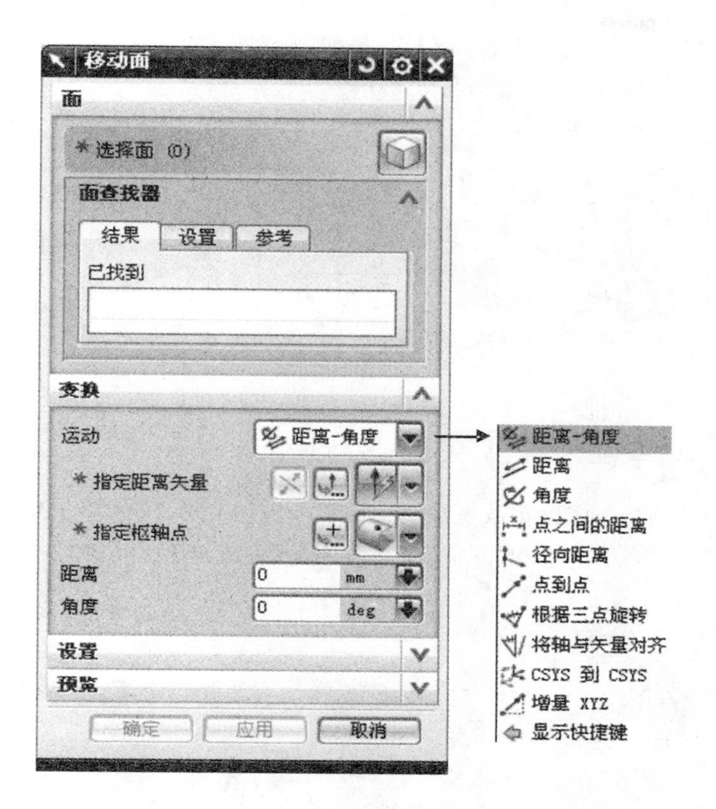

图 11-6　移动面对话框

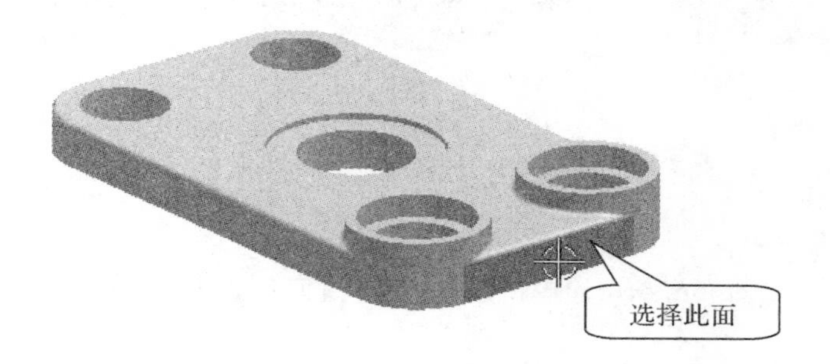

图 11-7　选择要移动的面

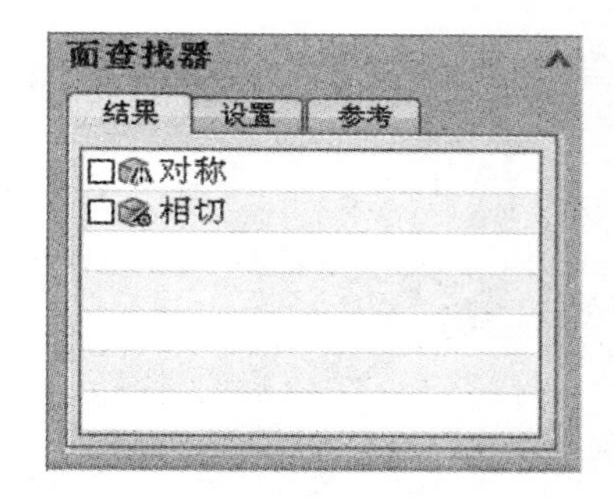

图 11-8　选择相切面

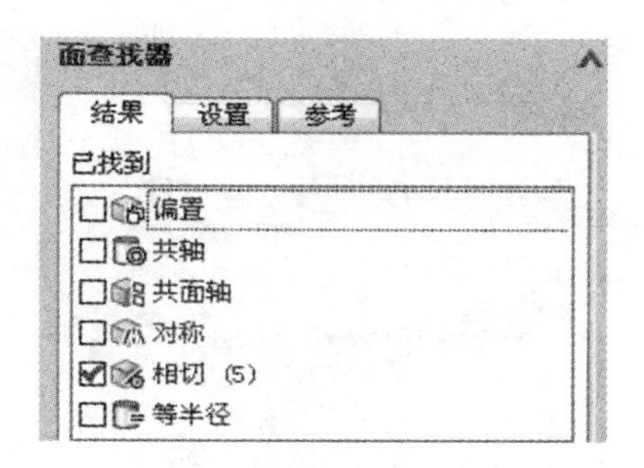

图 11-9　选择共轴面

(5)在【运动】下拉列表中选择【距离】，选择如图 11-10 所示的方向。

(6)单击【确定】按钮，结果如图 11-11 所示。

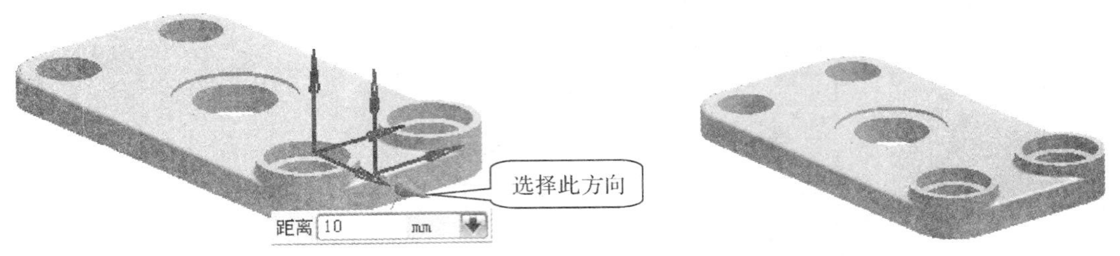

图 11-10　选择移动方向　　　　图 11-11　移动完成图

11.2.2　偏置区域

通过【偏置区域】命令可以在单个步骤中偏置一组面或整个体，并重新生成相邻圆角。

【偏置区域】在很多情况下和【特征】工具条中的【偏置面】效果相同，但碰到圆角时会有所不同，如图 11-12 所示。

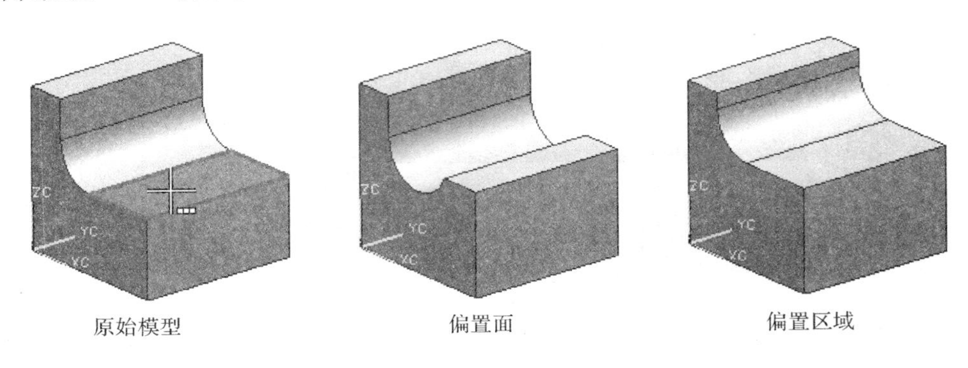

图 11-12　偏置区域命令效果

例 11-2　偏置区域

(1)打开 Offset_Region. prt，并单击【同步建模】工具条上的【偏置区域】命令，弹出【偏置区域】对话框。

(2)选择如图 11-13 所示的三个面，并输入偏置距离为 2。

(3)单击【确定】按钮，结果如图 11-14 所示。

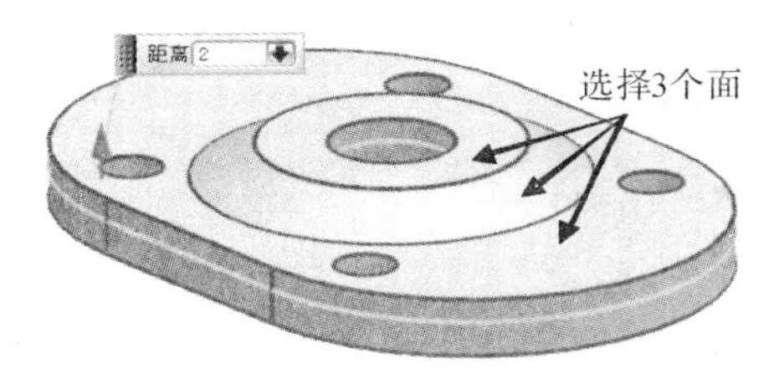

图 11-13　选择偏置面

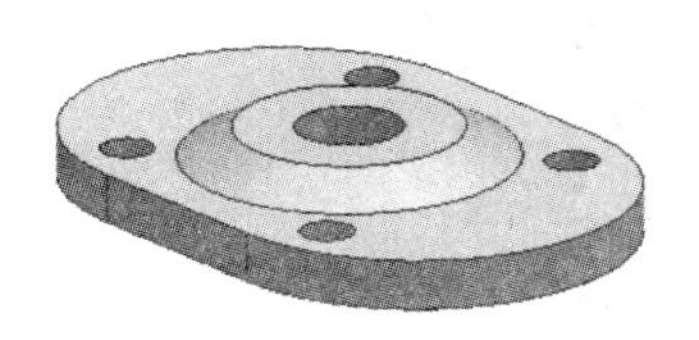

图 11-14　偏置区域实例结果

11.2.3 替换面

使用【替换面】命令可以用一个或多个面代替一组面，并能重新生成光滑邻接的表面。

例 11-3 替换面

(1)打开 Replace_Face. prt，并单击【同步建模】工具条上的【替换面】命令，弹出如图 11-15(a)所示的【替换面】对话框。

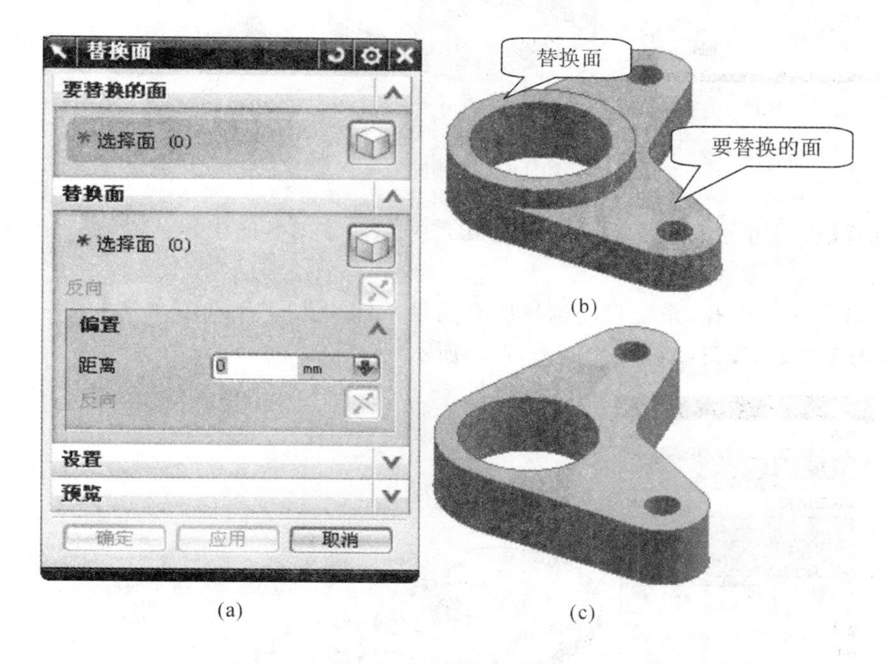

图 11-15 替换面实例

(2)如图 11-15(b)所示，依次选择【要替换的面】和【替换面】。

(3)输入距离值为 0。

(4)单击【确定】按钮，结果如图 11-15(c)所示。

11.2.4 删除面

使用【删除面】命令可删除面，并可以通过延伸相邻面自动修复模型中删除面留下的开放区域，还能保留相邻圆角。

例 11-4 删除面

(1)打开 Delete_Face_1. prt，并单击【同步建模】工具条上的【删除面】命令，弹出如图 11-6(a)所示的【删除面】对话框。

(2)在【类型】下拉列表中选择【面】。

(3)如图 11-6(b)所示，选择筋板上相邻的三个面。

(4)单击【确定】按钮，结果如图 11-6(c)所示。

例 11-5 删除孔

(1)打开 Delete_Face_2. prt，并调用【删除面】工具。

(2)在【类型】下拉列表中选择【孔】。

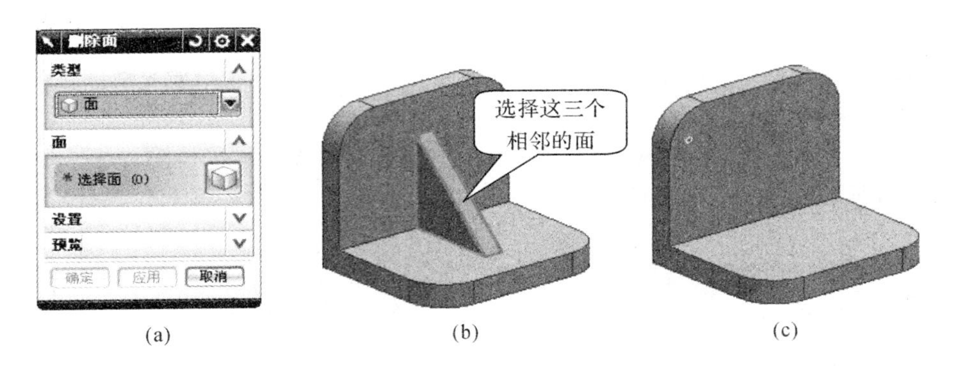

(a) (b) (c)

图 11-16 删除面实例

(3)选择【按尺寸选择孔】复选框，在【孔尺寸<=】文本框中输入“5”，如图 11-17(a)所示。

(4)选择其中一个孔，系统自动选择所有满足条件的孔(共 4 个)，如图 11-17(b)所示。

(5)单击【确定】按钮，结果如图 11-17(c)所示。

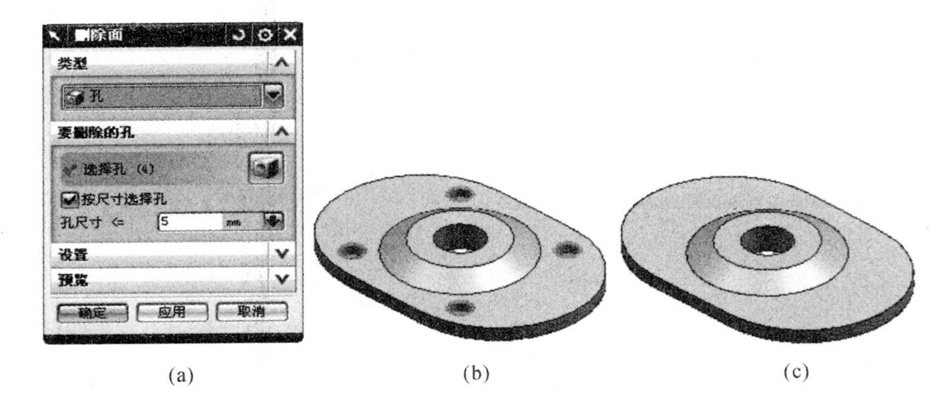

(a) (b) (c)

图 11-17 删除孔实例

11.2.5 调整圆角大小

使用【调整圆角大小】命令可以改变圆角面的半径，而不考虑它们的特征历史记录。

改变圆角大小不能改变实体的拓扑结构，也就是不能多面或者少面，且半径必须大于 0。

需要注意的是，选择的圆角面必须是通过圆角命令创建的，如果系统无法辨别曲面是圆角时，将创建失败。

例 11-6 调整圆角大小

(1)打开 Resize_Blend.prt，并单击【同步建模】工具条上的【调整圆角大小】命令，弹出如图 11-18(a)所示的【调整圆角大小】对话框。

(2)如图 11-18(b)所示，选择圆角面，系统自动显示其半径为 7.5，将其改为 10。

(3)单击【确定】按钮，结果如图 11-18(c)所示。

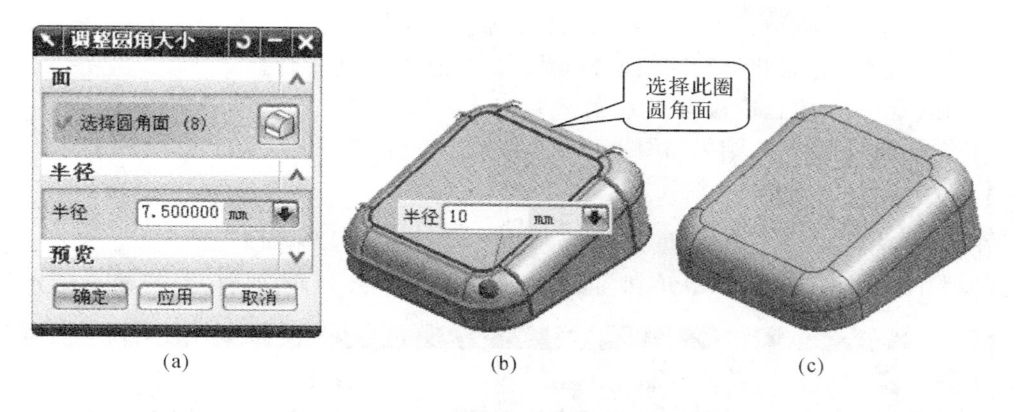

图 11-18　调整圆角大小实例

11.2.6　调整面的大小

使用【调整面的大小】命令可以改变柱面、锥面或球面的直径，并自动更新相邻倒圆面。该命令有如下作用：

- 更改一组圆柱面，使它们具有相同的直径，或相同的半角。
- 更改一组球面，使它们具有相同的直径。
- 更改任意参数，重新创建相连圆角面。

例 11-7　调整面的大小

(1)打开 Resize_Face. prt，并单击【同步建模】工具条上的【调整面的大小】命令，弹出如图 11-19(a)所示的【调整面的大小】对话框。

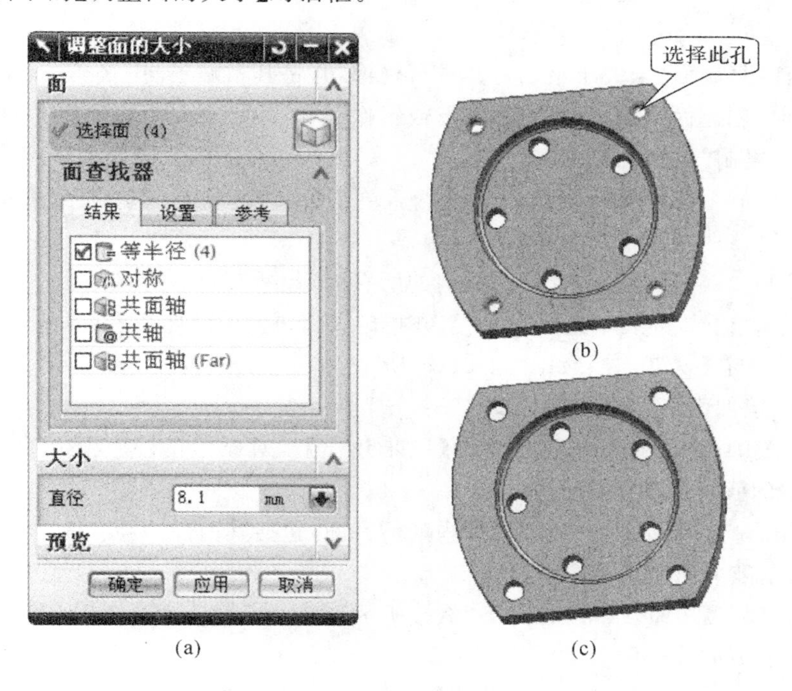

图 11-19　调整面大小实例

(2)选择如图 11-19(b)所示的孔，系统自动选中与其等半径的其余三个孔。若只需选择一个孔，可以在【面查找器】的【结果】选项卡中取消选择【等半径】。

(3)在【直径】文本框中输入 10。

(4)单击【确定】按钮，结果如图 11-19(c)所示。

11.2.7 复制面

在同步建模技术中，如果需要改变面的功能，可以使用【复制面】功能。

【复制面】功能包括复制面、剪切面、粘贴面、镜像面和阵列面，如图 11-20 所示。

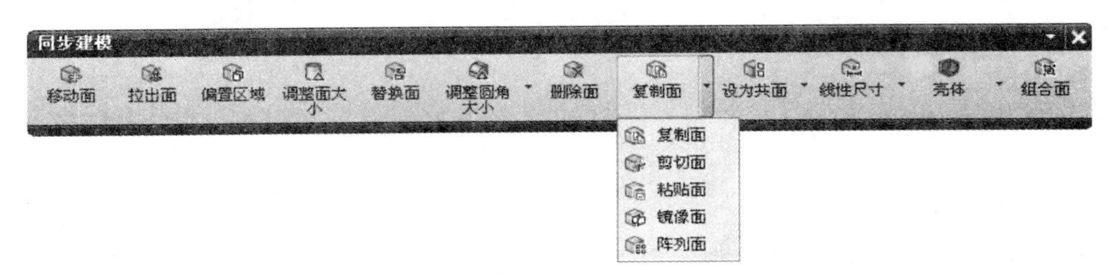

图 11-20 复制面功能

- 复制面：在一个实体中复制一组面，并保持原面组完整无缺。可以将复制的面组粘贴到同一个体或不同体中。
- 剪切面：从实体中复制一组面，然后从实体中删除那些面，并修复留在模型中的开口区。此命令是复制与删除的组合。
- 粘贴面：粘贴一个面组到目标体上。本质上说，这是一个布尔运算，其中的片体与另一实体结合。
- 镜像面：复制面集，关于平面对其进行镜像，并将其粘贴到同一个实体或片体中。
- 阵列面：创建面或面集的矩形、圆形或镜像图样，并将它们添加到实体上。

例 11-8 复制与粘贴面

(1)打开 Copy_and_Paste_Faces. prt，然后单击【同步建模】工具条上的【复制面】命令，弹出如图 11-21(a)所示的【复制面】对话框。

(2)如图 11-21(b)所示，选择矩形框内的所有面，包括其内部的圆孔面。

(3)在【运动】下拉列表中选择【距离】，并指定矢量方向，在【距离】文本框中输入 14。

(4)单击【确定】按钮，结果如图 11-21(c)所示。

例 11-9 镜像面

(1)打开 Mirror_Face. prt，然后单击【同步建模】工具条上的【镜像面】命令，弹出如图 11-22(a)所示的【镜像面】对话框。

(2)如图 11-22(b)所示，选择矩形框内的所有面，包括其内部的圆孔面。

(3)选择基准平面作为镜像平面。

(4)单击【确定】按钮，结果如图 11-22(c)所示。

例 11-10 矩形阵列面

(1)打开 Pattern_Face. prt，然后单击【同步建模】工具条上的【阵列面】命令，弹出如图 11-23(a)所示的【阵列面】对话框。

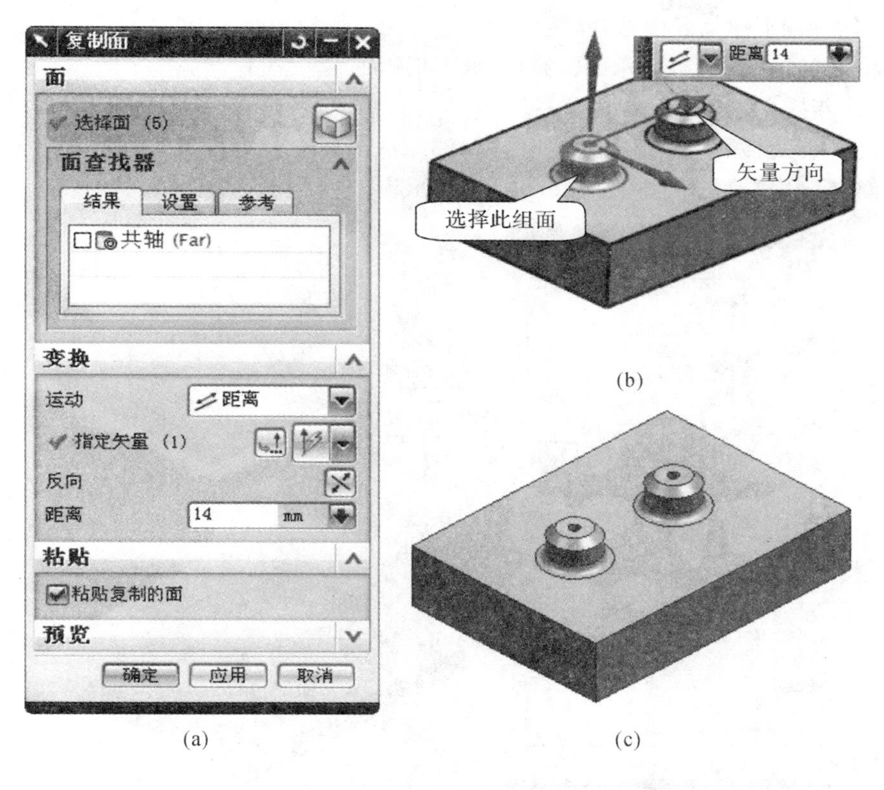

(a) (b) (c)

图 11-21 复制与粘贴面实例

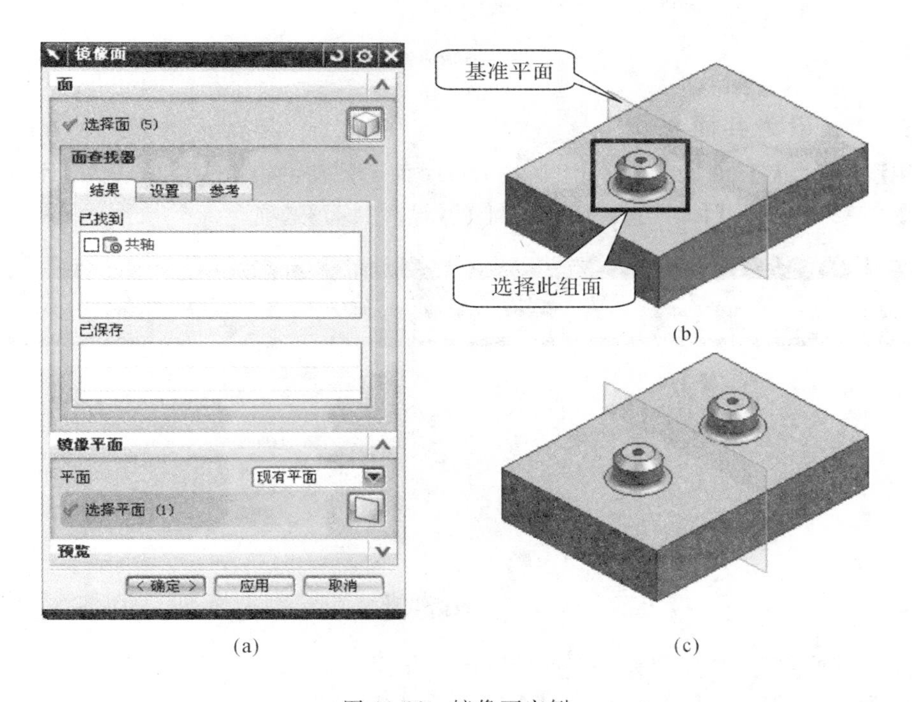

(a) (b) (c)

图 11-22 镜像面实例

(2)在【类型】下拉列表中选择【矩形阵列】。
(3)选择如图 11-23(b)所示的圆台的顶面和侧面。
(4)依次指定 X 向矢量和 Y 向矢量。
(5)在【阵列属性】选项区中输入如图 11-23(a)所示的参数。
(6)单击【确定】按钮，结果如图 11-23(c)所示。

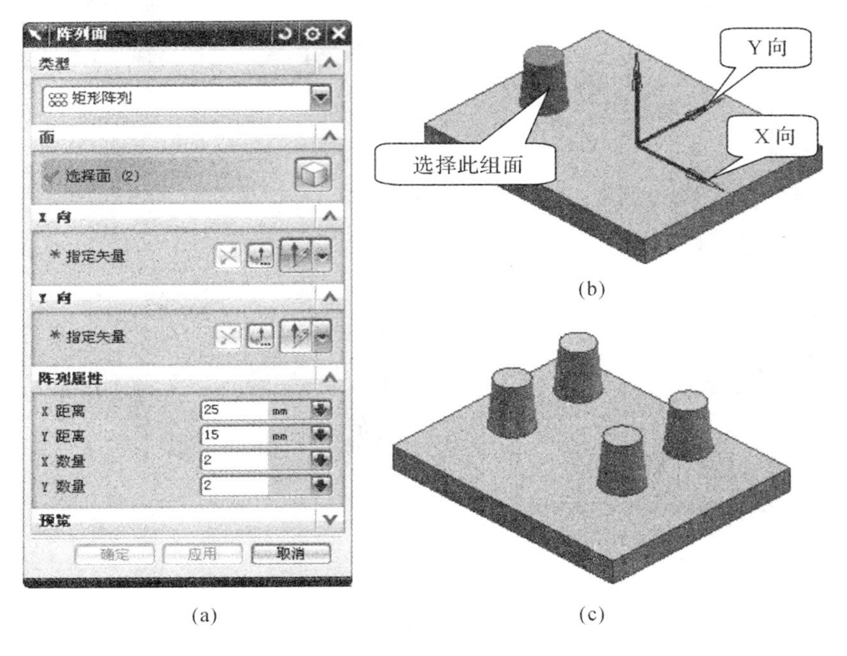

(a) (b) (c)

图 11-23 矩形阵列面实例

11.2.8 设为共面

利用【设为共面】命令可以通过添加与另一个面的几何约束，来移动选择的面。如图 11-24 所示为【同步建模】工具条上的【设为共面】选项。

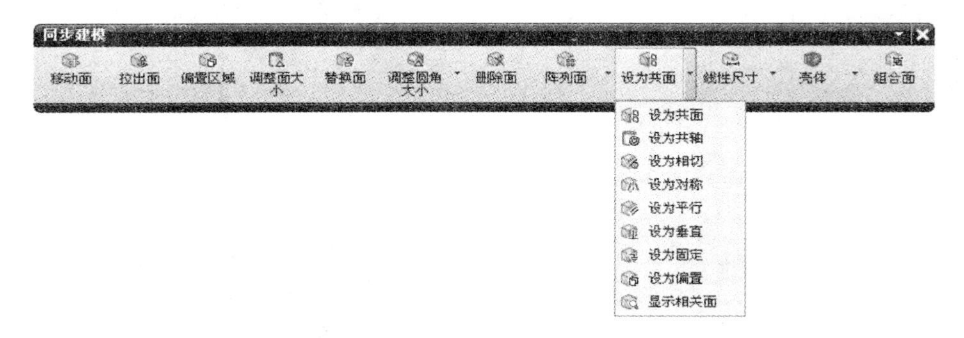

图 11-24 设为共面选项

- 设为共面：使一个面与另一个面或基准面共面。
- 设为共轴：使一个面的轴与另一个面的轴或基准轴同轴。
- 设为相切：使一个面与另一个面或基准面相切。

- 设为对称：依据对称平面使一个面成为另一个面的对称面。
- 设为平行：使一个平面平行于另一个平面或基准面。
- 设为垂直：使一个平面垂直于另一个平面或基准面。

例 11-11 设为相切和共轴

(1)打开 Make_Tangent_and_Coaxial.prt。

(2)设为相切。

①单击【同步建模】工具条上的【设为相切】命令，弹出如图 11-25(a)所示的对话框。

②如图 11-25(c)所示，依次选择【运动面】和【固定面】，并选择【面查找器】中的【对称】复选框。

③如图 11-25(b)所示，选择【通过点】。

④单击【确定】按钮，结果如图 11-25(d)所示。

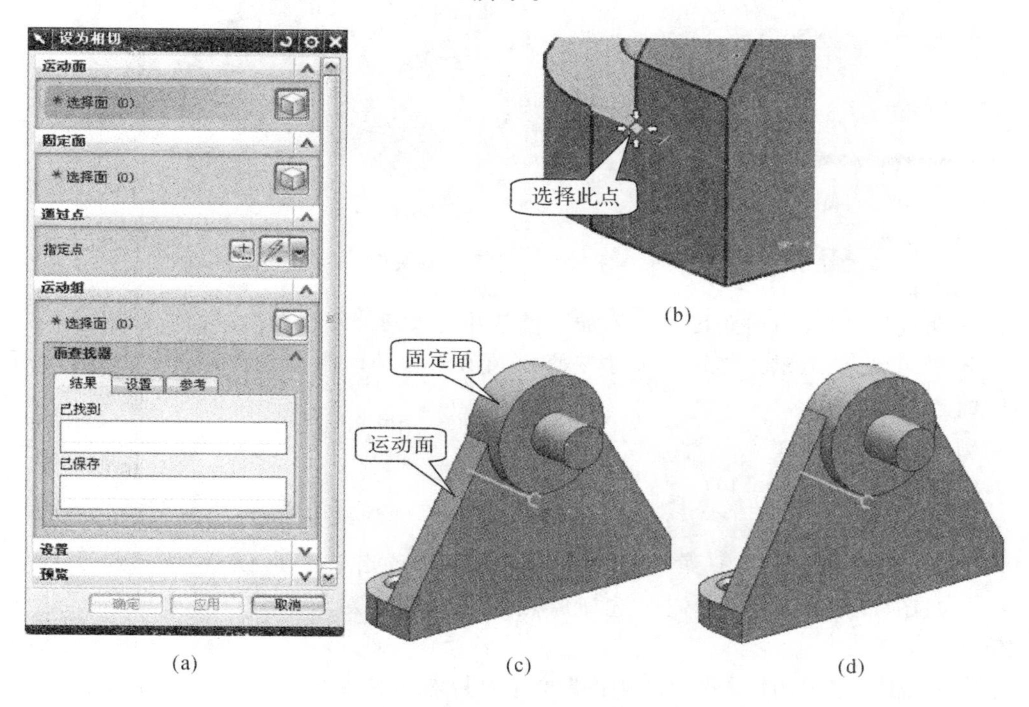

(a) (b) (c) (d)

图 11-25 设为相切实例

(3)设为共轴

①单击【同步建模】工具条上的【设为共轴】命令，弹出如图 11-26(a)所示的对话框。

②如图 11-26(b)所示，依次选择【运动面】和【固定面】，并在【面查找器】中选择【共轴】复选框。需要注意的是，这里的【固定面】是基准轴。

③单击【确定】按钮，结果如图 11-26(d)所示。

11.2.9 尺寸

类似于【草图】中的尺寸约束，不同的是【草图】驱动的对象是曲线，而【同步建模】驱动的对象是面。

- 线性尺寸：通过将线性尺寸添加至模型并修改其值来移动一组面。

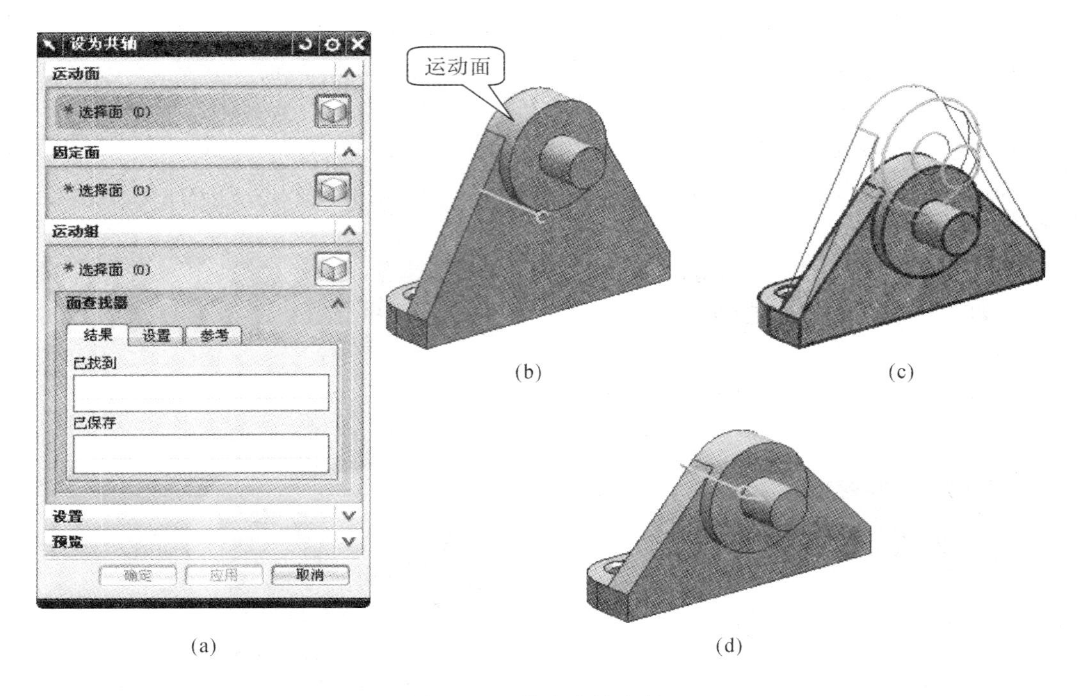

(a) (b) (c) (d)

图 11-26 设为共轴实例

- 角度尺寸：通过将角度尺寸添加至模型并更改其值来移动一组面。
- 径向尺寸：通过添加径向尺寸并修改其值来移动一组圆柱面或球面，或者具有圆周边的面。

例 11-12 尺寸

(1)打开 Dimension. prt。

(2)线性尺寸。

①单击【同步建模】工具条上的【线性尺寸】命令，弹出如图 11-27(a)所示的对话框。

②如图 11-27(b)所示，依次选择原点对象和测量对象。原点对象就是固定不动的对象。

③单击【要移动的面】选项区中的【选择面】，然后选择如图 11-27(b)所示的两个共面的面。

④单击【位置】选项区中的【指定位置】，然后将尺寸放置在合适的位置，并将尺寸值改为 15。

⑤单击【确定】按钮，结果如图 11-27(c)所示。

(3)角度尺寸

①单击【同步建模】工具条上的【角度尺寸】命令，弹出如图 11-28(a)所示的对话框。

②如图 11-28(b)所示，依次选择原点对象和测量对象。

③单击【要移动的面】选项区中的【选择面】，然后选择如图 11-28(b)所示的移动面，并在【面查找器】选项组中选择【对称】和【共面】复选框。

④单击【位置】选项区中的【指定位置】，然后将尺寸放置在合适的位置，并将尺寸值改为 75

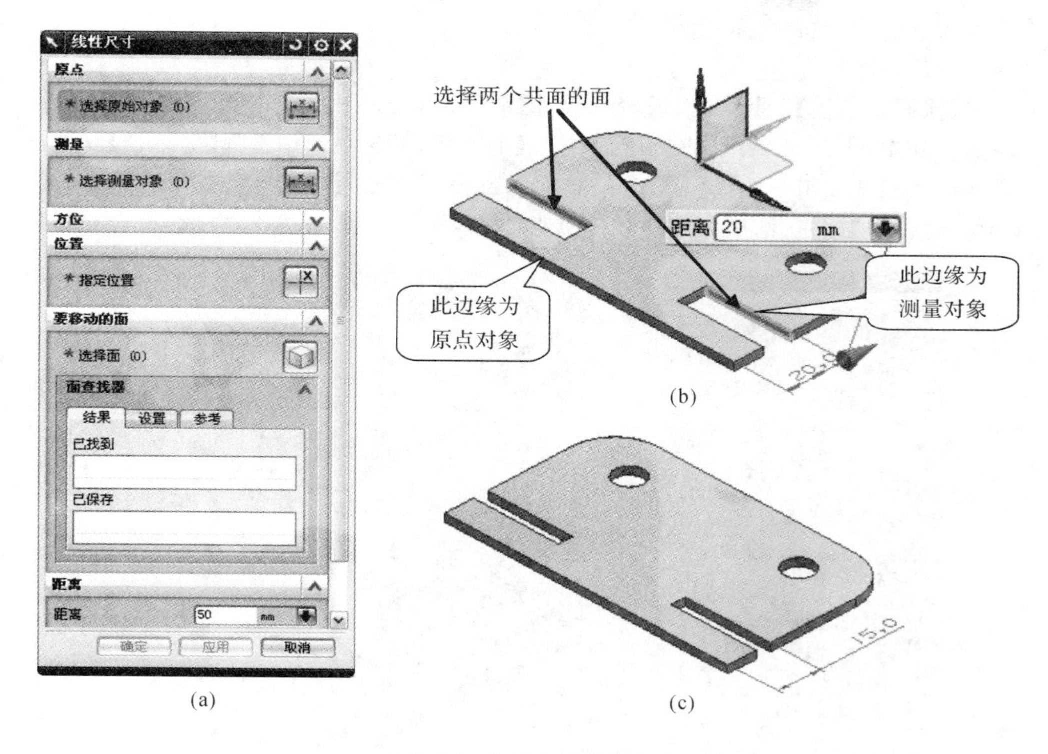

图 11-27　线性尺寸标注实例

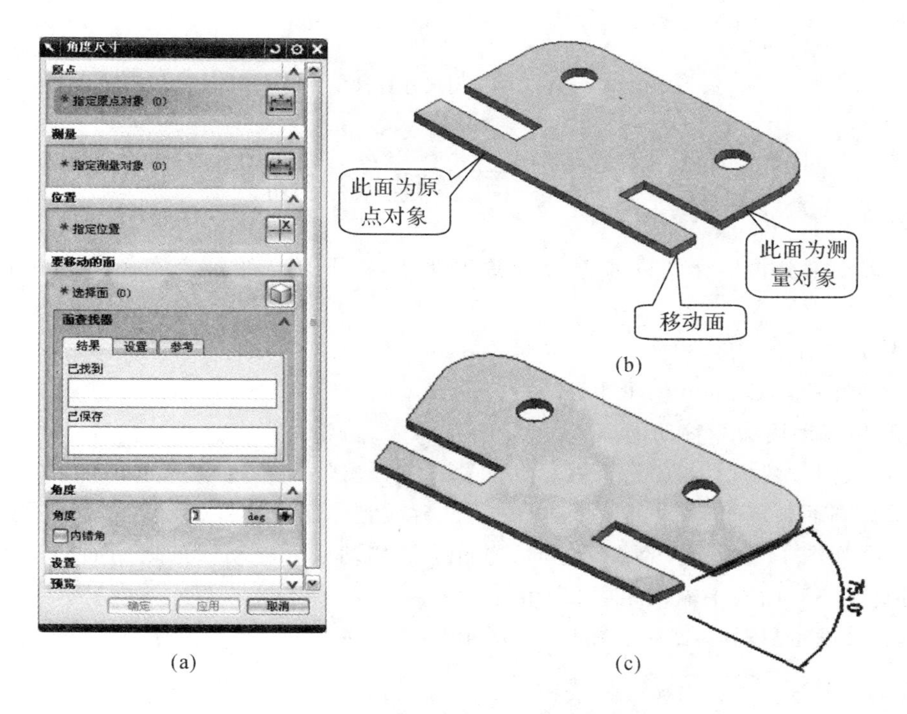

图 11-28　角度尺寸标注实例

⑤单击【确定】按钮，结果如图 11-28(c)所示。

(4)径向尺寸

①单击【同步建模】工具条上的【径向尺寸】命令，弹出如图 11-29(a)所示的对话框。

②选择如图 11-29(b)所示的圆孔面，并在【面查找器】选项组中选择【等半径】复选框。

③在【大小】选项组中选择【直径】单选按钮，并输入直径为 15。

④单击【确定】按钮，结果如图 11-29(c)所示。

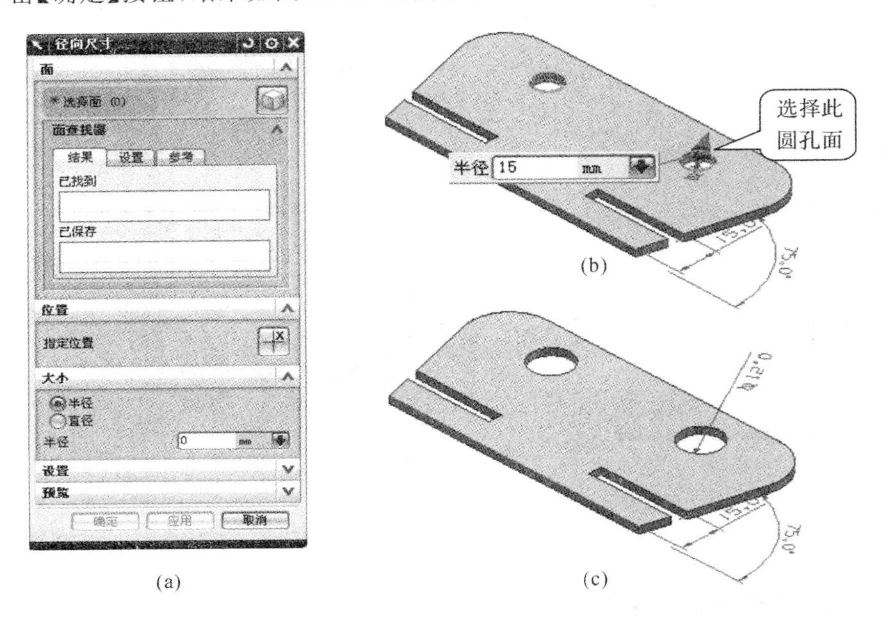

(a) (b) (c)

图 11-29 径向尺寸标注实例

11.3 同步建模实例

本章前面部分主要介绍同步建模的常用功能，接下来介绍一个实例来巩固前面所学内容。

1. 打开文件

打开文件 Synchronous_Modeling.prt。

2. 利用移动面命令移动圆环

1)单击【同步建模】工具条上的【移动面】命令，弹出【移动面】对话框。

2)选择圆环顶部平面并单击右键，选择【凸台或腔体面】选项，如图 11-30 所示。

3)选择如图 11-31 所示的移动方向，通过手柄移动或者转动所选取的面实现预期的效果，也可直接在对话框中输入距离 27 和角度 10。

4)单击【确定】按钮，结果如图 11-32 所示。

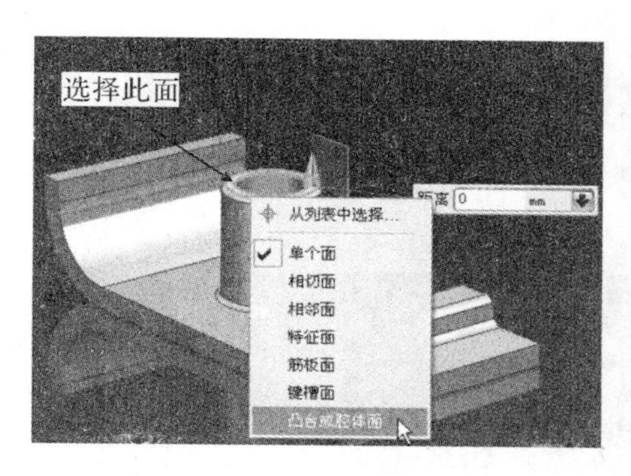

图 11-30　选择移动对象

图 11-31　输入移动方向和参数

3. 再次移动面

1)单击【同步建模】工具条上的【移动面】命令。

2)先在选择条上的【面规则】中选择【单个面】,然后选择圆环顶部平面,沿默认方向移动 9mm。

3)单击【确定】按钮,结果如图 11-33 所示。

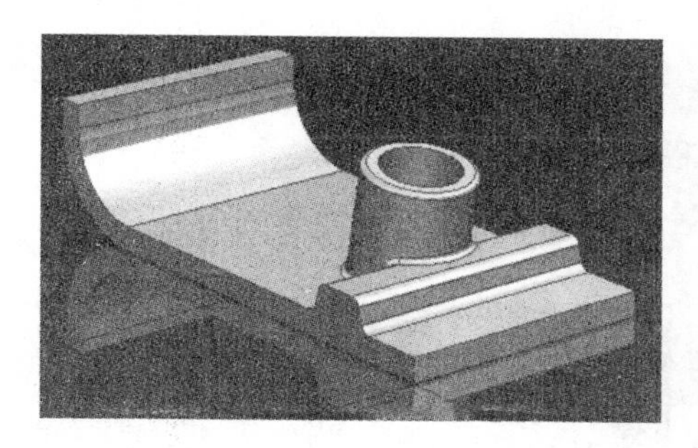

图 11-32　移动圆环结果

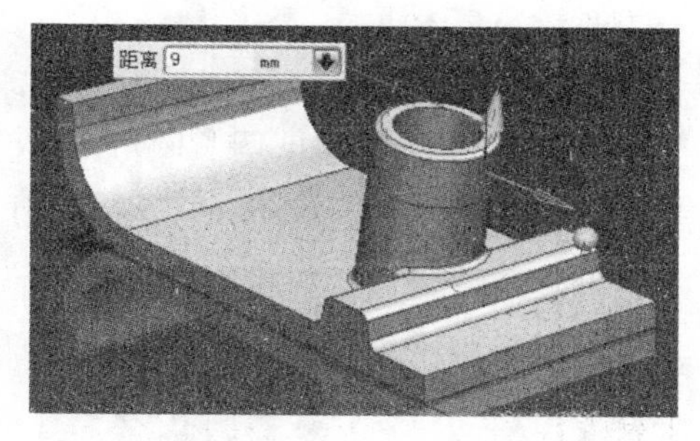

图 11-33　再次移动面结果

4. 利用角度尺寸移动面

1)单击【同步建模】工具条上的【角度尺寸】命令。

2)如图 11-34 所示,分别选取底部和侧面的边缘作为【指定原点对象】和【指定测量对象】,单击 MB1 确定角度尺寸放置的位置。

3)选取需要移动的面,然后移动手柄或者在【角度】文本框中输入 139。

4)单击【确定】按钮,结果如图 11-35 所示。

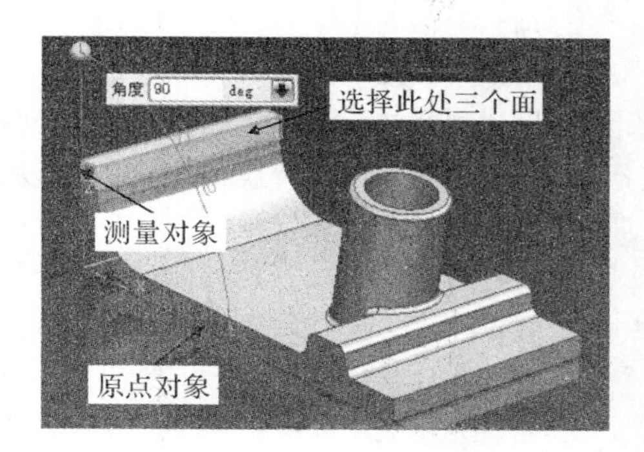

图 11-34　选取指定原点对象和测量对象

图 11-35　利用角度尺寸移动面实例结果

5. 调整圆环内表面的大小

1)单击【同步建模】工具条上的【调整面的大小】命令。

2)选择圆环的内表面,并在【角度】文本框中输入 139。

3)单击【确定】按钮,结果如图 11-36 所示。

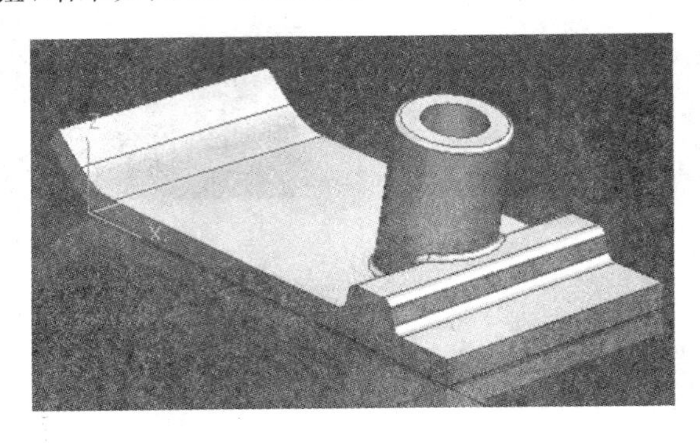

图 11-36 调整圆环内表面大小结果

6. 调整圆角大小

1)单击【同步建模】工具条上的【调整圆角大小】命令。

2)选择图 11-37 所示的四个圆角面,并在【半径】文本框中输入 3。

3)单击【确定】按钮,结果如图 11-38 所示。

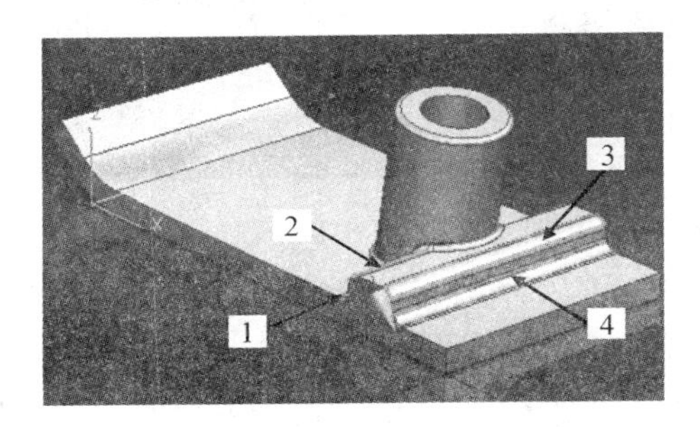

图 11-37 选择圆角面

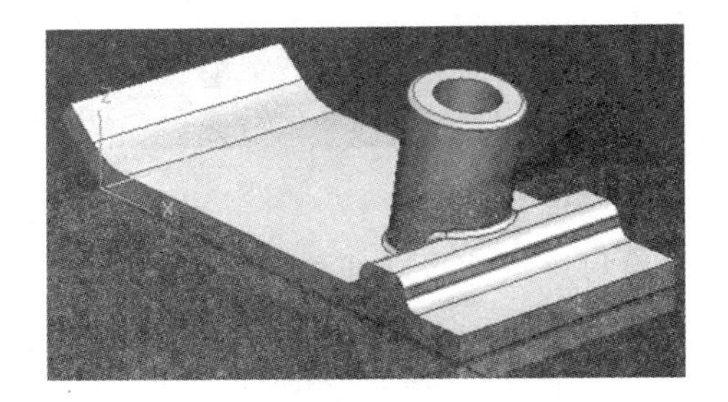

图 11-38 调整圆角大小结果

11.4 本章小结

本章首先简要地介绍了 UG NX 的建模模式和同步建模技术,然后详细地描述了同步建模相关命令的功能及其应用实例,主要内容包括移动面、偏置区域、替换面、删除面、复制面、设为共面、尺寸等,最后通过一个综合实例来巩固所学的内容。

11.5 思考与练习

1. 在使用【建模】模块时,有哪两种建模模式? 各自的特点是什么?
2. 简述同步建模的特点、作用及适用范围。

3. 有哪些常用的同步建模功能？简述各自的操作方法。

4. 打开 Synchronous_EX_1. prt，如图 11-39 所示，参照光盘中的综合实例“独立于历史的同步建模实例”，完成该练习。

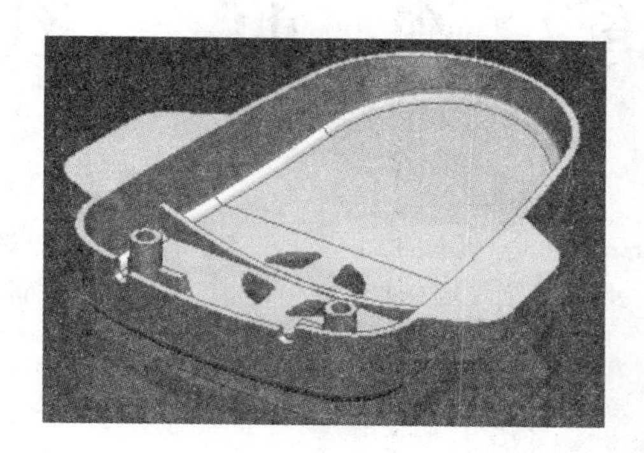

图 11-39　独立于历史的同步建模实例练习部件

5. 打开 Synchronous_EX_2. prt，如图 11-40 所示，练习同步建模的各种功能。

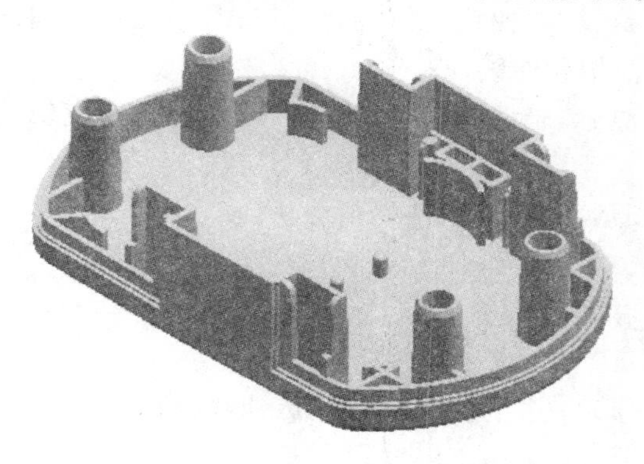

图 11-40　同步建模各功能练习部件

第12章 曲线

曲线是构建实体特征，特别是构建曲面特征的基础。本章主要介绍 UG NX 中常用的曲线工具，包括创建曲线、曲线操作、编辑曲线及曲线分析四个方面的内容。

本章学习目标

- 掌握直线和圆弧的绘制方法；
- 掌握生成曲线的常用工具：基本曲线、直线和圆弧、点集、样条、曲线倒斜角、矩形、多边形、椭圆、一般二次曲线、规则曲线；
- 掌握曲线操作工具：偏置曲线、桥接曲线、连接曲线、投影曲线、相交曲线、组合投影、截面曲线、抽取曲线、在面偏置曲线；
- 掌握编辑曲线工具：编辑曲线参数、修剪曲线、修剪角、编辑圆角分割曲线、编辑曲线长度；
- 掌握曲线分析工具：曲率梳分析、峰值分析、拐点分析。

12.1 概 述

曲线工具按功能可分为三类：创建曲线工具、曲线操作工具以及编辑曲线工具。

1. 创建曲线工具

创建曲线工具用于创建遵循设计要求的点、直线、曲线倒斜角、样条曲线、矩形、多边形、椭圆、圆弧/圆和平面等几何要素。

与创建曲线的工具对应的工具条是【曲线】工具条，如图 12-1 所示。

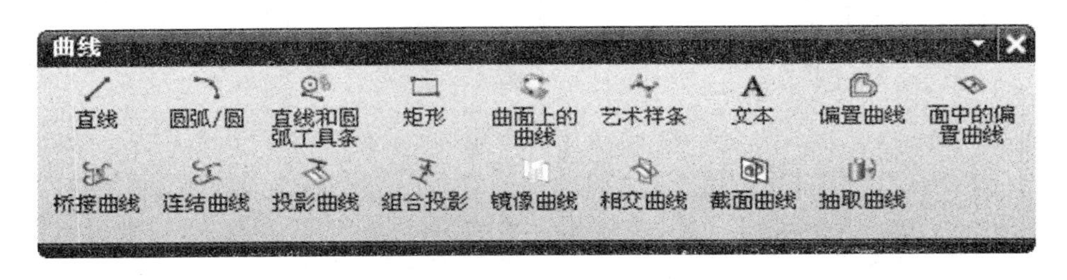

图 12-1 曲线工具条

创建曲线工具所创建的几何曲线通常位于工作坐标 XY 平面上(用捕捉点的方式也可以在空间上画线)，当需要在不同平面上创建曲线时，应先使用坐标系工具：动态 WCS 或者旋转 WCS 和 WCS 原点等可将该平面转换成工作坐标 XY 平面。

---

2. 曲线操作工具

对已存在的几何对象进行相关操作以生成新的曲线，如偏置曲线、桥接曲线、投影曲线、相交曲线、抽取曲线和在面上偏置等。曲线操作工具集成在【曲线】工具条上，如图 12-1 所示。

3. 编辑曲线工具

编辑曲线工具用于编辑修改现有的曲线。【编辑曲线】工具条如图 12-2 所示。

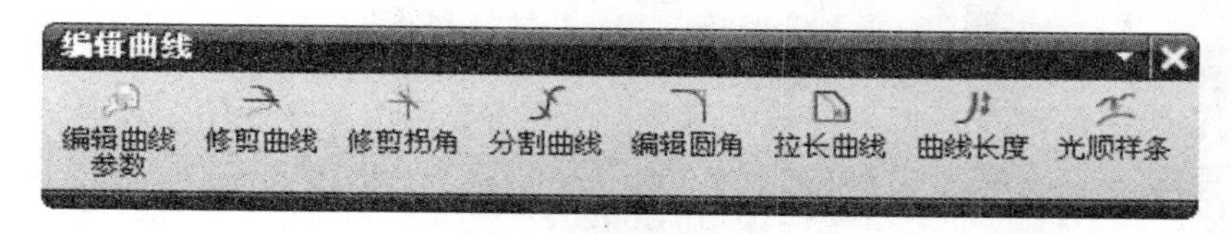

图 12-2　编辑曲线工具条

12.2　创建曲线

12.2.1　基本曲线

使用【基本曲线】命令可以创建非关联的曲线并进行曲线编辑的工具。

单击【插入】|【曲线】|【基本曲线】命令，弹出如图 12-3 所示的对话框。该对话框中各选项含义如下所述。

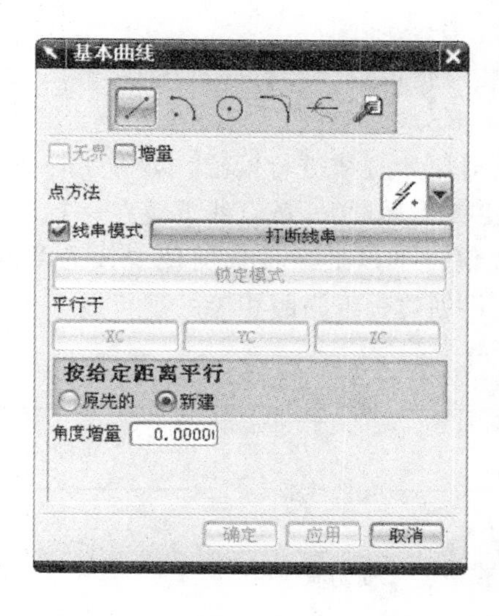

图 12-3　基本曲线命令对话框

● 无界：选中该选项，则所创建的直线是无限长的(实际操作中，无边界线只到达视图的边界)。该选项不能与【线串模式】和【增量】同时使用。

● 增量：通过设置相对于起始点的 XC、YC、ZC 方向的增量来确定终点。设置增量时，需要先按 Tab 键激活【跟踪条】，然后在 XC、YC、ZC 文本框中输入值，输入完成后按回车键确认。增量方式不能与【无界】同时使用。

● 点方法：【点方法】下拉列表中提供选择点或创建点的多种方法。

● 线串模式：选中此选项，则可以连续画线，即前一条直线的结束点作为后一条直线的起始点。单击【打断线串】按钮或按 MB2 可打断连续画线模式。

在连续画线状态下，对话框上默认的按钮是【打断线串】按钮，因此，按 MB2 就相当于单击了【打断线串】按钮。

● 锁定模式：指定直线的起始点后，选择另一条直线(不能选在控制点)，则将只能创建与所选直线平行、垂直或夹一特定角度的直线。通过移动鼠标可以在这三种模式中轮流切换，如图 12-4 所示。在某一模式时，按下 MB2 或单击【锁定模式】按钮(该按钮变成【解开模式】)，即可锁定该模式(例如在平行模式下按 MB2，就可锁定平行模式，移动鼠标也不再出现其他两种模式)。

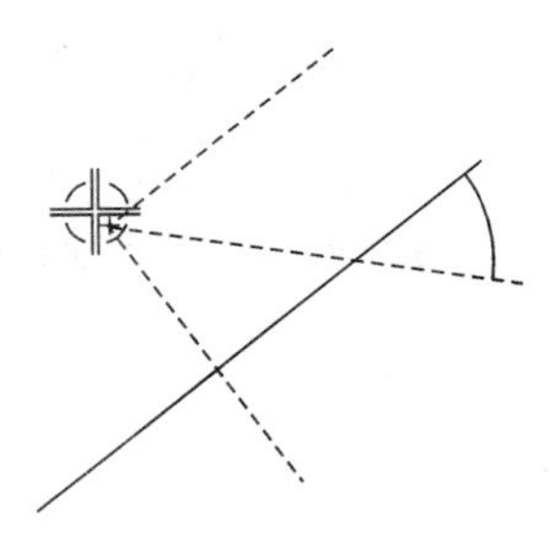

图 12-4 锁定模式

在锁定模式下，对话框的默认按钮是【锁定模式】或【解开模式】，因此按鼠标按键可在锁定模式与解锁模式之间切换。

● 平行于：指定直线的起始点后，单击【平行于】组中的 XC、YC 或 ZC 按钮，即可创建一条平行于 XC、YC、ZC 的直线。

● 按给定距离平行：创建与指定直线平行的直线(常称之为偏置线)。该功能与对话框中的以下参数相关。

● 原先的：该选项下，只对原始直线进行偏置。如图 12-5(a)所示，按 n 次 MB2 或单击【应用】按钮，将创建 n 条偏置直线，但这 n 条直线重叠在一起。

● 新建：该选项下，每次偏置都以最新生成的偏置线为基准。如图 12-5(b)所示，按 n 次 MB2 或单击【应用】按钮，将创建一组间距相等的平行线(n+1 条)。

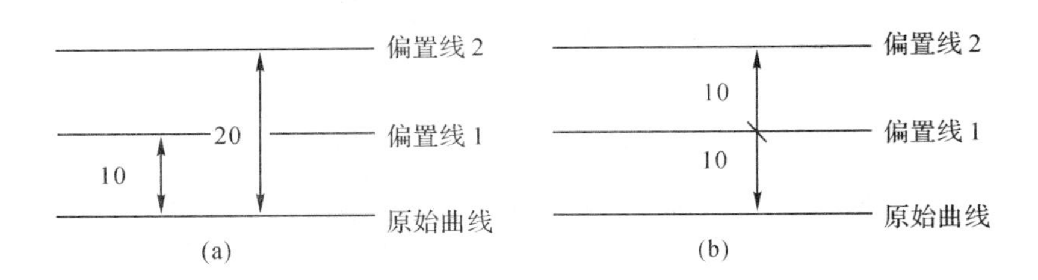

图 12-5 平行于命令

偏置方向是根据光标选择球的十字中心来确定的，即十字中心所在的那一侧就是偏置方向，如图 12-6 所示。

偏置距离是在【跟踪条】中的【偏置距离】文本框输入的。

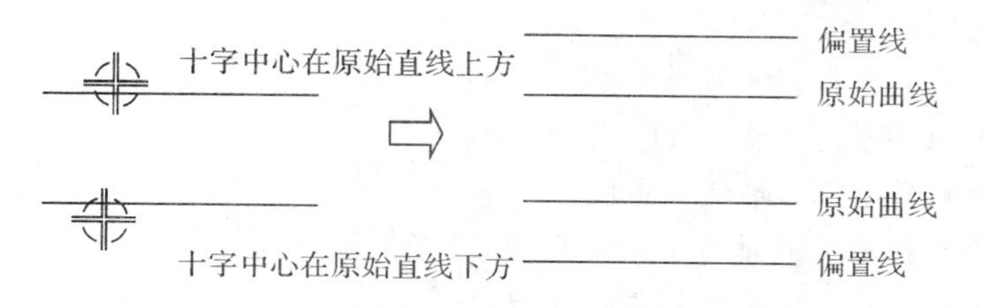

图 12-6　十字中心自动偏置方向

- 角度增量：若设置了角度增量值（在【角度增量】文本框中输入不为 0 的数，并按回车键确认），则系统会以指定的角度增量创建直线。如角度增量设置为 90°，则直线的斜角只能是 0°、90°、180°、270°，如图 12-7 所示。

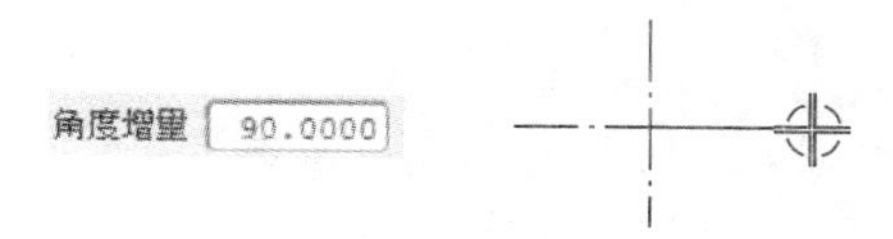

图 12-7　角度增量

要解除角度增量方式，只需在【角度增量】文本框中输入 0，然后按回车键确认。

- 备选解：创建圆弧时，会出现【备选解】按钮。创建当前所预览的圆弧的补弧。
- 跟踪条：在创建或编辑直线、圆弧和圆时，主界面的底部还会出现【跟踪条】，如图 12-8、图 12-9 所示。

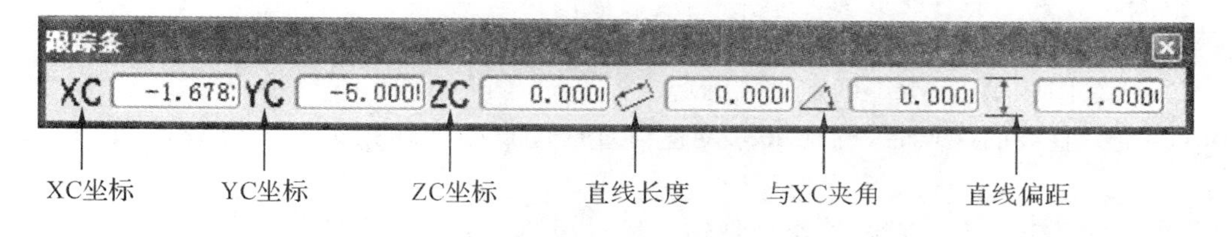

图 12-8　跟踪条 1

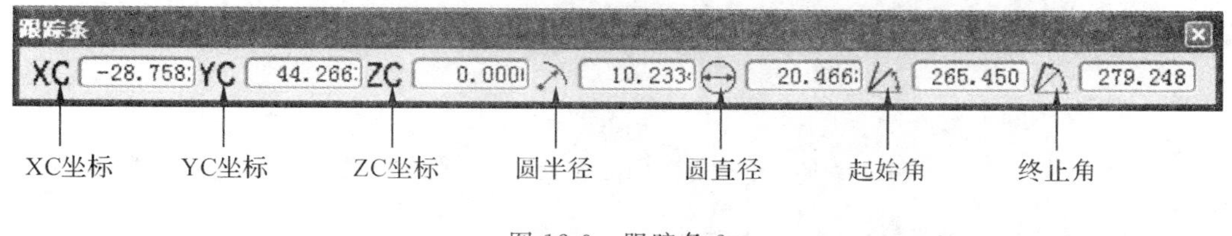

图 12-9　跟踪条 2

【基本曲线】对话框中包括 4 种曲线创建工具（直线、圆弧、圆和圆角）和 2 种曲线编辑工具（修剪和编辑曲线参数），曲线编辑工具将在本章后面小节中另作详解。接下来将简要介绍曲线创建工具。

1. 创建直线

通过【基本曲线】对话框创建直线的方法共有 13 种。

1)在两点之间。

2)通过一个点并且保持水平或竖直。

3)通过一个点并平行于 XC、YC 或 ZC 轴。

4)通过一个点并与 XC 轴成一角度。

5)通过一个点并平行或垂直于一条直线，或者与该直线成一角度。

6)通过一个点并与一条曲线相切或垂直。

7)与一条曲线相切并与另一条曲线相切或垂直。

8)与一条曲线相切并与另一条直线平行或垂直。

9)与一条曲线相切并与另一条直线成一角度。

10)两直线夹角的角平分线。

11)两条平行直线的中心线。

12)通过一点并垂直于一个面。

13)按一定距离平行。

例 12-1 在两点之间

(1)调用【基本曲线】工具，在顶部图标中单击【直线】。

(2)在绘图区单击 MB1 确定直线的起点。

(3)移动光标到另一位置，单击 MB1 确定直线的终点，即可完成直线的创建。

为了更精确地确定直线的端点位置，可以在图 12-8 所示的跟踪条中输入两端点的坐标值。

例 12-2 过一点并保持水平或竖直

(1)调用【基本曲线】工具，在顶部图标中单击【直线】。

(2)在绘图区单击 MB1 确定直线的起点。

(3)定义直线的终点时，确保鼠标位置与直线起点的连线接近水平或竖直，如图 12-10 所示。

(4)单击 MB1 创建直线，系统会把该直线自动捕捉为水平或竖直。

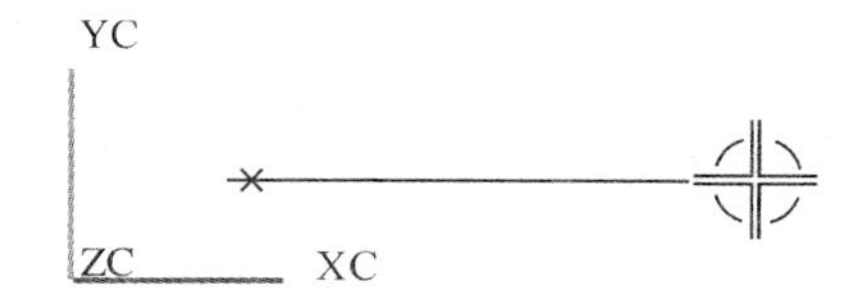

图 12-10 过一点并保持水平或竖直直线实例

例 12-3 通过一个点并平行于 XC 轴

(1)调用【基本曲线】工具，在顶部图标中单击【直线】。

(2)在绘图区单击 MB1 确定直线的起点。

(3)单击【平行于】组中的 XC。

(4)在绘图区移动光标，视图中将出现一条平行于 XC 轴且随光标移动而伸缩的直线，如图 12-11 所示。

(5)单击 MB1 确定直线的终点,即可创建一条平行于 XC 轴的直线,也可在图 12-8 所示的跟踪条中的【直线长度】文本框中输入长度值以确定终点。

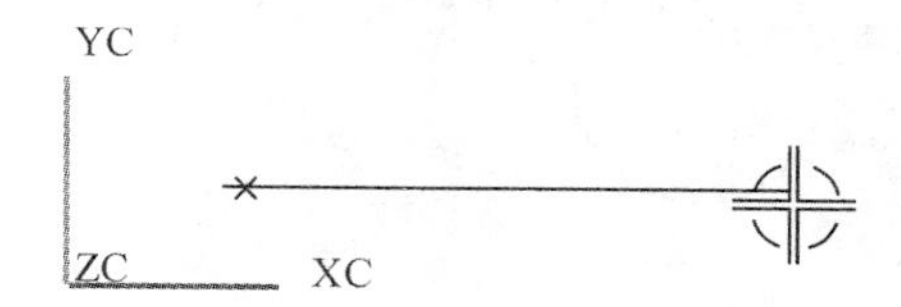

图 12-11　过一点并平行于 XC 轴直线实例

例 12-4　通过一点并与 XC 轴成一角度的直线

(1)调用【基本曲线】工具,在顶部图标中单击【直线】。

(2)在绘图区单击 MB1 确定直线的起点。

(3)将光标置于跟踪条的【与 XC 夹角】文本框中输入角度(如 45),然后按下 Tab 键。

(4)移动光标,在绘图区中将生成一条与 XC 轴成指定角度的直线,并且直线的终点随光标的移动而移动。

(5)单击 MB1 确定直线的终点,完成直线的创建。

例 12-5　通过一个点并平行或垂直于一条直线,或者与该直线成一角度

(1)调用【基本曲线】工具,在顶部图标中单击【直线】。

(2)在绘图区单击 MB1 确定直线的起点。

(3)选择参考直线,注意不要选中它的控制点。

(4)移动光标,系统将根据光标的位置判断创建模式,可以在【状态栏】预览创建模式。如图 12-12 所示为"平行"模式,如图 12-13 所示为"垂直"模式,如图 12-14 所示为"角度"模式,角度值为跟踪条中【与 XC 夹角】文本框中的角度值。

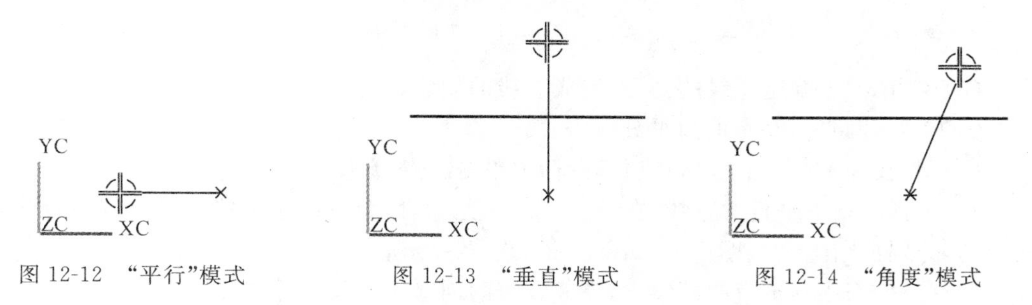

图 12-12　"平行"模式　　图 12-13　"垂直"模式　　图 12-14　"角度"模式

(5)单击 MB1 确定直线的终点,完成直线的创建。

例 12-6　通过一个点并与一条曲线相切或垂直

定义直线的起点,在选择参考曲线,根据光标所在位置的不同,系统将创建平行或垂直于参考曲线的直线。可以在【状态栏】预览创建的模式。具体步骤与【例 12-4】类似。

例 12-7　与一条曲线相切并与另一条曲线相切或垂直

(1)调用【基本曲线】工具,在顶部图标中单击【直线】。

(2)选择第一个圆,在第二个圆上移动光标,系统将根据光标的位置判断创建模式,可以在【状态栏】预览创建模式。如图 12-15 所示为"相切"模式,如图 12-16 所示为"法向"模式,即垂直。

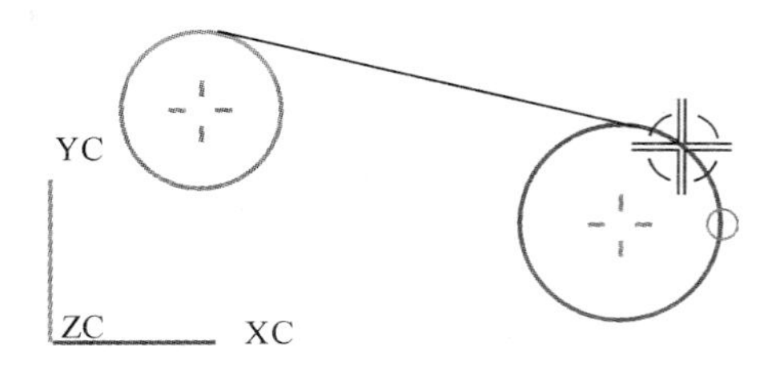

图 12-15 “相切”模式

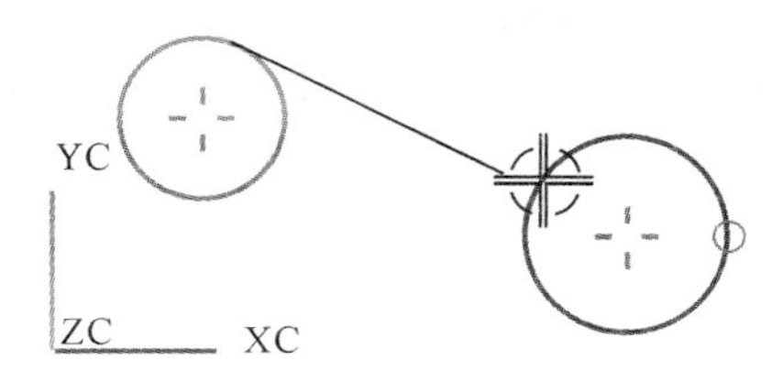

图 12-16 “法向”模式

(3)单击 MB1 确定直线的终点，完成直线的创建。

例 12-8 与一条曲线相切并与另一条直线平行、垂直或成角度

(1)调用【基本曲线】工具，在顶部图标中单击【直线】。

(2)选择一个圆，注意不要选中它的控制点。

(3)选择一条直线，注意不要选中它的控制点。

(4)移动光标，系统将根据光标的位置判断创建模式，可以在【状态栏】预览创建模式。如图 12-17、图 12-18、图 12-19 所示分别为“平行”、“垂直”、“成角度”模式。

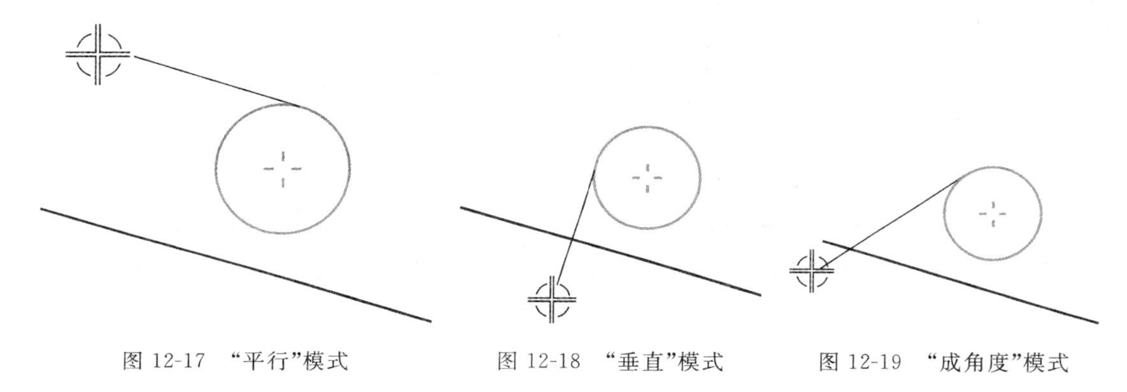

图 12-17 “平行”模式　　图 12-18 “垂直”模式　　图 12-19 “成角度”模式

(5)单击 MB1 确定直线的终点，完成直线的创建。

例 12-9 两直线夹角的角平分线

(1)调用【基本曲线】工具，在顶部图标中单击【直线】。

(2)选择两条不平行的直线，在绘图区移动光标时，会有四条可能的平分线以橡皮筋方式拖动，分别如图 12-20、图 12-21、图 12-22、图 12-23 所示。

(3)单击 MB1 确定直线的终点，完成直线的创建。

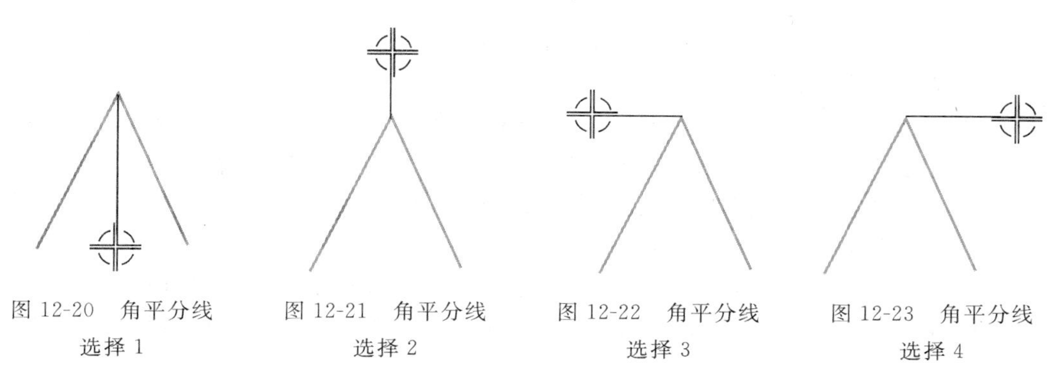

图 12-20 角平分线选择 1　　图 12-21 角平分线选择 2　　图 12-22 角平分线选择 3　　图 12-23 角平分线选择 4

创建角平分线时两直线的交点(或延长线的交点)将成为直线的起点。

例 12-10　两条平行直线的中心线

(1)调用【基本曲线】工具,在顶部图标中单击【直线】。

(2)选择第一条直线,距离所选直线最近的端点决定了新直线的起点。

(3)选择与第一条直线平行的直线,新创建的直线平行于选定的直线,并且位于这两条直线的中间随光标以橡皮筋方式拖动,如图 12-24 所示。

例 12-11　按一定距离平行

(1)调用【基本曲线】工具,在顶部图标中单击【直线】。

(2)取消选择【线串模式】复选框,在【按给定距离平行于】组中选择【新建】单选按钮。

(3)选择一条直线作为基线,在跟踪条的【直线偏置】文本框中输入偏置值,然后按 Enter 键即可,如图 12-25 所示。

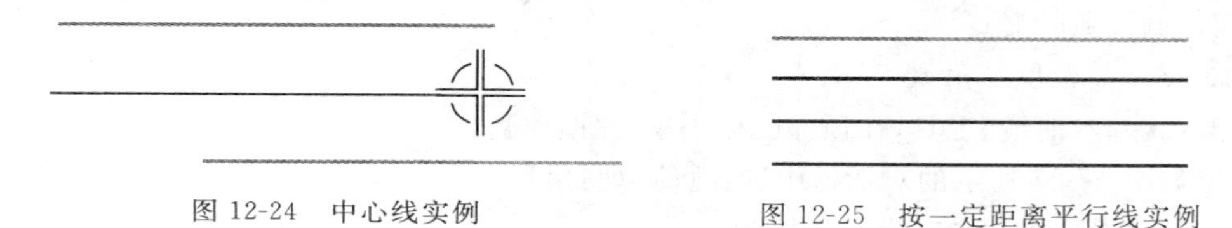

图 12-24　中心线实例　　图 12-25　按一定距离平行线实例

2. 创建圆弧

通过【基本曲线】对话框创建圆弧的方法共有 2 种。

1)起点,终点,圆弧上的点或对象的切点

2)中心,起点,终点

例 12-12　起点,终点,圆弧上的点或对象的切点

(1)调用【基本曲线】工具,在顶部图标中单击【圆弧】。

(2)在绘图区合适的位置单击 MB1 确定圆弧的起点。

(3)在另一处单击 MB2 确定圆弧的终点。

(4)如图 12-26 所示,选择直线(注意不要选中它的控制点),出现橡皮筋预览效果。

(5)单击 MB1,完成圆弧的创建。

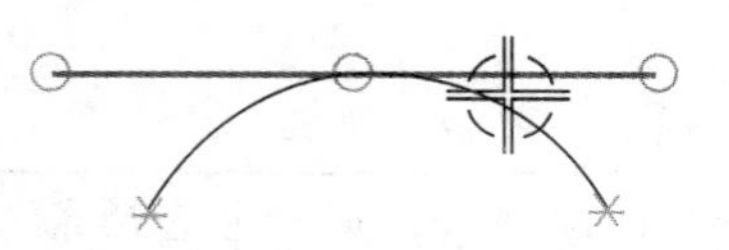

图 12-26　创建圆弧实例

例 12-13　中心,起点,终点

创建方法很简单,与【例 11-12】类似,不过其指定的 3 点依次为圆弧中心、圆弧起点和圆弧终点。

3. 创建圆

通过【基本曲线】对话框创建圆的方法共有 3 种:

1)中心点,圆上的点。

2)中心点,半径或直径。

3)中心点,相切对象。

例 12-14　中心点,半径或直径

(1)调用【基本曲线】工具,在顶部图标中单击【圆】。

(2)在绘图区合适的位置单击 MB1 确定圆心。

(3)在如图 12-9 所示的跟踪条中的【圆半径】或【圆直径】文本框中输入半径值或直径值

(4)按 Enter 键完成圆的创建。

4. 创建圆角

【圆角】工具用于在二条或三条曲线间产生倒圆弧，其对话框如图 12-27 所示。UG NX 提供了三种倒圆角方式：简单倒圆、2 曲线倒圆和 3 曲线倒圆。

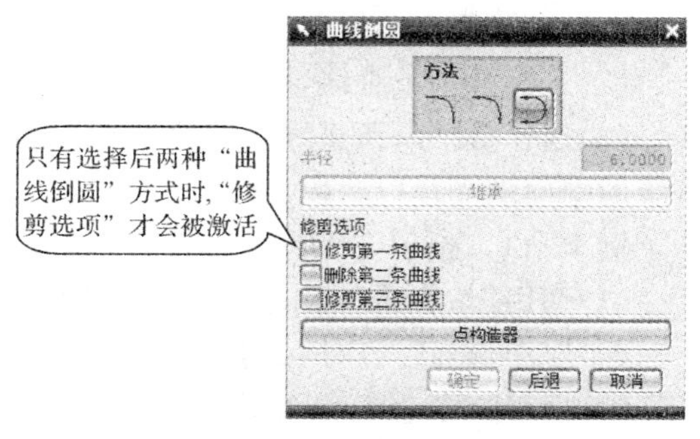

图 12-27　圆角命令对话框

1)简单倒圆

在两条共面的相交直线之间创建倒圆弧。

简单倒圆角只能在两条直线间进行，且形成倒圆角后，参与倒圆角的两条直线会自动裁剪到直线与倒圆弧的交点。

例 12-15　简单倒圆角

(1)调用【基本曲线】工具，在顶部图标中单击【圆角】。

(2)在如图 12-27 所示的对话框中选择【简单圆角】。

(3)在【半径】文本框中输入半径值为 6。

(4)将光标置于两条直线交点附近，单击 MB1，完成圆角的创建。根据光标相对位置的不同，结果也不一样，如图 12-28 所示。

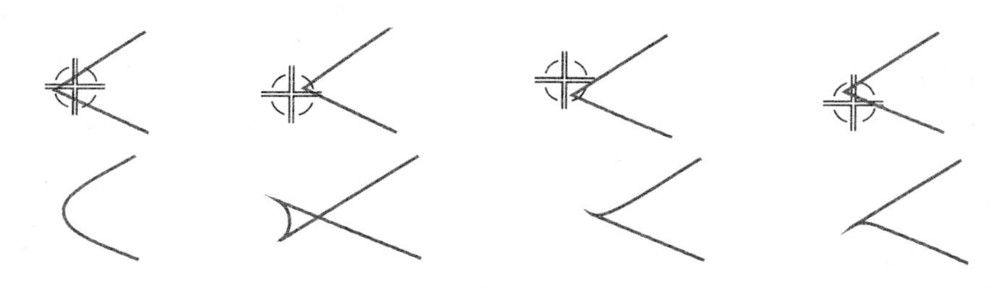

图 12-28　不同类型的简单倒圆角

择球必须同时包含两条直线，否则系统会弹出【错误】提示框。

2)两曲线倒圆

在两条平面曲线(包括点、直线、圆、圆锥曲线和样条线)之间创建倒圆角。两条曲线之间倒圆角时，应以逆时针顺序依次选择第一条曲线和第二条曲线。

例 12-16　在两条平行线的端点间创建圆弧

(1)打开 Curve_Fillet_2. prt，调用【基本曲线】工具，在顶部图标中单击【圆角】。

(2)在如图 12-27 所示的对话框中选择【2 曲线圆角】

(3)在【半径】文本框中输入半径值为 100。

(4)在【修剪选项】组中取消选择两个复选框。

(5)单击图 12-27 所示对话框中的【点构造器】按钮，弹出【点】对话框，然后按逆时针顺序选择两条平行线的端点，如图 12-29(a)所示。

(6)在倒圆角圆心所在的大致位置单击 MB1,结果如图 12-29(b)所示。

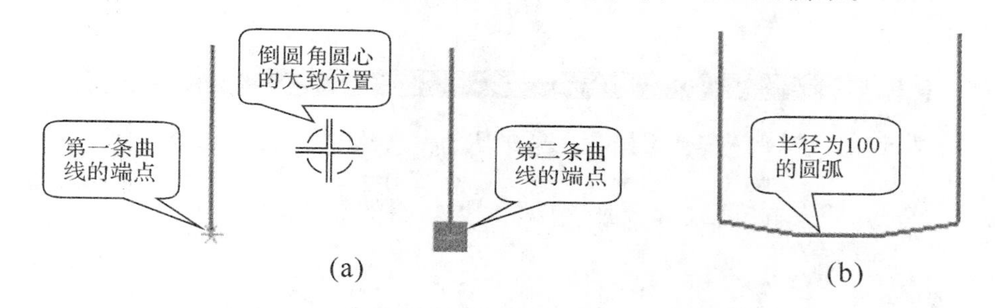

图 12-29 在两条平行线的端点间创建圆弧实例

3)三曲线间倒圆

在三条平面曲线,包括点、直线、圆弧、圆锥曲线或样条线之间创建倒圆弧,倒圆弧是从第一条线到第三条线以逆时针方向生成。

例 12-17 三曲线倒圆角

(1)打开 Curve_Fillet_3. prt,调用【基本曲线】工具,在顶部图标中单击【圆角】。

(2)在如图 12-27 所示的对话框中选择【3 曲线圆角】

(3)在【修剪选项】组中选择所有复选框

(4)按逆时针顺序依次选择第 1、2 条曲线,弹出如图 12-30 所示的对话框。

(5)单击【圆角在圆内】按钮,然后选择第三条曲线,如图 12-31(a)所示。

(6)在倒圆角圆心所在的大致位置单击 MB1,结果如图 12-31(b)所示。

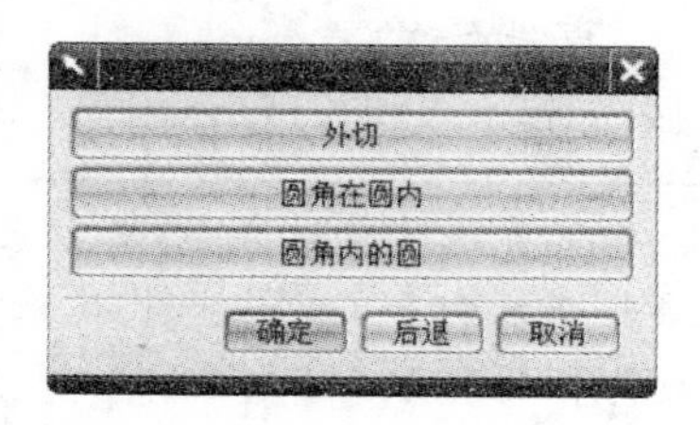

图 12-30 三曲线倒圆对话框

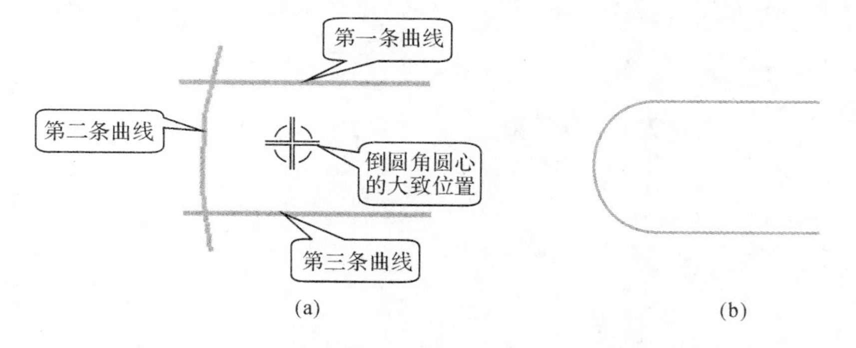

图 12-31 三曲线倒圆角实例

三曲线倒圆时,若三条曲线中有圆弧,系统会弹出一个对话框用于提供额外的信息,对话框如图 12-30 所示。

12.2.2 直线和圆弧

【直线和圆弧】工具条是一个直线和圆弧创建功能很齐全的工具条。

单击【曲线】工具条上的【直线和圆弧工具条】命令，弹出如图 12-32 所示的【直线和圆弧】工具条。

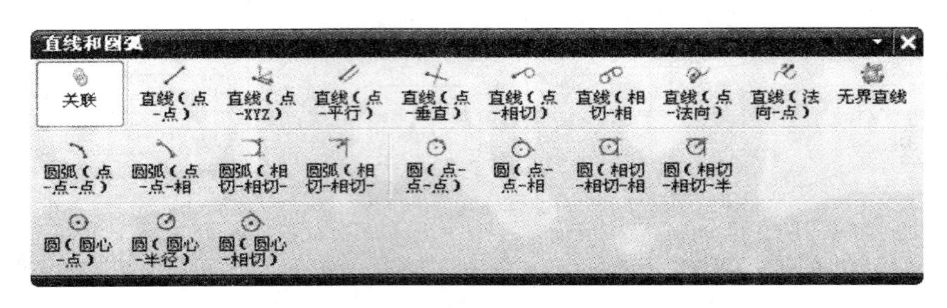

图 12-32　直线和圆弧工具条

1. 关联

选择此选项指定所创建的曲线是一个关联特征。如果更改输入的参数，关联曲线将自动更新。

2. 直线点-点

在指定的两点间绘制一条直线。这两个点可以是光标点、坐标点或特征点。

3. 直线点-XYZ

指定起始点和长度后，创建一条和 X、Y 或 Z 轴平行的直线，如图 12-33 所示。

指定直线的起始点后，移动光标，系统将自动捕捉到与坐标轴平行的方向，包括 X、Y、Z 轴正方向和负方向。长度栏中数值的正负也表明直线的方向，正数为轴的正方向，负数为轴的负方向。

---

4. 直线点-平行

指定起始点和长度后，创建一条与已经直线平行的直线，如图 12-34 所示。

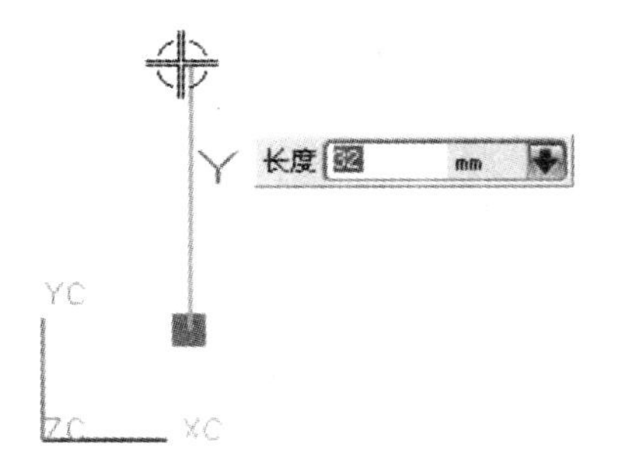

图 12-33　直线点-XY2 平行直线

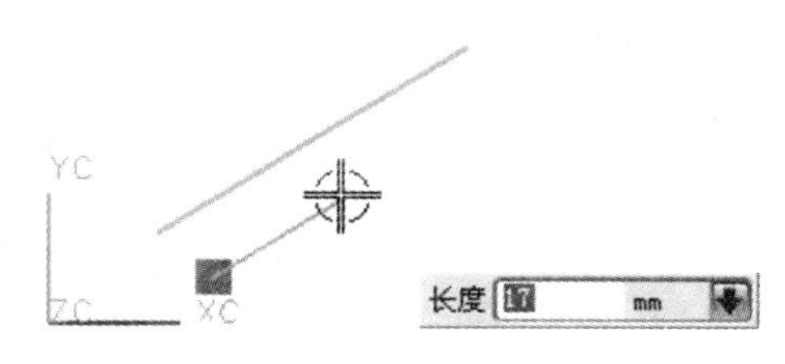

图 12-34　直线点-平行直线

5. 直线点-垂直

指定点为指始点和长度后，创建一条与已知直线垂直的直线。

6. 直线点-相切

指定起始点后，创建一条与已知圆弧/圆相切的直线。

7. 直线相切—相切

创建两条圆弧/圆的公切线。

8. 无界直线

借助当前选定的直线创建方法，创建受视图边界限制的直线。此选项就像切换开关一样工作。

9. 圆弧点-点-点

通过三点绘制一条圆弧。

10. 圆弧点-点-相切

根据所指定的圆弧起始点、终止点以及与圆弧相切的直线或曲线来创建圆弧。

11. 圆弧相切—相切—相切

在 3 条平面曲线之间创建圆弧，如图 12-35 所示。

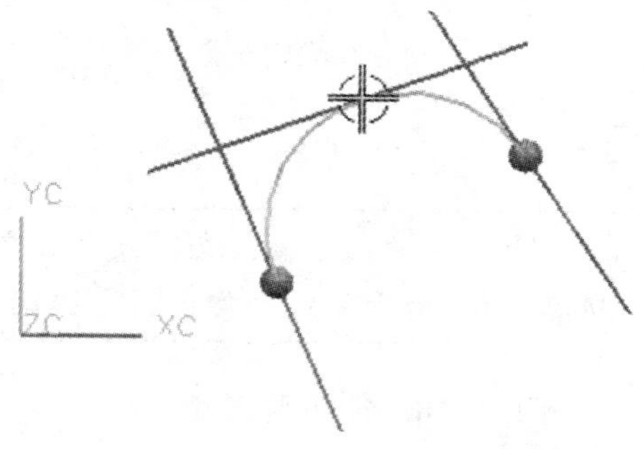

图 12-35 与 3 条平面曲线相切的圆弧

12. 圆弧相切—相切—半径

指定两条切线和半径来创建圆弧。

13. 圆点-点-点

指定圆通过的 3 点来创建一个圆。

14. 圆点-点-相切

指定圆通过的两个点和一条切线来创建圆。

15. 圆相切—相切—相切

指定三条切线来创建圆。

16. 圆相切—相切—半径

指定两条切线和半径来创建圆。

17. 圆圆心—点

根据所指定的圆心和圆弧通过的点来创建圆。

18. 圆圆心—半径

根据所指定的圆心和圆的半径来创建圆。

19. 圆圆心—相切

根据所指定的圆心及与之相切的平面曲线创建圆。

12.2.3 曲线倒斜角

在两条共面的直线或曲线间产生倒角。有两种倒角方式：简单倒斜角和用户自定义倒斜角，如图 12-36 所示。

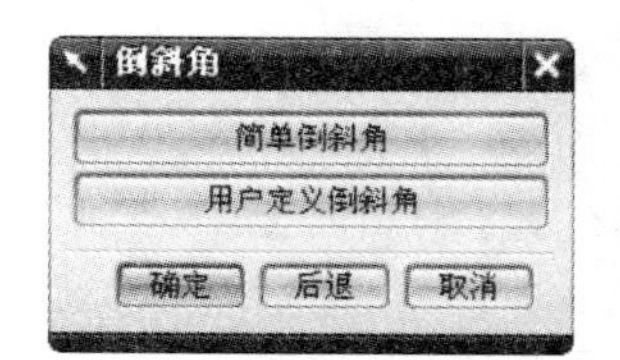

图 12-36 曲线倒斜角对话框

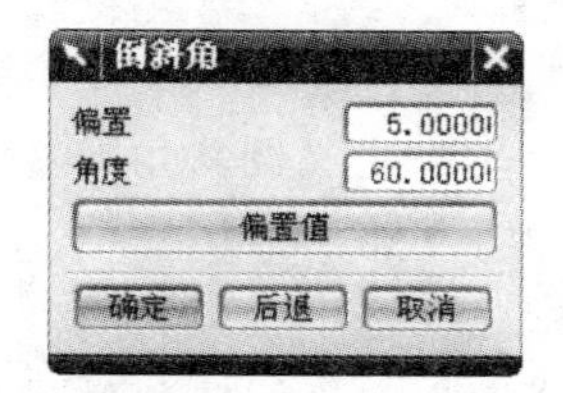

图 12-37 曲线倒斜角参数输入对话框

● 简单倒斜角：在同一平面内的两条直线之间建立倒角，其倒角度数为 45°，即两边的偏置相同。

● 用户定义倒斜角：在同一平面内的两条直线或曲线之间建立倒角，共有两种设置倒斜角参数的方式，如图 12-37 所示。这两种参数设定方式的区别如图 12-38 所示。

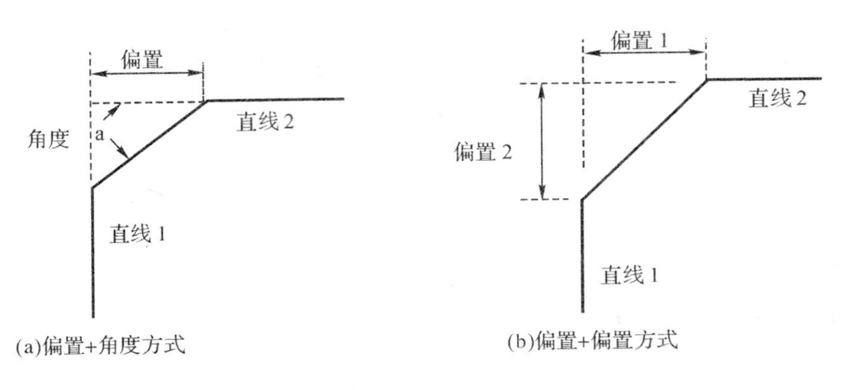

图 12-38　不同倒斜角参数设定方式的区别

倒斜角的两条直线交点须包含在光标选择球内，选择球十字光标中心应位于倒斜角所在区域，否则系统会弹出【错误】提示框。

例 12-18　简单倒斜角

(1)打开文件 Curve_fillet_1. prt，单击【插入】|【曲线】|【倒斜角】命令，弹出如图 12-36 所示的对话框。

(2)单击【简单倒斜角】按钮，弹出如图 12-39 所示的对话框，在【偏置】文本框中输入 20。

(3)单击【确定】按钮，如图 12-40 所示，在两直线的交点处单击 MB1，完成简单倒斜角的创建，结果如图 12-41 所示。

(4)系统同时弹出如图 12-42 所示的对话框，若对倒角结果不满意，可单击【取消】按钮。

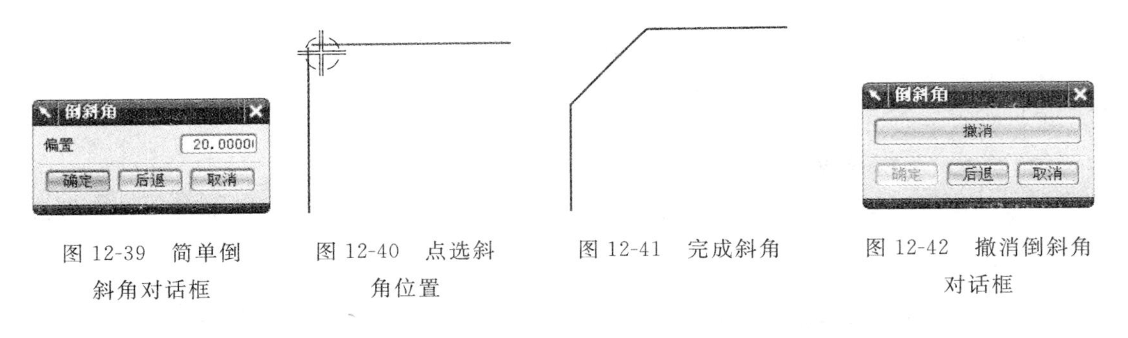

图 12-39　简单倒斜角对话框　　图 12-40　点选斜角位置　　图 12-41　完成斜角　　图 12-42　撤消倒斜角对话框

例 12-1　用户定义倒斜角

(1)打开文件 Curve_fillet_2. prt，单击【插入】|【曲线】|【倒斜角】命令，弹出如图 12-36 所示的对话框。

(2)单击【用户定义倒斜角】按钮，弹出如图 12-43 所示的对话框。

(3)单击【自动修剪】按钮，弹出如图 12-37 所示的对话框。

(4)单击【确定】按钮，一次选择曲线 1、曲线 2，并在指定大概的相交点，如图 12-44 所示。

(5)单击 MB1，倒斜角创建完毕，结果如图 12-45 所示。

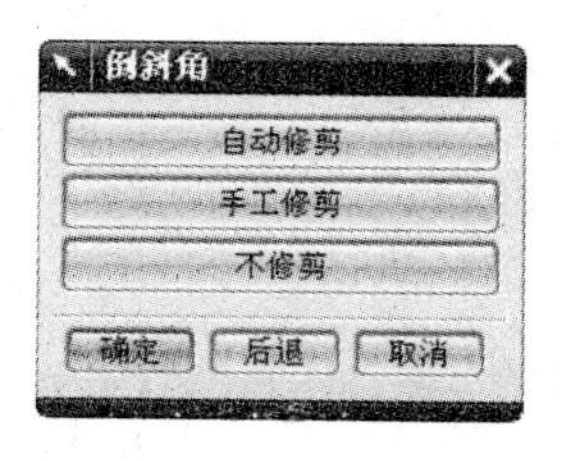

图 12-43 用户定义倒斜角对话框

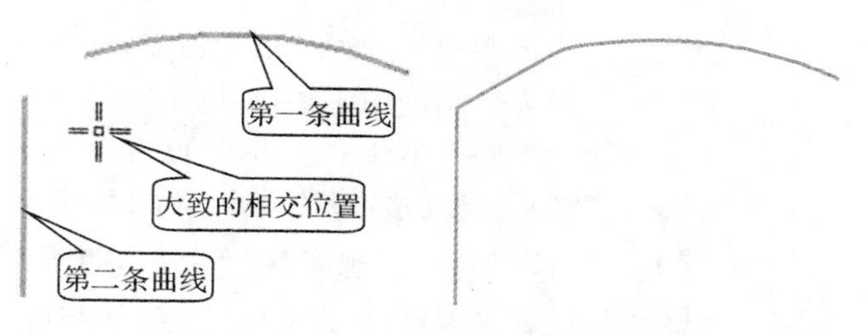

图 12-44 确倒斜角曲线

图 12-45 用户自定义倒斜角结果

12.2.4 矩形

此命令比较简单，只需要通过捕捉点或点构造器指定矩形的两个对角点，即可创建矩形，如图 12-46 所示。

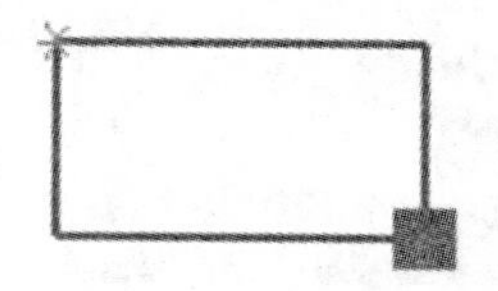

图 12-46 矩形的创建

【矩形】工具只能创建边与工作坐标系平行或垂直的矩形。一般形状的矩形可通过旋转坐标系的方法或通过草图来绘制。

12.2.5 多边形

通过此命令可以生成具有指定边数量的多边形曲线。

创建正多边形需要指定的参数包括：边数、方位角、内接半径或外切半径或边长、正多边形的中心。

定义多边形大小有三种可选方式，分别是：

- 内接半径：输入内接圆的半径，如图 12-47(a)所示。

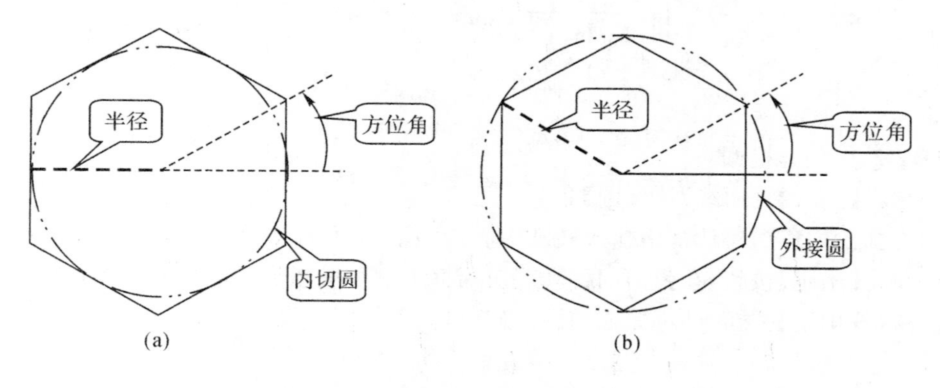

图 12-47 多边形的创建

- 多边形边数：输入多边形一边的边长值，该长度将应用到所有边。
- 外切圆半径：输入外切圆的半径，如图 12-47(b)所示。

例 12-20　创建一个外接半径 R=50，方位角为 30°的正六边形

(1)单击【插入】|【曲线】|【多边形】命令，弹出如图 12-48 所示的对话框。

(2)输入【侧面数】为 6，单击【确定】按钮，弹出如图 12-49 所示的对话框。

(3)单击【外切圆半径】按钮，弹出如图 12-50 所示的对话框。

(4)在【圆半径】和【方位角】文本框中分别输入 50 和 30，单击【确定】按钮。

(5)在弹出的【点】对话框中输入正六边形的中心点坐标(0,0,0)。

(6)单击【确定】按钮，即可生成如图 12-51 所示的六边形。

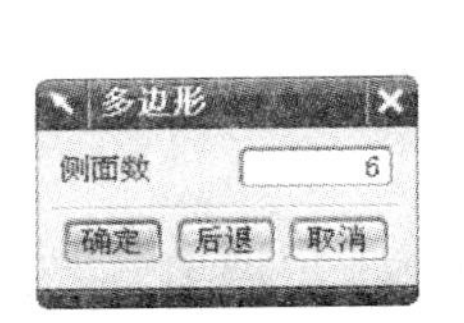

图 12-48　输入边数

图 12-49　选择多边形形式

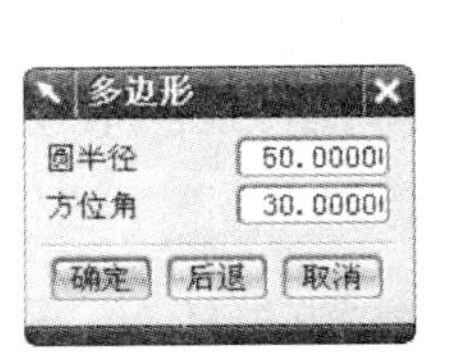

图 12-50　输入参数

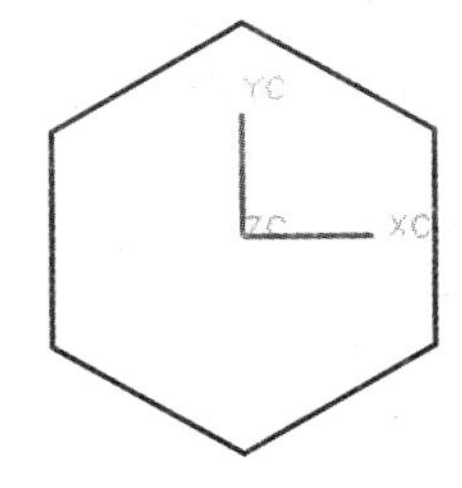

图 12-51　六边形创建结果

12.2.6　椭圆

椭圆有两根轴：长轴和短轴，每根轴的中点都在椭圆的中心。另外，椭圆是绕 ZC 轴正向沿着逆时针方向创建的，起始角和终止角确定椭圆的起始和终止位置，如图 12-52 所示。

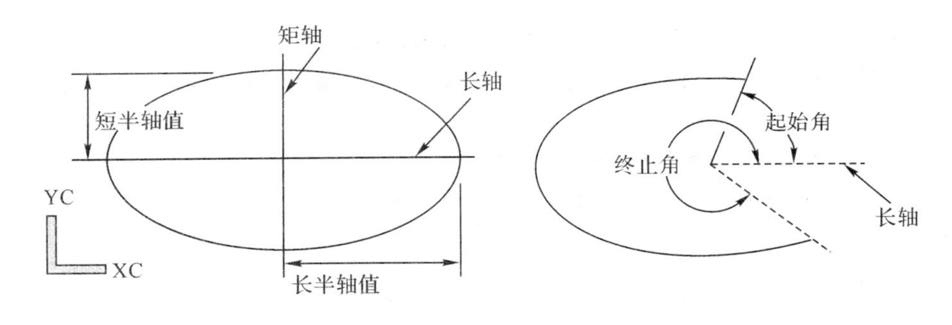

图 12-52　椭圆

例 12-21　创建椭圆

(1)单击【插入】|【曲线】|【椭圆】命令。

(2)在弹出的【点】对话框中输入椭圆中心点的坐标，如原点(0,0,0)。

(3)单击【确定】按钮，在弹出的【椭圆】对话框中输入椭圆的各项参数，如图 12-53 所示。

(4)单击【确定】按钮，即可完成椭圆的创建，如图 12-54 所示。

图 12-53 创建椭圆对话框

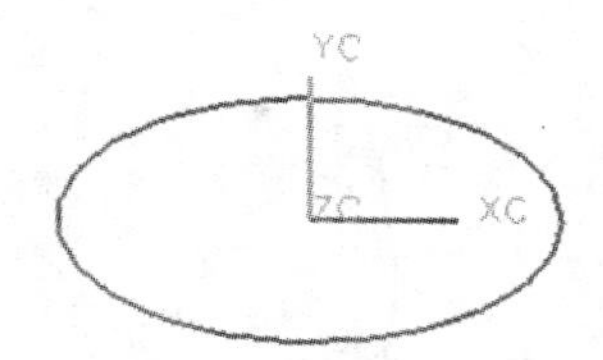

图 12-54 椭圆创建结果

12.2.7 一般二次曲线

一般二次曲线(General Conic)又称圆锥曲线。一个平面与圆锥体的相交轮廓线就是一般二次曲线,可见一般二次曲线的形态取决于平面与圆锥体所成的角度,如图 12-55 所示。

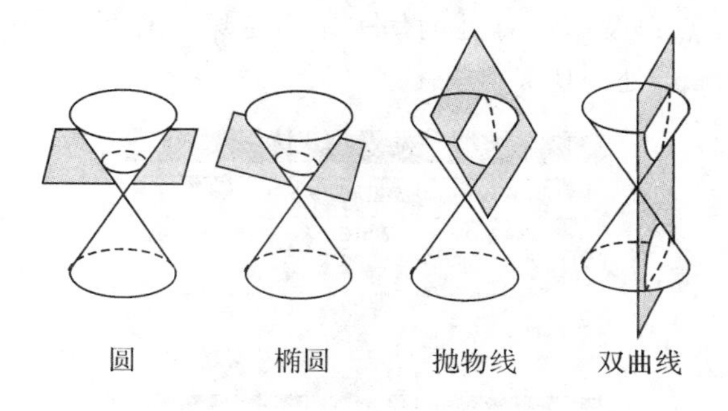

图 12-55 一般二次曲线形式

前面介绍的圆、椭圆、抛物线、双曲线都是圆锥曲线,所以用一般二次曲线同样可以创建这些曲线,但一般二次曲线提供了更多的灵活性。

单击【插入】|【曲线】|【一般二次曲线】,可弹出如图 12-56 所示的对话框。

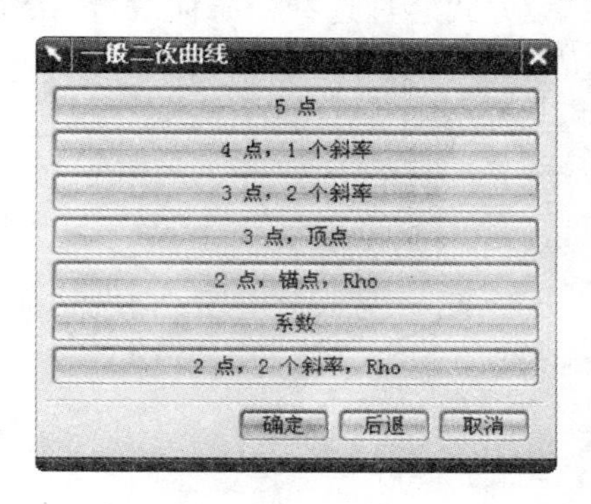

图 12-56 一般二次对话框

【一般二次曲线】工具提供了 7 种创建二次曲线的方法。

1. 5 点

根据 5 个共面点生成一般二次曲线。如果创建的是圆弧、椭圆或抛物线,则它将通过所有的 5 个点;如果创建的圆锥曲线是双曲线,则将只显示双曲线的半枝,且只通过其中的 2 个或 3 个点,如图 12-57 所示。需注意的是这 5 个点须共面,且应以一定的顺序选择 5 个点。

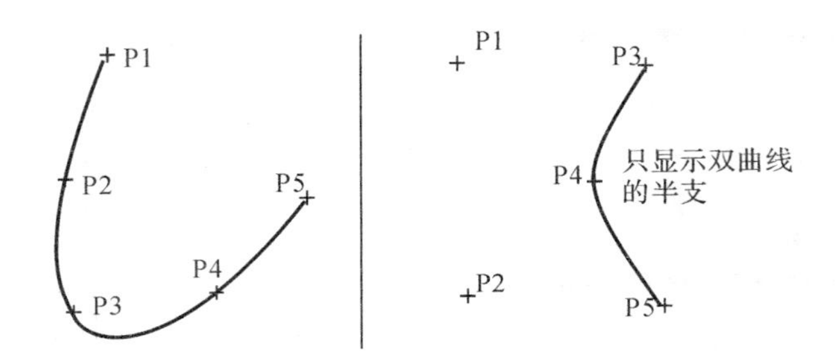

图 12-57　5 点创建二次曲线

2. 4 点，1 个斜率

利用共面的 4 个点及第一个点处的切矢来创建一般二次曲线。

该方式需要指定 4 点以及第 1 点处的切矢。指定第 1 点后，系统会弹出如图 12-58 所示对话框，用以指定第 1 点处的切矢。

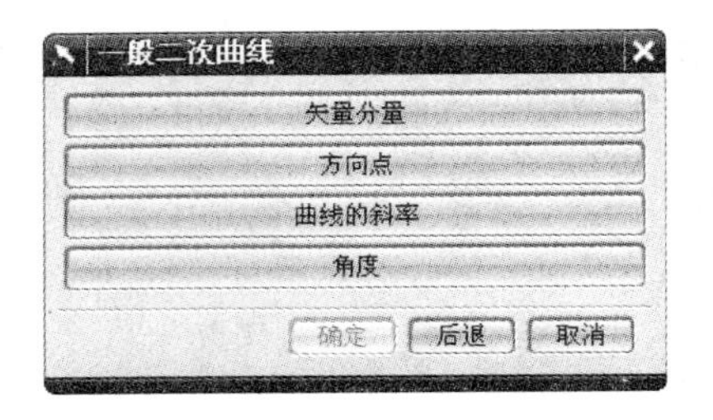

图 12-58　4 点，1 斜率创建二次曲线对话框

指定切矢的 4 种方法中，【矢量分量】方式通过指定矢量的 3 个分量来确定切矢，如图 12-59(a)所示；【方向点】方式通过指定一点，由第 1 点和方向点的连线来确定切矢，如图 12-59(b)所示；【曲线的斜率】方式通过选择一条曲线，由系统自动获得相应的切矢；【角度】方式，则需要指定一角度值，角度的正切值即为切矢。

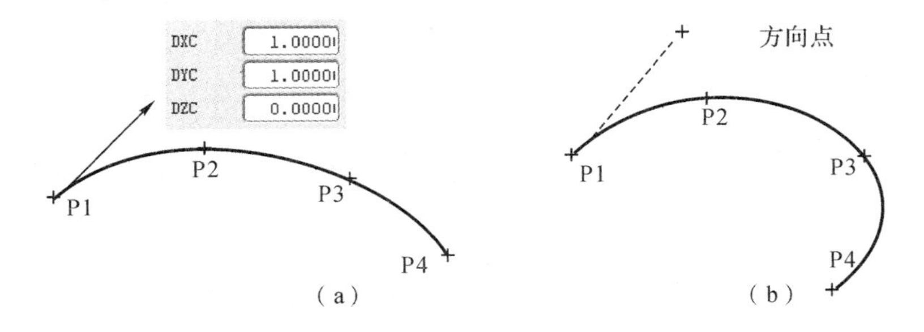

图 12-59　4 点，1 斜率创建二次曲线

3. 3 点，2 个斜率

根据共面的 3 点及第一点、第三点处的切矢来创建二次曲线，如图 12-60 所示。

4. 3 点，顶点

根据共面的 3 点及一个顶点（锚点）来创建一般二次曲线，如图 12-61 所示。

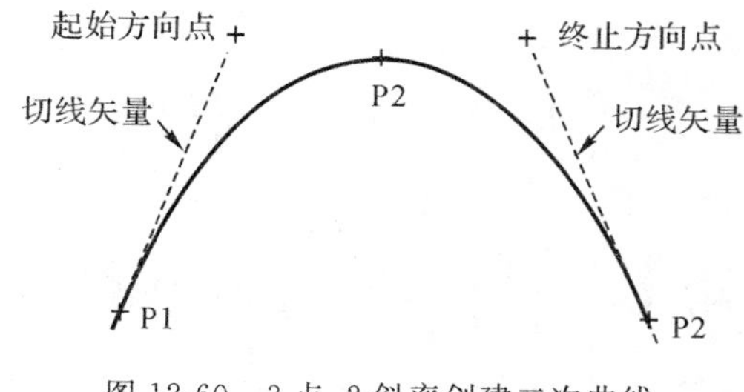

图 12-60 3点,2斜率创建二次曲线

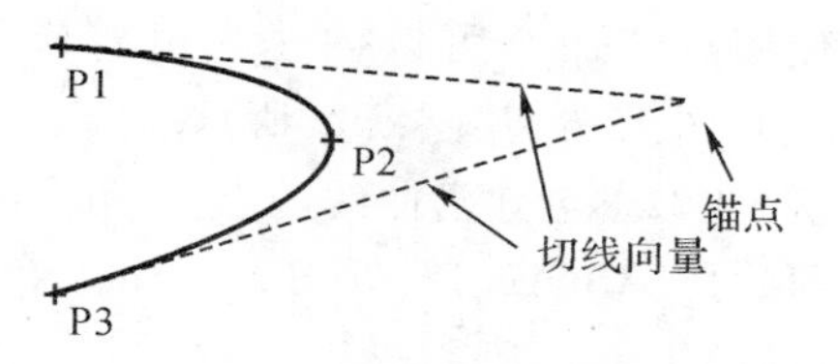

图 12-61 3点,顶点创建二次曲线

顶点与第1点、第3点的连线与一般二次曲线相切,因此【3点,顶点】与【3点,2切矢】创建一般二次曲线的机理是相同的。

5. 2点,锚点,rho

指定一般二次曲线的两个端点、顶点(锚点)和rho比值来创建一般二次曲线。

两端点连线的中点为M,项点与M的连线与一般二次曲线相交于一点(记为O点),O点到一般二次曲线两端点连线的距离$D1$与顶点到一般二次曲线两端连线的距离$D2$之比称为rho,如图12-62所示。

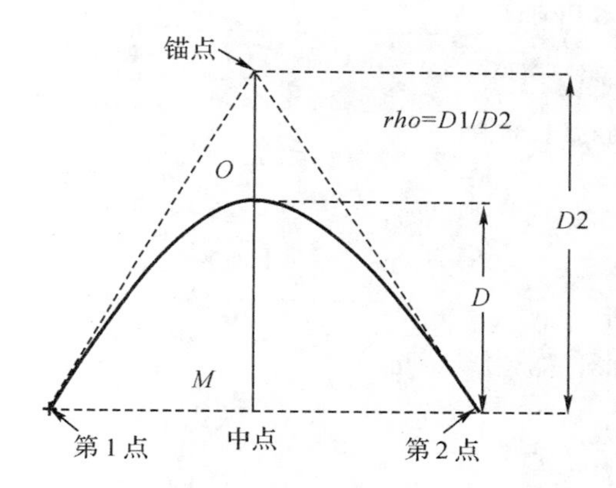

图 12-62 2点,锚点,*rho*创建二次曲线

*rho*值须大于0且小于1。不同的*rho*值对应不同的二次曲线类型:$0<rho<0.5$,对应的二次曲线是椭圆,$rho=0.5$对应的二次曲线是抛物线;$0.5<rho<1$对应的二次曲线是双曲线。

6. 2点,2个斜率,rho

指定一般二次曲线的2个端点及两个端点处的切矢和rho创建一般二次曲线。

7. 系数

一般二次曲线方程为$Ax^2+Bxy+Cy^2+Dx+EY+F=0$,指定系数后即可创建一般二次曲线。

12.2.8 点集

使用点集命令可以创建一组对应于现有几何体的点群，几何体包括线、面、体，如图 12-64、图 12-65、图 12-67 所示。

例 12-22 创建沿曲线的点集特征

(1)打开 Curve_Point_Set_1.prt，单击【插入】|【基准/点】|【点集】命令，弹出【点集】对话框，如图 12-63 所示。

(2)在【类型】下拉列表中选择【曲线点】，在【子类型】组中选择【等圆弧长】。

(3)在【点数】、【起始百分比】和【终止百分比】中分别输入 10、20 和 80。

(4)选择要生成点集曲线。

(5)单击【确定】按钮，结果如图 12-64 所示。

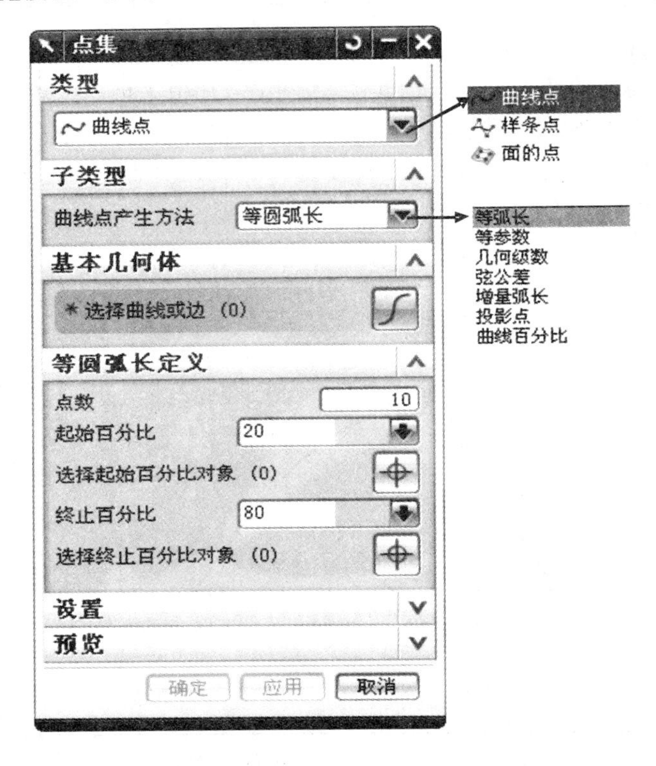

图 12-63 点集对话框

例 12-23 创建样条的定义点处的点集特征

(1)打开 Curve_Point_Set_2.prt，然后调用【点集】工具。

(2)在【类型】下拉列表中选择【样条点】，在【子类型】组中选择【极点】。

(3)选择曲线，其余参数保持默认值。

(4)单击【确定】按钮，结果如图 12-65 所示。

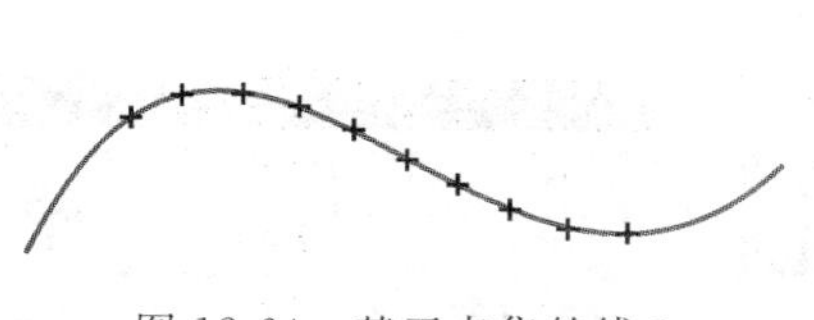

图 12-64 基于点集的线 1

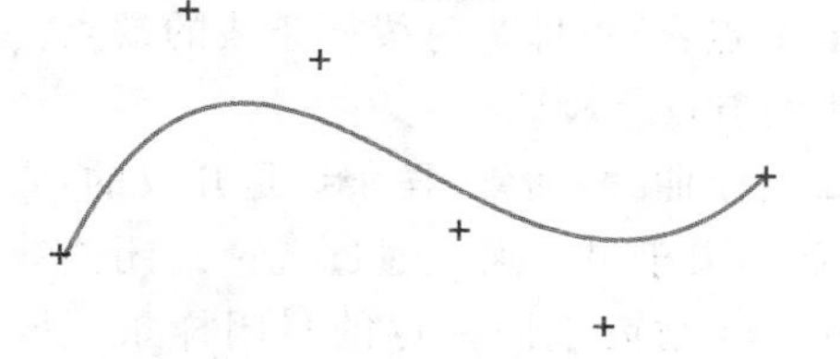

图 12-65 基于点集的线 2

例 12-24 创建面上的点集特征

(1)打开 Curve_Point_Set_3. prt,然后调用【点集】工具。

(2)在【类型】下拉列表中选择【面的点】,在【子类型】组中选择【模式】。

(3)在【模式定义】选项组中设置如图 12-66 所示的参数,其余参数保持默认值。

(4)选择曲面。

(5)单击【确定】按钮,结果如图 12-67 所示。

图 12-66 模式定义对话框

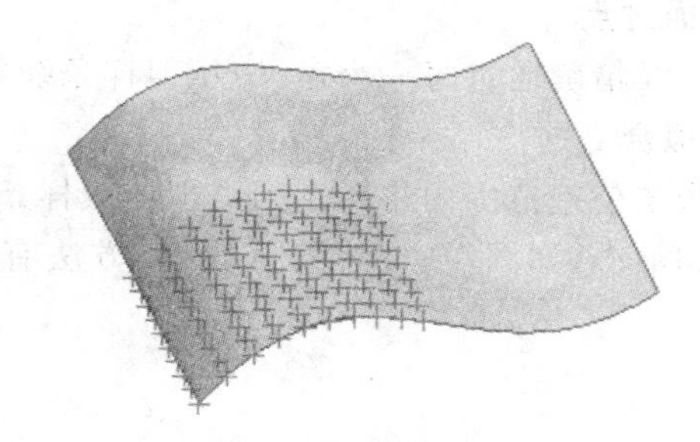

图 12-67 基于点集的面

12.2.9 样条

样条曲线是构建自由曲面的重要曲线,可以是平面样条,也可以是空间样条;可以封闭,也可以开环,可以是单段样条线,也可以是多段样条线。UG NX 中创建的所有样条曲线都是"非均匀有理 B 样条(NURBS)"。

样条曲线中的基本概念描述如下。

- 曲线阶次:每个样条都有阶次,这是一个代表定义曲线的多项式阶次的数学概念。阶次通常比样条段中的点数小 1。因此,样条线的点数不得少于阶次。UG NX 最高可以使用 24 阶样条曲线。

- 单段/多段:样条线可以采用单段和多段的方式创建。对于单段样条线来说,阶次=点数−1,因此单段样条线最多只能使用 25 个点。单段构造方式受到一定的限制,定义点的数量越多,样条线的阶次越高,而阶次越高样条线会出现意外结果,如变形等。而且单段样条线不能封闭,因此不建议使用单段构造样条线。多段样条线的阶次由用户自己定义(≤24),样条线定义点数量没有限制,但至少比阶次多一点。在设计中,通常采用 3～5 阶样条线。

- 定义点:定义样条线的点。根据极点方法创建的样条线没有定义点,在编辑样条线时可以添加定义点,也可以删除定义点。

● 节点：节点即为每段样条线的端点。单段样条线只有两个节点，既起点和终点；多段样条线的节点＝段数－1。

● 封闭曲线：通常，样条线是开放的，它们开始于一点，而结束于另一点。通过选择封闭曲线选项可以创建开始和结束于同一点的封闭样条。该选项仅可用于多段样条。

单击【插入】|【曲线】|【样条】命令，弹出如图 12-68所示的【样条】对话框。接下来将这几种定义方式做简要介绍。

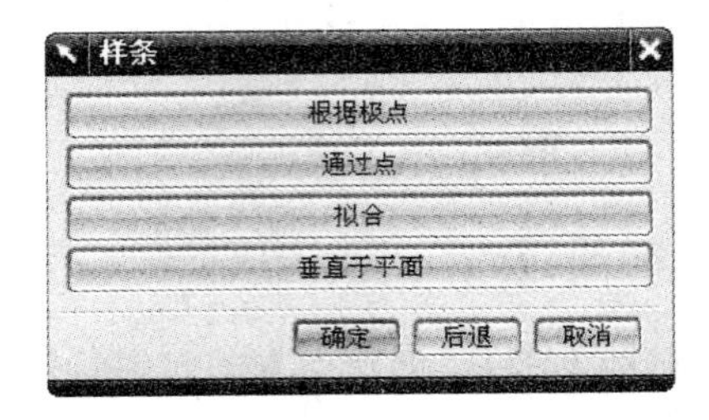

图 12-68　样条对话框

1. 根据极点

通过指定极点来限制一条样条曲线，如图 12-69(b)所示。除端点外，样条线并不通过这些点。极点是样条曲线的控制点，既可用点对话框构造，也可以从文件中读取。

2. 通过点

样条线精确通过每一个定义点，但样条线的光顺性差，如图 12-69(a)所示。

3. 拟合

在指定公差范围内将一系列点拟合成样条线，所有在样条线上的点和定义点之间的距离平方和最小，如图 12-69(c)所示。该方法有助于减少定义样条线的点数，提高曲线的光顺性。

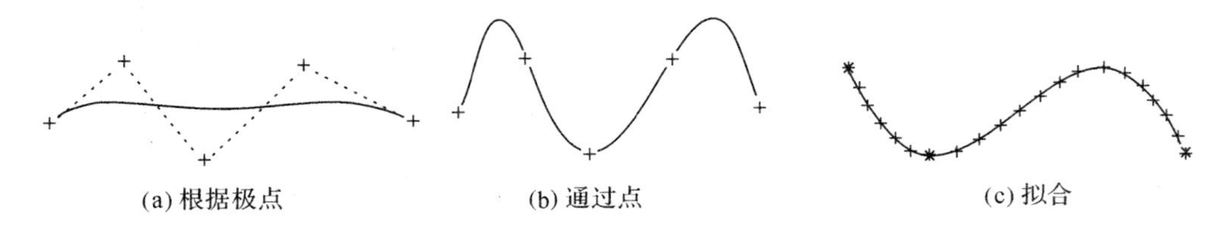

图 12-69　样条的定义方式 1

4. 垂直于平面

通过此方式创建的样条曲线经过且垂直于每个平面，平面数必须小于 100。平行平面之间的样条段是线性的，非平行平面之间的样条段是圆弧形的，每个圆形线段的中心都是它的有界平面的交点，如图 12-70 所示。

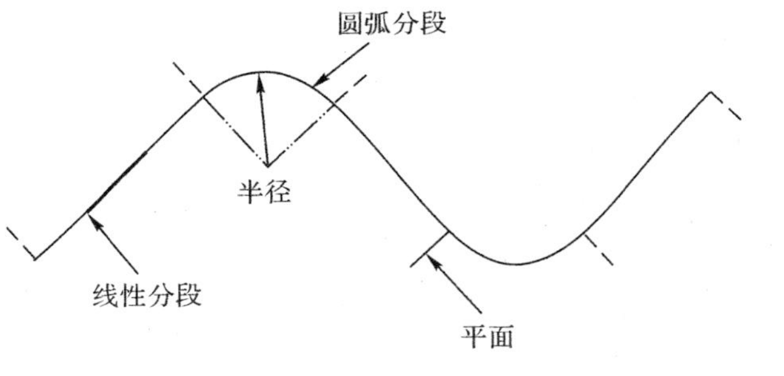

图 12-70　样条的定义方式 2

例 12-25　通过【根据极点】方式创建样条线

(1)打开 Curve_Spline_1. prt，然后调用【样条】工具。

(2)在图 12-68 中单击【根据极点】按钮，弹出【根据极点生成样条】对话框，如图 12-71 所示。

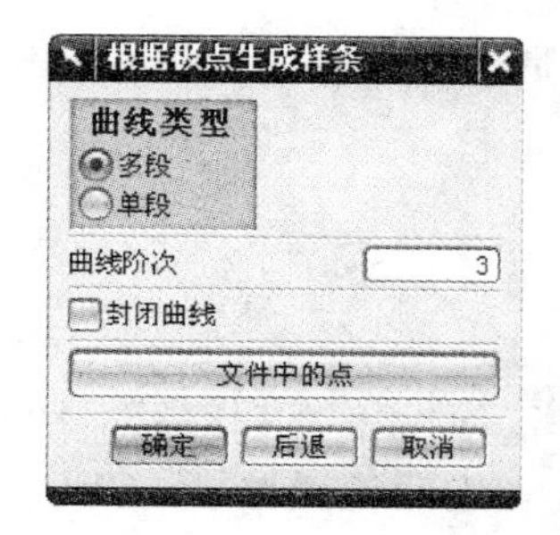

图 12-71 根据极点生成样条对话框

图 12-72 指定点对话框

(3)直接单击 MB1，弹出【点】对话框。

(4)从左到右依次选择每个点，指定最后一个点后，再次单击【确定】按钮，弹出如图 12-72所示的【指定点】对话框，并在【提示栏】显示“确实指定点了吗?”，单击【是】按钮再次弹出【点】对话框，同时出现如图 12-73 所示的预览效果。

(5)单击【取消】按钮，结果如图 12-74 所示。

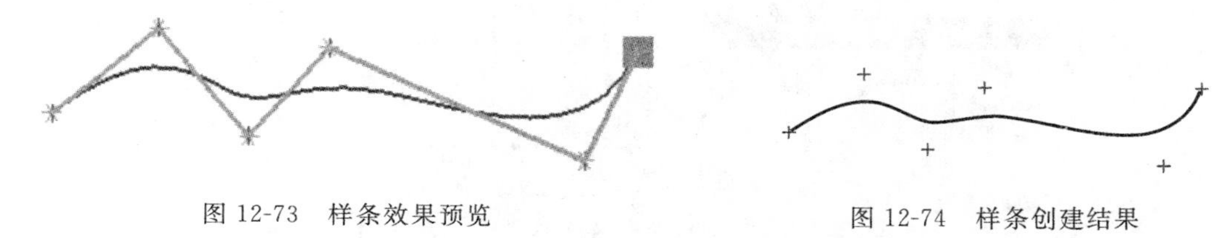

图 12-73 样条效果预览

图 12-74 样条创建结果

例 12-26 通过【通过点】方式创建样条线

(1)打开 Curve_Spline_2. prt，然后调用【样条】工具。

(2)在图 12-68 中单击【通过点】按钮，弹出与图 12-71 类似的【通过点生成样条】对话框。

(3)单击【确定】按钮，弹出如图 12-75(a)所示的【样条】对话框，单击【全部成链】按钮。

(4)如图 12-75(b)所示，依次选择样条的起点和终点，系统自动选择位于起点和终点之间的所有点。

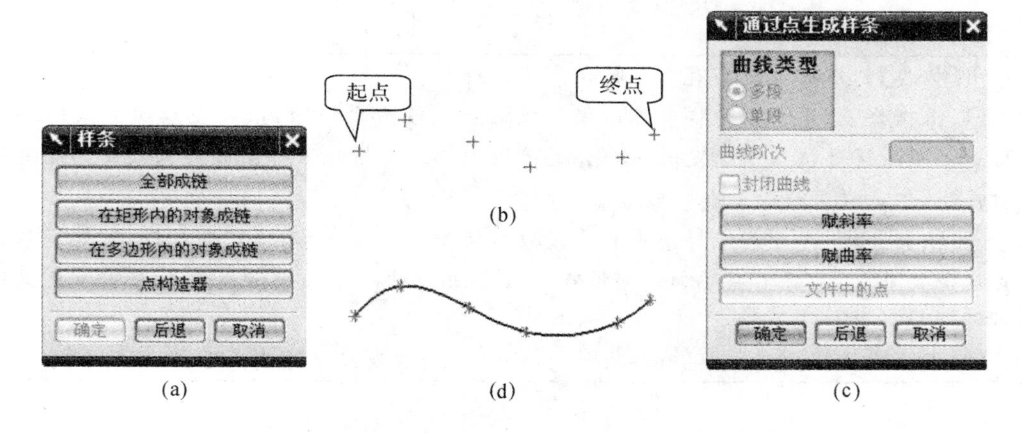

图 12-75 通过点方式创建样条线实例

(5)弹出如图 12-75(d)所示的对话框，在该对话框中可以对样条的起点和/或终点赋斜率或曲率，本例中我们直接单击【确定】按钮。

(6)样条线创建完毕，结果如图 12-75(c)所示。

例 12-27 通过【拟合】方式创建样条线

(1)打开 Curve_Spline_3. prt，然后调用【样条】工具。

(2)在图 12-68 中单击【拟合】按钮，弹出与图 12-75(a)类似的【样条】对话框

(3)单击【在矩形内的对象成链】按钮，在绘图区合适的位置单击 MB1，然后按住 MB1 拖动出一个矩形，再次单击 MB1，形成一个矩形，然后依次指定起点和终点，如图 12-76(b)所示。

(4)弹出如图 12-76(a)的【用拟合的方法创建样条】对话框。

(5)在【拟合方法】组中选择【根据公差】单选按钮，其余设置保持默认值。

(6)单击【应用】按钮，样条线创建完毕，刷新后结果如图 12-76(c)所示，并在对话框中显示最大误差和平均误差。

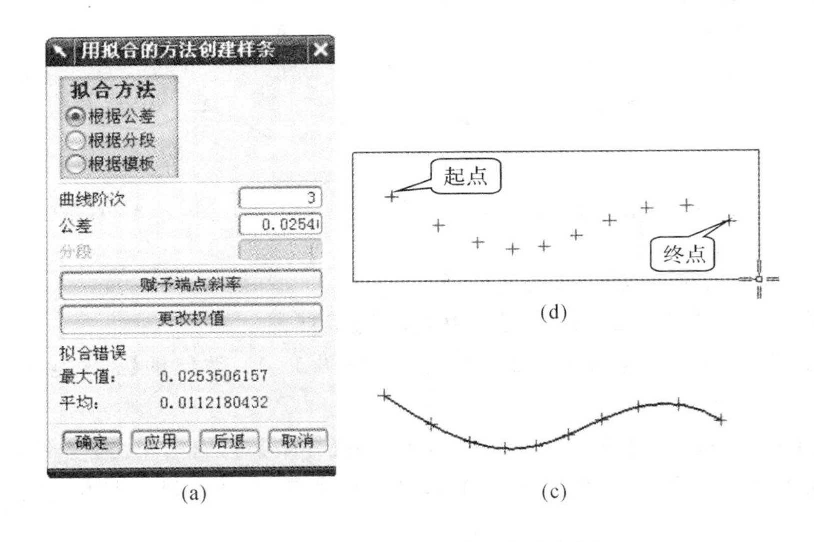

图 12-76 拟合方式创建样条线实例

用【拟合】创建样条线共有三种拟合方法。

(1)根据公差：用于指定样条可以偏离数据点的最大允许距离(公差)，所生成的样条线和点之间的误差值在所设定的这个公差范围内。这种情况下样条线和点之间的距离精度比较高，但是样条线的光顺性较差。

(2)根据分段：用于指定样条中的分段数。使用该方法，如果给定分段数，可能得到最佳的拟合效果，而且还不会增加任何结点。该方法仅对允许样条偏离数据点的距离提供了间接控制。

(3)根据模板：选择一个现有样条作为模板，其阶次及结点序列用于拟合过程中。

12.3 曲线操作

12.3.1 偏置曲线

对直线、弧、二次曲线、样条线以及边缘线等二维曲线进行偏移，生成偏置曲线。

单击【曲线】工具条上的【偏置曲线】命令，弹出如图12-79所示的【偏置曲线】对话框。

1. 偏置曲线的类型

偏置曲线有四种方式，分别为：距离、拔模角、规律控制和3D轴向偏置。常用的有距离偏置和拔模角偏置两种方式。

- 距离偏置：在曲线所在的平面内偏置曲线，如图12-77所示。在操作过程中需指定的参数主要是偏置距离(Distance)和副本数(Number of Copies)。

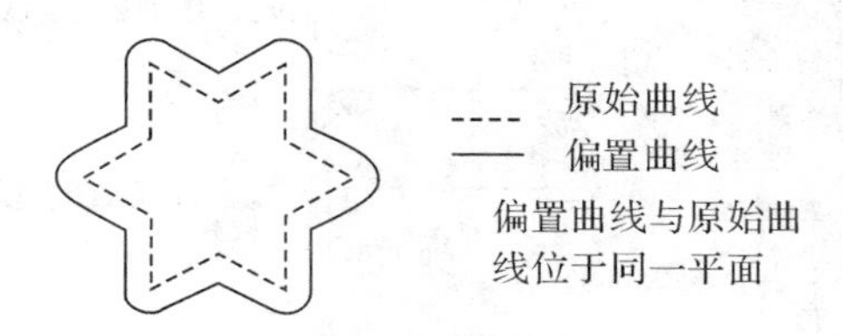

图12-77 距离偏置

- 拔模角偏置：沿曲线所在面的法向方向进行偏置，偏置曲线位于另一个平面，该平面平行于原始曲线平面，且距离为拔模高度，如图12-78所示。需指定的参数主要是拔模高度(Draft Height)和拔模角度(Draft Angle)。拔模角是偏置方向与平面法线所夹的角度。

图12-78 拔模角偏置

2. 基准曲线的处理方式

偏置曲线后，原曲线(Input Curves)可继续保留、隐藏、删除、替换。

- 保持(Retain)：偏置后，输入曲线不作任何处理。
- 隐藏(Blank)：偏置后，隐藏输入曲线。
- 删除(Delete)：偏置后，删除输入曲线。
- 替换(Replace)：偏置后，将偏置曲线代替输入曲线。

若将偏置生成的曲线与原曲线设置成“关联”(即原曲线改变后，偏置生成的曲线随之改变)，则原曲线只能保留或消隐。

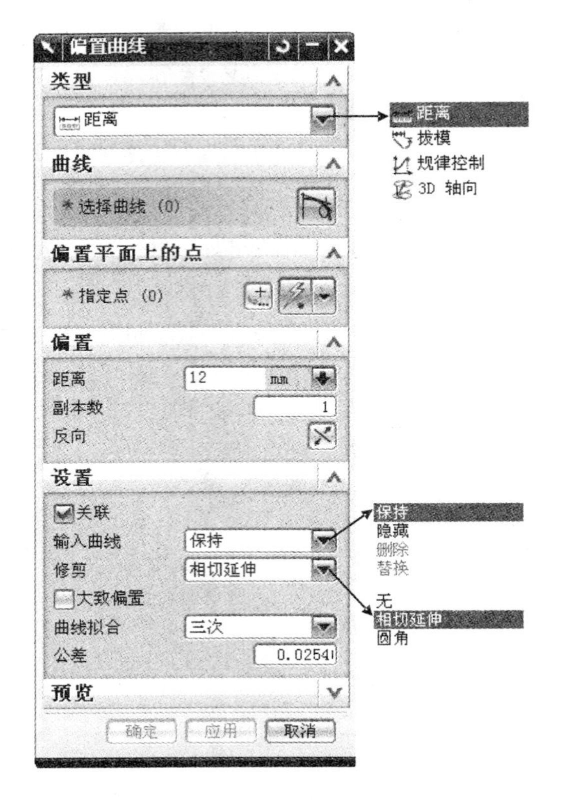

图 12-79　偏置曲线对话框

3. 修剪方式

可设置偏置曲线之间的过渡方式：不裁剪(None)、相切延伸(Extended Tangents)、圆角(Fillet)，其差异如图 12-80 所示。

图 12-80　修剪方式差异

例 12-28　创建偏置曲线

(1)打开 Curve_Offset. prt，然后调用【偏置曲线】工具。

(2)在【类型】下拉列表中选择【距离】。

(3)如图 12-81(a)所示，选择实体顶面的外边缘线。

(4)在【偏置】组中输入【距离】为 5，【副本数】为 3，其余设置保持默认值。

(5)单击【确定】按钮，结果如图 12-81(b)所示。

12.3.2　桥接曲线

桥接曲线用于连接两条分离的曲线、实体或曲面的边缘，并对其进行约束。

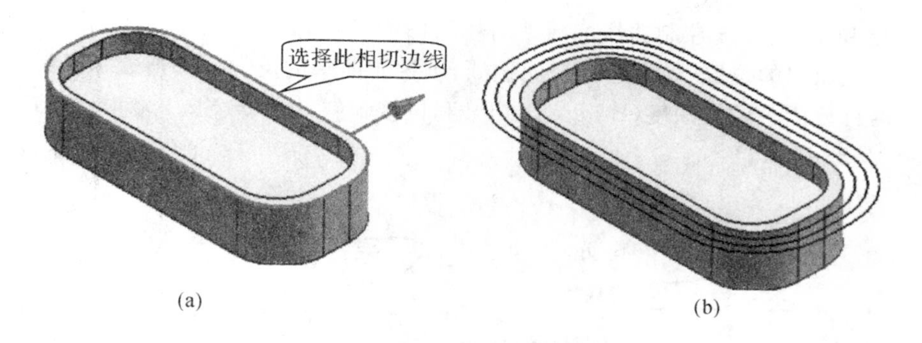

图 12-81 创建偏置曲线实例

单击【曲线】工具条上的【桥接曲线】命令，即可弹出如图 12-82 所示对话框。

1. 选择曲线对象

在【起点对象】激活状态下选择起始曲线，【终点对象】激活状态下选择终止曲线。

2. 设置桥接曲线的属性

设置桥接曲线与起始曲线和终止曲线之间的约束关系及连接位置，如相切连接、曲率连续等。桥接位置可以通过滑动滑杆或输入百分比或直接拖动视图中的圆点加以调整。

3. 形状控制

形状控制组用于设定桥接曲线的形状。可通过设置相切幅值、深度和歪斜、二次以及参考成型曲线的方式来控制桥接曲线的形状。

- 相切幅值：通过改变桥接曲线与起始/终止曲线连接点处的切线矢量值，来控制桥接曲线的形状。切矢量值可通过拖曳滑杆或在文本框中直接输入的方法设置。

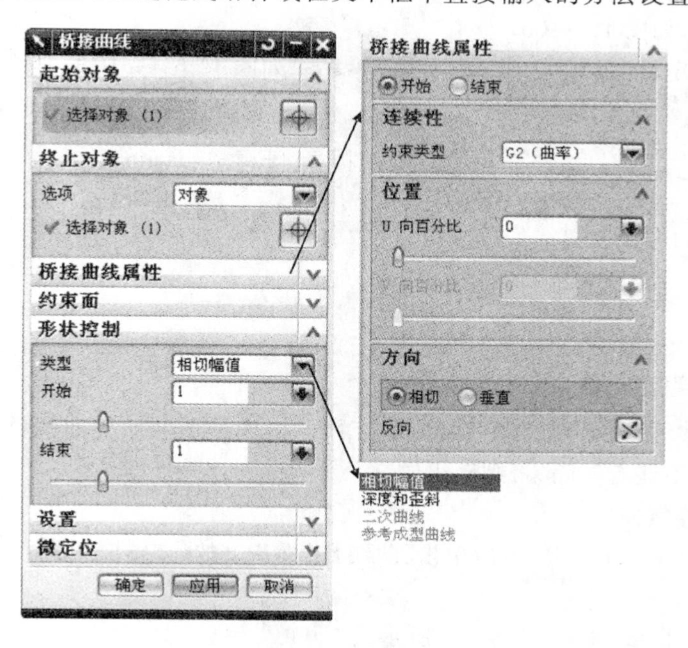

图 12-82 桥接曲线对话框

● 深度和歪斜：深度控制曲线的曲率对桥的影响大小，其值表示曲率影响的百分比，而歪斜控制最大曲率的位置（如果选择反向选项，则控制曲率的反向），其值表示沿桥从起点到终点的距离百分比。桥接深度（Bridge Depth）和桥接歪斜（Bridge Skew）对桥接曲线形状的影响如图 12-83 所示。

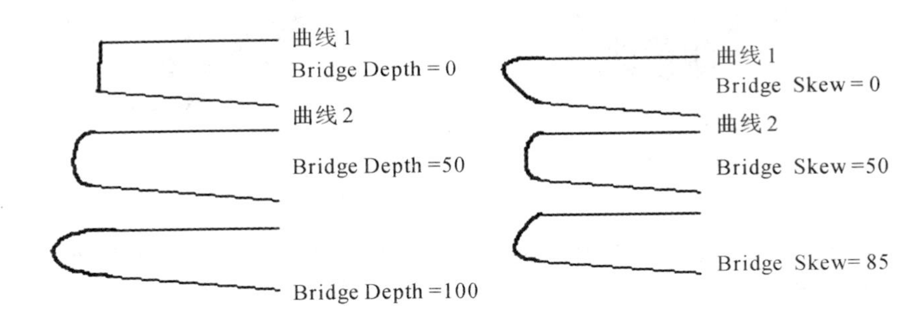

图 12-83　桥接深度和歪斜对曲线形状的影响

● 二次：桥接曲线是一条二次曲线，其形状通过控制二次曲线的 Rho 值来控制。该方式只在相切连续方式下才有效。

● 参考成型曲线：需要指定一条曲线，以使桥接曲线的形状与其相似。

例 12-29　创建桥接曲线

(1)打开 Curve_Bridge. prt，然后调用【桥接曲线】。

(2)选择面的边缘线，如图 12-84(a)所示。

(3)在【桥接曲线属性】组中设置【开始】和【结束】的【约束类型】均为【G2(曲率)】，其余设置保持默认值，如图 12-84(b)所示。

(4)单击【确定】按钮，桥接曲线创建完毕，结果如图 12-84(c)所示。

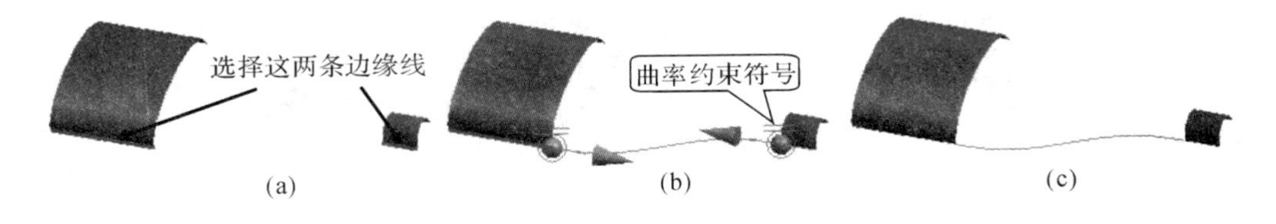

图 12-84　桥接曲线实例

12.3.3　连接曲线

通过【连结曲线】命令可以将多段曲线合并以生成一条与原先曲线链近似的 B 样条曲线。各曲线之间不能有间隔，否则会出错。

例 12-30　连接曲线

(1)打开 Curve_Join. prt，然后单击【曲线】工具条上的【连结曲线】命令，弹出如图 12-85(a)所示的对话框。

(2)框选所有曲线，如图 12-85(b)所示。

(3)选择【关联】复选框，【输入曲线】设置为【隐藏】，【输出曲线类型】设置为【常规】。

(4)单击【确定】按钮，结果如图 12-85(c)所示。

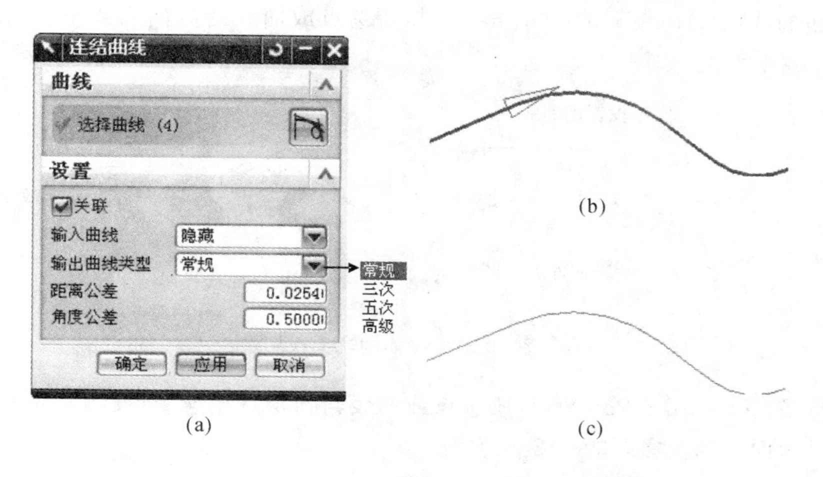

(a)

(b)

(c)

图 12-85 连接曲线实例

12.3.4 投影曲线

将曲线或点投影到曲面上，超出投影曲面的部分将被自动截取。

单击【曲线】工具条上的【投影曲线】命令，即可弹出如图 12-86(a)所示的对话框。

要将曲线或点向曲面投影，除了需要指定被投影的曲线和曲面外，还要注意对投影方向的正确选择。投影方向可以是：沿面的法向、朝向点、朝向直线、沿矢量、与矢量所成的角度和等圆弧长等。

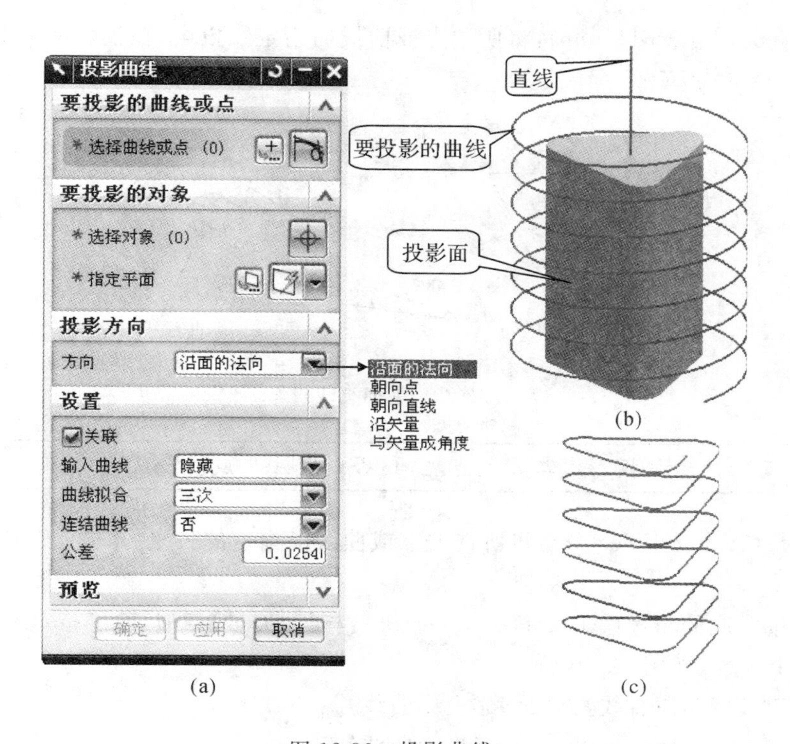

(a)

(b)

(c)

图 12-86 投影曲线

● 沿面的法向(Along Face Normals)：将所选点或曲线沿着曲面或平面的法线方向投影到此曲面或平面上，如图 12-87 所示。

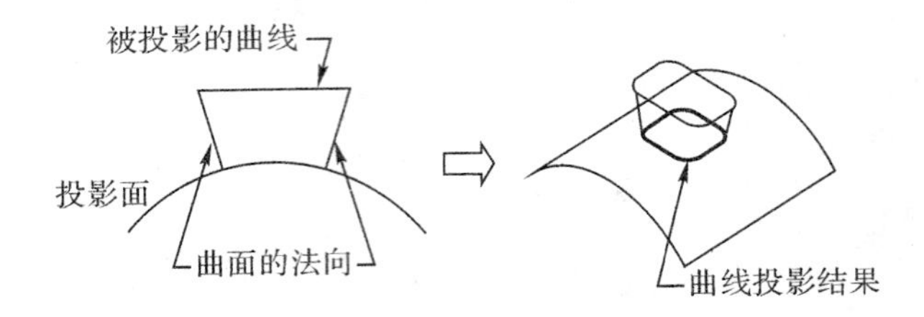

图 12-87　滐面的法向投影

● 朝向点(Toward a Point)：将所选点或曲线与指定点相连，与投影曲面的交线即为点或曲线在投影面上的投影，如图 12-88 所示。

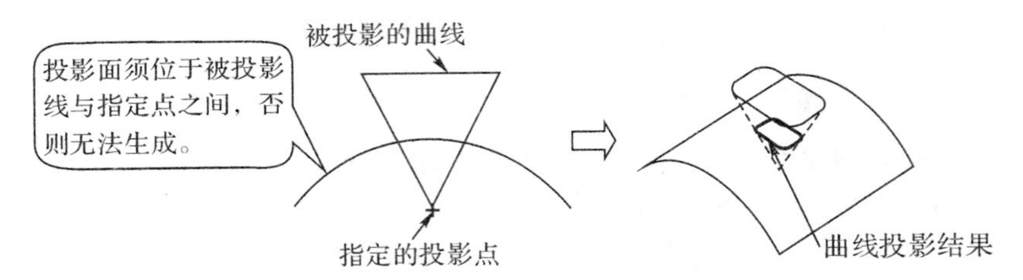

图 12-88　朝向点投影

● 朝向直线(Toward a line)：将所选点或曲线向指定线投影，在投影面上的交线即为投影曲线，如图 12-89 所示。

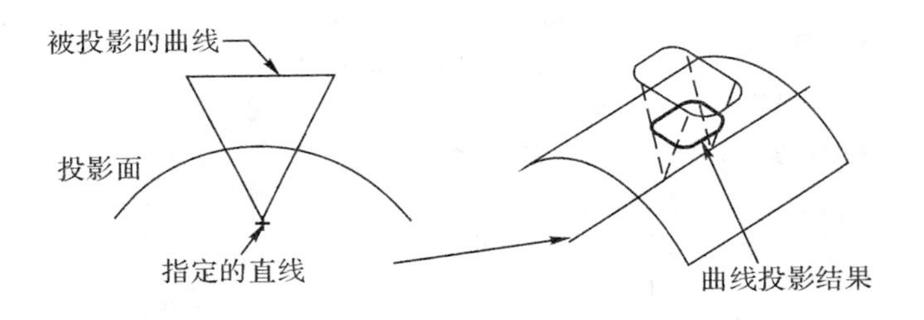

图 12-89　朝向直线投影

投影曲面须处于被投影线与指定点之间，否则无法生成。

● 沿矢量(Along a Vector)：将所选的点或曲线沿指定的矢量方向投影到投影面上，如图 12-90 所示。

● 与矢量所成的角度(At Angle to Vector)：与【沿矢量】相似，除了指定一个矢量外，还需要设置一个角度，如图 12-90 所示。

例 12-31　以【朝向直线】方式创建投影曲线

(1)打开 Curve_Project. prt，调用【投影曲线】工具。

(2)图 12-86(b)所示，选择螺旋线作为要投影的曲线，单击 MB2，然后选择拉伸体的侧

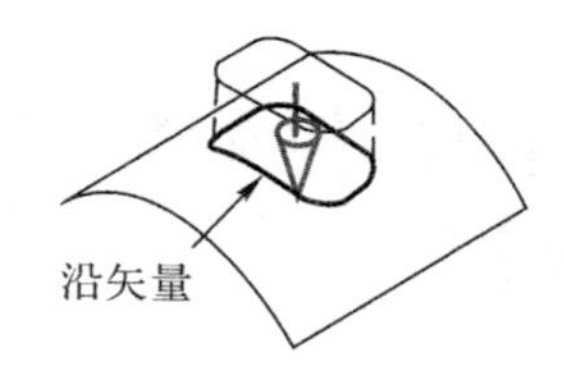

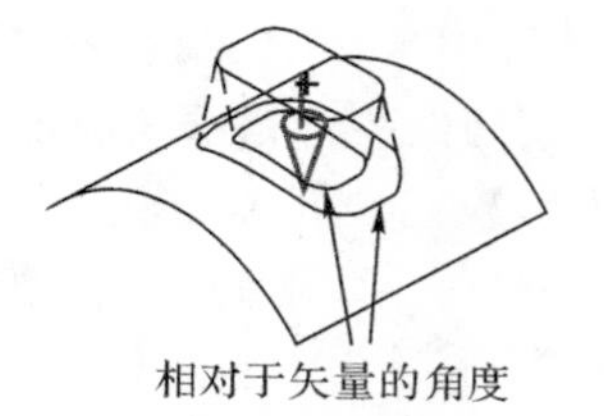

图 12-90 沿矢量投影

面作为投影面。

(3)设置【投影方向】为直线，然后选择如图 12-86(b)所示的直线。

(4)选择【关联】复选框，设置【输入曲线】为【隐藏】，其余参数保持默认值。

(5)单击【确定】按钮，结果如图 12-86(c)所示。

12.3.5 相交曲线

使用【相交曲线】命令可以在两组对象间创建相交曲线。

例 12-32 创建曲面与实体的交线

(1)打开 Curve_Intersection.prt，然后单击【曲线】工具条上的【相交曲线】命令，弹出【相交曲线】对话框，如图 12-91(a)所示。

(2)如图 12-91(b)所示，选择管道的外表面作为第一组面，单击 MB2，然后选择基准平面作为第二组面。

(3)选择【关联】复选框，其余参数保持默认值。

(4)单击【确定】按钮，结果如图 12-91(c)所示。

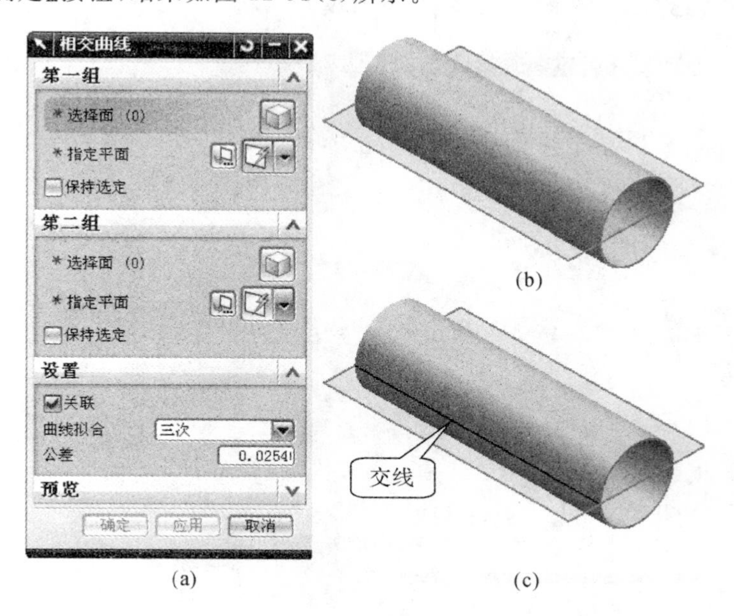

图 12-91 相交曲线

12.3.6　组合投影

工程制图中，空间曲线向铅垂面和水平面投影，可以得到空间曲线在铅垂面和水平面上的投影。【组合投影】与上述过程正好相逆，即根据互相垂直的两个面上的曲线，逆向求得其空间曲线，如图 12-92 所示。【组合投影】功能在图纸造型中应用非常广泛。

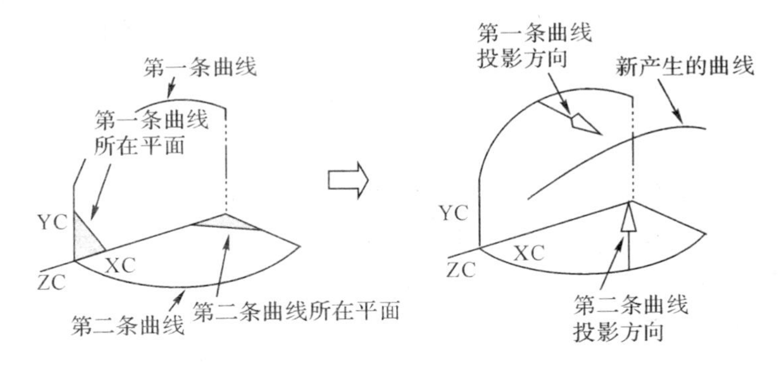

图 12-92　组合投影

例 12-33　创建组合投影曲线

(1)打开 Combined-Projection. prt，单击【曲线】工具条上的【组合投影】命令图标，弹出【组合投影】对话框，如图 12-93(a)所示。

(2)如图 12-93(b)所示，选择曲线 1，单击 MB2，然后选择曲线 2。

(3)其余参数保持默认值。

(4)单击【确定】按钮，结果如图 12-93(c)所示。

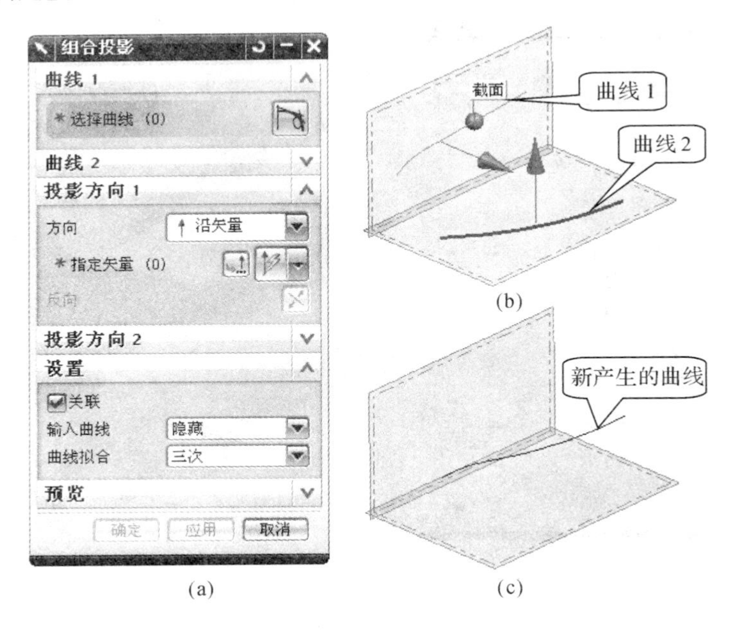

图 12-93　创建组合投影曲线实例

12.3.7 截面曲线

使用【截面曲线】命令可以将指定的平面与体、面或曲线相交来创建曲线或点。

单击【曲线】工具条上的【截面曲线】命令，弹出如图 12-94 所示的对话框。

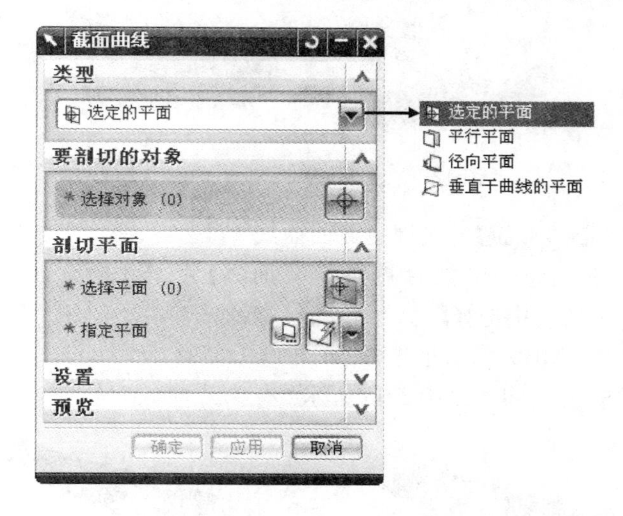

图 12-94 截面曲线对话框

共有四种创建截面曲线的类型，分别是：

1. 选定的平面

使用选定的各个平面和基准平面创建截面曲线。可以使用现有平面，或动态创建一个平面以执行截面操作。

2. 平行平面

以一组等间距的平行平面作为截面，如图 12-95 所示。

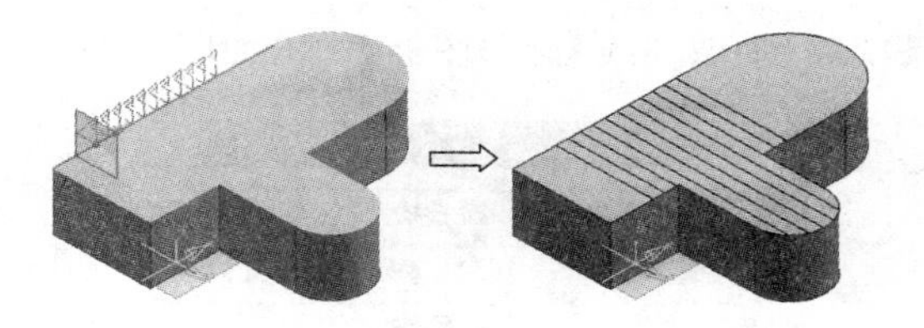

图 12-95 平行平面截面

3. 径向平面

用于设定一组等角度扇形展开的放射平面作为截面，如图 12-96 所示。

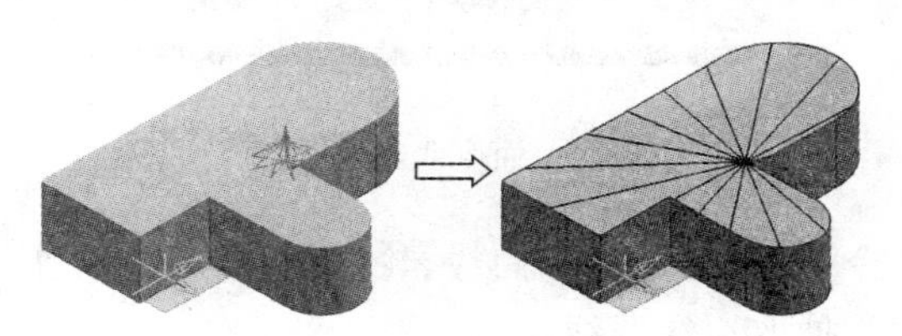

图 12-96 径向平面截面

4. 垂直于曲线的平面

用于设定一个或一组与选定曲线垂直的平面作为截面，如图 12-97 所示。

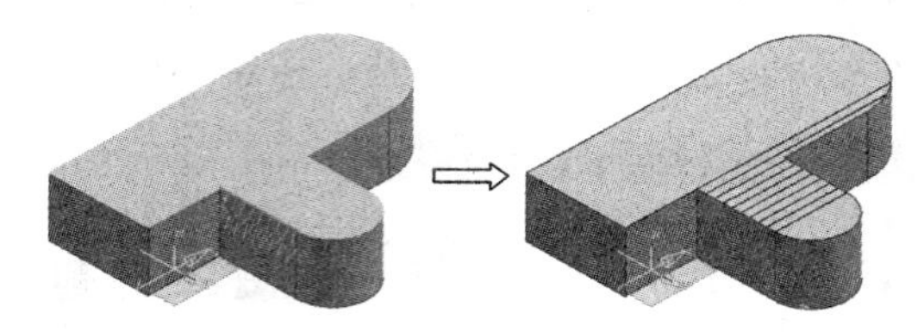

图 12-97　垂直于曲线的平面截面

例 12-34　以【选定的平面】方式创建截面曲线

(1)打开 Curve_Section. prt，然后调用【截面曲线】工具。

(2)在【类型】下拉列表中选择【选定的平面】。

(3)选择曲面，单击 MB2，然后框选 3 个平面。

(4)单击【确定】按钮，结果如图 12-98 所示。

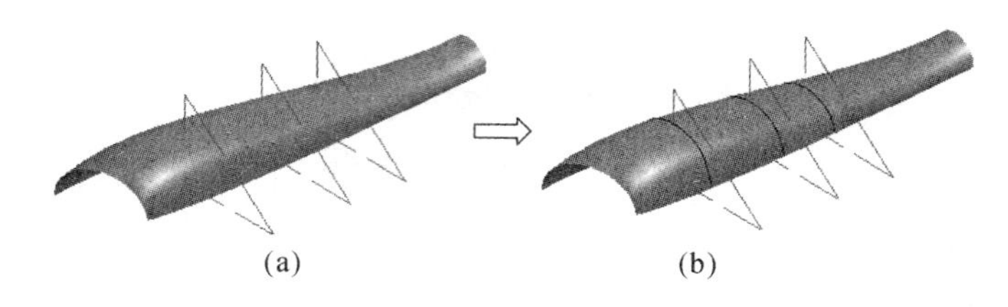

图 12-98　以选定的平面方式创建截面曲线实例

12.3.8　抽取曲线

【抽取曲线】命令通过一个或多个对象的边缘和表面生成曲线(直线、圆弧、二次曲线和样条)。

单击【曲线】工具条中的【抽取曲线】命令图标，弹出如图 12-99 所示的对话框。

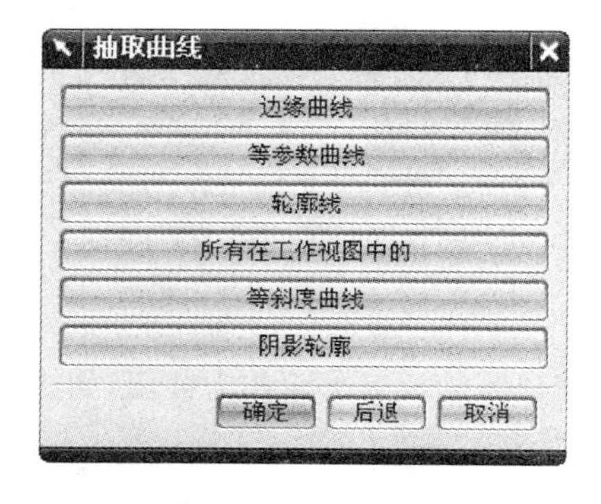

图 12-99　抽取曲线命令对话框

利用【抽取曲线】命令可以抽取：边缘曲线、轮廓线、所有在工作视图中的、等斜度曲线和阴影轮廓等。最常用的为抽取边缘曲线。

要抽取出实体或表面的边界曲线，只需调用【抽取曲线】对话框，然后单击【边缘曲线】按钮，再选择要抽取的边缘或面，之后按 MB2 即可，如图 12-100 所示。

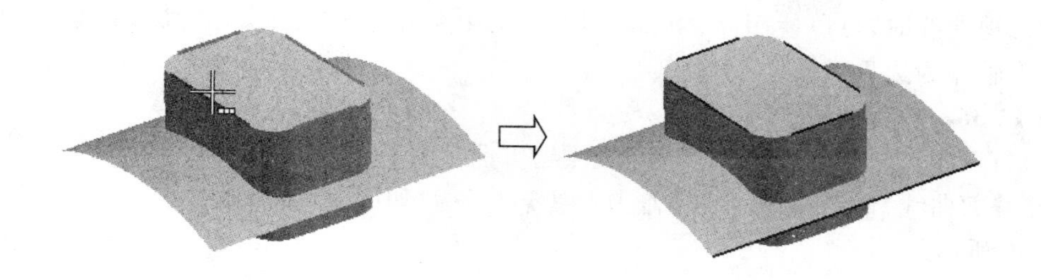

图 12-100 抽取曲线结果

12.3.9 在面上偏置曲线

在【面上偏置曲线】就是将曲面上的一条曲线，在曲面上沿着指定的方向偏置一段距离，生成一条新的偏置曲线。

与【偏置曲线】不同的是，它只能选择面上的曲线作为偏置对象，并且生成的曲线也附着于曲面上。

例 12-35 在面上偏置曲线

（1）打开 Curve _Offset_ in Face. prt，单击【曲线】工具条上的【在面上偏置曲线】命令，弹出【在面上偏置曲线】对话框。

（2）选择两条曲线，由于该部件中只有一张曲面，所以系统自动选择该曲面，拖动箭头或在文本框中输入偏置的距离 20，如图 12-101 所示。

（4）单击【确定】按钮，即可完成曲线在曲面上的偏置。

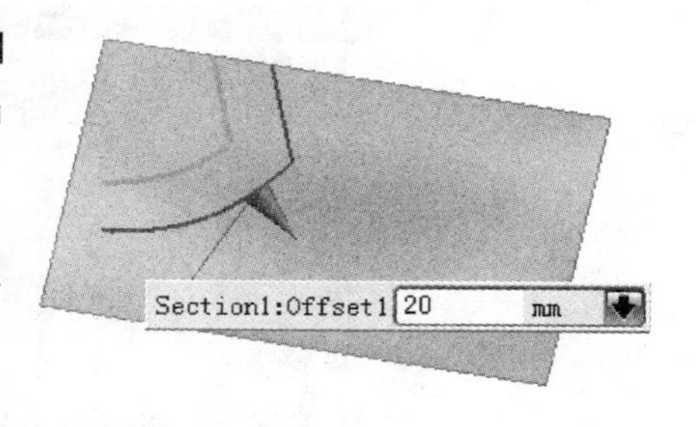

图 12-101 在面上偏置曲线实例

12.4 编辑曲线

在【编辑曲线】工具条上，曲线编辑工具包括编辑曲线参数、修剪曲线、修剪拐角、分割曲线、曲线长度及光顺样条等。这些工具也被融合到【编辑曲线】工具中，如图 12-102 所示。

本节将介绍其中常用的几个命令。

12.4.1 编辑曲线参数

UG NX 的曲线通常是带参数的，通过编辑修改曲线的参数可以很方便地达到修改曲线的目的。【编辑曲线】工具可从工具条调用，也可直接双击待修改的曲线来调用。

例如，双击圆，即可弹出【编辑曲线】对话框以及【跟踪条】，修改【跟踪条】中圆的半径、直径，即可修改圆的半径或直径；修改【跟踪条】中圆的起始角、终止角，可将圆修改为一段圆弧。

12.4.2 修剪曲线

使用【修剪曲线】可以修剪曲线的多余部分到指定的边界对象，或者延长曲线一端到指定的边界对象。

当修剪曲线时，可以使用体、面、点、曲线、边缘、基准平面和基准轴作为边界对象。

例 12-36　修剪曲线

(1)打开 Curve_Trim. prt，然后单击【编辑曲线】工具条上的【修剪曲线】命令图标，弹出【修剪曲线】对话框，如图 12-103(a)所示。

(2)设置如图 12-103(a)所示的参数。

(3)依次选择 TRIM_CURVE_1，然后选择 BOUNDING_OBJECT_1，再选择 BOUNDING_OBJECT_2，单击【应用】按钮，完成第一条曲线的修剪，如图 12-103(b)所示。由于选择了【自动选择递进】复选框，所以会自动前进到每个选择步骤。

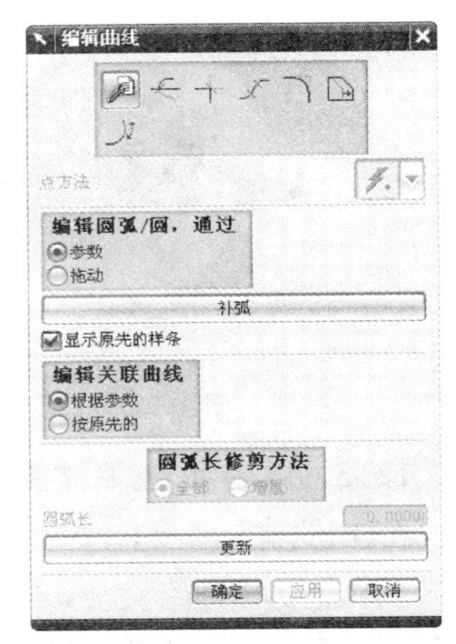

图 12-102　编辑曲线对话框

(4)选择第二条曲线，单击【确定】按钮，完成第二条曲线的修剪。由于选择了【保持选定边界对象】复选框，在单击【应用】按钮后使边界对象保持选中状态，这样，如果想使用那些相同的边界对象修剪其他线串，就不用再选中它们了。

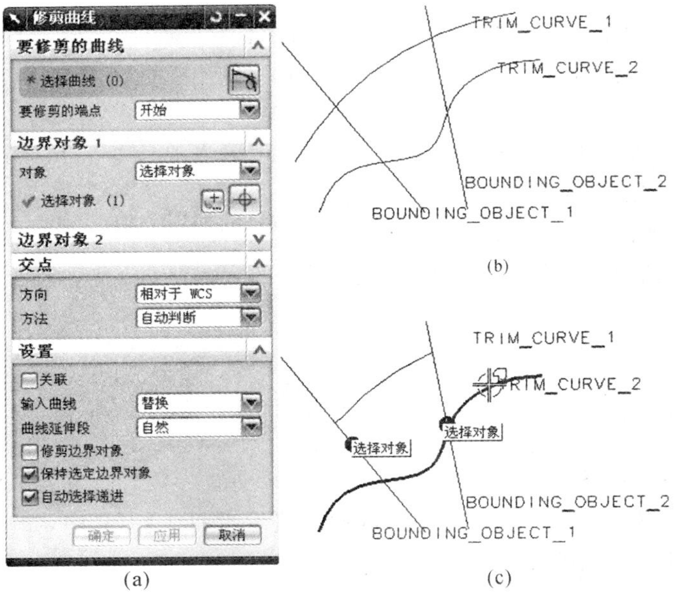

(a)　(b)　(c)

图 12-103　修剪曲线实例

注意选择时的光标位置，如图 12-103(c)所示，光标所在的位置会被修剪掉。

12.4.3　修剪拐角

指修剪两条曲线到它们的交点，形成一个尖角。

单击【编辑曲线】工具条上的【修剪拐角】命令，然后在曲线交点处按 MB1，会弹出【移除参数】警告对话框；按 MB2 即可完成相交曲线修剪角操作，如图 12-104 所示。

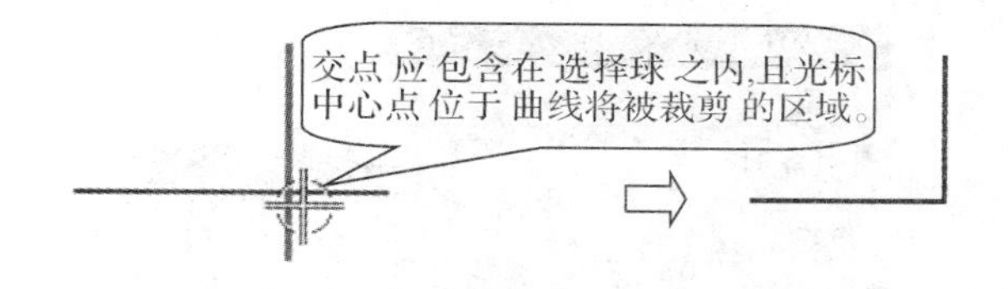

图 12-104　修剪拐角

交点要落在选择球之内。

根据光标位置不同,修剪结果也不一样,如图 12-105 所示。

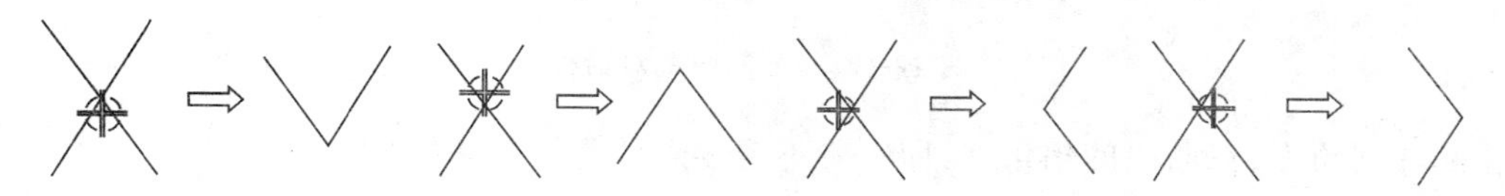

图 12-105　不同修剪拐角结果

12.4.4　编辑圆角

利用【编辑圆角】功能可以修改倒圆角的半径、修剪方式及倒圆角的位置。

单击【编辑曲线】工具条上的【编辑圆角】命令图标,弹出如图 12-106 所示的对话框。

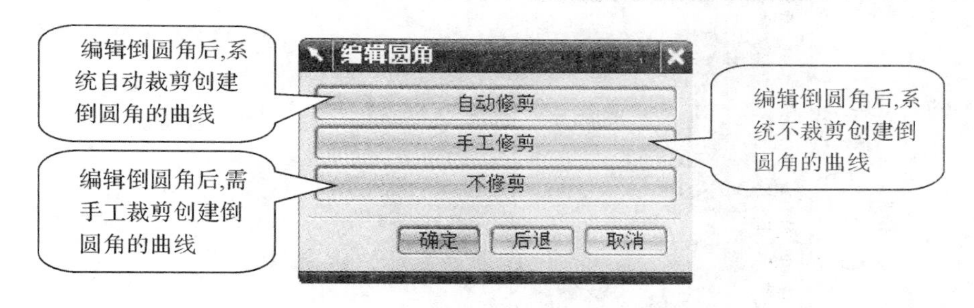

图 12-106　编辑圆角命令对话框

12.4.5　分割曲线

使用【分割曲线】命令可以将指定曲线分割成多个曲线段,所创建的每个分段都是单独的曲线,并且与原始曲线使用相同的线型。

单击【编辑曲线】工具条中的【编辑曲线长度】命令,弹出如图 12-107 所示的对话框。

该工具提供了 5 种分割曲线的方法。

● 等分段:使用曲线的长度或特定的曲线参数,将曲线分割为相等的几段。曲线参数取决于所分段的曲线类型(直线、圆弧或样条)。

● 根据边界对象:用与之相交的对象来分割曲线。

● 圆弧长段数:首先设置分段的圆弧长,则段数为曲线总长除以分段圆弧长所得的整数,不足分段圆弧长部分划归为尾段。

● 在结点处:在曲线的控制点处将样条曲线分割成多段。

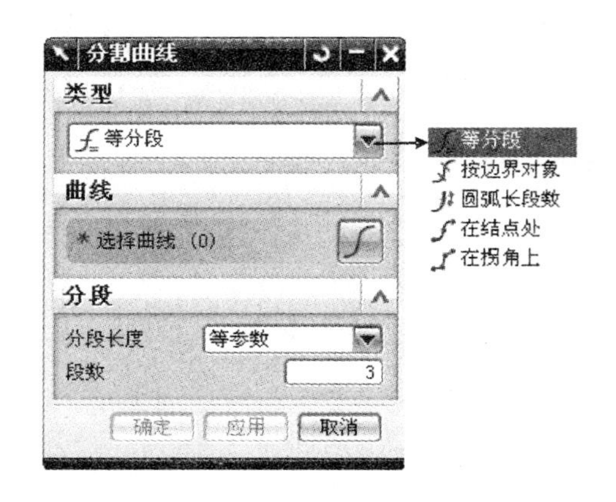

图 12-107　分割曲线对话框

- 在拐角上：在曲线的拐角处，即一阶不连续点处将样条曲线分割成多段。

12.4.6　曲线长度

使用【曲线长度】命令可以延伸或缩短曲线的长度。共有两种方法来修改曲线的长度：修改曲线的总长度或以增量的方式修改曲线的长度。

单击【编辑曲线】工具条中的【曲线长度】命令，弹出如图 12-108(a)所示的对话框。

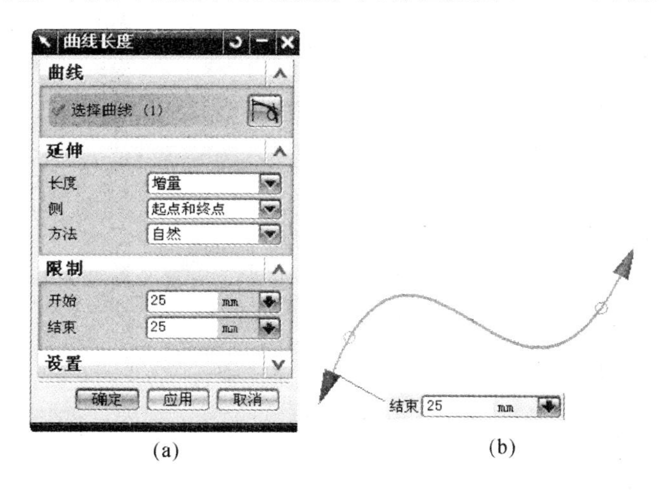

图 12-108　曲线长度命令

在视图区域选择需要编辑长度的曲线，然后在如图 12-108(b)所示的对话框中设置参数，如【开始】和【结束】文本框中均输入 20，按 MB2，结果如所示。也可以直接拖动箭头来调节曲线的长度。

12.5　曲线分析

曲线的品质直接影响构建曲面的质量，因此曲线设计完成后，往往需要对曲线进行形状分析和验证，以确定所建立的曲线满足要求。本节主要介绍曲线的曲率梳分析、峰值分析、拐点分析等，如图12-109所示。

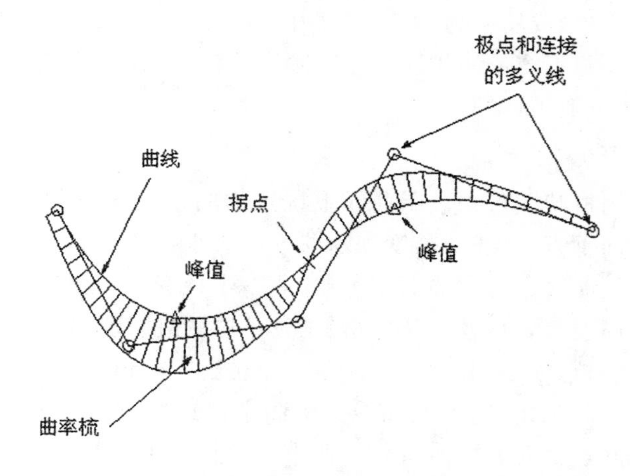

图12-109 曲线分析

除非特意关闭，否则曲线的分析元素会一直显示在图形窗口中，而边的分析元素是临时的，在显示刷新时就会消失。

12.5.1 曲线、曲面间的连续关系

曲线、曲面之间的连续性用G0、G1、G2、G3来描述。

1. G0连续

G0连续的两个对象是相连接的，故又称为位置连续。G0连续仅仅保证曲线无断点，曲面相接处无裂缝。从数学角度看是指曲线或任意平面与该曲面的交线处处连续。

G0连续的曲线不间断，但是有角；G0连续的曲面没有窟窿或裂缝，但是有棱。

2. G1连续

G1连续的两个对象光顺连接，但仅切向矢量的方向相同，其模量并不同，故又称为相切连续。从数学角度看，G1连续的曲线或曲面是指曲线或任意平面与该曲面的交线处处连续，且一阶导数连续。

G1连续的曲线是不间断的，且平滑无尖角；G1连续的曲面连续，且没有棱角。

3. G2连续

G2连续的两个对象间光顺连接，两个对象的曲率是连续的，故又称为曲率连续。从数学角度看G2连续的曲线或曲面是指曲线或任意平面与该曲面的交线处处连续，且二阶导数连续。曲率连续意味着曲线或曲面上的任一“点”沿边界有相同的曲率半径。

对G2连续的曲线做曲率分析，其曲率曲线连续且无断点。对G2连续的曲面做斑马线分析，所有斑马线平滑，没有尖角。

4. G3连续

G3连续又称曲率相切连续，是指曲面或曲线点点连续，且其曲率曲线或曲率曲面分析结果为相切连续。

对G3连续的曲线做曲率分析，曲率曲线连续，且平滑无尖角。

综上所述，G0连续是指位置连续，G1连续是指切线连续，G2连续是指曲率连续，G3连

续是指曲率变化率连续。G0 连续阶别的模型会有锐利的边缘，所以应极力避免；G1 连续阶别的模型则由于制作简单，成功率高，故比较实用；G2 连续阶别的模型视觉效果非常好，但是这种连续级别的表面并不容易制作；G3 连续阶别的模型，其视觉效果和 G2 相差无几，但消耗计算资源很多，故一般不使用。

12.5.2 曲率梳分析

所谓曲率梳是指用梳状图形来表示曲线上各点的曲率变化情况，梳状图形中的直线与曲线上该点的切线方向垂直，直线的长度表示曲率的大小。

用曲率梳可以分析曲线上各点的曲率方向、曲率半径变化的相对大小。

选择欲要分析的曲线后，单击【形状分析】工具条中的【曲线分析一曲率梳】，在曲线上就会显示选定曲线的曲率梳，如图 12-110(a)所示。单击【曲线分析一曲率梳】图标右侧的三角形图标，会弹出如图 12-110(b)所示的【曲线分析曲率梳】对话框，从中可以调整曲率梳的比例、针密度、曲率梳的起点位置、结终点位置、曲率梳的投影平面等。

再次单击【形状分析】工具条中的【曲线分析一曲率】，可取消曲率梳分析。

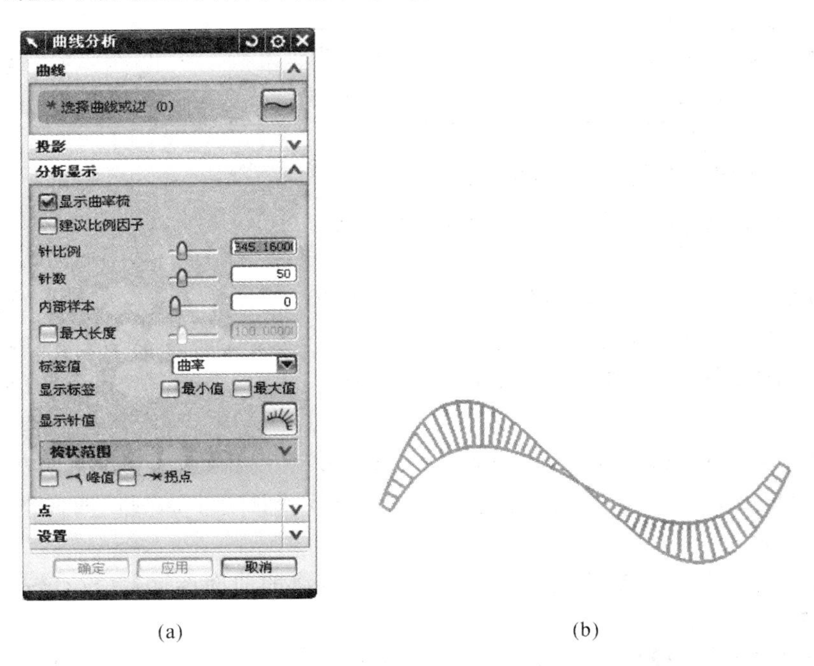

(a) (b)

图 12-110 曲率梳分析

通过曲率梳图形可以辨别曲线的连续性：G0、G1、G2、G3，如图 12-111 所示。

从曲率梳图形也可辨别出曲线的质量，如图 12-112 所示。

12.5.3 峰值分析

所谓峰值点就是指曲线的曲率值达到局部最大值，如图 12-109 所示。

选择欲要分析的曲线后，单击【形状分析】工具条中的【曲线分析一峰值】，在曲线上就会显示所选曲线的峰值点，每个峰值点处显示一个小符号(三角形)，如图 12-113 所示。

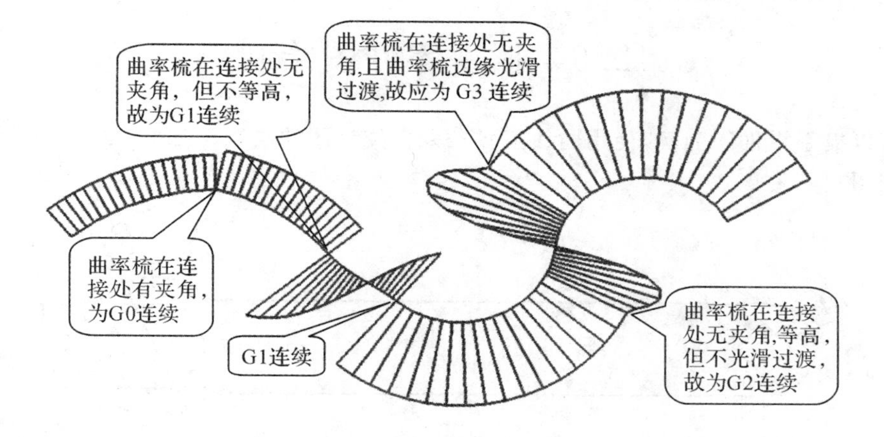

图 12-111　曲线连续性分析

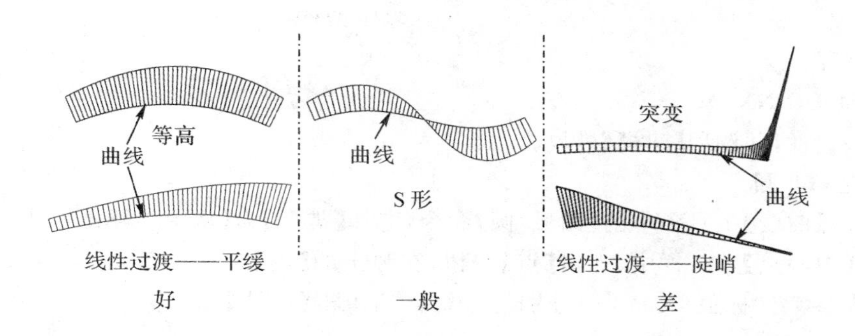

图 12-112　曲线质量分析

图 12-113　曲线峰值分析

12.5.4　拐点分析

所谓拐点就是指曲线的曲率梳从曲线的一侧反转到曲线的另一侧,转折点就是拐点,如图 12-109 所示。

选择欲要分析的曲线后,单击【形状分析】工具条中的【曲线分析一拐点】,在曲线上就会显示选定曲线的拐点,每个拐点处显示一个小符号("x"),如图 12-114 所示。

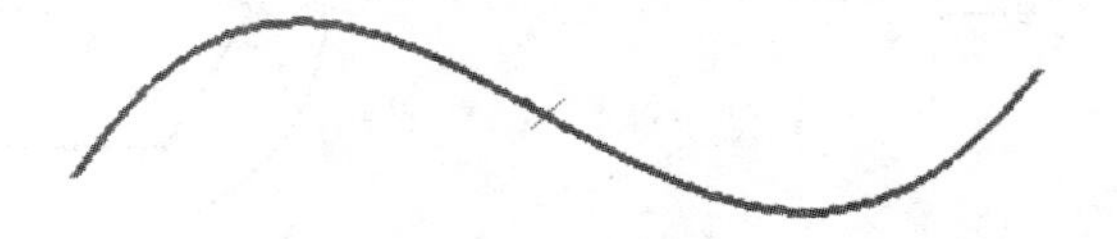

图 12-114　曲线拐点分析

12.6 扳手零件图绘制

本节以扳手零件图为例，使用曲线工具条来完成该图的绘制。如图 12-115 所示为该零件的二维图。

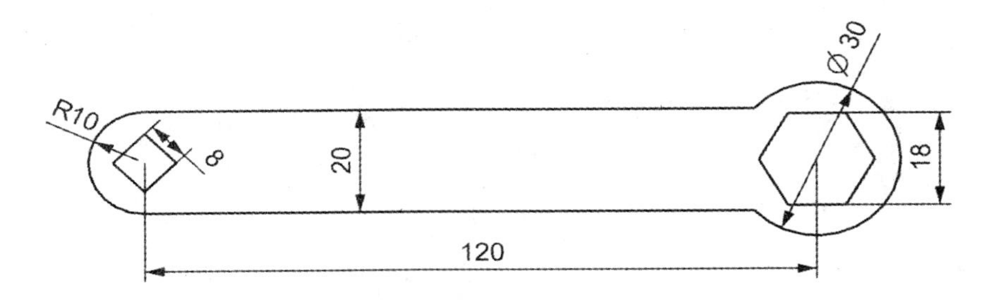

图 12-115 扳手零件二维图

实施过程

1. 启动 UG NX

新建一文件，并调用【建模】模块。

2. 创建φ30 圆

(1)使用【曲线】工具条中的【圆弧/圆】命令，选择【类型】为【从中心开始的圆弧/圆】。

(2)在【中心点】这一栏中，点击【点】按钮，在弹出的【点】对话框中输入参考坐标值(X,Y,Z)分别为(0,0,0)，单击【确认】按钮。

(3)在【大小】这一栏中，输入【半径】值为 15。然后勾选【限制】中的【整圆】按钮，单击键盘中的【Enter 建】，再单击【确认】按钮。结果如图 12-116 所示。

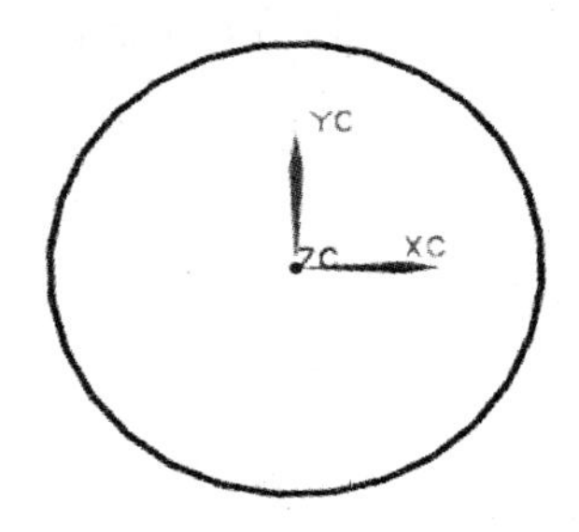

图 12-116 创建φ30 圆

3. 创建六边形

(1)使用【插入】|【曲线】|【多边形】命令，输入多边形的变数为 6。单击【确认】按钮，进入多边形对话框。

(2)选择【内接圆半径】按钮，输入内接圆半径值为 9，方位角为 0°。单击【确认】按钮。

(3)弹出【点】对话框后，选择点的位置为φ30 圆的圆心，如图 12-117(a)所示。单击【取消】按钮。结果如图 12-117(b)所示。

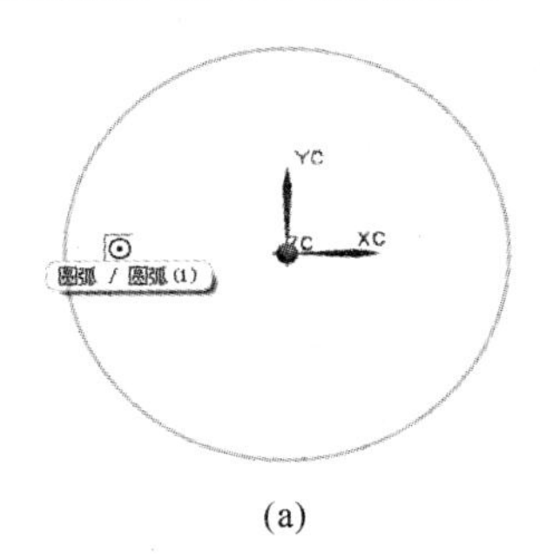

(a)

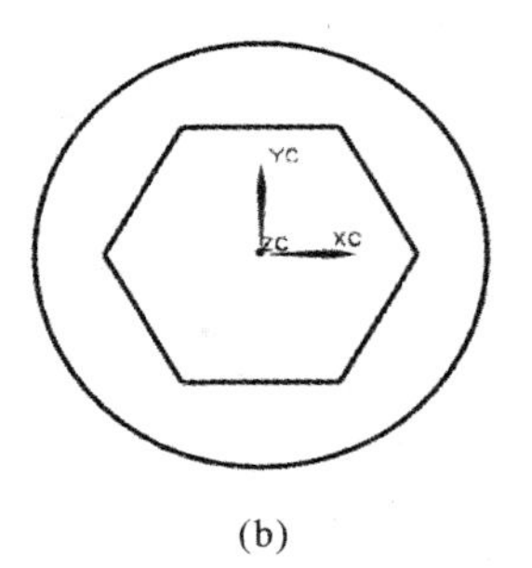

(b)

图 12-117 创建六边形

4. 创建 R10 圆

(1)使用【曲线】工具条中的【圆弧/圆】命令,选择【类型】为【从中心开始的圆弧/圆】。

(2)在【中心点】这一栏中,点击【点】按钮,在弹出的【点】对话框中输入参考坐标值(X,Y,Z)分别为(—120,0,0),单击【确认】按钮。

(3)在【大小】这一栏中,输入【半径】值为 10。然后勾选【限制】中的【整圆】按钮,单击键盘中的【Enter 建】,再单击【确认】按钮。结果如图 12-118 所示。

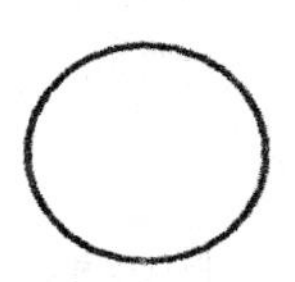

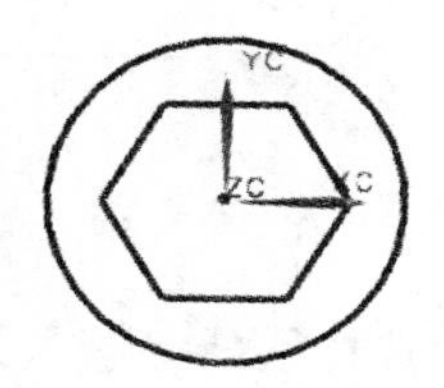

图 12-118　创建 R10 圆

5. 创建相切直线

(1)使用【曲线】工具条中的【直线】命令,选择【起点选项】为【相切】,选择相切的对象为 R10 的圆。选择【终点选项】为【XC 沿 XC】。

(2)在【限制】栏中,选择【终止限制】为【直至选定的对象】,选择$\phi 30$的圆。单击【确认】按钮,并使用相同的方法绘制出上下两条相切直线。结果如图 12-119 所示。

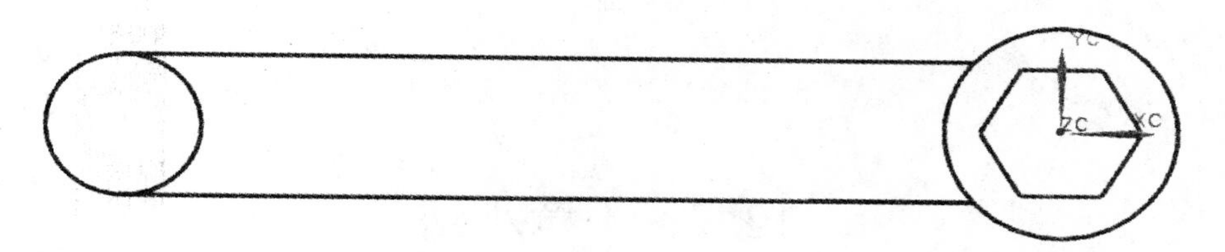

图 12-119　创建相切直线

6. 创建菱形

(1)使用【插入】|【曲线】|【多边形】命令,输入多边形的变数为 4。单击【确认】按钮,进入多边形对话框。

(2)选择【内接圆半径】按钮,输入内接圆半径值为 4,方位角为 90°。单击【确认】按钮。

(3)弹出【点】对话框后,选择点的位置为 R10 圆的圆心,单击【取消】按钮。结果如图 12-120 所示。

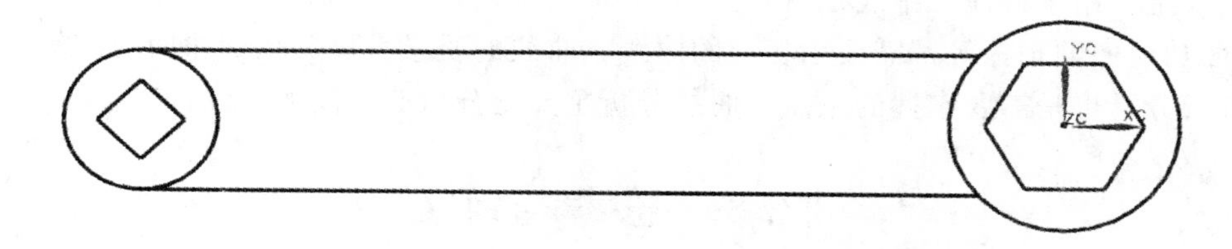

图 12-120　创建菱形

7. 修剪曲线

(1)使用【编辑曲线】工具条中的【修剪曲线】命令，选择曲线要修剪的部分，如图 12-121 所示，选择 R10 圆的部分。

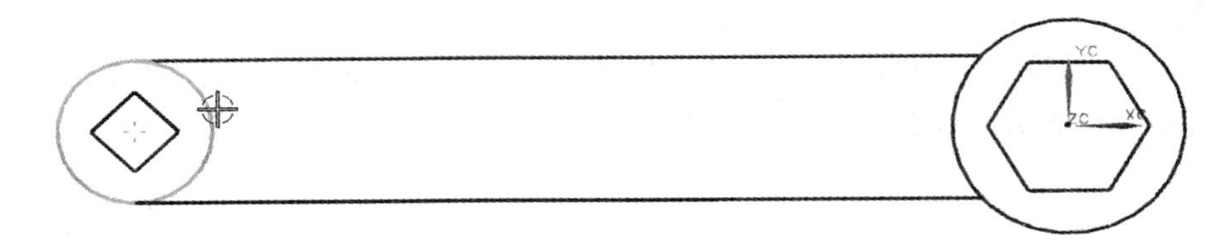

图 12-121 修剪曲线

(2)选择【边界对象 1】与【边界对象 2】分别为两条相切的直线。在【设置】栏中，取消【关联】选项，选择【输入曲线】为【替换】，【曲线延伸段】为【无】，单击【确认】按钮，在弹出的【移除参数】对话框中单击【确认】即可。完成修剪后，可以相同的方式修剪ϕ30 的圆，结果如图 12-122 所示。

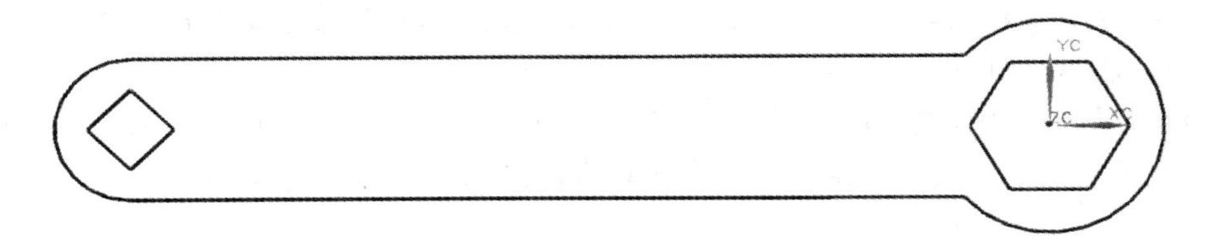

图 12-122 扳手零件绘制结果

12.7 本章小结

本章详细介绍了 UG NX 中曲线的创建、操作与编辑方法以及曲线分析的常用方法。

曲线的创建是直接创建曲线，如直线、圆、圆弧、样条、矩形、多边形、椭圆、一般二次曲线、规则曲线等。

曲线操作是指在现有曲线的基础上创建新的曲线，如偏置曲线、桥接曲线、连接曲线、投影曲线、相交曲线、组合投影、截面曲线、抽取曲线、在面上偏置曲线等。

曲线编辑也是本章的重要内容，包括：编辑曲线参数、修剪曲线、修剪拐角、编辑圆角、分割曲线、编辑曲线长度。

曲线主要用于构建二维线框，但是 UG NX 三维建模的基础，如实体功能中的拉伸、旋转，曲面功能中的扫掠等都需要用相应的曲线。曲线的质量直接关系到曲面的质量，因此对曲线进行分析也是需要掌握的重点。曲线分析主要是分析曲线间的连续性。

12.8 思考与练习

1. 曲线、曲面间的连续关系有哪几种？各自的含义是什么？
2. 样条线中有哪些基本概念？各自的含义是什么？

3. 创建投影曲线时,投影方向有哪几种选择,各自的含义是什么?

4. 试用【直线】工具和【基本曲线】工具创建两圆的公切线。

5. 试绘制两条间距 100 的平行线,并用 R200 的圆弧连接平行线的两端点。

6. 任意绘制两条样条线,并通过【桥接】工具,光顺连接两条样条线。请仔细查看并体会不同桥接参数对桥接曲线的影响。

7. 绘制圆心在(0,0),起始角为 0°,终止角为 45°,半径为 50mm 的圆弧。

(提示:首先绘制一个圆心在(0,0)、半径为 50mm 的圆,然后调用【编辑曲线】工具,将圆的起始角设置为 0,终止角设置为 45°。)

8. 绘制如图 12-123、图 12-124、图 12-125、图 12-126 所示的二维图。

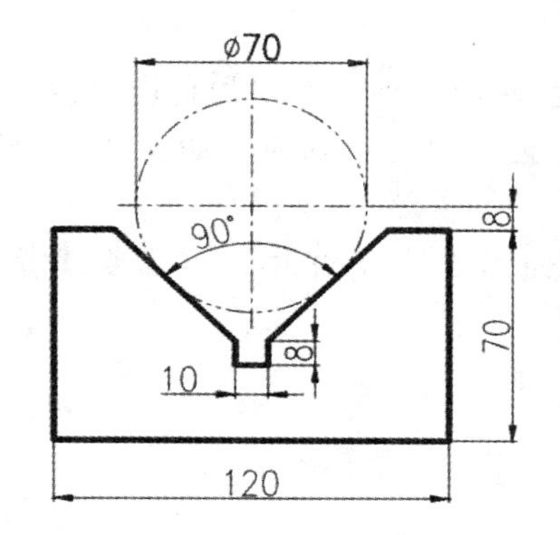

图 12-123 练习二维图 1

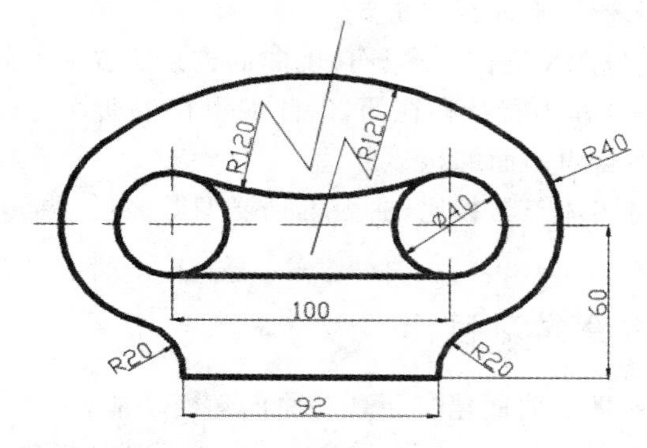

图 12-124 练习二维图 2

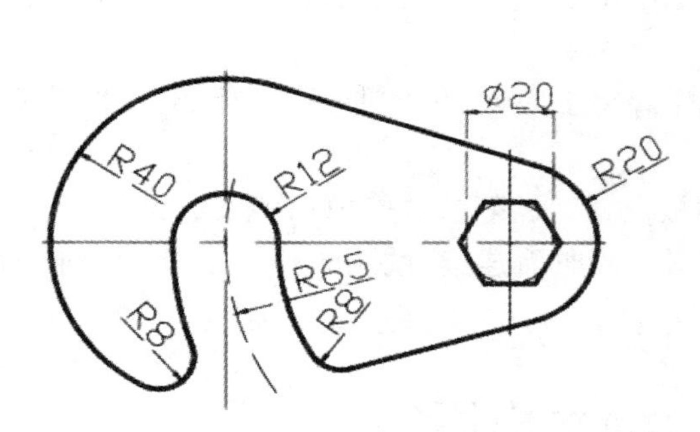

图 12-125 练习二维图 3

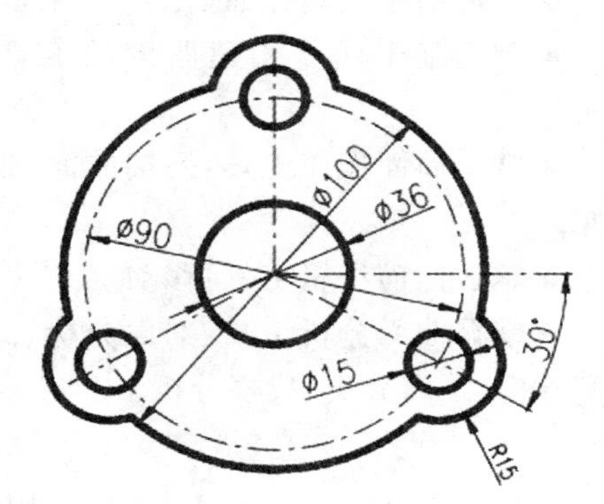

图 12-126 练习二维图 4

第13章　曲面建模

自由曲面构造是CAD软件的重要组成部分，也是体现CAD软件建模能力的重要标志之一。使用自由曲面构造功能可以完成实体建模所无法完成的产品，因此掌握曲面造型对造型工程师来说至关重要。

UG NX提供了多种自由曲面构造方法，功能强大，使用方便。大多数自由曲面在UG NX中是作为特征存在的，因此编辑自由曲面也非常方便。但要正确使用曲面造型功能需要了解自由曲面的构成原理。

与实体工具相比，曲面工具要少得多，但曲面工具使用更灵活，细微之处需要读者用心体会。

本章学习目标

- 理解曲面建模原理和曲面建模功能；
- 了解片体、补片、阶数、栅格线等基本概念；
- 掌握基于点构建曲面的工具：通过点、从极点和从点云；
- 掌握基于曲线构建曲面的工具：直纹面、通过曲线组、通过曲线网格、扫掠、剖切曲面；
- 掌握曲面操作工具：桥接曲面、延伸曲面、N边曲面、偏置曲面、修剪的片体、修剪和延伸；
- 掌握曲面编辑工具：移动定义点、移动极点、扩大、等参数修剪/分割、边界；
- 掌握曲面分析工具：剖面分析、高亮线分析、曲面连续性分析、半径分析、反射分析、斜率分析、距离分析、拔模分析。

13.1　曲线(面)建模原理

实体建模和曲面建模是三维建模技术最常用的建模方法，其中曲面建模能力是衡量建模软件的重要指标，也是较难掌握的部分，因而成为检验建模工程师技术水平的主要指标之一。

由于曲面建模功能本身具有的复杂性，如果没有一定的自由曲线和自由曲面的基础知识，也就不可能真正理解这些功能。因此，首先应了解曲线与曲面的基本原理，才能理解曲面建模中各个功能相关参数的意义，才能灵活运用曲面建模功能。

13.1.1　自由曲线与自由曲面的基本原理

CAD/CAM软件中，曲面通常是以样条的形式来表达的，因此又称为样条曲面或自由曲面。

1. 曲线和曲面的表达

曲线、曲面有三种常用的表达方式，即显式表达、隐式表达和参数表达。

1)显式表达

如果表达式直观地反映了曲线上各个点的坐标值 y 如何随着坐标值 x 的变化而变化，即坐标值 y 可利用等号右侧的 x 的计算式直接计算得到，就称曲线的这种表达方式为显式表达，例如直线表达式 $y=x$、$y=2x+1$ 等。

一般地，平面曲线的显式表达式可写为：$y=f(x)$，其中 x、y 为曲线上任意点的坐标值，称为坐标变量，符号 $f()$则用来表示 x 坐标的某种计算式，称为 x 的函数。

类似地，曲面的显式表达式为：$z=f(x,y)$。

2)隐式表达

如果坐标值 y 并不能直接通过 x 的函数式得到，而是需要通过 x、y 所满足的方程式进行求解才能得到，就称曲线的这种表达方式为隐式表达。例如圆心在坐标原点、半径为 R 的圆曲线，每个点的 y 坐标值和 x 坐标值都满足以下方程式：

$$x^2+y^2=R^2 \tag{13.1}$$

也就是说，表达式不能直观地反映出圆曲线上各点的 y 坐标值是如何随坐标值 x 的变化而变化的。

一般地，平面曲线的隐式表达式可写为：$f(x,y)=0$，符号 $f(\ )$用来表示关于 x、y 的某种计算式，即坐标变量 x 和 y 的函数。

类似地，曲面的隐式表达式为：$f(x,y,z)=0$。

3)参数表达

假如直线 A 上各点的 x、y 坐标值都保持相等的关系，即：

$$y=x \tag{13.2}$$

如果引入一个新变量 t，并规定 t 与坐标值 x 保持相等的关系，那么(7.2)式就可以写为：

$$\begin{cases} x=t \\ y=t \end{cases} \tag{13.3}$$

显然，在(13.3)式中，坐标值 x、y 之间依然保持了相等的关系，因此它同样可作为直线 A 的表达式。与(13.2)式不同的是，在(13.3)式中，x 和 y 的相等关系是通过一个“第三者” t 来间接地反映出来的，t 称为参数。这种通过参数来表达曲线的方式称为曲线的参数表达，如图13-1所示。参数的取值范围称为参数域，通常规定在0到1之间。

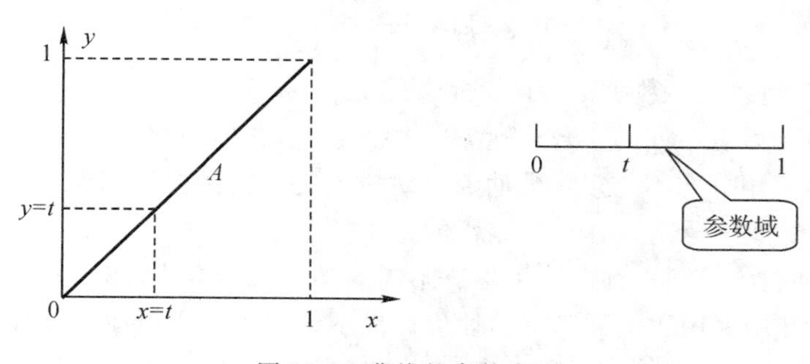

图13-1　曲线的参数表达

例如，当参数 t 取值为 0.4 时，直线 A 上对应的点为(0.4,0.4)。

一般地，平面曲线的参数表达式可写为：

$$\begin{cases} x=f(t) \\ y=g(t) \end{cases} \tag{13.4}$$

符号 $f()$、$g()$分别是参数 t 的函数。

曲面的参数表达式为：

$$\begin{cases} x=f(u,v) \\ y=g(u,v) \\ z=h(u,v) \end{cases} \tag{13.5}$$

由于参数表达的优越性(相关内容可参阅 CAD 技术开发类教材)，它成为现有的 CAD/CAM 软件中表达自由曲线和自由曲面的主要方式。

如果将式(13.3)改写为：

$$\begin{cases} x=t^2 \\ y=t^2 \end{cases} \tag{13.6}$$

则 x 与 y 依然保持着相等的关系。也就是说，(13.6)式也是直线段 A 的一个参数表达式。同时我们注意到，在(13.3)式中，由于 x、y 始终与参数 t 保持着相同的值，因此当参数 t 以均匀间隔在参数域内取值 0、0.2、0.4、0.6、0.8、1，则在直线段 A 上的对应点(0,0)、(0.2,0.2)、(0.4,0.4)、(0.6,0.6)、(0.8,0.8)、1 也将保持均匀的间隔。然而，在(13.6)式中，这种对应关系被打乱了，与参数值 0、0.2、0.4、0.6、0.8、1 对应的直线 A 上的点坐标分别是(0,0)、(0.04,0.04)、(0.36,0.36)、(0.64,0.64)、(1,1)，显然这些点之间的间距并不均匀，如图 13-2 所示。

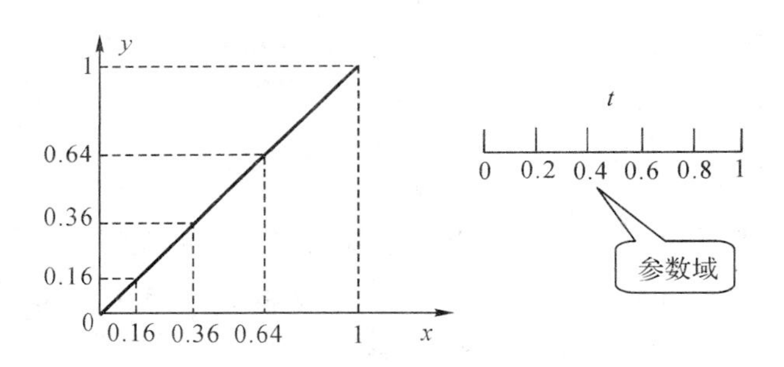

图 13-2 间距不均匀的参数域

由此，可以得到曲线参数表达的两个重要结论：

- 一条曲线可以有不同的参数表达方式，如(13.3)、(13.6)式。
- 参数的等间距分布不一定导致曲线上对应点的等间距分布，即参数域的等间距分割不等价于曲线的等间距分割，如图 13-2 所示。

读者也许会问，既然同一种曲线可以有不同的参数表达方式，那么究竟使用哪一种更好呢？当然是哪个好用就用哪个！其中的评价标准不仅包括了通用性、适用性、图形处理效率等诸多因素，还往往和特定的应用需求有关。经过多年的研究和应用实践的检验，以非均匀

有理 B 样条(NURBS)等为代表的参数表达方式以其无可比拟的优越性已成为当今 CAD/CAM 软件表达自由曲线和自由曲面的首选。

2. 自由曲线的生成原理

虽然 NURBS 是目前最流行的自由曲线与自由曲面的表达方式,但由于它的生成原理和表达式相对较为复杂,不容易理解。因此本书以另一种相对简单但同样十分典型的参数表达方式,即 Bezier(贝塞尔)样条,来说明参数表达的自由曲线和曲面是如何生成的。

本节我们介绍 Bezier 样条曲线的生成方式。

如图 13-3 所示,两点 $P_1(x_1,y_1)$、$P_2(x_2,y_2)$ 构成一条直线段,该直线段上任意点 P 的坐标值为(x,y),则由简单的几何原理可得到如下关系式:

$$\frac{x-x_1}{x_2-x_1}=\frac{y-y_1}{y_2-y_1}=\frac{|PP_1|}{|P_2P_1|} \tag{13.7}$$

如果将参数 t 定义为 P 到 P_1 的距离 $|PP_1|$ 与 P_2 到 P_1 的距离 $|P_2P_1|$ 的比值,即

$$t=\frac{|PP_1|}{|P_2P_1|}$$

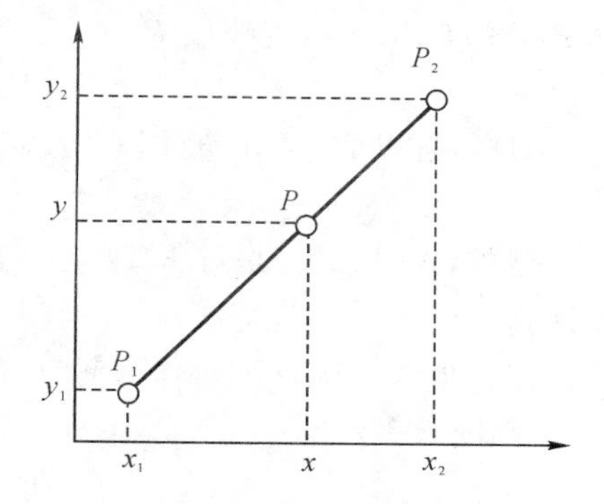

图 13-3 一阶 Bezier 样条曲线的生成

则代入(13.7)式后容易推得:

$$\begin{cases} x=(1-t)x_1+tx_2 \\ y=(1-t)y_1+ty_2 \end{cases}$$

注意到以上方程组中的两个方程的相似性,并将它们合并表达为:

$$\begin{pmatrix} x \\ y \end{pmatrix}=(1-t)\begin{pmatrix} x_1 \\ y_1 \end{pmatrix}+t\begin{pmatrix} x_2 \\ y_2 \end{pmatrix} \tag{13.8}$$

由于$\begin{pmatrix} x \\ y \end{pmatrix}$、$\begin{pmatrix} x_1 \\ y_1 \end{pmatrix}$、$\begin{pmatrix} x_2 \\ y_2 \end{pmatrix}$分别是 P、P_1、P_2 的坐标,因此将上式简写成如下形式:

$$P=(1-t)P_1+tP_2$$

由于 P 的位置是随着参数 t 的变化而变化,因此上式也可写为:

$$P(t)=(1-t)P_1+tP_2 \tag{13.9}$$

这就是直线段的一种参数化表达式。参数 t 代表了直线段上任意一点 P 到起点 P_1 的距离与直线段总长度 $|P_1P_2|$ 的比值。显然,t 在 0 到 1 之间变化,并且 t 越小,P 就越靠近 P_1(当 t 为 0 时,P 与 P_1 重合)。同理,当 P 向 P_2 移动时,t 将越来越大(当 P 与 P_2 重合时,t 为 1)。

下面进一步讨论式(13.9)的几何意义。从式(13.9)可见,P 是由 P_1 和 P_2 计算得到的,即 P 的位置是由 P_1 和 P_2 决定的。我们将 P_1、P_2 称为直线段的控制顶点。同时,式(13.9)中 P_1 和 P_2 分别被乘上一个小于等于 1 的系数$(1-t)$和 t,分别称为 P_1 和 P_2 对 P 的影响因子,反映了各个控制顶点对 P 的位置的"影响力"或者"贡献量"。由于$(1-t)$与 t 之和为 1,因此控制顶点对 P 的影响因子的总和是不变的。

可见,式(13.7)直观、形象地反映了 P 在直线段上所处的位置,以及 P_1 和 P_2 对 P 所做出的"贡献量"。我们将式(13.9)所代表的计算方法称为对控制顶点 P_1、P_2 的线性插值计算。所谓线性是指控制顶点影响因子均为参数 t 的一次函数$(1-t)$和 t。所谓插值是指 P

由 P_1 和 P_2 按一定的方法（称为插值方式）计算得到。插值方式决定了控制顶点影响因子的计算方法。

直线段的这种参数化表达方式称为一阶 Bezier 样条。以这种方式表达的直线段是最简单的 Bezier 曲线，由于表达式中参数 t 的幂次为 1，因此又称为一阶 Bezier 曲线。

下面我们讨论稍复杂一点的二阶 Bezier 样条的生成方式。

如图 13-4(a)所示，P_1、P_2、P_3 是空间任意的三个点，若我们以 Bezier 样条表达直线段 P_1P_2，并以 P_{11} 表示直线段 P_1P_2 上参数为 t 的点，则由式(13.9)可得：

$$P_{11}=(1-t)P_1+tP_2 \tag{13.10}$$

同样，若以 P_{12} 表示直线段 P_2P_3（注意 P_2 为起点）上参数为 t 的点，则有：

$$P_{12}=(1-t)P_{12}+tP_3 \tag{13.11}$$

显然，式(13.10)是对 P_1、P_2 进行的线性插值计算，式(7.9)是对 P_2、P_3 进行的线性插值计算。

进一步地，我们将 P_{11} 作为起点，P_{12} 作为终点，并将直线段 $P_{11}P_{12}$ 上参数为 t 的点记为 P_{22}。则同样有：

$$P_{22}=(1-t)P_{11}+tP_{12} \tag{13.12}$$

P_{11} 和 P_{12} 的计算称为第一轮插值，P_{22} 的计算称为第二轮插值。可见，第二轮插值是在第一轮插值的基础上完成的，并且其后无法再进行更进一步的插值运算。

当 t 从 0 逐步增加到 1 时，P_{11} 从 P_1 移动到 P_2，P_{12} 则同步地从 P_2 移动到 P_3。与此同时，P_{22} 也从 P_1 移动到 P_3，其移动的轨迹形成一条曲线，称为以 P_1、P_2、P_3 为控制顶点的二阶 Bezier 曲线，如图 13-4(b)所示。

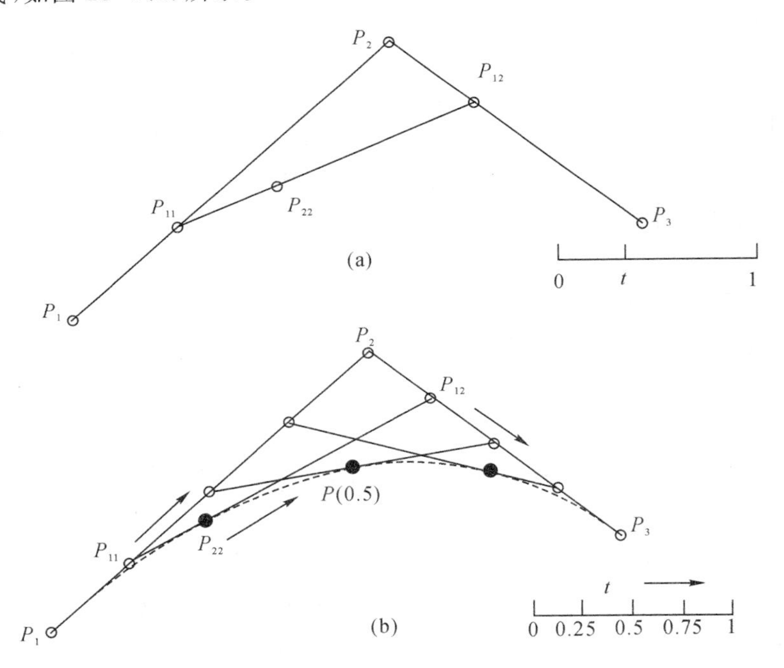

图 13-4　二阶 Bezier 样条的生成

将式(13.10)、(13.11)代入到式(13.12),立即可以推出:

$$P_{22}=(1-t)^2P_1+2t(1-t)P_2+t^2P_3$$

由于 P_{22} 的位置随着 t 的变化而变化,因此上式还可表达为:

$$P(t)=(1-t)^2P_1+2t(1-t)P_2+t^2P_3 \tag{13.13}$$

式(7.13)即为二阶 Bezier 样条的表达式。与一阶 Bezier 曲线相同,二阶 Bezier 曲线上任意点 P_{22} 的位置又是各控制顶点综合影响的结果,而且各控制顶点对 P_{22} 的影响因子之和仍然是 1。

我们可用图 13-5 形象地表示上述插值过程:

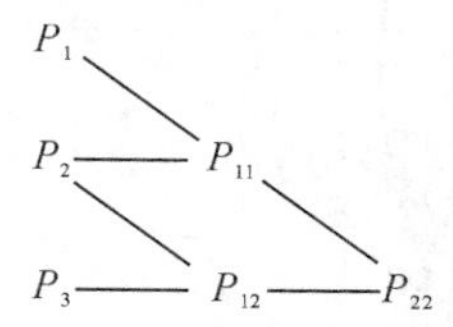

图 13-5　二阶 Bezier 样条插值过程

以此类推,对 $n+1$ 个 $P_i(i=0,1,2,\cdots,n)$ 进行的类似插值过程可以图 13-6 表示,最终得到的插值点 P_{nn} 计算式为:

$$P_{nn}=P(t)=\sum_{i=0}^{n}P_iB_i^n(t) \tag{13.14}$$

其中 $P_i(i=0,\cdots,n)$ 为控制顶点,是各控制顶点的影响因子,称为 Bernstein 基函数,其计算式为:

$$B_i^n(t)=\binom{n}{i}t^i(1-t)^{n-1} \tag{13.15}$$

式(13.14)是以 $P_i(i=0,1,2,\cdots,n)$ 为控制顶点的 n 阶 Bezier 样条曲线的表达式。当 $n=1$、$n=2$ 时,(13.14)式分别转化为(13.9)式和(13.13)式,读者可自行验证。

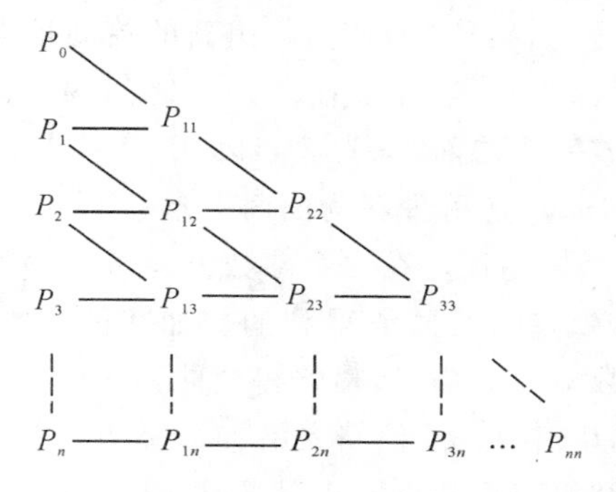

图 13-6　多阶 Bezier 样条插值过程

需注意的是,自由曲线上的等参数间距点不等分曲线。如图 13-4(b)参数域被三个分割点 $t=0.25$、$t=0.5$、$t=0.75$ 平均地分割为四等份,而在曲线上对应的分割点(黑色填充点)却不能等分曲线。例如图 13-4 参数域上的中点 $t=0.5$ 所对应的曲线上的点 $P(0.5)$ 并不是曲线的中点,而是更"靠近"P_3,这是因为控制顶点 P_2 与 P_3 更接近的缘故。

3. 自由曲面

自由曲面的生成原理可以看作是自由曲线生成原理的扩展，图13-7是一个Bezier曲面的生成示意。

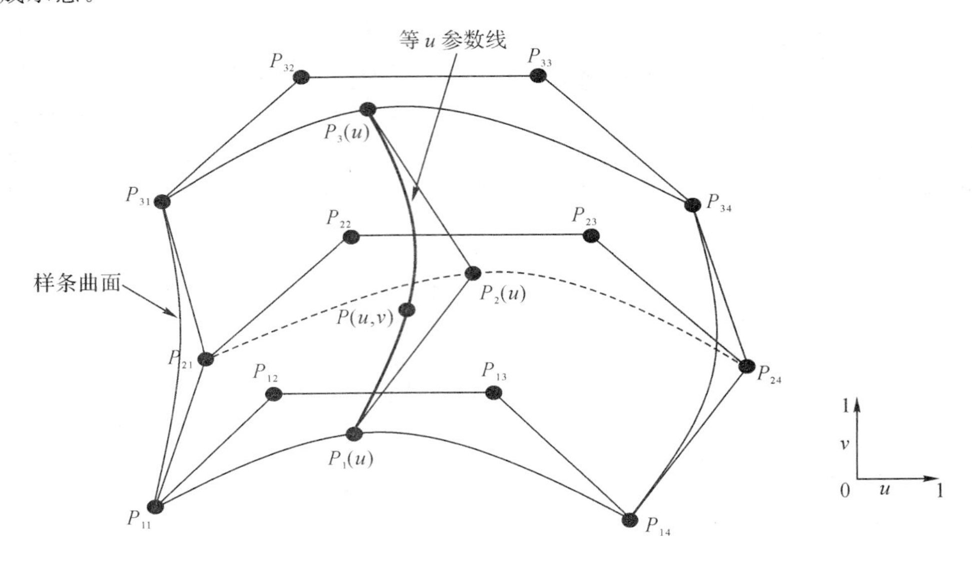

图13-7 Bezier曲面生成示意

图13-7中，P_{ij}($i=1,2,3;j=1,2,3,4$)是由3×4个点组成的点阵。我们将P_{1j}($j=1,2,3,4$)作为控制顶点(其中P_{11}为起点，P_{14}为终点)，于是可以得到以P_{1j}为控制顶点的Bezier曲线$P_1(t)$。将该曲线上参数为u的点记为$P_1(u)$。

同样，我们还可以得到以P_{2j}($j=1,2,3,4$)为控制顶点的Bezier曲线$P_2(t)$上参数为u的点$P_2(u)$，以及以P_{3j}($j=1,2,3,4$)为控制顶点的Bezier曲线$P_3(t)$上参数为u的点$P_3(u)$。

接下来，我们将$P_1(u)$、$P_2(u)$、$P_3(u)$作为一组新的控制顶点，生成新的Bezier曲线，该曲线上参数为v的点记为$P(u,v)$。当u、v在0到1之间取不同的值时，$P(u,v)$的位置也会不断变化，其运动轨迹形成一个曲面，称为以点阵P_{ij}为控制顶点的Bezier曲面$P(u,v)$，其中u、v是曲面的参数。$P(u,v)$还可理解为曲面上参数为u、v的点。

显然，自由曲线是由m个控制顶点在一个参数方向进行插值得到的。而自由曲面则是由$m \times n$的点阵经过两个参数方向的插值得到的。如在图13-8中，先是沿参数u方向插值，然后将得到的结果沿参数v方向插值，最终得到曲面上的点$P(u,v)$。

需要注意的是，在图13-8中，如果我们先沿参数v方向插值，然后再沿参数u方向插值，所得到的点将与前述的结果完全一样。也就是说，不管先进行哪个方向的插值，由控制顶点P_{ij}($i=1,2,3;j=1,2,3,4$)所决定的Bezier曲面形状是唯一的。

现在我们再看一下沿参数u方向进行第一轮插值得到的结果$P_1(u)$、$P_2(u)$和$P_3(u)$，它们具有同样的u参数值，而以它们为控制顶点的Bezier曲线称为曲面$P(u,v)$上沿参数u方向的等参数线，又称为等u参数线。例如，当取$u=0.3$时，沿参数u方向进行第一轮插值得到的结果为$P_1(0.3)$、$P_2(0.3)$和$P_3(0.3)$，而以它们为控制顶点的Bezier曲线称为曲面$P(u,v)$上$u=0.3$的等参数线，记为$P(0.3,v)$。

同样地，自由曲面 $P(u,v)$ 上具有相同的 v 参数值的点的集合称为曲面 $P(u,v)$ 上沿参数 v 方向的等参数线，又称为等 v 参数线。

自由曲面可看成是由无数条等参数曲线铺成的。

图 13-8 是自由曲面上等参数线的分布示意。可以看出，等参数线之间的间距是不均匀的，这是因为控制顶点的分布是散乱的。

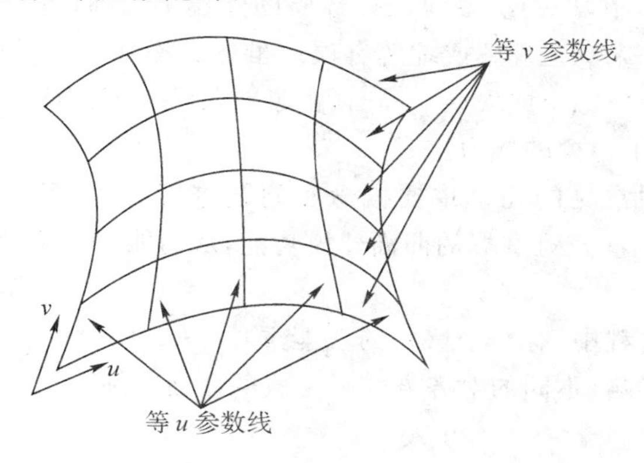

图 13-8 自由曲面上等参数线的分布示意

4. 曲线、曲面的若干基本概念

在讲解了自由曲线和自由曲面的原理之后，我们简单介绍几个结论或概念，以便对读者正确理解自由曲线和曲面的特性有所帮助。

由式(13.14)可知，自由曲线 $P(t)$ 的形状是由两个因素决定的。一是控制顶点(如式 13.14中的 P_i)，包括控制顶点的个数和相对位置；二是各个控制顶点的影响因子计算式(如式 13.14 中的 $B_i^n(t)$)。

自由曲线(面)的类型是由影响因子计算式决定的，不同的曲线类型(如 Bezier 曲线、B 样条曲线、NURBS 曲线等)的区别主要在于它们有着不同的影响因子计算式。当前主流的 CAD/CAM 软件均采用非均匀有理 B 样条(NURBS)来表达自由曲线和自由曲面，虽然这种样条的控制顶点影响因子计算式比 Bezier 样条要复杂得多，但其基本生成原理是相似的。

由于 CAD 软件一般只采用一种固定的自由曲线(面)类型，因此用户主要通过控制顶点来确定自由曲线的形状。

在 CAD 软件中，往往允许用户以多种指定条件生成自由曲线。然而，不管用户以什么指定条件确定自由曲线，CAD 软件都要根据这些指定的条件计算出该自由曲线的控制顶点，因为在 CAD 软件中，自由曲线只能以控制顶点来表达。例如用户指定一组“通过点”确定自由曲线，即生成一条通过这些点的自由曲线。CAD 软件根据这些通过点的信息计算出一组特定的控制顶点，使得该组控制顶点所决定的自由曲线正好“穿过”这些通过点。这种根据用户提供的条件计算自由曲线控制顶点的过程称为反算拟合。

通过对 Bezier 曲线的生成原理的叙述，我们还可以观察到，一阶曲线有两个控制顶点，而二阶控制顶点有三个控制顶点。也就是说，单条自由曲线控制顶点的个数是它的阶数加1。

显然，一条自由曲线的阶数越高，即控制顶点数越多，其形状就越灵活、越复杂。

调整控制顶点可调整自由曲线的形状。单条自由曲线控制顶点的个数是阶数加1。

13.1.2 理解曲面建模功能

实际三维建模工作中，即使有多年工作经验的建模工程师，也有很多对CAD/CAM软件中的一些重要功能并未真正理解或理解有误。虽然会操作这些功能，但运用时常常凭直觉、试验或经验，造成工作隐患或失误。同时，由于对某些功能理解模糊不清，难以将其应用于实际工作，从而限制了建模的能力。

本节就曲面建模中常见的几个重要概念和问题进行讨论，目的是帮助读者透彻理解CAD/CAM软件中的一些较难掌握的曲面建模功能，从而能够正确地使用它们。

1. 对齐方式

在许多曲面生成过程中，有一个重要的功能选项——对齐方式。对齐方式的选择对曲面生成结果有重要的影响，不同的对齐方式下生成的曲面往往有很大差异。

1)直纹面

首先考察在曲面造型中最常见，也是最简单的曲面——直纹面的生成。直纹面是在两条构造线之间生成的一个简单曲面，该曲面沿构造线方向的等参数线为直线，如图13-9所示。

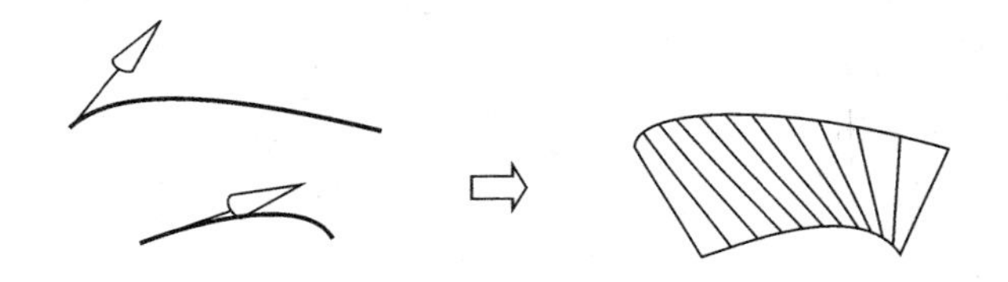

图13-9 直纹面的生成

直纹面生成时，对齐方式不同，会产生不同的效果，如图13-10所示，两个圆之间生成的直纹面，由于两条曲线的起点不同产生的曲面也不同。

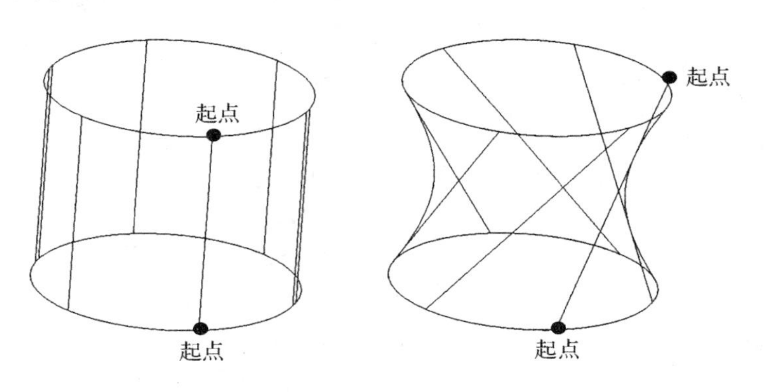

图13-10 对齐方式不同的直纹面

对齐方式是如何影响曲面的生成呢？首先来考察一个简单的直纹面的生成过程，如图 13-11 所示。

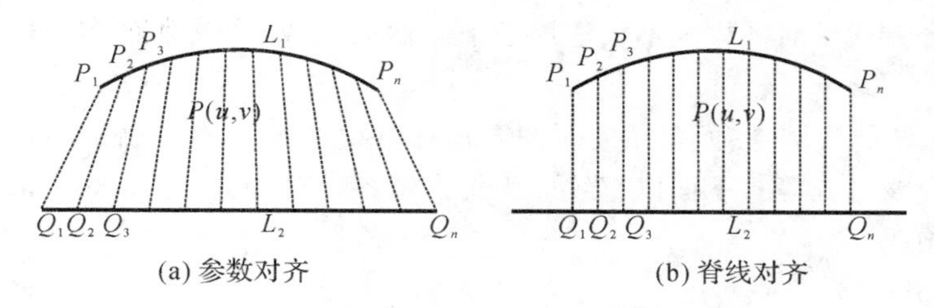

图 13-11　简单直纹面的生成过程

可以看出，直纹面的等参数线是由曲线 L_1 和 L_2 上多组对应点$\{P_1, Q_1\}$、$\{P_2, Q_2\}$、…、$\{P_n, Q_n\}$之间连接的许多直线段（这也是直纹面的得名原因）。于是我们可以判断出在 CAD 软件内部直纹面的实际生成过程（注意：不是用户的操作过程）。

- 在指定的两条（组）曲线（称为构造线）L_1 和 L_2 上按指定的对齐方式分别生成对应点组$\{P_1, P_2, \cdots, P_n\}$和$\{Q_1, Q_2, \cdots, Q_n\}$。
- 将各个对应点连成直线段 P_1Q_1、P_2Q_2、…、P_nQ_n。
- 将直线段 P_1Q_1、P_2Q_2、…、P_nQ_n 作为等参数线“铺成”曲面 $P(u,v)$。

按上述过程生成的曲面称为条纹面。

由条纹面的生成步骤容易看出，条纹面的形状取决于三个因素：一是构造线，二是对齐方式，三是条纹类型。构造线对条纹面的影响是显然的，这里不再叙述。

对齐方式是指在构造线上确定对齐点的方式。图 13-11 的示例中给出了两种对齐方式下，曲线 L_1、L_2 上的对应点组的生成结果分别如图 13-11(a)和图 13-11(b)所示。显然，两种对齐方式下所生成的直纹面也是不同的。

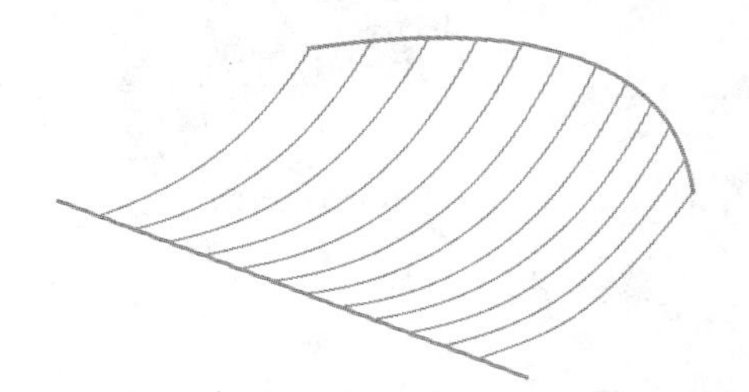

图 13-12　倒圆角面

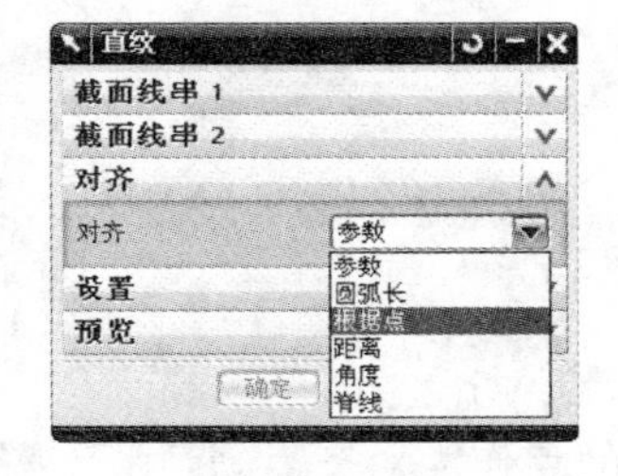

图 13-13　直纹面常用对齐方式对话框

条纹类型是指利用对齐点生成条纹的方式，它不仅影响了条纹面的形状，同时也决定了条纹面的类型。图 13-11 中的条纹类型为直线，因此所生成的条纹面称为直纹面。而在图 13-12 中，同样的构造线和对齐方式下，由于对齐点之间的条纹类型为圆弧，因此所生成的条纹面不是直纹面，而是（曲线之间的）倒圆角面了。

显然，条纹类型对条纹面形状的影响比对齐方式更明显，对条纹面形状起决定作用。

条纹面是曲面造型中常用的曲面构造方法，如在 UG NX 中，直纹面、通过曲线面、截面线面、倒圆角面等均属于条纹面。

2）对齐方式的类型

如前所述，条纹面是由条纹铺成的，而对齐点的作用是生成条纹。如何在构造线上生成对齐点即为对齐方式。对齐方式不仅适用于条纹面的生成，在其他许多曲面处理功能中也有广泛应用。

以 UG NX 软件为例，曲面常用的对齐方式有参数对齐、弧长对齐、角度对齐、指定点对齐、距离对齐、脊线对齐等。下面以直纹面为例讲解各种对齐方式（图 13-13）的含义及其对造型结果的影响。

（1）参数对齐

参数对齐可以理解为在构造线上以等参数间距生成对齐点，即在不同构造线上的对齐点具有相同的参数分布。例如在图 13-11（a）中 P_1 在构造线 L_1 上的参数值与 Q_1 在构造线 L_2 上的参数值是相同的（为零），P_2 在构造线 $L1$ 上的参数值与 Q_2 在构造线 L_2 上的参数值也是相同的，P_n 与 Q_n 也是如此。

在参数对齐方式下，不同构造线上对齐点之间的曲线段长度不同；同一构造线上对齐点之间的曲线段长度不同。

（2）弧长对齐

弧长对齐可以理解为在构造线上以等弧长间距生成对齐点，即对齐点以等弧长间距分割构造线。图 13-14 是参数对齐与弧长对齐所生成的直纹面的对比示例，其中图 13-14（c）是两个对比结果的渲染效果，深色的面为参数对齐的结果，浅色的面是弧长对齐的结果。

对比结果表明，在曲面的中部，弧长对齐的结果比参数对齐的结果要“凹陷”一些，读者可根据两种对齐方式下曲面条纹的分布来分析原因。

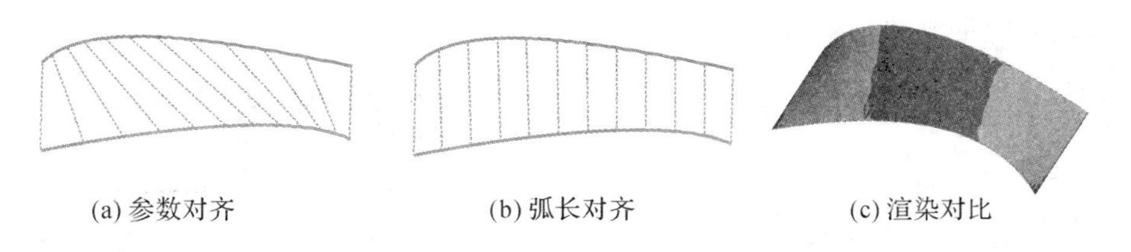

(a) 参数对齐　　(b) 弧长对齐　　(c) 渲染对比

图 13-14　弧长对齐和参数对齐

（3）指定点对齐

将指定的点作为对齐点，常用于折线之间的条纹面生成。图 13-15 所示为指定点对齐方式（图 13-15（a）中指定 A 与 B 对齐）与非指定点对齐方式（图 13-15（b）为弧长对齐）结果的差异。

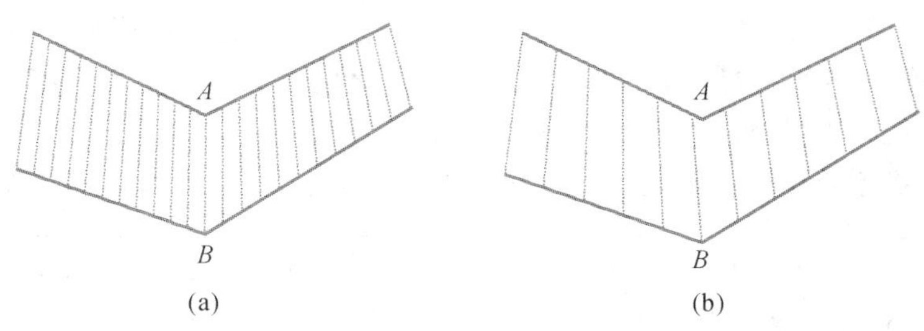

(a)　　(b)

图 13-15　指定点对齐

(4)脊线对齐

脊线对齐是最重要的一种对齐方式，不仅灵活，而且得到的条纹面更规范，因而应用最广泛。在 UG NX 中甚至专门按这种对齐方式整理出一个曲面类(剖切曲面)。脊线对齐方式下，对齐点的生成方式如图 13-16 所示。

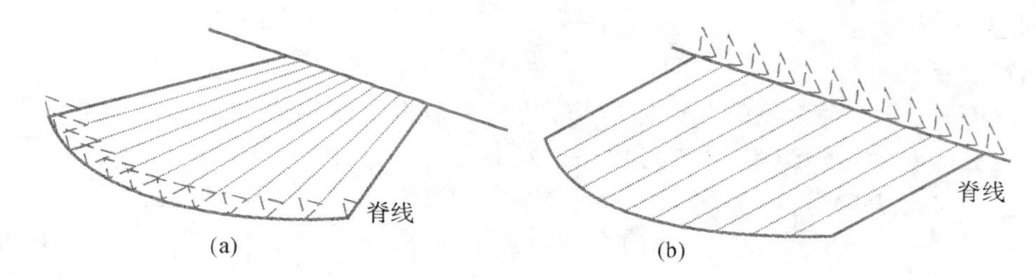

图 13-16　脊线对齐

对齐点是构造线与一系列平面(称为对齐面)的交点，对齐面则由一组与指定曲线(在 UG NX 中称为脊线)相垂直的平面组成。脊线既可以是构造线中的一条，也可以是其他曲线。

图 13-16(a)和(b)分别给出了选用不同的脊线所产生的差异。

(5)距离对齐与角度对齐

距离对齐是指构造线上的对齐点沿某一固定方向 K 等间距分布，如图 13-17(a)所示。角度对齐则是指构造线上的对齐点绕某一固定轴线 H 等角度分布，如图 13-17(b)所示。

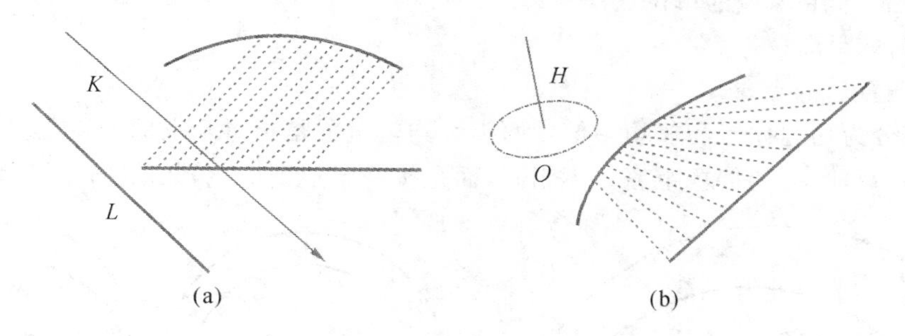

图 13-17　距离对齐与角度对齐

距离对齐方式和角度对齐方式是脊线对齐方式的两种特殊形式。

---

3)对齐方式的选用原则

对同一类条纹面而言，不同的对齐方式具有不同的生成效果。具体采用何种方式，应在理解各种对齐方式原理和效果的基础上，视产品建模的具体需要而定。以下是几个基本原则：

- 虽然在如图 13-14 所示的情况下，等弧长对齐方式将导致曲面中部下陷，其效果不如等参数对齐理想，但在一般情况下，参数对齐方式在实际应用中难以控制曲面生成的效果，因此不推荐使用。
- 当构造线长度相差较大时，不推荐采用等弧长或等参数对齐。
- 当构造线存在折点时，应采用点对齐方式。

● 脊线对齐是最灵活、最容易控制的对齐方式，但脊线的选取要恰当，最好是平面曲线。如果脊线选取不当，也会使结果失控。

另外，在考虑对齐方式的同时，还应注意构造线的起点应该有恰当的对应位置关系，否则也会造成对齐点错位，而产生错误的结果，如图 13-10 所示。

2. 偏置

1)偏置的定义

偏置(Offset)是一种常见的几何体操作，其定义是将几何体表面上的每一个点沿着几何体在该点处的移动一定距离，从而形成一个新的几何体，如图 13-18 所示。

偏置的定义可表达为：

$$P' = P + R \cdot \vec{r} \tag{13.16}$$

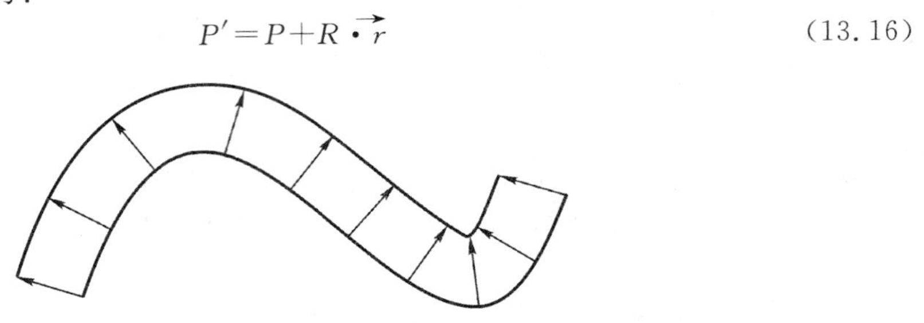

图 13-18　偏置

其中：P 几何体表面上的点；

$\vec{r}$ 为几何体在 P 处的单位法向量；

R 为偏置距离；

P' 为偏置后的点。

偏置可分为均匀偏置和非均匀偏置两类。均匀偏置是指每个点的偏置距离相同。非均匀偏置则是指每个点的偏置距离并不相同，而是按一定规则变化，如图 13-19 所示。

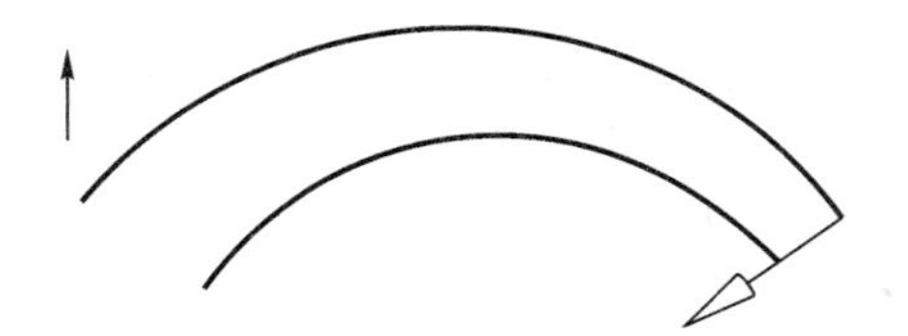

图 13-19　均匀与非均匀偏置

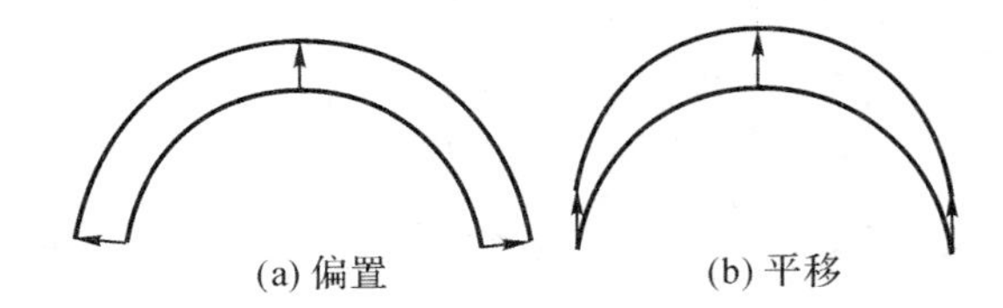

图 13-20　偏置与平移

2)偏置与平移

许多 CAD 工程师不能清楚地区分偏置操作和平移操作，在应用中容易将两者混淆。

从定义上看，偏置和平移都是将几何体上的点沿指定方向移动。然而在偏置操作中，点的移动方向是该点处的法向，由于几何体上不同点处的法向一般是不相同的，因此偏置操作中各点的实际移动方向也是不相同的，如图 13-20(a)所示。然而在平移操作中，每个点的移动方向是完全一致的，如图 13-20(b)。

从结果上看，偏置操作可实现几何体之间的等距效果，而平移却不可以。因此在需要构造等间距的几何体时不能使用平移操作来实现。这一点虽然在图 13-20 中容易看出，然而在图 13-21 所示的情形下却往往不易观察，因而需要特别注意。

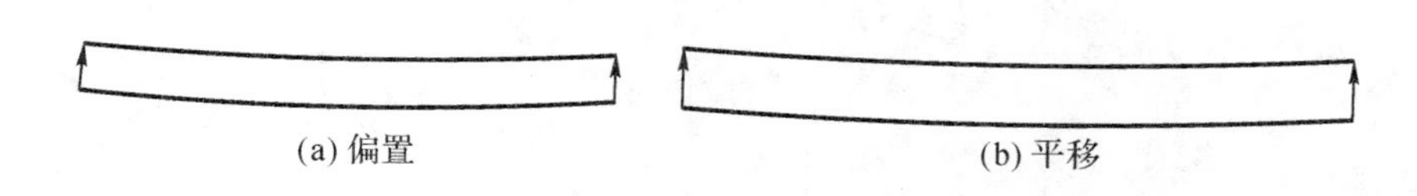

图 13-21　易混淆的偏置和平移效果

偏置是一种常用的几何体操作，用于构造等间距的几何体。要特别注意与平移的区别。

---

3. 扫掠

扫掠是三维建模中常用的几何体生成操作。例如在 UG NX 软件中的拉伸、扫掠、管道等均属于利用扫掠操作生成几何体。其原理是将一条轮廓线（称为截面线）沿着另一条曲线（称为导引线）滑动，则截面线的滑动轨迹形成扫掠几何体。

那么，轮廓线是如何沿着导引线滑动的呢？如图 13-22 所示，在导引线上构造这样一个局部坐标系：该坐标系的原点在导引线上移动，轮廓线则与坐标系相对固定。当局部坐标系沿着导引线滑动时，带动轮廓线沿着同样的轨迹滑动，从而扫掠出几何体。

请读者注意，当局部坐标系的原点沿着导引线滑动时，其坐标轴的方向还不能确定。如果假设在滑动过程中坐标系各个坐标轴始终保持固定的方向，则轮廓线在扫掠过程中也将始终保持固定的姿态，从而得到图 13-22 的结果。

如果假设在滑动过程中，局部坐标系的 z 轴始终保持与导引线相切，即 z 轴随着导引线的起伏而转动，则轮廓线在扫掠过程中也会发生相同的转动，得到的扫掠结果如图 13-23 所示。

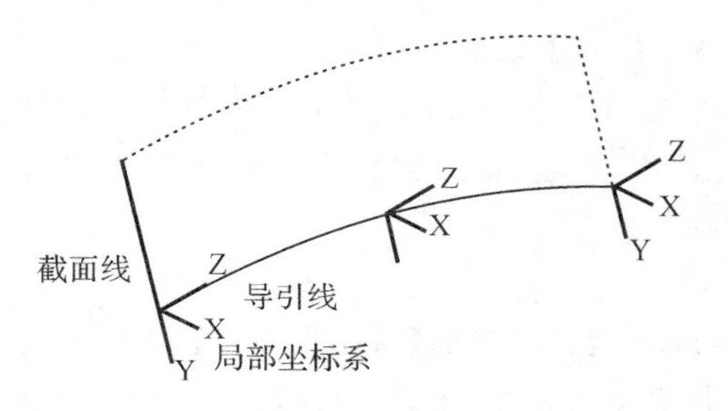

图 13-22　坐标轴方向固定滑动的扫掠

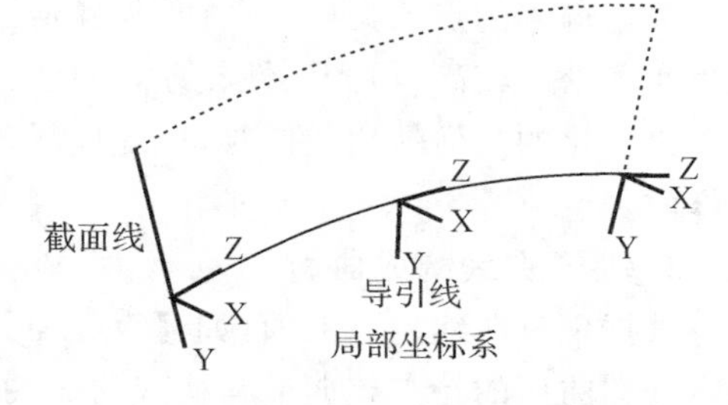

图 13-23　坐标轴方向转动的扫掠

更进一步地，如果在滑动过程中，X、Y 轴还发生了绕 z 轴的旋转运动，那么轮廓线也将在滑动的同时绕 z 轴作同样的旋转运动，即边滑动边摆动，从而得到更复杂的扫掠结果，如图 13-24 所示。

尤其是在局部坐标系的滑动过程中，X、Y 轴绕 Z 轴的转动方式可以是多种多样的（理论上有无穷多种），不同的转动规律将产生不同的扫掠结果。在 UG NX 软件中，根据实际的需要规定了几种典型的旋转规则（称为 orientation method），如图 13-25 所示，这里不再进一步说明其具体含义。

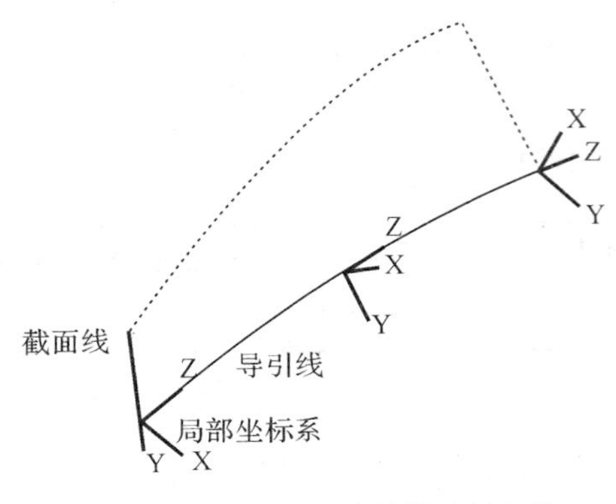

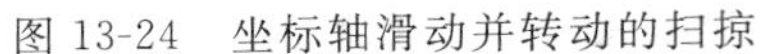
图 13-24 坐标轴滑动并转动的扫掠

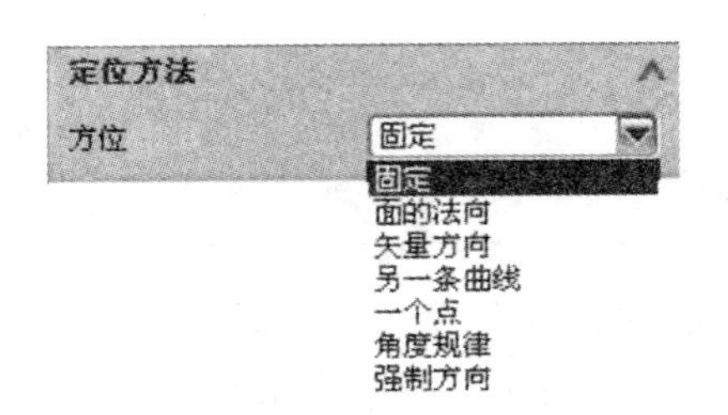

图 13-25 典型坐标轴旋转规则

扫掠是生成几何体的重要方式，只有深刻地理解其生成基本原理，才能理解其复杂多样的功能选项。

13.2 曲面功能概述

13.2.1 自由曲面构造方法

按曲面构成原理，可将构造自由曲面的功能分成三类。

1. 基于点构成曲面

根据输入的点数据生成曲面，如：【通过点】、【从极点】、【从云点】等功能。这类曲面的特点是曲面精度较高，但光顺性较差，而且与原始点之间也不相关联，是非参数化的。由于编辑非参数化的几何体比较困难，因此应尽量避免使用这类功能。但在逆向造型中，常用来构建母面。

2. 基于曲线构成曲面

根据现有曲线构建曲面，如：【直纹面】、【通过曲线】、【网格面】、【扫掠面】、【截面体】等功能。这类曲面的特点是曲面与构成曲面的曲线是完全关联的，是全参数化的——编辑曲线后，曲面会自动更新。这类功能在构建曲面时，关键是曲线的构造，因而在构造曲线时应该尽可能仔细精确，避免如重叠、交叉、断点等缺陷。

3. 基于曲面构成新的曲面

根据已有曲面构建新的曲面，如：【桥接曲面】、【延伸曲面】、【放大面】、【偏置面】、【修剪面】、【圆角曲面】等，这类曲面也是全参数化的。事实上实体工具条中的【面倒圆】和【软倒圆】也属于这一类曲面功能。

13.2.2 自由曲面工具条

自由曲面构造工具主要集中在【曲面】工具条，如图 13-26 所示。

自由曲面编辑工具主要集中在【编辑曲面】工具条上，如图 13-27 所示。

图 13-26　曲面工具条

图 13-27　编辑曲面工具条

13.2.3　基本概念

1. 片体

指一个或多个没有厚度概念的面的集合，通常所说的曲面也就是片体。曲面建模工具中的直纹面、通过曲线、通过曲线网格面、扫掠、剖切曲面等在某些特定条件下，也可生成实体。此时可通过【建模首选项】对话框中的【体类型】选项来控制：选择【实体】，则所生成的是实体；选择【片体】，则所生成的是【片体】。

2. U、V 方向

从13.1节的曲面原理部分，可以看到曲面的参数表达式一般使用U、V参数，因此曲面的行与列方向用U、V来表示。通常曲面横截面线串的方向为V方向，扫掠方向或引导线方向为U方向，如图13-28所示。

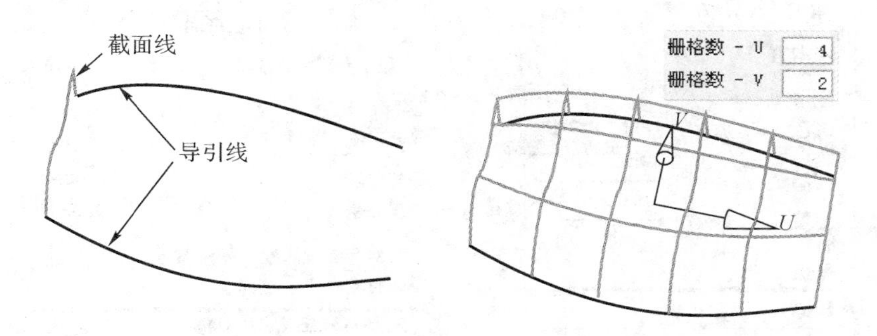

图 13-28　曲面横截面线串方向示意

3. 阶数

在计算机中，曲面是用一个(或多个)方程来表示的。曲面参数方程的最高次数就是该曲面的阶数。构建曲面时需要定义U、V两个方向的阶数，且阶数介于2～24，通常尽可能使用3～5阶来创建曲面。曲面在UG NX中是作为特征存在的，因而可以用【编辑】|【特征】|【参数】来改变V方向的阶次。

4. 补片

曲面可以由单一补片构成，也可以由多个补片构成。如图13-29所示，(a)曲面是单一补片，即该曲面只有一个曲面参数方程，而(b)曲面是由多补片构成的，即该曲面有多个参数方程。

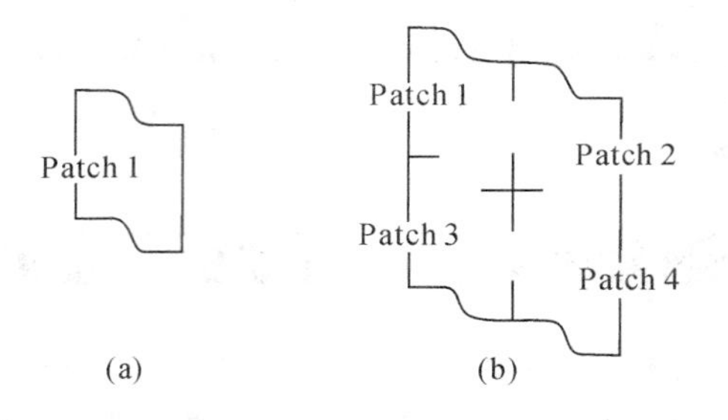

图 13-29　补片

补片类似于样条的段数。多补片并不意味着是多个面。

---

5. 栅格线

在线框显示模式下，为便于观察曲面的形状，常采用栅格线来显示曲面。栅格线对曲面特征没有影响。可以通过以下两种方式设置栅格线的显示数量。

- 选择菜单【编辑】|【对象显示】(快捷键 Ctrl+J)，弹出【类选择器】对话框，选择需要编辑的曲面对象后，按 MB2，弹出如图 13-30(a)所示【编辑对象显示】对话框。在【线框显示】组中即可设置 U、V 栅格数。
- 选择菜单【首选项】|【建模】，弹出如图 13-30(b)所示【建模首选项】对话框。

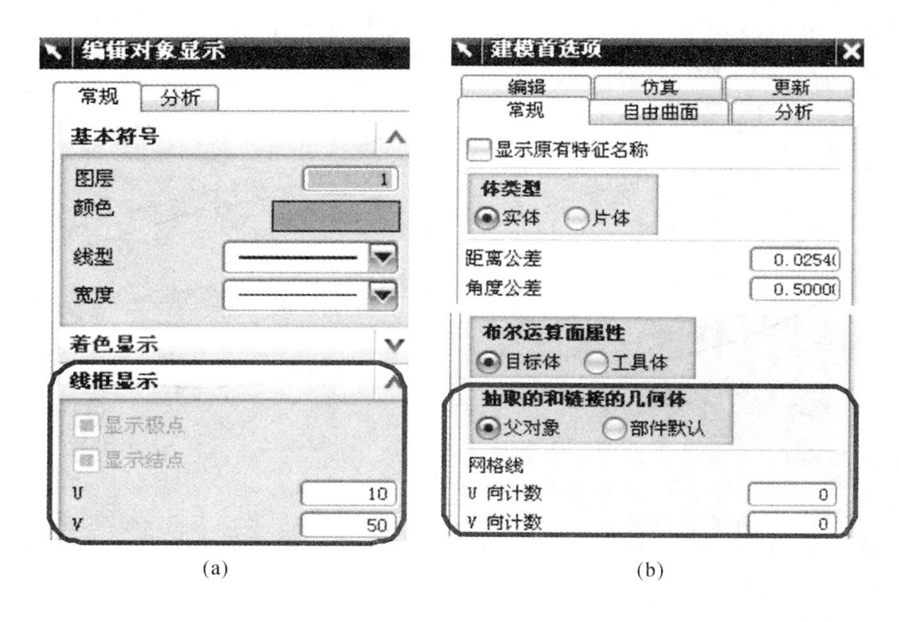

图 13-30　栅格线设置对话框

第一种设置方式只对所选对象有效，而第二种设置方法只对之后创建的对象有效。

13.2.4 基本原则与技巧

曲面建模所遵循的基本原则与技巧如下：

- 用于构成曲面的构造线应尽可能简单且保持光滑连续；
- 曲面次数尽可能采用3～5次，避免使用高阶次曲面；
- 使用多补片类型，但是在满足曲面创建功能的前提下，补片数越少越好；
- 尽量使用全参数化功能构造曲面；
- 面之间的圆角过渡尽可能在实体上进行；
- 尽可能先采用修剪实体，再用“抽壳”的方法建立薄壳零件；
- 对于简单的曲面，可一次完成建模；但实际产品往往比较复杂，一般难以一次完成，因此，对于复杂曲面，应先完成主要面或大面，然后光顺连接曲面，最后进行编辑修改，完成整体建模。

13.3 由点构建曲面

在【曲面】工具条上，以点数据来构建曲面的工具包括通过点、从极点和从点云。接下来将这几个工具作详细介绍。

基于点方式创建的曲面是非参数化的，即生成的曲面与原始构造点不关联。当构造点编辑后，曲面不会产生关联性更新变化。

13.3.1 通过点

通过矩形阵列点来创建曲面，其主要特点是创建的曲面总是通过所指定的点。

单击【插入】|【曲面】|【通过点】命令，弹出如图13-31所示的对话框。该对话框中各选项的含义如图13-31所示。

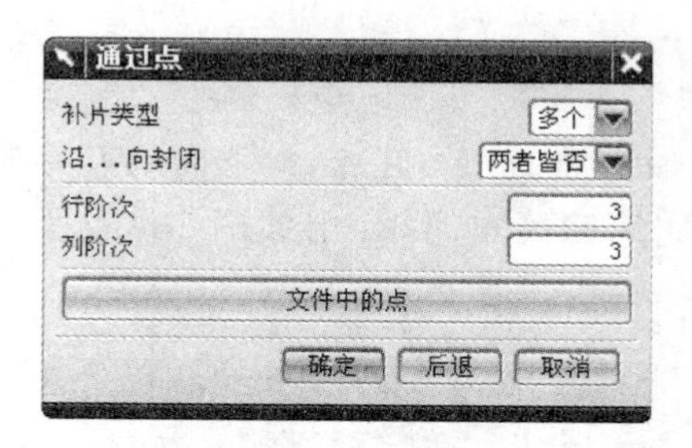

图13-31 通过点命令对话框

- 补片类型：可以创建包含单个补片或多补片的体。有两种选择：
- 单个：表示曲面将由一个补片构成。
- 多个：表示曲面由多个补片构成。
- 沿以下方向封闭：当【补片类型】选择为【多个】时，激活此选项。有四种选择：
- 两者皆否：曲面沿行与列方向都不封闭。
- 行：曲面沿行方向封闭。
- 列：曲面沿列方向封闭。
- 两者皆是：曲面沿行和列方向都封闭。

- 行阶次/列阶次：指定曲面在 U 向和 V 向的阶次。
- 文件中的点：通过选择包含点的文件来定义这些点。

例 13-1 以通过点方式创建曲面

(1)打开 Surface_Through_Points. prt，然后单击曲面工具条上的【通过点】命令，弹出如所示的【通过点】对话框。

(2)保持默认设置，直接单击【确定】按钮，弹出如图 13-32 所示的【过点】对话框。

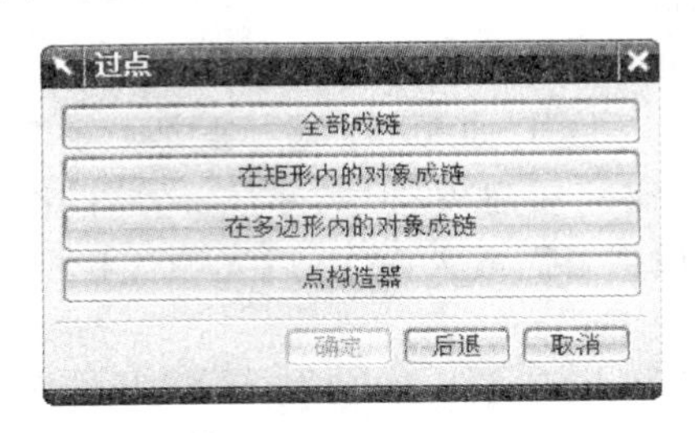

图 13-32 过点对话框

(3)单击【在矩形内的对象成链】按钮，弹出如所示的对话框，指定两个对角点，以框选第一列点，如图 13-33 所示。

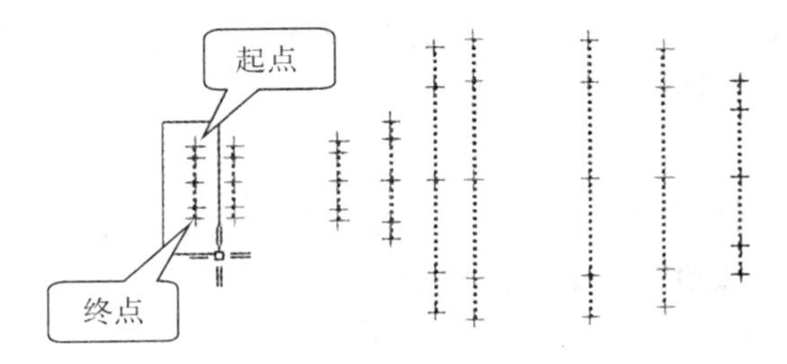

图 13-33 框选点操作

(4)在框选的点中，指定最上面的点为起点，最下面的点为终点，如图 13-33 所示。

(5)重复步骤 3、4，指定完第四列点时，弹出如图 13-34 所示的对话框，单击【指定另一行】按钮。

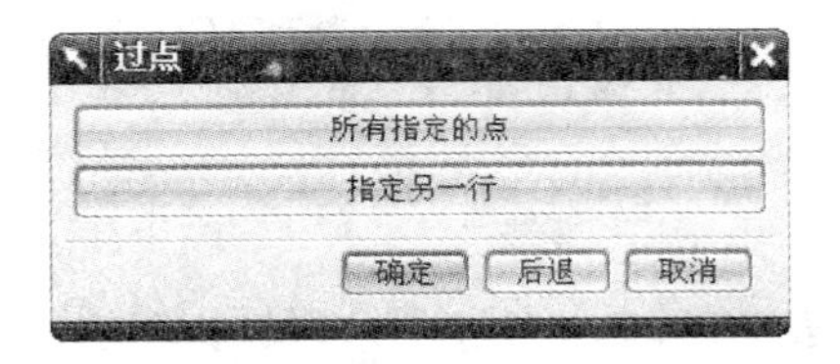

图 13-34 重复过点命令

(6)重复步骤 3、4、5，直至指定完所有点，然后单击如图 13-34 所示对话框中的【所有指定的点】按钮，曲面创建完毕，结果如图 13-35 所示。

13.3.2 从极点

通过若干组点来创建曲面，这些点作为曲面的极点。利用该命令创建曲面，弹出的对话框及曲面创建过程与【通过点】相同。差别之处在于定义点作为控制曲面形状的极点，创建的曲面不会通过定义点，如图 13-36 所示。

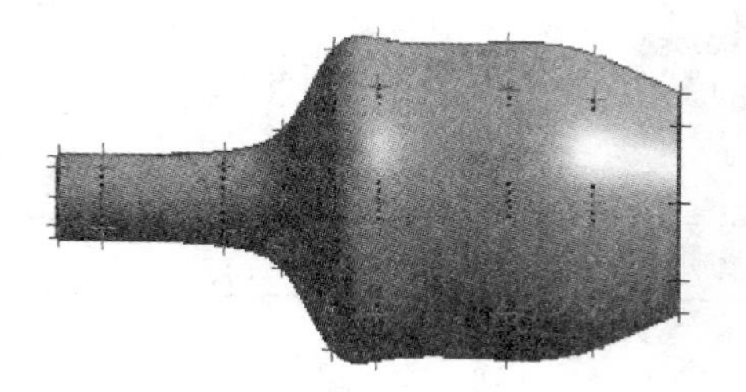

图 13-35　过点方式创建曲面实例结果

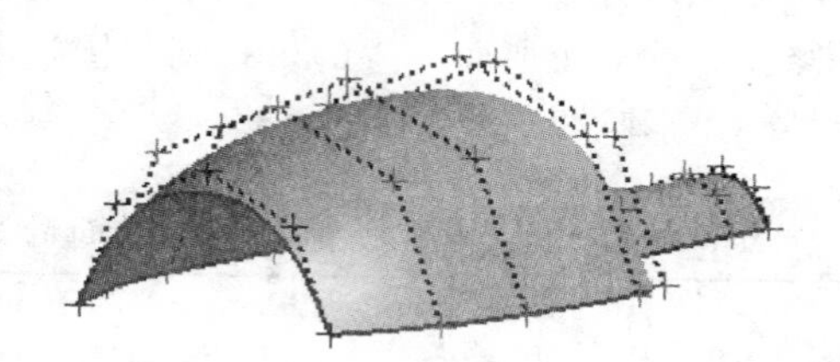

图 13-36　从极点创建曲面

当指定创建点或极点时，应该用有近似相同顺序的行选择它们。否则，可能会得到不需要的结果，如图 13-37 所示。

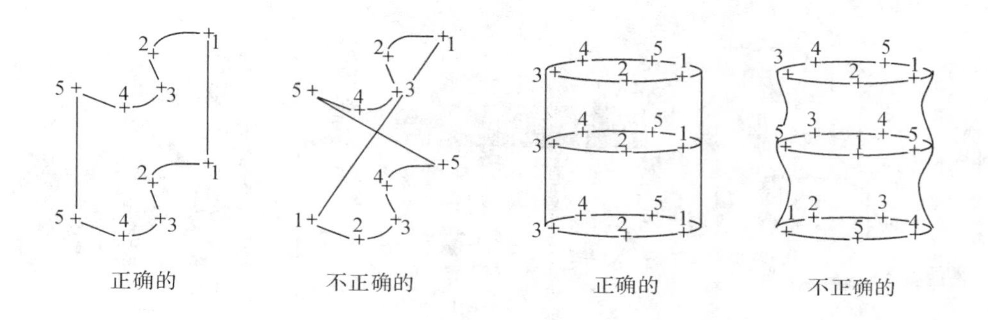

图 13-37　不同顺序选择点造成的结果差异

13.3.3　从点云

使用【从点云】命令可以创建逼近于大量数据点“云”的片体。

单击【插入】|【曲面】|【从点云】命令，弹出如图 13-38 所示的对话框。

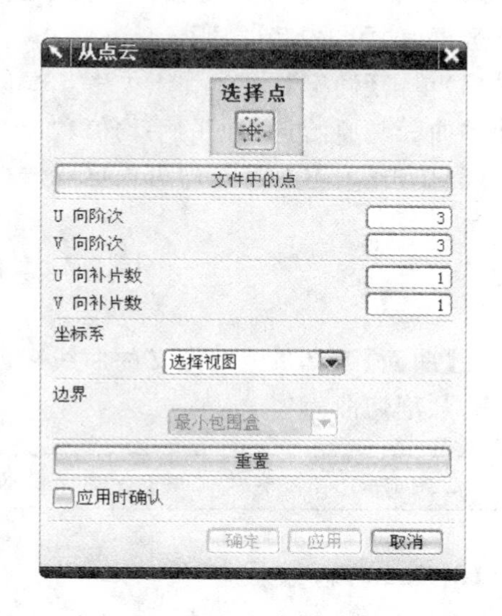

图 13-38　从点云命令对话框

该对话框中各选项含义如下所述。

- 选择点：可以直接通过鼠标选择点云，也可以通过【文件中的点】选择点云。
- U 向阶次/V 向阶次：用来设置结果曲面在 U 向和 V 向的阶次，可以设定的阶次范围为 1～24，建议输入值≤5。
- U 向补片数/V 向补片数：用来设定结果曲面在 U 和 V 两个方向的补片数目。默认值为 1，表示生成单补片曲面。
- 坐标系：由一条近似垂直于片体的矢量

(对应于坐标系的Z轴)和两条指明片体的U向和V向的矢量(对应于坐标系的X轴和Y轴)组成。有5种选择：选择视图、WCS、当前视图、指定的CSYS和指定新的CSYS。

● 边界：让用户定义正在创建片体的边界。片体的默认边界是通过把所有选择的数据点投影到U-V平面上而产生的。找到包围这些点的最小矩形并沿着法矢将其投影到点云上，此最小矩形称为【最小包围盒】。

阶次和补片数越大，精度越高，但曲面的光顺性越差。

例13-2 以从点云方式创建曲面

(1)打开Surface_From_Clouds. prt，然后单击曲面工具条上的【从点云】命令，弹出如图13-38所示的对话框。

(2)在图13-38所示的【从点云】对话框中设置U、V向阶次分别为3，U、V向补片数分别为1，其余参数采用默认值。

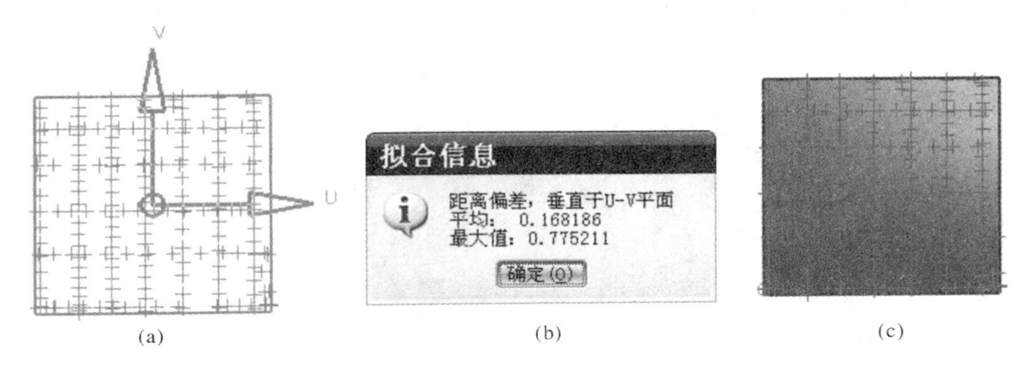

(a) (b) (c)

图13-39 以点云方式创建曲面实例

(3)在点区域左上角处按住左键不放，拖动鼠标指针至右下角，然后再释放左键，即可选中点数据，如图13-39(a)所示。

(4)单击【确定】按钮，弹出如图13-39(b)所示的【拟合信息】对话框，该对话框显示了所创建的曲面与原始点数据的平均值和最大值。

(5)单击【确定】按钮，即可根据所选点创建相应的曲面，如图13-39(c)所示。

13.4 由线构建曲面

在【曲面】工具条上以定义的曲线来创建曲面的工具有直纹面、通过曲线组、通过曲线网格、扫掠、剖切曲面等。

这类曲面是全参数化的，当构造曲面的曲线被编辑修改后曲面会自动更新。

13.4.1 直纹面

【直纹面】又称为规则面，可看作由一系列直线连接两组线串上的对应点而编织成的一张曲面。每组线串可以是单一的曲线，也可以由多条连续的曲线、体(实体或曲面)边界组

成。因此，直纹面的建立应首先在两组线串上确定对应的点，然后用直线将对应点连接起来。对齐方式决定了两组线串上对应点的分布情况，因而直接影响直纹面的形状。

【直纹面】工具提供了 6 种对齐方式。

1. 参数对齐方式

在 UG NX 中，曲线是以参数方程来表述的。参数对齐方式下，对应点就是两条线串上的同一参数值所确定点。

2. 等弧长对齐方式

两条线串都进行 n 等分，得到 n+1 个点，用直线连接对应点即可得到直纹面。n 的数值是系统根据公差值自动确定的。

3. 根据点对齐方式

由用户直接在两线串上指定若干个对应的点作为强制对应点。

4. 脊线对齐式、距离对齐方式及角度对齐方式

在脊线上悬挂一系列与脊线垂直的平面，这些平面与两线串相交就得到一系列对应点。

距离对齐方式与角度对齐方式可看作是脊线对齐方式的特殊情况，距离对齐方式相当于以无限长的直线为脊线，角度对齐方式相当于以整圆为脊线。

例 13-4 以参数对齐方式创建直纹面

(1)打开 Surface_Ruled. prt，然后单击【插入】|【网格曲面】|【直纹】命令，弹出如图 13-40(a)所示的对话框。

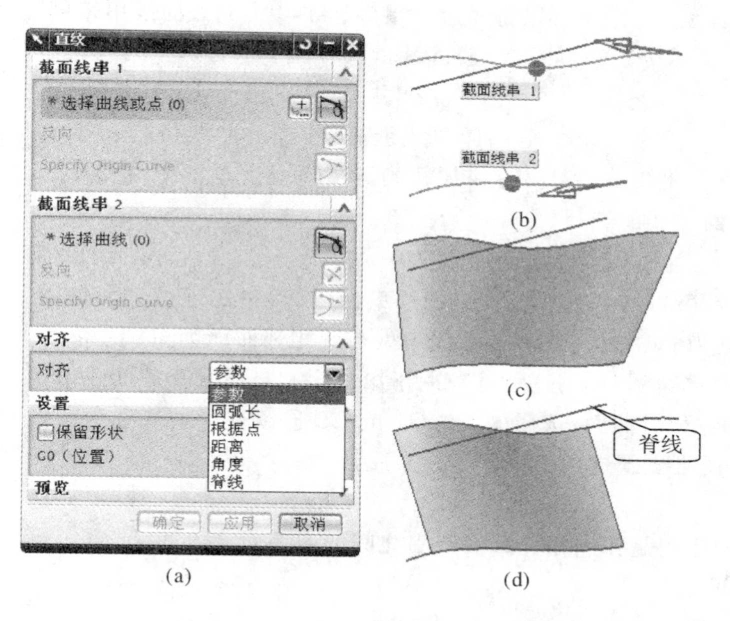

图 13-40　以参数对齐方式创建直纹面实例

(2)指定两条线串：按所示选择线串。每条线串选择完毕都要按 MB2 确认，按下 MB2 后，相应的线串上会显示一个箭头，如图 13-40(b)所示。

(3)指定对齐方式及其他参数：【对齐】下拉列表中选择【参数】，其余采用默认值，如图 13-40(a)所示。

(4)单击【确定】按钮，结果如图13-40(c)所示。

(5)将【参数】对齐方式改为【脊线】对齐方式：双击步骤(4)所创建的直纹面，系统弹出【直纹面】对话框，将对齐方式改为【脊线】，并选择如图13-40(d)所示的直线作为脊线，单击【确定】按钮即可创建脊线对齐方式下的直纹面，如图13-40(d)所示。

对于大多数直纹面，应该选择每条截面线串相同端点，以便得到相同的方向，否则会得到一个形状扭曲的曲面，如图13-41所示。

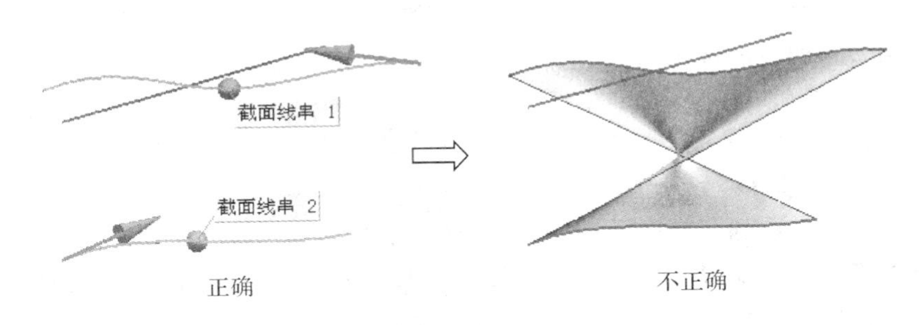

图13-41 不同截面线串端点的选择造成的结果

13.4.2 通过曲线组

使用【通过曲线组】命令可以将通过一组多达150个的截面线串来创建片体或实体。

如图13-44所示为【通过曲线组】对话框，该对话框中各选项的含义如下所述。

1. 截面

【截面】选项区的主要作用是选择曲线组，所选择的曲线将自动显示在曲线列表框中。当用户选择第一组曲线后，需单击【添加新集】按钮，或者单击中键(MB2)，然后才能进行第二组、第三组截面曲线的选择。

2. 连续性

选择第一个和/或结束曲线截面处的约束面，然后指定连续性。如图13-44(c)所示，第一条截面线串处为G0约束，最后截面线串处与其相邻曲面为G1约束。

- 应用于全部：将相同的连续性应用于第一个和最后一个截面线串。
- 第一截面/最后截面：选择的G0、G1或G2连续性。如果选中了【应用于全部】复选框，则选择一个便可更新这两个设置。

3. 对齐

该选项区的作用是控制相邻截面线串之间的曲面对齐方式。

4. 输出曲面选项

该选项区的选项设置如图13-42所示。

该选项区中常用选项的含义如下：

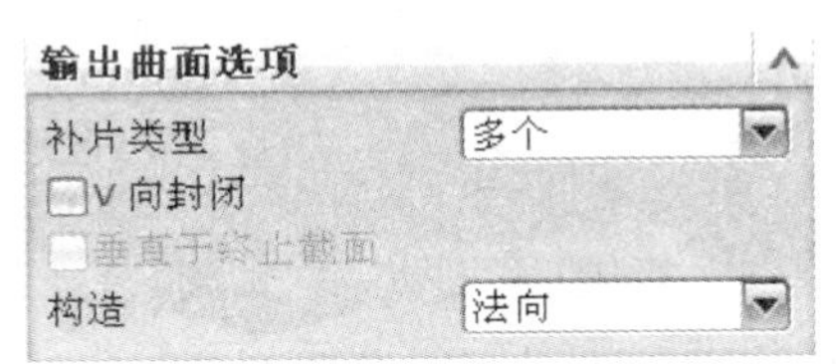

图13-42 输出曲面选项对话框

- 补片类型：补片类型可以是单个或多个。补片类似于样条的段数。多补片并不意味着是多个面。
- V向封闭：控制生成的曲面在V向是否封闭，即曲面在第一组截面线和最后一组截面线之间是否也创建曲面，如图13-43(a)、(b)所示。

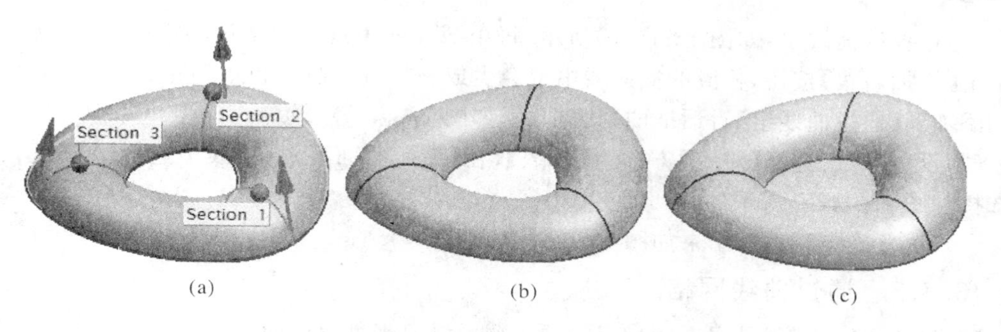

(a) (b) (c)

图 13-43 不同输出曲面结果

在【建模首选项】中，要确保【体类型】为【片体】，否则所创建的可能是一个实体，图 13-43(c)所示。

5. 设置

该选项区主要控制曲面的阶次及公差。

在 U 方向(沿线串)中建立的片体阶次将默认为 3。在 V 方向(正交于线串)中建立的片体阶次与曲面补片类型相关，只能指定多补片曲面的阶次。

例 13-4 以通过曲线组方式创建曲面

(1)打开 Surface_Through_Curves. prt，然后单击【曲面】工具条上的【通过曲线组】命令，弹出如图 13-44(a)所示的对话框。

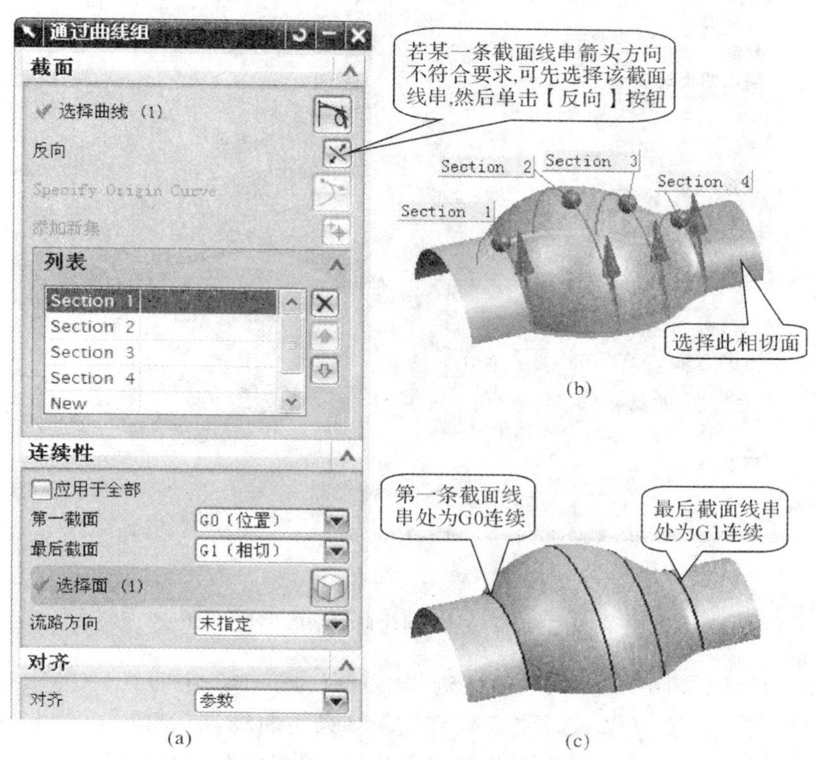

(a) (b) (c)

图 13-44 以通过曲线组方式创建曲面实例

(2)选择截面线串：如图 13-44(b)所示，每条截面线串选择完毕后均需按 MB2 确定，或者单击【添加新集】按钮，相应的截面线串上会生成一个方向箭头和相应的数字编号，并且会自动添加到【通过曲线组】对话框的列表框中，如图 13-44(a)所示。

(3)设置参数：选择【对齐】方式为【参数】，在【最后截面】下拉列表中选择【G1(相切)】，并选择如图 13-44(b)所示的相切面。

(4)单击【确定】按钮，结果如图 13-44(c)所示。

13.4.3 通过曲线网格

【通过曲线网格】就是根据所指定的两组截面线串来创建曲面。第一组截面线串称为主线串，是构建曲面的 U 向；第二组截面线称为交叉线，是构建曲面的 V 向。由于定义了曲面 U、V 方向的控制曲线，因而可更好地控制曲面的形状。

主线串和交叉线串需要在设定的公差范围内相交，且应大致互相垂直。每条主线串和交叉线都可由多段连续曲线、体(实体或曲面)边界组成，主线串的第一条和最后一条还可以是点。

例 13-5 以点作为主线串创建【通过曲线网格】曲面

(1)打开 Surface_Through_Curve_Mesh.prt，然后单击曲面工具条上的【通过曲线网格】命令，弹出如图 13-45(a)所示的对话框。

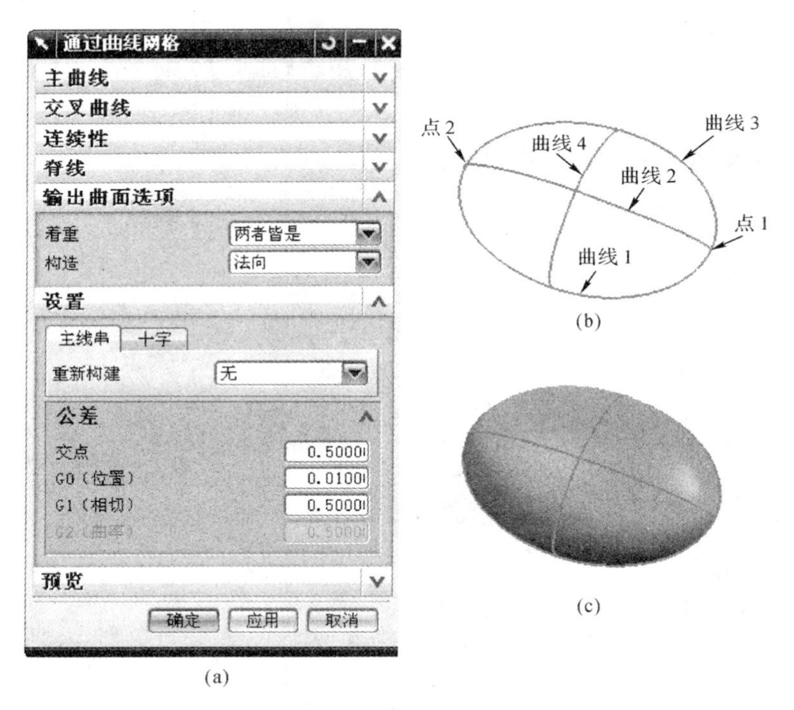

图 13-45 以点作主线串创建通过曲线网格曲面实例

(2)指定主曲线：如图 13-45(b)所示，选择“点 1”为第 1 条主曲线，按 MB2；选择“曲线 4”作为第 2 条主曲线，按 MB2；选择“点 2”作为第 3 条主曲线，按 MB2；再单击一次 MB2，以表示主曲线已经选择完毕。选择“点”作为主线串时，可先将【选择条】中的【捕捉点】方式设置为“端点”方式。

(3)指定交叉曲线：如图13-45(b)所示，选择曲线1、2、3作为交叉曲线，每条交叉线选择完毕后，均需按一次MB2，在对应的交叉串上会生成一个方向箭头和相应的数字编号。

(4)设置参数：在【输出曲面选项】选项组中，【着重】下拉列表框中选择【两者皆是】；在【设置】组中，将【交点】公差设置为0.5。

(5)单击【确定】按钮，结果如图13-45(c)所示。

13.4.4 扫掠

【扫掠】就是将轮廓曲线沿空间路径曲线扫描，从而形成一个曲面。扫描路径称为引导线串，轮廓曲线称为截面线串。

单击【曲面】工具条的【扫掠】命令，弹出如图13-46所示的【扫掠】对话框。

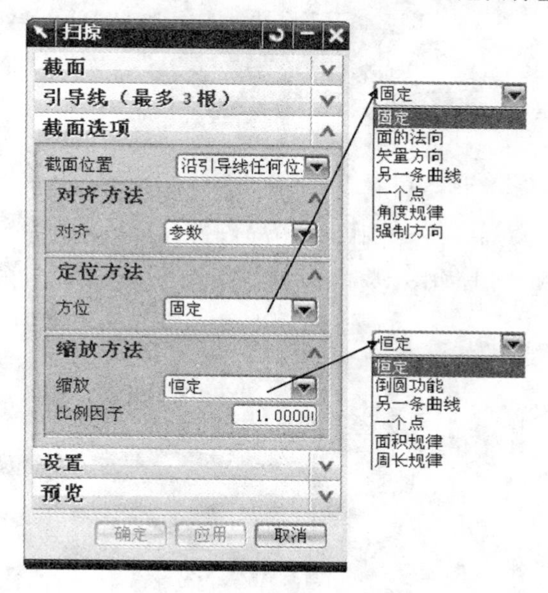

图13-46 扫掠命令对话框

1. 引导线

引导线可以由单段或多段曲线(各段曲线间必须相切连续)组成，引导线控制了扫掠特征沿着V方向(扫掠方向)的方位和尺寸变化。扫掠曲面功能中，引导线可以有1～3条。

● 若只使用一条引导线，则在扫掠过程中，无法确定截面线在沿引导线方向扫掠时的方位(例如可以平移截面线，也可以平移的同时旋转截面线)和尺寸变化，如图13-47所示。

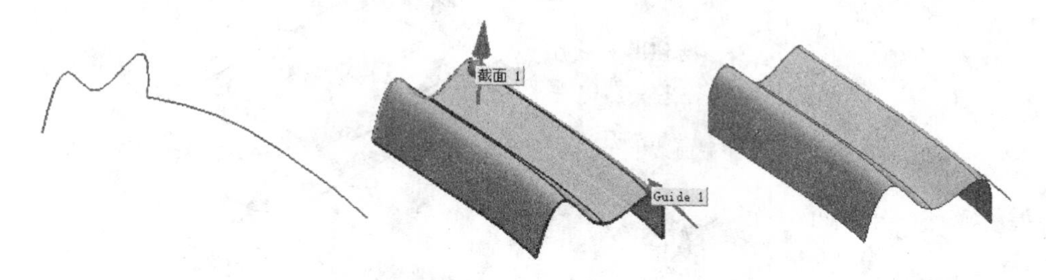

图13-47 一条引导线扫掠

因此只使用一条引导线进行扫掠时需要指定扫掠的方位与放大比例两个参数。

● 若使用两条引导线，截面线沿引导线方向扫掠时的方位由两条引导线上各对应点之间的连线来控制，因此其方位是确定的，如图 13-48 所示。由于截面线沿引导线扫掠时，截面线与引导线始终接触，因此位于两引导线之间的横向尺寸的变化也得到了确定，但高度方向（垂直于引导线的方向）的尺寸变化未得到确定，因此需要指定高度方向尺寸的缩放方式：

● 横向缩放方式：仅缩放横向尺寸，高度方向不进行缩放。

● 均匀缩放方式：截面线沿引导线扫掠时，各个方向都被缩放。

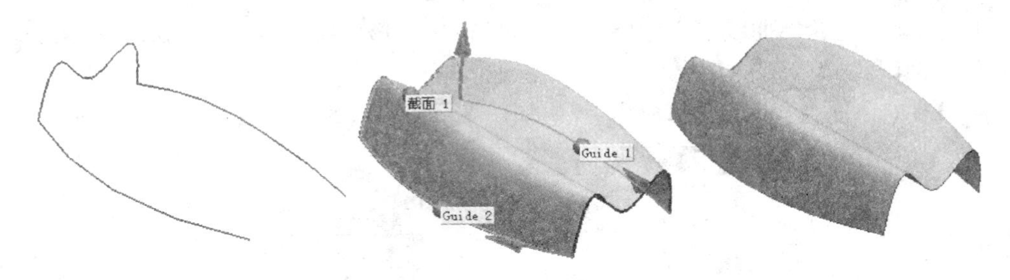

图 13-48　两条引导线扫掠

● 使用三条引导线，截面线在沿引导线方向扫掠时的方位和尺寸变化得到了完全确定，无需另外指定方向和比例，如图 13-49 所示。

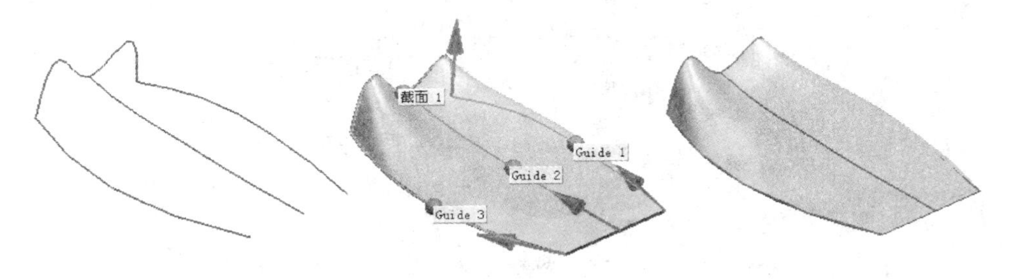

图 13-49　三条引导线扫掠

2. 截面线

截面线也可以由单段或者多段曲线（各段曲线间不一定是相切连续，但必须连续）所组成，截面线串可以有 1～150 条。如果所有引导线都是封闭的，则可以重复选择第一组截面线串，以将它作为最后一组截面线串，如图 13-50 所示。

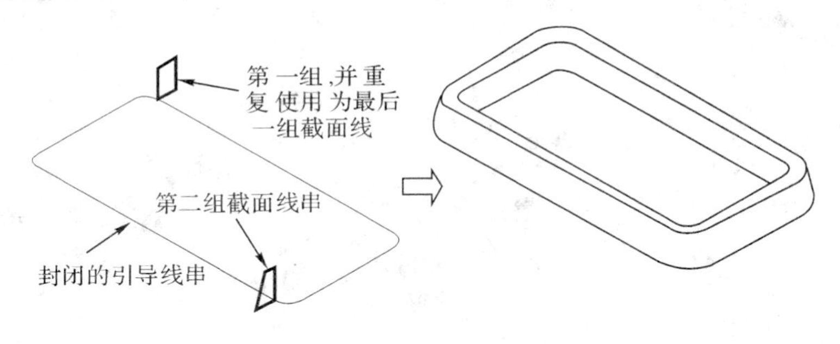

图 13-50　截面线扫掠

如果选择两条以上截面线串，扫掠时需要指定插值方式(Interpolation Methods)，插值方式用于确定两组截面线串之间扫描体的过渡形状。两种插值方式的差别如图 13-51 所示。

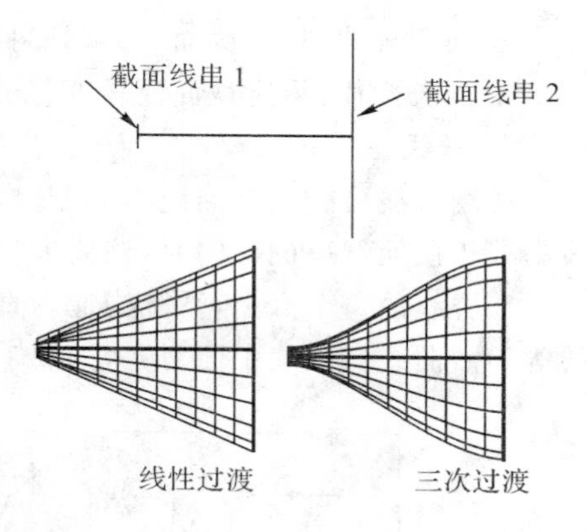

图 13-51　插值方式的差别

● 线性：在两组截面线之间线性过渡。

● 三次：在两组截面线之间以三次函数形式过渡。

3. 方向控制

在两条引导线或三条引导线的扫掠方式中，方位已完全确定，因此，方向控制只存在于单条引导线扫掠方式。关于方向控制的原理，请参阅第 7 章 13.1 节。扫掠工具中提供了 7 种方位控制方法，如图 13-46 所示。

● 固定的：扫掠过程中，局部坐标系各个坐标轴始终保持固定的方向，轮廓线在扫掠过程中也将始终保持固定的姿态。

● 面的法向：局部坐标系的 Z 轴与引导线相切，局部坐标系的另一轴的方向与面的法向方向一致，当面的法向与 Z 轴方向不垂直时，以 Z 轴为主要参数，即在扫掠过程中 Z 轴始终与引导线相切。“面的法向”从本质上来说就是“矢量方向”方式。

● 矢量方向：局部坐标系的 Z 轴与引导线相切，局部坐标系的另一轴指向所指定的矢量的方向。需注意的是此矢量不能与引导线相切，而且若所指定的方向与 Z 轴方向不垂直，则以 Z 轴方向为主，即 Z 轴始终与引导线相切。

● 另一曲线：相当于两条引导线的退化形式，只是第二条引导线不起控制比例的作用，而只起方位控制的作用：引导线与所指定的另一曲线对应点之间的连线控制截面线的方位。

● 一个点：与“另一曲线”相似，只是曲线退化为一点。这种方式下，局部坐标系的某一轴始终指向一点。

● 强制方向：局部坐标系的 Z 轴与引导线相切，局部坐标系的另一轴始终指向所指定的矢量的方向。需注意的是此矢量不能与引导线相切，而且若所指定的方向与 Z 轴方向不垂直，则以所指定的方向为主，即 Z 轴与引导线并不始终相切。

4. 比例控制

三条引导线方式中，方向与比例均已经确定；两条引导线方式中，方向与横向缩放比例已确定，所以两条引导线中比例控制只有两个选择：横向缩放方式及均匀缩放方式。因此，这里所说的比例控制只适用于单条引导线扫掠方式。单条引导线的比例控制有以下 6 种方式，如图 13-46 所示。

● 恒定：扫掠过程中，沿着引导线以同一个比例进行放大或缩小。

● 倒圆函数：此方式下，需先定义起始与终止位置处的缩放比例，中间的缩放比例按线性或三次函数关系来确定。

● 另一条曲线：与方位控制类似，设引导线起始点与“另一曲线”起始点处的长度为 a，引导线上任意一点与“另一曲线”对应点的长度为 b，则引导线上任意一点处的缩放比例为 b/a。

● 一个点：与“另一曲线”类似，只是曲线退化为一点。

- 面积规律：指定截面(必须是封闭的)面积变化的规律。
- 周长规律：指定截面周长变化的规律。

5. 脊线

使用脊线可控制截面线串的方位，并避免在导线上不均匀分布参数导致的变形。当脊线串处于截面线串的法向时，该线串状态最佳。

在脊线的每个点上，系统构造垂直于脊线并与引导线串相交的剖切平面，将扫掠所依据的等参数曲线与这些平面对齐，如图 13-52 所示。

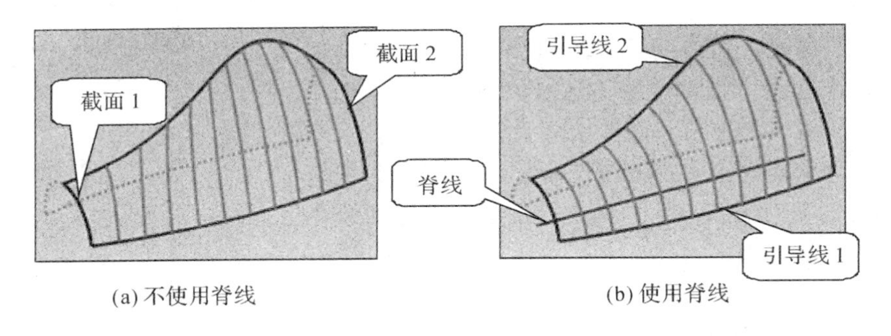

(a) 不使用脊线　　(b) 使用脊线

图 13-52　脊线造成扫掠结果的差异

脊线与 2 条或 3 条引导线串一起使用或与一条引导线串和一方向线串一起使用。

例 13-6　用单截面线、双引导线方式创建【扫掠】曲面

(1)打开 Surface_Swept. prt，然后单击曲面工具条的【扫掠】命令，弹出如图 13-46 所示的【扫掠】对话框。

(2)选择截面线串：选择如图 13-53(a)所示的截面线串，选择完毕后，按 MB2，将其添加到【截面】组列表中。截面线串选择完毕后，再次按 MB2。

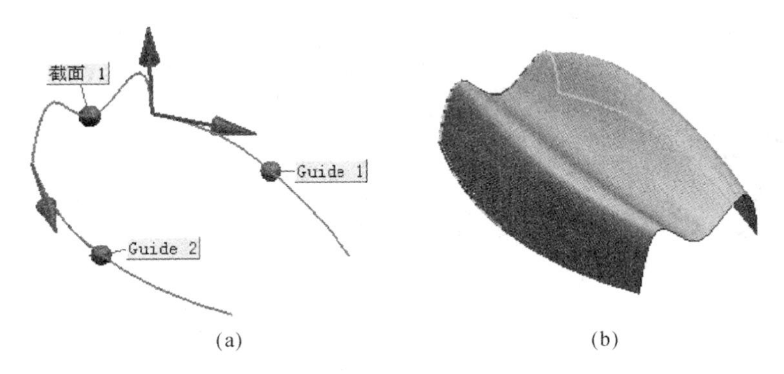

(a)　　(b)

图 13-53　用单截面线、双引导线方式创建扫掠曲面

(3)选择引导线串：选择如图 13-53(a)所示的引导线串，每条引导线串选择完毕后，按 MB2，将其添加到【引导线】组列表中。

(4)设置参数：指定对齐方法为【参数】，缩放方式为【均匀】。

(5)单击【确定】按钮，结果如图 13-53(b)所示。

13.4.5 剖切曲面

使用【剖切曲面】命令可使用二次曲线构造方法创建曲面。先由一系列选定的截面曲线和面计算得到二次曲线，然后计算的二次曲线被扫掠建立曲面，如图 13-54 所示。

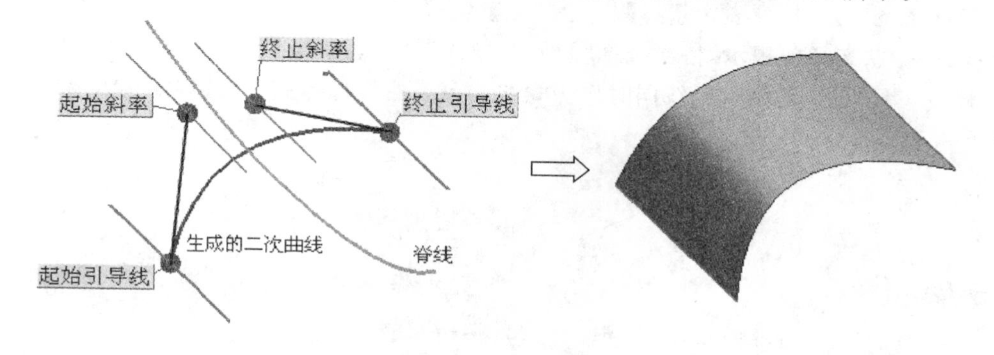

图 13-54 剖切曲面

单击【曲面】工具体上的【剖切曲面】命令，弹出如图 13-55 所示的对话框。

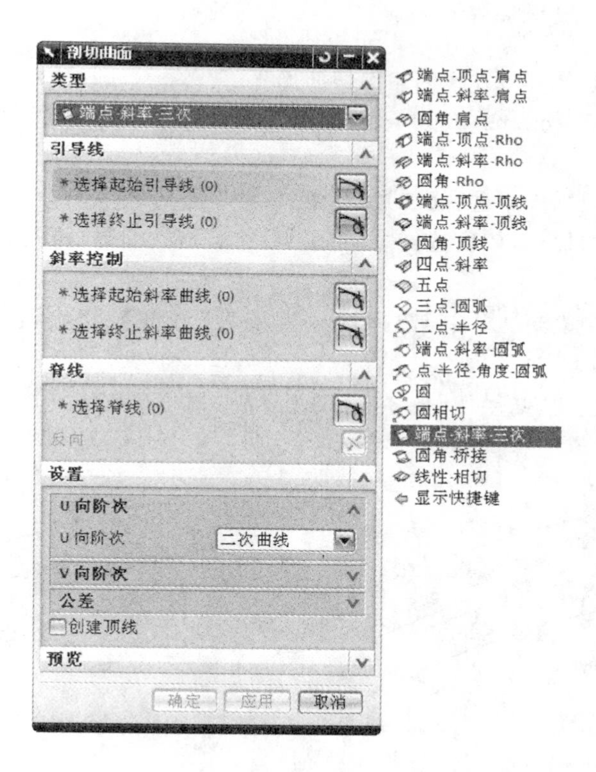

图 13-55 剖切曲面命令对话框

需要注意的是，对话框中的“端点”、“顶点”、“肩点”、“五点”等名称中的“点”，实际上是构建剖切曲面的曲线，之所以称为“点”，是因为曲线在截面上是表现为一个“点”。

例 13-7 用【三点-圆弧】方式创建剖切曲面

(1)打开 Surface_Sections_1.prt，然后单击【曲面】工具体上的【剖切曲面】命令，弹出如图 13-55 所示的对话框。

(2)在【类型】下拉列表中选择【三点-圆弧】。

(3)根据状态栏的提示，依次选择“起始引导线”、“终止引导线”、“内部曲线”和“脊线”，如图 13-56(b)所示，起始引导线同时作为脊线。每条曲线选择完毕后，均需按 MB2。

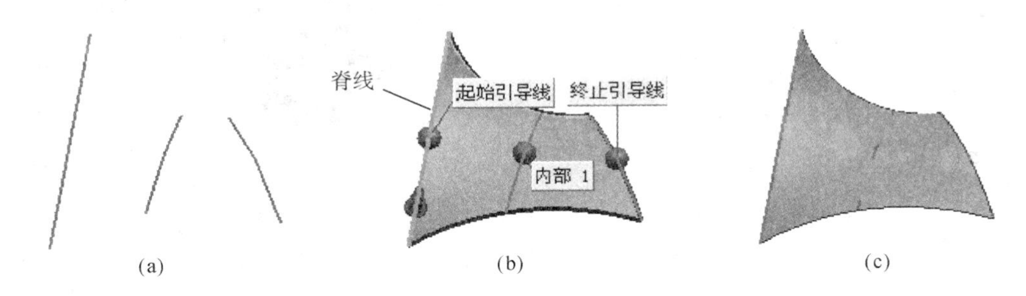

图 13-56 用三点-圆弧方式创建剖切曲面实例

(4)单击【确定】按钮，结果如图 13-56(c)所示。

例 13-8 以【二点-半径】方式创建剖切曲面

(1)打开 Surface_Sections_2.prt，然后单击【曲面】工具体上的【剖切曲面】命令，弹出如图 13-55 所示的对话框。

(2)在【类型】下拉列表中选择【二点-半径】。

(3)根据状态栏的提示，依次选择“起始引导线”、“终止引导线”及“脊线”，如图 13-57(a)所示。

(4)在【截面控制】选项组中，选择规律类型为【线性】，开始值为 3，结束值为 5，如图 13-58所示。

(5)单击【确定】按钮，结果如图 13-57(b)所示。

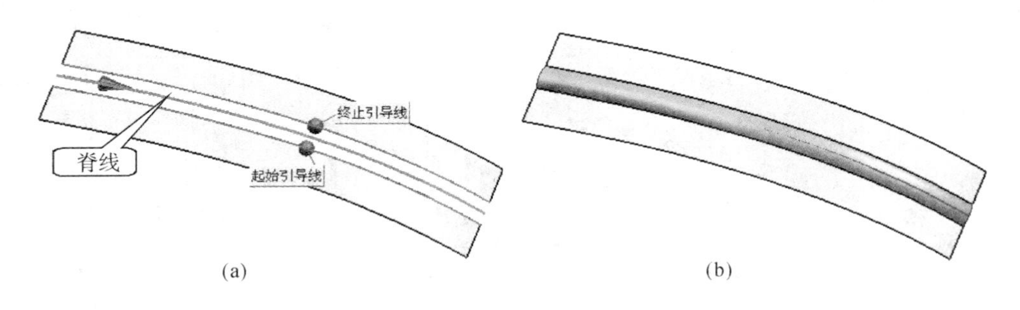

图 13-57 以二点-半径方式创建剖切曲面实例

半径必须大于弦长距离的一半。

例 13-9 以【线性-相切】方式创建剖切曲面

(1)打开 Surface_Sections_3. prt,然后单击【曲面】工具体上的【剖切曲面】命令,弹出如图 13-55 所示的对话框。

(2)在【类型】下拉列表中选择【线性-相切】。

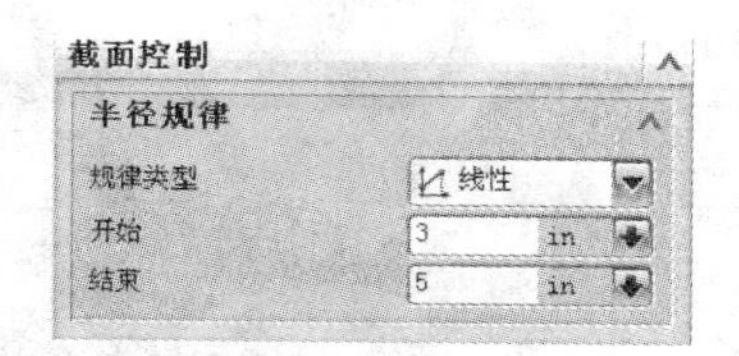

图 13-58 截面控制对话框

(3)根据状态栏的提示,依次选择"起始引导线"和"起始面",如图 13-59(a)所示。

(4)选择起始引导线作为脊线。

(5)设置参数:在【截面控制】选项组中设置【规律类型】为【恒定】,输入值为 0。

(6)在本例中共有两种创建曲面的结果,分别如图 13-59(b)、(c),单击【显示备选解】按钮,可在这两种解之间进行切换,

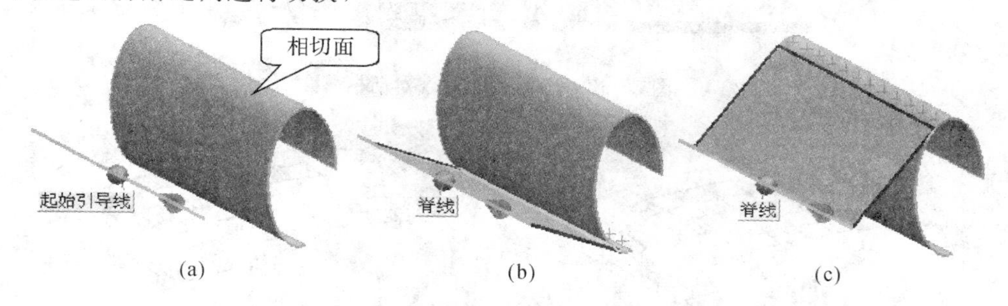

图 13-59 以线性相切方式创建剖切曲面

(7)选择需要的一种解,单击【确定】按钮,剖切曲面创建完毕。

13.5 基于已有曲面构成新曲面

13.5.1 延伸曲面

【延伸曲面】就是在已有曲面的基础上,将曲面的边界或曲面上的曲线进行延伸,生成新的曲面。

单击【曲面】工具条的【延伸曲面】命令,弹出如图 13-60 所示的对话框。

共有两种延伸方法,如图 13-61 所示。

1. 相切的

从指定的曲面边缘,沿着曲面的切向方向延伸,生成一个与该曲面相切的延伸面。相切延伸在延伸方向的横截面上是一条直线。

2. 圆形

从指定的曲面边缘,沿着曲面的切向方向延伸,生成一个与该曲面相切的延伸面。圆弧延伸部分的横截面是一段圆弧,圆弧的半径与曲面边界处的曲率半径相等,需注意的是圆弧延伸的边界必须是等参数边,且不能被修剪过。

读者在概念上需要清楚的是,延伸生成的是新曲面,而不是原有曲面的伸长。

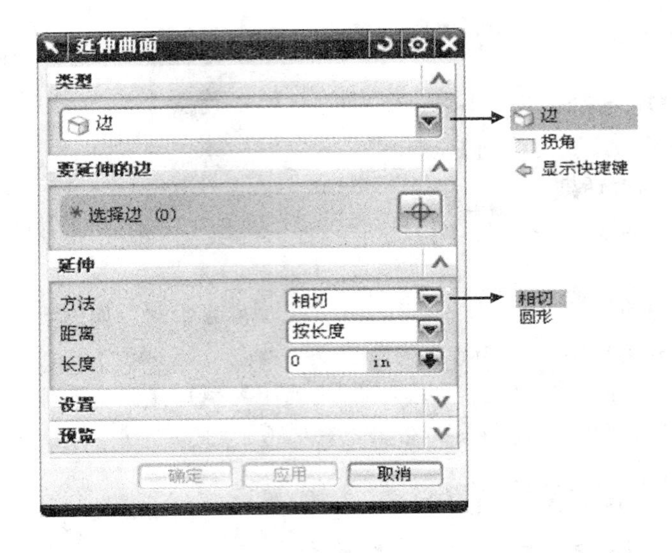

图 13-60　延伸曲面命令对话框

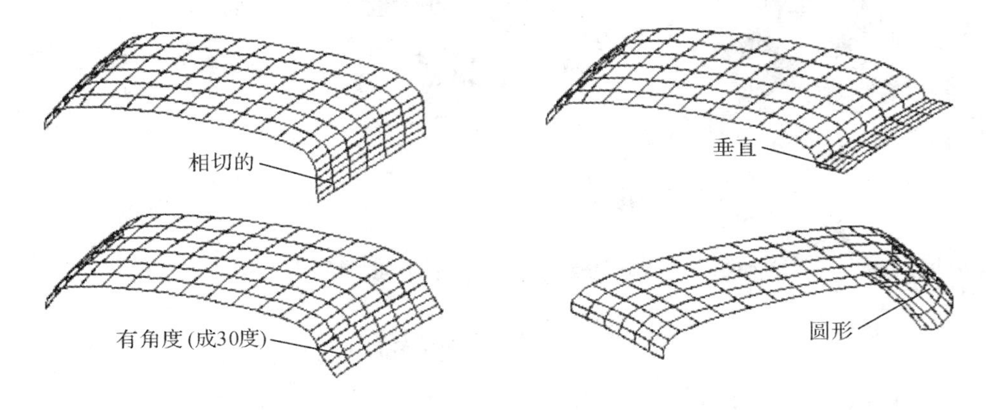

图 13-61　两种延伸方法的差异

例 13-10　创建相切延伸曲面

(1)打开 Surface_Extension_1. prt，然后单击【曲面】工具条的【延伸曲面】命令，弹出如图 13-60 所示的对话框。

(2)在【延伸】|【方法】选项中选择【相切】，如图 13-60 所示的对话框。

(3)在【延伸】|【距离】选项中选择【按长度】。

(4)选择基本曲面。

(5)选择要延伸的边(此时光标变成十字形)，如图 13-62 所示，系统会临时显示一个箭头，表示曲面的延伸方向。

(6)输入延伸长度为 20。

(7)单击【确定】按钮，结果如图 13-63 所示。

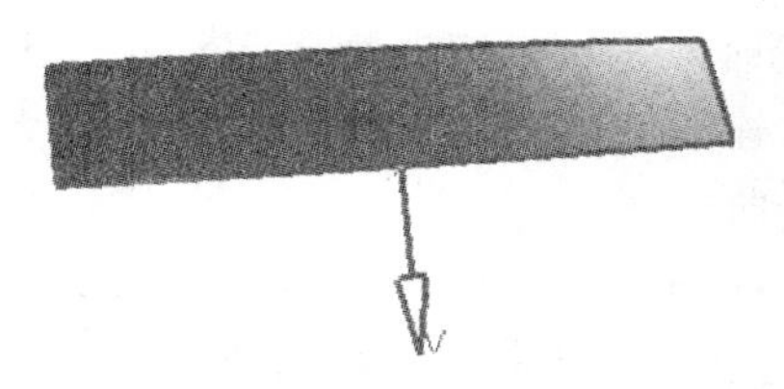

图 13-62　选择要延伸的边

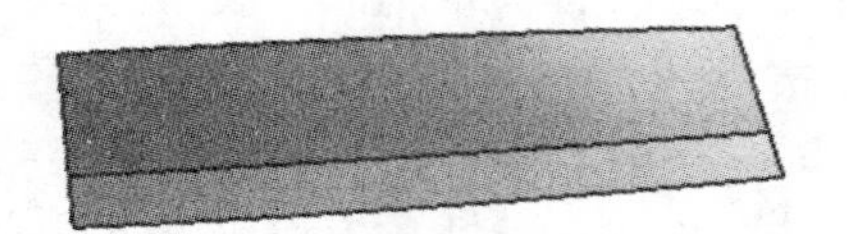

图 13-63　创建相切延伸曲面实例结果

选取边时需要注意光标应位于面内靠近这条边处。如果该操作不成，再重复操作几遍或者转一个视角进行选择便可。

13.5.2　N 边曲面

【N 边曲面】允许用形成一简单闭环的任意数目曲线构建一曲面，可以指定与外侧面的连续性。

单击【曲面】工具条上的【N 边曲面】命令，弹出如图 13-64 所示的对话框。

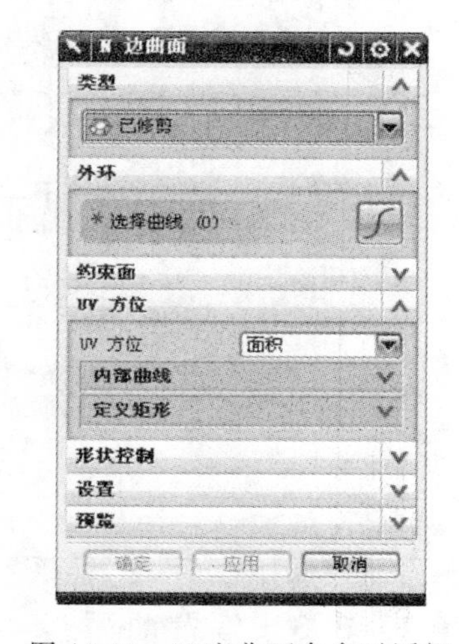

图 13-64　N 边曲面命令对话框

对话框中主要选项含义如下：

- 类型：可以创建两种类型的 N 边曲面，如图 13-65 所示。

  ☆ 已修剪：根据选择的封闭曲线建立单一曲面。

  ☆ 三角形：根据选择的封闭曲线创建的曲面，由多个单独的三角曲面片组成。这些三角曲面片体相交于一点，该点称为 N 边曲面的公共中心点。

- 外部环：选择定义 N 边曲面的边界曲线。

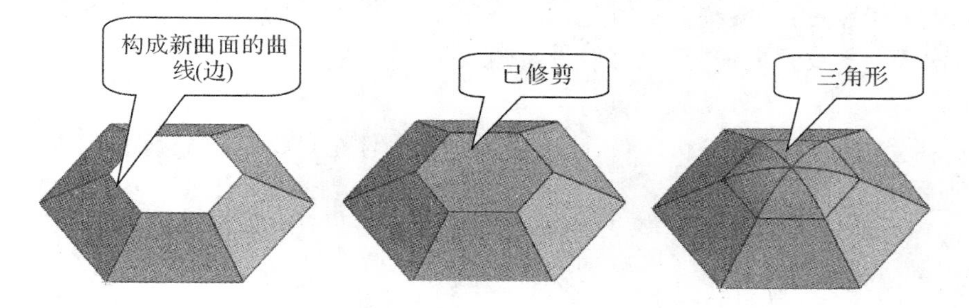

图 13-65　不同类型的 N 边曲面

- 约束面：选取约束面的目的是，通过选择的一组边界曲面，来创建位置约束、相切约束或曲率连续约束。

- 形状控制：选取【约束面】后，该选项才可以使用。在该下拉列表中，可以选择的列表项包括 G0、G1 和 G2 三种。

- 设置：主要控制 N 边曲面的边界。

  ☆ 修剪到边界：仅当类型设置为【已修剪】时才显示。如果新的曲面是修剪到指定边界曲线或边，则选中此复选框。

☆ 尽可能合并面：仅当类型设置为【三角形】时才显示。选中此复选框以把环上相切连续的部分视为单个的曲线，并为每个相切连续的截面建立一个面。如果未选中此复选框，则为环中的每条曲线或边建立一个曲面。

☆ G0(位置)：通过仅基于位置的连续性(忽略外部边界约束)连接轮廓曲线和曲面。

☆ G1(相切)：通过基于相切于边界曲面的连续性连接曲面的轮廓曲线。

例 13-11 以已修剪方式创建 N 边曲面

(1)打开 Surface_Nside. prt，然后单击【曲面】工具条上的【N 边曲面】命令，弹出如图 13-64 所示的对话框。

(2)分别选择如图 13-66 所示的“外环”、“约束面”和“内部曲线”。

(3)设置参数：选择【UV 方向】为【面积】，选择【设置】选项组中的【修剪到边界】复选框。

(4)单击【确定】按钮，结果如图 13-67 所示。

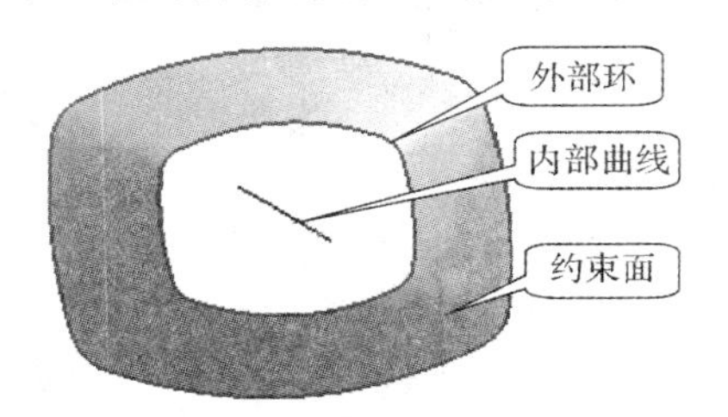

图 13-66 选择“外环”、“约束面”和内部曲线

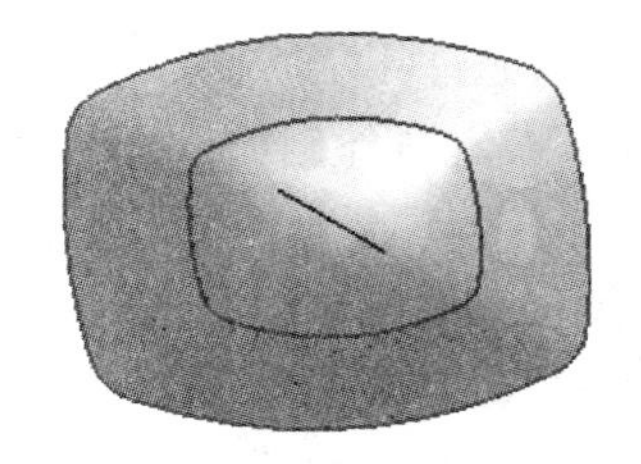

图 13-67 以已修剪方式创建 N 边曲面实例结果

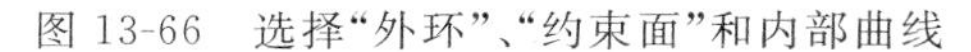

创建的 N 边曲面会通过内部曲线。

13.5.3 偏置曲面

将指定的面沿法线方向偏置一定的距离，生成一个新的曲面。

在偏置操作过程中，系统会临时显示一个代表基面法向的箭头，双击该箭头可以沿着相反的方向偏置。若要反向偏置，也可以直接输入一个负值。

例 13-12 将曲面向外偏置 25mm

(1)打开 Surface_Offset. prt，然后单击【插入】|【偏置缩放】|【偏置曲面】命令，弹出如图 13-68所示对话框。

(2)选择要偏置的面。

(3)输入偏置距离为 25。

(4)单击【确定】按钮，即可完成偏置曲面的创建。

向曲面内凹方向偏置时，过大的偏置距离可能会产生自交，导致不能生成偏置曲面。

偏置曲面与基面之间具有关联性，因此修改基面后，偏置曲面跟着改变，但修剪基面，不能修剪偏置曲面；删除基面，偏置曲面也不会被删除。

13.5.4 修剪的片体

【修剪的片体】是指利用曲线、边缘、曲面或基准平面去修剪片体的一部分。

单击【插入】|【修剪】|【修剪片体】命令，弹出如图 13-69(a)所示的对话框。

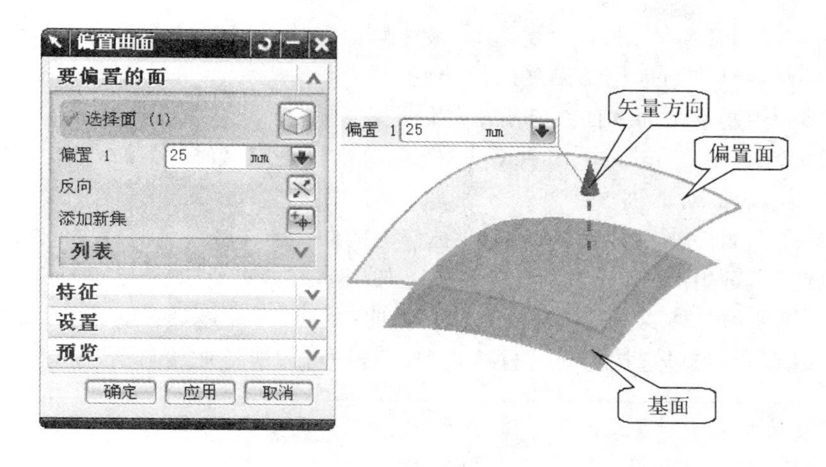

图 13-68　偏置曲面实例

该对话框中各选项含义如 13-69 所示。

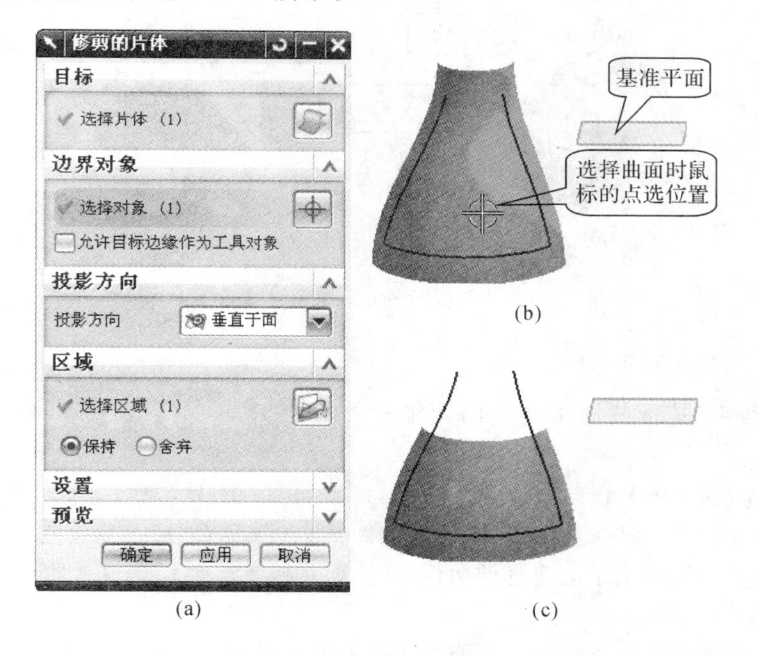

图 13-69　修剪片体实例

- 目标：要修剪的片体对象。
- 边界对象：去修剪目标片体的工具如曲线、边缘、曲面或基准平面等。
- 投影方向：当边界对象远离目标片体时，可通过投影将边界对象（主要是曲线或边缘）投影在目标片体上，以进行投影。投影的方法有垂直于面、垂直于曲线平面和沿矢量。
- 区域：要保留或是要移除的那部分片体。
  - ☆ 保持：选中此单选按钮，保留光标选择片体的部分。
  - ☆ 舍弃：选中此单选按钮，移除光标选择片体的部分。
- 保持目标：修剪片体后仍保留原片体。

- 输出精确的几何体：选择此复选框，最终修剪后片体精度最高。
- 公差：修剪结果与理论结果之间的误差。

例 13-13 用基准平面和曲线修剪片体

(1)打开 Surface_Trimmed_Sheet.prt，然后单击【插入】|【修剪】|【修剪片体】命令，弹出如图 13-69(a)所示的对话框。

(2)用基准平面修剪片体：首先选择要被修剪的曲面，然后选择基准平面作为目标体，单击【应用】按钮，即可用所选基准平面修剪片体，如图 13-69(c)所示。

(3)用曲线修剪片体：如图 13-70 所示，选择曲面为目标片体，曲线为边界对象，在【选择区域】组中选择【舍弃】单选按钮，单击【确定】按钮，即可用所选曲线修剪片体。

在使用【修剪的片体】工具进行操作时，应注意修剪边界对象必须要超过目标体的范围，否则无法进行正常操作。

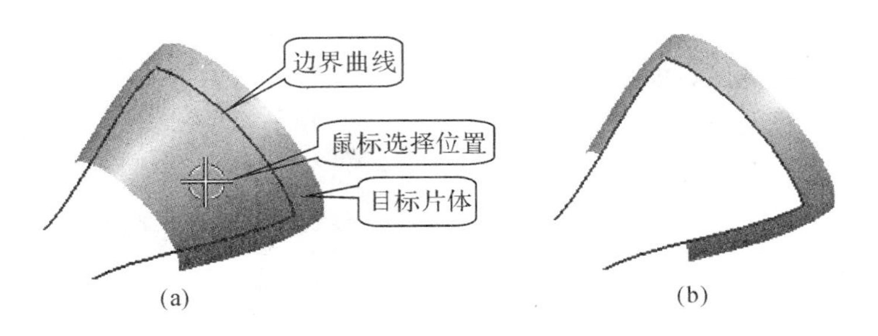

图 13-70 用基准平面和曲线修剪片体实例

13.5.5 修剪和延伸

【修剪和延伸】是指使用由边或曲面组成的一组工具对象来延伸和修剪一个或多个曲面。

单击【插入】|【修剪】|【修剪与延伸】命令，弹出如图 13-71(a)所示的对话框。

对话框中包含了 4 种修剪和延伸类型：按距离、已测量百分比、直至选定对象和制作拐角。前面两种类型主要用于创建延伸曲面，后面两种类型主要用于修剪曲面。

1. 按距离

按一定距离来创建与原曲面自然曲率连续、相切或镜像的延伸曲面。不会发生修剪。

2. 已测量百分比

按新延伸面中所选边的长度百分比来控制延伸面。不会发生修剪。

3. 直至选定对象

修剪曲面至选定的参照对象，如面或边等。应用此类型来修剪曲面，修剪边界无须超过目标体。

4. 制作拐角

在目标和工具之间形成拐角。

例 13-14 直至选定对象方式修剪和延伸曲面

(1)打开 Surface_Trim_and_Extend. prt,然后单击【插入】|【修剪】|【修剪与延伸】命令,弹出如图 13-71(a)所示的对话框。

(2)在【类型】下拉列表中选择【直至选定对象】。

(3)修剪曲面

①如图 13-71(b)所示,选择的目标面,按 MB2,然后选择目标边,此时会出现预览效果。

②单击【应用】按钮,即可完成曲面的修剪,结果如图 13-71(c)所示。

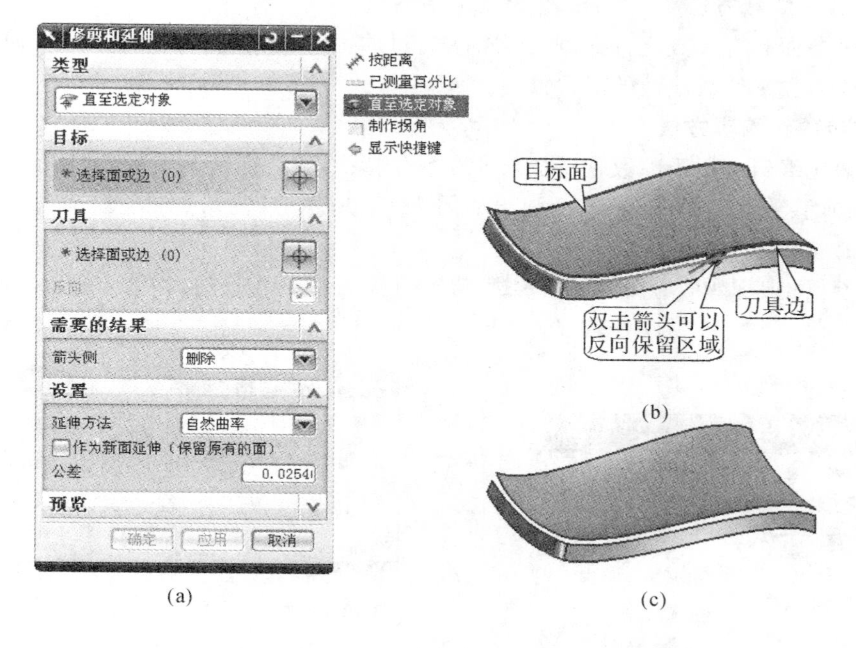

图 13-71 修剪曲面实例

(4)延伸曲面

①如图 13-72(a)所示,选择目标边,按 MB2,然后选择刀具边,可以根据预览效果反转箭头方向。

②单击【确定】按钮,即可完成曲面的延伸,结果如图 13-72(b)所示。

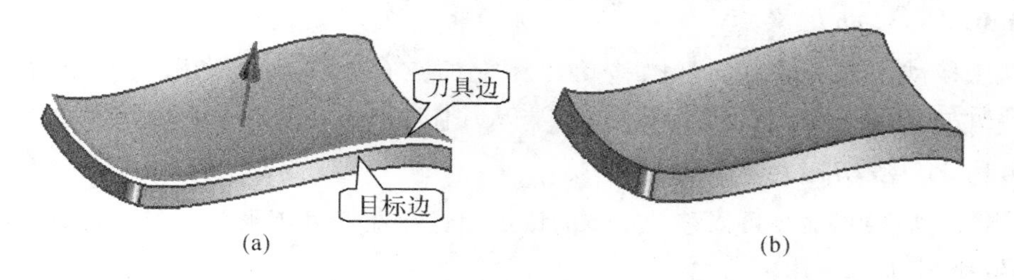

图 13-72 延伸曲面实例

选择目标边和刀具边时,可以将选择条上的【曲线规则】设为【相切曲线】。

13.6 编辑曲面

13.6.1 概述

大多数设计工作不可能一蹴而就，需要进行一定的修改。UG NX 系统提供两种曲面编辑方式，一种是参数化编辑，另一种是非参数化编辑。

1. 参数化编辑方法

大部分曲面具有参数化特征，如直纹面、通过曲面组曲面、扫掠面等。这类曲面可通过编辑特征的参数来修改曲面的形状特征。

2. 非参数化编辑方法

非参数化编辑适用于参数化特征与非参数化特征，但特征被编辑之后，特征的参数将丢失，因此在非参数化编辑中，系统会弹出如图 13-73 所示的【确认】对话框，以提示此操作将移除特征的参数。

在非参数化编辑中，为保留原始参数，系统还会提供两个选项，如图 13-74 所示。

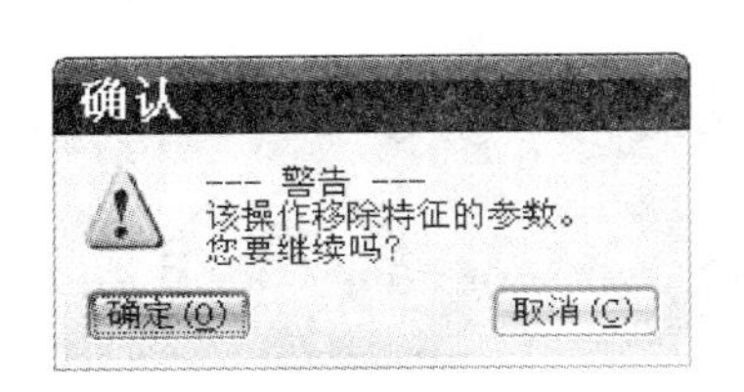

图 13-73 确认对话框

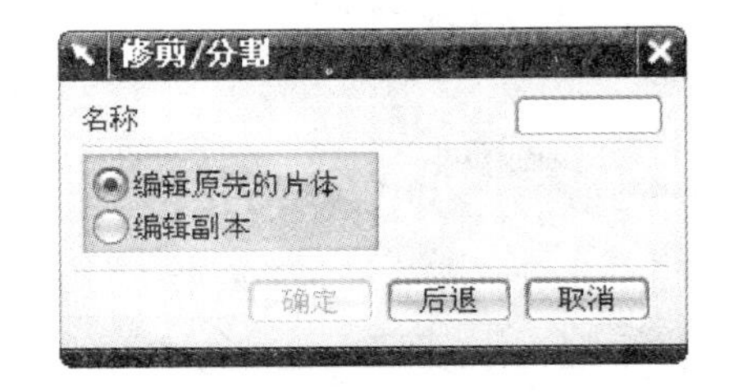

图 13-74 非参数化编辑的两个选项

- 编辑原先的片体：在所选择的曲面上直接进行编辑，编辑后曲面的参数将丢失，一旦存盘，参数将无法恢复。
- 编辑副本：编辑之前，系统自动复制所选曲面，然后编辑复制体编辑。复制体与原曲面不具有相关性，即编辑原曲面后，复制体不会随之改变。

【编辑曲面】工具条中编辑功能大多是非参数化编辑特征方法，工具条如图 13-27 所示。

13.6.2 移动定义点

使用【移动定义点】命令可以移动片体上的点（定义点）。使用该选项时，显示如图 13-73所示的【确认】对话框，指出该操作将从片体中移除参数。

13.6.3 移动极点

使用【移动极点】命令可以移动片体的极点。这在曲面外观形状的交互设计（如消费品和汽车车身）中非常有用。

13.6.4 扩大

【扩大】是指将未修剪过的曲面扩大或缩小。扩大功能与延伸功能类似，但只能对未经修剪过的曲面扩大或缩小，并且将移除曲面的参数。

单击【编辑曲面】工具条上的【扩大】命令，弹出如图 13-75 所示的对话框。

该对话框中各选项含义如下：

- 选择面：选择要扩大的面。
- 调整大小参数：设置调整曲面大小的参数。

  ☆ 全部：选择此复选框，若拖动下面的任一数值滑块，则其余数值滑块一起被拖动，即曲面在 U、V 方向上被一起放大或缩小。

  ☆ %U 起点/%U 终点/%V 起点、%V 终点：指定片体各边的修改百分比。

  ☆ 重置调整大小参数：使数值滑块或参数回到初始状态。
- 模式：共有线性和自然两种模式，如图 13-76 所示。

  ☆ 线性：在一个方向上线性延伸片体的边。线性模式只能扩大面，不能缩小面。

  ☆ 自然：顺着曲面的自然曲率延伸片体的边。自然模式可增大或减小片体的尺寸。

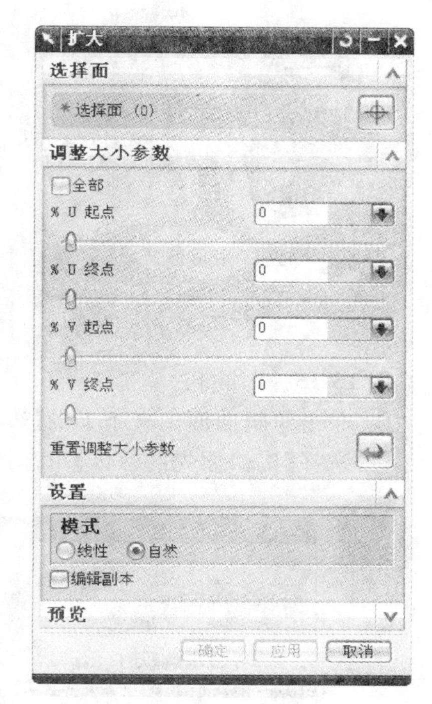

图 13-75　扩大命令对话框

- 编辑副本：对片体副本执行扩大操作。如果没有选择此复选框，则将扩大原始片体。

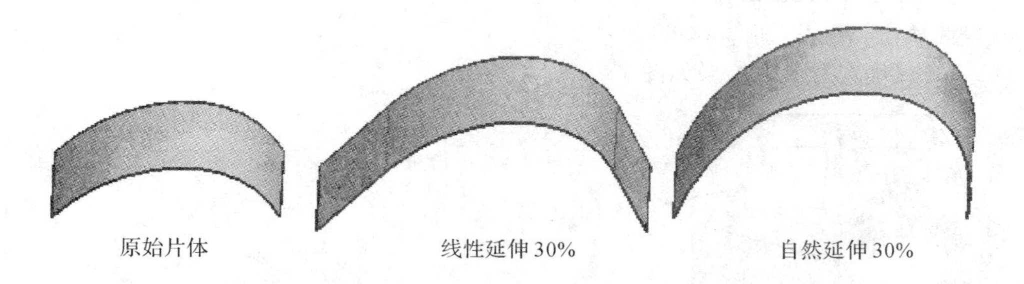

图 13-76　线性和自然两种扩大模式的差异

13.6.5　边界

使用边界可以修改或替换片体的现有边界。可以移除修剪或移除片体上独立的孔，或者，如果片体是单面片体，则可以延伸边界。

共有三种编辑片体边界的方式。

- 移除孔：用于从片体中移除孔。
- 移除修剪：移除在片体上所作的修剪(即：边界修剪和孔)，并将体恢复至参数四边形的形状，如图 13-77(a)所示。
- 替换边：用当前片体内或外的新边来替换某个片体的单个或连接的边，如图 13-77(b)所示。

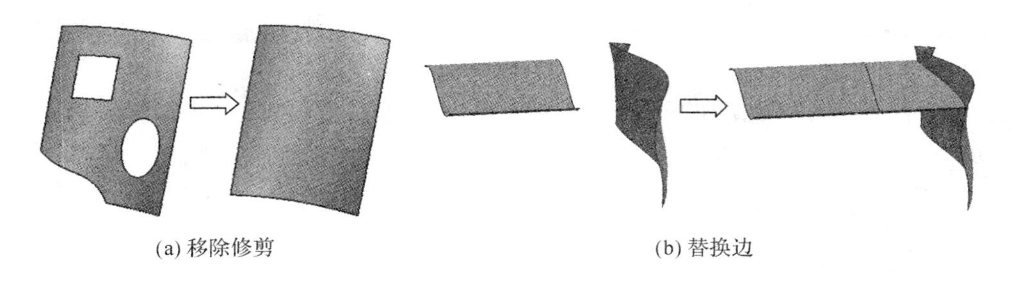

图 13-77　编辑片体边界的方式

例 13-15　移除孔

(1)单击编辑曲面工具条上的【边界】命令，弹出如图 13-78 所示的对话框。

(2)选择【编辑原先的片体】单选按钮，并选择曲面，弹出如图 13-79 所示的对话框。

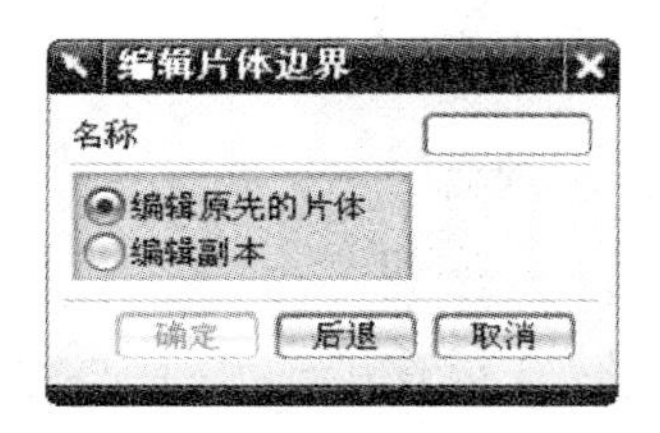

图 13-78　边界命令对话框

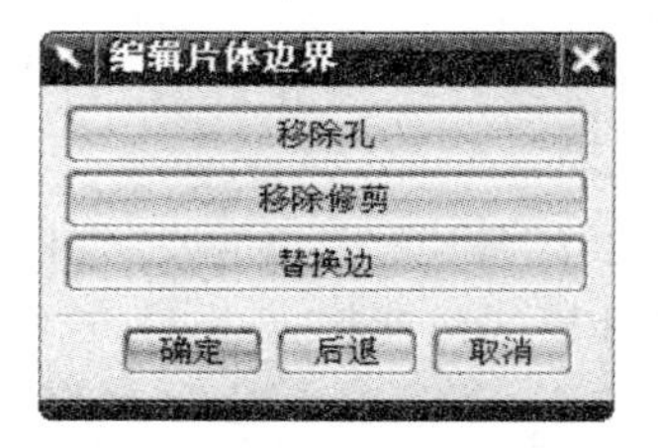

图 13-79　编辑原先的片体对话框

(3)单击【移除孔】按钮。

(4)选择孔的边界，如图 13-80 所示。

(5)单击【确定】按钮，结果如图 13-81 所示。

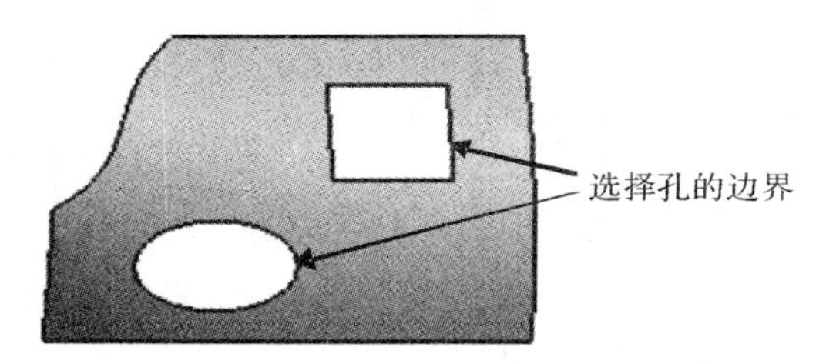

图 13-80　选择孔边界

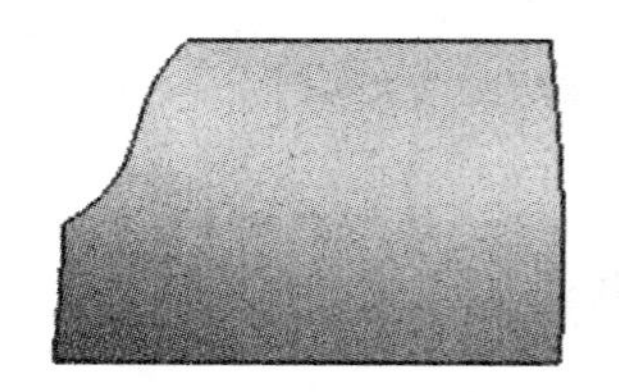

图 13-81　移除孔实例结果

13.7　曲面分析

建模过程中，经常需要对曲面进行形状的分析和验证，从而保证所建立的曲面满足要求。本节主要介绍一些常用的曲面分析工具，包括：剖面分析、曲面连续性分析、半径分析、反射分析、斜率分析、距离分析等。

13.7.1　截面分析

剖面分析是用一组平面与需要分析的曲面相交，得到一组交线，然后分析交线的曲率、峰值点和拐点等，从而分析曲面的形状和质量。

单击【形状分析】工具条上的【截面分析】命令图标，或选择菜单【分析】|【形状】|【截面】命令，弹出如图 13-82 所示的对话框。

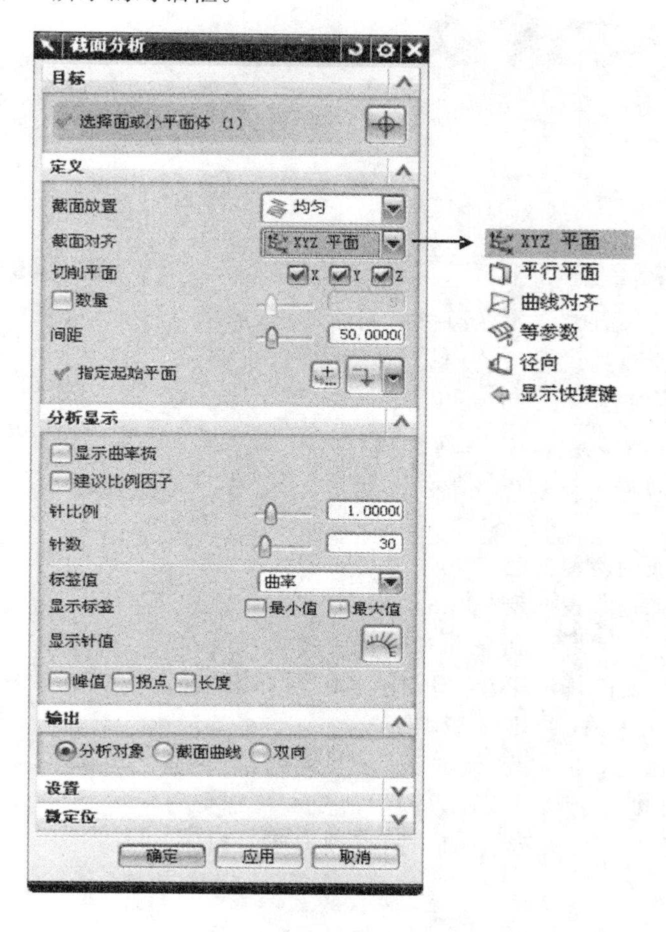

图 13-82 截面分析命令对话框

常用创建截面的方法有以下三种。

- 平行平面：剖切截面为一组指定数量或间距的平行平面，如图 13-83 所示。

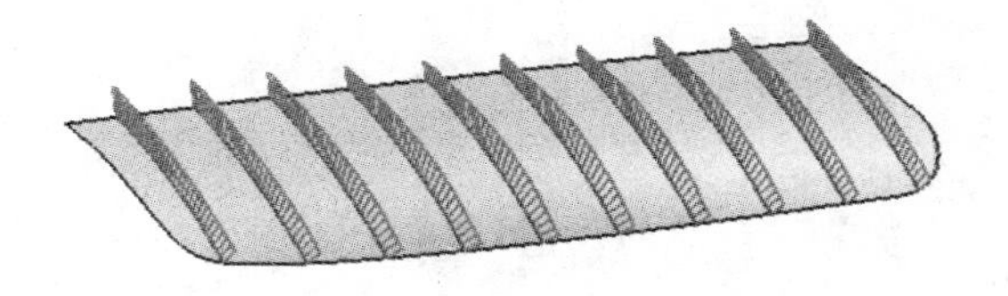

图 13-83 平行平面截面

- 等参数：剖切截面为一组沿曲面 U、V 方向，根据指定的数量或间距创建的平面，如图 13-84 所示。
- 曲线对齐：创建一组和所选择曲线垂直的截面，如图 13-85 所示。

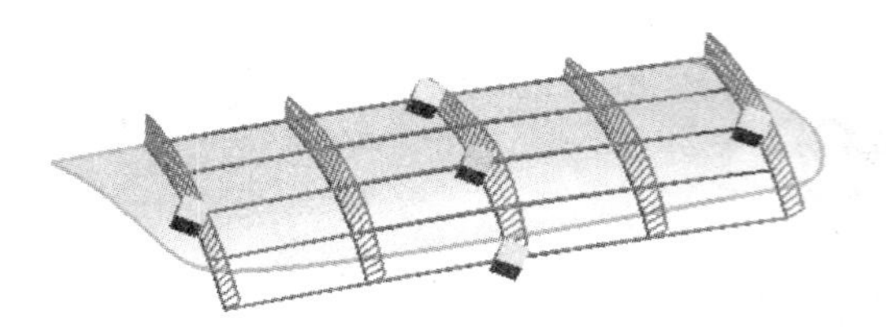

图 13-84　等参数截面

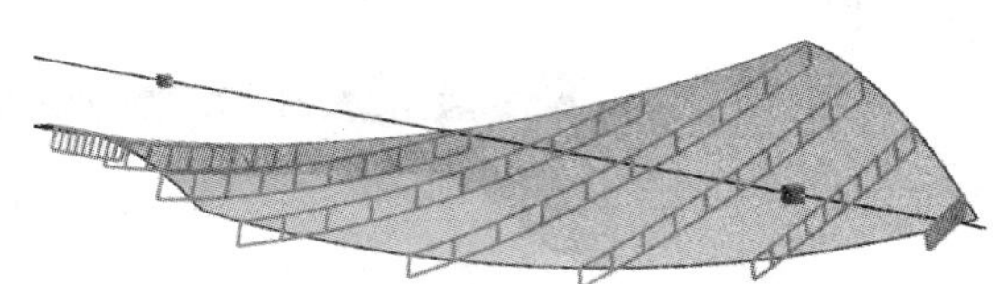

图 13-85　曲线对齐截面

13.7.2　高亮线分析

图 13-86　高亮线命令对话框

高亮线是通过一组特定的光源投射到曲面上，形成一组反射线来评估曲面的质量。旋转、平移、修改曲面后，高亮反射线会实时更新。

单击【形状分析】工具条上的【高亮线】命令，或选择菜单【分析】|【形状】|【高亮线】命令，弹出如图 13-86 所示的对话框。

1. 产生高亮线的两种类型

高亮线是一束光线投向所选择的曲面上，在曲面上产生反射线。【反射】类型是从观察方向察看反射线，随着观察方向的改变而改变；而【投影】类型则是直接取曲面上的反射线，与观察方向无关，如图 13-87 所示。

反射的光束是沿着动态坐标系的 YC 轴方向的，旋转坐标系的方向可以改变反射线的形状，同样，改变屏幕视角的方向也可以显示不同的反射形状。但选择【锁定反射】复选框，使其锁定，那么旋转视角方向也不会改变反射线的形状。

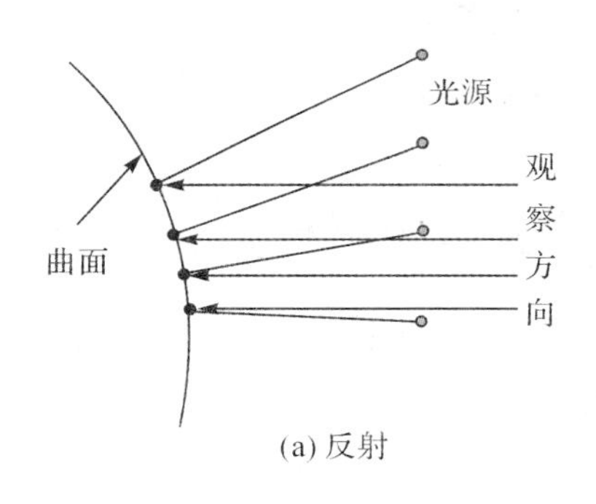

(a) 反射

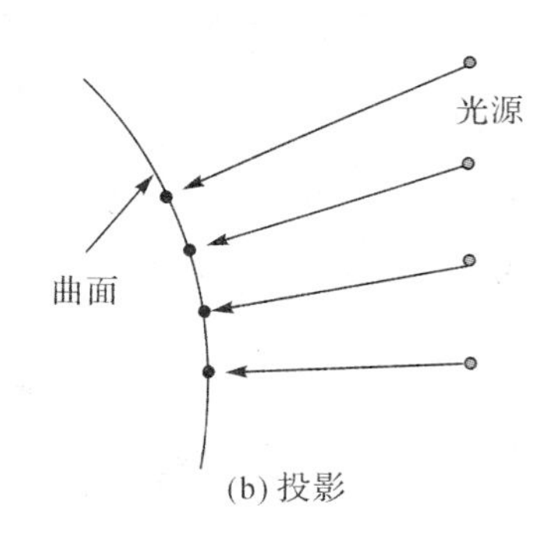

(b) 投影

图 13-87　产生高亮线的两种类型

2. 光源类型

● 均匀：一种等间距的光源，可以在【光源数】文本框中设定光束的条数(≤200)，【光源间距】文本框中设定光束的间距，如图 13-88(a)所示。

● 通过点：高亮线通过在曲面上指定的点，如图 13-88(b)所示。

● 在点之间：在用户指定的曲面上的两个点之间创建高亮线，如图13-88(c)所示。

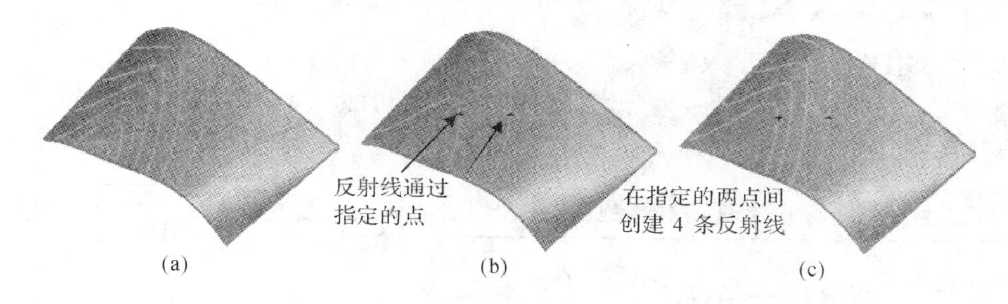

图13-88　光源类型

13.7.3　曲面连续性分析

利用曲面的连续性分析可以分析两组曲面之间的连续性，包括位置连续(G0)、相切连续(G1)、曲率连续(G2)以及曲率的变化率连续(G3)。

单击【形状分析】工具条上的【曲面连续性分析】命令，或选择菜单【分析】|【形状】|【曲面连续性分析】，弹出如图13-89所示的对话框。

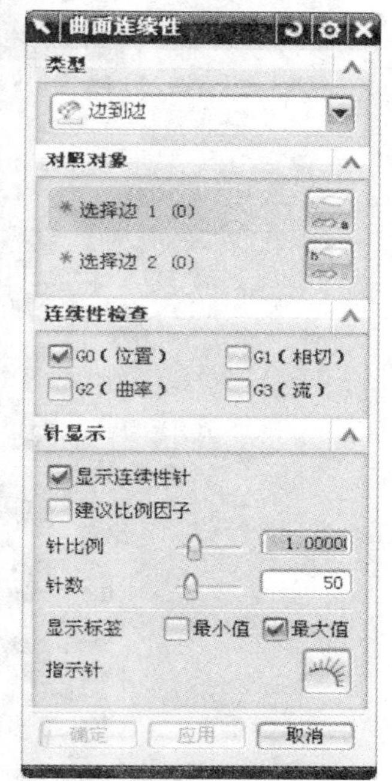

图13-89　曲面连续性分析对话框

1. 类型

● 边到边：分析两组边缘线之间的连续性关系。

● 边到面：分析一组边缘线与一个曲面之间的连续性关系。

【边到边】和【边到面】两个选项仅选择步骤不同，其分析方法相同。

2. 对照对象

● 选择边1：选择要充当连续性检查基准的第一组边；选择希望作为参考边的边的相邻面。

● 选择边2：如果正在使用的类型是边到边，则选择第二组边；如果正在使用的类型是边到面，则选择一组面，将针对这些面测量与第一组边的连续性。

3. 连续性检查

指定连续性分析的类型。

● G0连续用于检测两条边缘之间的距离分布，其误差单位是长度。若两条边缘重合(即位置连续)，则其值为0。

● G1连续用于检测两条边缘线之间的斜率连续性，斜率连续误差的单位是弧度。若两曲面在边缘处相切连续，则其值为0。

● G2连续用于检查两组曲面之间曲率误差分布，其单位是1。曲率连续性分析时，可选用不同的曲率显示方式：截面、高斯、平均、绝对。

● G3连续是检查两组曲面之间曲率的斜率连续性(曲率的变化率)。

4. 针显示

● 显示连续性针：为当前选定的曲面边和连续性检查显示曲率梳。如果曲面有变化，梳状图会针对每次连续性检查动态更新。

- 建议比例因子：自动将比例设为最佳大小。
- 针比例：通过拖动滑块或输入值来控制曲率梳的比例或长度。
- 针密度：通过拖动滑块或输入值来控制梳中显示的总齿数。
- 标签：显示每个活动的连续性检查梳的近似位置以及最小和/或最大值。

可以使用键盘方向来更改针比例和针密度，针比例或针密度选项上必须有光标焦点。

13.7.4 面分析—半径

半径分析主要用于分析曲面的曲率半径，并且可以在曲面上把不同曲率半径以不同颜色显示，从而可以清楚分辨半径的分布情况以及曲率变化。

例 13-16 半径分析

(1)打开 ch13\Face Analysis-Radius. prt，单击【形状分析】工具条上【面分析—半径】命令，或选择菜单【分析】|【形状】|【半径】命令，弹出如图 13-90(a)所示的对话框。

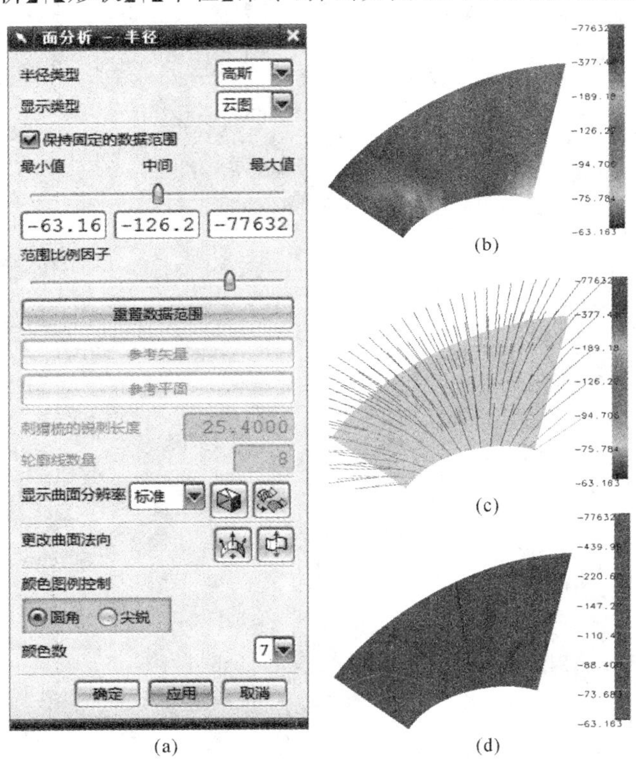

图 13-90 半径分析实例

(2)设置参数：通常可采用默认值。

(3)选择待要分析的曲面：选择曲面后，即可显示曲面半径分布规律。

(4)选择【半径类型】为【高斯】。

(5)选择【显示类型】。

- 云图：着色显示曲率半径，颜色变化代表曲率变化，如图 13-90(b)所示。

● 刺猬梳:显示曲面上各栅格点的曲率半径梳图,并且使用不同的颜色代表曲率半径,每一点上的曲率半径梳直线垂直于曲面,用户可以自定义刺猬梳的锐刺长度,如图13-90(c)所示。

● 轮廓线:使用恒定半径的轮廓线来表示曲率半径,每一条曲线的颜色都不相同,用户可指定显示的轮廓线数量,最大为64条,如图13-90(d)所示。

13.7.5 面分析—反射

反射分析,主要是仿真曲面上的反射光,以分析曲面的反射特性。由于反射图形类似于斑马条纹,故其条纹通常又被称为斑马线。利用斑马线可以评价曲面间的连续情况,如图13-91所示为两个曲面拼接后的斑马线评价情况。

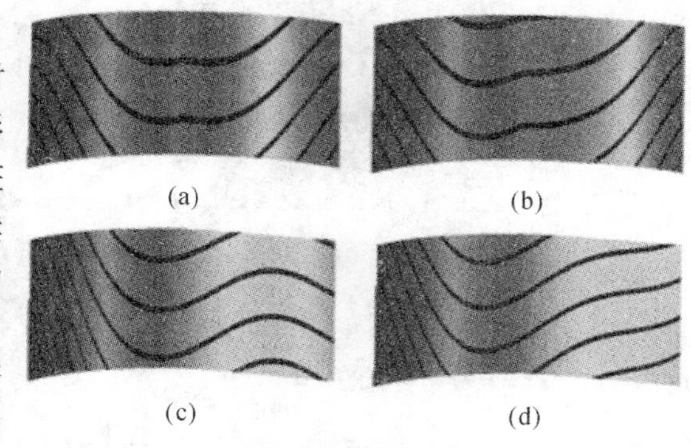

图13-91 面分析—反射

图13-91(a)图的两曲面是G0连续,所以斑马线在公共边界处相互错开;(b)图的两曲面是G1连续,两曲面的斑马线是对齐的,但在公共边界处有尖角;(c)图的两曲面是G2连续,两曲面的斑马线在拼接处光滑过渡;(d)图是G3连续情况。可见,斑马线越均匀,曲面质量越高。

例13-17 反射分析

(1)打开ch13\Face Analysis-Reflection.prt,单击【形状分析】工具条上【面分析—反射】命令,或选择菜单【分析】|【形状】|【反射】命令,弹出如图13-92(a)所示的对话框。

(2)选择【图像类型】为【场景图像】,选择如图13-92(a)所示第二幅图,其余保持默认设置。

(3)单击【确定】按钮,反射分析结果如图13-92(b)所示。

13.7.6 面分析—斜率

斜率分析是分析曲面上每一点的法向与指定的矢量方向之间的夹角,并通过颜色图显示和表现出来。在模具设计分析中,曲面斜率分析方法应用很广泛,主要以模具的拔模方向为参考矢量,对曲面的斜率进行分析,从而判断曲面的拔模性能。

斜率分析与反射分析相似,不同之处是需要指定一个矢量方向。在此不再赘述。

13.7.7 面分析—距离

距离分析用于分析选择曲面与参考平面之间的距离,进而分析曲面的质量。

例13-18 距离分析

(1)打开Face Analysis-Distance.prt,然后单击【形状分析】工具条上的【面分析—距离】命令,或选择菜单【分析】|【形状】|【距离】命令,弹出【平面】对话框,用于指定或构造一个参考平面。

(2)选择或构造一个平面:如图13-93(b)所示,选择的、直线(注意不要选中直线的控制点),然后选择直线靠近曲面一侧的端点,系统自动构建一个过直线端点且垂直于直线的基准平面。

(3)单击【确定】按钮,弹出如图13-93(a)所示的【面分析—距离】对话框,并在曲面上以颜色显示曲面到参考平面的距离,如图13-93(c)所示。

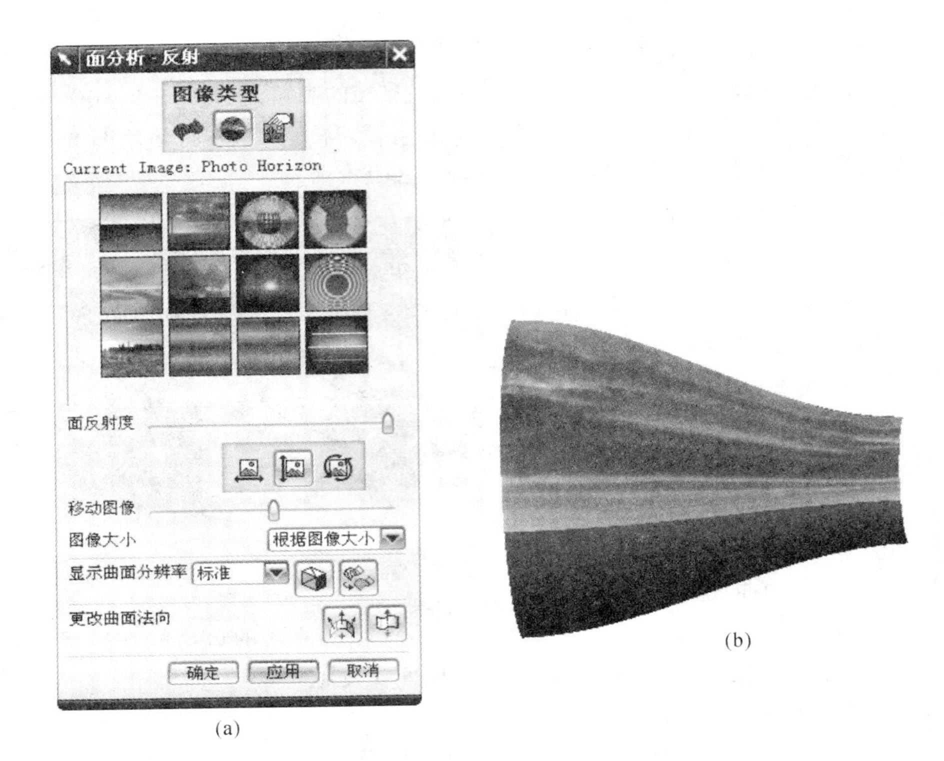

(a) (b)

图 13-92　反射分析实例

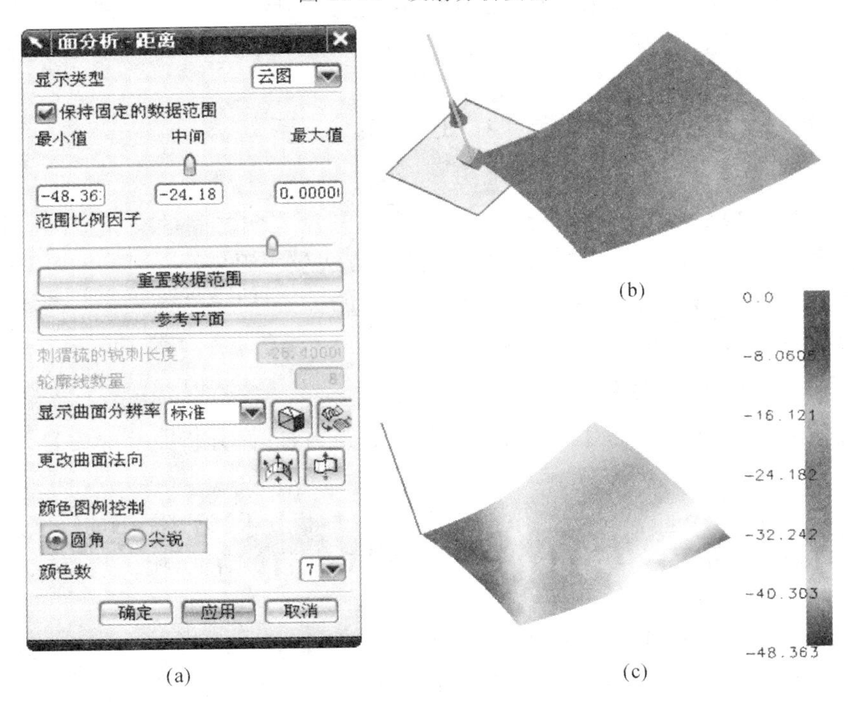

(a) (b) (c)

图 13-93　距离分析实例

13.7.8 拔模分析

通常对于钣金成型件、汽车覆盖件模具、模塑零件，沿拔模方向的侧面都需要一个正向的拔模斜度，如果斜度不够或者甚至出现反拔模斜度，那么所设计的曲面就是不合格的。拔模分析提供对指定部件反拔模状况的可视反馈，并可以定义一个最佳冲模冲压方向，以使反拔模斜度达到最小值。

例 13-19 拔模分析

(1)打开 ch13\Draft Analysis. prt，单击【形状分析】工具条上【拔模分析】命令，或选择菜单【分析】|【形状】|【拔模】命令，弹出如所示的对话框。系统临时显示一动态坐标系，曲面颜色分区显示，如图 13-94(a)、(b)所示。

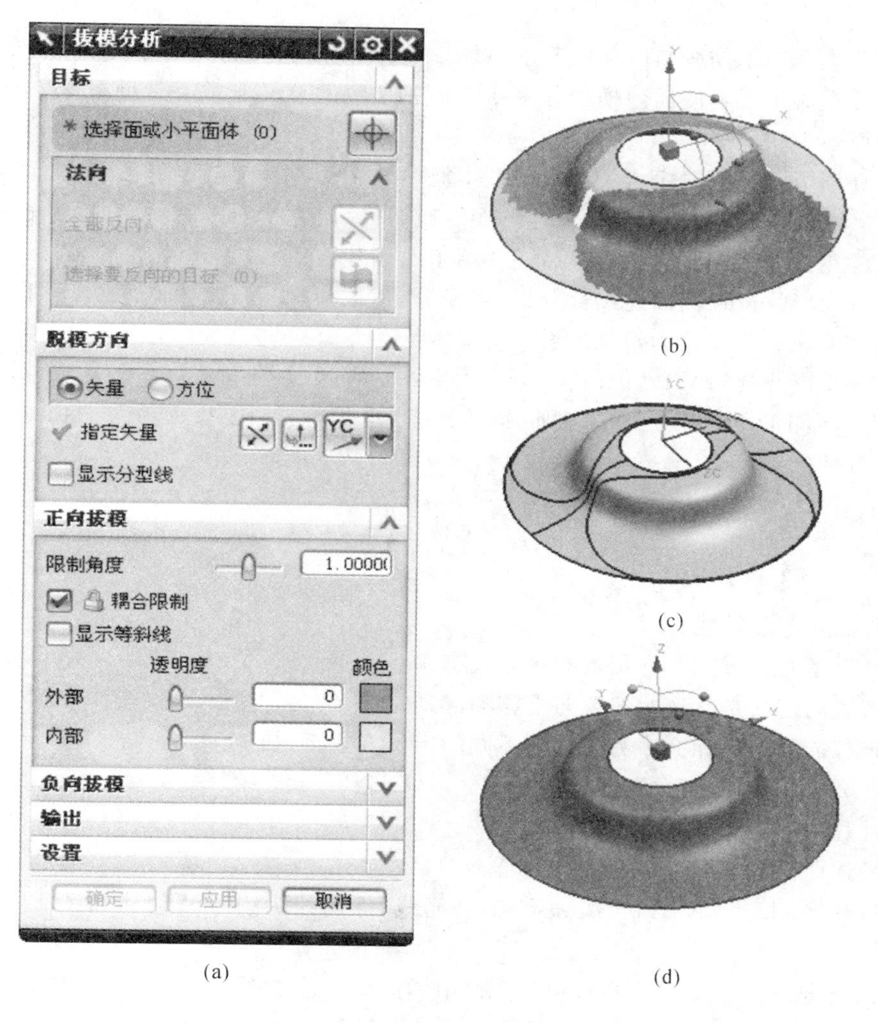

图 13-94　拔模分析实例

(2)动态坐标系的 Z 轴就是分析中所使用的拔模方向。在【目标】选项中选择要分析的面，接着在【指定矢量】中选择 Z 轴，曲面上的颜色区域随之发生变化，如图 13-94(d)所示。

拔模分析中使用4种颜色来区分不同的拔模区域：曲面法向与拔模方向正向（Z轴正向）的夹角小于90°，默认用绿色表示；曲面法向与拔模负向（Z轴负向）的夹角小于90°，默认用红色表示；在红色和绿色之间可以设置过渡区域，可以设置－15°～0及0～15°作为过渡区域，改变该区域只需在对话框中拖动【限制】滑块即可。

在对话框中选择【显示等斜线】复选框，系统可以显示颜色中间的分界线，单击【保存等斜线】按钮可以将等斜线保留下来。

13.8 本章小结

本章首先介绍了曲线与曲面的基本原理，由于曲面建模功能复杂是较难掌握的部分，所以了解其原理对于理解曲面建模中各个功能相关参数的意义非常有帮助，可以方便读者灵活运用曲面建模功能。

接着介绍了与曲面建模相关的一些基本概念，然后结合实例详细介绍了曲面建模中的核心功能，主要包括从点云、直纹面、通过曲线组、扫掠面、剖切曲面、桥接曲面、偏置曲面等，并介绍了常用的曲面编辑方法。最后还介绍了曲面建模过程中常用的曲面分析方法，包括截面分析、高亮线分析、曲面连续性分析、半径分析、拔模分析等，在曲面建模过程中经常要使用这些功能来分析创建的模型是否满足要求。

与实体功能相比，曲面功能较少，但使用更灵活，每项功能中选项也更多。不同的选项往往会产生不同的结果，甚至会差别很大，读者应用心体会这些选项对曲面建模结果的影响。

13.9 思考与练习

1. 什么是等参数线？
2. 什么是对齐方式？常用的对齐方式有哪些？
3. 偏置的定义是什么？偏置与平移的区别是什么？
4. 扫掠的原理是什么？为什么在不同的定位方式下，扫掠生成的结果不同？
5. 什么是曲线或曲面的阶次？
6. 补片数越多越好吗？
7. 简述曲面建模的基本原则与技巧。
8. 打开 Surface EX_1. prt，以矩形为截面线、螺旋线为引导线创建如图 13-95 所示的实体。
9. 打开 Surface_heimes. prt，利用文档中的曲线创建如图 13-96 所示的安全帽。
10. 打开 Surface_EX_1. prt，利用文档中的曲线创建如图 13-97 所示的咖啡壶。

图 13-95　以矩形为截面线螺旋线为引导线创建实体

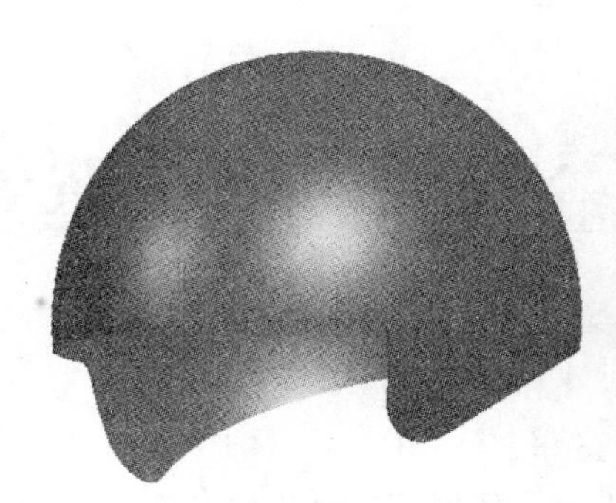

图 13-96　安全帽实体

图 13-97　咖啡壶实体

第 14 章　曲面建模实例

本章将介绍曲面建模的思路和方法，并且通过两个综合实例来详细介绍曲面设计过程。通过实例的讲解，读者可以熟悉曲面建模的一般思路和操作过程。

本章学习目标

- 掌握用建模树法分析与分解模型；
- 掌握根据建模树完成曲面建模的方法。

14.1　曲面建模的基本思路

对于具有复杂表面形状的产品，往往需借助曲面建模来完成。

在曲面建模中，建模树的末端节点是单个曲面，因此单个曲面的制作是实现曲面建模的起点。一般情况下，单个曲面的制作难度要比单个实体几何元素的制作难度大。

单个曲面的制作有两个要点：

- 确定曲面的类型。工程师应根据二维图中对曲面的表达并结合所使用的软件来分析和判断该曲面的构造类型，以便选择使用相应的构造功能。UG NX 中常用曲面类型的构造功能以及常用的曲面关系运算功能请参阅第 13 章。
- 绘制生成曲面所需要的构造线。二维图中的产品轮廓线是产品三维空间轮廓线在各个平面视图上的投影结果（称为视图投影线），有些时候并不能直接用于生成曲面，而是要将其还原为空间线。

用空间轮廓线生成单个曲面的方法与曲面的类型，请详见本书第 13 章。在本章的曲面建模实例分析中，读者将看到构造线生成方式的具体应用。

14.2　小家电外壳实例解析

图 14-1(a)是某一塑料件的完整模型，其二维图请参阅光盘中 Appliances Shell. pdf，图 14-1(b)是产品本体的模型（凸台已被删除）。

14.2.1　分析阶段

将产品逐步分解，过程如图 14-2 所示。

(1)将产品模型 T 分解成本体 T11 和凸台 T12 两个部分，其间运算关系为倒圆角 R9。

(2)将本体 T11 分解成侧面 T21 和顶面 T22 两部分，其间运算关系为倒圆角（从 R10 到 R15 变半径）。将凸台 T12 分解成侧面 T23 和顶面 T24 两部分，其间运算关系为倒圆角 R3。节点 T24 是一个单面，不能继续分解，是末端节点。节点 T23 虽然还可继续分解，但

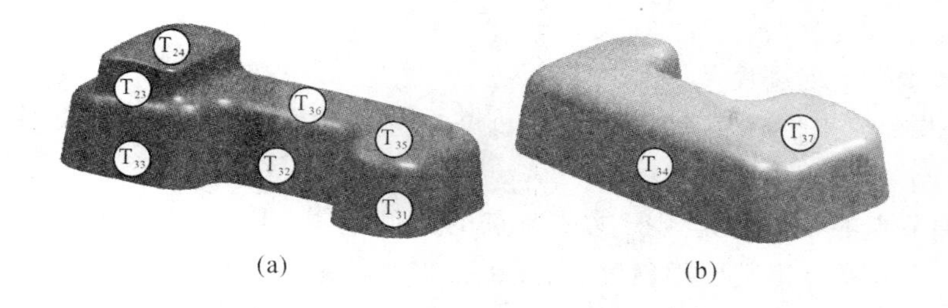

图 14-1 塑料件完整模型

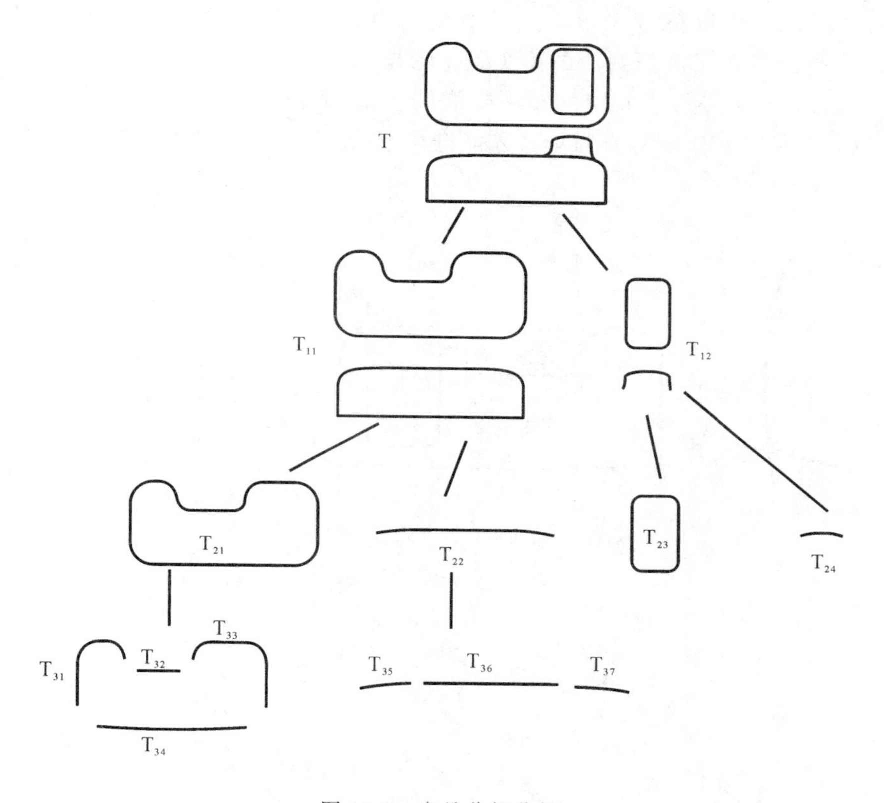

图 14-2 产品分解分析

它本身已经十分简单，可采用一个功能一次制作完成，因此没有必要再进行分解，为末端节点。

(3)节点 T21(即本体的侧面)可继续分解为四个不同的节点 T31、T32、T33、T34，它们之间为倒圆角关系。T32 和 T34 是单面，不能继续分解，已经是末端节点。节点 T31 和 T33 虽然还可继续分解，但它们均可一次制作完成，因此也可作为末端节点。

(4)节点 T22(即本体的顶面)可继续分解为三个不同的节点 T35、T36、T37，它们之间为裁剪关系，且均为单面，不能继续分解，是末端节点。

14.2.2 实现阶段

实现过程与分析过程相反，是从末端节点开始，沿建模树向上“追溯”，因此实现阶段的基本任务是制作末端节点。

下面是具体的实现过程。

(1)制作末端节点 T31、T32、T33、T34，并在它们之间进行倒圆角关系运算，得到节点 T21。

制作末端节点的第一步是判断这些节点的类型，T31、T32、T33 的曲面类型为拉伸曲面，其中 T31、T33 有 2 度的脱模斜度(见图纸技术要求第 2 条)。T34 的曲面类型为双导引线扫掠面。

在确定了末端节点的类型之后，接下来应该绘出制作这些节点所需要的视图投影线，如图 14-3(a)所示。图中以符号表示节点所对应的第 N 条视图投影线或空间构造线，例如 LT34.1 表示制作节点 T34 所对应的第 1 条视图投影线。

T31、T32、T33 可直接由相应的视图投影线生成，而制作节点 T34 则需要将其左右两个视图的投影线移动到正确的空间位置才能进行下去，移动后的结果如图 14-3(b)所示。

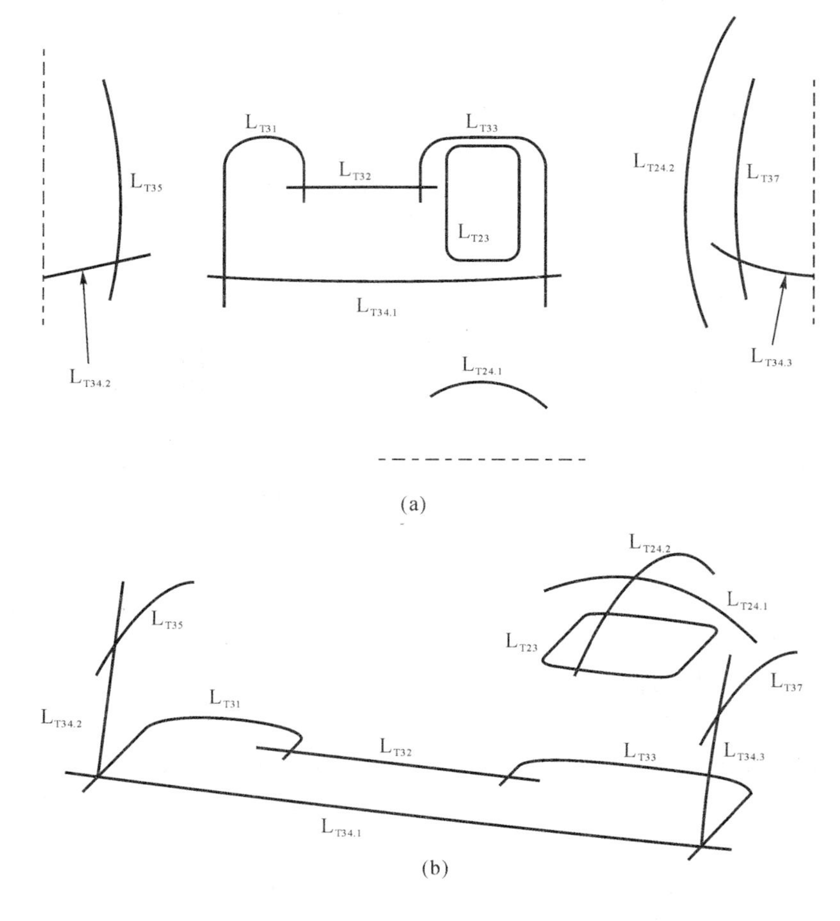

图 14-3　T2 视图投影线的绘制

在节点的构造线制作完毕之后，针对节点的类型，利用 CAD 软件的相应功能生成节点，结果如图 14-4 所示。

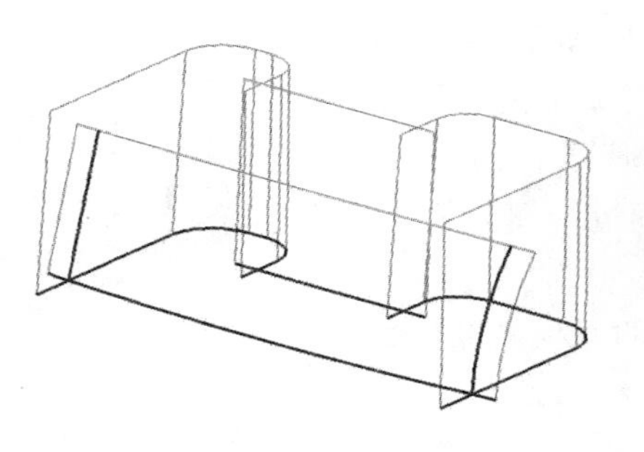
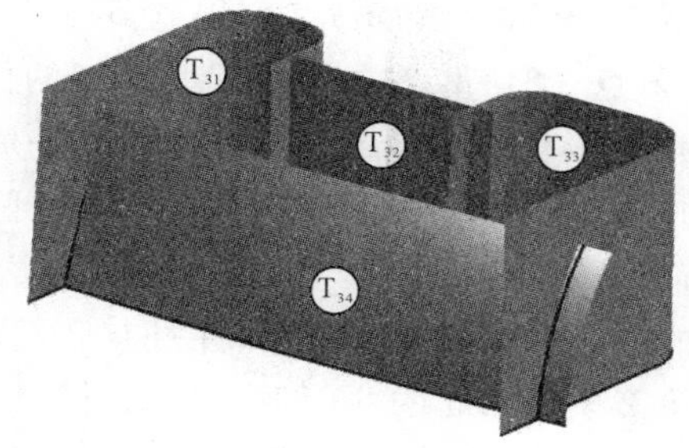

图 14-4　T2 节点生成

在各节点之间进行关系运算（在分析阶段已经给出它们之间的关系类型），得到节点T21，如图 14-5 所示。

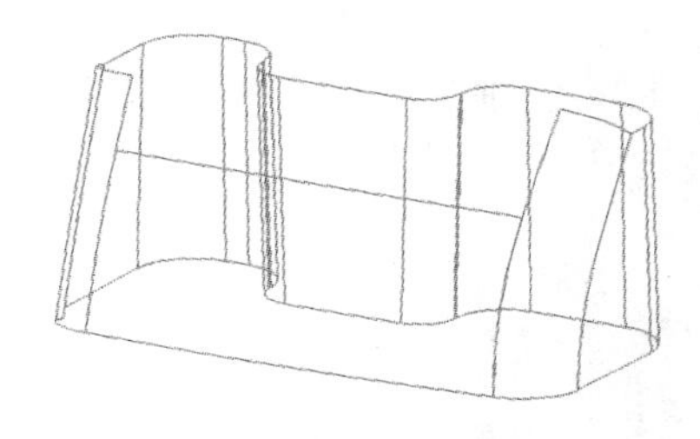
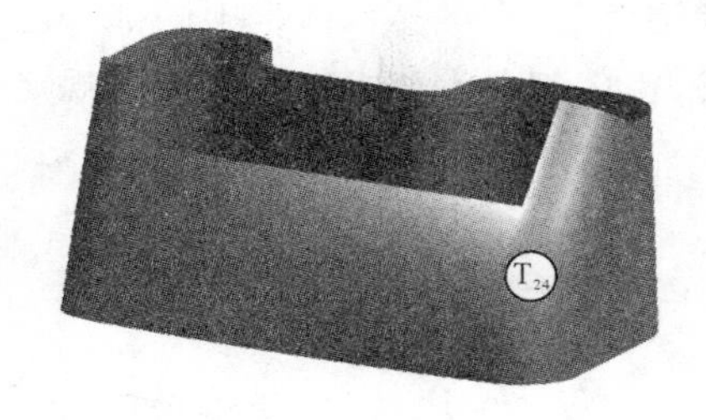

图 14-5　T2 各节点关系运算

从上述过程，可以看到建模树法的另一个优点，即可以针对每一个末端节点的制作需要，有针对性地绘制视图投影线，避免了对不必要的平面线的绘制，不仅提高了建模的效率，而且图面也更简洁清晰。

（2）制作末端节点 T35、T36、T37，并在它们之间进行裁剪关系运算，得到节点 T22。

还是先根据图纸判断这些节点的类型。T36 是一个距基准平面 50mm 的水平面，T35、T37 则是在端面轮廓线和节点 T36 之间的倒圆角面，其圆角半径分别为 R100 和 R150。

接下来应该绘出制作这些节点所需要的视图投影线，由于节点 T36 是一个平面，其制作不需要构造线，因此只需要绘出制作 T35、T37 所需的视图投影线即可，如图 14-3(a)所示。然后将视图投影线变换到视图所在的空间位置，如图 14-3(b)所示。

针对节点的类型，利用 CAD 软件的相应功能生成节点，结果如图 14-6(a)所示。

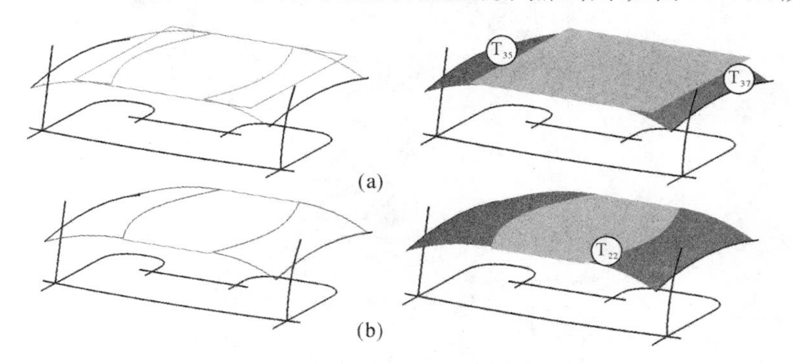

图 14-6　T22 视图投影线的绘制

在各节点之间进行裁剪运算，得到节点 T22，如图 14-6(b)所示。

(3)在节点 T21、T22 之间进行变半径的倒圆角关系运算（从 R10 到 R15 变半径），得到节点 T11，如图 14-7 所示。

(4)制作末端节点 T23、T24，并在它们之间进行倒圆角关系运算，得到节点 T12。

T23 的曲面类型为拉伸曲面，并且有 2 度的脱模斜度（见图纸技术要求第 2 条），T24 的曲面类型为单引线扫掠面。

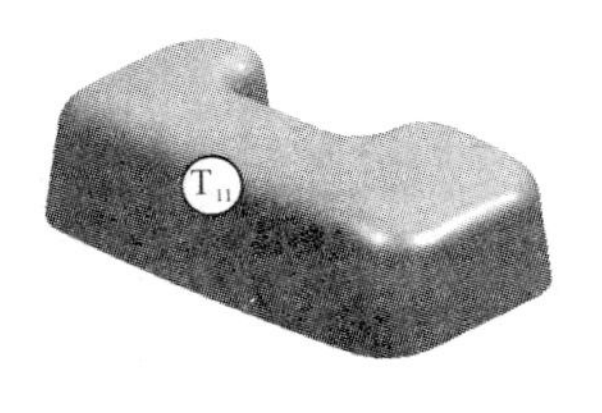

图 14-7　T11 节点模型

在确定了末端节点的类型之后，就应该绘出制作这些节点所需要的视图投影线，如图 14-3(a)所示；然后将视图投影线移动到正确的空间位置，如图 14-3(b)所示。

需要特别注意的是，由于节点 T23 有脱模斜度，因此其构造线绘制在不同的高度所产生的建模结果是完全不同的。如图 14-8 所示，当构造线位于基准水平面上时，由于存在脱模斜度，拔模之后，在产品本体之上的部分已经变得比较小，因此构造线应在 50mm 高的水平面上。这由图纸技术要求第 1 条中的规定也可看出（否则就会产生不确定性（多义性）问题）。

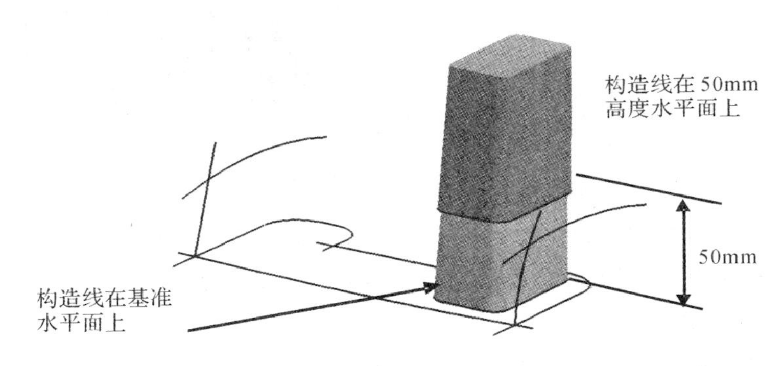

图 14-8　T23 节点脱模斜度特行

针对节点的类型，利用 CAD 软件相应的功能生成节点，结果如图 14-9(a)所示。

在各节点之间进行倒圆角关系运算，得到节点 T12，如图 14-9(b)所示。

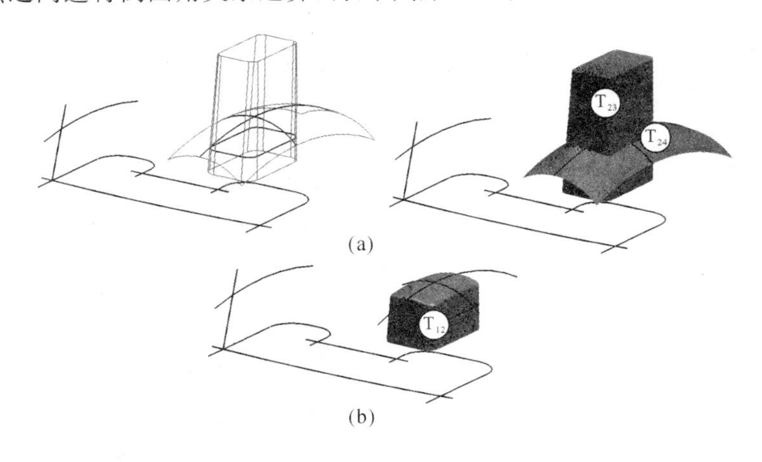

图 14-9　T12 节点

(5)在节点 T11、T12 之间进行倒圆角关系运算，得到顶节点 T，建模完成。

14.2.3 软件的具体实现过程

新建一文件，并进入【建模】模块，然后将工作视图设置为“俯视图”。

1. 制作本体 T11

1)制作中心线

中心线是绘制 T11 节点截面图形的基础，因此需首先绘制中心线。中心线一般采用“无界”直线来绘制。为与其他曲线区分开，应将其更改为“点划线”。

(1)调用【基本曲线】工具，创建两条无界直线，其中一条直线通过坐标原点并平行于 XC 轴，另一条直线则通过坐标原点并平行于 YC 轴，如图 14-10(a)所示。

(2)按快捷键【Ctrl+J】，弹出【类选择】对话框；选择刚才创建的两条直线，然后按 MB2，系统会接着弹出【编辑对象显示】对话框；在【线型】下拉列表中选择“点划线”后，按 MB2 即可将所选直线改为点划线。

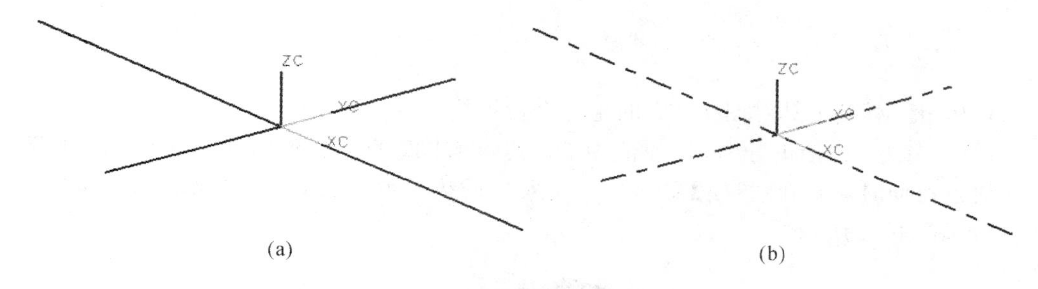

图 14-10 本体 T11 中心线的制作

2)制作节点 T31、T32、T33

绘制如图 14-11 所示 T31、T32、T33，可先绘制 T31、T32、T33 的截面线，然后再用“拉伸”工具拉伸成面。需注意的是，T31、T33 拉伸成型时应设置拔模角度。由于 T31、T33 存在拔模角，因此 T31、T32、T33 之间的倒圆角操作应用“面倒角”来实现，而不应在其截面线间进行倒圆角或在面之间进行“边倒圆”操作。

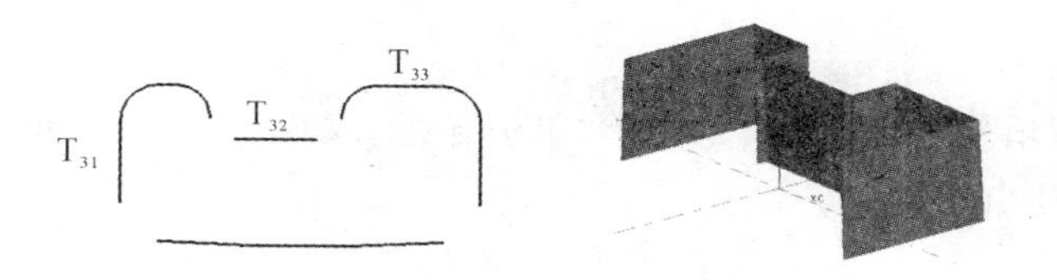

图 14-11 制作节点 T31、T32、T33

(1)利用【基本曲线】工具绘制二维轮廓曲线

①调用【基本曲线】工具，单击【直线】命令。

②选择【线串模式】复选框，在【点方法】下拉列表中选择【点构造器】，弹出【点】对话框。

③选择【相对于 WCS】单选按钮，并依次输入如下坐标值(−80，−35，0)、(−80，50，0)、(−35，50，0)，(−35，20，0)，(30，20，0)，(30，50，0)，(100，50，0)，(100，−35，0)，输入每个坐标值后都要单击【确定】按钮，得到如图 14-12 所示的二维轮廓曲线。

（2）利用【曲线长度】功能将LT31、LT32、LT33延长。

①单击【编辑曲线】工具条上的【曲线长度】命令，弹出【曲线长度】对话框。

②选择LT32直线，设置【长度】为【增量】，【侧】为【起点和终点】，输入【开始】和【结束】距离均为5，选择【关联】复选框，设置【输入曲线】为【隐藏】，单击【应用】按钮，使LT32直线向左右两侧各延伸5个单位。

③用同样的方法，延长直线LT31、LT32单侧的长度（也是5个单位），结果如图14-13所示。

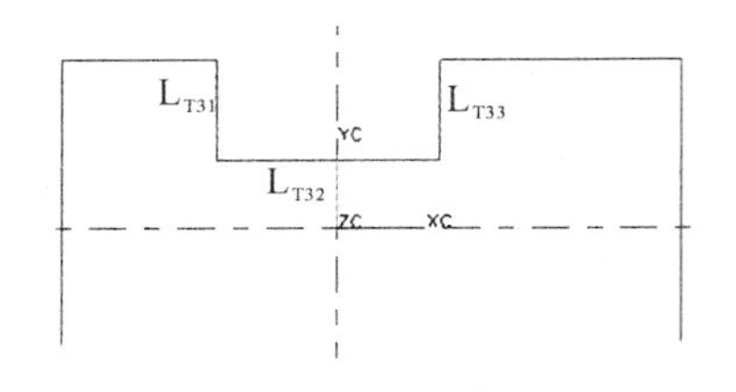

图14-12　T31、T32、T33节点二维轮廓线

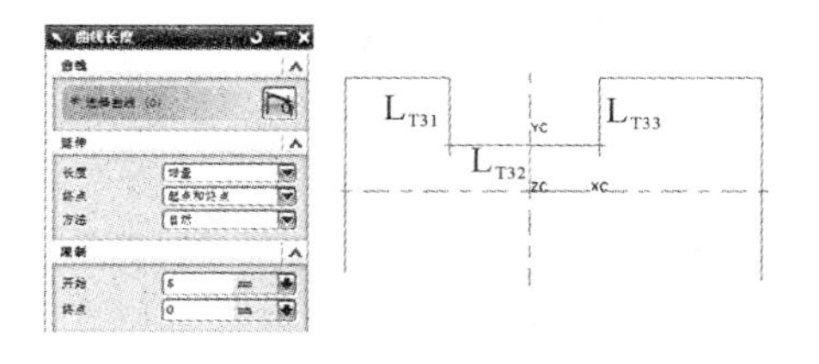

图14-13　延长后的二维轮廓线

（3）利用【拉伸】工具对图14-13的轮廓进行拉伸

拉伸方向为ZC轴正方向，拉伸值为60，其中LT32线条拉伸时拔模角度为0，LT31、LT33线条拉伸时需要在【拔模】文本框中输入2°的拔模值（根据最后的拔模效果确定值的正负），如图14-14所示。

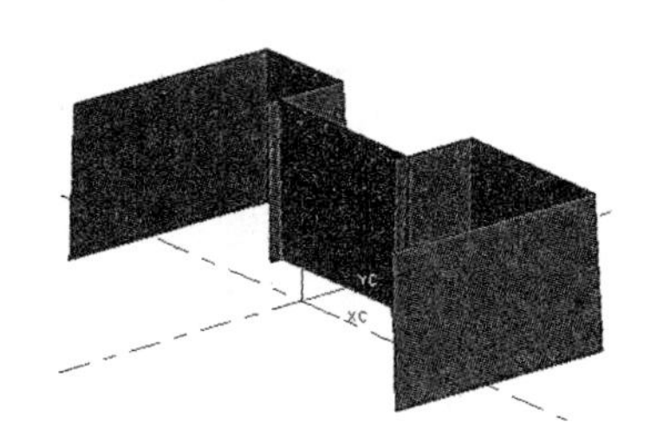

图14-14　拉伸后的T31、T32、T33节点轮廓

3）制作节点T34

如图14-15所示的T34节点，是一个"单引导线、双截面线"扫掠面。需要首先确定截面线1、截面线2以及引导线。

（1）绘制LT37

①选择菜单【格式】|【WCS】|【原点】命令，弹出【点】对话框；选择【相对于WCS】单选按钮，XC、YC、ZC分别设置为100、10、43，按MB2即可将坐标系的原点平移至点（100，10，43）。

②选择菜单【格式】|【WCS】|【旋转】命令，利用坐标系旋转功能，将工作坐标系绕YC轴，将XC向ZC旋转90°，如图14-16所示。

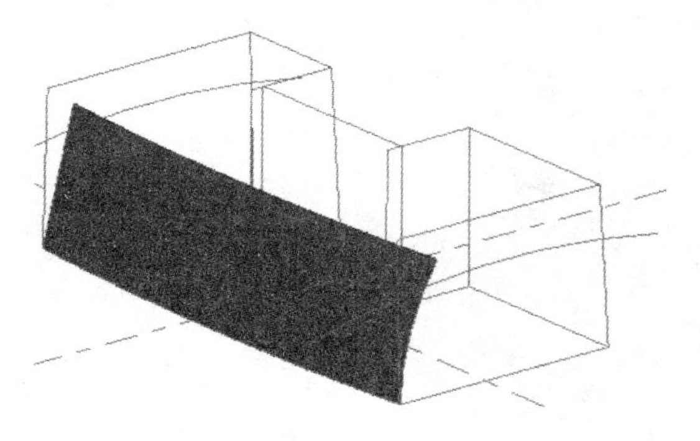

图 14-15　T34 节点的制作

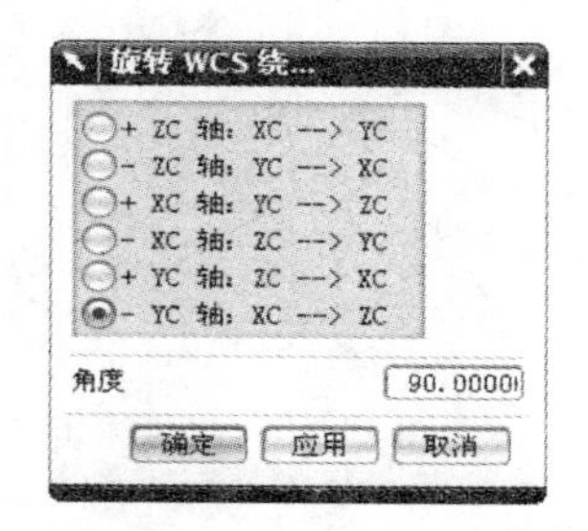

图 14-16　WCS 旋转命令对话框

③创建圆弧：调用【基本曲线】工具，单击【圆弧】命令，选择【创建方法】为【中心，起点，终点】。在跟踪条中输入 XC、YC、ZC 坐标分别为－300，0，0，直接按 Enter 键确定，即完成圆弧中心的创建。在绘图区，靠近图 14-17(a)所示位置单击 MB1 指定圆弧起始点，在图 14-17(b)所示位置指定圆弧终止点。

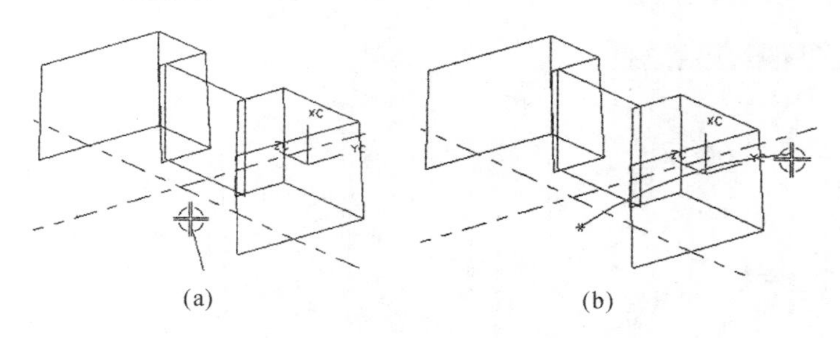

图 14-17　创建 T34 节点中圆弧

④修改圆弧半径：单击【基本曲线】对话框上的【编辑曲线参数】命令，选择上一步创建的圆弧，在图 14-18 所示的【跟踪条】中输入半径值 300，直接按 Enter 键，即可将圆弧半径改为 300，如图 14-19 所示。

图 14-18　编辑圆弧参数

(2)绘制 LT34.3

①绘制一条 YC＝－35 的无界直线：调用【基本曲线】工具，单击【直线】命令，取消选择【线串模式】并选择【无界】复选框，在跟踪条的 XC、YC、ZC 中分别输入 0，－35，0，按 Enter 键，再次在跟踪条的 XC、YC、ZC 中分别输入 1，－35，0，按 Enter 键，即可绘制如图 14-20 所示的直线。该直线用作圆弧 LT34.3 起始点的辅助交线。

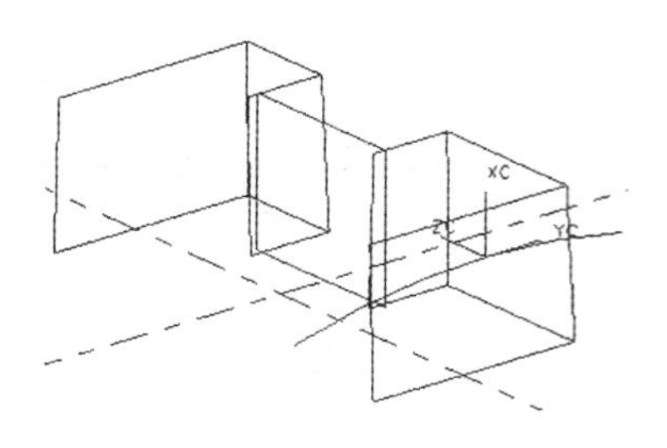

图 14-19　圆弧编辑结果

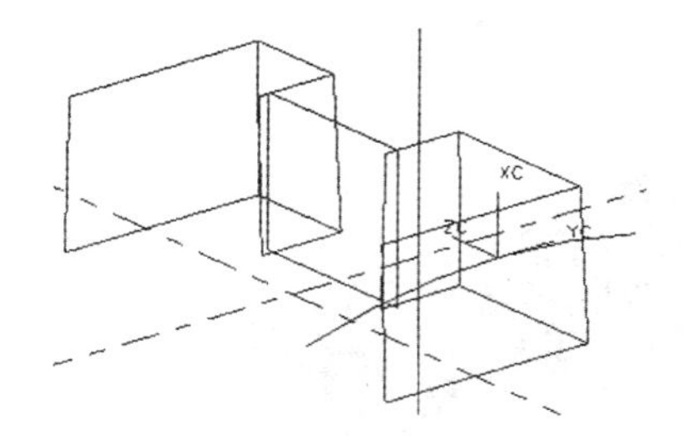

图 14-20　绘制 LT34.3 直线

②绘制半径为 100 的圆弧 LT34.3：调用【基本曲线】工具，单击【圆角】图标，弹出【曲线倒圆】对话框；单击【曲线倒圆】命令；单击图 14-21(a)所示对话框中的【点构造器】按钮以调用点构造器；以“相交点”方式选择图 14-21(b)所示的点作为圆弧 LT34.3 的起始点，以“端点”方式选择图 14-21(b)所示点作为圆弧 LT34.3 的终止点，然后在圆弧中心所在区域单击 MB1 以指定圆弧中心点，即可生成如图 14-21(b)所示的圆弧 LT34.3。

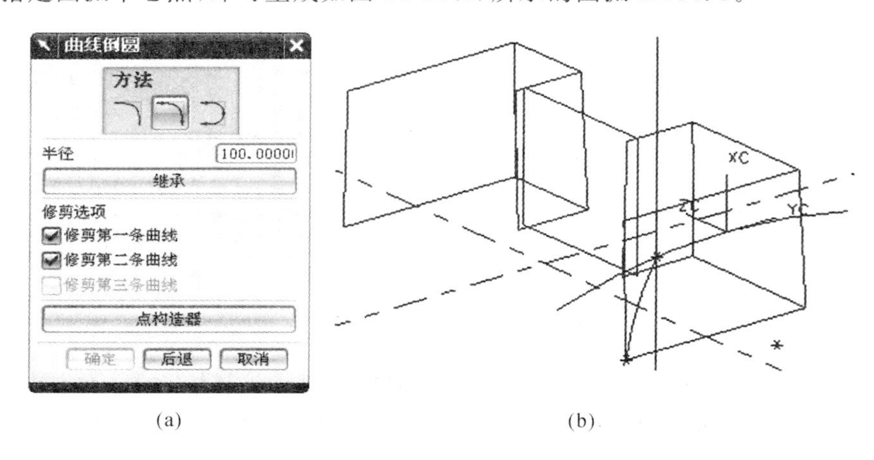

(a)　　(b)

图 14-21　绘制 LT34.3 圆弧

③调用【曲线长度】功能，将 LT34.3 从起始点处延长 20，如图 14-22 所示。

④按 Delete 键删除圆弧 LT34.3 起始点的辅助交线，如图 14-23 所示。

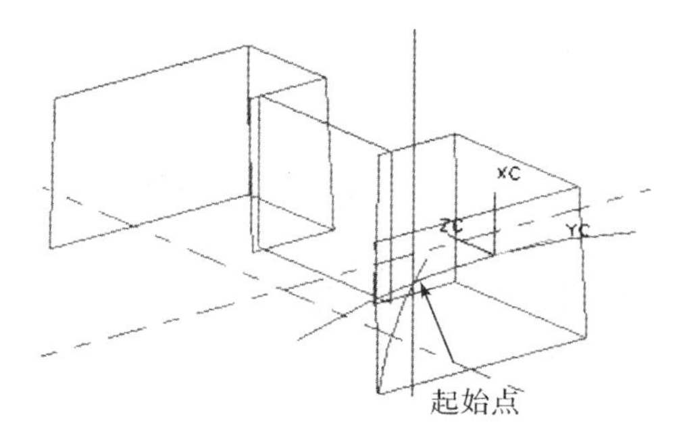

图 14-22　延长 LT34.3 圆弧

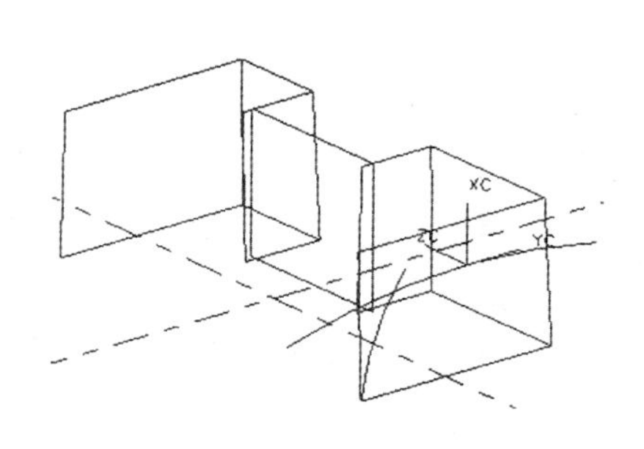

图 14-23　清除 LT34.3 辅助交线

(3)绘制 LT34.2

①将 LT37、LT34.3 沿着 ZC 轴正方向复制,距离为 180:选择菜单【编辑】|【移动对象】命令,选择 LT37、LT34.3,并设置图 14-24(a)所示的参数,单击【确定】按钮,结果如图 14-24(b)所示。

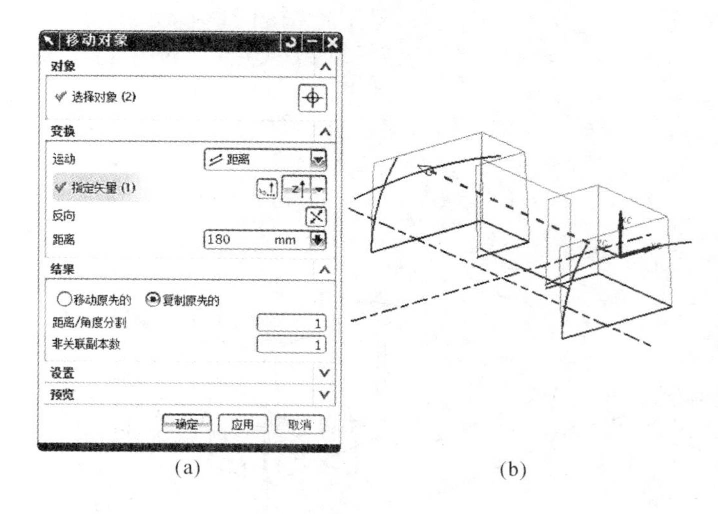

图 14-24　复制 LT37、LT34.3

②调用【基本曲线】中的【直线】功能绘制 LT34.2,如图 14-25 所示。

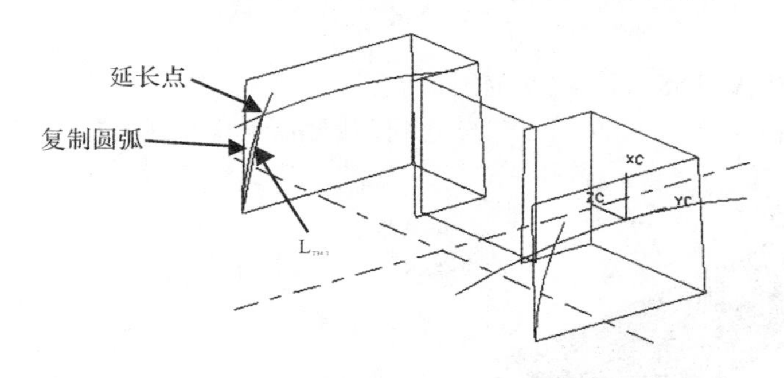

图 14-25　绘制 LT34.2 结果

③利用 Delete 键的功能删除图 14-25 中的复制圆弧,并利用【曲线长度】功能将 LT34.2 从起始点出发延长 18,结果如图 14-26 所示。

(4)绘制 LT34.1

①将工作坐标系转换回绝对坐标系:单击【实用工具】工具条上的【设置为绝对 WCS】命令,即可将工作坐标系转换回绝对坐标系。

②调用【基本曲线】工具中的【圆角】功能绘制 LT34.1:选择“2 曲线倒圆”方式创建半径为 1000 的圆弧,LT34.1,LT34.1 圆弧的起始和终止点如图 14-27 所示。

(5)绘制 LT34

单击【曲面】工具条上的【扫掠】命令,弹出【扫掠】对话框。以如图 14-28 所示的引导线与截面线创建扫掠曲面。

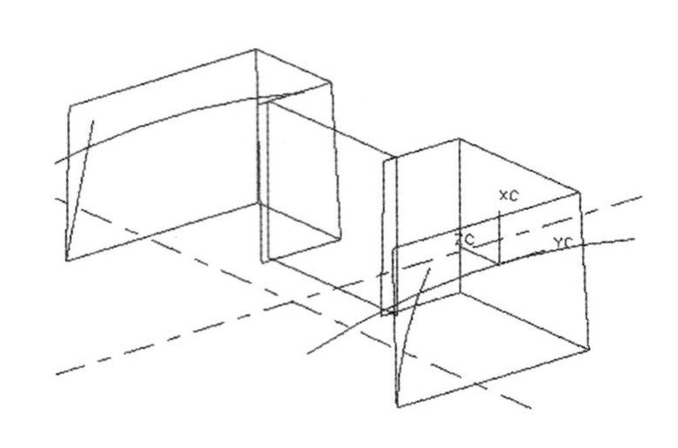

图 14-26　清除复制圆弧并拉伸 LT34.2

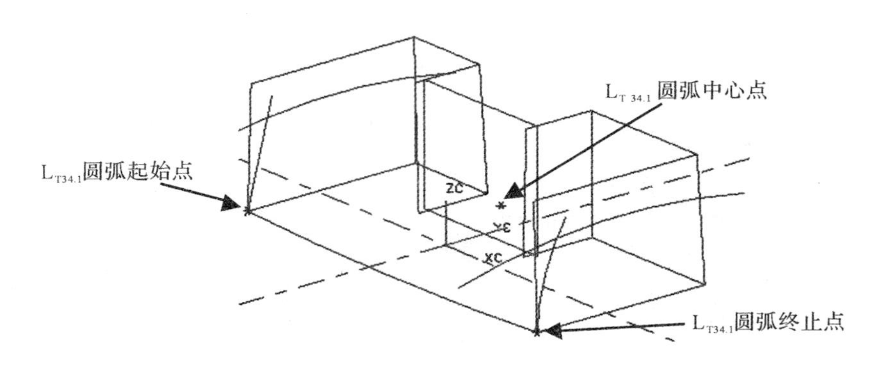

图 14-27　绘制 LT34.1 结果

4)结点 T31、T32、T33、T34 之间倒圆角

如图 14-29 所示，T31、T32、T33、T34 之间倒圆角利用【面倒圆】工具实现。

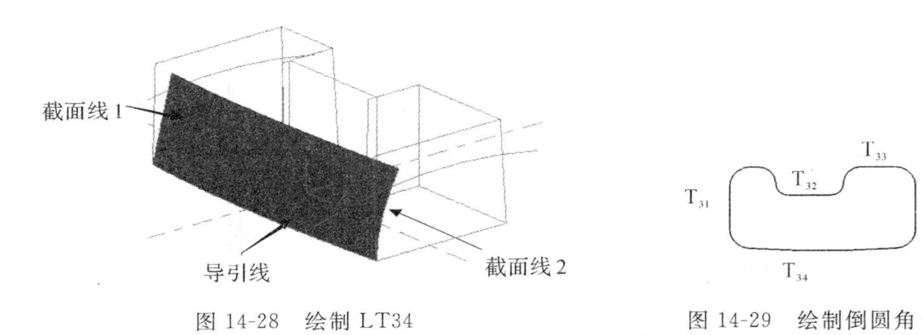

图 14-28　绘制 LT34　　　　图 14-29　绘制倒圆角

(1)绘制面倒圆所需的脊线：利用【基本曲线】工具中的【直线】命令，绘制一条与 ZC 轴平行的无界直线，作为倒圆角脊线，如图 14-30 所示。(本例中沿着 ZC 方向的倒圆都需要利用 ZC 脊线，以保证倒圆在 ZC 视角的准确性。)

(2)调用【面倒圆】工具，设置【半径方法】为【规律控制的】、【规律类型】为【恒定】，【修剪和缝合选项】选项组中的【圆角面】设置为【修剪所有输入面】，并选择【修剪输入面至圆角面】和【缝合所有面】复选框，半径值从左往右依次为 20、17、12、12、17、20，在 T31、T32、T33 之间倒圆角，最后生成的倒圆角如图 14-31 所示。

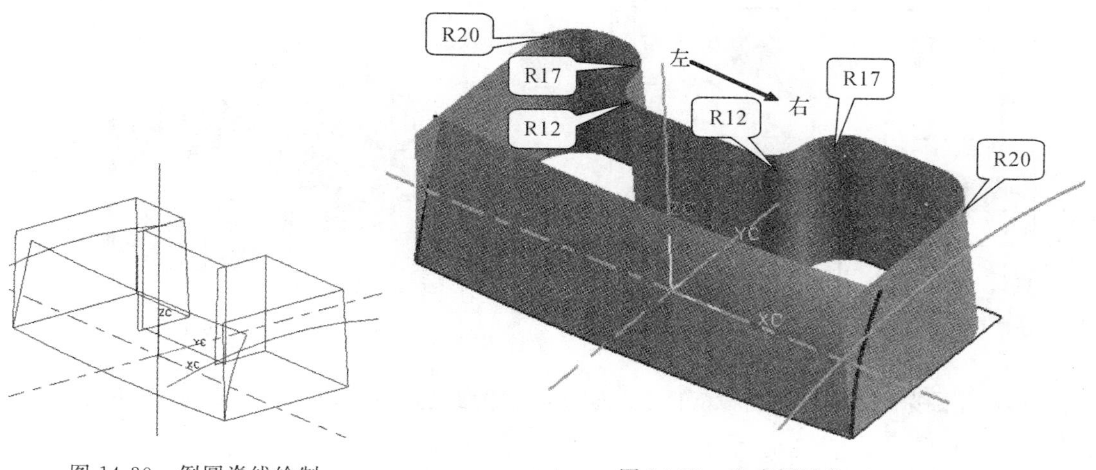

图 14-30　倒圆脊线绘制

图 14-31　生成倒圆角

(3)同步骤(2),以【面倒圆】方式在 T31、T33 与 T34 之间创建半径为 20 的倒圆面,如图 14-32 所示。

5)制作结点 T35、T36、T37

图 14-33 中 T36 结点可由一个平面构成;T35、T36 结点可利用【剖切曲面】工具中的【圆相切】功能,将图 14-32 中半径为 300 的两条圆弧向 T36 节点执行“线向面倒圆”来创建。

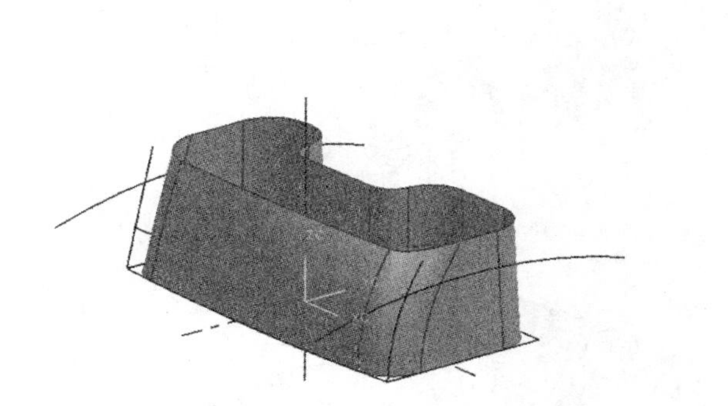

图 14-32　生成半径 20 的倒圆角

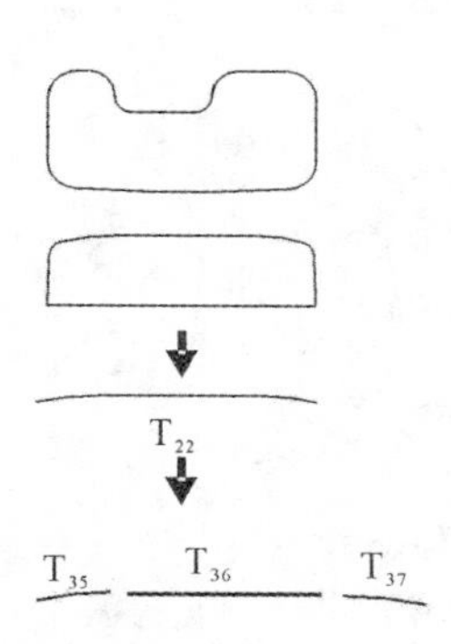

图 14-33　T35、T36、T37 结点分析

(1)制作结点 T36

①在视图空白处单击 MB3,在弹出的快捷菜单中选择【定向视图】|【俯视图】,调整视图方位至【俯视图】视角。

②调用【矩形】工具在 XC-YC 平面中绘制如图 14-34 所示的矩形轮廓(注意:用于绘制 T36 的矩形轮廓范围必须大于 LT31、LT32、LT33、LT34 所围成的轮廓)。

③利用【有界平面】工具和上一步绘制的矩形创建一有界平面,如图 14-35 所示。

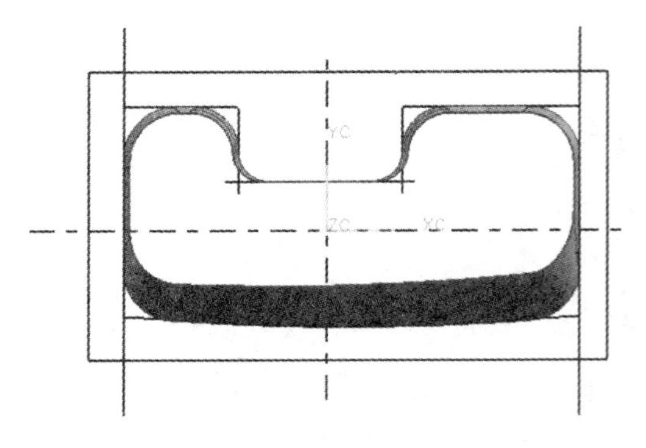

图 14-34　T36 节点矩形轮廓

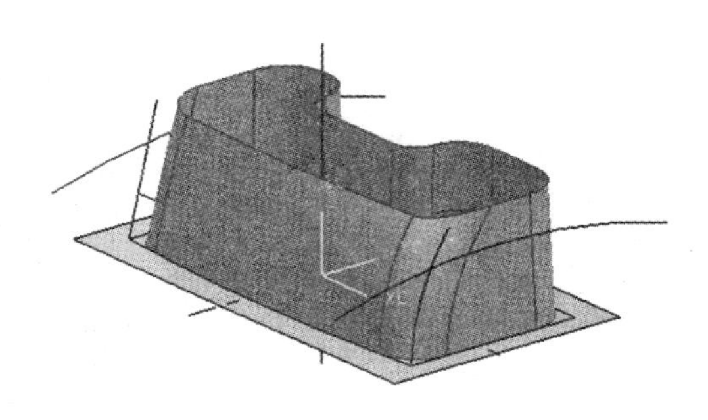

图 14-35　T36 节点有界平面

④利用【移动对象】功能将底部大平面沿着 ZC 轴正方向移动 50，如图 14-36(b)所示。

(2)制作结点 T35、T37

①调用【剖切曲面】工具，并在【类型】下拉列表中选择【圆相切】，如图 14-36(a)所示。

②选择 ZC＝50 的平面作为相切面，L35 作为圆角起始边，倒圆角半径为 R150，选择 YC 轴的中心线作为脊线，创建 T35 节点。

③选择 ZC＝50 的平面作为相切面，以 L37 为圆角起始边，倒圆角半径为 R100，选择 YC 轴的中心线作为脊线，创建 T36 节点，结果如图 14-36(c)所示。

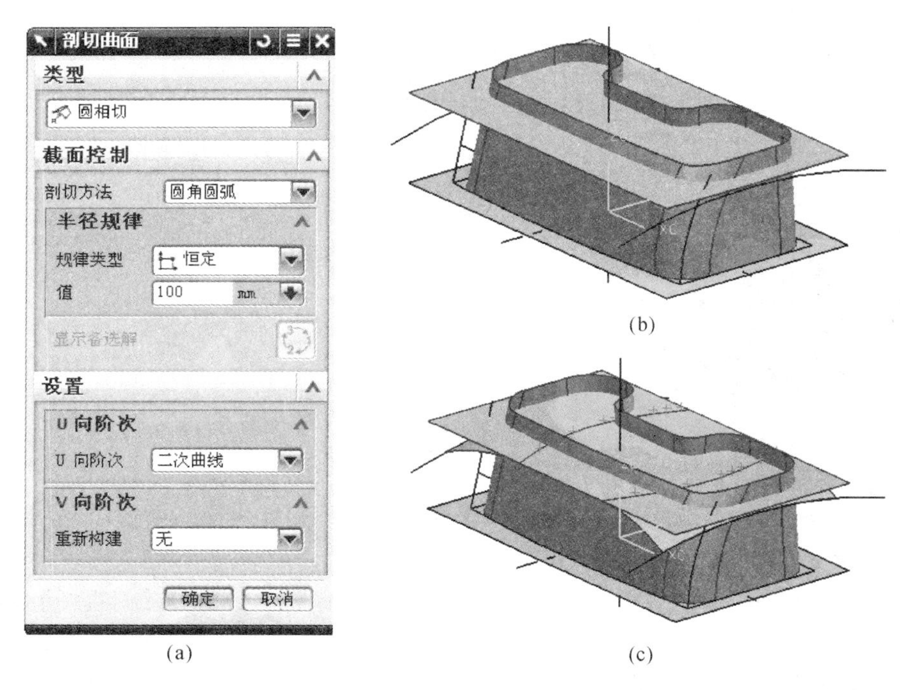

(a)　(b)　(c)

图 14-36　制作 T35、T36、T37 节点

(7)利用【修剪片体】修剪 T35、T36、T37。

①单击【曲面】工具条中的【修剪的片体】工具，弹出【修剪的片体】对话框。选择 ZC＝50 的平面作为【目标】片体，选择步骤(6)创建的两个倒圆面与 ZC＝50 平面的交线作为【边界

对象】，如图 14-37(a)所示，修剪结果如图 14-37(b)所示。

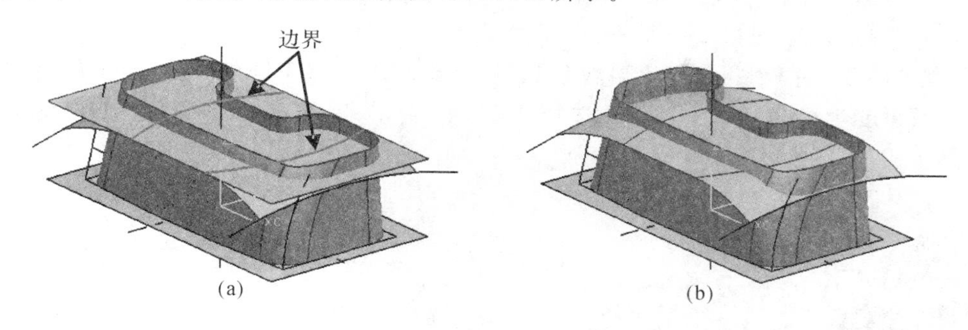

图 14-37　修剪 T35、T36、T37 节点

②修剪四周侧面超出顶面的部分：调用【修剪的片体】工具，选择 T31、T32、T33、T34 围成的四周侧面作为【目标】片体，选择 T35、T36、T37 作为【边界对象】，修剪结果如图 14-38 所示。

③修剪顶面超出四周侧面的部分：调用【修剪的片体】工具，选择 T35、T36、T37 构成的顶面作为【目标】片体，选择 T31、T32、T33、T34 构成的四周侧面作为【边界对象】，修剪结果如图 14-39 所示。

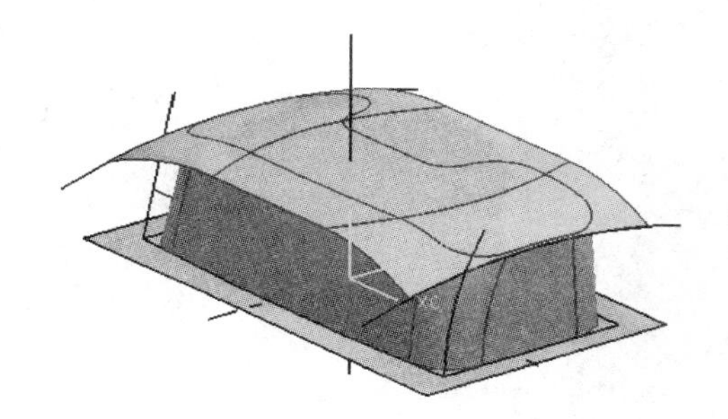

图 14-38　修剪四周超过顶面部分

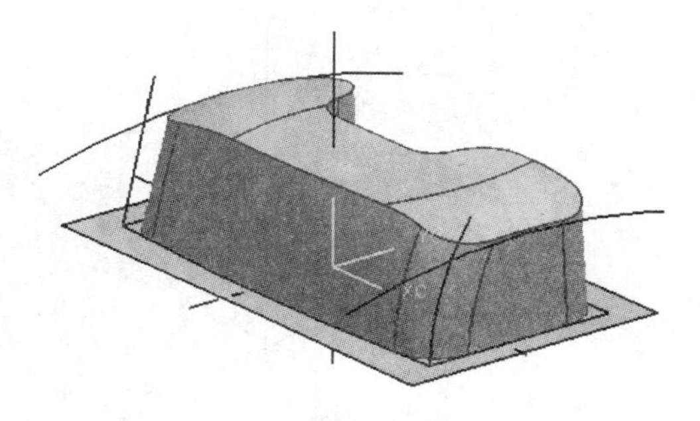

图 14-39　修剪顶面超过侧面部分

④修剪底面超出四周侧面的部分：调用【修剪的片体】工具，选择 ZC＝0 的平面作为【目标】片体，选择 T31、T32、T33、T34 构成的四周侧面作为【边界对象】，修剪结果如图 14-40 所示。

6)生成本体 T11

本体 T11 如图 14-41 所示。本步骤主要是将 T31、T32、T33、T34、T35、T36、T37 及底面缝合成实体，并在 T21、T22 之间生成倒圆角。需注意的是，T21、T22 之间的倒圆角是变半径倒圆角。

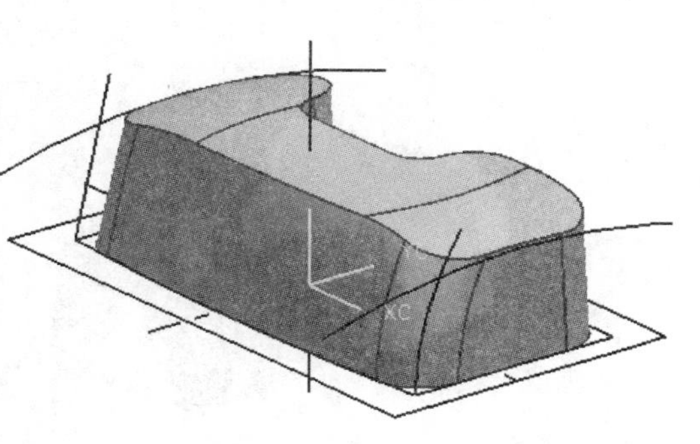

图 14-40　修剪底面超出侧面部分

(1)单击【特征】工具条上的【缝合】命令，调用【缝合】工具；【目标体】任选图 14-40 中的任一面，【工具体】选择图 14-40 中的其余面，缝合的结果得到一个实体。

(2)利用【边倒圆】功能在结点 T21、T22 之间进行变半径的倒圆角。

①调用【边倒圆】工具，然后选择本体 T11 上 T21、T22 之间的边界，系统预览生成了相切连续的倒圆角，如图 14-42 所示。

②在本体 T11 四个圆角变化端点 Pt1、Pt2、Pt3、Pt4 设置不同的数值：单击【边倒圆】对话框中的【可变半径点】以展开该组，选择如图 14-43(a)所示的四点，并设置相应的圆角半径，最终生成如图 14-44 所示的本体 T11。

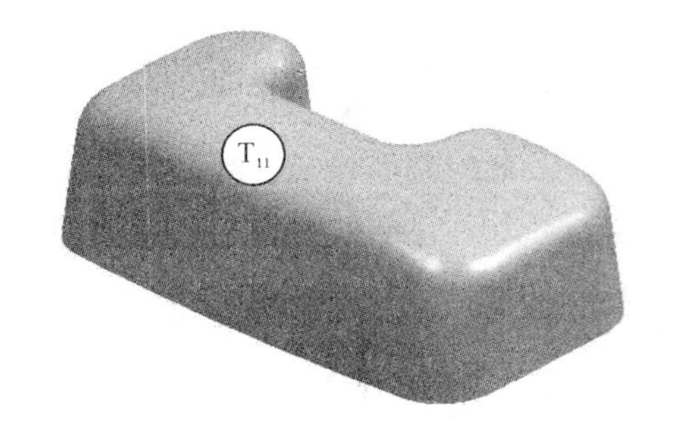

图 14-41　本体 T11

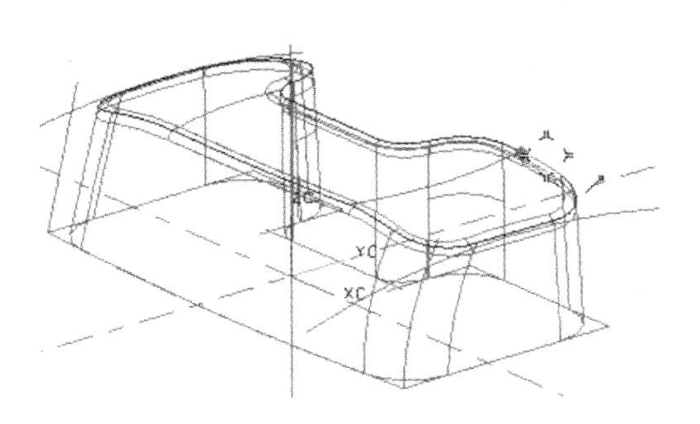

图 14-42　T11 边倒圆生成

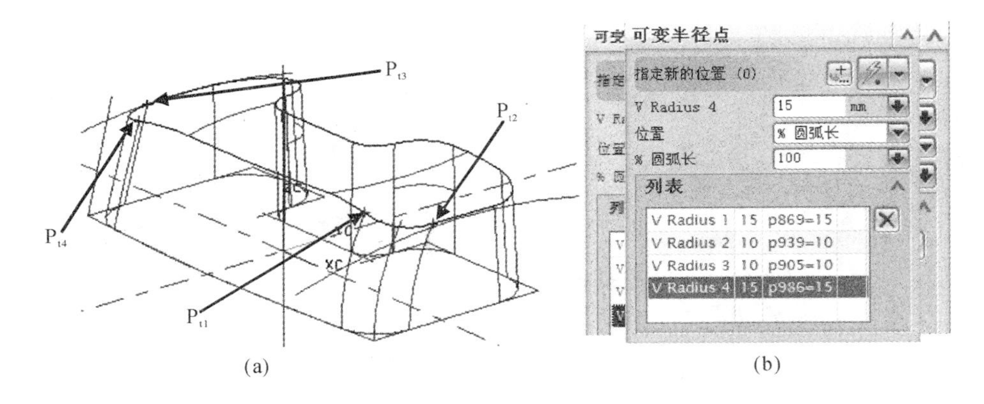

图 14-43　本体 T11 四圆角变化端点设置

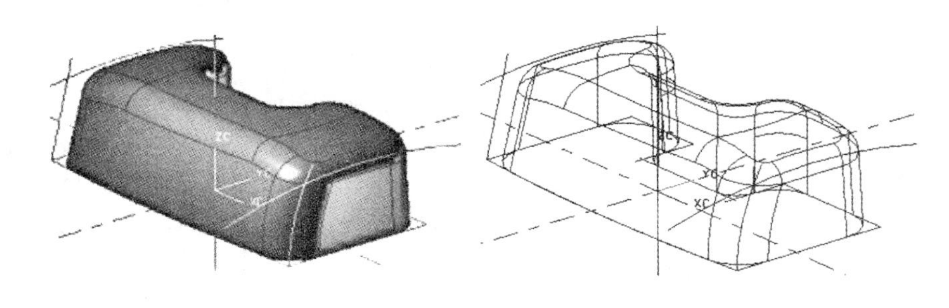

图 14-44　本体 T11 生成结果

2. 凸台 T12 制作

为了便于观察，将除 ZC 脊线和中心线之外其余曲线移至层 21，并将层设置为不可见，结果如图 11-45 所示。

1)制作凸台 T12 轮廓线

(1)将视图改变成【俯视图】,利用【曲线】工具条上的【矩形】工具在 XC-YC 平面中绘制凸台轮廓:矩形的两个顶点坐标分别为(45,45,0)、(85,−25,0)。

(2)调用【基本曲线】工具,利用其【圆角】功能对矩形的四个角倒圆角,半径值均为 8,结果如图 14-46 所示。

(3)利用【移动对象】功能将位于 XC-YC 底平面的轮廓沿着 ZC 轴正方向移动 50 的距离,结果如图 14-47 所示。

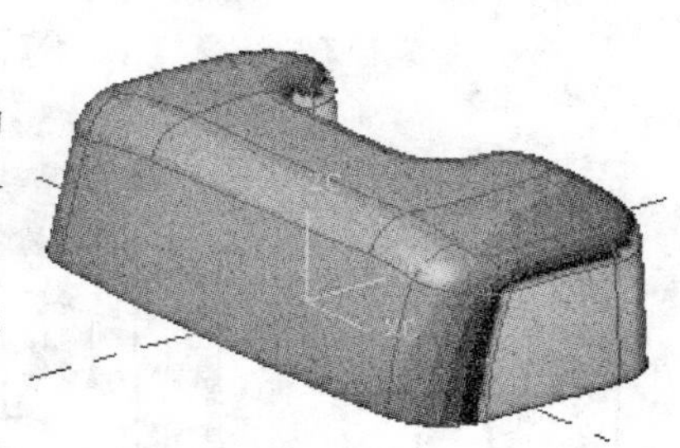

图 14-45　隐藏不必要曲线

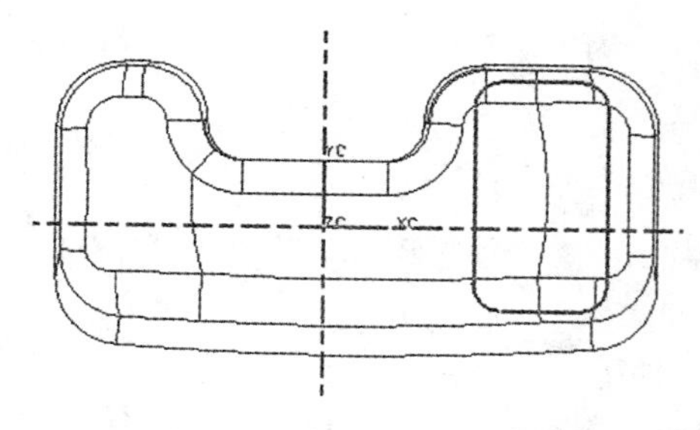

图 14-46　T12 凸台倒圆角

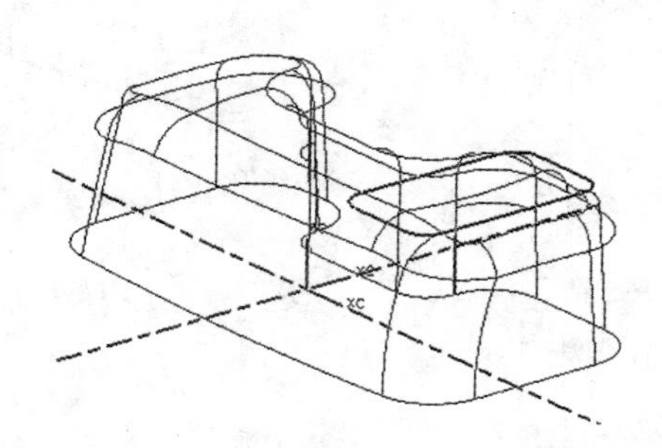

图 14-47　移动 T12 凸台轮廓线

2)制作结点 T23

调用【拉伸】工具,将图 14-46 中所绘制的轮廓进行拉伸,参数设置如图 14-48 所示。

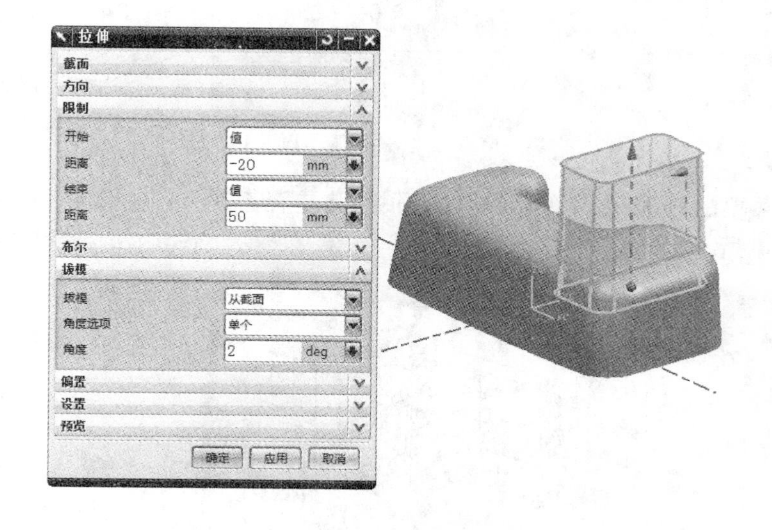

图 14-48　制作结点 T23

3)制作结点 T24

(1)选择菜单【格式】|【WCS】|【原点】命令,将工作坐标原点平移至(65,10,72),如图 14-49 所示。

(2)选择菜单【格式】|【WCS】|【旋转】命令，将坐标系绕 XC 轴将 YC 向 ZC 方向旋转 90°，如图 14-50 所示。

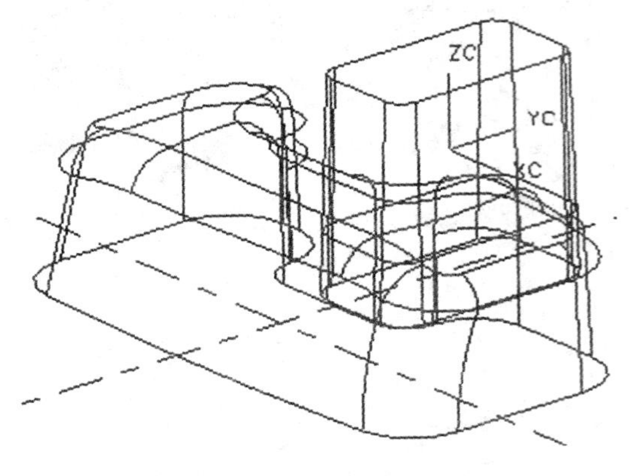

图 14-49 制作结点 T24

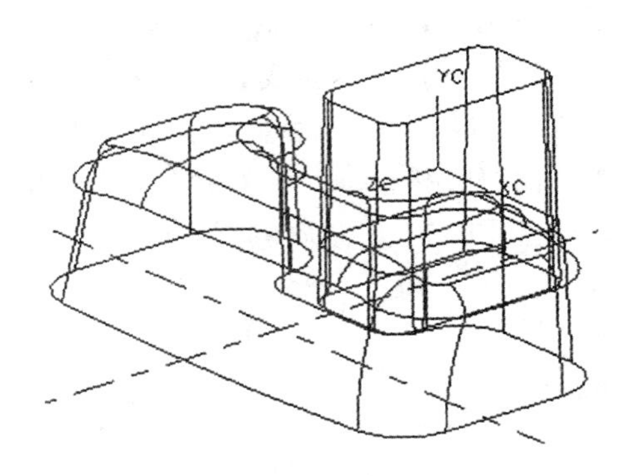

图 14-50 绕 XC 轴旋转坐标系

(3)在 XC-YC 平面内绘制半径为 50，中心为(0，−50，0)的圆弧 LT24.1(与圆弧 LT34.3 绘制方法相同)，如图 14-51 所示。

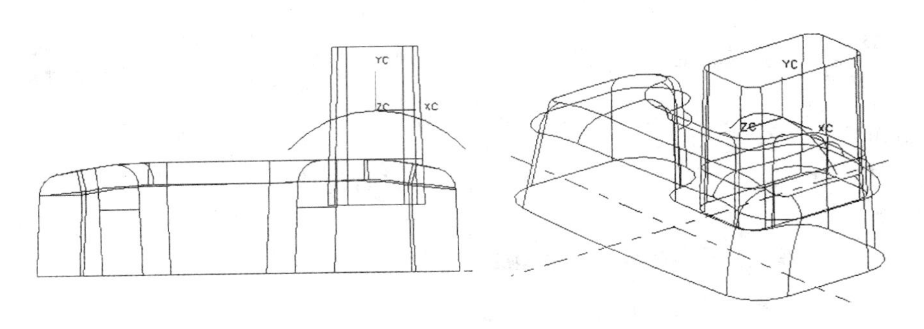

图 14-51 绘制圆弧 LT24.1

(4)选择菜单【格式】|【WCS】|【旋转】命令，将坐标系绕 YC 轴将 ZC 向 XC 方向旋转 90°，如图 14-52 所示。

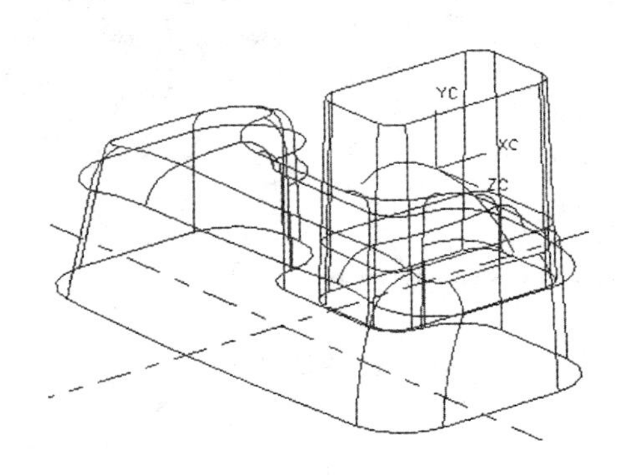

图 14-52 绕 YC 旋转坐标系

(5)在XC-YC平面内绘制半径为250,中心为(0,－250,0)的圆弧LT24.2,如图14-53所示。

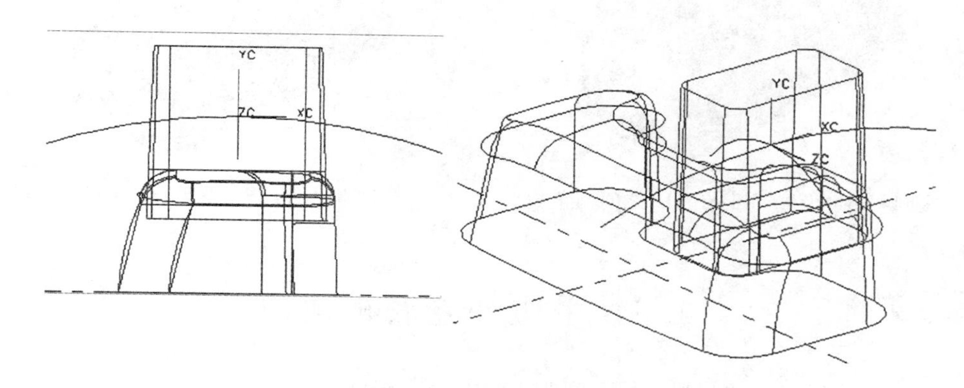

图14-53 绘制圆弧LT24.2

(6)调用【曲面】工具条中的【扫掠】工具,以LT24.1为引导线,LT24.2为截面线,扫掠生成T24,如图14-54所示。

4)生成凸台T12

调用【特征】工具条上的【修剪体】命令,用T24扫略面将T23上部分裁剪掉,结果如图14-55所示。

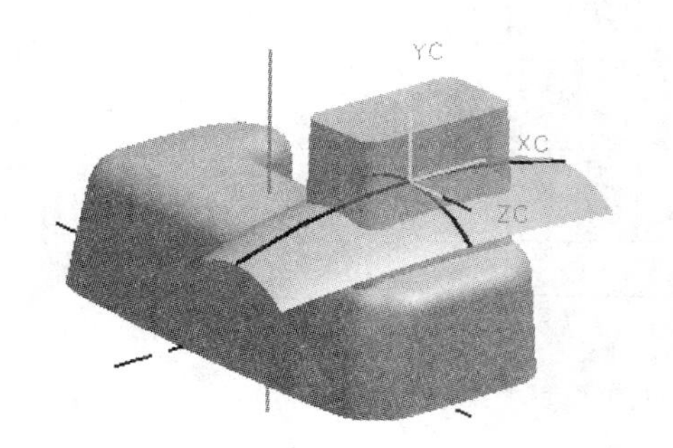

图14-54 扫掠生成T24

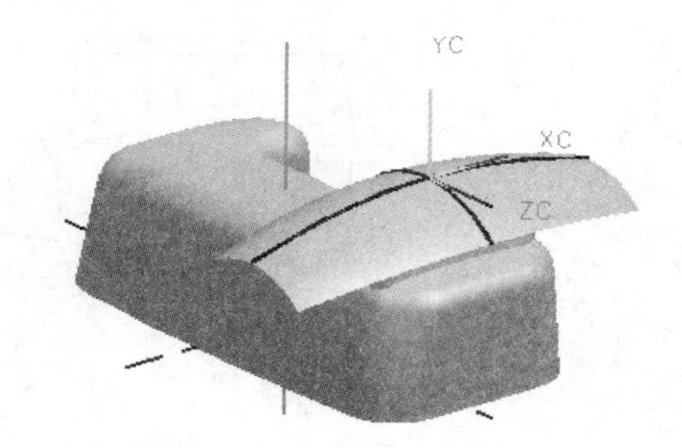

图14-55 生成凸台T12

3. 本体T11与凸台T12之间的圆角连接

(1)将图中的曲面移动到61层,曲线移动至22层,并将22、61层设置为不可见,从而使视图中的曲面和曲线全部隐藏。

(2)利用【布尔求和】功能将本体T11与凸台T12加在一起,生成一个整体。

(3)利用【边倒圆】工具在本体T11与凸台T12之间设置半径为R9的倒圆角,如图14-56所示。

(4)利用【边倒圆】工具对凸台T12顶部周边进行半径为R3的倒圆角,如图14-57所示。

图 14-56　设置 T11 与 T12 之间圆角

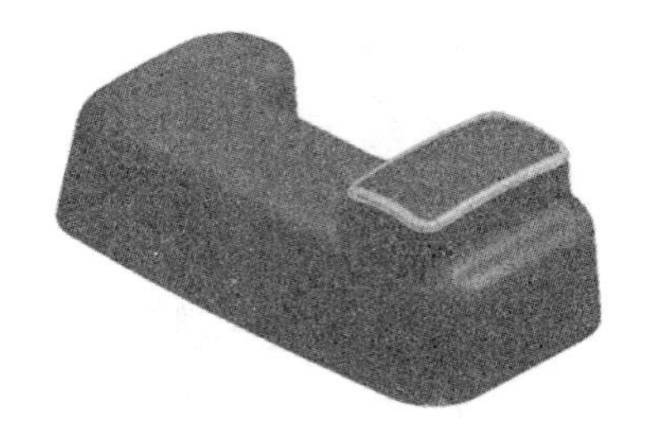

图 14-57　对 T12 顶部周边倒圆角

14.3　手机外壳底板建模

完成手机外壳底板的建模，其图纸请参见 Mobile_Bottom_Shell. pdf。

由于篇幅限制，这里仅介绍大致的操作过程，具体步骤请参照立体词典学习软件中的综合实例“手机外壳底板”。

操作步骤如下：

1)在 XC-YC 平面上创建草图 1，如图 14-58 所示。(需注意草图方位，下同)

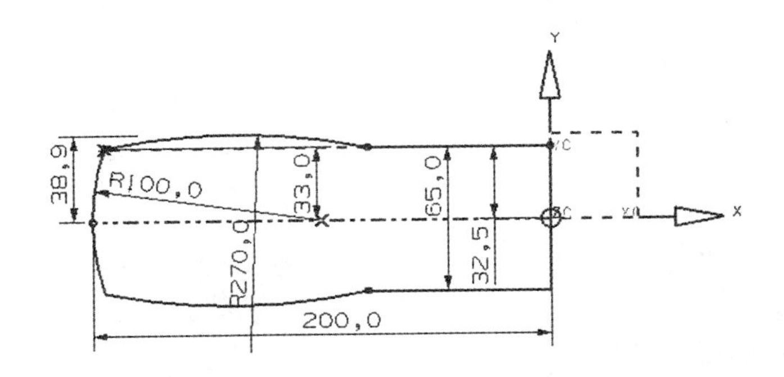

图 14-58　草图 1

2)在 XC-ZC 平面上创建草图 2，如图 14-59 所示。

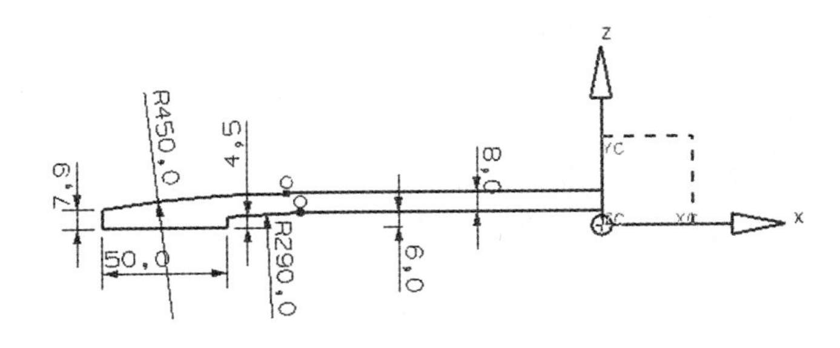

图 14-59　草图 2

3)在 XC-YC 平面上创建草图 3，如图 14-60 所示。

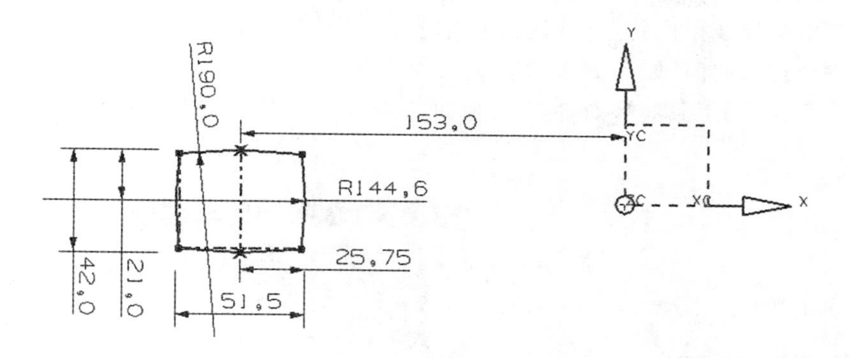

图 14-60　草图 3

4)以草图 1 曲线作为截面拉伸出一个实体,如图 14-61 所示。

5)对上一步创建的实体进行拔模,如图 14-62 所示。

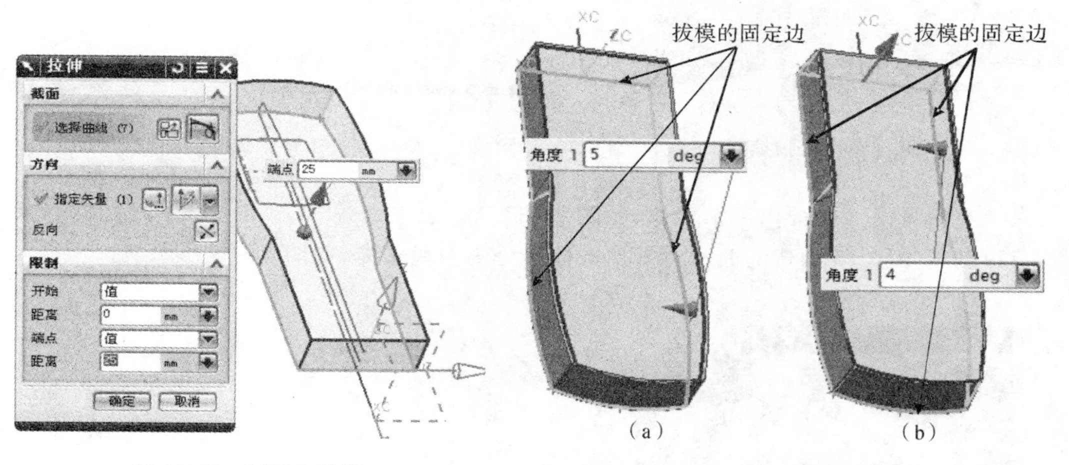

图 14-61　草图 1 实体

图 14-62　草图 1 实体拔模

6)以草图 2 曲线作为截面拉伸出一个实体,并使其与步骤(4)创建的实体求交,如图 14-63 所示。

7)在 YC-ZC 平面上创建草图 4,如图 14-64 所示。

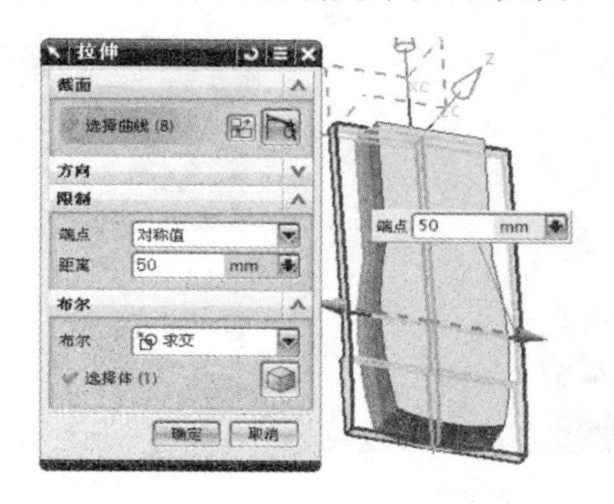

图 14-63　草图 2 实体与草图 1 实求交

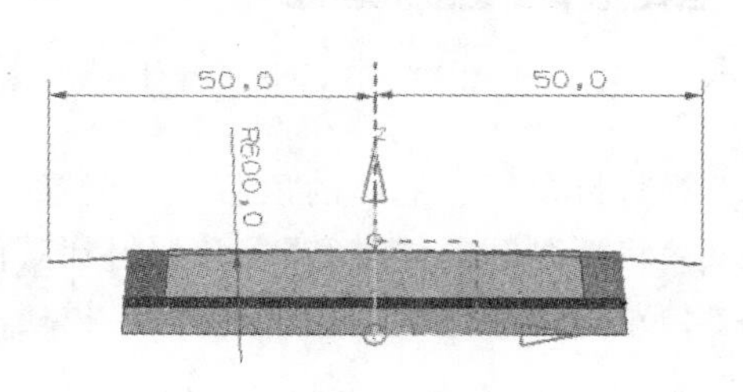

图 14-64　草图 4

8）利用【沿引导线扫掠】工具以草图 4 创建的草图为【截面】，以草图 2 中的顶部线为【引导线】创建一个扫掠曲面，如图 14-65 所示。

9）利用【替换面】工具将零件本体的顶面与步骤（8）创建的扫掠曲面贴平，如图 14-66 所示。

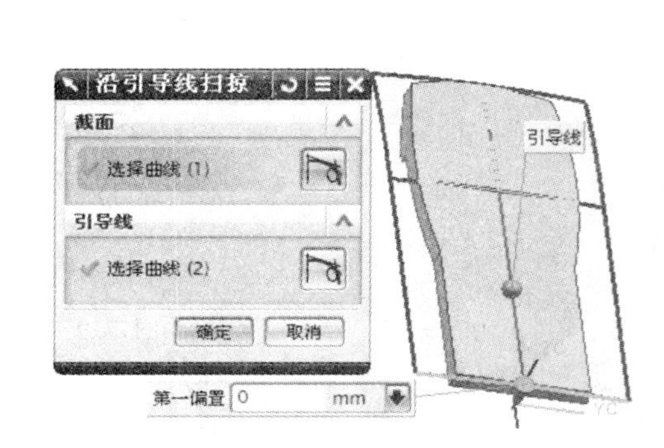

图 14-65　草图 4 扫掠曲面

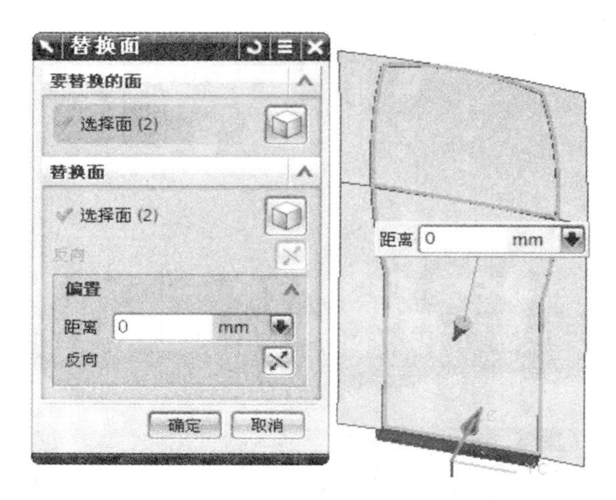

图 14-66　零件本体顶面与扫掠曲面贴平

10）利用草图 3 拉伸出一个片体，如图 14-67 所示。

11）利用步骤 10 创建的曲面将零件本体拆分为两块实体，如图 14-68 所示。

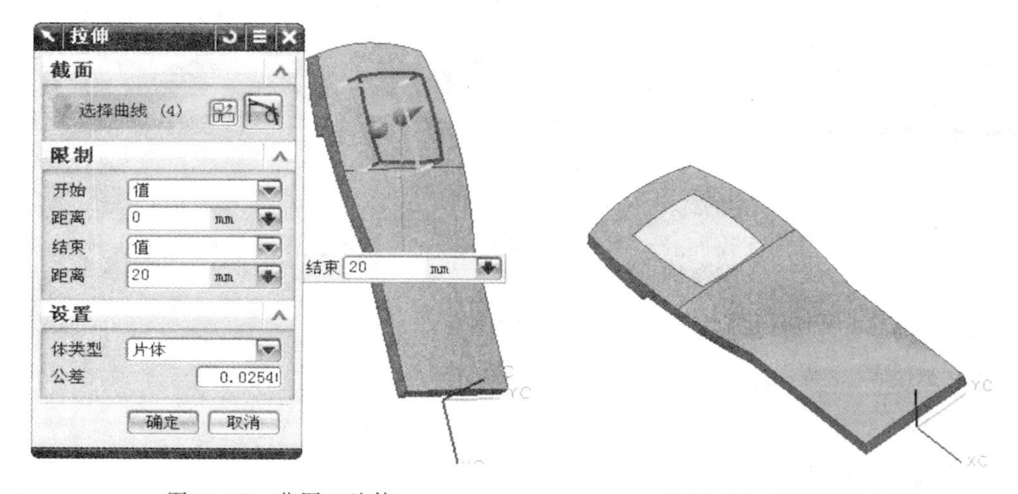

图 14-67　草图 3 片体

图 14-68　拆分零件本体

12）将拆分得到的体的顶面外里偏置 3.5mm，如图 14-69 所示。

13）将拆分开的体进行【求和】，得到零件上的内凹结构。

14）对顶部的凹槽结构进行拔模，拔模的固定边为顶面的边线，如图 14-70 所示。

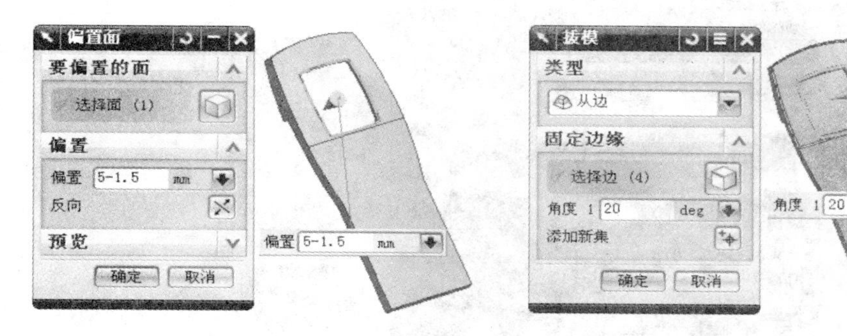

图 14-69　顶面外里偏置　　　　图 14-70　顶部凹槽拔模

15)对各个需要倒圆角的边进行倒圆角,各圆角的半径值如图 14-71 所示。

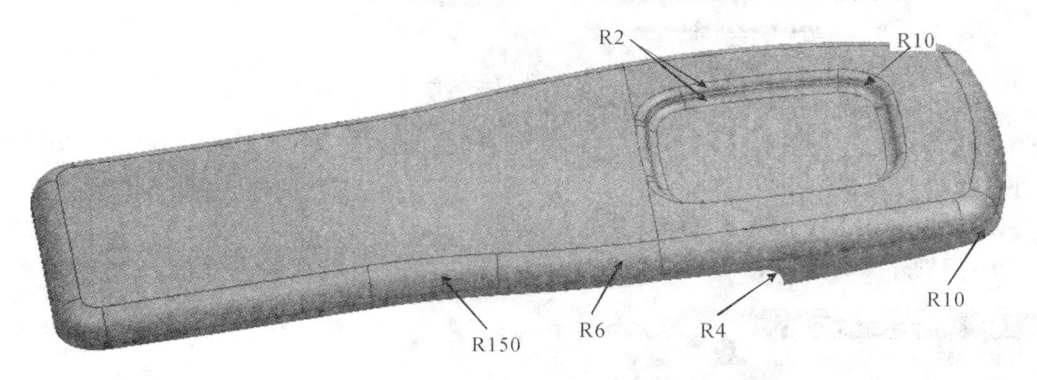

图 14-71　各边倒圆角

16)对倒圆角后的实体进行抽壳,如图 14-72 所示,抽壳时需选中底部的所有面。

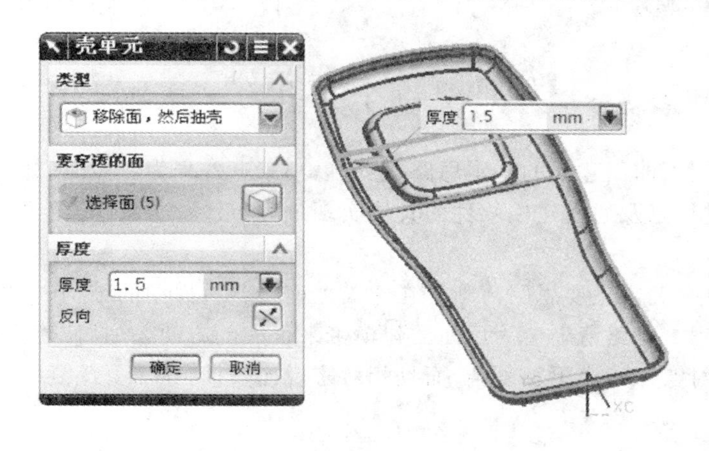

图 14-72　实体抽壳

17)以抽壳后的实体的底部边为截面拉伸一个实体,如图 14-73 所示。

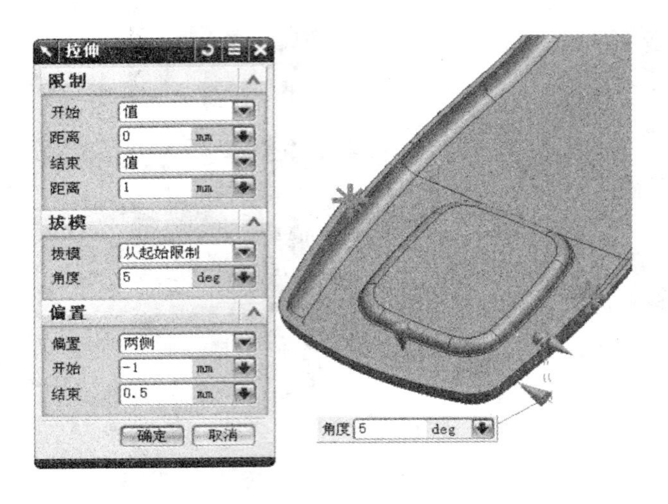

图 14-73　拉伸实体

18)为了能顺利进行【求差】，将步骤17拉伸出的实体两端面向外适当的偏置一些距离，如图14-74所示。

19)利用步骤18创建的实体对零件本体进行【求差】。

20)手机外壳底板的最终结果如图14-75所示。

图 14-74　偏置步骤17实体

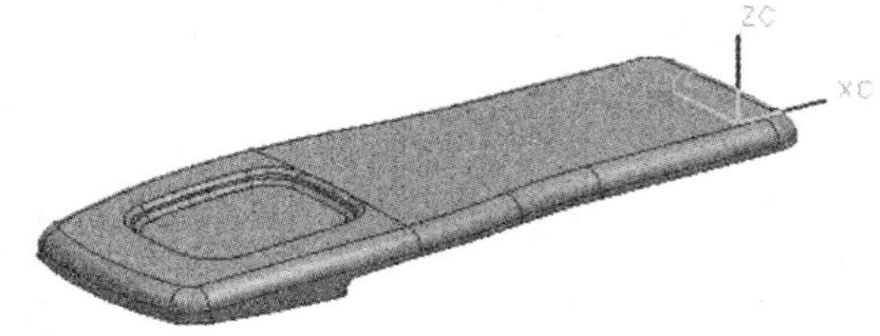

图 14-75　手机外壳底板建模结果

14.4　本章小结

本章首先介绍了曲面建模的基本思路，然后以小家电外壳为例，详细介绍了曲面建模的分析过程、实现过程以及通过建模软件的具体实现过程，最后简要地介绍了手机外壳底板的建模过程。

在实际建模中，关键是要思路清晰。在建模之前要分析模型的结构、构思建模的方法以及实现的主要过程。思路清晰会为后面的建模带来很大的方便，并且使建模效率明显提高。

曲面建模相对实体建模更加复杂，而且相对来说比较抽象，需要反复练习才能达到举一反三的效果。

14.5　思考与练习

1. 曲面建模的基本思路是什么？

2. 根据图纸文件 Mobile_Shell_Top. pdf,完成如图 14-76 所示的手机外壳上盖的建模。

图 14-76　手机外壳上盖

3. 根据图纸文件 Electrical_Case. pdf,完成如图 14-77 所示的机电外壳的建模。

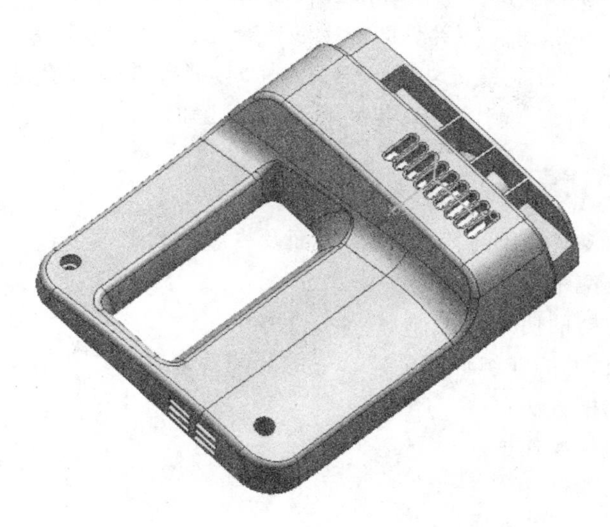

图 14-77　机电外壳

4. 根据图纸文件 Fuel_Tank_Cap. pdf,完成如图 14-78 所示的油箱盖的建模。

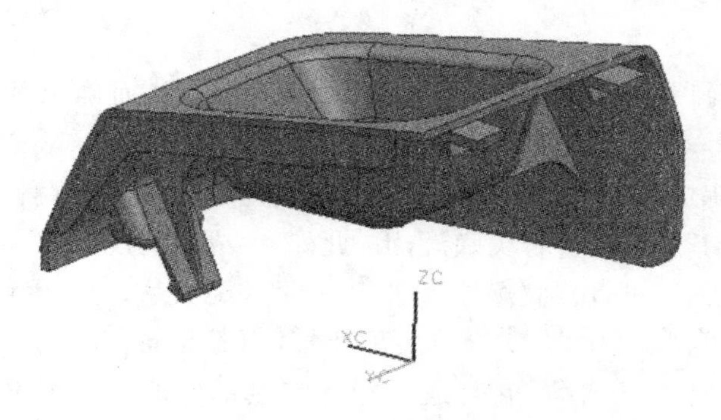

图 14-78　油箱盖

第15章　装配功能

任何一台机器都是由多个零件组成的，将零件按装配工艺过程组装起来，并经过调整、试验使之成为合格产品的过程，称为装配。

在UG NX中，可模拟实际产品的装配过程，将所建立的零部件进行虚拟装配。装配结果可用于创建二维装配图、进行零部件间的干涉检查、用于运动分析等。

本章主要介绍UG NX的装配功能。学完本章，读者能够轻松掌握从底向上建立装配、自顶向下建立装配、引用集、爆炸视图、装配顺序等重要知识。

本章学习目标

- 了解UG NX装配模块的特点、用户界面及一般的装配过程；
- 掌握常用的装配术语；
- 掌握装配导航器的使用方法；
- 掌握装配约束，并能在组件间创建合适的装配约束；
- 掌握部件间建模方法；
- 掌握常用的组件操作方法；
- 掌握爆炸视图的创建方法。

15.1　装配功能简介

15.1.1　概述

所谓装配就是通过关联条件在部件间建立约束关系，从而确定部件在产品中的空间位置。

UG NX具有很强的装配能力，其装配模块不仅能快速地将零部件组合成产品，而且在装配的过程中能参照其他部件进行关联设计。此外，生成装配模型后，可以根据装配模型进行间隙分析、干涉分析，还可以建立爆炸视图，以显示装配关系。

UG NX是采用虚拟装配的方式进行装配建模，而不是将部件的实际几何体复制到装配中。虚拟装配用来管理几何体，它是通过指针链接部件的。采用虚拟装配有以下显著特点：

- 装配文件较小，对装配的内存需求少。
- 因为不用编辑基本几何，装配的显示可以简化。
- 由于共用一个几何体的数据，所以对原部件进行任何编辑修改，装配部件中的组件也会自动更新。

15.1.2 装配模块调用

在【标准】工具条的【开始】下拉菜单中选择【装配】即可调用装配模块。调用装配模块后，将弹出【装配】工具条，如图15-1所示。

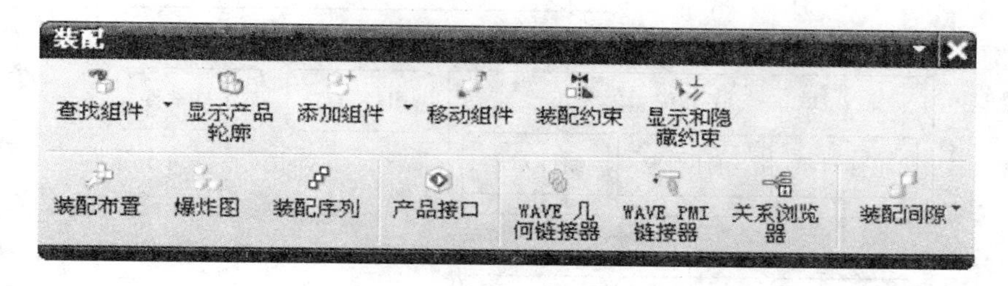

图15-1 装配工具条

与装配相关的功能命令大多集中在【装配】主菜单下。其他与装配有关的功能还有：

● 【格式】主菜单下的【引用集】，用于管理引用集，如创建引用集、删除引用集、编辑引用集（向引用集中添加或删除对象）。

● 【工具】主菜单下的【装配导航器】。

15.1.3 装配术语

为便于读者学习后续内容，下面集中介绍有关的装配术语。

1. 装配

装配是一个包含组件对象的部件。

由于采用的是虚拟装配，装配文件并没有包括各个部件的实际几何体数据，因此，各个零部件文件应与装配文件在同一个目录下，否则再打开装配文件时将很容易出错。

---

2. 子装配

子装配是一个相对概念，当一个装配被更高层次的装配所使用时就成了子装配。

子装配实质上是一个装配，只是被更高一层的装配作为一个组件使用。例如一辆自行车是由把手、车架、两个轮胎等所构成的，而轮胎又是由钢圈、内胎、外胎等构成。轮胎是一个装配，但当被更高一层的装配——自行车所使用，在整个装配中只作为一个组件，成为子装配。

3. 组件对象

组件对象是指向独立部件或子装配的指针。一个组件对象记录的信息有：部件名称、层、颜色、线型、线宽、引用集和装配约束等。

装配、子装配、组件对象和组件部件的关系如图15-2所示

4. 组件部件

组件部件是被一装配内的组件对象引用的部件。

保存在组件部件内的几何体在部件中是可见的，在装配中它们是被虚拟引用而不是复制。

例如，汽车后轴 axle_subassm.prt 是由一根车轴和二个车轮所构成，该装配中含有3个组件对象：左车轮、右车轮以及车轴，但这里只有两个组件部件：一个是车轮（假设两个车

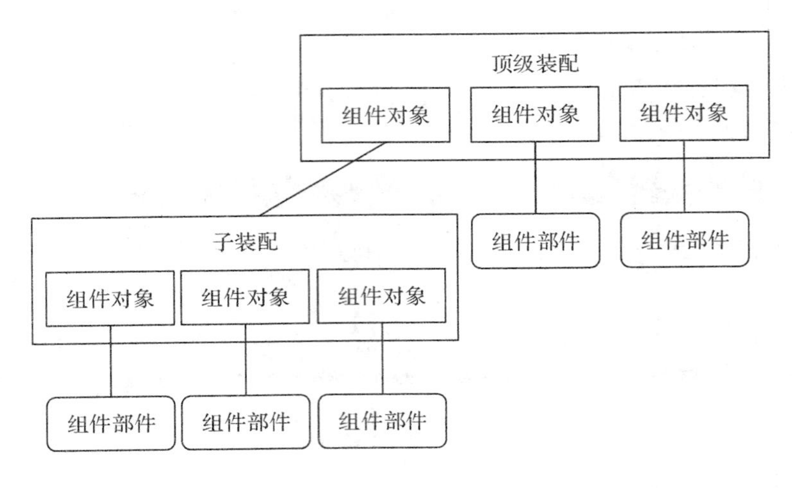

图 15-2　组件对象关系

轮是相同的，即基于同一个车轮模型 wheel.prt，另一个是车轴 axle.prt，如图 15-3 所示。

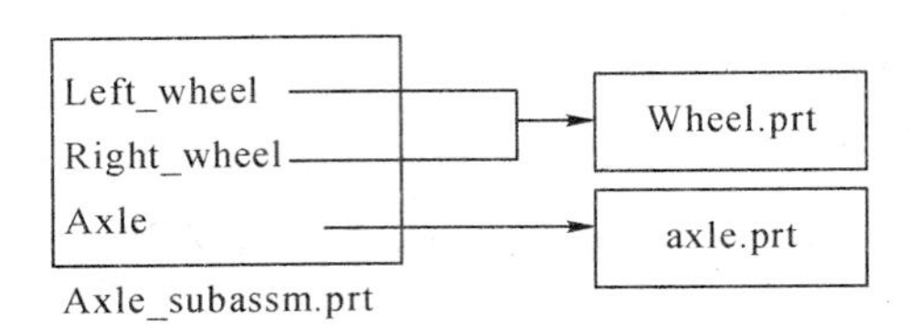

图 15-3　车轮和车轴组件对象

由于指向车轮的组件对象只包含车轮的部件名称、层、颜色、引用集等信息，但并不包含车轮的全部信息（例如车轮造型的过程），所以组件对象远小于相应部件文件的大小。

5. 零件

零件是指装配外存在的零件几何模型。

零件与组件对象的区别：组件对象是指针实体，所包含的几何体的信息小于零件的几何信息。

---

6. 从底向上装配

从底向上装配是先创建部件几何模型，再组合成子装配，最后生成装配部件的装配方法。

7. 自顶向下装配

自顶向下装配是先生成总体装配，然后下移一层，生成子装配和组件，最后生成单个零部件。

8. 混合装配

混合装配是自顶向下装配和从底向上装配的结合。设计时，往往是先创建几个主要部件模型，然后将它们装配在一起，再在装配体中设计其他部件。

混合装配一般均涉及部件间建模技术。

15.1.4 装配中部件的不同状态

装配中部件有两种不同的状态方式:显示部件和工作部件。

1. 显示部件

当前显示在图形窗口中的部件称为显示部件。改变显示部件的常用方法有:

● 在装配导航器或视图中选择组件,单击右键,然后在快捷菜单中选择【设为显示部件】命令。

● 单击【装配】工具条中的【设为显示部件】图标 ,然后再选择组件。

2. 工作部件

工作部件是指当前正在创建或编辑修改的部件。

工作部件可以是显示部件,或是包含在显示部件中的任何一个组件部件。如图 15-4 所示,显示部件是整个装配,而工作部件只是其中的钳座。

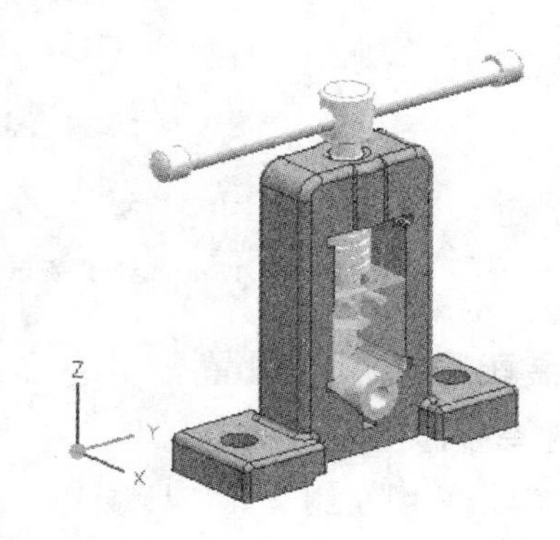

图 15-4 工作部件

改变工作部件的常用方法有:

● 在装配导航树或视图窗口中双击组件,即可将此组件转换为工作部件。

● 在装配导航树或视图中选中组件并单击右键,然后在快捷菜单中选择【设为工作部件】命令。

● 单击【装配】工具条中的【关联控制下拉菜单】|【设为工作部件】命令,然后再选择组件。

15.1.5 装配的一般思路

装配的一般思路如下:

1)制作各个零部件。

2)新建一个部件文件,并调用装配模块。

3)将零部件以组件的形式加入。

4)指定组件间的装配约束。

5)对于需要参照其他零部件进行设计的零件,采用部件间建模技术进行零部件设计。

6)保存装配文件。

15.2 装配导航器

15.2.1 概述

装配导航器用树形结构表示部件的装配结构，每一个组件以一个节点显示，简称 ANT 如图 15-5 所示。它可以清楚地表达装配关系，还可以完成部件的常用操作，如将部件改变为工作部件或显示部件、隐藏与显示组件、替换引用集等。

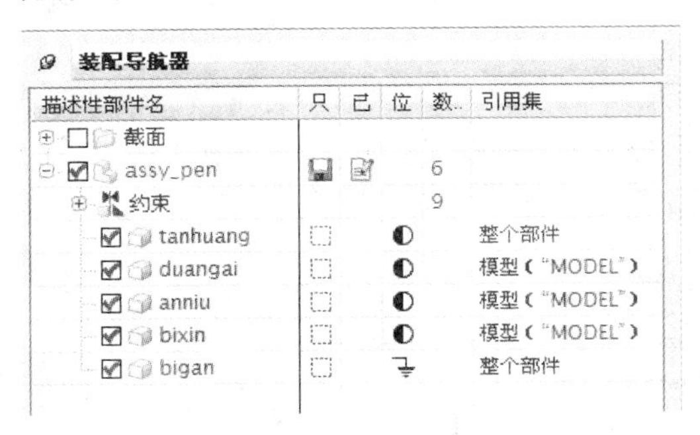

图 15-5 ANT 表示部件装配结构

15.2.2 装配导航器的设置

1. 打开装配导航器

UG NX 中，单击视图左侧资源工具条上的装配导航器图标，即可打开装配导航器。

2. 装配导航器中的图标

在装配导航器中，为了识别各个节点，子装配和部件用不同的图标表示。

- ：由三块矩形体堆砌而成，表示一个装配或子装配。
  - ☆ ：图标显示为黄色：该装配或子装配为工作部件。
  - ☆ ：图标显示为灰色，且边框为实线：该装配或子装配为非工作部件。
  - ☆ ：图标全部是灰色，且边框为虚线：该装配或子装配被关闭。
- ：由单个矩形体堆砌而成，表示一个组件。
  - ☆ ：图标显示为黄色：该组件为工作部件。
  - ☆ ：图标显示为灰色，且边框为实线：该组件为非工作部件。
  - ☆ ：图标全部是灰色，且边框为虚线：该组件被关闭。
- ⊞或⊟：表示装配树节点的展开和压缩。
  - ☆ ⊞单击：展开装配或子装配树，以列出装配或子装配的所有组件，同时加号变减号。
  - ☆ ⊟单击：压缩装配或子装配树，即把装配或子装配树压缩成一个节点，同时减号变加号。
- ☑、☑或□：表示装配或组件的显示状态。
  - ☆ ☑：当前部件或装配处于显示状态。
  - ☆ ☑：当前部件或装配处于隐藏状态。

☆ □：当前部件或装配处于关闭状态。

3. 装配导航器中弹出的菜单

在装配导航器中，选中一个组件上并单击 MB3，将弹出如图 15-6 所示的快捷菜单（在视图窗口选中一个组件，并单击 MB3 也会弹出类似的快捷菜单）。

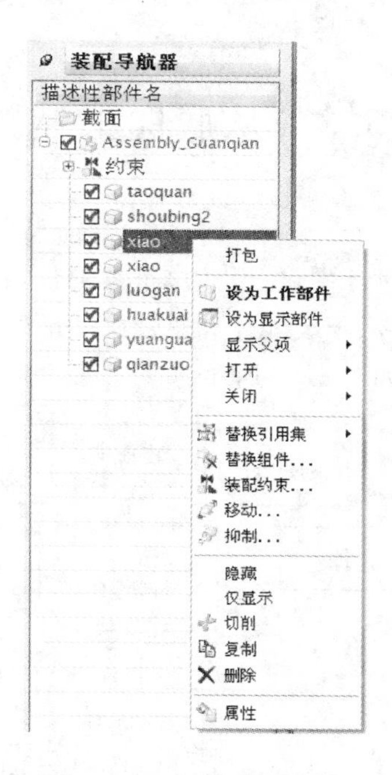

图 15-6 装配导航器的快捷菜单

部件导航器中的快捷菜单中的选项会随组件状态及是否激活【装配】和【建模】应用模块而改变。

- 打包/解包：【打包】操作是将多个相同组件的节点组合成为一个节点，【解包】则能展开组合，使每个组件单独对应一个节点。
- 设为工作部件：将所选组件设置为工作部件。
- 设为显示部件：将所选组件设置为显示部件。
- 显示父项：使所选组件的父节点成为显示部件。父节点成为显示部件时，工作部件保持不变。
- 替换引用集：替换所选组件的引用集。例如，可以将所选组件替换成自定义引用集或系统默认引用集 Empty（空的）、Entire Part（完整的部件）。
- 替换组件：用另一个组件来替换所选组件。
- 装配约束：编辑选定组件的装配约束。
- 移动：移动选定组件。
- 抑制/解除抑制：抑制组件和隐藏组件的作用相似，但抑制组件从内存中消除了组件数据；“解除抑制”就是取消组件的抑制状态。
- 隐藏/显示：隐藏或显示组件或装配。

● 属性：列出所选组件的相关信息。这些信息包括组件名称、所属装配名称、颜色、引用集、约束名称及属性等。

4. 设置装配导航器显示项目

在装配导航器空白处单击 MB3，在弹出的右键菜单中选择【属性】，在对话框中选择【列】标签，可以增加、删除调整装配导航器项目。

15.3 从底向上装配

15.3.1 概念与步骤

从底向上装配就是在设计过程中，先设计单个零部件，在此基础上进行装配生成总体设计。所创建的装配体将按照组件、子装配体和总装配的顺序进行排列，并利用约束条件进行逐级装配，从而形成装配模型，如图 15-7 所示。

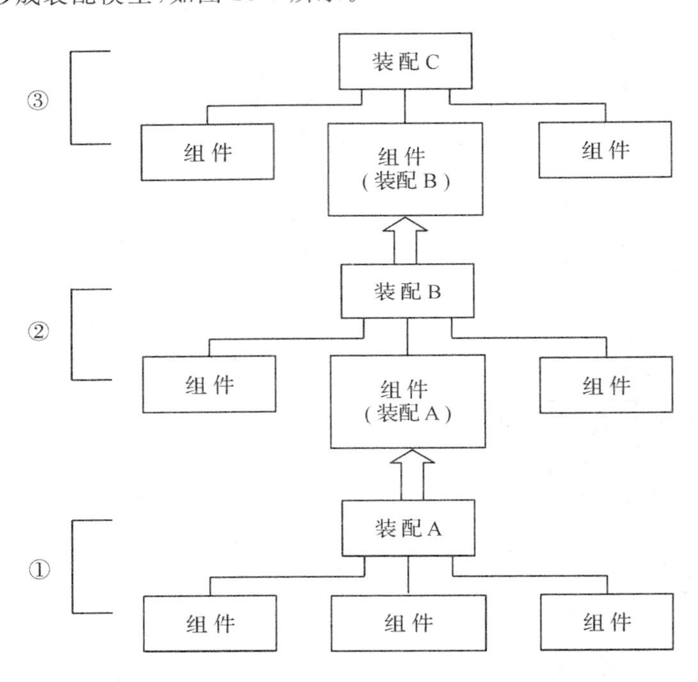

图 15-7 从底向上装配概念

从底向上装配的操作步骤通常如下：

1)新建一个装配文件。通常装配文件名应具有一定的意义，且应容易识别，如鼠标的装配文件取可名为 mouse_assm. prt。

2)调用【建模】模块与【装配】模块。

3)加入待装配的部件。

选择主菜单【装配】|【组件】|【添加组件】或单击【装配】工具条上的【添加组件】命令，将弹出如图 15-8 所示对话框。

有两种方式选择部件。

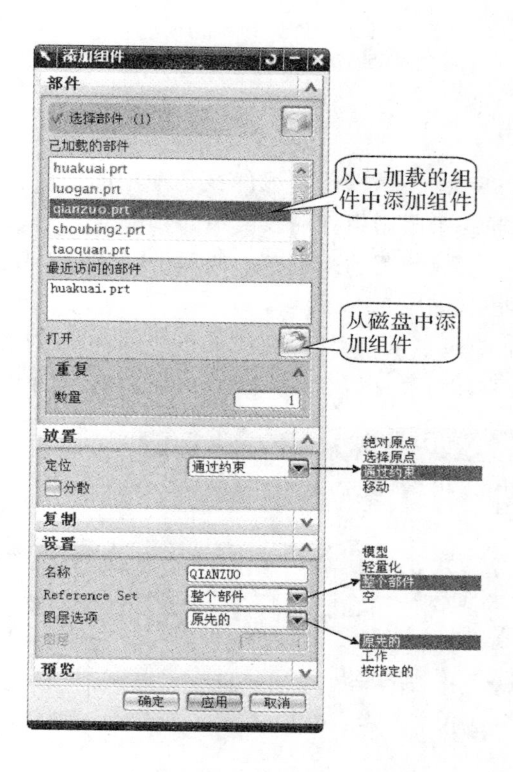

图 15-8　添加组件命令对话框

- 从磁盘中添加组件：指定磁盘目录，并选择已创建好的三维几何体。添加后，自动成为该装配中的组件，同时添加到“已加载的部件”列表中。
- 从已加载的组件中添加组件：从“已加载的部件”列表中选择组件。

4）设置相关参数。

- 定位：指定添加组件后定位组件的方式。
  - ☆ 绝对原点：添加的组件放在绝对点(0,0,0)。
  - ☆ 选择原点：添加的组件放在选定点，按 MB2 后出现点构造器，用于指定组件的放置位置。
  - ☆ 通过约束：添加的组件将通过约束与已有组件定位，出现【装配约束】对话框。
  - ☆ 移动组件：添加的组件加进来后移动定位，出现【移动组件】对话框。
- 名称：默认为部件文件名称。若一个部件在多个位置被引用，通常应重新指定不同的组件名称来区别不同位置的同一个部件。
- 引用集：默认的引用集为【整个部件】，表示加载组件的所有信息。
- 图层选项：用于指定组件在装配文件中的层位置。有以下选项：
  - ☆ 原先的：表示部件作为组件加载后，将放置在部件原来的层位置。例如创建部件时，部件放在第 10 层，则当部件作为组件加载后，组件将被放置在装配文件的第 10 层。
  - ☆ 工作：表示部件作为组件加载后，将放置在装配文件的工作层。
  - ☆ 按指定的：表示部件作为组件加载后，将放置在指定层（可在其下方的文本框中输入指定的层号)。

5)保存装配文件。

15.3.2 装配约束

装配约束是指组件的装配关系，以确定组件在装配中的相对位置。装配约束由一个或多个关联的约束组成，关联约束限制组件在装配中的自由度。

选择菜单【装配】|【组件】|【装配约束】命令，或单击【装配】工具条上的【装配约束】命令，即可调用【装配约束】对话框，如图 15-9 所示。

在【装配约束】对话框中包含了 10 种装配约束条件，如接触对齐约束、同心约束、距离约束、固定约束、平行约束、垂直约束、拟合约束、胶合约束、中心约束和角度约束等。

图 15-9　装配约束命令对话框

1. 接触对齐约束

接触对齐约束其实是两个约束：接触约束和对齐约束。接触约束是指约束对象贴着约束对象，图 15-10 表示在圆柱 1 的上表面和圆柱 2 的下表面之间创建接触约束。对齐约束

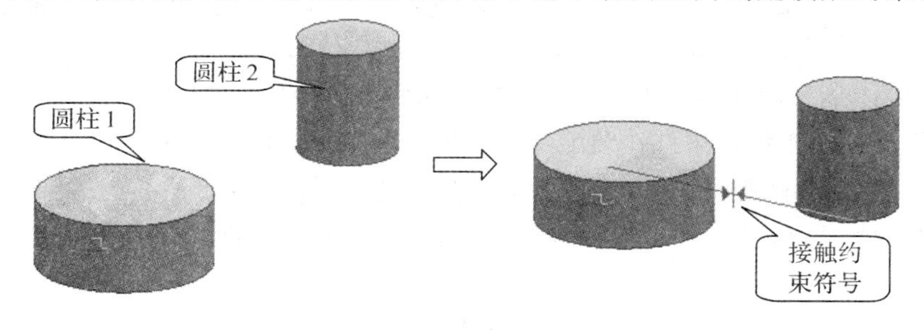

图 15-10　接触对齐方式 1

是指约束对象与约束对象是对齐的，且在同一个点、线或平面上，图 15-11 表示在圆柱 1 的轴与圆柱 2 的轴之间创建对齐约束。

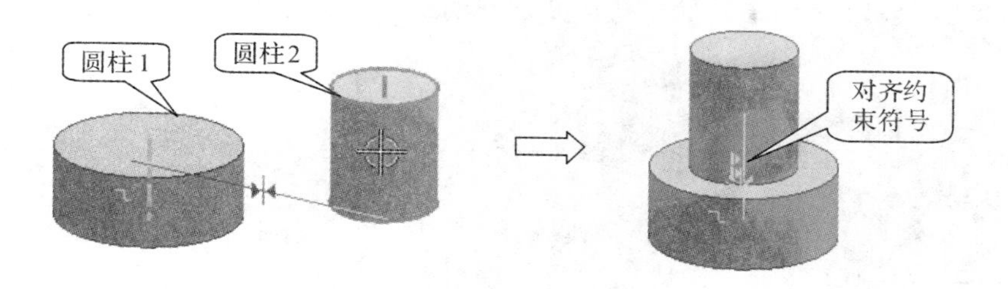

图 15-11　接触对齐方式 2

图 15-10、图 15-11 所示约束两圆柱体的过程也可以用【同心约束】单步完成，请参见图 15-12。

创建接触对齐约束的操作步骤如下：

1)调用【装配约束】工具。

2)在图 15-9 所示的对话框中的【类型】下拉列表中选择【接触对齐】。

3)根据实际需要对【设置】组中的选项进行设置。

4)将【方位】设置为其中之一：首选接触、接触、对齐或自动判断中心/轴。

- 首选接触：当接触和对齐解都可能时显示接触约束。在大多数模型中，接触约束比对齐约束更常用。当接触约束过度约束装配时，将显示对齐约束。
- 接触：约束对象，使其曲面法向在反方向上。
- 对齐：约束对象，使其曲面法向在相同的方向上。
- 自动判断中心/轴：自动将约束对象的中心或轴进行对齐或接触约束。

5)选择要约束的两个对象。

6)如果有多种解的可能，可以单击【反向上一个约束】按钮 在可能的解之间切换。

7)完成添加约束后，单击【确定】或【应用】按钮即可。

2. 同心约束

同心约束是指约束两个组件的圆形边界或椭圆边界，以使中心重合，并使边界的面共面，如图 15-12 所示。

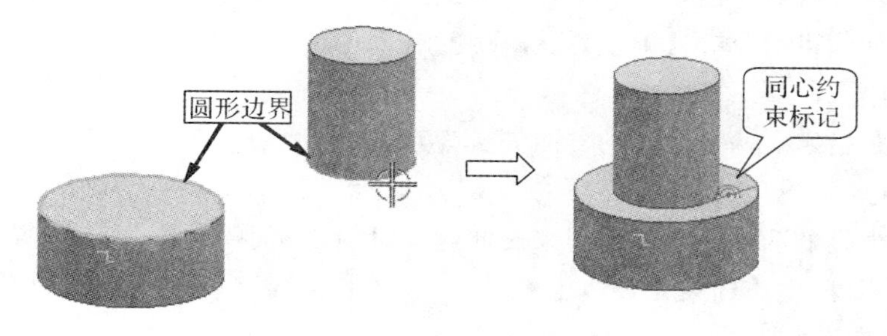

图 15-12　同心约束

3. 距离约束

距离约束主要是调整组件在装配中的定位。通过距离约束可以指定两个对象之间的最小 3D 距离。图 15-13 表示指定面 1 与面 2 之间的最小 3D 距离为 150。

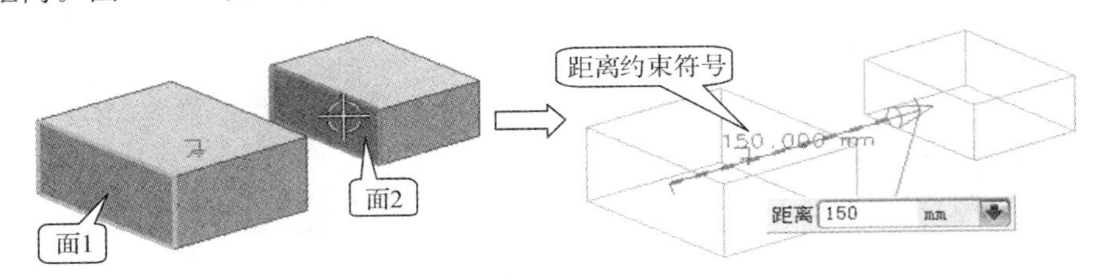

图 15-13　距离约束

4. 固定约束

固定约束将组件固定在其当前位置。要确保组件停留在适当位置且根据其约束其他组件时，此约束很有用。

5. 平行约束

平行约束是指定义两个对象的方向矢量为互相平行。图 15-14 表示指定长方体 1 的上表面和长方体 2 的上表面之间为平行约束

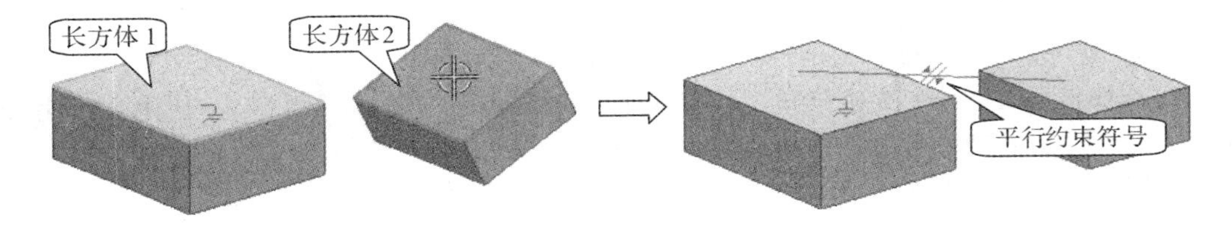

图 15-14　平行约束

创建平行约束的操作步骤如下：

1)调用【装配约束】工具。

2)在图 15-9 所示的对话框中的【类型】下拉列表中选择【平行】。

3)根据实际需要对【设置】组中的选项进行设置。

4)选择要使其平行的两个对象

5)如果有多种解的可能，可以单击【反向上一个约束】按钮 在可能的解之间切换。

6)完成添加约束后，单击【确定】或【应用】按钮即可。

6. 垂直约束

垂直约束是指定义两个对象的方向矢量为互相垂直。

7. 拟合约束

使具有等半径的两个圆柱面合起来。此约束对确定孔中销或螺栓的位置很有用。如果以后半径变为不等，则该约束无效。

8. 胶合约束

将组件“焊接”在一起，使它们作为刚体移动。胶合约束是一种不做任何平移、旋转、对齐的装配约束。

9. 中心约束

中心约束能够使一对对象之间的一个或两个对象居中，或使一对对象沿着另一个对象居中。中心约束共有 3 个子类型。

- 1 对 2：在后两个所选对象之间使第一个所选对象居中。
- 2 对 1：使两个所选对象沿第三个所选对象居中。如图 15-15 所示，依次选择面 1、面 2（面 2 是与面 1 相对称的面）和基准平面，应用 2 对 1 中心约束后，基准平面自动位于面 1 和面 2 中间。

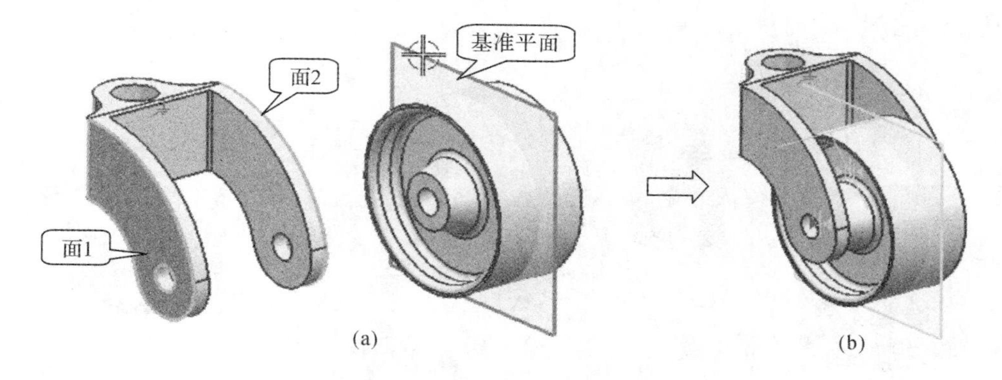

图 15-15　中心约束（2 对 1 类型）

- 2 对 2：使两个所选对象在两个其他所选对象之间居中。如图 15-16 所示，依次选择面 1、面 2（面 2 是与面 1 相对称的面）、面 3、面 4（面 4 是与面 3 相对称的面），应用 2 对 2 中心约束后，面 3 和面 4 自动位于面 1 和面 2 中间。

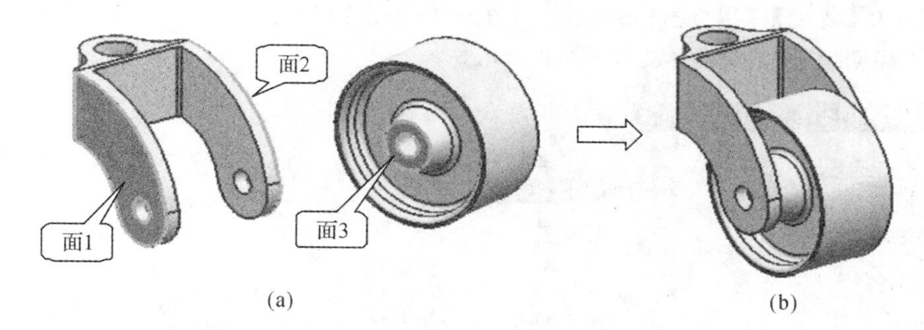

图 15-16　中心约束（2 对 2 类型）

创建中心约束的操作步骤如下：

1）调用【装配约束】工具。

2）在图 15-9 所示的对话框中的【类型】下拉列表中选择【中心】。

3）根据实际需要对【设置】组中的选项进行设置。

4）设置【子类型】：1 对 2、2 对 1 或 2 对 2。

5）若【子类型】为 1 对 2 或 2 对 1，则设置【轴向几何体】。

- 【使用几何体】：对约束使用所选圆柱面。
- 【自动判断中心/轴】：使用对象的中心或轴。

6)选择要约束的对象，对象的数量由【子类型】决定。

7)如果有多种解的可能，可以单击【反向上一个约束】按钮在可能的解之间切换。

8)完成添加约束后，单击【确定】或【应用】按钮即可。

10. 角度约束

角度约束是指两个对象呈一定角度的约束。角度约束可以在两个具有方向矢量的对象间产生，角度是两个方向矢量的夹角。这种约束允许关联不同类型的对象，例如可以在面和边缘之间指定一个角度约束。角度约束有两种类型：3D 角和方向角。图 15-17 表示在两圆柱的轴之间创建 90°的角度约束。

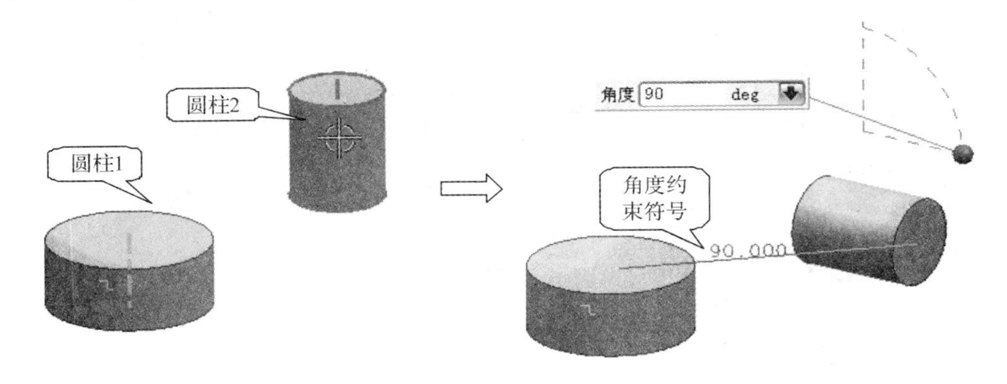

图 15-17 角度约束

15.3.3 移动组件

选择菜单【装配】|【组件】|【移动组件】命令，或单击【装配】工具条上的【移动组件】命令，即可调用【移动组件】对话框，如图 15-18 所示。

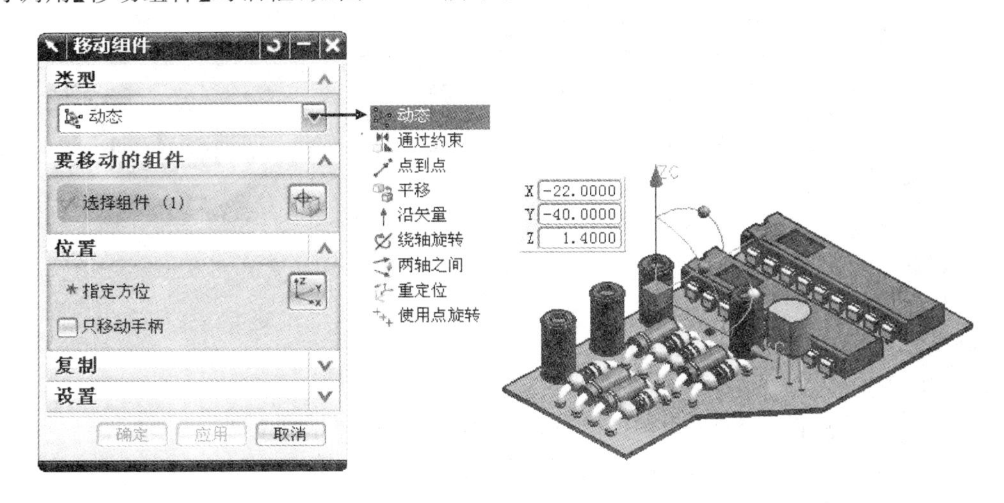

图 15-18 移动组件

移动组件命令用来在一装配中在所选组件的自由度内移动它们。可以选择组件动态移动(如用拖拽手柄)，也可以建立约束以移动组件到所需位置，还可以同时移动不同装配级上的组件。

例 15-1 完成夹具的装配

1. 新建装配文件

1)创建一个单位为英寸,名为 Clamp_assem 的文件,并保存在 D:\Clamp 下。

2)调用建模和装配模块,并打开装配导航器。

3)将光盘中该例所用到的部件文件都复制到装配文件所在的目录 D:\Clamp 下。

装配文件的单位与零部件的单位应保持一致,否则有些操作,如【设为工作部件】不能进行。

装配文件所使用的零部件最好与装配文件位于同一个目录下。

2. 添加组件 clamp_base 并定位

1)添加组件 clamp_base

(1)单击【装配】工具条上的【添加组件】命令,弹出【添加组件】对话框,如图 15-8 所示。

(2)从磁盘加载组件:单击【打开】按钮,弹出部件文件选择对话框,选取 clamp_base.prt 文件。

(3)参数设置:将【定位】设为【绝对原点】、【引用集】为【模型】、【图层选项】为【原始的】,其余选项保持默认值。

(4)单击【确定】按钮,完成组件 clamp_base 的添加。

2)为组件 clamp_base 添加装配约束

(1)单击【装配】工具条上的【装配约束】命令,即可调用【装配约束】对话框,如图 15-9 所示。

(2)在【类型】下拉列表中选择【固定】。

(3)选择刚添加的组件 clamp_base。

(4)单击【确定】按钮,完成对组件 clamp_base 的约束。

3. 添加组件 clamp_cap 并定位

1)添加组件 clamp_cap

(1)调用【添加组件】工具。

(2)从磁盘加载文件 clamp_cap. prt。

(3)参数设置:将【定位】设为【选择原点】、【引用集】为【模型】、【图层选项】为【原始的】,其余选项保持默认值。

(4)单击【确定】按钮,系统弹出【点】对话框,用于指定组件放置的位置。

(5)视图区域合适的位置单击 MB1,在光标单击处就会出现 clamp_cap 组件。

2)重定位组件

若组件位置放置不合理,可以对组件进行重定位。

3)定位组件 clamp_cap

此过程中需要使用三种装配约束:对齐约束、中心约束(2 对 2)、平行约束。

(1)对齐约束使组件 clamp_cap 与组件 clamp_base 圆孔中心轴线对齐

①单击【装配】工具条上的【装配约束】命令,弹出【装配约束】对话框,在【类型】下拉列表

中选择【接触对齐】，并设置【方位】为【自动判断中心/轴】。

②依次选择如图 15-19 所示的中心线 1 和中心线 2，完成对齐约束的添加，结果如图 15-20 所示。

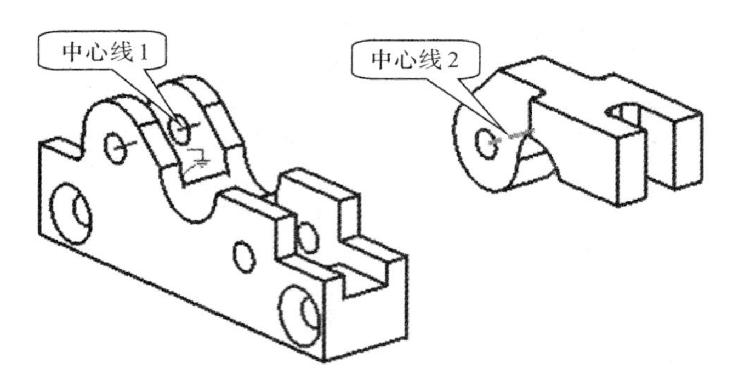

图 15-19 选择中心线 1

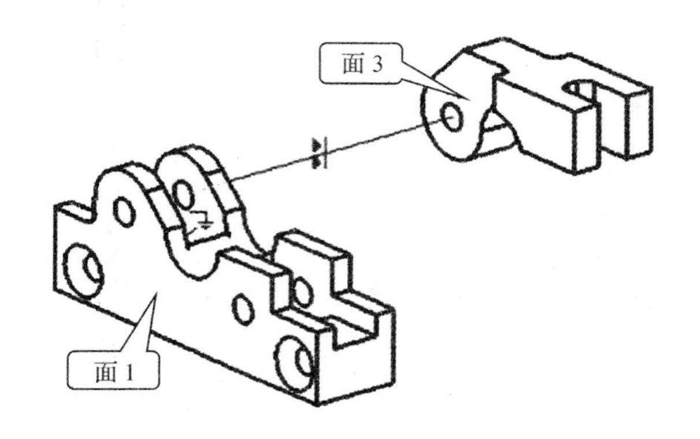

图 15-20 添加对齐约束

(2)中心约束使组件 clamp_cap 与组件 clamp_base 对称分布

①在【装配约束】对话框中的【类型】下拉列表中选择【中心】，并设置【子类型】为【2 对 2】。

②依次选择图 15-20、图 15-21 中的面 1、面 2、面 3 和面 4，完成中心约束的添加，结果如图 15-22 所示。其中图 15-21 是图 15-20 旋转后得到的视图。

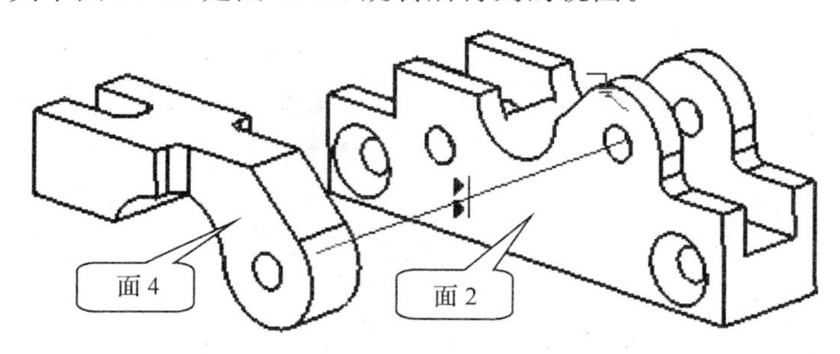

图 15-21 选择面 1

(3)平行约束使组件 clamp_cap 的上表面与组件 clamp_base 的上表面相互平行

①在【装配约束】对话框中的【类型】下拉列表中选择【平行】。

②依次选择图 15-22 所示的面 1 和面 2。

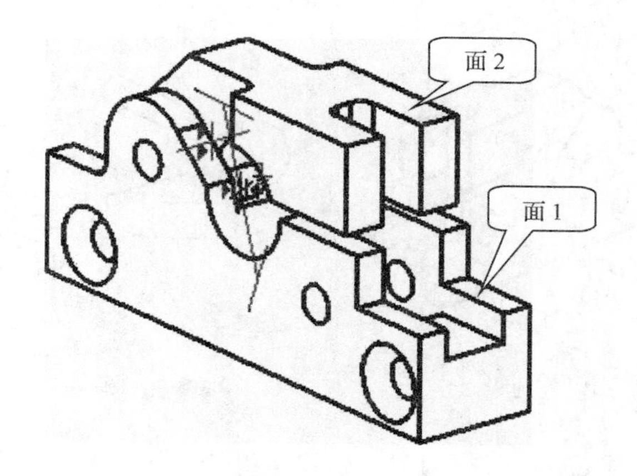

图 15-22 选择面 2

③单击【确定】按钮,完成组件 clamp_cap 的定位。

4. 添加组件 clamp_lug 并定位

1)添加组件 clamp_lug

参照组件 clamp_cap 的添加方法添加组件 clamp_lug。

2)重定位组件

若组件位置放置不合理,可以对组件进行重定位。

3)定位组件 clamp_lug

此过程中需要使用三种装配约束:对齐约束、中心约束(2 对 2)、垂直约束。

(1)对齐约束使组件 clamp_lug 与组件 clamp_base 圆孔中心轴线对齐

①单击【装配】工具条上的【装配约束】命令,弹出【装配约束】对话框,在【类型】下拉列表中选择【接触对齐】,并设置【方位】为【自动判断中心/轴】。

②依次选择如图 15-23 所示的中心线 1 和中心线 2,完成对齐约束的添加,结果如图 15-24 所示。

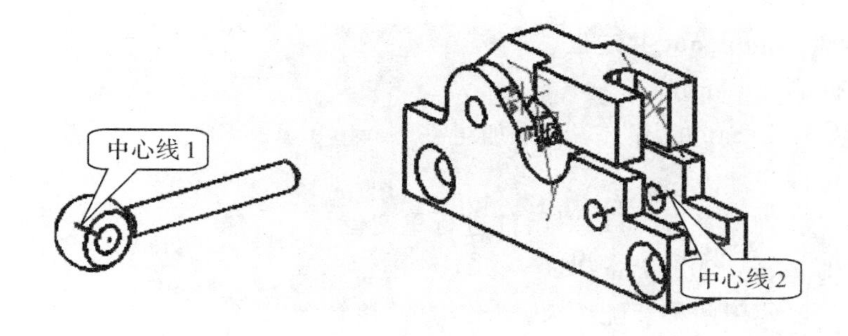

图 15-23 选择中心线 2

(2)中心约束使组件 clamp_lug 与组件 clamp_base 对称分布

①在【装配约束】对话框中的【类型】下拉列表中选择【中心】，并设置【子类型】为【2对2】。

②依次选择图15-24、图15-25中的面1、面2、面3和面4，完成中心约束的添加。其中图15-25是图15-24旋转后得到的视图。

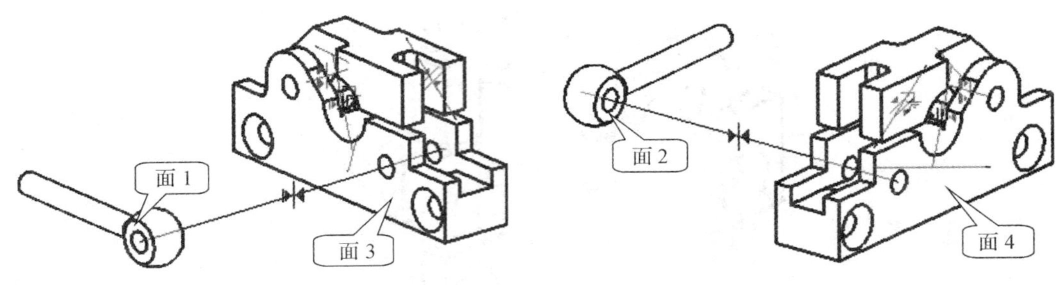

图15-24　添加对齐约束　　　　图15-25　选择面3

(3)垂直约束使组件clamp_lug的中心轴线与组件clamp_base的上表面相互垂直

①在【装配约束】对话框中的【类型】下拉列表中选择【垂直】。

②依次选择图15-26所示的中心线和面。

③单击【确定】按钮，完成组件clamp_lug的定位，结果图如图15-27所示。

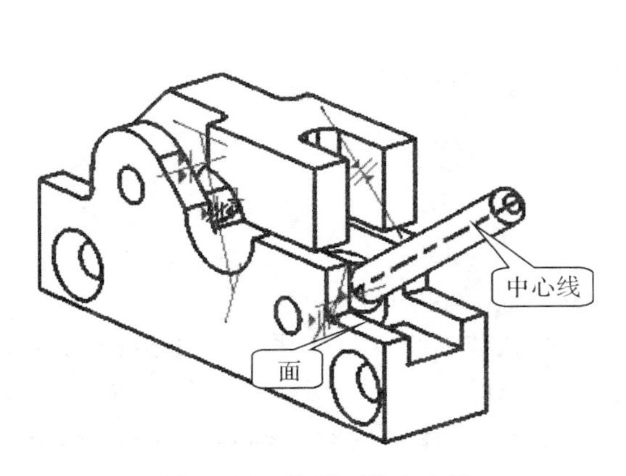

图15-26　选择面和中心线

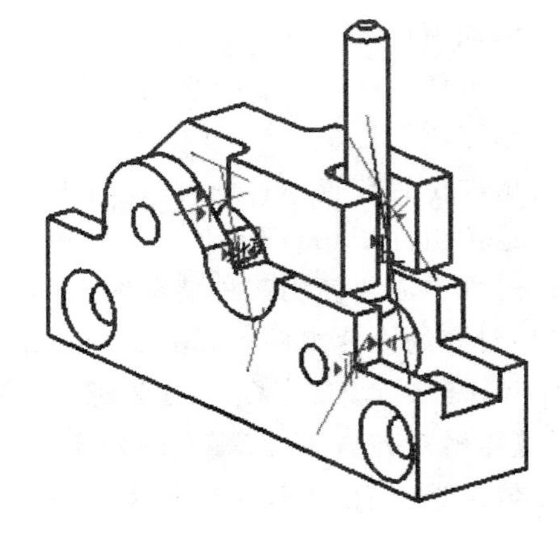

图15-27　完成组件clamp-lug的定位

5. 添加组件clamp_nut并定位

1)添加组件clamp_nut

参照组件clamp_cap的添加方法添加组件clamp_nut。

2)重定位组件

若组件位置放置不合理，可以对组件进行重定位。

3)定位组件clamp_nut

此过程中需要使用两种装配约束：对齐约束、接触约束。

(1)接触约束使组件clamp_nut的下底面与组件clamp_cap的上表面贴合

①单击【装配】工具条上的【装配约束】命令，弹出【装配约束】对话框，在【类型】下拉列表中选择【接触对齐】，并设置【方位】为【接触】。

②依次选择如图 15-28 所示的面 1 和面 2，完成接触约束的添加，结果如图 15-29 所示。

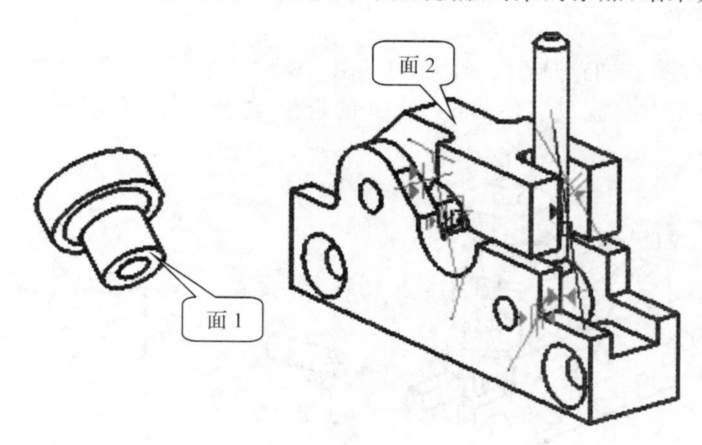

图 15-28　选择面 4

(2)对齐约束使 clamp_nut 的圆孔中心线与组件 clamp_lug 的轴线对齐

①在【装配约束】对话框中的【类型】下拉列表中选择【接触对齐】，并设置【方位】为【自动判断中心/轴】。

②依次选择如图 15-29 所示的中心线 1 和中心线 2，。

③单击【确定】按钮，完成组件 clamp_nut 的定位，结果如图 15-30 所示。

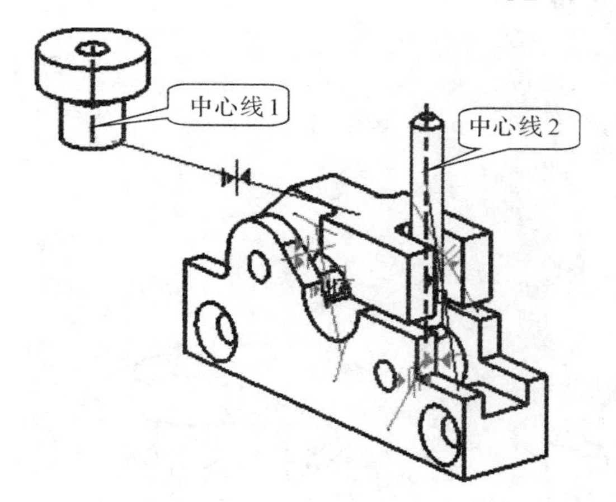

图 15-29　添加接触约束

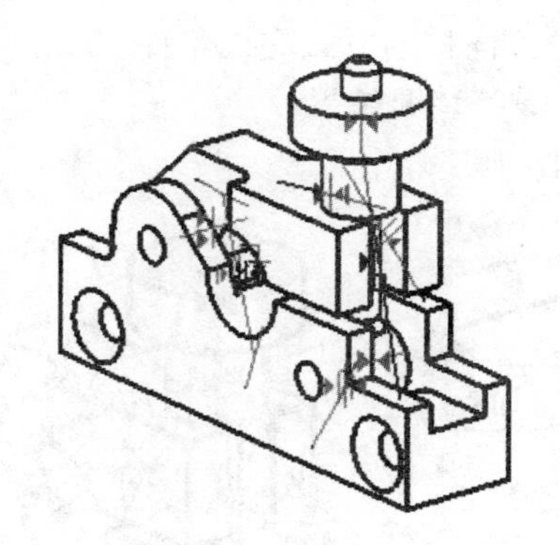

图 15-30　完成组件 clamp-nut 的定位

6. 添加组件 clamp_pin 并定位

1)添加组件 clamp_pin

参照组件 clamp_cap 的添加方法添加组件 clamp_pin。

2)重定位组件

若组件位置放置不合理，可以对组件进行重定位。

3)定位组件 clamp_pin

此过程中需要使用两种装配约束：对齐约束、中心约束。

(1)对齐约束使组件 clamp_pin 的轴线与组件 clamp_base 的孔中心线对齐

①在【装配约束】对话框中的【类型】下拉列表中选择【接触对齐】，并设置【方位】为【自动判断中心/轴】。

②依次选择如图 15-31 所示的中心线 1 和中心线 2。

③单击【确定】按钮，完成组件 clamp_nut 的定位，结果如图 15-32 所示。

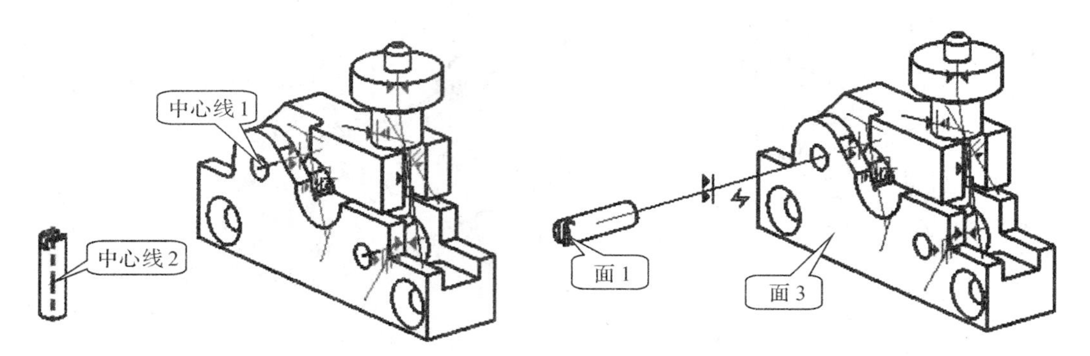

图 15-31　选择中心线 3　　　　图 15-32　完成 clamp-nut 的定位

(2)中心约束使组件 clamp_pin 与组件 clamp_base 对称分布

①在【装配约束】对话框中的【类型】下拉列表中选择【中心】，并设置【子类型】为【2 对 2】。

②依次选择图 15-32、图 15-33 中的面 1、面 2、面 3 和面 4，完成中心约束的添加。其中图 15-33 是图 15-32 旋转后得到的视图。

③单击【确定】按钮，完成组件 clamp_pin 的定位。

(3)以同样的方式完成组件 clamp_pin 与组件 clamp_base 在另一个孔处的定位。

7. 最终装配结果

如图 15-34 所示。

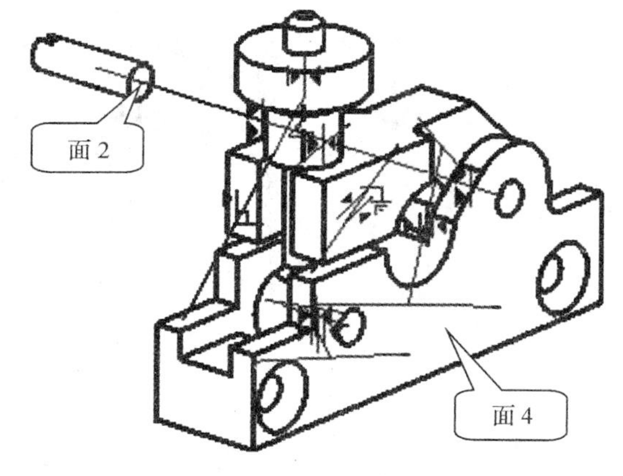

图 15-33　选择面 5

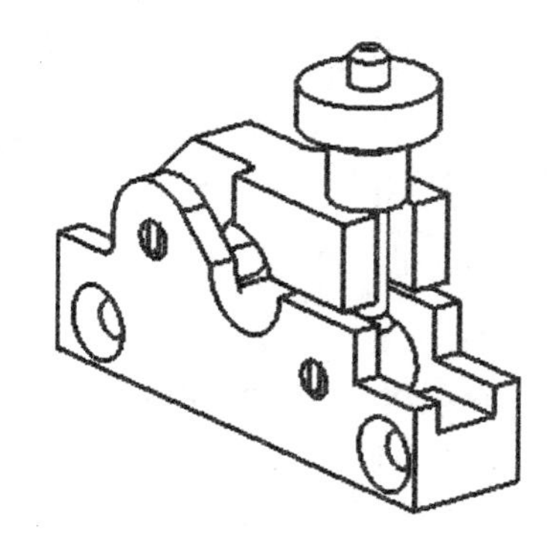

图 15-34　最终装配结果

15.3.4　引用集

1. 概念

组件对象是指向零部件的指针实体，其内容由引用集来确定，引用集可以包含零部件的

名称、原点、方向、几何对象、基准、坐标系等信息。使用引用集的目的是可以控制组件对象的数据量。

管理出色的引用集策略具有以下优点：

- 加载时间更短。
- 使用的内存更少。
- 图形显示更整齐。

使用引用集有两个主要原因：

- 排除或过滤组件部件中不需要显示的对象，使其不出现在装配中。
- 用一个更改或较简单的几何体而不是全部实体表示在装配中的一个组件部件。

2. 默认引用集

每个部件有五个系统定义的引用集，分别是：整个部件、空、模型、轻量化和简化的，如图 15-35 所示。下面介绍前面三种比较常用的默认引用集类型。

(a) 整个部件引用集　(b) 空引用集　(c) 模型引用集　(d) 轻量化引用集　(e) 简化引用集

图 15-35　默认引用集

1)整个部件

该默认引用集表示引用部件的全部几何数据。在添加部件到装配时，如果不选择其他引用集，则默认使用该引用集。

2)空

该默认引用集表示不包含任何几何对象。当部件以空的引用集形式添加到装配中时，在装配中看不到该部件。

3)模型

模型引用集包含实际模型几何体，这些几何体包括：实体、片体以及不相关的小平面表示。一般情况下，它不包含构造几何体，如草图、基准和工具实体。

3. 引用集工具

选择菜单【格式】|【引用集】命令，弹出【引用集】对话框，如图 15-36 所示。

1)创建引用集

创建“用户定义的引用集”的步骤如下：

(1)选择菜单【格式】|【引用集】命令，弹出【引用集】对话框。

(2)单击【添加新的引用集】命令，在图形窗口中选择要放入引用集中的对象。

(3)在【引用集名称】文本框中输入引用集的名称。

(4)完成对引用集的定义之后，单击【关闭】。

2）编辑引用集

编辑引用集指向引用集添加或删除引用集中的对象，但只能编辑用户自定义的引用集。

3）删除引用集

在【引用集】对话框中选择欲删除的引用集，然后单击【移除】图标，即可删除该引用集。但只能删除用户自定义的引用集，不能删除系统默认的引用集。

4）重命名引用集

在【引用集】对话框选择中欲重命名的引用集，然后在【引用集名称】文本框输入新的引用集名称，按 Enter 键即可。与删除引用集相似，也只能重命名用户自定义的引用集，不能重命名系统默认的引用集。

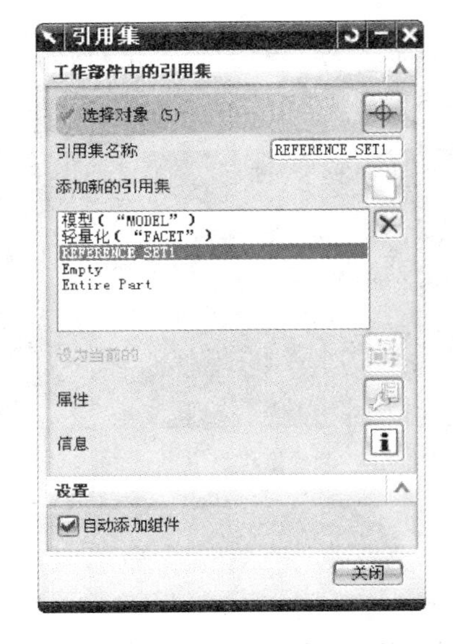

图 15-36　引用集命令对话框

图 15-37　替换引用集的方法

5）替换引用集

在装配过程中，同一个组件在不同的装配阶段，也常采用不同的引用集，这种改变组件引用集的行为就称为替换引用集。

替换引用集的常用方法是：如图 15-37 所示，在装配导航器的相应组件上单击右键，在弹出的快捷菜单中选择【替换引用集】，选择一个可替换的引用集（当前的引用集是以灰色显示，是不可选的）即可。

例 15-2　新建引用集，并将该组件对象用新的引用集替代

（1）打开 Assembly_zhou.prt，并调用【建模】和【装配】模块。

（2）双击装配导航器中的 zhou 节点，将 zhou 切换到工作部件。

（3）选择菜单【格式】|【引用集】，打开【引用集】对话框。

（4）在【引用集】对话框中，单击【添加新的引用集】命令，然后在【引用集名称】对话框中输入新建的引用集名称 BODY 并按 Enter 键。

（5）选择 zhou 的组件实体（注意不要选择基准面和曲线），单击【关闭】按钮，即可创建 BODY 引用集。

(6)替换引用集:选择装配导航器上的 zhou 节点,并单击右键,在弹出的快捷菜单中选择【替换引用集】|【BODY】。替换后,组件 fixed_jaw 将只显示实体,不会再出现基准面和曲线。

15.4 组件的删除、隐藏与抑制

删除一个组件的最简便方法是:在装配导航器中选择欲要删除的组件节点,然后单击右键,在弹出的快捷菜单中选择【删除】。

隐藏一个组件的简便方法是:在装配导航器中单击欲隐藏的组件节点前的复选框,使复选框内的红色√变灰即可。

再次单击复选框即可显示该组件。

抑制一个组件的方法是:选择菜单【装配】|【组件】|【抑制组件】命令,会弹出【类选择】对话框,在图形窗口选择欲要抑制的组件,按 MB2 即可。

解除一个组件的抑制状态:选择菜单【装配】|【组件】|【取消抑制组件】命令,系统弹出如图 15-38 所示的【选择抑制的组件】对话框,在列表中选择欲要解除抑制的组件名称,单击【确定】按钮即可。

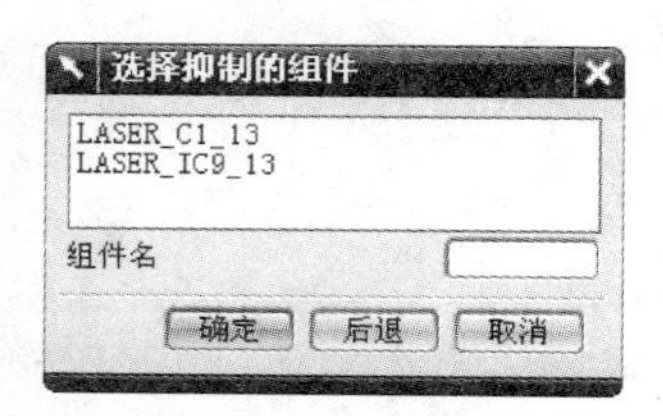

图 15-38 选择抑制组件对话框

15.5 自顶向下装配

自顶向下建立一组件有两种基本方法,分别介绍如下。

(1)移动几何体

在装配中创建几何体(草图、片体、实体等)。

建立一组件并添加到几何体到其中。

(2)空部件

在装配中建立一个“空”组件对象。

使“空”组件为工作部件。

在此组件中创建几何体

例 15-3 在装配文件中先建立几何模型,然后创建新组件

(1)新建一个单位为毫米,名为 Up_Down_Assem_1. prt 的装配文件,调用【建模】和【装配】模块后保存文件。

(2)使用【长方体】工具创建一个 100×80×40 的长方体。

(3)单击【装配】工具条上的【组件下拉菜单】|【新建组件】命令,弹出【新建组件】对话框,输入部件名称(如 Up_Down_1)并指定部件保存目录。

目录要与装配文件的目录一致。

---

(4)单击【确定】按钮后，弹出如图 15-39 所示的【新建组件】对话框，选择刚才创建的长方体，确认选中【删除原先的】复选框。

若选中【删除原先的】复选框，则几何对象作为组件添加到装配文件后，原几何对象将从装配中删除。

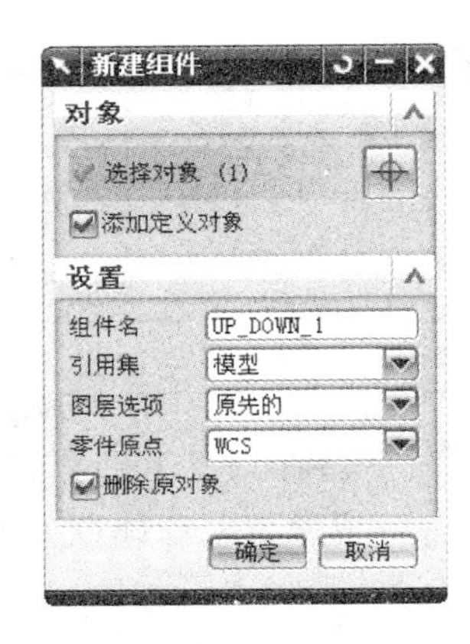

图 15-39　重建组件对话框

(5)单击【确定】按钮后，系统以刚输入的部件名 Up_Down_1. prt 保存矩形体，同时在装配文件中删除长方体，取而代之的是一个组件。

检验这个新建的组件及所保存的零部件：在装配导航器中选中 Up_Down_1_1 节点，长方体高亮显示。查看保存目录，可以发现该目录下有一个 Up_Down_1_1. prt 文件，打开 Up_Down_1_1. prt，可以看到正是刚才创建的长方体。

例 15-4　在装配文件中先创建空白组件，然后使其成为工作部件，再在其中添加几何模型

(1)新建一个单位为毫米，名为 Up_Down_Assem_2. prt 的装配文件，调用【建模】和【装配】模块后，保存文件。

(2)单击【装配】工具条上的【组件下拉菜单】|【新建组件】命令，弹出【新建组件】对话框，输入部件名称(如 Up_Down_2)并指定部件保存目录。

(3)单击【确定】按钮后，弹出如图 15-39 所示的【新建组件】对话框，不选择任何对象，直接单击【确定】按钮，即可在装配中添加了一个不含几何体对象的新组件。

(4)双击装配导航器上的新组件节点 Up_Down_2，使新组件成为一个工作部件，然后使用【长方体】工具创建一个 100×80×40 的长方体。

(5)按 Ctrl+S 保存文件。由于新组件是工作节点，所保存的只是刚才所建立的几何体。

(6)双击装配导航器上的节点 Up_Down_Assem_2，使装配部件成为工作部件；再按 Ctrl+S，保存整个装配文件。

15.6 部件间建模

部件间建模是指通过“链接关系”建立部件间的相互关联，从而实现部件间的参数化设计。利用部件间建模技术可以提高设计效率，并且保证了部件间的关联性。

利用 WAVE 几何链接器可以在工作部件中建立相关或不相关的几何体。如果建立相关的几何体，它必须被链接到同一装配中的其他部件。链接的几何体相关到它的父几何体，改变父几何体会引起所有部件中链接的几何体自动地更新。如图 15-40 所示，轴承尺寸被更改，但未编辑安装框架孔。通过 WAVE 复制，曲线从轴承复制到框架，无论轴承尺寸更改、旋转还是轴位置移动，都可自动更新孔。

不使用WAVE

使用WAVE

图 15-40　WAVE 几何链接器效果

部件间建模的操作步骤如下：

1)保持显示部件不变，将新组件设置为工作部件。

2)在【装配】工具条上单击【WAVE 几何链接器】命令，弹出【WAVE 几何链接器】对话框，如图 15-41 所示，可以将其他组件的对象如点、线、草图、面、体等链接到当前的工作部件中。

- 类型：下拉列表中列出可链接的几何对象类型。
- 关联：选中该选项，产生的链接特征与原对象关联。
- 隐藏原先的：选中此选项，则在产生链接特征后，隐藏原来对象。

3)利用链接过来的几何对象生成几何体。

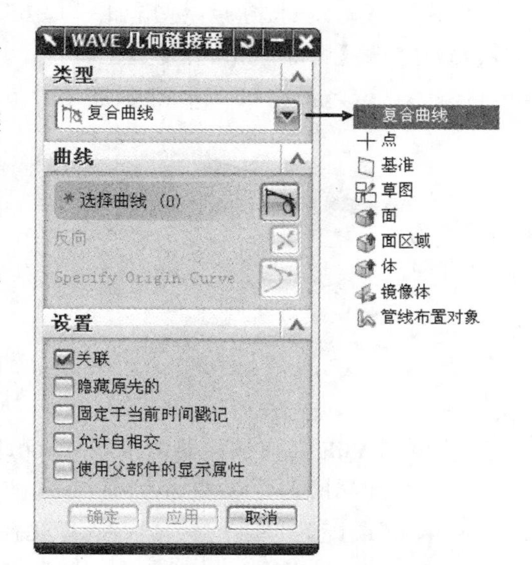

图 15-41　WAVE 几何链接器命令对话框

例 15-5　部件间建模

本实例使用 baseplate. prt 文件。其内容是将 baseplate. prt 添加到一个装配文件中，然后用混合装配和部件间建模技术建立一个定位块(my_locator)。

1. 新建文件

新建一个单位为英寸，名称为 Wave_Assem. prt 的文件，并调用【建模】和【装配】模块。

2. 将 baseplate. prt 加入到装配中

1)添加 baseplate 组件

(1)单击【装配】工具条上的【组件下拉菜单】|【添加组件】命令，弹出【添加组件】对话框。

(2)单击【打开】按钮，弹出部件文件选择对话框，选取 baseplate. prt 文件

(3)将【定位】设为【绝对原点】、【引用集】为【模型】、【图层选项】为【原始的】，其余选项保持默认值。

(4)单击【确定】按钮，完成组件 baseplate 的添加。

2)固定 baseplate 组件

(1)单击【装配】工具条上的【装配约束】命令，即可调用【装配约束】对话框，如图 15-39 所示。

(2)在【类型】下拉列表中选择【固定】。

(3)选择刚添加的组件 baseplate。

(4)单击【确定】按钮，完成对组件 clamp_base 的约束。

3. 利用自顶向下装配方法建立定位块

1)调用【长方体】命令，选择【原点和边长】方式，创建一个长方体(长度为 2，宽度为 2，高度为 1，矩形顶点在其左上角)，如图 15-42 所示。

2)将矩形块对象建立为新组件。

(1)单击【装配】工具条上的【组件下拉菜单】|【新建组件】命令，弹出【新建组件】对话框，输入部件名称 my_locator 并指定部件保存目录。

(2)单击【确定】按钮后，弹出如图 15-39 所示的【新建组件】对话框，选择刚才创建的长方体，确认选中【删除原先的】复选框。

(3)单击【确定】按钮，即可生成新组件 my_locator，此时装配导航器如图 15-43 所示。

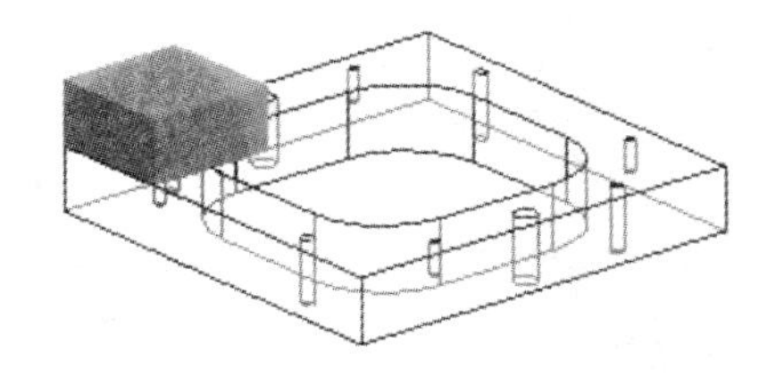

图 15-42　创建长方体

图 15-43　生成新组件 my-locator

4. 用 WAVE 几何链接器链接 baseplate 组件中相关几何对象至组件 my_locator

1)在装配导航器中双击 my_locator 组件节点，使 my_locator 成为工作节点。

2)单击【装配】工具条上的【WAVE 几何链接器】命令，弹出【WAVE 几何链接器】对话框，在【类型】下拉列表中选择【复合曲线】，然后选取如图 15-44 所示的曲线(为方便选择，可以将选择条中的【曲线规则】设置为【相切曲线】)。

3)从定位板上减去超出底板的部分材料。调用【拉伸】工具，以链接入的曲线作为截面线，在【限制】组中的【开始】文本框中输入 0，【结束】设置为【贯通】，拉伸方向为 Z 轴方向，如

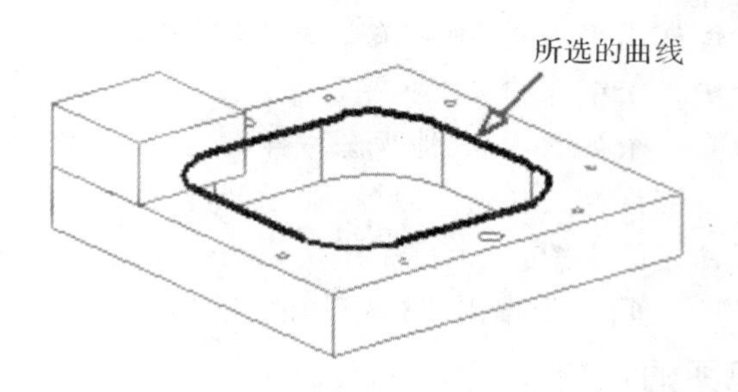

图 15-44　选择曲线

图 15-45(a)所示，设置【布尔】为【求差】，单击【确定】按钮，结果如图 15-45(b)所示。

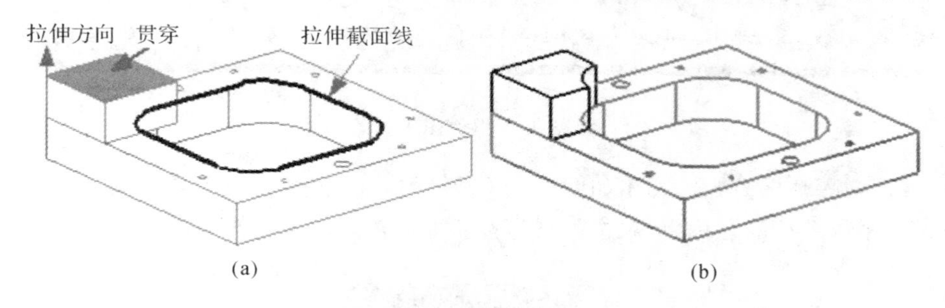

图 15-45　布尔求差与结果

4)用同样的方法链接底板上的两条线，并在定位块上创建两个圆孔，如图 15-46 所示。

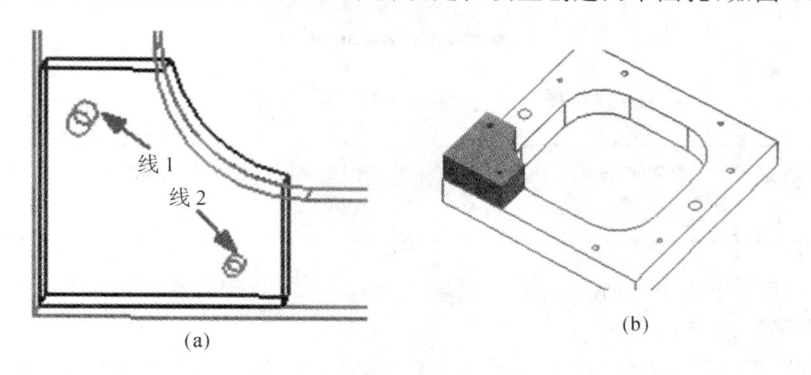

图 15-46　链接结果

5)保存文件。

15.7　爆炸视图

通过爆炸视图可以清晰地了解产品的内部结构以及部件的装配顺序，主要用于产品的功能介绍以及装配向导。

15.7.1　概念

爆炸视图是装配结构的一种图示说明。在该视图中，各个组件或一组组件分散显示，就像各自从装配件的位置爆炸出来一样，用一条命令又能装配起来。利用装配视图可以清楚地显示装配或者子装配中各个组件的装配关系。

爆炸视图本质上也是一个视图，与其他视图一样，一旦定义和命名就可以被添加到其他图形中。爆炸视图与显示部件相关联，并存储在显示部件中。

爆炸图是一个已经命名的视图，一个模型中可以有多个爆炸图。默认的爆炸图名称为Explosion，后加数字后缀，也可以根据需要指定其他名称。

15.7.2 爆炸视图的创建

单击【装配】工具条上的【爆炸图】命令，弹出【爆炸图】工具条，如图15-47所示。

图15-47 爆炸图工具条

单击【新建爆炸图】命令，弹出如图15-48所示的对话框，在该对话框中输入爆炸视图的名称或接受系统默认的名称后，单击【确定】按钮即可建立一个新的爆炸图。

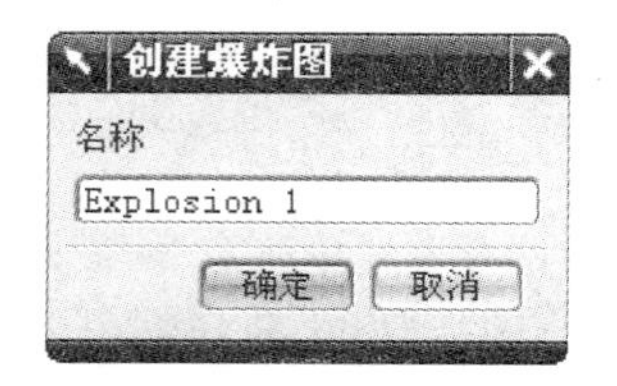

图15-48 爆炸图的创建对话框

单击【新建爆炸图】命令前，应确保爆炸视图切换下拉列表框中为（无爆炸），否则系统会提示所创建的爆炸视图已存在。

UG NX中可用以下两种方式来生成爆炸图：编辑爆炸图方式与自动爆炸图方式。

1. 编辑爆炸图方式

编辑爆炸图方式是指使用【编辑爆炸图】工具在爆炸图中对组件重定位，以达到理想的分散、爆炸效果。

例15-6 以编辑爆炸图方式创建爆炸图

(1)打开Assy_jiaolun.prt，并调用【建模】和【装配】模块

(2)单击【爆炸图】工具条上【新建爆炸图】命令，弹出如图15-48所示的对话框，输入爆炸图名称后，单击【确定】按钮。

(3)单击【爆炸图】工具条上的【编辑爆炸图】命令，弹出如图15-49所示的对话框。

(4)选择组件lunzi，并按MB2，系统自动切换到【移动对象】选项，同时坐标手柄被激活。

(5)在图形区拖动ZC轴方向上的坐标手柄，向右拖动至如图15-50所示的位置，或者在对话框中的【距离】文本框中输入-100，并按MB2确认。

(6)此时又自动切换到【选择对象】选项，按下Shift键选择高亮显示的轮子组件，然后

选择组件 xiao 作为要爆炸的组件，并按 MB2。

(7)然后拖动 YC 轴方向上的坐标手柄，向左拖动至如图 15-51 所示的位置，或者在对话框中的【距离】文本框中输入 120。

(8)同理选择 zhou(轴)和 dianquan(垫圈)作为要爆炸的组件，其中轴组件往 ZC 轴正方向拖动距离 120，垫圈组件往 ZC 轴正方向拖动距离 40。

(9)最终编辑完成的爆炸图如图 15-52 所示。

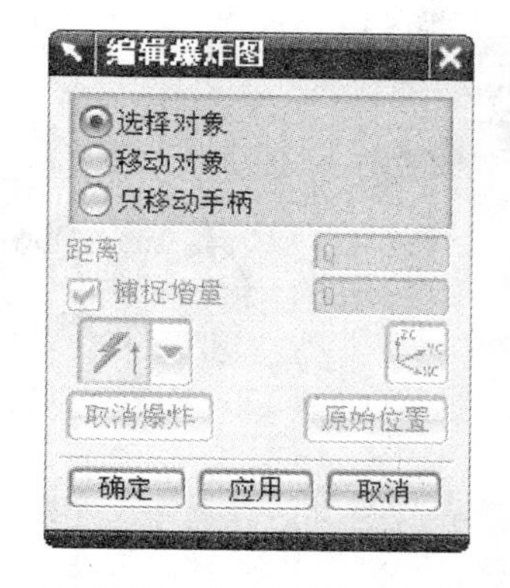

图 15-49　编辑爆炸图对话框

图 15-50　拖动手柄

图 15-51　拖动销

图 15-52　编辑完成后的爆炸图

2. 自动爆炸视图方式

自动爆炸组件方式就是指使用【自动爆炸组件】命令，通过输入统一的爆炸距离值，系统会沿着每个组件的轴向、径向等矢量方向进行自动爆炸。

例 15-7　以自动爆炸图方式创建爆炸图

(1)在【例 14-6】的基础上，在【爆炸图】工具条上的下拉列表中选择【无爆炸】。

(2)单击【爆炸图】工具条上【新建爆炸图】命令，弹出如图 15-48 所示的对话框，输入爆炸图名称后，单击【确定】按钮。

(3)单击【爆炸图】工具条上的【自动爆炸组件】命令，弹出【类选择】对话框。

(4)选择视图中的所有组件，单击【确定】按钮后，弹出如图 15-53 所示的【爆炸距离】对话框。

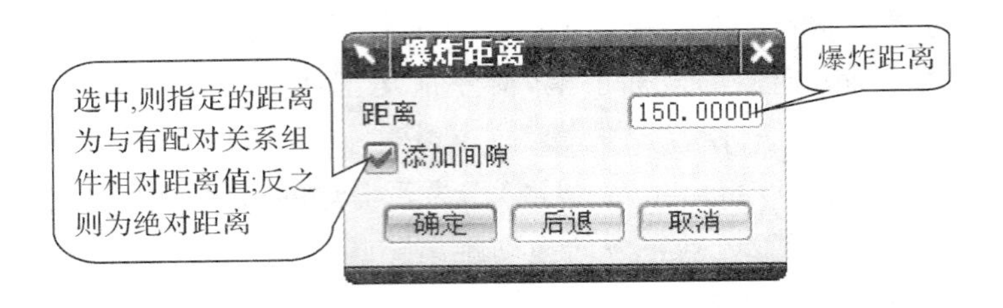

图 15-53　爆炸距离设置对话框

(5)输入距离值为150,并选择【添加间隙】复选框。

(6)单击【确定】按钮后,结果如图15-54所示。

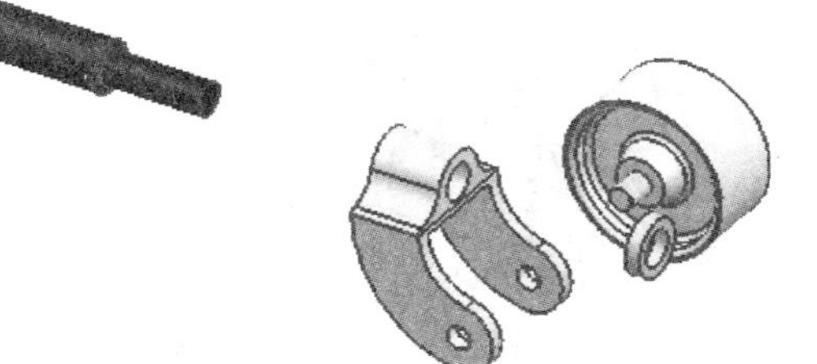

图 15-54　自动爆炸视图

15.7.3　爆炸视图操作

1. 取消爆炸组件

【取消爆炸组件】是指将组件恢复到未爆炸之前的位置。

单击【爆炸图】工具条上的【取消爆炸组件】命令,将弹出【类选择】对话框,选择要复位的组件,单击【确定】按钮,即可使该组件回到其原来的位置。

2. 删除爆炸视图

【删除爆炸视图】只能删除非工作状态的装配爆炸视图。

单击【爆炸视图】工具条上的【删除爆炸视图】命令,将弹出选择爆炸视图对话框,如图15-55所示;在列表框中选择要删除的爆炸视图,单击【确定】按钮即可删除该爆炸视图。

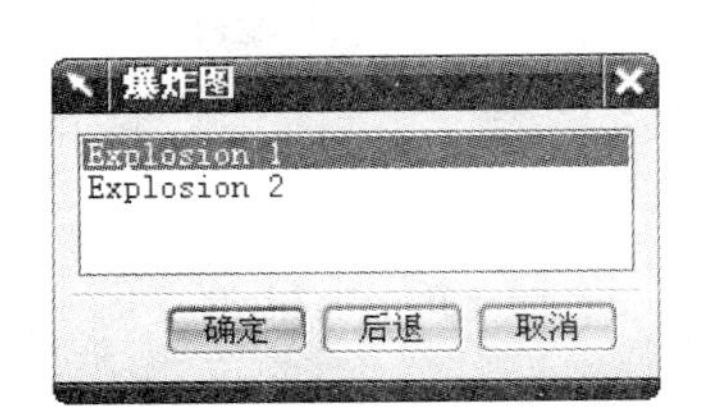

图 15-55　选择爆炸视图对话框

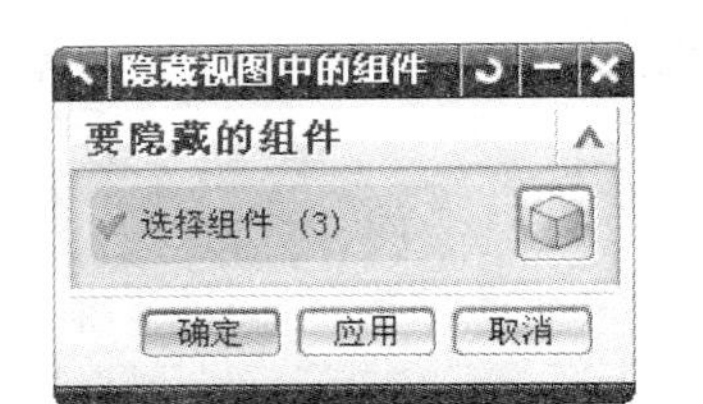

图 15-56　隐藏视图中组件命令对话框

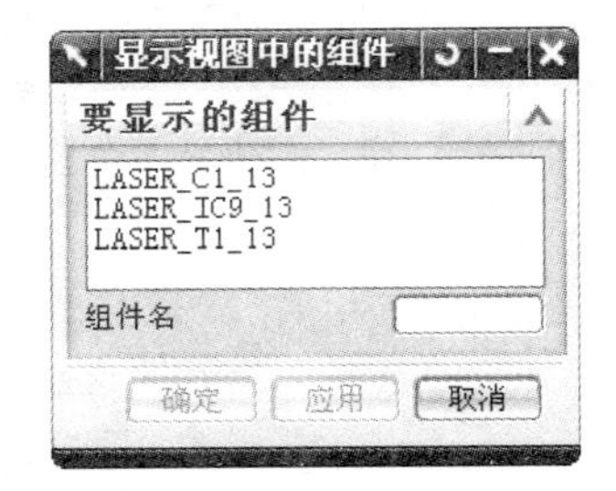

图 15-57　显示视图中组件命令对话框

3. 隐藏组件

【隐藏组件】是隐藏工作视图中的组件。

单击【爆炸图】工具条上的【隐藏视图中的组件】命令,弹出如图15-56所示的对话框,选择要隐藏的组件,单击【确定】按钮即可使该组件在当前图形窗口隐藏。

4. 显示组件

【显示组件】是将工作视图隐藏的组件显示出来。

单击【爆炸图】视图工具条上的【显示视图中的组件】命令,弹出如图15-57所示的【显示视图中的组件】对话框,其中列出了所有已隐藏的组件的名称;在列表框中选择要显示的组件，单击【确定】按钮即可使该组件在当前图形窗口显示。

15.8　本章小结

本章结合实例简要介绍了 UG NX 装配模块中的一些常用功能，包括：

- 装配导航器；
- 添加组件；
- 装配约束；
- 引用集的建立、编辑、删除、替换；
- 自顶向下和自底向上的装配方法；
- 爆炸图的创建。

15.9　思考与练习

1. UG NX 采用什么方式进行装配建模？这样做有什么优点？

2. 简述组件对象、组件部件、零件的区别。

3. 什么是从底向上建模？什么是自顶向下建模？自顶向下建模又有哪两种基本方法？

4. 什么是引用集？使用引用集策略有什么作用？

5. 什么是爆炸视图？与其他视图相比，有哪些异同点？

6. 根据 heye 文件夹中的 heye_1. prt、heye_2. prt 和 maoding. prt，完成如文件 Assy_heye. prt 所示的装配，完成后的装配图如图 15-58 所示。

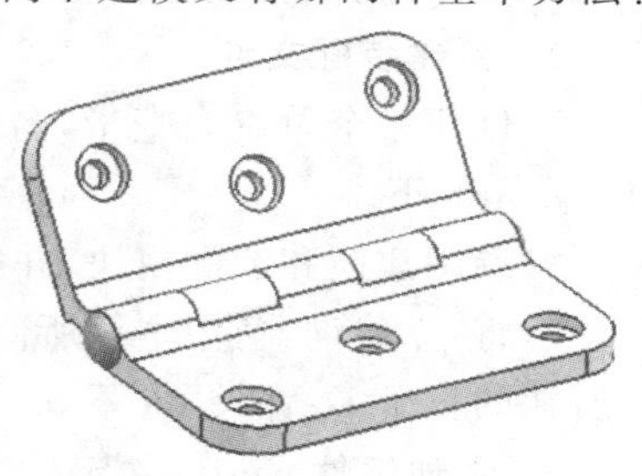

图 15-58　练习装配图 1

7. 根据文件 dachilun. prt、dingjuhuan. prt、jian. prt、zhou. prt、和 zhoucheng. prt，完成如文件 Assembly_zhou. prt 所示的装配，完成后的装配图如图 15-59 所示。

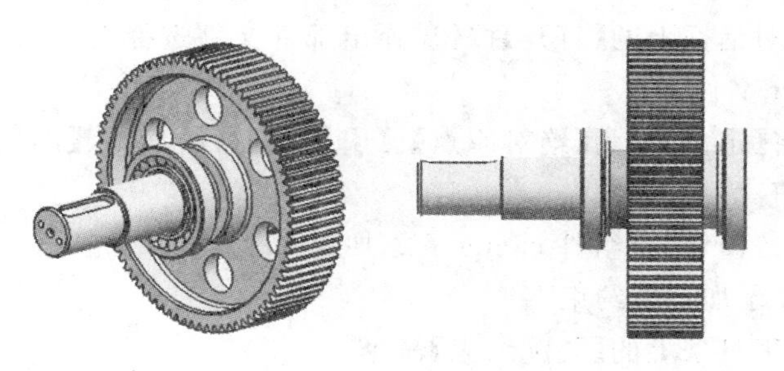

图 15-59　练习装配图 2

第16章 装配实例

为了更好地说明何如添加组件、如何添加装配约束、如何在部件间建模等装配工具和知识，本章将以几个具体实例的讲解来回顾前面学习的内容。

本章学习目标

- 掌握装配建模的方法；
- 熟练掌握添加组件、装配约束、WAVE几何链接器等装配工具。

16.1 脚轮装配

本节介绍脚轮的装配方法，脚轮的装配模型如图16-1所示。

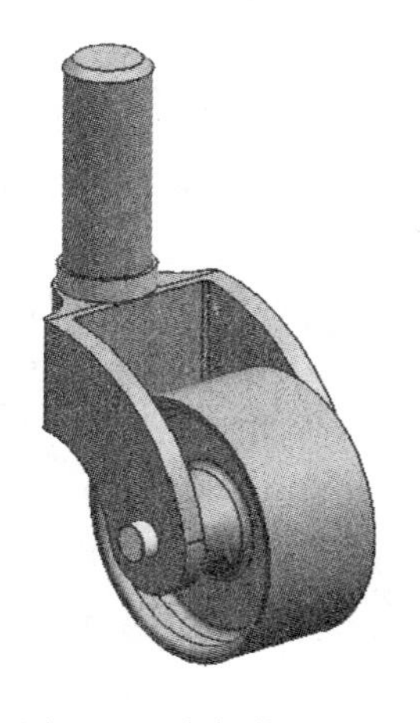

图16-1 脚轮装配模型

1. 新建装配文件

1)创建一个单位为毫米，名为assy_jiaolun的文件，并保存在D:\jiaolun下。

2)调用建模和装配模块，并打开装配导航器。

3)将“立体词典”中本例所使用到的部件文件都复制到装配文件所在的目录D:\jiaolun下。

2. 添加组件chajia并定位

1)添加组件chajia

(1)单击【装配】工具条上的【组件下拉菜单】|【添加组件】命令，单击【添加组件】对话框上的【打开】按钮，弹出部件文件选择对话框，选取chajia. prt文件。

(2)参数设置：将【定位】设为【绝对原点】、【引用集】为【模型】、【图层选项】为【原始的】，其余选项保持默认值。

(3)单击【确定】按钮，完成组件chajia的添加。

2)为组件chajia添加装配约束

(1)单击【装配】工具条上的【装配约束】命令。

(2)在【类型】下拉列表中选择【固定】。

(3)选择刚添加的组件chajia。

(4)单击【确定】按钮，完成对组件chajia的约束。

3. 添加组件lunzi并定位

1)添加组件lunzi

(1)调用【添加组件】工具，并选取lunzi. prt文件。

(2)参数设置:设置【定位】为【通过约束】、【引用集】为【模型】、【图层选项】为【原始的】,其余选项保持默认值。

(3)单击【确定】按钮,并弹出【装配约束】对话框。

2)定位组件 lunzi

(1)添加对齐约束:在【类型】下拉选项中选择【接触对齐】,选择【方位】为【自动判断中心/轴】,依次选择图 16-2 所示的中心线 1 和中心线 2,完成第一组装配约束。

(2)添加中心约束:在【类型】下拉选项中选择【中心】,设置【子类型】为【2 对 2】,依次选择图 16-2 所示的面 3、面 4、面 5 和面 6(面 4 和面 3 相对、面 6 和面 5 相对),完成第二组装配约束。

(3)单击【确定】按钮,完成轮子的定位,结果如图 16-3 所示。

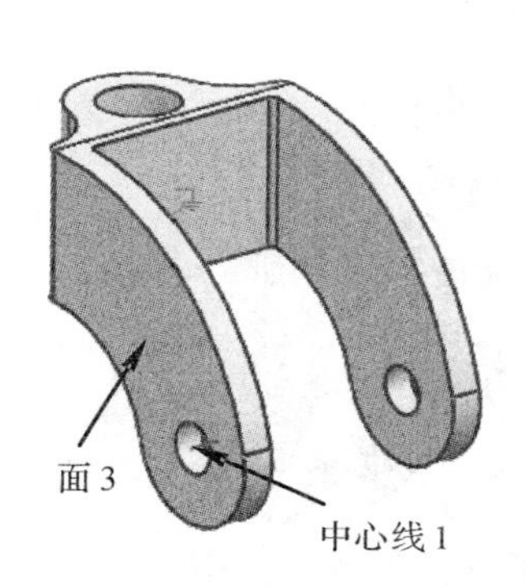

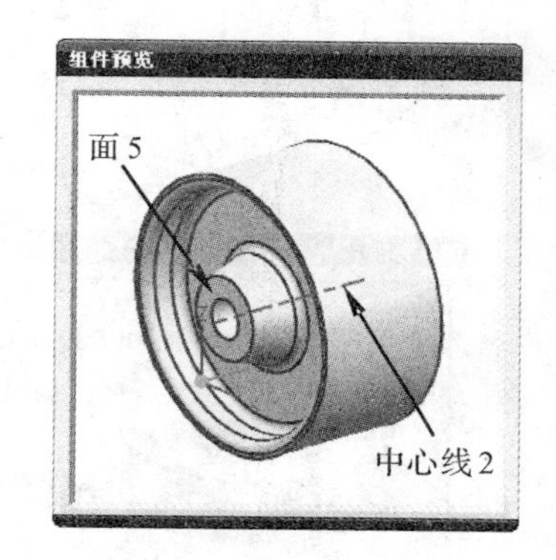

图 16-2　添加轮子中心线对齐约束

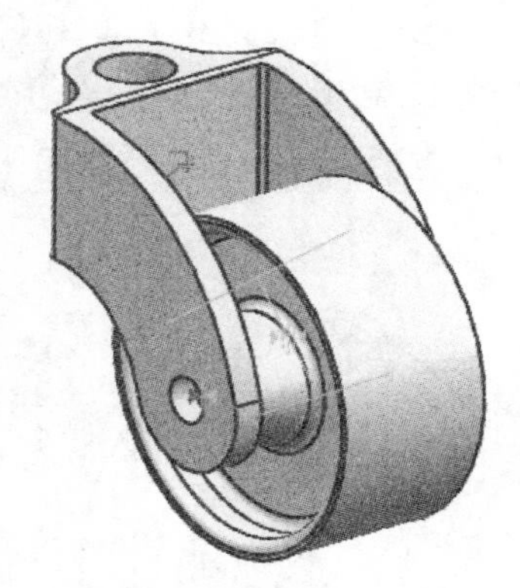

图 16-3　轮子定位结果

4. 添加组件 xiao 并定位

1)添加组件 xiao

调用【添加组件】工具,并选取 xiao. prt 文件,其参数设置同组件 lunzi,单击【确定】按钮,弹出【装配约束】对话框。

2)定位组件 xiao

(1)在【类型】下拉选项中选择【接触对齐】,选择【方位】为【自动判断中心/轴】,依次选择图 16-4 所示的中心线 7 和中心线 8,完成第一组装配约束。

(2)在【类型】下拉选项中选择【中心】,设置【子类型】为【2 对 2】,依次选择图 16-4 所示的面 9、面 10、面 11 和面 12(面 10 和面 9 相对、面 12 和面 11 相对),完成第二组装配约束。

(3)单击【确定】按钮,完成销的定位,结果如图 16-5 所示。

5. 添加组件 dianquan 并定位

1)添加组件 dianquan

调用【添加组件】工具,并选取 dianquan. prt 文件,其参数设置同组件 lunzi,单击【确定】按钮,弹出【装配约束】对话框。

2)定位组件 dianquan

(1)在【类型】下拉选项中选择【接触对齐】,选择【方位】为【接触】,依次选择图 16-6 所示的面 13 和面 14,完成第一组装配约束。

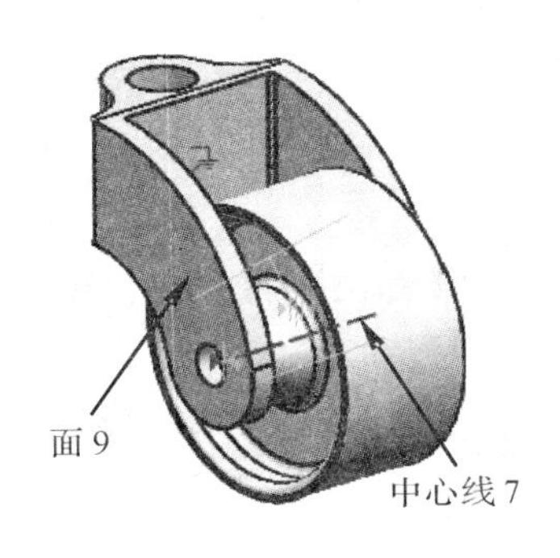

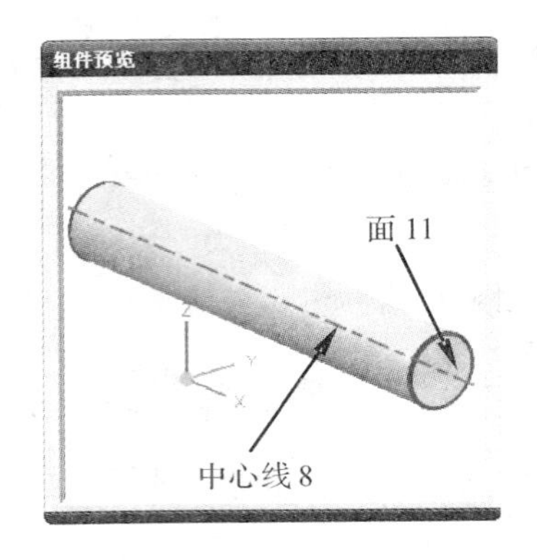

图 16-4 添加销中心线对齐约束

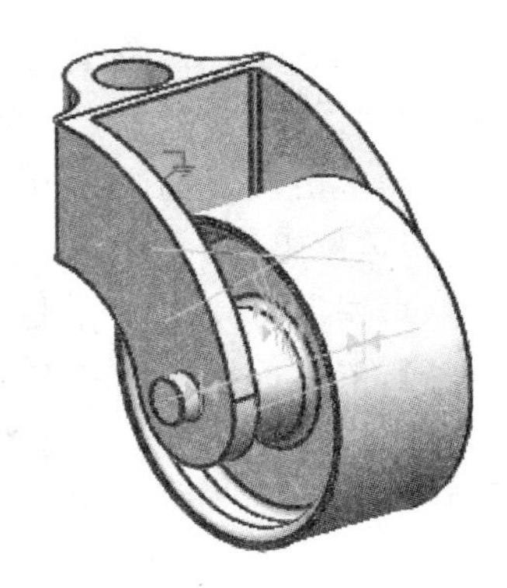

图 16-5 销定位结果

(2)类型保持不变，选择【方位】为【自动判断中心/轴】设置，依次选择图 16-6 所示的中心线 15 和中心线 16，完成第二组装配约束。

(3)单击【确定】按钮，完成垫圈的定位，结果如图 16-7 所示。

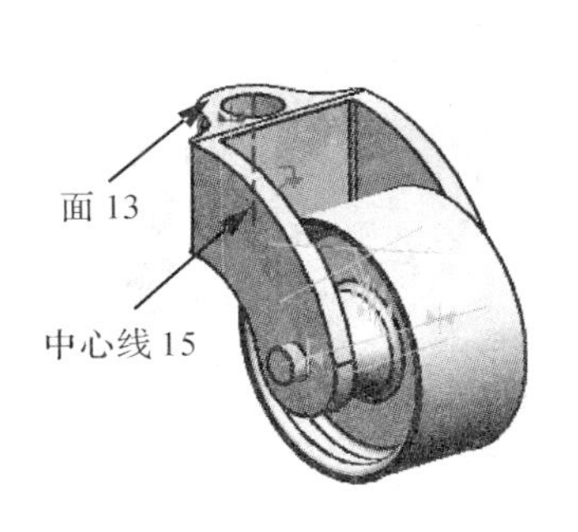

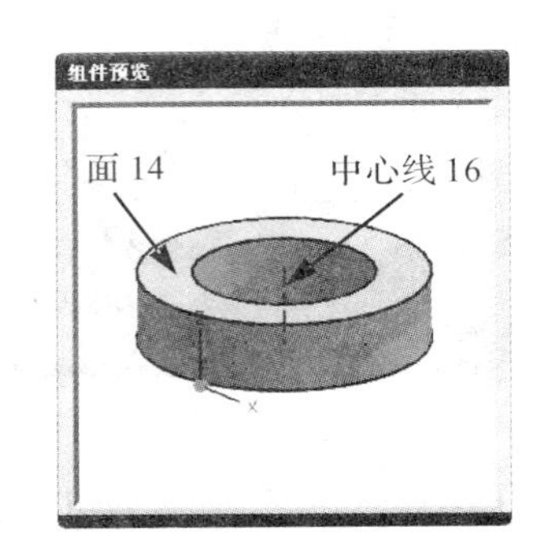

图 16-6 添加垫圈中心线对齐约束

图 16-7 垫圈定位结果

6. 添加组件 zhou 并定位

1)添加组件 zhou

调用【添加组件】工具，并选取 zhou. prt 文件，其参数设置同组件 lunzi，单击【确定】按钮，弹出【装配约束】对话框。

2)定位组件 zhou

(1)在【类型】下拉选项中选择【接触对齐】，选择【方位】为【接触】，依次选择图 16-8 所示

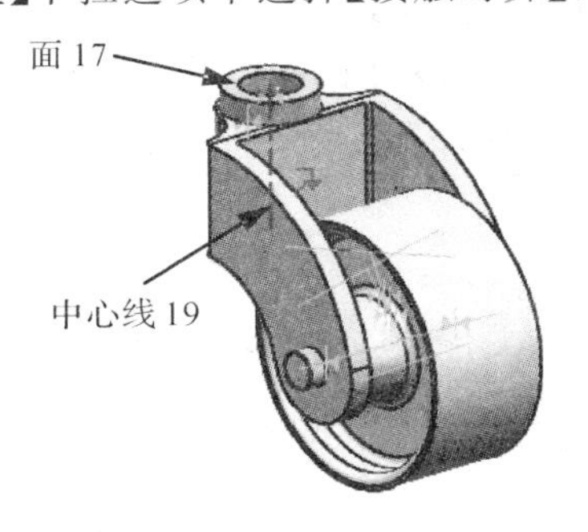

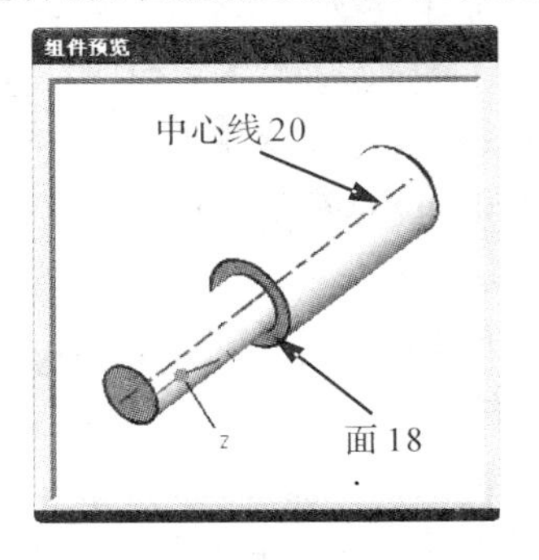

图 16-8 添加轴接触对齐约束

的面 17 和面 18，完成第一组装配约束。

(2)类型保持不变，选择【方位】为【自动判断中心/轴】设置，依次选择中心线 19 和中心线 20，完成第二组装配约束。

(3)单击【确定】，完成轴的定位，结果如图 16-1 所示。

16.2 减速器装配

本节主要介绍减速器装配方法。减速器零件模型如图 16-9 所示。由于减速器零件比较多，所以先分别装配低速轴组件和高速轴组件，然后再进行整体装配。

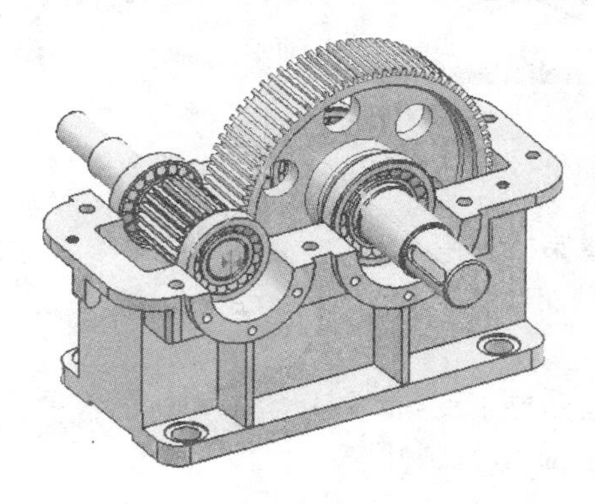

图 16-9

16.2.1 低速轴子装配

低速轴包括 6 个零件，其中轴为基础零件，键、齿轮、定距环和两个轴承为相配合零件。在装配过程中，主要讲述在空的装配体中导入轴作为基础零件，在齿轮轴上按装配约束依序安装轴承、键、齿轮、定距环和轴承，其中，轴承要在不同部位中各安装一个。完成后的效果如图 16-19 所示。

1. 新建子装配文件

1)创建一个单位为毫米，名为 Assembly_dis-uzhou 的文件，并保存在 D:\jiansuqi 下。

2)调用建模和装配模块，并打开装配导航器。

3)将“立体词典”中本例所使用到的部件文件都复制到装配文件所在的目录 D:\jiansuqi 下。

2. 添加组件 disuzhou 并定位

请参照 15.1 节中“添加组件 chajia 并定位”，此处不再赘述。

3. 添加组件 jian 并定位

1)添加组件 jian

调用【添加组件】工具，并选取 jian. prt 文件，其参数设置同例 15.1 中的组件 lunzi，单击【确定】按钮，弹出【装配约束】对话框。

2)定位组件 jian

(1)添加接触约束：在【装配约束】对话框中的在【类型】下拉选项中选择【接触对齐】，选择【方位】为【接触】，依次选择如图 16-10 所示的面 1、面 2，完成第一组装配约束。

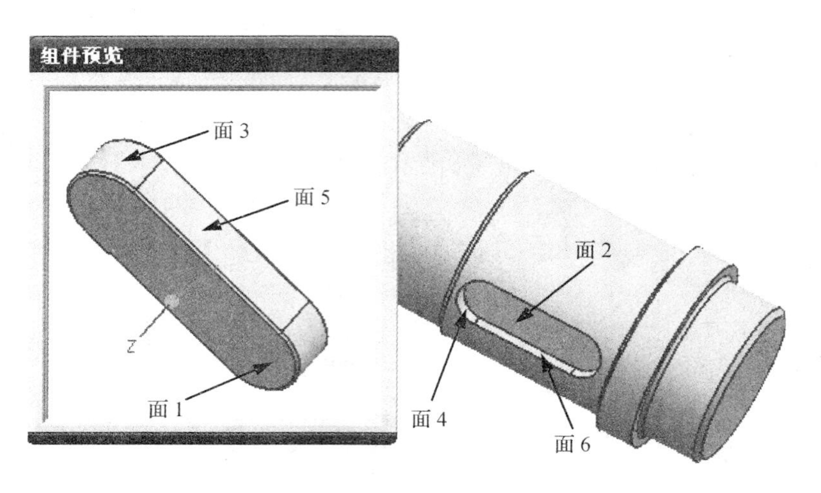

图 16-10　添加键接触对齐约束

(2)添加接触约束：类型保持不变，依次选择如图 16-10 所示的面 3、面 4，完成第二组装配约束。

(3)添加接触约束：类型保持不变，依次选择如图 16-10 所示的面 5、面 6，完成第三组装配约束。

(4)单击【确定】按钮，完成键的定位，结果如图 16-11 所示。

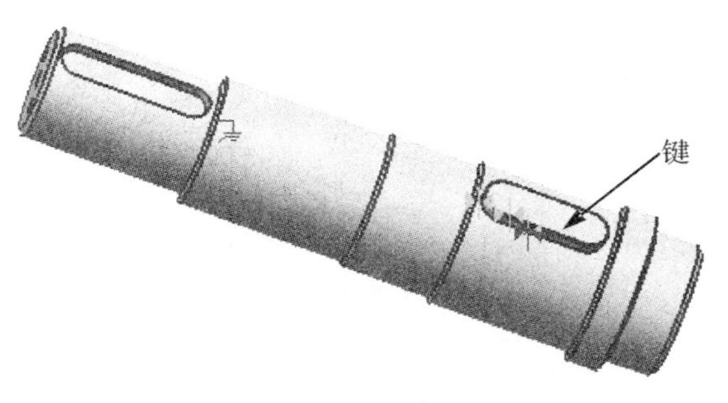

图 16-11　键定位结果

4. 添加组件 zhoucheng1 并定位

1)添加组件 zhoucheng1

调用【添加组件】工具，并选取 zhoucheng1. prt 文件，其参数设置同例 15. 1 中的组件 lunzi，单击【确定】按钮，弹出【装配约束】对话框。

2)定位组件 zhoucheng1

(1)添加接触约束：在【装配约束】对话框中的在【类型】下拉选项中选择【接触对齐】，选择【方位】为【接触】，依次选择如图 16-12 所示的面 1、面 2，完成第一组装配约束。

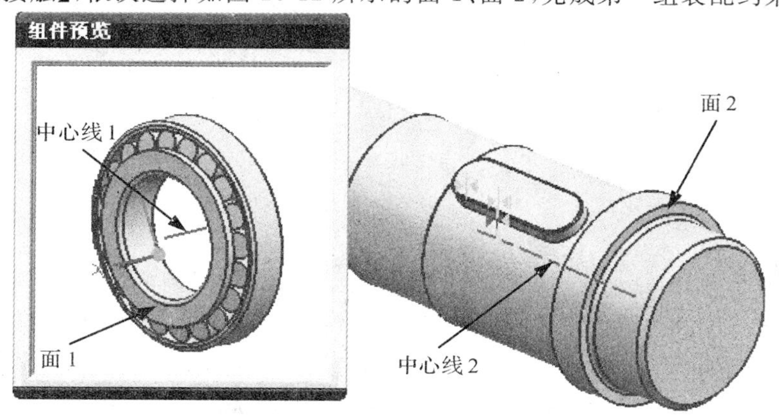

图 16-12　添加轴承 1 接触对齐约束

(2)添加对齐约束:类型保持不变,选择【方位】为【对齐】,依次选择如图16-12所示的中心线1、中心线2,完成第二组装配约束。

(3)单击【确定】按钮,完成轴承1的定位,结果如图16-13所示。

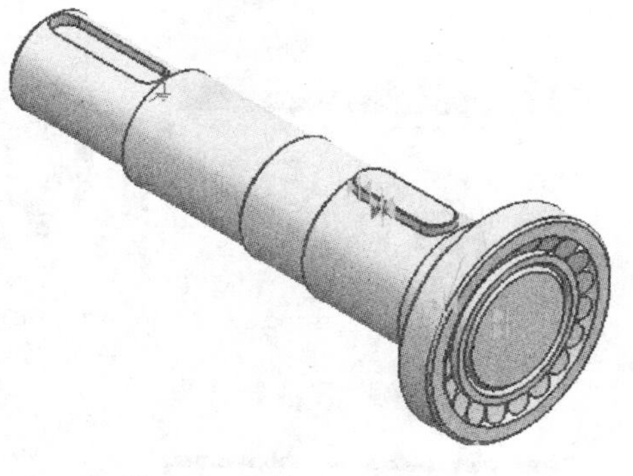

图16-13 轴承1定位结果

5. 添加组件chilun并定位

1)添加组件chilun

调用【添加组件】工具,并选取chilun.prt文件,其参数设置同例15.1中的组件lunzi,单击【确定】按钮,弹出【装配约束】对话框。

2)定位组件chilun

(1)添加接触约束:在【装配约束】对话框中的在【类型】下拉选项中选择【接触对齐】,选择【方位】为【接触】,依次选择如图16-14所示的面1、面2,完成第一组装配约束。

(2)添加接触约束:类型保持不变,依次选择如图16-14所示的面3、面4,完成第二组装配约束。

(3)添加对齐约束:类型保持不变,选择【方位】为【对齐】,依次选择如图16-14所示的中心线1、中心线2,完成第三组装配约束。

(4)单击【确定】按钮,完成轴承1的定位,结果如图16-15所示。

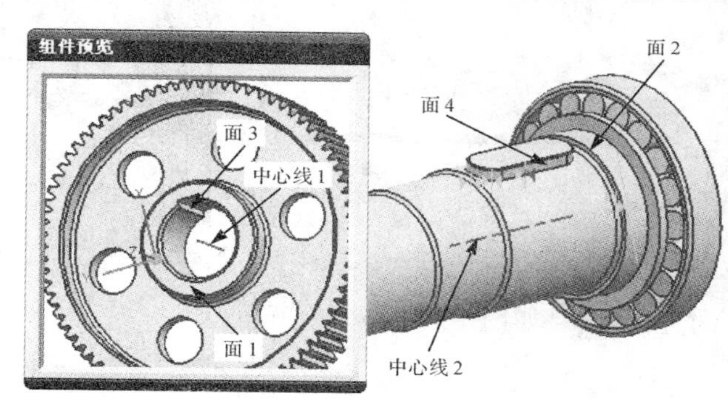

图16-14 添加齿轮接触对齐约束

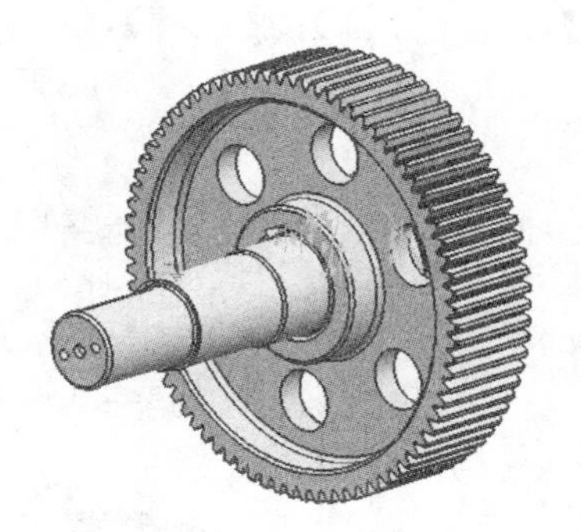

图16-15 齿轮定位结果

6. 添加组件dingjuhuan并定位

1)添加组件dingjuhuan

调用【添加组件】工具,并选取dingjuhuan.prt文件,其参数设置同例15.1中的组件lunzi,单击【确定】按钮,弹出【装配约束】对话框。

2)定位组件dingjuhuan

(1)添加接触约束:在【装配约束】对话框中的在【类型】下拉选项中选择【接触对齐】,选择【方位】为【接触】,依次选择如图16-16所示的面1、面2,完成第一组装配约束。

(2)添加接触约束:类型保持不变,选择【方位】为【对齐】,依次选择如图16-16所示的中心线1、中心线2,完成第二组装配约束。

(3)单击【确定】按钮,完成定距环的定位,结果如图16-17所示。

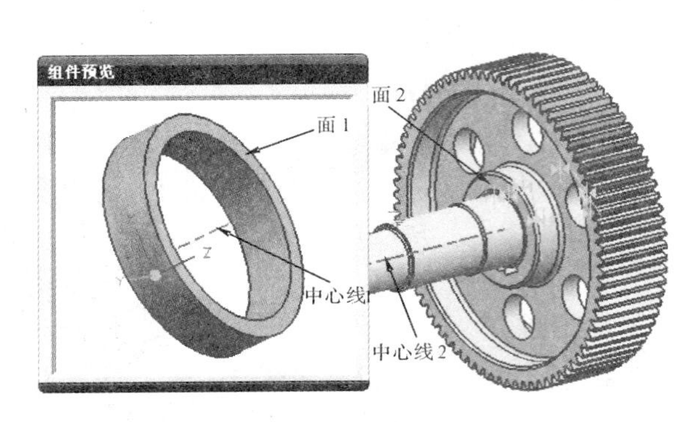

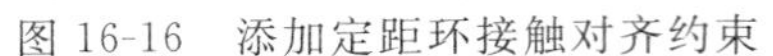
图 16-16　添加定距环接触对齐约束

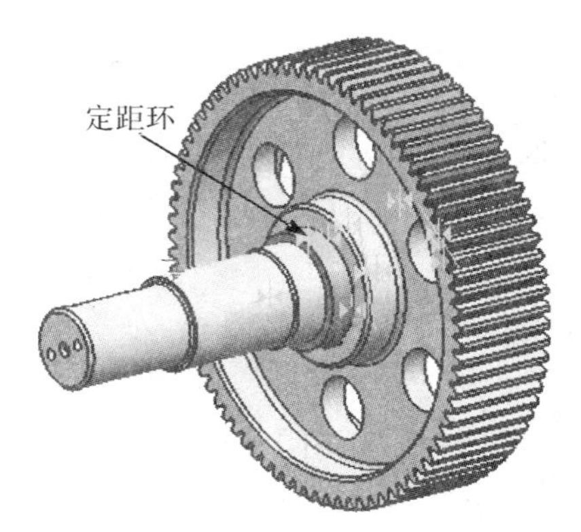

图 16-17　定距环定位结果

7. 再次添加组件 zhoucheng1 并定位

1)再次添加组件 zhoucheng1

调用【添加组件】工具，并选取 zhoucheng1. prt 文件，其参数设置同例 15. 1 中的组件 lunzi，单击【确定】按钮，弹出【装配约束】对话框。

2)定位组件 zhoucheng1

(1)添加接触约束：在【装配约束】对话框中的在【类型】下拉选项中选择【接触对齐】，选择【方位】为【接触】，依次选择如图 16-18 所示的面 1、面 2，完成第一组装配约束。

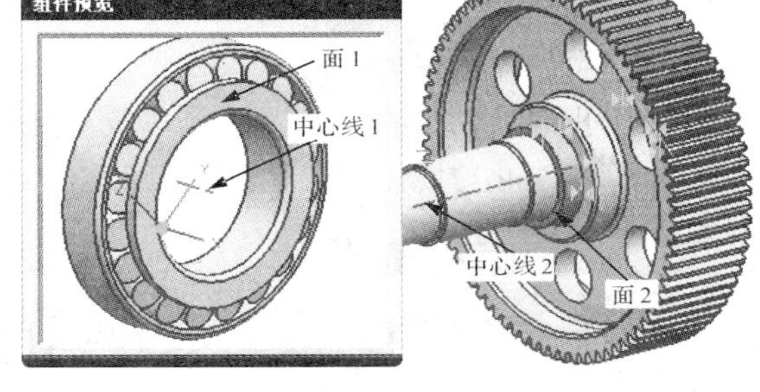

图 16-18　再次添加轴承 1 接触对齐约束

(2)添加对齐约束：类型保持不变，选择【方位】为【对齐】，依次选择如图 16-18 所示的中心线 1、中心线 2，完成第二组装配约束。

(3)单击【确定】按钮，完成轴承 1 的定位，结果如图 16-19 所示。

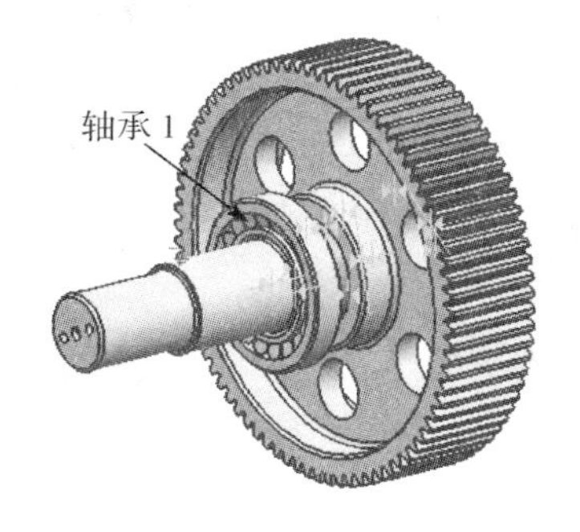

图 16-19　轴承 1 再次定位结果

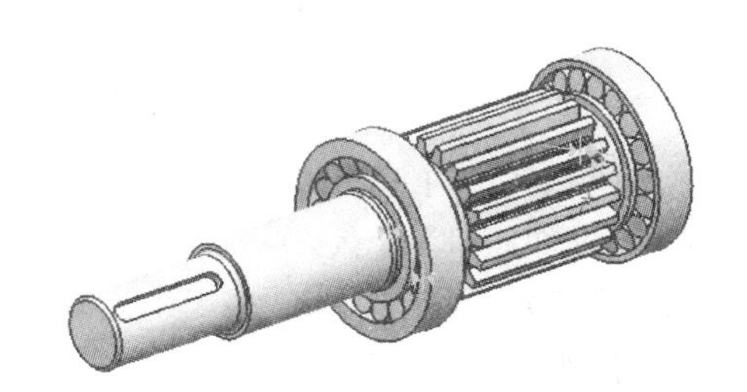

图 16-20　高速轴装配结果

16. 2. 2　高速轴子装配

高速轴组件包括 3 个零件，齿轮轴作为基础零件，两个完全相同的轴承作为相配合零件。在装配过程中，首先在空的装配体中导入齿轮轴作为基础零件，然后在齿轮轴上按装配约束安装两个完全相同的轴承。完成后的效果如图 16-20 所示。

1. 新建子装配文件

1)创建一个单位为毫米,名为 Assem-bly_gaosuzhou 的文件,并保存在 D:\jiansuqi 下。

2)调用建模和装配模块,并打开装配导航器。

2. 添加组件 gaosuzhou 并定位

请参照 15.1 节中“添加组件 chajia 并定位”,此处不再赘述。

3. 添加组件 zhoucheng2 并定位

1)添加组件 zhoucheng2

调用【添加组件】工具,并选取 zhoucheng2. prt 文件,其参数设置同例 15.1 中的组件 lunzi,单击【确定】按钮,弹出【装配约束】对话框。

2)定位组件 zhoucheng2

(1)添加接触约束:在【装配约束】对话框中的在【类型】下拉选项中选择【接触对齐】,选择【方位】为【接触】,依次选择如图 16-21 所示的面 1、面 2,完成第一组装配约束。

(2)添加对齐约束:类型保持不变,选择【方位】为【对齐】,依次选择如所示的中心线 1、中心线 2,完成第二组装配约束。

(3)单击【确定】按钮,完成轴承 2 的定位。

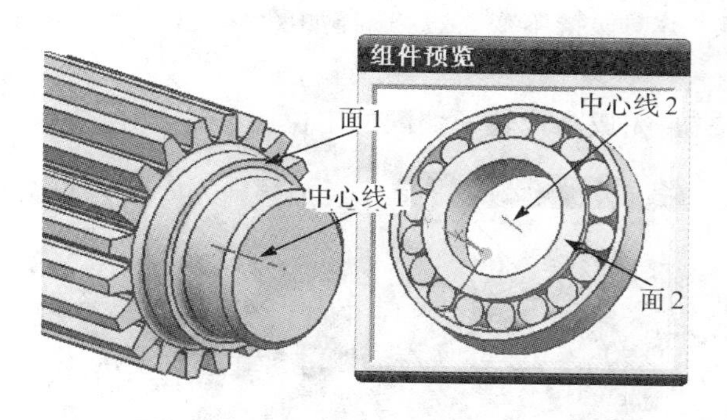

图 16-21　添加轴承 2 接触对齐约束

4. 再次添加组件 choucheng2 并定位

操作步骤与上一步相同,不过面 1、面 2、中心线 1、中心线 2 不同,如图 16-22 所示。

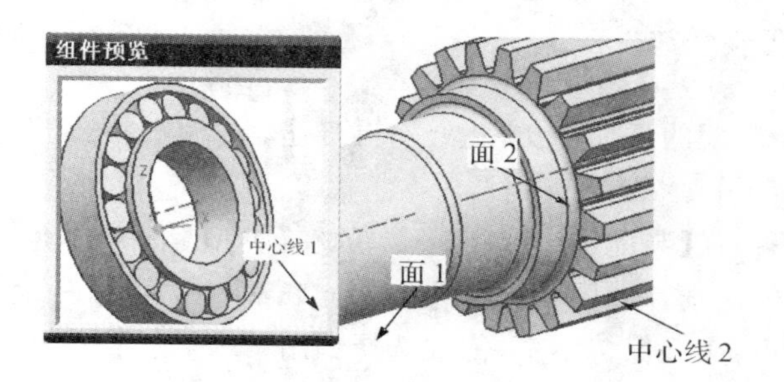

图 16-22　再次添加轴承 2 接触对齐约束

16.2.3 减速器总装配

首先将机座零件导入空的装配体中，然后在机座上安装高速轴组件和低速轴组件。

1. 新建装配文件

1)创建一个单位为毫米，名为 Assem-bly_jiansuqi 的文件，并保存在 D:\jiansuqi 下。

2)调用建模和装配模块，并打开装配导航器。

2. 添加组件 jizuo 并定位

请参照 15.1 节中"添加组件 chajia 并定位"，此处不再赘述。

3. 添加高速轴子装配并定位

1)添加组件 Assembly_gaosuzhou

(1)调用【添加组件】工具，并选取 Assem-bly_gaosuzhou. prt 文件。

(2)参数设置：设置【定位】为【通过约束】、【Reference Set】为【整个部件】、【图层选项】为【原先的】，其余选项保持默认值。

(3)单击【确定】按钮，并弹出【装配约束】对话框。

2)定位组件 Assem-bly_gaosuzhou

(1)添加接触约束：在【装配约束】对话框中的在【类型】下拉选项中选择【接触对齐】，选择【方位】为【对齐】，依次选择如图 16-23 所示的面 1、面 2，完成第一组装配约束。

(2)添加对齐约束：类型保持不变，依次选择如图 16-23 所示的中心线 1、中心线 2，完成第二组装配约束。

(3)单击【确定】按钮，完成高速轴子装配的定位。

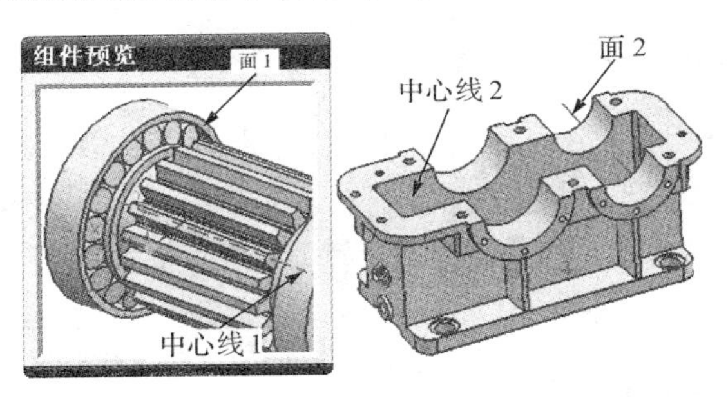

图 16-23　高速轴定位结果

4. 添加低速轴子装配并定位

1)添加组件 Assembly_disuzhou

请参照高速轴子装配的添加方法，此处不再赘述。

2)定位组件 Assembly_disuzhou

(1)添加接触约束：在【装配约束】对话框中的在【类型】下拉选项中选择【接触对齐】，选择【方位】为【对齐】，依次选择如图 16-24 所示的面 1、面 2，完成第一组装配约束。

(2)添加对齐约束：类型保持不变，依次选择如图 16-24 所示的中心线 1、中心线 2，完成第二组装配约束。

(3)单击【确定】按钮，完成低速轴子装配的定位。

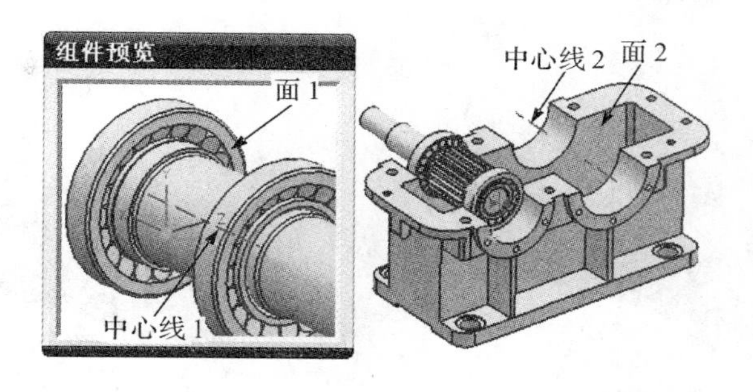

图 16-24　低速轴定位结果

16.3　化工储罐的建模与装配

本节首先介绍化工储罐的创建方法，然后将创建好的储罐零件以及已有的垫圈、法兰、螺栓、螺母等零件，完成储罐的装配。

由于篇幅限制，这里仅介绍大致的操作步骤，具体步骤请参照立体词典学习软件中的综合实例“化工储罐的建模与装配”。

16.3.1　储罐零件的建模

储罐零件的模型如图 16-25 所示。其主要尺寸(单位:毫米)如下：

- 椭圆封头：长半轴=100，短半轴=50；
- 筒体：内直径 D=200，长 Length=300，壁厚 thick=10；
- 管接头：内直径ϕ60，高 h=50，壁厚 5；
- 法兰盘：外直径ϕ110，厚 10，孔ϕ10。

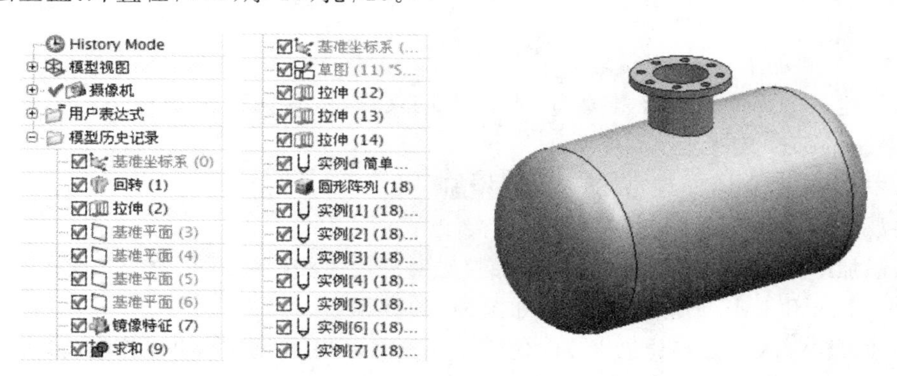

图 16-25　储罐零件模型

其操作步骤如下：

(1)创建筒体和封头，如图 16-26 所示。

(2)创建接管，如图 16-27 所示。

(3)创建法兰盘，如图 16-25 所示。

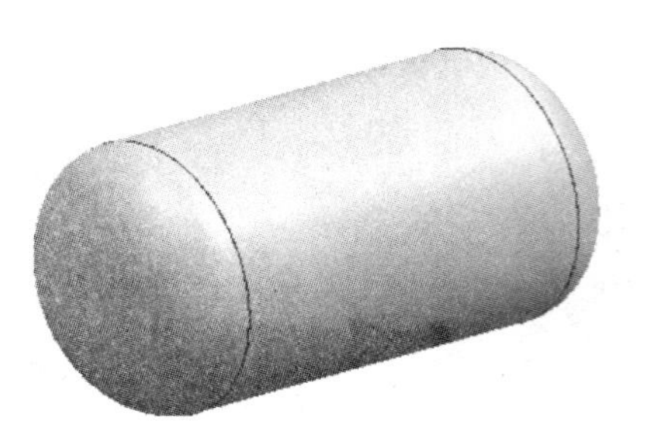

图 16-26　创建筒体和封头

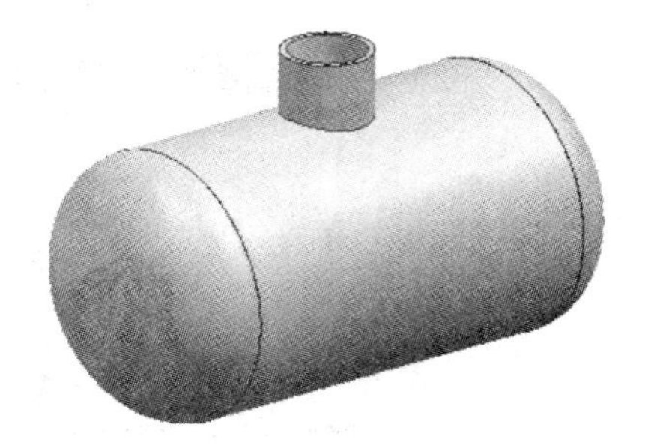

图 16-27　创建接管

16.3.2　化工储罐的装配

通过 Wave 几何链接器构造垫片和法兰盘，其中垫片 washer 厚 10mm，法兰盘 flange 厚 10mm；然后添加 bolt 和 Hex 组件；最后通过组件阵列完成装配。化工储罐的装配模型如图 16-28 所示。

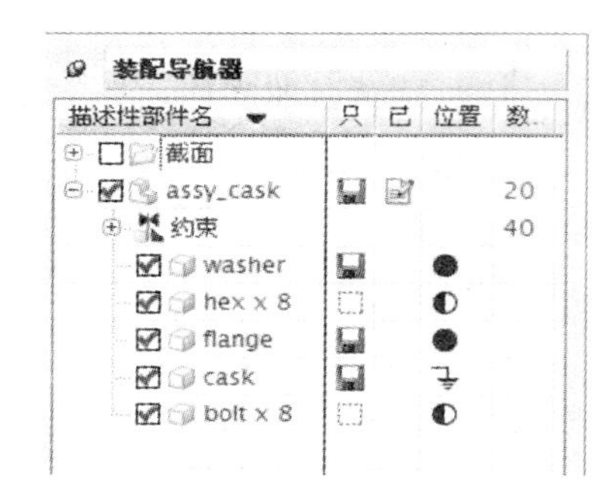

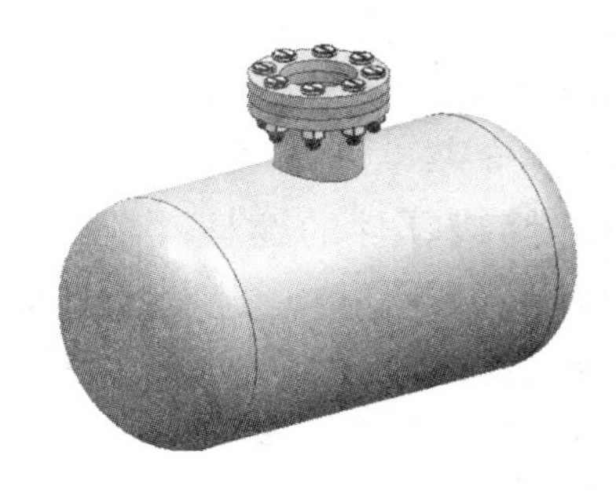

图 16-28　化工储罐的装配模型

其操作步骤如下：

(1)创建一个单位为毫米，名为 assy_cask 的文件，将其保存在 D:\cask 下，并将 ch16\cask 目录下的部件文件复制到 D:\cask 下。

(2)添加组件 cask(储罐主体)并为其添加固定约束。

(3)添加组件 hex(螺母)，并为其添加接触对齐约束。

(4)添加组件 bolt(螺栓)，并为其添加接触对齐约束和距离约束，如图 16-29 所示。

(5)为 hex 和 bolt 创建组件阵列，如图 16-30 所示。

(6)通过【WAVE 几何链接器】创建一个 washer(垫圈)组件，并为其添加接触对齐约束，如图 16-31 所示。

(7)通过【WAVE 几何链接器】创建一个 flange(法兰盘)组件，并为其添加接触对齐约束。

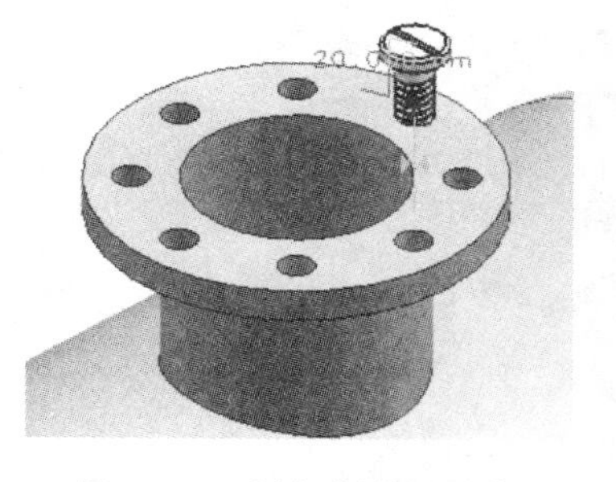

图 16-29　添加螺栓及约束

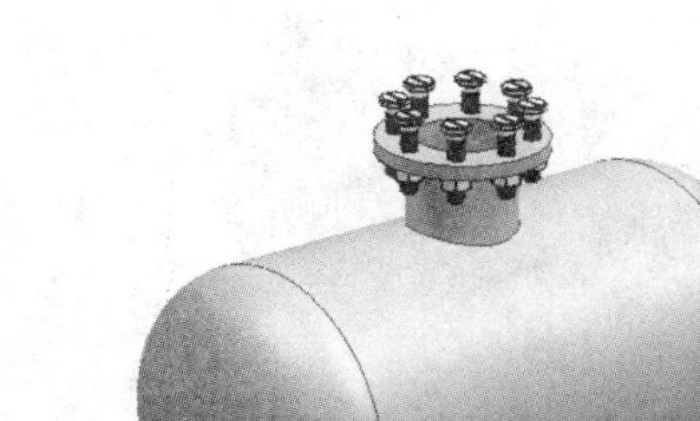
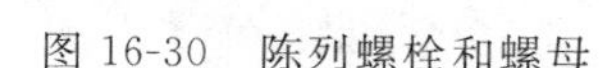

图 16-30　陈列螺栓和螺母

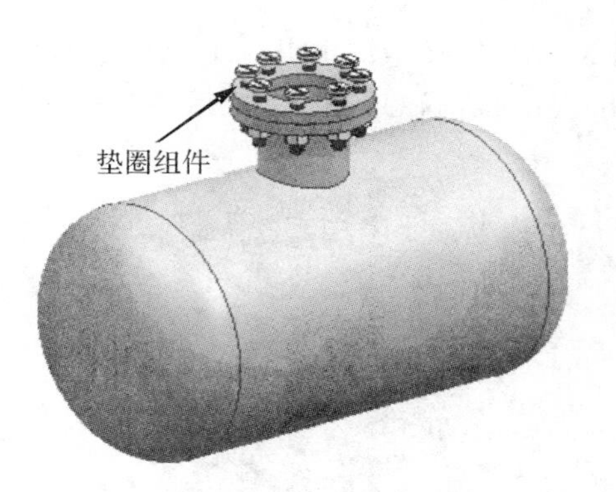

图 16-31　创建垫圈组件并添加约束

16.4　本章小结

本章通过三个实例介绍了 UG NX 的装配功能。学习本章后，希望能加强读者对装配功能的应用及零件装配设计技巧，同时也希望读者在实践中能够对装配工具进行熟练灵活地运用，并掌握装配建模的思路。

16.5　思考与练习

1. 根据 Assembily_EX_1 文件夹中的 jizuo. prt、houduangai. prt、chilun. prt、chilunzhou1. prt、chilunzhou2. prt、fangchentao. prt、qianduangai. prt、yuantoupingjian. prt，完成如文件 Assembly_chilunbeng. prt 所示的装配，完成后的装配图如图 16-32 所示。

2. 根据 Assembily_EX_2 文件夹中的 piston. prt、shaft. prt、crank_arm. prt、crank_arm_cover. prt、up_connecting_bush. prt、bottom_connecting_bush. prt、screw. prt、nut. prt、piston_ring. prt，完成文件 Piston_Connection_Set. prt 所示的装配，完成后的装配图如图 16-33 所示。

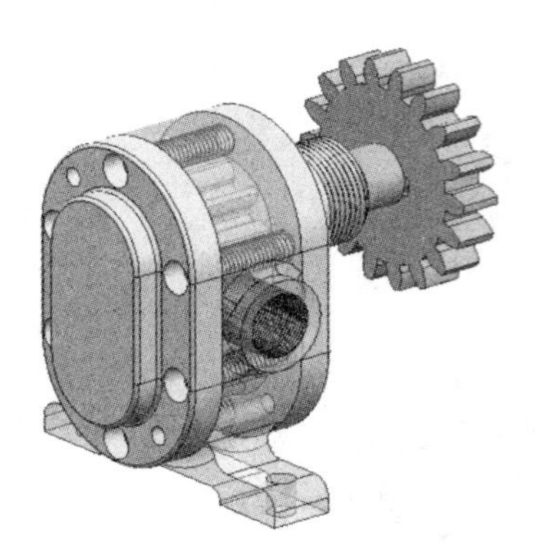

图 16-32　装配练习 1

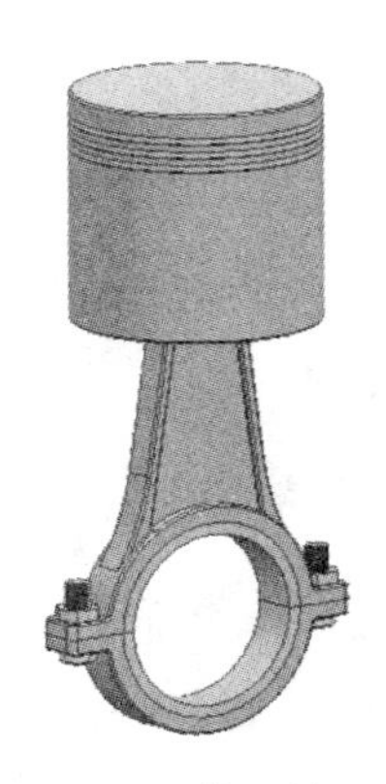

图 16-33　装配练习 2

3. 根据 Assembily_EX_3 文件夹中的 ball. prt、ring. prt、bracket. prt、screw. prt、nut. prt，完成文件 Assembly_ball. prt 所示的装配，完成后的装配图图 16-34 所示。

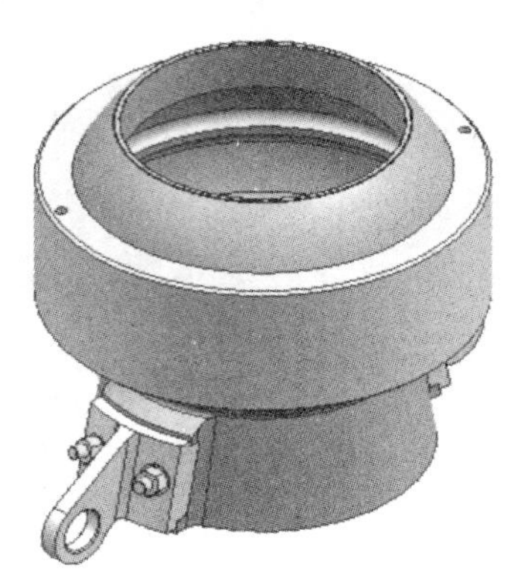

图 16-34　装配练习 3

第 17 章　工程制图

虽然现在越来越多的制造行业已经转向无纸化设计和数控加工，但工程图纸仍是传递工程信息的重要媒介。因此，零件的三维模型创建完成后，有时为了方便与其他工作人员沟通，还需要建立工程图。在 UG NX 中，工程图的建立是在【制图】模块中进行的。

本章主要介绍 UG NX 制图模块的操作使用，具体内容包括工程图纸的创建与编辑、制图参数预设置、视图的创建与编辑、尺寸标注、数据的转换等内容。

本章学习目标

- 了解 UG NX 制图模块的特点、用户界面及一般出图过程；
- 掌握工程图纸的创建和编辑方法；
- 掌握各种视图的创建与编辑方法；
- 掌握工程图的标注方法；
- 掌握制图模块参数预设置的方法；
- 掌握数据转换方法。

17.1　概　述

17.1.1　UG NX 工程图特点

UG NX 系统中的工程图模块不应理解为传统意义上的二维绘图，它并不是用曲线工具直接绘制的工程图，而是利用 UG NX 的建模功能创建的零件和装配模型，引用到 UG NX 的制图模块中，快速地生成二维工程图。

由于 UG NX 软件所创建的二维工程图是由三维实体模型二维投影所得到的，因此，工程图与三维实体模型是完全关联的，实体模型的尺寸、形状和位置的任何改变，都会引起二维工程图的变化。

17.1.2　制图模块的调用方法

调用制图模块的方法大致有 3 种：

1)单击【应用模块】工具条上的【制图】命令。

2)在【标准】工具条的【开始】下拉菜单中选择【制图】命令。

3)按快捷键 Ctrl＋Shift＋D。

如图 17-1 所示为 UG NX 制图工作环境界面，该界面与实体建模界面相比，在【插入】下拉菜单中增加了二维工程图的有关操作工具。另外，主界面还增加了 6 个工具条，应用这些菜单命令和工具条按钮，可以快速创建和编辑二维工程图。

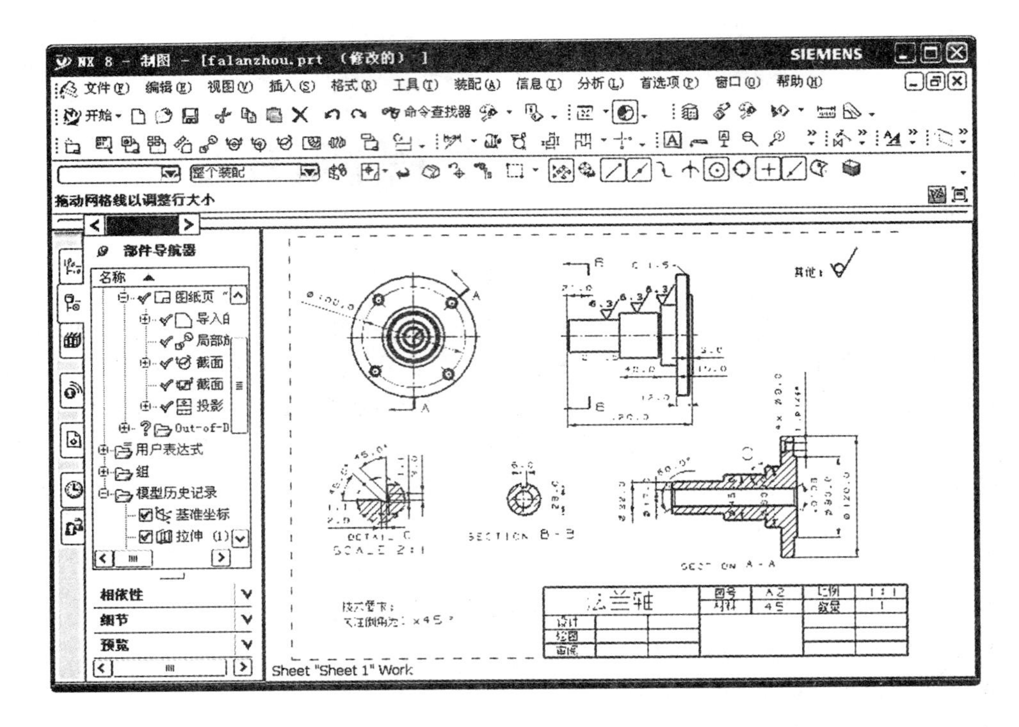

图 17-1　UG NX 制图工作环境界面

17.1.3　UG NX 出图的一般流程

UG NX 出图的一般流程为：

1)打开已经创建好的部件文件，并加载【建模】及【制图】模块。

2)设定图纸。包括设置图纸的尺寸、比例以及投影角等参数。

3)设置首选项。UG 软件的通用性比较强，其默认的制图格式不一定满足用户的需要，因此在绘制工程图之前，需要根据制图标准设置绘图环境。

4)导入图纸格式(可选)。导入事先绘制好的符合国标、企标或者适合特定标准的图纸格式。

5)添加基本视图。例如主视图、俯视图、左视图等。

6)添加其他视图。例如局部放大图、剖视图等。

7)视图布局。包括移动、复制、对齐、删除以及定义视图边界等。

8)视图编辑。包括添加曲线、修改剖视符号、自定义剖面线等。

9)插入视图符号。包括插入各种中心线、偏置点、交叉符号等。

10)标注图纸。包括标注尺寸、公差、表面粗糙度、文字注释以及建立明细表和标题栏等。

11)保存或者导出为其他格式的文件。

12)关闭文件。

17.2 工程图纸的创建与编辑

在介绍工程图纸的具体创建与编辑方法之前，首先介绍一下【图纸】工具条上的【显示图纸页】命令，通过此命令可以在三维图与工程图之间切换。但切换到三维图状态后的环境并不是【建模】环境，仍然是【制图】环境。进入【制图】环境后此命令自动打开。

17.2.1 创建工程图纸

通过【新建图纸页】命令，可以在当前模型文件内新建一张或多张具有指定名称、尺寸、比例和投影角的图纸。

图纸的创建可以由两个途径来完成。一是首次调用【制图】模块后，在进入制图环境的同时，系统会弹出【图纸页】对话框；二是在制图环境中，可以选择菜单【插入】|【图纸页】命令，或者单击【图纸】工具条上的【新建图纸页】命令，也会弹出【图纸页】对话框，如图 17-2 所示。

设置图纸的规格、名称、单位及投影角后，单击【确定】按钮，即可创建图纸页。

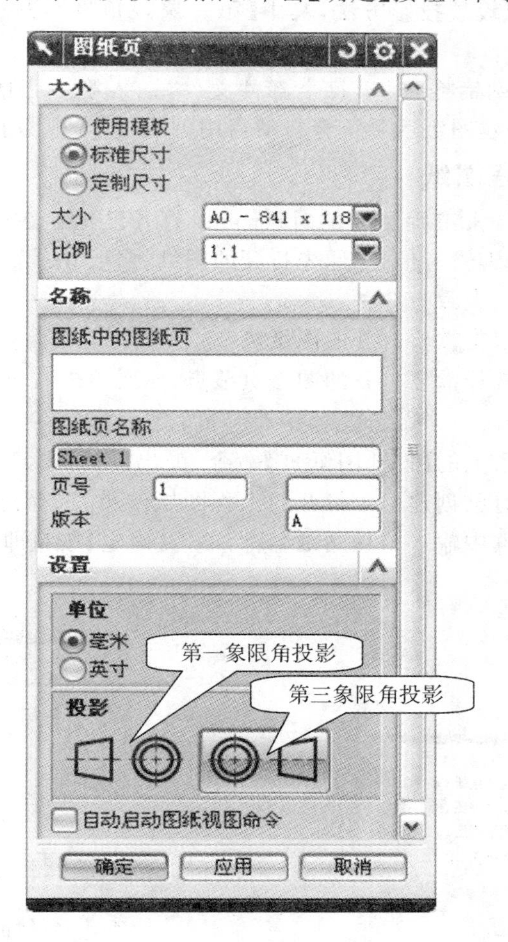

图 17-2 创建图纸对话框

该对话框中各选项的意义如下所述：

- 大小：共有 3 种规格的图纸可供选择，即【使用模板】、【标准尺寸】和【定制尺寸】。

  ☆ 使用模板：使用该选项进行新建图纸的操作最为简单，可以直接选择系统提供的模板，将其应用于当前制图模块中。

  ☆ 标准尺寸：图纸的大小都已标准化，可以直接选用。至于比例、边框、标题栏等内容需要自行设置。

  ☆ 定制尺寸：图纸的大小、比例、边框、标题栏等内容均需自行设置。

- 名称：包括【图纸中的图纸页】和【图纸页名称】两个选项。

  ☆ 图纸中的图纸页：列表显示图纸中所有的图纸页。对 UG 来说，一个部件文件中允许有若干张不同规格、不同设置的图纸。

  ☆ 图纸页名称：输入新建图纸的名称。输入的名称最多包含 30 个字符，但不能含有空格、中文等特殊字符，所取的名称应具有一定的意义，以便管理。

- 单位：制图单位可以是英寸（Inch，为英制单位）或毫米（Millimeters，为公制单位）。选择不同的单位，在图纸尺寸下拉列表中具有不同的内容，我国的标准是公制单位。

- 投影：为工程图纸设置投影方法，其中【第一象限角投影】是我国国家标准，【第三象限角投影】则是国际标准。

- 自动启动基本视图命令：对于每个部件文件，插入第一张图纸页时，会出现该复选框。选择该复选框后，创建图纸后系统会自动启用创建【基本视图】命令。

17.2.2 打开工程图纸

若一个文件中包含几张工程图纸的时候，可以打开已经存在的图纸，使其成为当前图纸，以便进一步对其进行编辑。但是，原先打开的图纸将自动关闭。

打开工程图纸的方法大致有 3 种：

1）在部件导航器中双击欲要打开的图纸页节点。

2）在部件导航器中选择欲要打开的图纸页节点，然后单击右键，在弹出的快捷菜单中选择【打开】，如图 17-3 所示。

3）单击【图纸】工具条上的【打开图纸页】命令，弹出【打开图纸页】对话框，如图 17-4 所示。列表框中列出了所有已创建但未打开的工程图纸清单，选择想要打开的工程图纸或直接在【图纸页名称】文本框中输入工程图纸名称，单击【确定】按钮即可打开所选图纸。

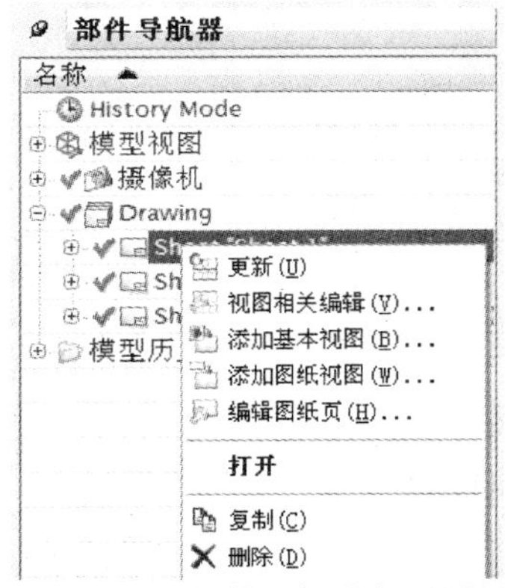

图 17-3 从部件导航器打开图纸

图 17-4 用打开图纸页命令打开图纸

17.2.3 编辑工程图纸

在进行视图添加及编辑过程中，有时需要临时添加剖视图、技术要求等，而在新建过程中设置的工程图参数可能无法满足要求（如图纸类型、图纸尺寸、图纸比例），这时需要对图纸进行编辑。

编辑工程图纸的方法大致有2种：

1）在部件导航器中选择欲要编辑的图纸页节点，然后单击右键，在弹出的快捷菜单中选择【编辑图纸页】，如图17-3所示。

2）选择菜单【编辑】|【图纸页】命令。

只有在图纸上没有投影视图存在时，才可以修改投影角。

17.2.4 删除工程图纸

删除工程图纸的方法大致有2种：

1）在部件导航器中选择欲要删除的图纸页节点，然后单击右键，在弹出的快捷菜单中选择【删除】，如图17-3所示。

2）将光标放置在图纸边界虚线部分，单击【左键】选中图纸页，然后单击右键，在弹出的快捷菜单中选择【删除】，或直接按键盘上Delete键。

17.3 视图的创建

创建好工程图纸后，就可以向工程图纸添加需要的视图，如基本视图、投影视图、局部放大视图以及剖视图等。

如图17-5所示，【图纸】工具条上包含了创建视图的所有命令。另外，通过下拉菜单中的【插入】|【视图】下的子命令也可以创建视图。

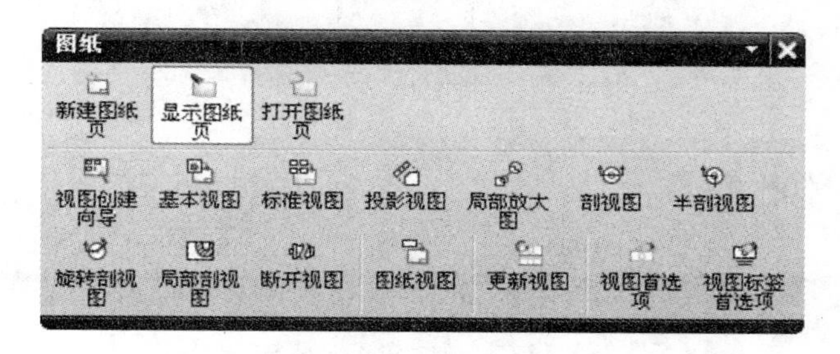

图17-5 图纸工具条

17.3.1 基本视图

基本视图指实体模型的各种向视图和轴测图，包括前视图、后视图、左视图、右视图、俯视图、仰视图、正等轴测图和正二测视图。基本视图是基于三维实体模型添加到工程图纸上的视图，所以又称为模型视图。

在一个工程图中至少要包含一个基本视图。除基本视图外的视图都是基于图纸页上的其他视图来建立的，被用来当作参考的视图称为父视图。每添加一个视图(除基本视图)时都需要指定父视图。

单击【图纸】工具条上的【基本视图】命令，弹出【基本视图】对话框，如图 17-8 所示。

● 部件：该选项区的作用主要是选择部件来创建视图。如果是先加载了部件，再创建视图，则该部件被自动列入【已加载的部件】列表中。如果没有加载部件，则通过单击【打开】按钮来打开要创建基本视图的部件。

● 视图原点：该选项区用于确定原点的位置，以及防止主视图的方法。

● 模型视图：该选项区的作用是选择基本视图来创建主视图。

☆ Model View to Use(使用的模型视图)：从下拉列表中选择一基础视图。在该下拉列表中共包含了 8 种基本视图。

☆ 定向视图工具：单击图标，弹出如图 17-6 所示的定向视图窗口，通过该窗口可以在放置视图之前预览方位。

● 刻度尺：该选项区用于设置视图的缩放比例。在【刻度尺】下拉列表中包含有多种给定的比例尺，如“1∶5”表示视图缩小至原来的五分之一，而“2∶1”则表示视图放大为原来的 2 倍。除了给定的固定比例值，还提供了“比率”和“表达式”两种自定义形式的比例。该刻度尺只对正在添加的视图有效。

图 17-6　定向视图窗口

● 设置：该选项区主要用来设置视图的样式。单击【视图样式】按钮，弹出如图 17-7 所示的【视图样式】对话框，可以在该对话框中进行相关选项的设置。

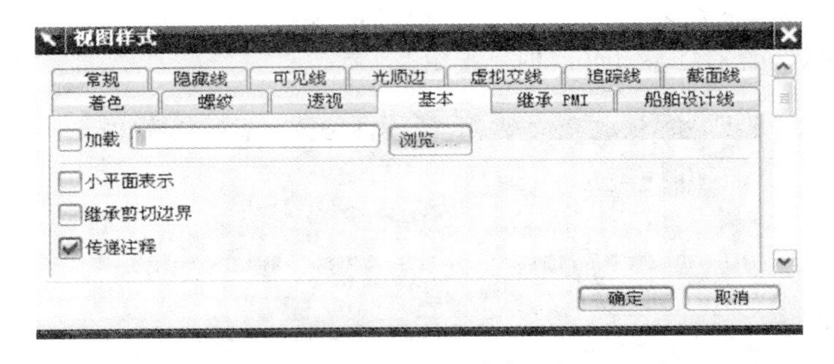

图 17-7　视图样式对话框

例 17-1　创建基本视图

(1)打开 Drafting_Base_View. prt，其三维模型如图 17-9 所示。

(2)按快捷键 Ctrl＋Shift＋D 调用制图模块，自动弹出如图 17-2 所示的【图纸页】对话框。

(3)图纸参数设置：在【大小】选项区中选择【标准尺寸】单选按钮，并选择图纸大小为【A4－210×297】，然后在【设置】选项区中选择【毫米】单选按钮，并单击【第一象限角投影】

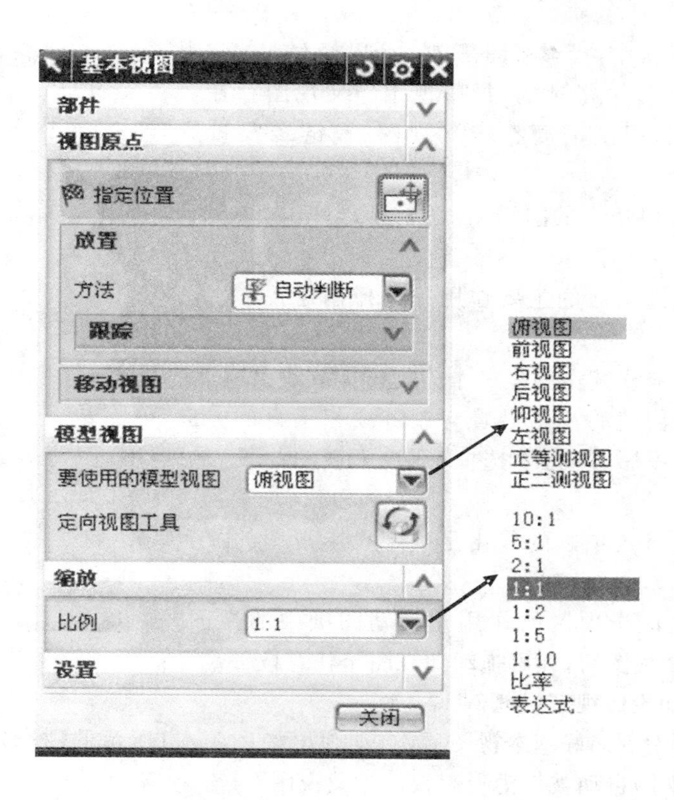

图 17-8　基本视图对话框

按钮，单击【确定】按钮后，弹出如图 17-8 所示的【基本视图】对话框。

(4)视图参数设置：在【要使用的模型视图】下拉列表中选择【俯视图】视图，并在【比例】下拉列表中选择 2:1。

(5)放置视图：在合适的位置处单击 MB1，即可在当前工程图中创建一个模型视图，如图 17-10 所示。

图 17-9　打开例 17-1 三维模型

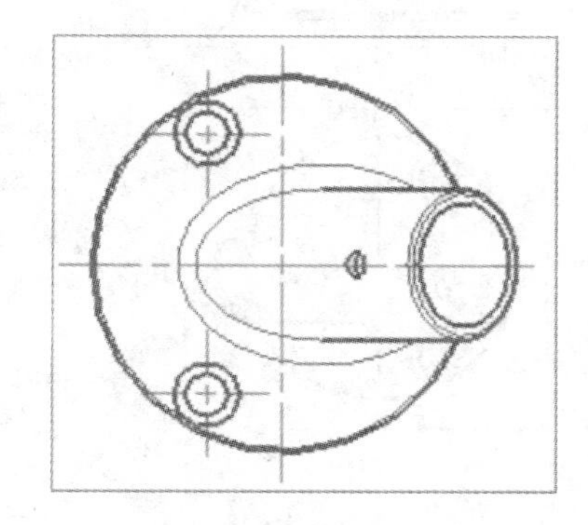

图 17-10　模型基本视图

17.3.2　投影视图

投影视图，即国标中所称的向视图，它是根据主视图来创建的投影正交视图或辅助视图。

在 UG 制图模块中，投影视图是从一个已经存在的父视图沿着一条铰链线投影得到的，投影视图与父视图存在着关联性。创建投影视图需要指定父视图、铰链线及投影方向。

单击【图纸】工具条上的【投影视图】命令，弹出如图 17-11 所示的对话框。

图 17-11　投影视图对话框

- 父视图：该选项区的主要作用是选择创建投影视图的父视图（主视图）。
- 铰链线：铰链线其实就是一个矢量方向，投影方向与铰链线相垂直，即创建的视图沿着与铰链线相垂直的方向投影。选择【反转投影方向】复选框，则投影视图与投影方向相反。
- 视图原点：该选项区的作用是确定投影视图的放置位置。
- 移动视图：该选项区的作用是移动图纸中的视图。在图纸中选择一个视图后，即可拖动此视图至任意位置。

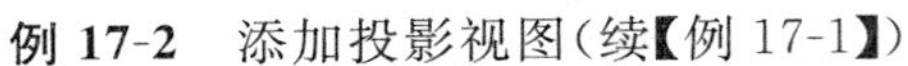

例 17-2　添加投影视图（续【例 17-1】）

（1）【例 17-1】中创建好基本视图后，自动弹出如图 17-11所示的【投影视图】对话框，并且所创建的基本视图自动被作为投影视图的父视图

（2）由于【铰链线】默认为【自动判断】，所以移动光标，系统的铰链线及投影方向都会自动改变，如图 17-12 所示。移动光标至合适位置处单击 MB1，即可添加一正交投影视图。

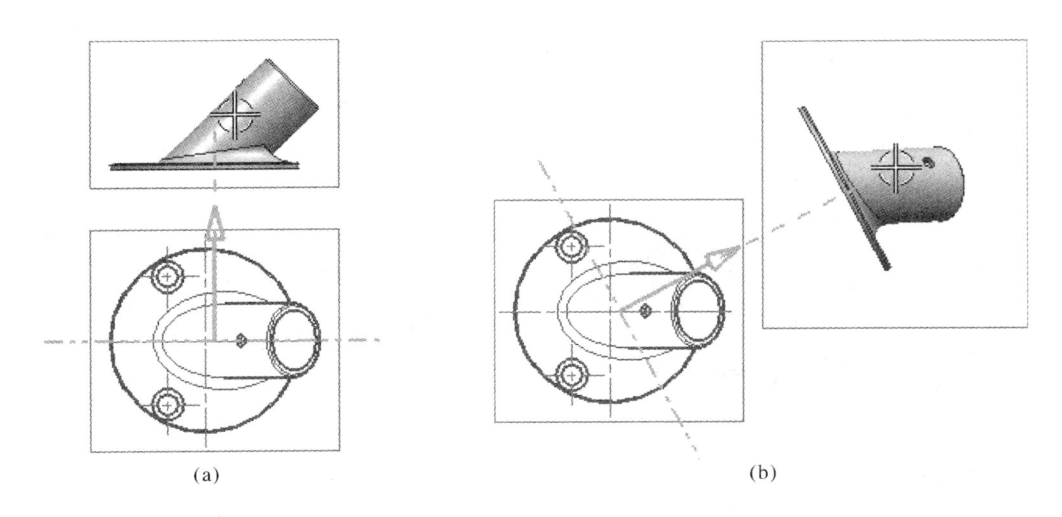

图 17-12　添加例 17-1 模型的投影视图

17.3.3　局部放大图

将零件的局部结构按一定比例进行放大，所得到的图形称为局部放大图。局部放大图主要用于表达零件上的细小结构。

单击【图纸】工具条上的【局部放大图】命令，弹出如图 17-13 所示的【局部放大图】对话框。

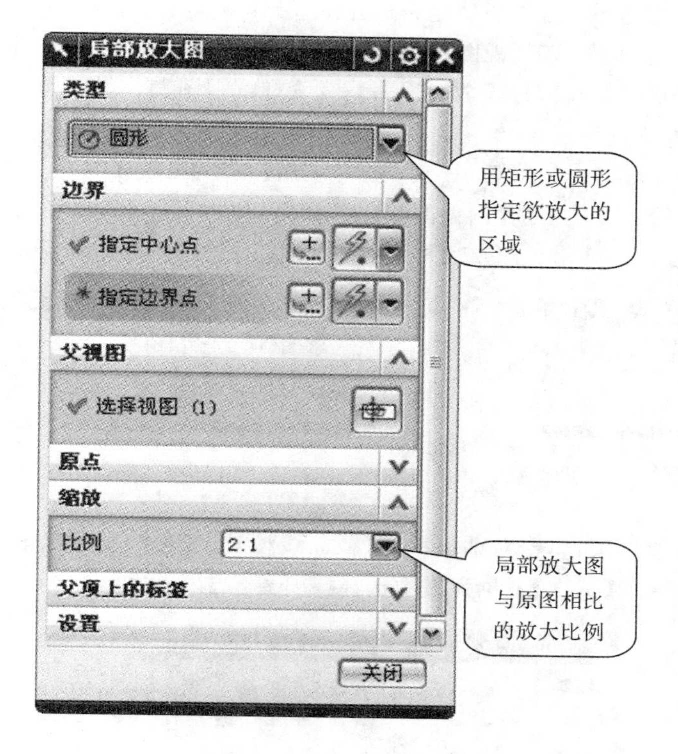

图 17-13　局部放大图命令对话框

例 17-3　添加局部放大图

(1)打开 Drafting_Detail_View.prt，然后调用【制图】模块，并打开 SHEET1 图纸。

(2)单击【图纸】工具条上的【局部放大图】命令，调用【局部放大图】工具。

(3)指定放大区域：在【类型】下拉列表中选择【圆形】，然后指定局部放大区域的圆心，移动光标，观察动态圆至合适大小时，单击 MB1。

(4)指定放大比例：在【比例】下拉列表中选择 2∶1。

(5)在合适位置单击 MB1，即可在指定位置创建一局部放大视图，如图 17-14 所示。

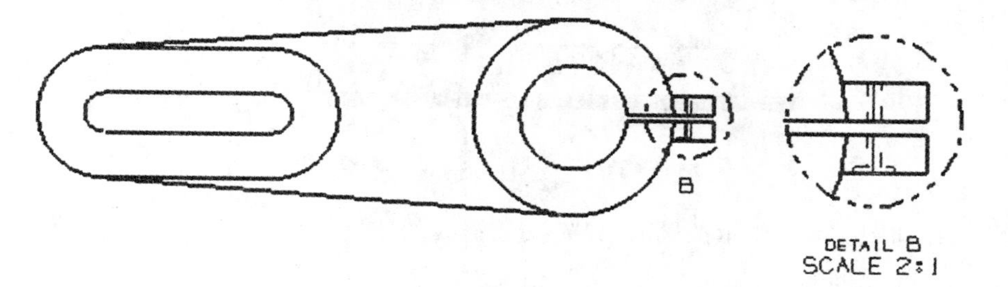

图 17-14　局部放大视图

17.3.4 剖视图

在创建工程图过程中，为了清楚地表达腔体、箱体等类型零件的内部特征，往往需要创建剖视图，包括：全剖视图、半剖视图、旋转剖视图、局部剖视图等。

通过【剖视图】命令可以创建【全剖视图】和【阶梯剖视图】。

例 17-4 创建全剖视图

(1)打开 Drafting_Section_View_1. prt，并调用【制图】模块。

(2)单击【图纸】工具条上的【剖视图】命令，弹出如图 17-15 所示的对话框。

(3)选择父视图后，弹出如图 17-16 所示的【剖视图】对话框，并出现铰链线。

图 17-15 剖视图命令对话框

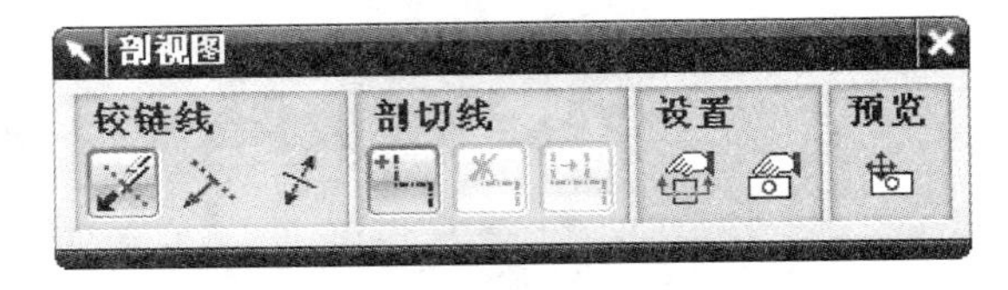

图 17-16 剖视图设置对话框

(4)定义剖切线样式：单击对话框中的【截面线型】按钮，弹出如图 17-17 所示的对话框，在【设置】选项区的【标准】下拉列表中选择【GB 标准】。

图 17-17 截面线设置对话框

(5)选择如图 17-18 所示的圆心，以定义铰链线的位置，单击 MB1 确定。此时铰链线可绕一固定点 360°旋转。

(6)将视图移动到合适的位置后，单击 MB1 确定，结果如图 17-19 所示。

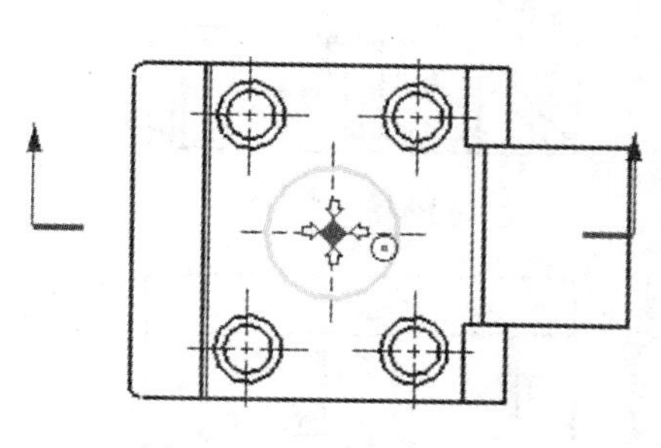
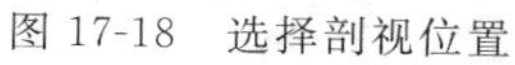
图 17-18 选择剖视位置

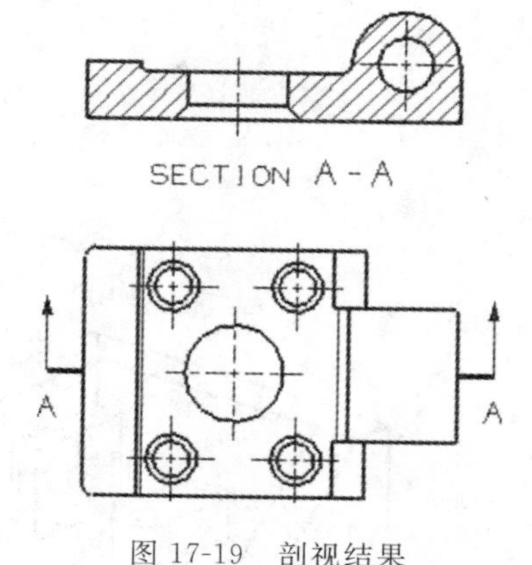

图 17-19 剖视结果

为了使以后添加的剖视图的剖切线样式都是【GB 标准】，可以单击【首选项】|【截面线】，在【截面线首选项】对话框中对剖切线样式进行设置。

例 17-5 创建阶梯剖视图

(1)打开 Drafting_Section_View_2. prt，并调用【制图】模块。

(2)单击【图纸】工具条上的【剖视图】命令，弹出如图 17-15 所示的对话框。

(3)选择如图 17-20 所示的俯视图作为父视图，单击 MB1 确定，弹出如图 17-16 所示【剖视图】对话框，并出现铰链线。

(4)定义铰链线：

①单击【定义铰链线】图标，选择图 17-20 所示的边，以定义剖切线的方向。

②选择图 17-20 所示的点 1，然后单击【添加段】图标，并依次选择点 2、点 3(中点)。

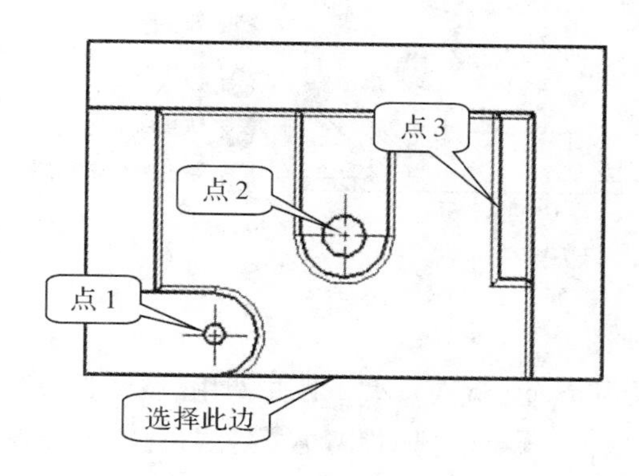

图 17-20 父视图的选择

(5)单击图 17-16 所示对话框上的【放置视图】图标，将视图移动到合适的位置后，单击左键确定，结果如图 17-21 所示。

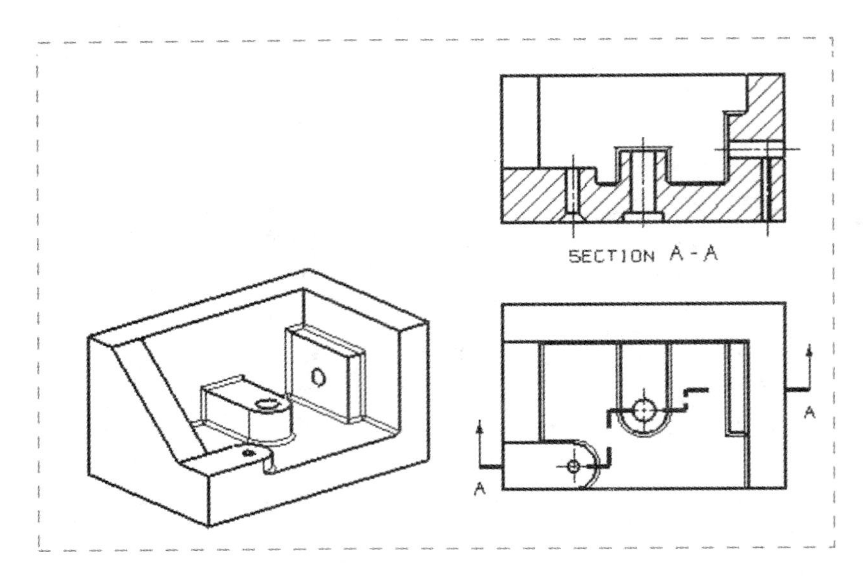

图 17-21　阶梯剖视图

17.3.5　半剖视图

半剖视图是指以对称中心线为界，视图的一半被剖切，另一半未被剖切的视图。需要注意的是，半剖的剖切线只包含一个箭头、一个折弯和一个剖切段，如图 17-22 所示。

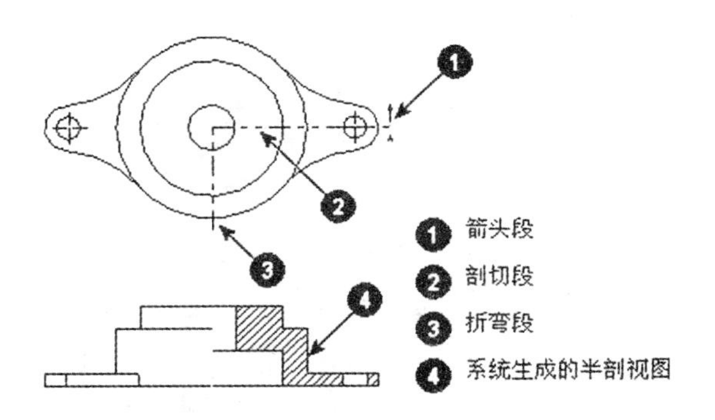

图 17-22　半剖视图的概念

例 17-6　创建半剖视图

(1)打开 Drafting_Half_Section_View.prt，并调用【制图】模块。

(2)单击【图纸】工具条上的【半剖视图】图标 ，弹出【半剖视图】对话框。

(3)选择父视图。

(4)选择如图 17-23(a)所示的圆心以定义剖切位置，单击 MB1 确定。

(5)选择如图 17-23(b)所示的圆心以定义折弯位置，单击 MB1 确定。

(6)将半剖视图移动至合适位置处，然后单击 MB1，结果如图 17-23(c)所示。

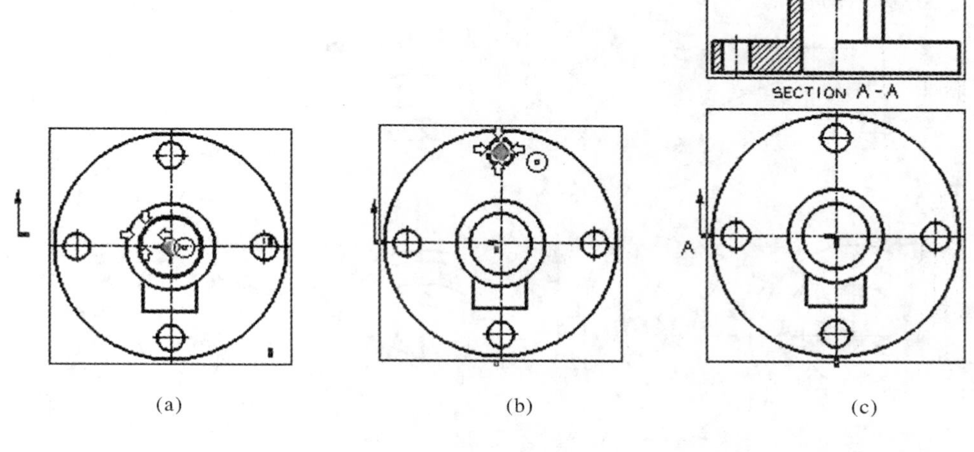

(a) (b) (c)

图 17-23 半剖视图

17.3.6 旋转剖视图

旋转剖视图是指围绕轴旋转的剖视图。旋转剖视图可包含一个旋转剖面,它也可以包含阶梯以形成多个剖切面。在任一情况下,所有剖面都旋转到一个公共面中。

例 17-7 创建旋转剖视图

(1)打开 Drafting_Revolved_Section_View. prt,并调用【制图】模块。

(2)单击【图纸】工具条上的【旋转剖视图】命令,弹出【旋转剖视图】对话框。

(3)选择父视图:本例选 TOP@1。

(4)指定旋转中心:选择大圆的圆心。

(5)指定第一段通过的点:选择图 17-24 所示的小圆圆心。

(6)指定第二段通过的点:选择图 17-24 所示的小圆圆心。

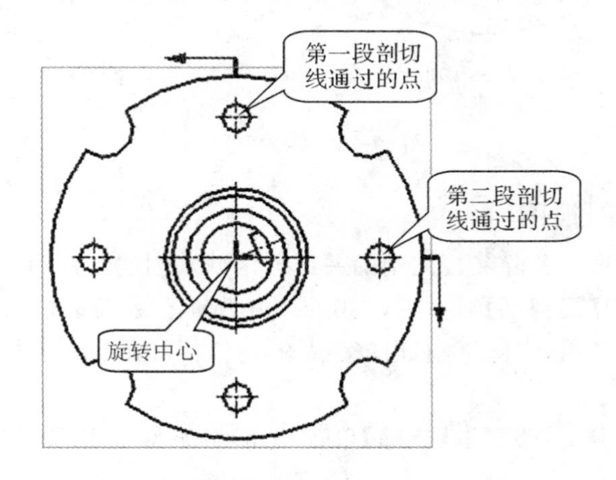

图 17-24 选择剖切通过点

(7)添加段:单击【旋转剖视图】对话框上的【添加段】图标,选择第二段剖切线。

(8)指定新段通过的点:选择如图 17-25(a)所示的圆心。

(9)移动段：单击【旋转剖视图】对话框上的【添加段】图标，将第二段剖切线移动至如图 17-25(b)所示的位置。

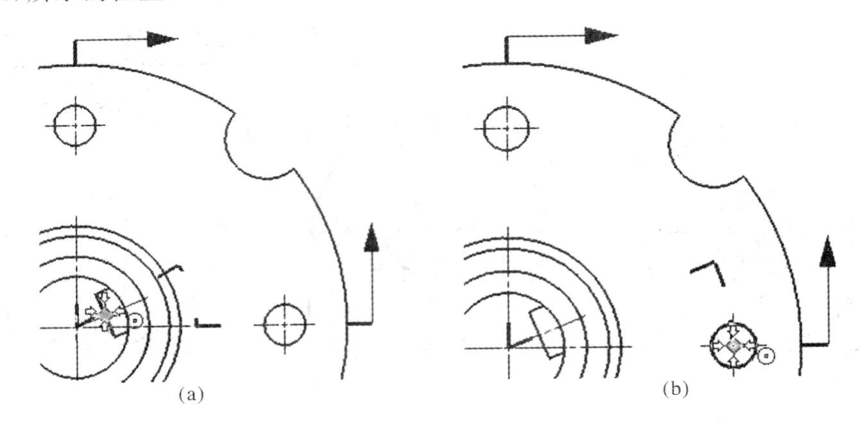

图 17-25 指定新段通过点

(10)放置视图：单击对话框上的【放置视图】图标，将所创建的全剖视图移动至合适位置处，然后单击 MB1，结果如图 17-26 所示。

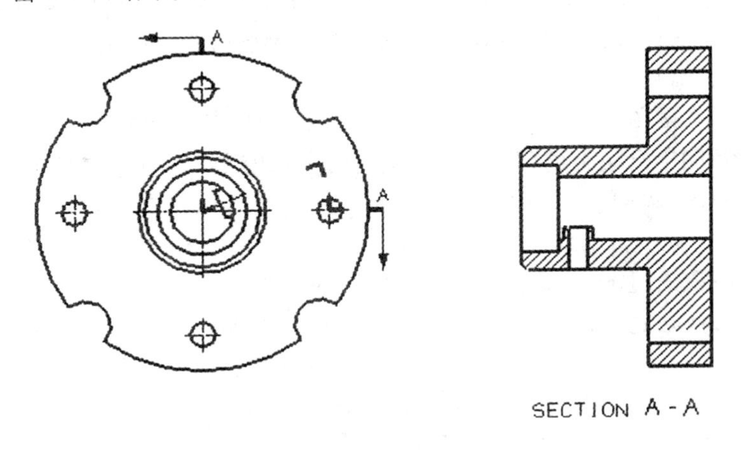

图 17-26 旋转剖视图

17.3.7 局部剖视图

局部剖视图是指通过移除父视图中的一部分区域来创建剖视图。单击【图纸】工具条上的【局部剖】命令，弹出【局部剖】对话框，如图 17-27 所示。在对话框的列表中选择一个基本视图作为父视图，或者直接在图纸中选择父视图，将激活如图 17-28 所示的一系列操作步骤的图标。

- 操作类型：【创建】、【编辑】、【删除】单选按钮，分别对应着视图的建立、编辑以及删除等操作。
- 操作步骤：如图 17-28 所示的 5 个操作步骤图标将指导用户完成创建局部剖所需的交互步骤。

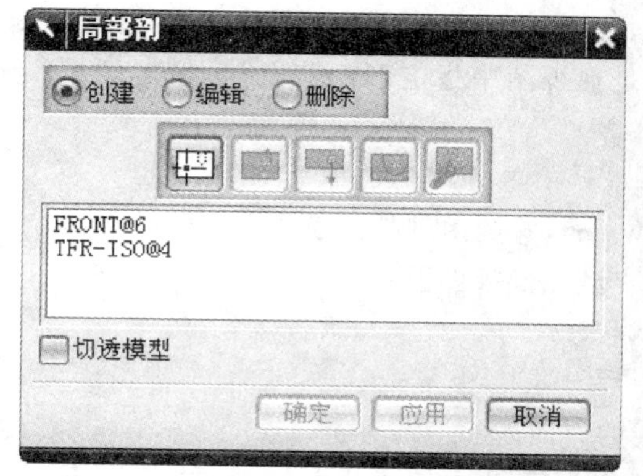

图 17-27　局部剖对话框

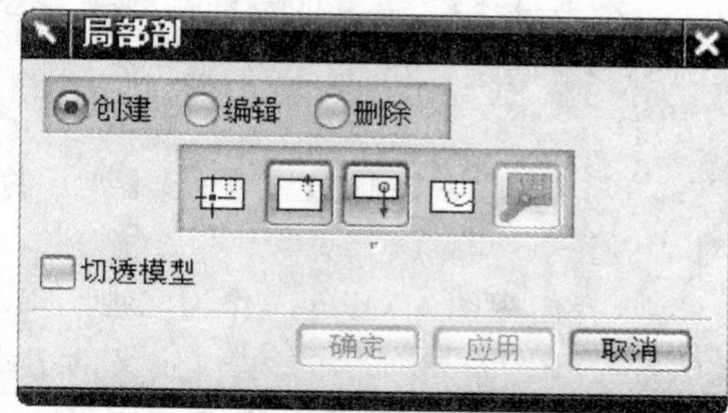

图 17-28　局部剖操作步骤对话框

☆ 选择视图：单击该图标，选取父视图。

☆ 指出基点：单击该图标，指定剖切位置。

☆ 指出拉伸矢量：单击该图标，指定剖切方向。系统提供和显示一个默认的拉伸矢量，该矢量与当前视图的 XY 平面垂直。

☆ 选择曲线：定义局部剖的边界曲线。可以创建封闭的曲线，也可以先创建几条曲线再让系统自动连接它们

☆ 修改曲线边界：单击该图标，可以用来修改曲线边界。该步骤为可选步骤。

例 17-8　创建局部剖视图

(1)打开 Drafting_Breakout_Section.prt，并调用【制图】模块。

(2)选择主视图，并单击 MB3，在弹出的快捷菜单里选择【活动草图视图】。

(3)用【草图】工具条上的【艺术样条】命令绘制如图 17-29 所示的封闭曲线。

(4)单击【图纸】工具条上的【局部剖】图标，弹出【局部剖】对话框。

(5)选择主视图(FRONT@6)作为父视图。

(6)选择如图 17-30 所示的点作为基点。

(7)接受系统默认的拉伸矢量方向，故直接单击【选择曲线】图标，选择步骤(3)创建的样条曲线。

(8)单击【应用】按钮，结果如图 17-31 所示。

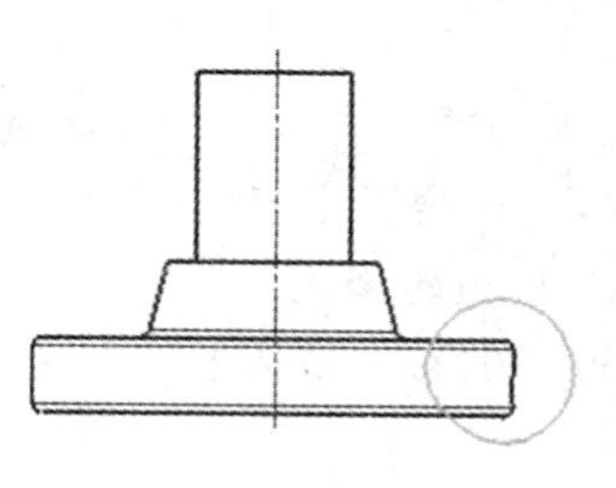

图 17-29　绘制封闭曲线

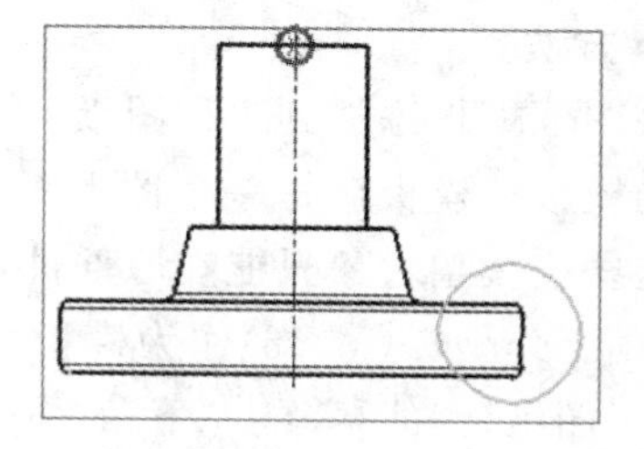

图 17-30　选择基点

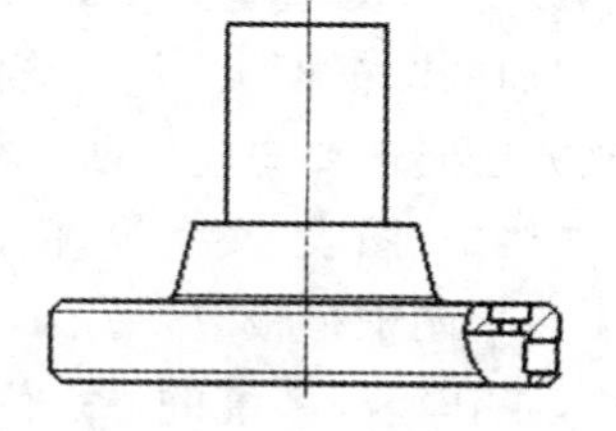

图 17-31　局部剖视图

17.3.8　展开剖视图

展开剖视图分为“展开的点到点剖视”和“展开的点和角度剖视”。两者的区别主要在于

指定剖切线位置的方法不同："展开的点到点剖视"方式是在视图中指定剖切线通过的点来定义剖切线；而"展开的点和角度剖视"方式则是在视图中指定剖切节段和剖切角度来定义剖切线。本书只介绍"展开的点到点剖视"方式。

例 17-9 创建展开的点到点的剖视图

(1)打开 Drafting_Unfolded_Section_View.prt，并调用【制图】模块。

(2)单击【插入】|【视图】|【截面】|【展开的点到点剖视图】命令，弹出【展开的点到点剖视图】对话框。

(3)选择俯视图(TOP@5)作为父视图。

(4)选择图 17-32 所示的边，以定义剖切线的方向。

(5)依次选择点 1(中点)、点 2、点 3 和点 4 作为旋转点。

(6)单击【放置视图】图标，将视图移动到合适的位置后，单击 MB1 确定，结果如图 17-33 所示。

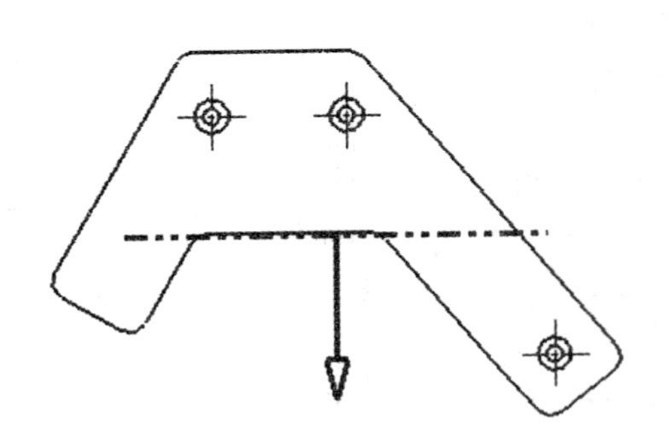

图 17-32 定义剖切线方向

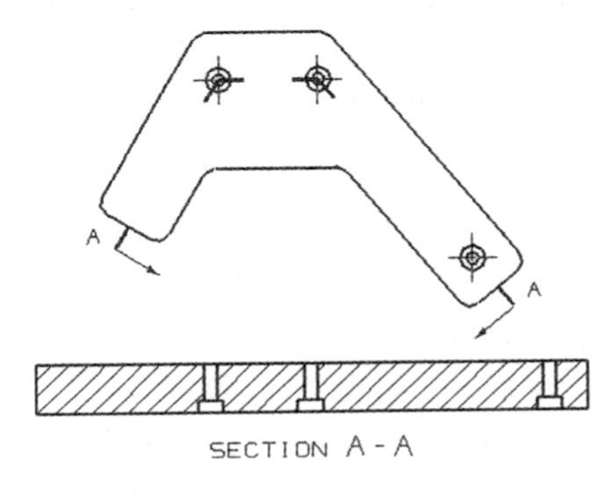

图 17-33 点到点剖视图

17.3.9 加载图框

在将所有必需的视图全部添加到图纸上之后，用户可能希望添加图纸边界、标题栏、修订栏等。可以提前创建这些格式，将它们另存为模板，以后再将它们调用到图纸中。

UG NX 提供两种添加图框的方法：

1. 输入法(Import 方法)

"输入法"方式是将组成图框的所有对象拷贝到图中。

2. 加载图框模板(Pattern 方法)

"加载图框模板"方式是将图框模板添加到工程图纸上，是加载图框最有效的方法，但使用该方法时需要先建立所需的模板。模板仅是一个图形对象，它代表了主模型中的多个对象，如线框、图表、文字等，但这些主模型对象只能在原部件文件中编辑修改。

建立图框模板时，一般采用工作坐标(WCS)作为模板存取时的参考坐标系。在制图模块中，工作坐标系统的原点位于图纸(虚线框)的左下角。

例 17-10 创建并调用 A3 图框

由于篇幅所限，本例只绘制一个简易的 A3 的图框，然后再添加到图中。

(1)在 C 盘建立一个目录以存放模板数据，如 C:\border。

(2)启动 UG NX，在调用【建模】和【制图】模块后，新建一个文件(例如 A3.prt)。

(3)绘制 A3 图框。

①新建图 Sheet 1,图纸的参数设置为:大小＝A3－297×420,比例＝1:1,第一角度投影角方式,单位为【毫米】。

②选择菜单【插入】|【草图曲线】|【轮廓】命令,绘制一个矩形,矩形应与图纸的虚线框重合。

(4)指定保存类型和模板的保存位置。

选择菜单【文件】|【选项】|【保存选项】命令,弹出【保存选项】对话框,如图 17-34 所示。选择【仅图样数据】单选按钮,然后单击对话框下部的【浏览】按钮定位到模板的保存目录(如 C:\border)或直接在文本框中输入模板的保存目录,单击【确定】按钮。

(5)保存部件文件。部件文件应保存在模板的保存目录下,如本例的部件文件是保存在 C:\Border 目录下。

(6)调用模板数据。

①新建一个文件,调用【制图】模块,并新建一张 A3 工程图纸。

②选择菜单【格式】|【图样】命令,弹出【图样】对话框,如图 17-35 所示。

③单击对话框中的第一个按钮【调用图样】,弹出【调用图样】对话框,如图 17-36 所示。指定模块的放大比例与参考坐标系,这里取默认值,直接按 MB2,然后从 C:\Border 目录选择包含模板数据的部件文件 A3. prt。

④单击【确定】按钮后,弹出【点】对话框,用于指定模块的放置点,这里选择 WCS 坐标系的原点(0,0,0)。

⑤单击【确定】按钮即可在当前图纸中添加 A3 图框。

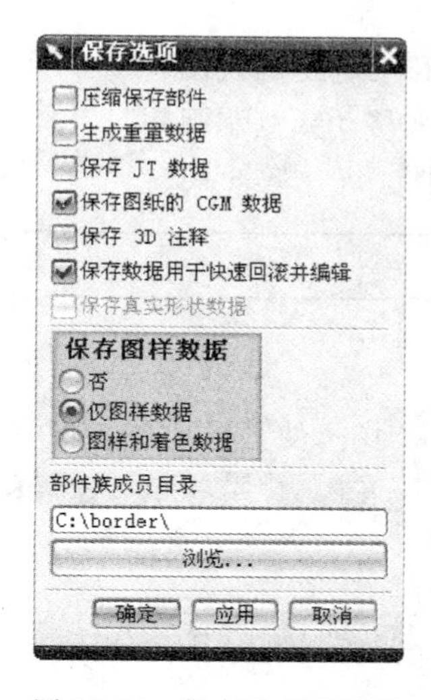

图 17-34　保存选项对话框

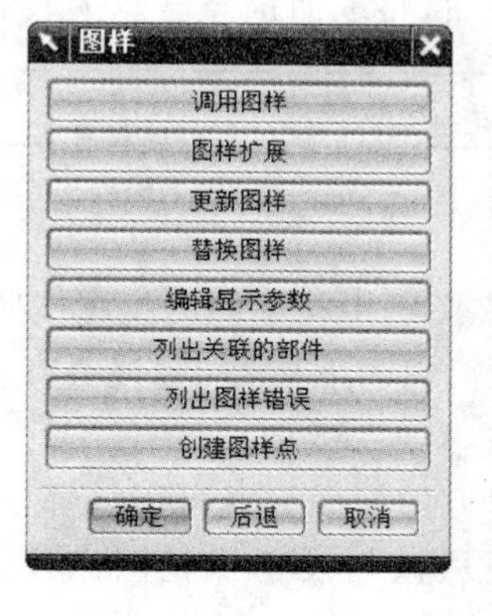

图 17-35　图样对话框

图 17-36　调用图样对话框

17.4　视图编辑

向图纸中添加了视图之后,如果需要调整视图的位置、边界和视图的显示等有关参数,就需要用到本节介绍的视图编辑操作,这些操作起着至关重要的作用。视图编辑功能命令

集中于【编辑】|【视图】菜单下。

17.4.1 移动与复制视图

通过【移动/复制视图】命令可以在图纸上移动或复制已存在的视图，或者把选定的视图移动或复制到另一张图纸上。

单击【图纸】工具条上的【编辑视图下拉菜单】|【移动/复制视图】命令，弹出【移动/复制视图】对话框，如图 17-37 所示。

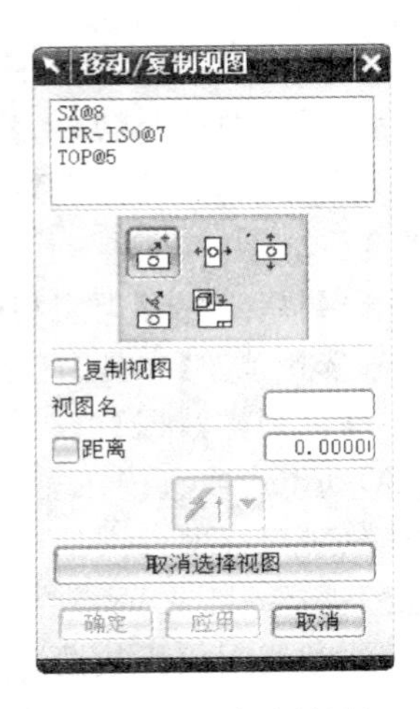

图 17-37 移动/复制视图对话框

- 视图选择列表：选择一个或多个要移动或复制的视图，也可以直接从图形屏幕选择视图。既可以选择活动视图，也可以选择参考视图。
- 移动/复制方式：共有 5 种移动或复制视图的方式。
  - ☆ 至一点：单击该图标，选取要移动或复制的视图，在图纸边界内指定一点，即可将视图移动或复制到指定点。
  - ☆ 水平：单击该图标，选取要移动或复制的视图，即可在水平方向上移动或复制视图。
  - ☆ 竖直：单击该图标，选取要移动或复制的视图，即可在竖直方向上移动或复制视图。
  - ☆ 垂直于直线：单击该图标，选取要移动或复制的视图，再指定一条直线，即可在垂直于指定直线的方向上移动或复制视图。
  - ☆ 至另一图纸：单击该图标，选取要移动或复制的视图，即可将视图移动或复制到另一图纸上。
- 复制视图：选择该复选框，则复制选定的视图；反之，则移动选定的视图。
- 距离：选择该复选框，则可按照文本框中给定的距离值来移动或复制视图。
- 取消选择视图：单击该按钮，将取消选择已经选取的视图。

实际中常用的是直接拖动视图来移动视图。

17.4.2 对齐视图

使用【对齐视图】命令可以在图纸中将不同的视图按照要求对齐，使其排列整齐有序。

单击【图纸】工具条上的【编辑视图下拉菜单】|【对齐视图】命令，弹出【对齐视图】对话框，如图 17-38 所示。

图 17-38 对齐视图对话框

- 视图选择列表：选择要对齐的视图。既可以选择活动视图，也可以选择参考视图。除了从该列表选择视图以外，还可以直接从图形屏幕选择视图
- 对齐方式：共有 5 种对齐视图的方式。
  - ☆ 叠加：将各视图的基准点重合对齐。
  - ☆ 水平：将各视图的基准点水平对齐。
  - ☆ 竖直：将各视图的基准点竖直对齐。
  - ☆ 垂直于直线：将各视图的基准点垂直于某一直线

对齐。

☆ 自动判断：将根据选取的基准点类型不同，采用自动推断方式对齐视图。

- 对齐基准选项：用于设置对齐时的参考点(称为基准点)。

☆ 模型点：该选项用于选择模型中的一点作为基准点。

☆ 视图中心：该选项用于选择视图的中心点作为基准点。

☆ 点到点：该选项要求在各对齐视图中分别指定基准点，然后按照指定的点进行对齐。

例 17-11 使用【对齐视图】工具对齐视图

(1)打开 Drafting_Align_View. prt，并调用【制图】模块。

(2)单击【图纸】工具条上的【编辑视图下拉菜单】|【对齐视图】命令，弹出【对齐视图】对话框。

(3)选择如图 17-39 所示的点作为"静止的点"。

(4)选择阶梯剖视图作为"要对齐的视图"。

(5)单击【竖直】按钮，视图自动对齐，结果如图 17-40 所示。

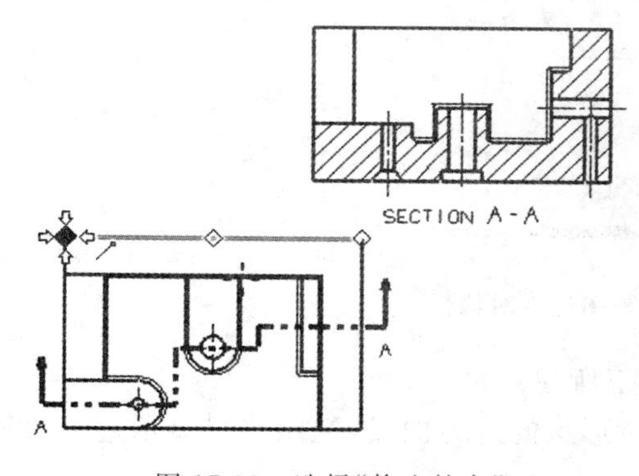

图 17-39 选择"静止的点"

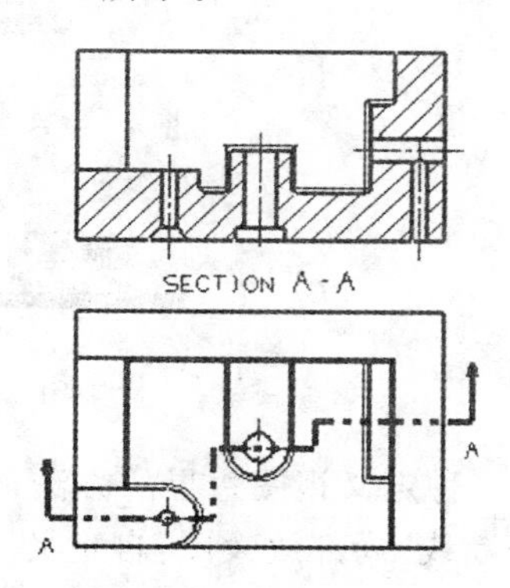

图 17-40 对齐视图效果

例 17-12 以辅助线方式对齐视图

(1)打开 Drafting_Align_View. prt，并调用【制图】模块。

(2)选择要对齐的视图。

(3)按住 MB1 并在目标视图的周围拖动光标，直到看到辅助线，如图 17-41 所示。

(4)沿着辅助线拖动视图，在合适位置处单击 MB1，即可对齐视图。

17.4.3 移除视图

移除视图的方法大致有 3 种：

1)选中要删除的视图，直接按 Delete 键即可。

2)选择要删除的视图，并单击右键，在弹出的快捷菜单中选择【删除】命令。

3)在部件导航器中，选择要删除的视图的节点，并单

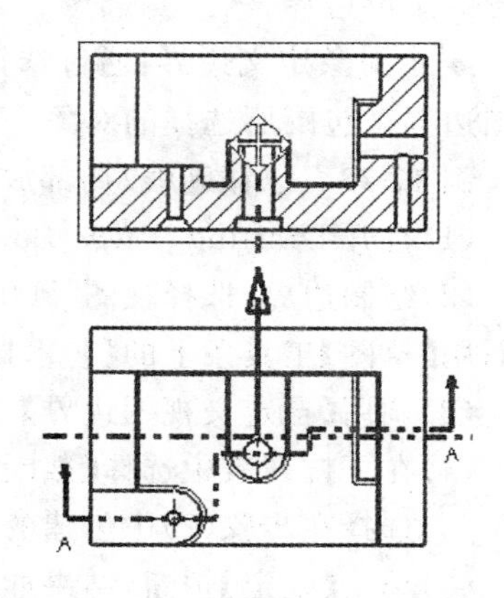

图 17-41 以辅助线方式对齐视图

击右键，在弹出的快捷菜单中选择【删除】命令。

17.4.4 自定义视图边界

使用【边界】命令可以用于自定义视图边界。

单击【编辑】|【视图】|【边界】命令，弹出【视图边界】对话框，如图 17-42 所示。

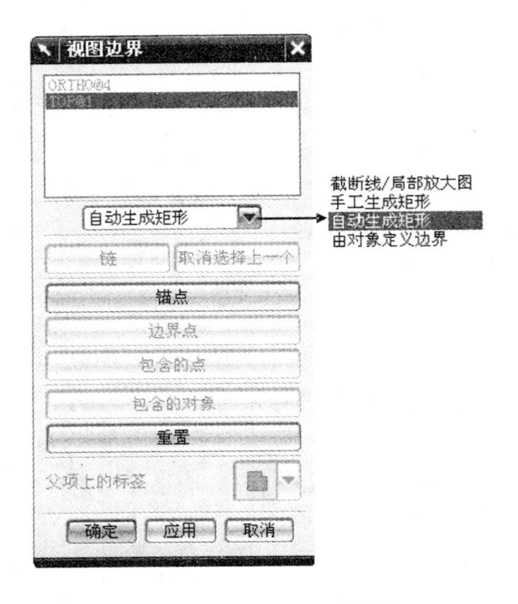

图 17-42 视图边界对话框

共有 4 种定义视图边界的方法，分别如下所述：

- 截断线/局部放大图：自定义一个任意形状的边界曲线，视图将只显示边界曲线包围的部分。
- 手工生成矩形：在所选的视图中按住 MB1 并拖动来生成矩形的边界。该边界可随模型更改而自动调整视图的边界。
- 自动生成矩形：自动定义一个动态的矩形边界，该边界可随模型的更改而自动调整视图的矩形边界。
- 由对象定义边界：通过选择要包围的点或对象来定义视图的范围，可在视图中调整视图边界来包围所选择的对象。

例 17-13 以截断线/局部放大图方式定义视图边界

(1)打开 Drafting_View_Boundary.prt，并调用【制图】模块。

(2)绘制边界：选择视图 TOP@1，并单击 MB3，在弹出的快捷菜单里选择【活动草图视图】；用【草图】工具条上的【艺术样条】命令绘制如图 17-43(a)所示的封闭曲线。

(3)调用【自定义视图边界】工具，并选择视图 TOP@1 作为父视图。

(4)在下拉列表中选择【截断线/局部放大图】。

(5)选择在步骤(2)中创建的封闭曲线作为视图边界。

(6)单击【确定】按钮，结果如图 17-43(b)所示。

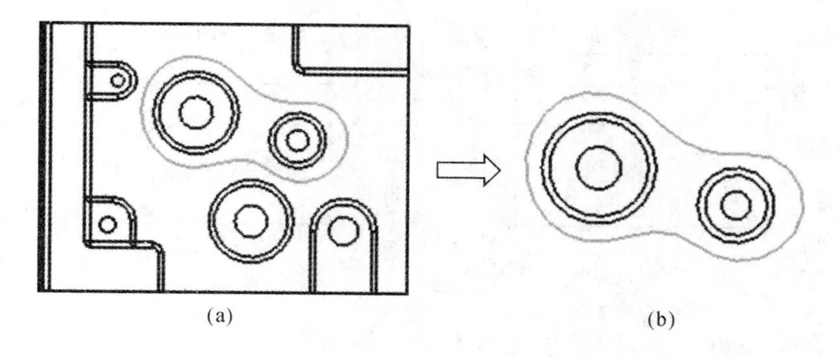

图 17-43　以截断线/局部放大图方式定义视图边界

17.4.5　编辑剖切线

通过【编辑剖切线】命令可以对阶梯剖、旋转剖、展开剖等剖视图的剖切线进行编辑，包括：增加剖切线、删除剖切线、移动剖切线以及重新定义铰链线等。

单击【制图编辑】工具条上的【编辑剖切线】命令，弹出【剖切线】对话框，如图 17-44 所示。

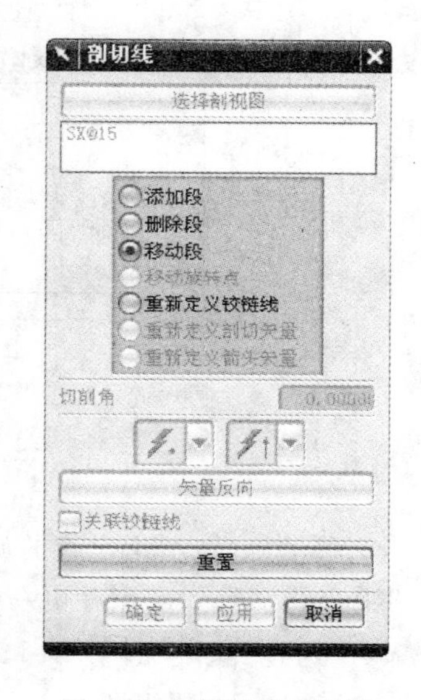

图 17-44　剖切线对话框

修改剖切线的属性，需要先选择要编辑的剖切线。选择剖切线的方法有两种：

- 直接选择剖切线。
- 单击对话框上的【选择剖视图】按钮，然后选择一个剖视图，系统会自动选取所选视图中的剖切线。

根据不同的剖视图，对话框中的选项会有所不同。

- 添加段：用“点”工具指定要增加的剖切线位置后，系统会在指定位置增加一段剖切线，并更新剖切视图，如图 17-45 所示。
- 删除段：在视图上选择要删除的剖切线，按 MB2，系统就会自动删除所选的剖切线段，并更新视图，如图 17-46 所示。

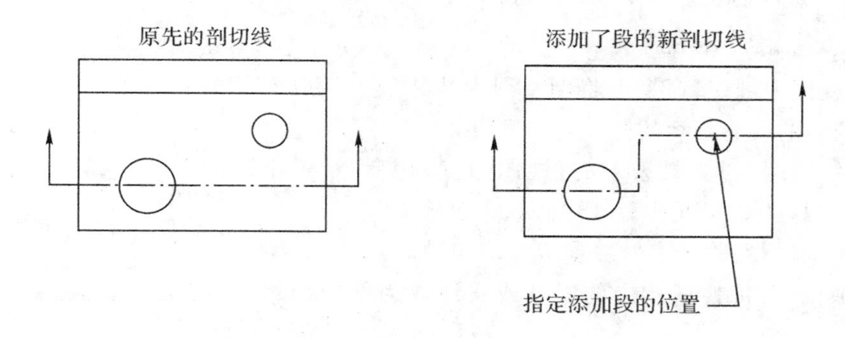

图 17-45　添加段增加剖切线

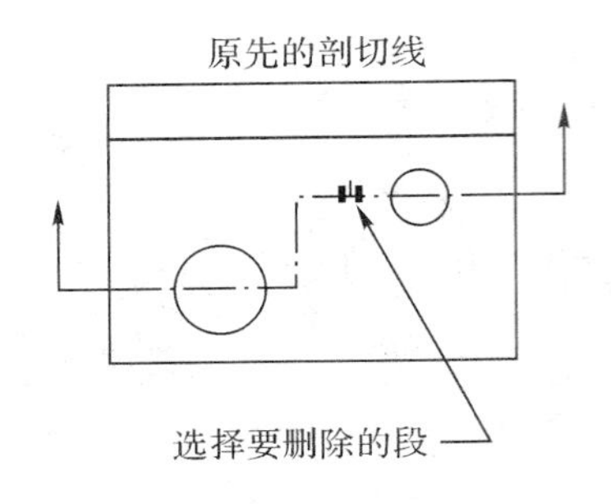

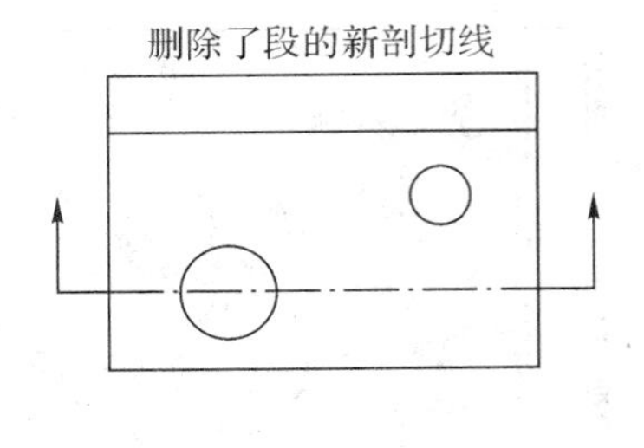

图 17-46　删除段删除剖面线

● 移动段：选择视图上要移动的剖切线段（也可以是箭头或弯折位置），再用“点”工具指定移动的目标位置。指定目标位置后，系统会自动更新剖切线与视图，如图 17-47 所示。

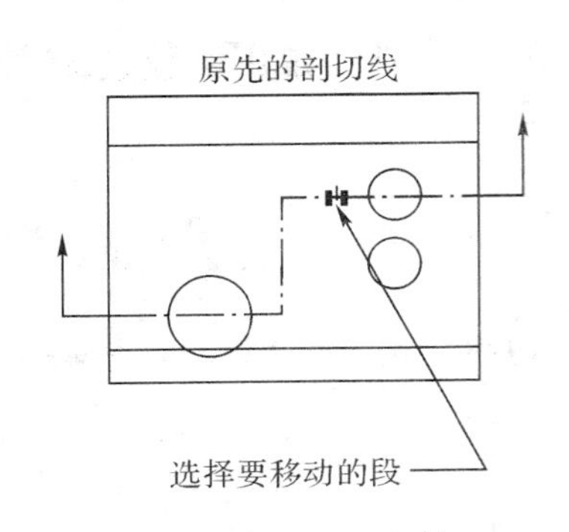

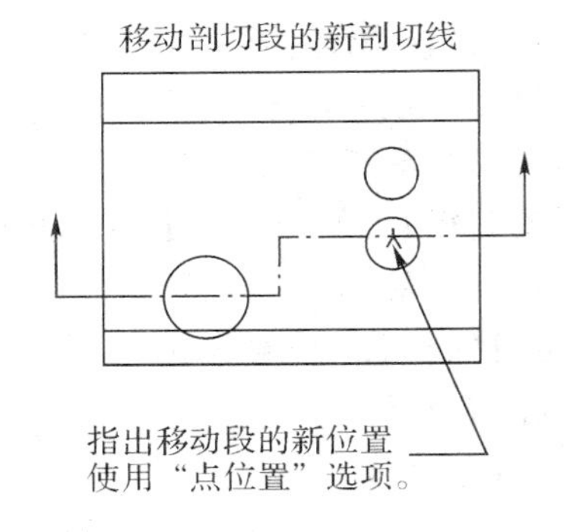

图 17-47　移动段移动剖面线

● 移动旋转点：指定新的旋转中心，系统会自动将旋转剖切中心移动到指定点并更新视图。

● 重新定义链线：利用向量工具重新指定一条铰链线，系统会自动更新视图。

● 重新定义箭头矢量：利用向量工具重新指定剖切方向，系统会自动更新视图。

● 剖切角：该选项只用来编辑展开的剖切角。

17.4.6　组件剖视

使用【视图中剖切】命令可将剖视图中的装配组件或实体编辑为剖切的或非剖切的。

单击【制图编辑】工具条上的【视图中剖切】命令，弹出【视图中剖切】对话框，如图 17-48 所示。

● 变成非剖切：将选定对象变成非剖切对象。

● 变成剖切：可使视图中的组件或实体成为剖切的组件或实体。

● 移除特定于视图的剖切属性：从选定组件中移除特定于视图的剖切属性。

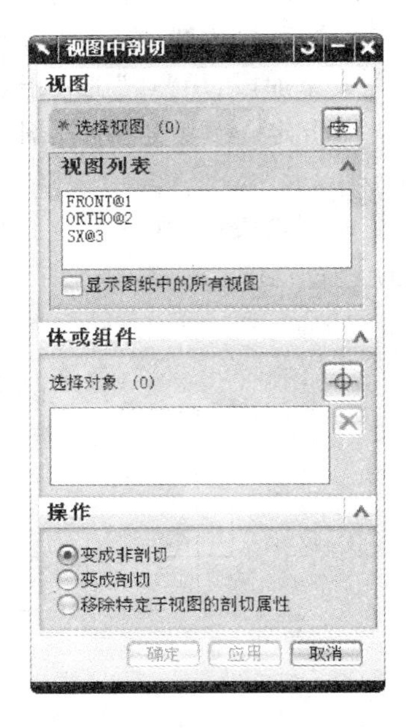

图 17-48　视图中剖切命令对话框

例 17-14 将剖切的组件改为非剖切

(1)打开 Drafting_Section_in_View.prt,并调用【制图】模块。

(2)选择剖视图 SX@3,然后选择两个螺栓组件,如图 17-49 所示。

(3)在【操作】选项区中选择【变成非剖切】单选按钮。

(4)单击【确定】按钮,发现剖视图并没有变化。

(5)单击【图纸】工具条上的【更新视图】命令,在【更新视图】对话框中选择视图 SX@3,单击【确定】按钮,结果如图 17-50 所示。

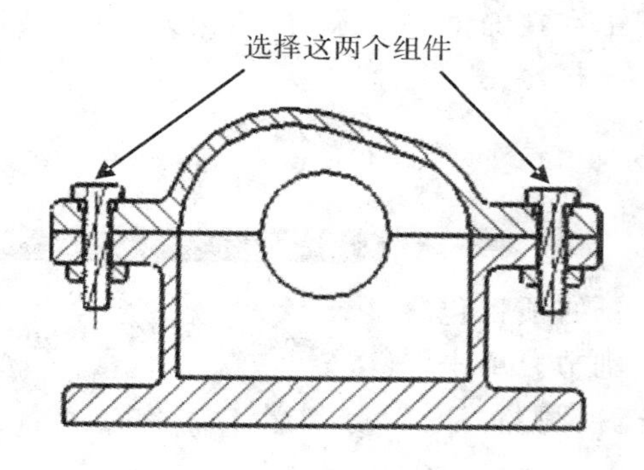

图 17-49 选择螺栓组件

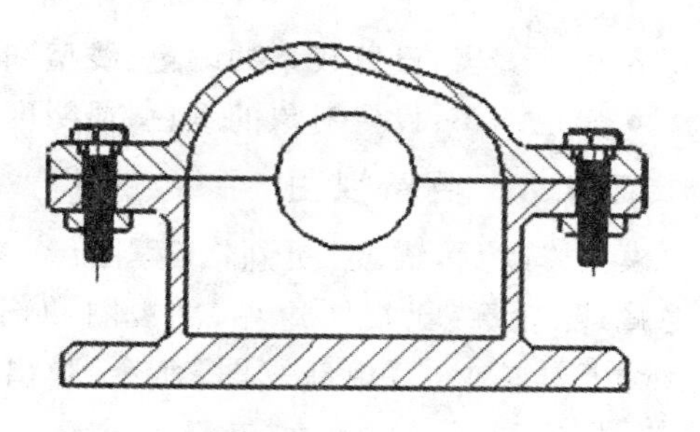

图 17-50 将螺栓组件设为非剖切

17.4.7 视图相关编辑

前面介绍的有关视图操作都是对工程图的宏观操作,而【视图相关编辑】则属于细节操作,其主要作用是对视图中的几何对象进行编辑和修改。

单击【制图编辑】工具条上的【视图相关编辑】命令,弹出【视图相关编辑】对话框,如图 17-51 所示。

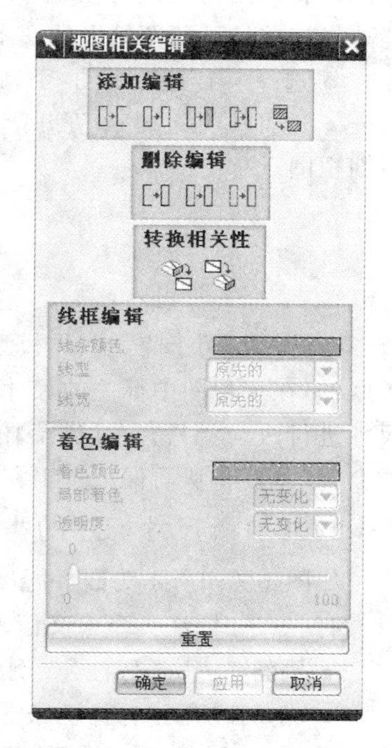

图 17-51 视图相关编辑对话框

- 添加编辑:对视图对象进行编辑操作。
  - ☆ 擦除对象 :利用该选项可以擦除视图中选取的对象。擦除与删除的意义不同,擦除对象只是暂时不显示对象,以后还可以恢复,并不会对其他视图的相关结构和主模型产生影响。
  - ☆ 编辑完全对象 :利用该选项可以编辑所选整个对象的显示方式,包括颜色、线型和宽度。
  - ☆ 编辑着色对象 :利用该选项可以控制成员视图中对象的局部着色和透明度。
  - ☆ 编辑对象段 :利用该选项可以编辑部分对象的显示方式,其方法与【编辑完全对象】类似。
  - ☆ 编辑剖视图背景 :在创建剖视图时,可以有选择地保留背景线,而且用背景线编辑功能,不仅可以删除已有的背景线,还可以添加新的背景线。

● 删除编辑：用于删除对视图对象所作的编辑操作。

☆ 删除选择的擦除 ：使先前擦除的对象重新显现出来。

☆ 删除选择的修改 ：使先前修改的对象退回到原来的状态。

☆ 删除所有修改 ：删除以前所做的所有编辑，使对象恢复到原始状态。

● 转换相关性：用于设置对象在模型和视图之间的相关性。

☆ 模型转换到视图 ：将模型中存在的某些对象（模型相关）转换为单个成员视图中存在的对象（视图相关）。

☆ 视图转换到模型 ：将单个成员视图中存在的某些对象（视图相关对象）转换为模型对象。

● 线框编辑：设置线条的颜色、线型和线宽。

● 着色编辑：设置对象的颜色、透明度等。

17.4.8 更新视图

模型修改后，需要“更新”工程图纸。可更新的项目包括隐藏线、轮廓线、视图边界、剖视图和剖视图细节。单击【图纸】工具条上的【更新视图】命令，弹出【更新视图】对话框，如图 17-52 所示。

● 选择视图：在图纸中选择需要更新的视图。

● 显示图纸中的所有视图：选择该复选框，则部件文件中的所有视图都在该对话框中可见并可供选择；反之，则只能选择当前显示的图纸上的视图。

● 选择所有过时视图：手动选择工程图中的过期视图。

● 选择所有过时自动更新视图：自动选择工程图中的过期视图。

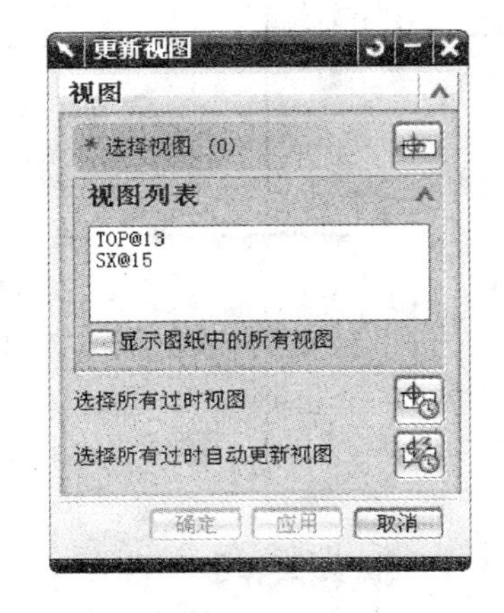

图 17-52 更新视图命令对话框

17.5 标注尺寸

尺寸标注用于表达实体模型尺寸值的大小。在 UG NX 中，制图模块与建模模块是相关联的，在工程图中标注的尺寸就是所对应实体模型的真实尺寸，因此无法直接对工程图的尺寸进行改动。只有在【建模】模块中对三维实体模型进行尺寸编辑，工程图中的相应尺寸才会自动更新，从而保证了工程图与三维实体模型的一致性。

17.5.1 尺寸标注的类型

如图 17-53 所示为【尺寸】工具条，该工具条提供了创建所有尺寸类型的命令。

有些尺寸标注类型含义清晰，在此不再赘述，只对部分尺寸类型进行讲解。

● 倒斜角：用于标注 45°倒角的尺寸，暂不支持对其他角度的倒角进行标注。

● 成角度：用于标注两条非平行直线之间的角度。

● 圆柱形：用于标注所选圆柱对象的直径尺寸，如图 17-54(a)所示。

● 厚度：创建厚度尺寸，该尺寸测量两个圆弧或两个样条之间的距离。

● 圆弧长：创建一个测量圆弧周长的圆弧长尺寸。

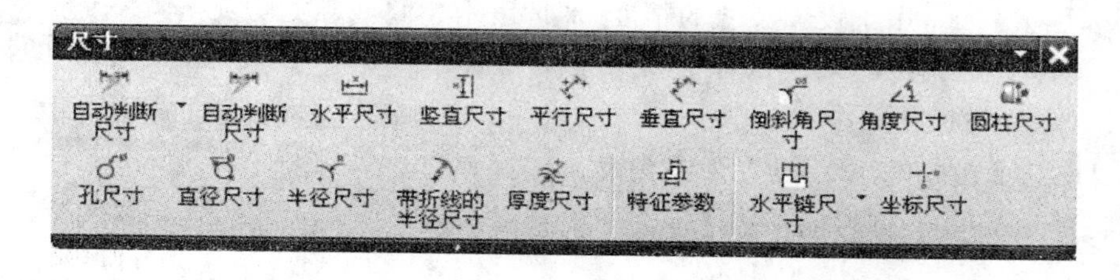

图 17-53　尺寸柱注工具条

● 水平链：用于将图形的尺寸依次标注成水平链状形式。单击命令，在视图中依次拾取尺寸的多个参考点，然后在合适的位置单击，系统自动在相邻参考点之间添加水平链状尺寸标注，如图 17-54(b)所示。

● 水平基线：用于将图形中的多个尺寸标注为水平坐标形式，选取的第一个参考点为公共基准，如图 17-54(c)所示。

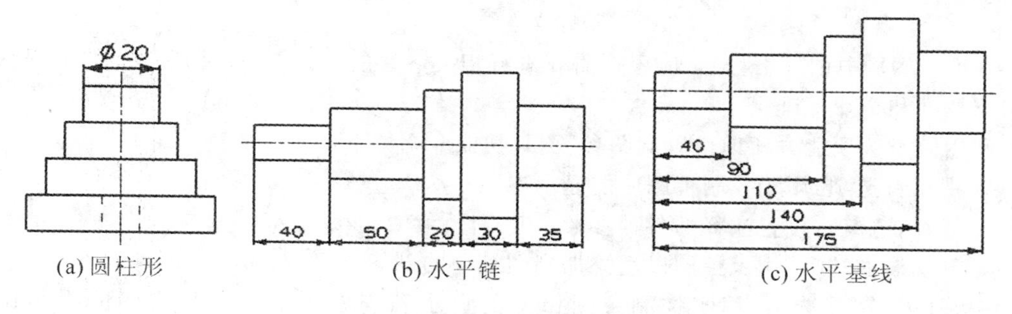

(a) 圆柱形　(b) 水平链　(c) 水平基线

图 17-54　尺寸标注形式

17.5.2　标注尺寸的一般步骤

标注尺寸时一般可以按照如下步骤进行：

1)根据所要标注的尺寸，选择正确的标注尺寸类型。

2)设置相关参数，如箭头类型、标注文字的放置位置、附加文本的放置位置及文本内容、公差类型及上下偏差等。

3)选择要标注的对象，并拖动标注尺寸至理想位置，单击 MB1，系统即在指定位置创建一个尺寸标注。

在大多数情况下，使用【自动判断】就能完成尺寸的标注。只有当【自动判断】无法完成尺寸的标注时，才使用其他尺寸类型。

例 17-15　标注尺寸举例

(1)在【尺寸】工具条上单击【自动判断】命令，弹出如图 17-55 所示的对话框。

(2)设置相关参数。

● 单击【尺寸标注样式】图标 A，弹出尺寸类型设置对话框，一般情况下可接受默认值，详细说明请参见 17.6.3 节。

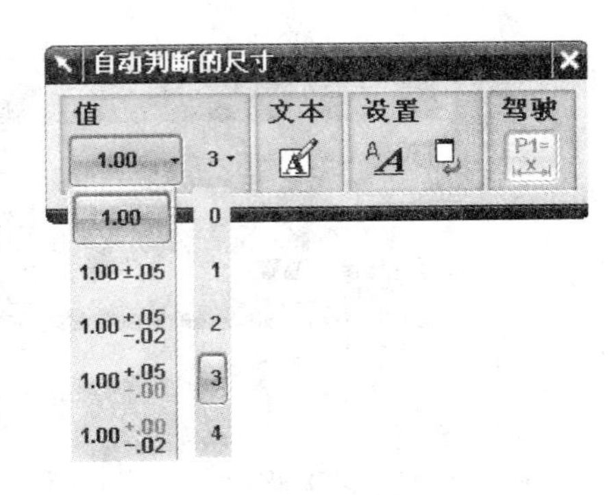

图 17-55　自动判断尺寸

●【标称值】1，用于设置尺寸的精度。“1”表示标注尺寸具有1位小数，“2”表示标注尺寸具有2位小数，“0”表示标注尺寸无小数。

●【无公差】1.00，用于设置公差类型。选择该按钮后，将弹出一个下拉列表，从中选择一种合适的公差类型即可。

●【文本编辑器】，用于标注尺寸、附加文本的设置及文本输入。

●【重置】：重置所有参数为默认值。

(3)选择标注对象。

(4)拖动标注尺寸至合适位置处，单击MB1放置标注尺寸。

17.6　参数预设置

在UG NX中创建工程图，应根据需要进行相关参数的预设置，以使所创建的工程图符合国家标准和企业标准。

利用四个选项能方便地设置制图参数，其功能介绍如下：

● 视图首选项：用于控制视图中的显示参数；

● 注释首选项：设置注释的各种参数；

● 剖切线首选项：用于控制以后添加到图纸中的剖切线显示；

● 视图标签首选项：用于控制视图标签的显示和查看图纸上成员视图的视图比例标签。

其中，【视图首选项】和【注释首选项】最为常用，本节将详细讲述这两个选项。

除此之外，还可以通过菜单【首选项】|【制图】命令，对制图参数进行预设置。

17.6.1　制图参数预设置

选择菜单【首选项】|【制图】，弹出如图17-56所示对话框，该对话框由6个选项卡组成。通常除【视图】选项卡中的【边界】选项外，采用默认设置。选择【显示边界】复选框，则会显示视图边界；反之，则不显示视图边界。

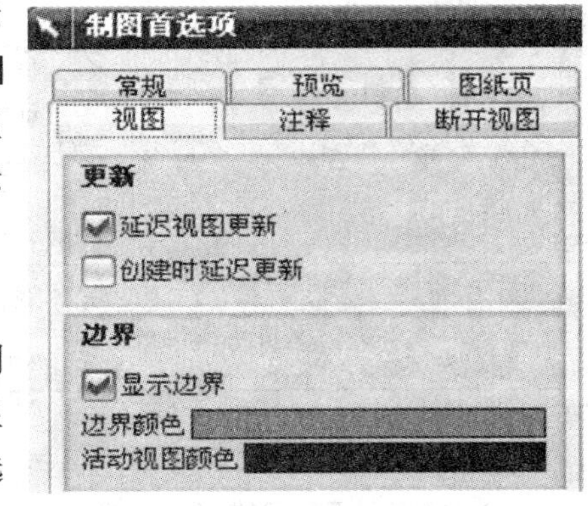

图 17-56　制图参数首选项对话框

17.6.2　视图参数预设置

通过【视图首选项】能控制视图中的显示参数，例如控制隐藏线、剖视图背景线、轮廓线、光顺边等的显示。单击【首选项】|【视图】命令，系统弹出【视图首选项】对话框，如图17-57所示。该对话框中共有14个选项卡，其中常用的有【常规】、【隐藏线】、【可见线】、【光顺边】等。

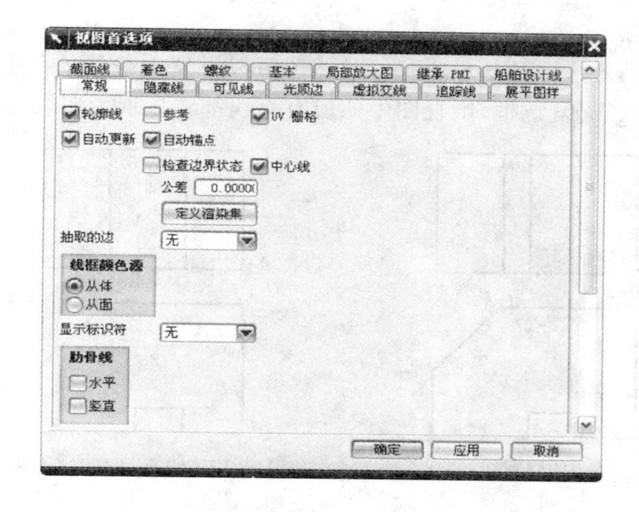

图 17-57 视图参数首选项对话框

1. 常规选项卡

● 轮廓线：该复选框用于控制轮廓线在图纸成员视图中的显示。如果选择该复选框，系统将为所选图纸成员视图添加轮廓线；反之，则从所选成员视图中移除轮廓线，如图 17-58 所示。

在图纸视图中,轮廓线为“开”　　在图纸视图中,轮廓线为“关”

图 17-58 轮廓线的显示

● UV 栅格：该复选框用于控制图纸成员视图中的 UV 栅格曲线的显示，如图 17-59 所示。

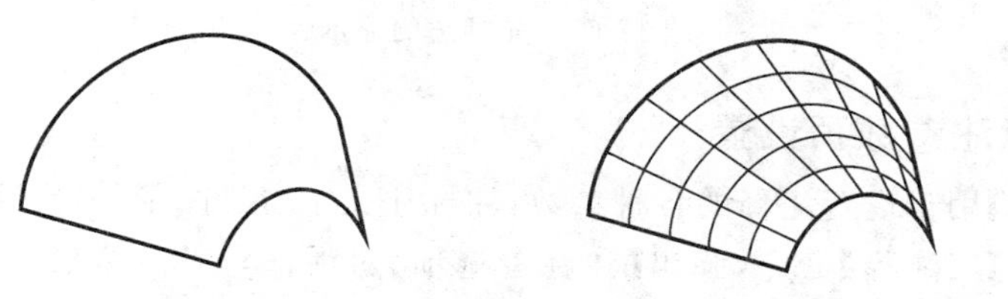

在图纸视图中,UV删格为“关”　　在图纸视图中,UV删格为“开”

图 17-59 UV 栅格的显示

● 自动更新：该复选框用于控制实体模型更改后视图是否自动更新。

● 中心线：选择该复选框，则新创建的视图中将自动添加模型的中心线。

2. 隐藏线选项卡

若选择【隐藏线】复选框，则会显示隐藏线，还可以设置隐藏线的颜色、线型和宽度等参数；若取消选择【隐藏线】复选框，则视图中的所有直线都将显示为实线，如图 17-60 所示

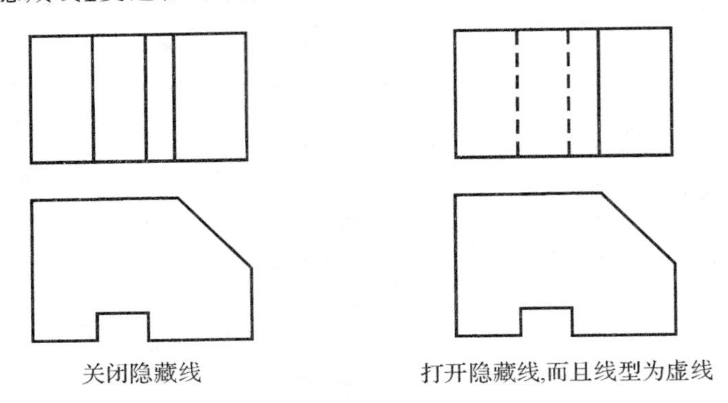

图 17-60　隐藏线设置

3. 可见线选项卡

【可见线】选项卡用于设置轮廓线的颜色、线型和线宽等显示属性，一般可接受默认值。

4. 光顺边选项卡

该选项卡用于控制【光顺边】的显示。光顺边是其相邻面在它们所吻合的边具有同一曲面切向的那些边。图 17-61 显示了使用【光顺边】选项对带有圆边的部分所产生的不同显示效果。

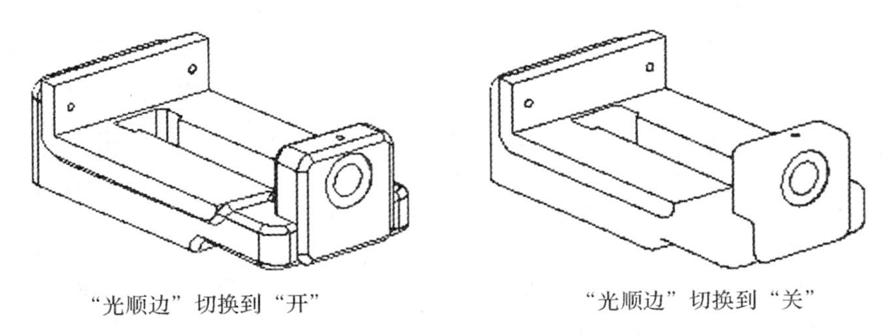

图 17-61　光顺边的显示

17.6.3　标注参数预设置

【注释首选项】用于设置注释的各种参数，如标注文字、尺寸、箭头、文字、符号、单位等参数。单击【首选项】|【注释】命令，弹出【注释首选项】对话框，如图 17-64 所示。该对话框中共有 16 个选项卡，除【坐标】外，都经常使用。

1. 尺寸选项卡

该选项卡可以设置箭头和直线格式、放置类型、公差和精度格式、尺寸文本角度和延伸线部分的尺寸关系。

尺寸线设置：尺寸线的引出线与箭头设置。根据标注尺寸的需要，单击左侧或右侧的引出线或箭头符号（ 和 ），可设置尺寸线是否显示引出线和箭头。

尺寸放置参数设置：在中间的下拉列表中设置尺寸标注方式，如图 17-62(a)所示。手动标注方式下，可手动指定标注文本的放置位置。若采用【手动标注一箭头在外】方式还需设置引出线是否有尺寸线，如图 17-62(b)所示。

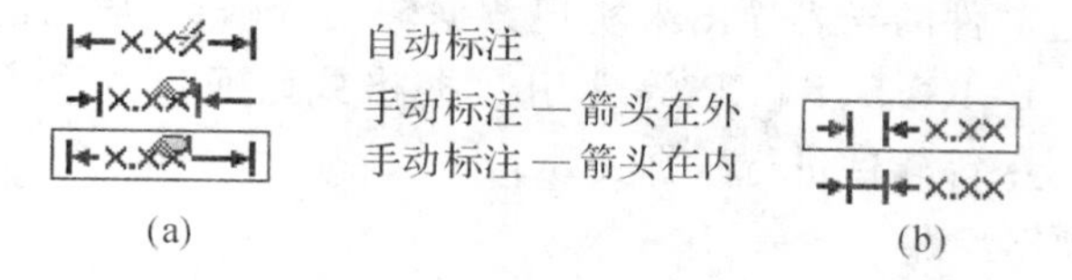

图 17-62　尺寸放置的参数设置

标注文字方位：可通过组合框来指定标注文字的方位，如图 17-63 所示。

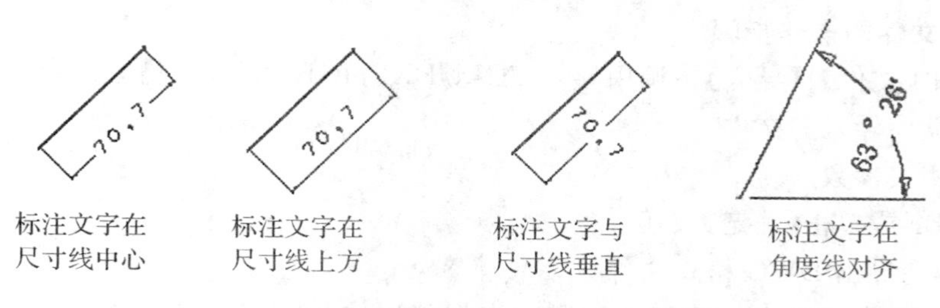

图 17-63　标注文字的几种方位

- 精度和公差：在下拉组合框指定精度和公差标注类型。
- 倒斜角：提供 3 种倒斜角的标注方式。

2. 直线/箭头选项卡

该选项卡可以设置箭头形状、引导线方向和位置、引导线和箭头的显示参数等，如图 17-64 所示。

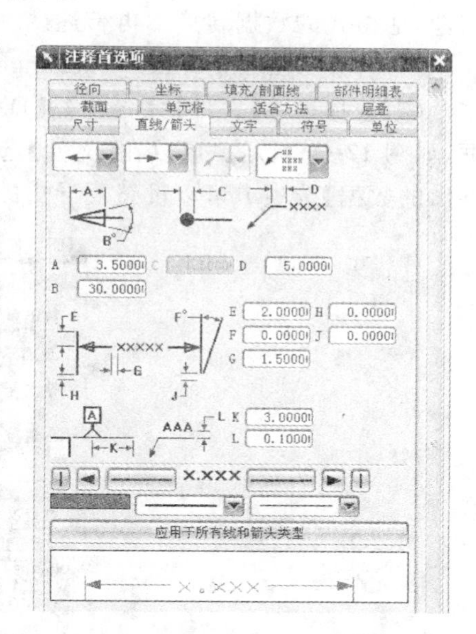

图 17-64　注释首选项对话框

图中各参数含义清晰，在此不再赘述。需要注意的是，这里设置的参数只对以后产生的尺寸起作用。若要修改已存在的尺寸线和箭头的参数，可以在视图中选择一个箭头或尺寸线，然后单击右键，在弹出的对话框中选择【编辑】选项，弹出【编辑尺寸】对话框，如图 17-65 所示。单击该对话框上的【尺寸样式】图标，即可编辑选定的尺寸。

3. 文字选项卡

该选项卡可以设置应用于尺寸、附加文本、公差和常规文本(注释、ID 符号等)的文字的首选项。

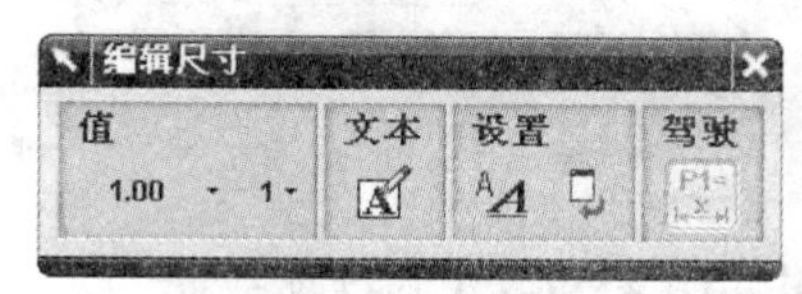

图 17-65　编辑尺寸对话框

17.7 数据转换

UG NX 可以通过文件的导入导出来实现数据转换，可导入导出的数据格式有：CGM、JPEG、DWF/DXF、STL、IGES、STEP 等常用数据格式。通过这些数据格式可与 AutoCAD、Solid Edge、Ansys 等软件进行数据交换。

1. 导出文件的操作步骤

1）从菜单【文件】|【导出】中调用导出 CGM/DXF/IGES/STEP 格式的命令。

2）设置相关参数：导出对象、输出文件存放目录及文件名等。

3）按 MB2 或单击【确定】按钮。

2. 导入文件的操作步骤

1）从菜单【文件】|【导入】中调用导入 CGM/DXF/IGES/STEP 格式命令。

2）选择欲要导入的文件。

3）设置相关参数。

4）按 MB2 或单击【确定】按钮。

例 17-16 导出 DWG 格式文件

执行数据转换的操作步骤基本相同。本书仅以输出 DWG 格式文件为例进行简单介绍，其他格式的数据转换不再赘述。

（1）打开 Drafting_Data_Exchange.prt。

（2）选择菜单【文件】|【导出】|【DXF/DWG】命令，弹出【导出至 DXF/DWG 选项】对话框，如图 17-66 所示。可以在【文件】选项卡上设置导出文件的存储位置和格式，并可在【要导出的数据】选项卡可以设置要导出的数据和视图。

图 17-66　导出 DXF/DWG 命令对话框

（3）单击【确定】按钮，弹出如图 17-67 所示的窗口。

（4）数据转换完毕后，系统自动关闭该窗口，并在指定的路径下出现 DWG 文件。

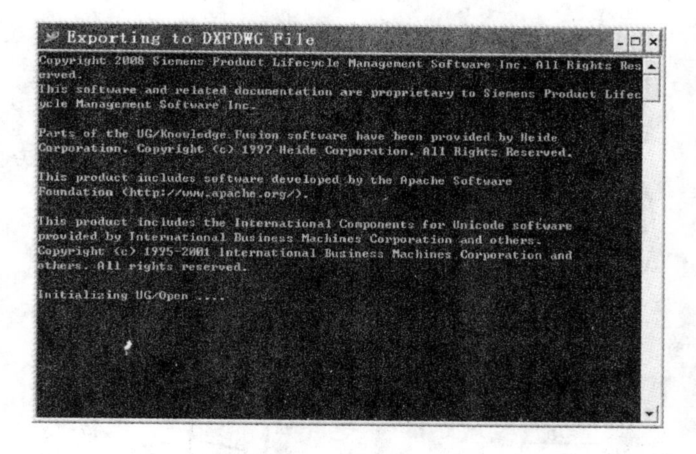

图 17-67　导出过程窗口

17.8　本章小结

本章系统地介绍了利用 UG NX 软件创建二维工程图的方法，具体内容包括工程图纸的创建与编辑、视图的创建与编辑、标注尺寸、绘图参数预设置、数据转换等内容。掌握了这些知识后，即可胜任绝大多数的制图工作。当然由于篇幅所限，对于本书未能详细介绍的知识，有兴趣的读者可以借助软件的帮助系统进一步学习。

17.9　思考与练习

1. 简述 UG NX 工程图的特点。
2. 简述 UG NX 软件出图的一般流程。
3. 简述各种剖视图的创建方法。
4. 打开 Drafting_EX_1. prt，创建如图 17-68 所示的工程图。

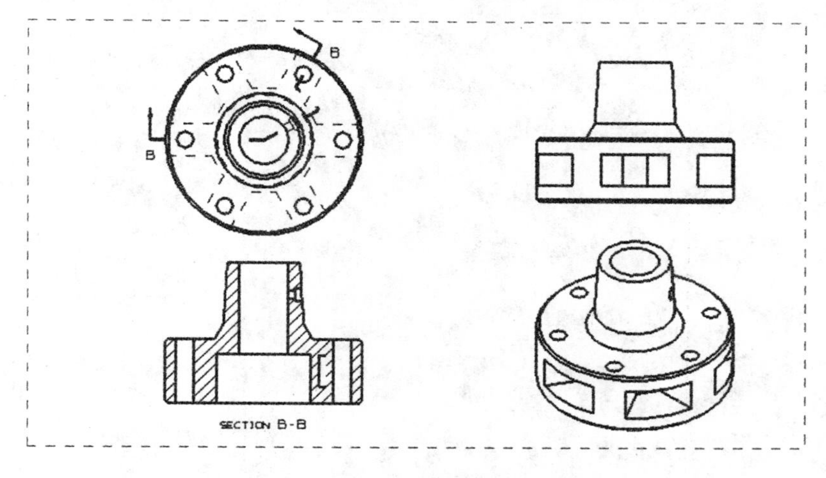

图 17-68　练习工程图 1

5．打开 Drafting_EX_2. prt，创建如图 17-69 所示的工程图。

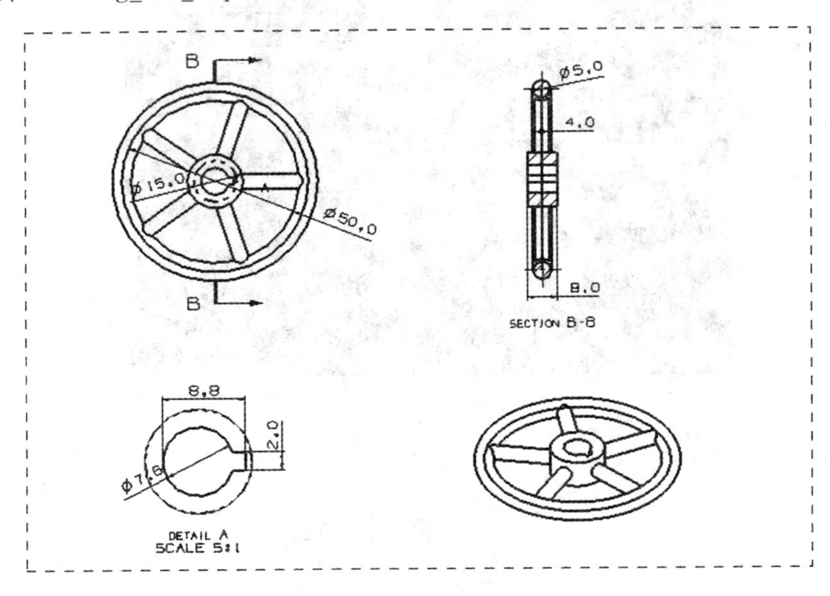

图 17-69　练习工程图 2

第 18 章 工程制图实例

为了更好地说明如何创建工程图、如何添加视图、如何进行尺寸的标注等工程图的常用操作，本章将以三个实例系统地对整个过程进行讲解。

本章学习目标

- 掌握图纸的创建与编辑、视图的创建与编辑、视图标注等常用操作；
- 掌握工程图创建的流程。

18.1 法兰轴工程图

法兰轴类零件主要在机械传动中用于直径差距较大的齿轮间的扭矩传动，其结构比较简单。在创建其工程图时，只需添加表达其主要结构特征的全剖视图、键槽处的移出剖面图，以及退刀槽处的局部放大图，即可完整地表达出该零件的形状特征。在添加完工程图视图后，还要清晰、完整、合理地标注出零件的基本尺寸、表面粗糙度以及技术要求等相关内容，以提供该零件在实际制造中的主要加工依据。最终完成的法兰轴工程图如图 18-1 所示。

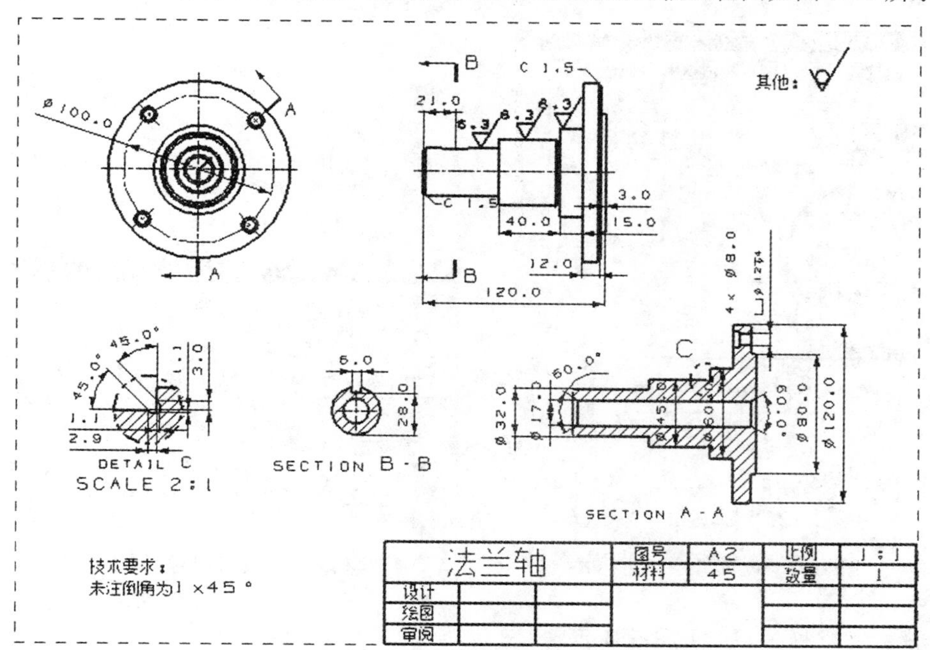

图 18-1 法兰轴工程图

1. 新建图纸

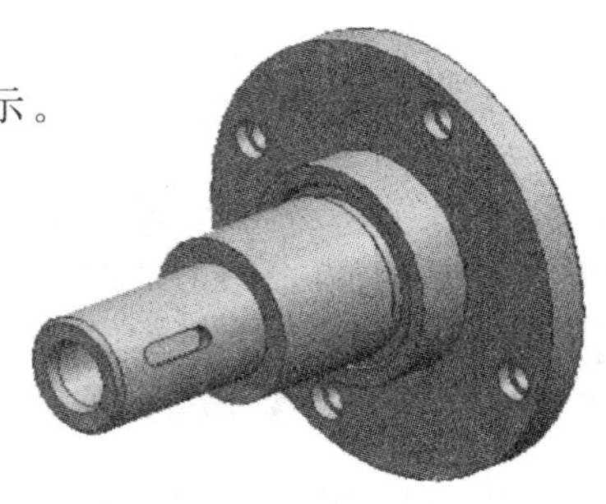

图 18-2　法兰轴三维模型

(1)打开文件 falanzhou.prt,其三维模型如图 18-2 所示。

(2)按快捷键 Ctrl+Shift+D 调用制图模块,自动弹出【图纸页】对话框。

(3)图纸参数设置:在【大小】选项区中选择【标准尺寸】单选按钮,并选择图纸大小为【A2－420×594】,然后在【设置】选项区中选择【毫米】单选按钮,并单击【第三象限角投影】按钮,单击【确定】按钮后,弹出【基本视图】对话框。

2. 制图准备工作

(1)制图首选项设置

选择菜单【首选项】|【制图】命令,单击【视图】选项卡,确认该选项卡中的【显示边界】复选框未处于选中状态。

(2)剖切线首选项设置

单击【首选项】|【截面线】命令,弹出【截面线首选项】对话框,在【设置】选项区的【标准】下拉列表中选择【GB 标准】。

(3)注释首选项设置

①单击【首选项】|【注释】命令,弹出【注释首选项】对话框。

②设置尺寸标注样式,如图 18-3 所示。

③设置直线/箭头样式,如图 18-4 所示。

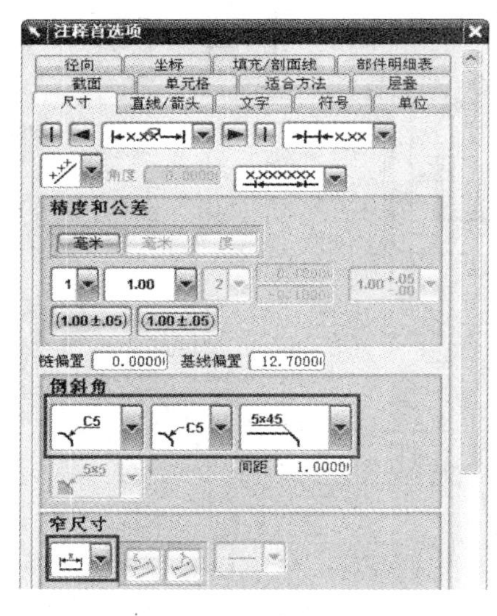

图 18-3　设置尺寸标注样式

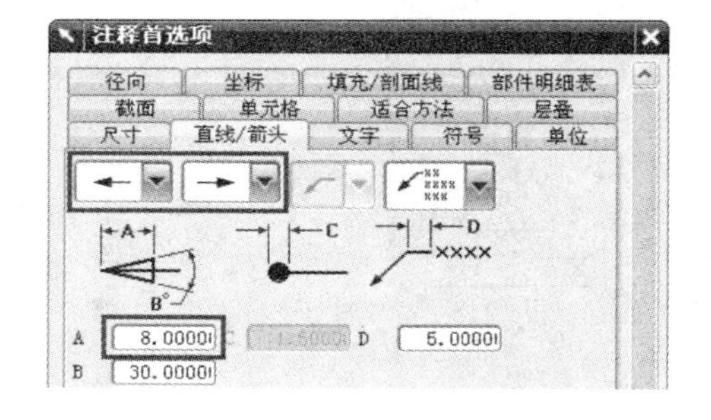

图 18-4　设置直线/箭头样式

④设置文字样式,如图 18-5 所示。

注:为了使 UG NX 支持汉字显示,将对话框中的 4 种文字类型的字体全部设置为 chinesef 样式。

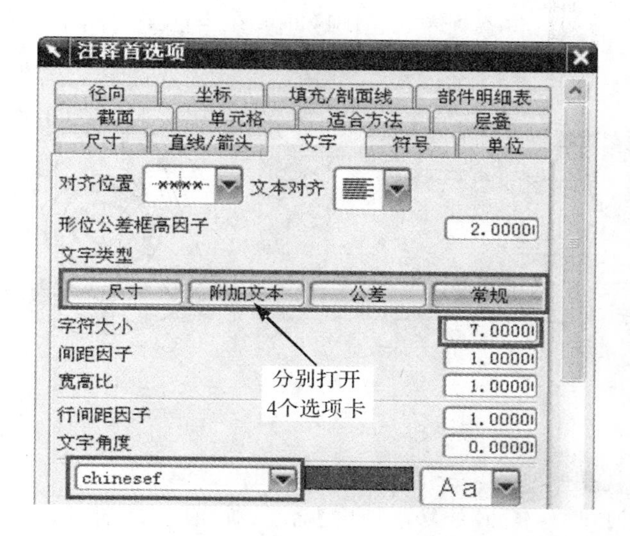

图 18-5 设置文字样式

⑤设置单位样式,如图 18-6 所示。

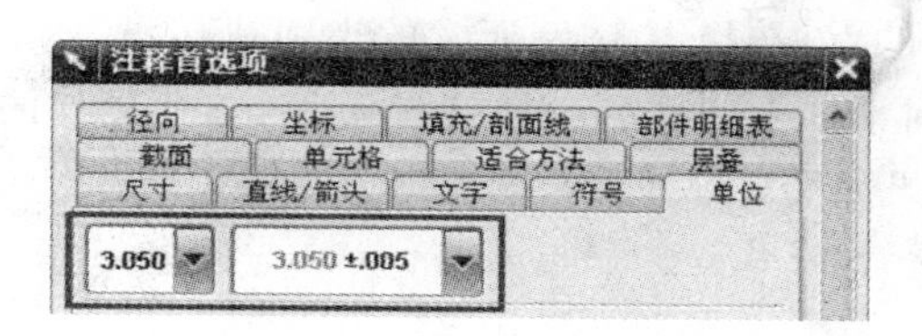

图 18-6 设置单位样式

⑥设置径向标注样式,如图 18-7 所示

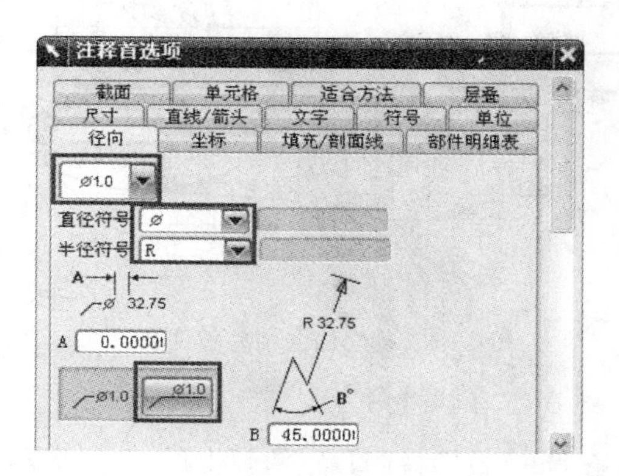

图 18-7 设置径向标注样式

3. 创建基本视图

(1)视图参数设置:在【要使用的模型视图】下拉列表中选择【左视图】视图,并在【比例】下拉列表中选择 2∶1。

（2）放置视图：在合适的位置处单击 MB1，即可在当前工程图中创建一个模型视图，如图 18-8 所示。

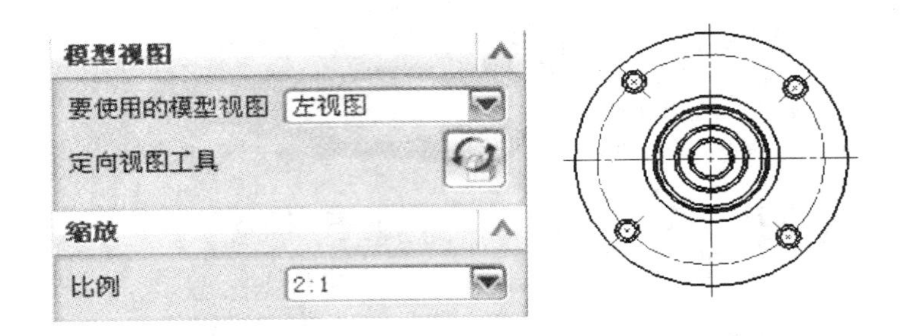

图 18-8　创建法兰轴基本视图

4．创建旋转剖视图

（1）单击【图纸】工具条上的【旋转剖视图】命令，弹出【旋转剖视图】对话框。

（2）选择父视图：选择刚创建的 LEFT 视图作为父视图。

（3）指定旋转中心：选择大圆的圆心。

（4）指定第一段通过的点：选择图 18-9 所示的象限点。

（5）指定第二段通过的点：选择图 18-9 所示的小圆圆心。

（6）放置视图：单击对话框上的【放置视图】图标，将所创建的全剖视图移动至合适位置处，然后单击 MB1，结果如图 18-9 所示。

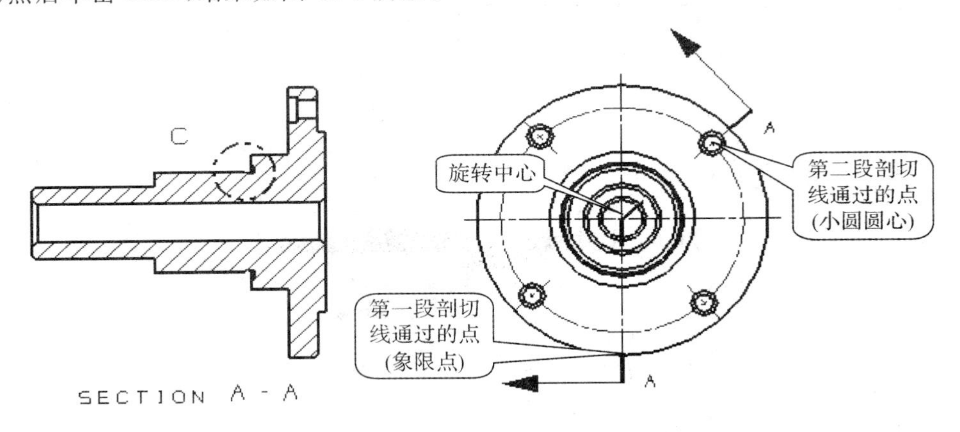

图 18-9　创建法兰轴旋转剖视图

5．创建投影视图

（1）单击【图纸】工具条上的【投影视图】命令，弹出【投影视图】对话框。

（2）选择父视图：选择左侧视图作为投影视图的父视图。

（3）放置视图：由于【铰链线】默认为【自动判断】，所以移动光标，系统的铰链线及投影方向都会自动改变，如图 18-10 所示。移动光标至合适位置处单击 MB1，即可添加一正交投影视图，如图 18-11 所示。

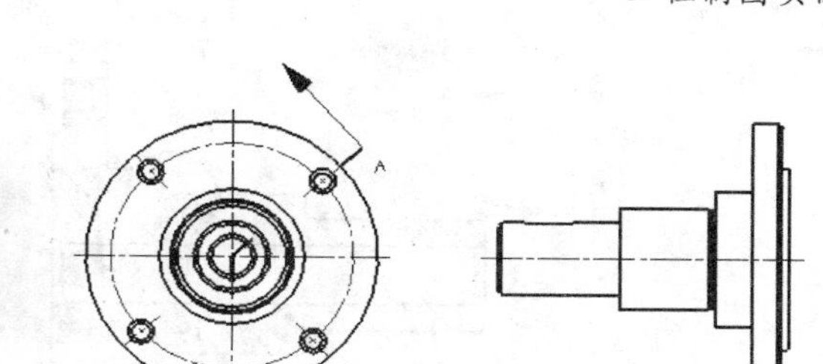

图 18-10　自动判断的投影视图　　　　图 18-11　添加法兰轴正交投影视图

6. 创建剖视图

(1)单击【图纸】工具条上的【剖视图】命令,弹出【剖视图】对话框。

(2)选择父视图:选择上一步创建的投影视图作为父视图。

(3)定义铰链线:选择图 18-12 所示的短直线的中点,以定义铰链线的位置,此时铰链线可绕该点 360°旋转。

(4)放置视图:将视图移动到合适的位置后,单击 MB1 确定,结果如图 18-12 所示。

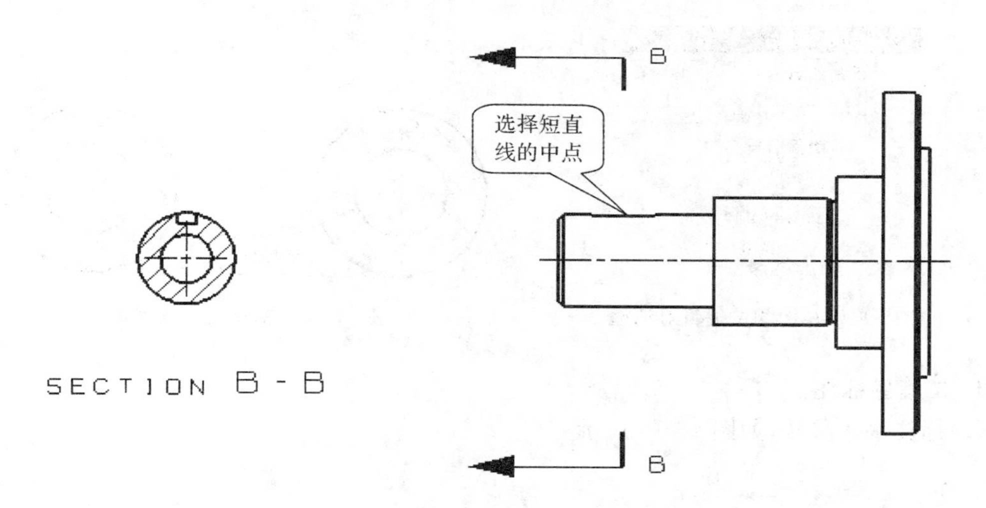

图 18-12　创建法兰轴剖视图

7. 创建局部放大图

(1)单击【图纸】工具条上的【局部放大图】命令,调用【局部放大图】工具。

(2)指定放大区域:在【类型】下拉列表中选择【圆形】,然后指定局部放大区域的圆心,移动光标,观察动态圆至合适大小时,单击 MB1。

(3)指定放大比例:在【比例】下拉列表中选择 2∶1。

(4)放置视图:在合适位置单击 MB1,即可在指定位置创建一局部放大视图,如图 18-13 所示。

8. 编辑剖视图背景

(1)单击【制图】工具条上的【视图相关编辑】命令,弹出【视图相关编辑】对话框,如图 18-14 所示。

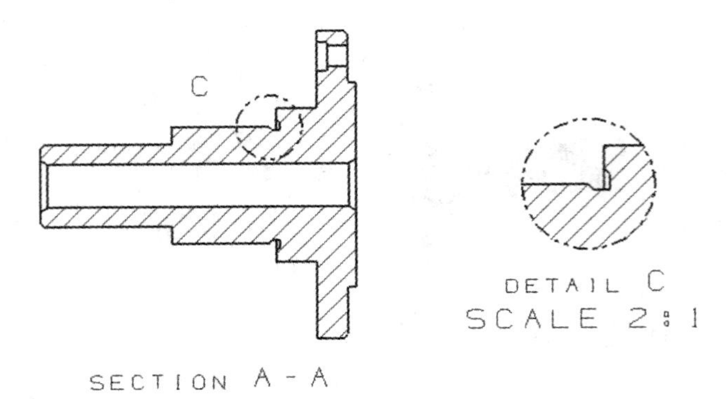

图 18-13　创建法兰轴局部放大图

(2)选择步骤 6 创建的剖视图作为要编辑的视图。

(3)单击【添加编辑】选项区中的【编辑剖视图背景】图标，弹出【类选择】对话框。

(3)选择图 18-15 所示的内圆，单击【确定】按钮，结果如图 18-15 所示。

(5)单击【确定】按钮，退出【视图相关编辑】对话框。

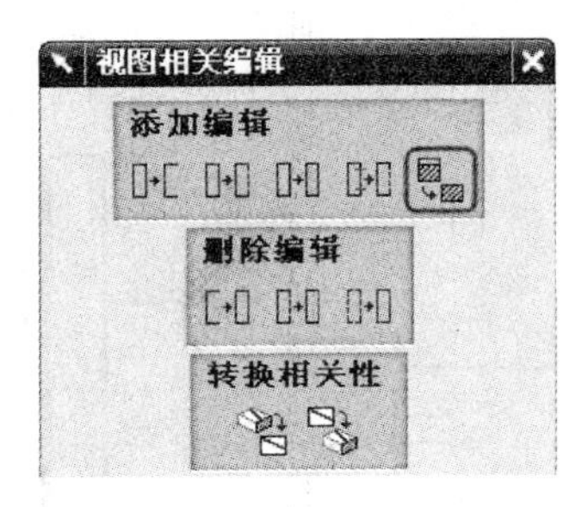

图 18-14　视图相关编辑对话框

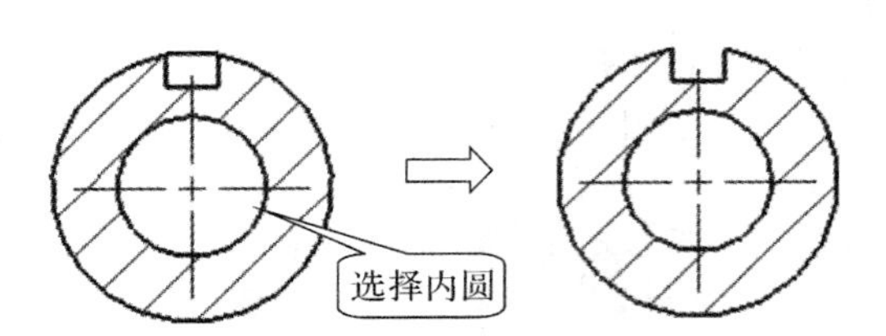

图 18-15　剖视图背景编辑

9. 工程图标注

(1)标注水平尺寸，如图 18-16 所示。

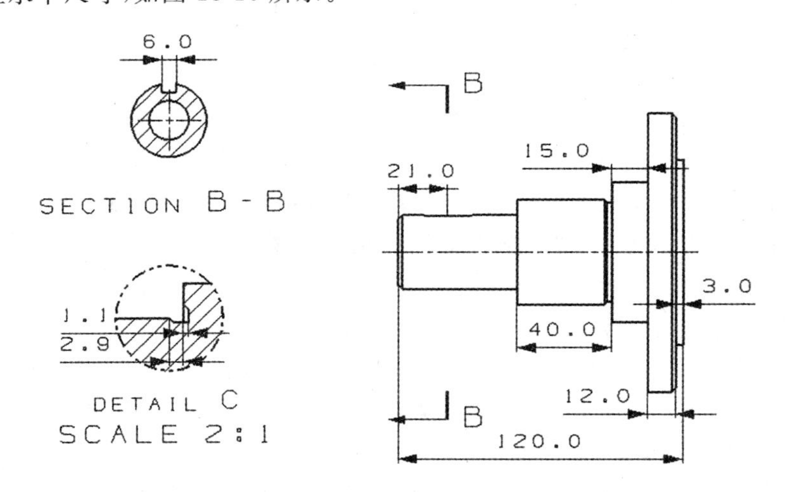

图 18-16　标注水平尺寸

(2)标注竖直尺寸,如图 18-17 所示。

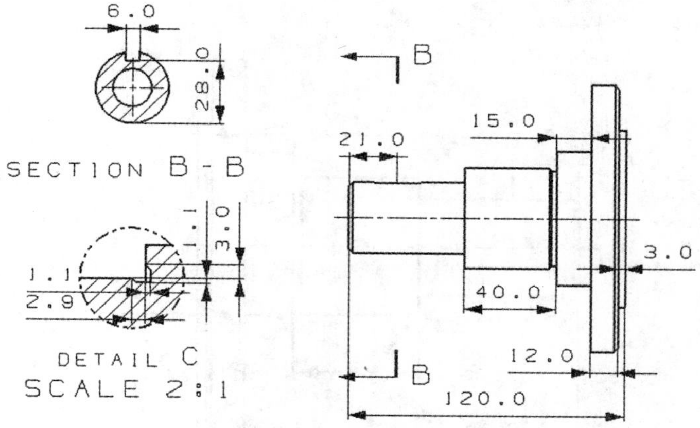

图 18-17　标注竖直尺寸

(3)标注径向尺寸,如图 18-18 所示。

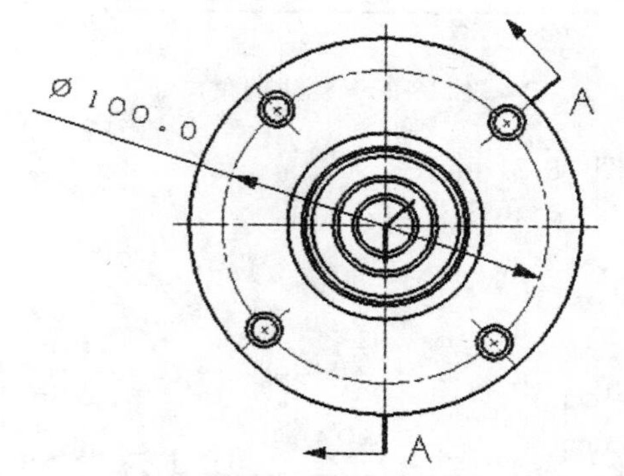

图 18-18　标注径向尺寸

(4)标注圆柱尺寸,如图 18-19 所示。

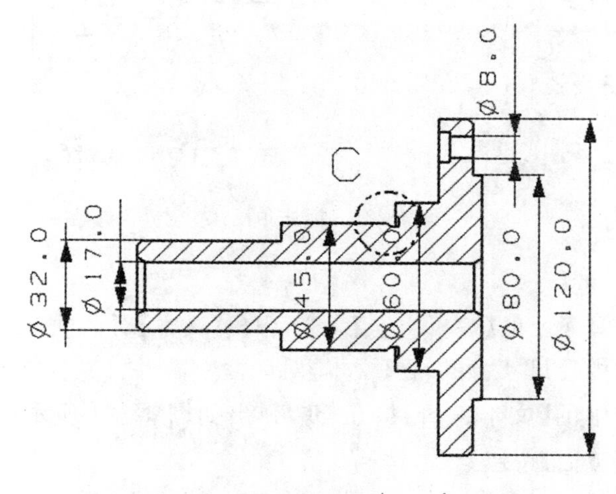

图 18-19　柱注圆柱尺寸

(5)标注倒角尺寸，如图 18-20 所示。

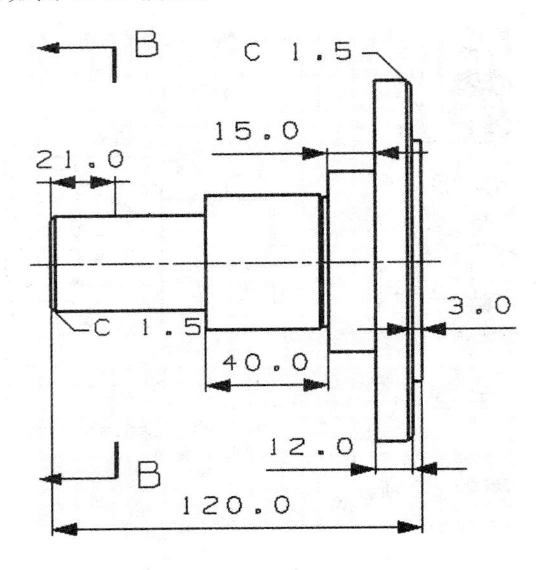

图 18-20　标注倒角尺寸

(6)标注角度尺寸，如图 18-21 所示。

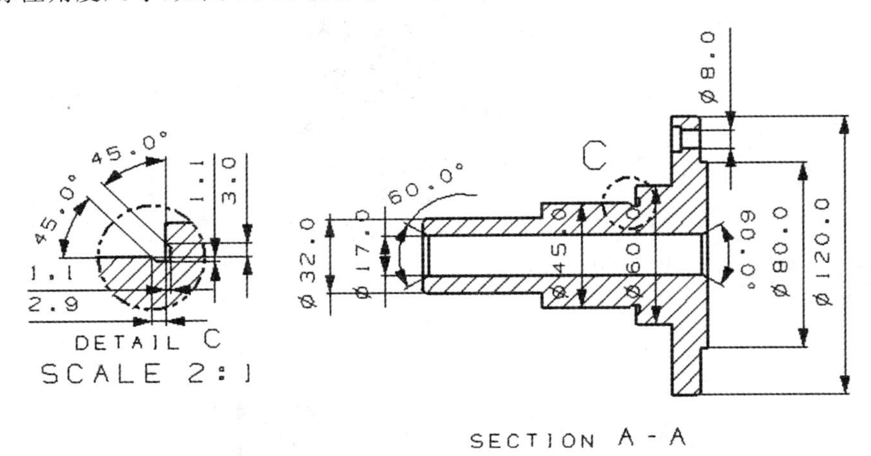

图 18-21　标注角度尺寸

(7)编辑沉头孔尺寸

①单击【制图】工具条上的【编辑文本】命令，弹出【文本】对话框。

②选择沉头孔的内径尺寸“ϕ8”，在【文本】对话框中输入“4×”，如图 18-22 所示。

③单击该对话框中的【文本编辑】按钮，弹出如图 18-24 所示的【文本编辑器】对话框，单击对话框中的【下面】按钮。

④单击【制图符号】选项区中的【沉头孔】图标，然后输入 12。

⑤单击【制图符号】选项区中的【深度】图标，然后输入 4。

⑥单击【关闭】按钮，退出【文本编辑器】对话框。

⑦再次单击【关闭】按钮，退出【文本】对话框，结果如图 18-23 所示。

图 18-22　文本输入对话框

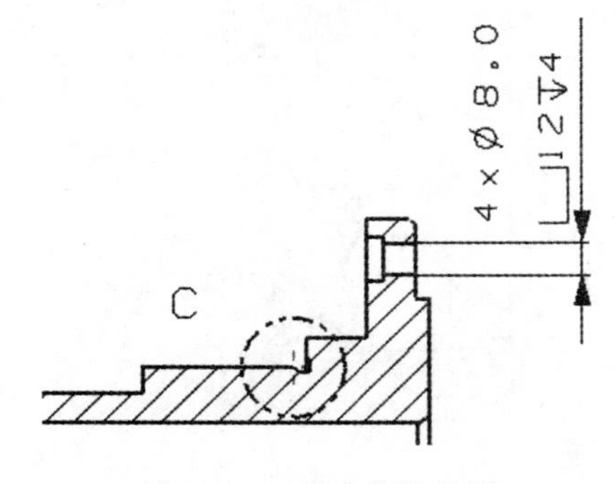

图 18-23　文本编辑效果

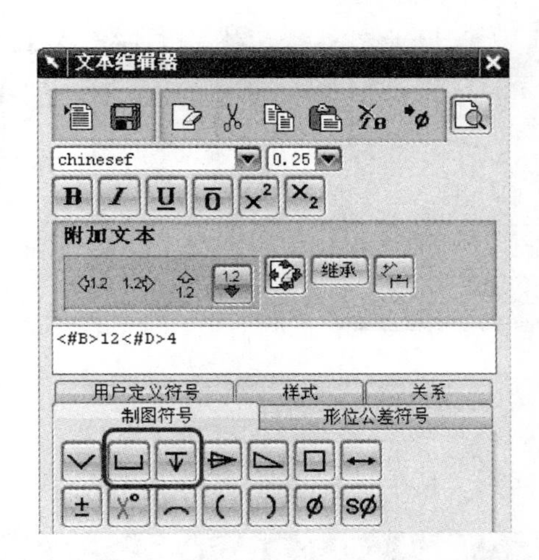

图 18-24　文本编辑器对话框

(8)标注表面粗糙度符号

①选择【注释】工具条上的【表面粗糙度符号】，弹出【表面粗糙度】对话框，如图 18-25(a) 所示。

②首先单击【属性】|【移除材料】|【需要移除材料】按钮，然后在【a2】文本框中输入 6.3，接着选择【样式】按钮进入【样式】文本框中，根据图 18-26 所示进行编辑，其余选项保持默认值。

③选择如图 18-25(b) 所示的边，在所选边的上方单击 MB1，完成表面粗糙度符号的创建。

④重复步骤(3)，完成另两个粗糙度符号的创建，结果如图 18-25(c) 所示。

(9)标注技术要求

①单击【注释】工具条上的【注释】命令，弹出【注释】对话框，在【文本输入】文本框中输入

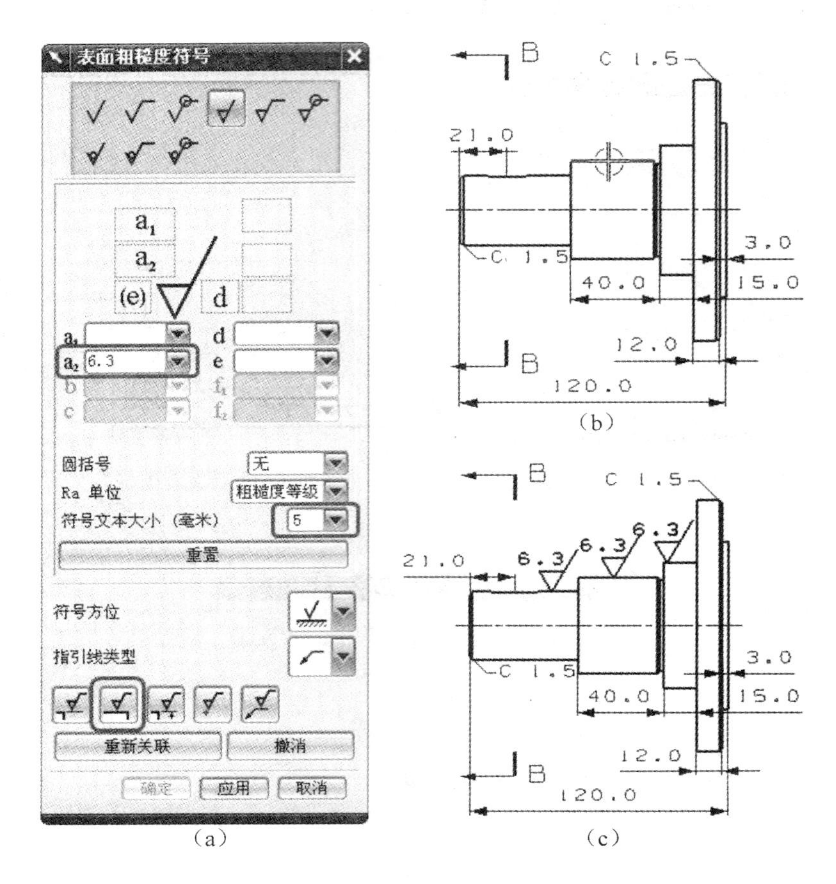

（a）　（b）　（c）

图 18-25　标注表面粗糙度

图 18-26　粗糙度符号文字编辑

如图 18-27 所示的文字，将其放置在图纸的左下角。

②以同样的方式在图纸的左上角添加注释“其他：”，将其放置在图纸的右上角。

③在注释“其他：”的左侧添加表面粗糙度符号 ✓。

④结果如图 18-1 所示。

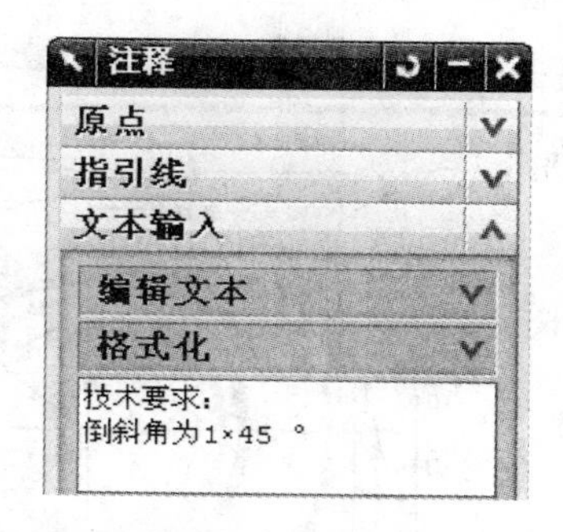

图 18-27　注释对话框中输入文字

10. 创建表格

(1)单击【表】工具条上的【表格注释】命令，出现如图 18-28 所示的表格预览，在图纸的右下角某处单击 MB1，并调整表格的位置使其与图纸的边界重合。

图 18-28　表格注释命令

(2)选择要合并的单元格，并单击 MB3，在弹出的快捷菜单中选择【合并单元格】，如图 18-29 所示。以同样的方式合并另一处的单元格。

(3)双击某一单元格，随后会弹出文本输入框，输入需要填写的文字。

(4)若对填好后的文字格式不满意，可以对其进行修改。修改的方法是选择要修改的单元格，单击 MB3，在弹出的快捷菜单中选择【样式】，即可对其字符大小、对齐方式等进行修改。

(5)创建好后的表格请参照图 18-1。

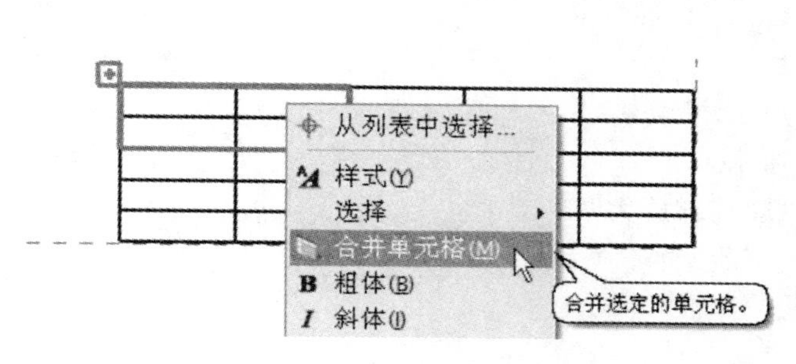

图 18-29　合并单元格命令

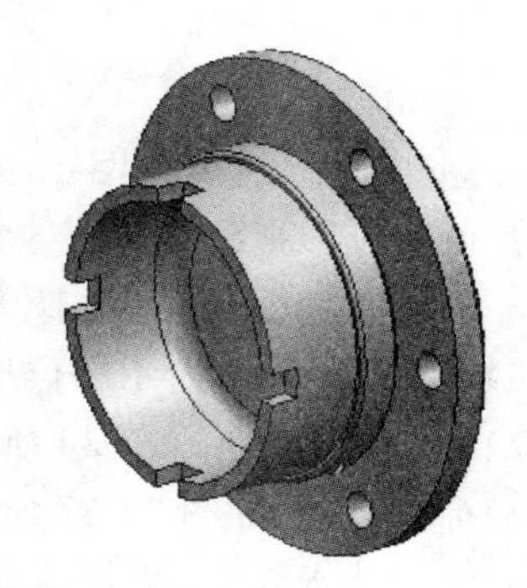

图 18-30　端盖三维模型

18.2　端盖工程图

本节介绍的是端盖工程图的创建方法，端盖的三维模型如图 18-30 所示，创建完成的工程图如图 18-31 所示。

由于篇幅限制，这里仅介绍大致的操作过程，具体步骤请参照立体词典学习软件中的综合实例“端盖工程图”。

操作步骤如下：

1)新建图纸文件。

2)制图准备工作，如中心线、可见线、光顺边等参数的设置。

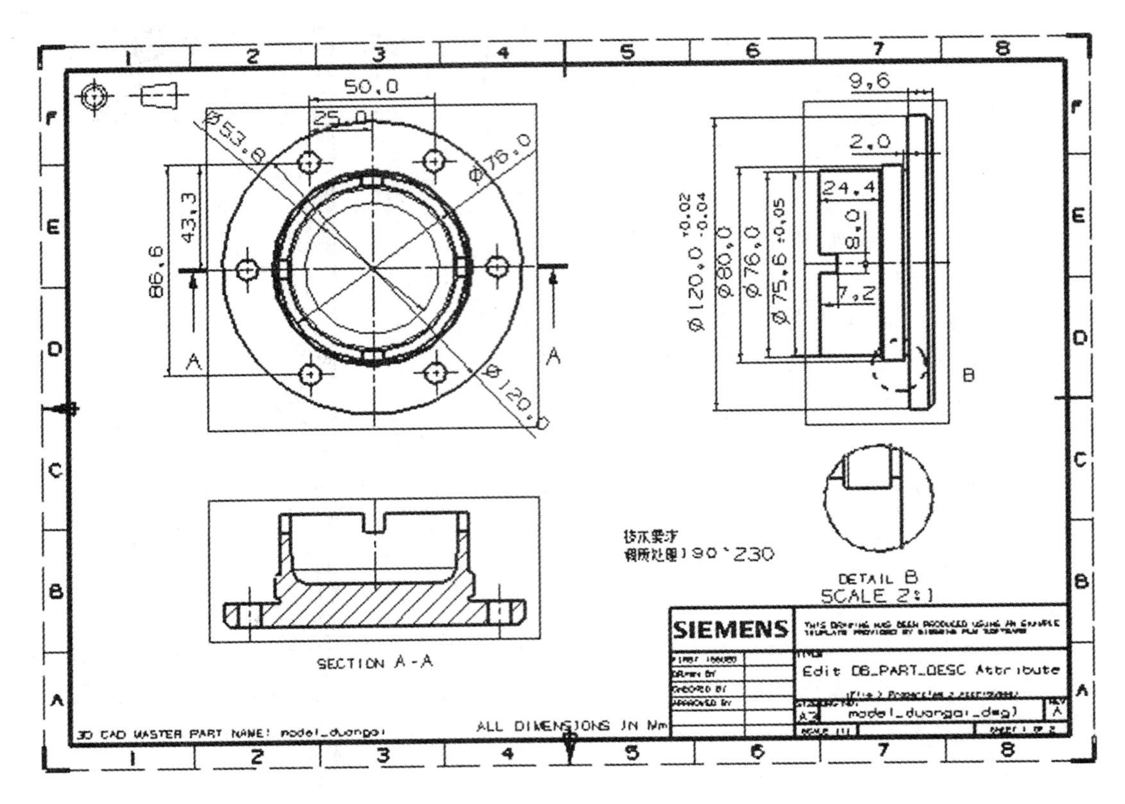

图 18-31　端盖工程图

3)创建基本视图，如图 18-32 所示。

4)创建投影视图，如图 18-33 所示。

5)创建全剖视图，如图 18-34 所示。

6)在如图 18-35 所示的位置创建局部放大图。

7)标注尺寸，如图 18-36 所示。

8)标注公差，如图 18-37 所示。

9)添加技术要求。

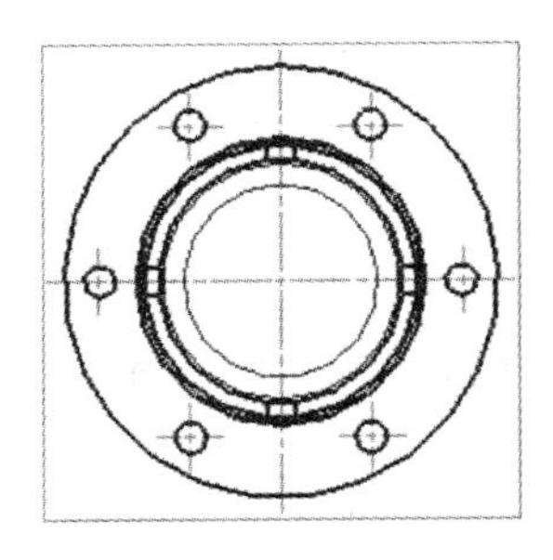

图 18-32　创建基本视图

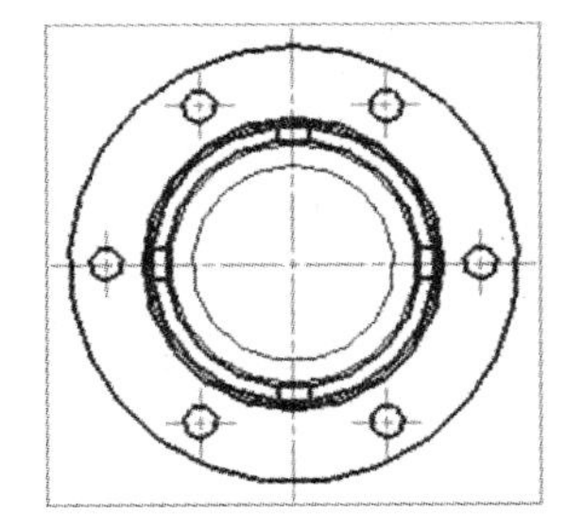
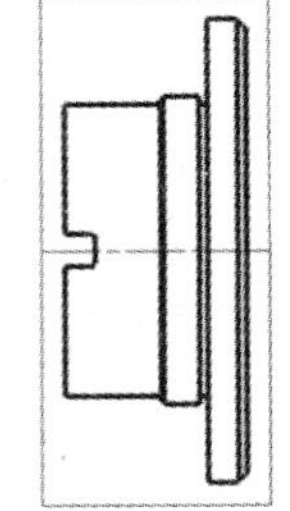

图 18-33　创建投影视图

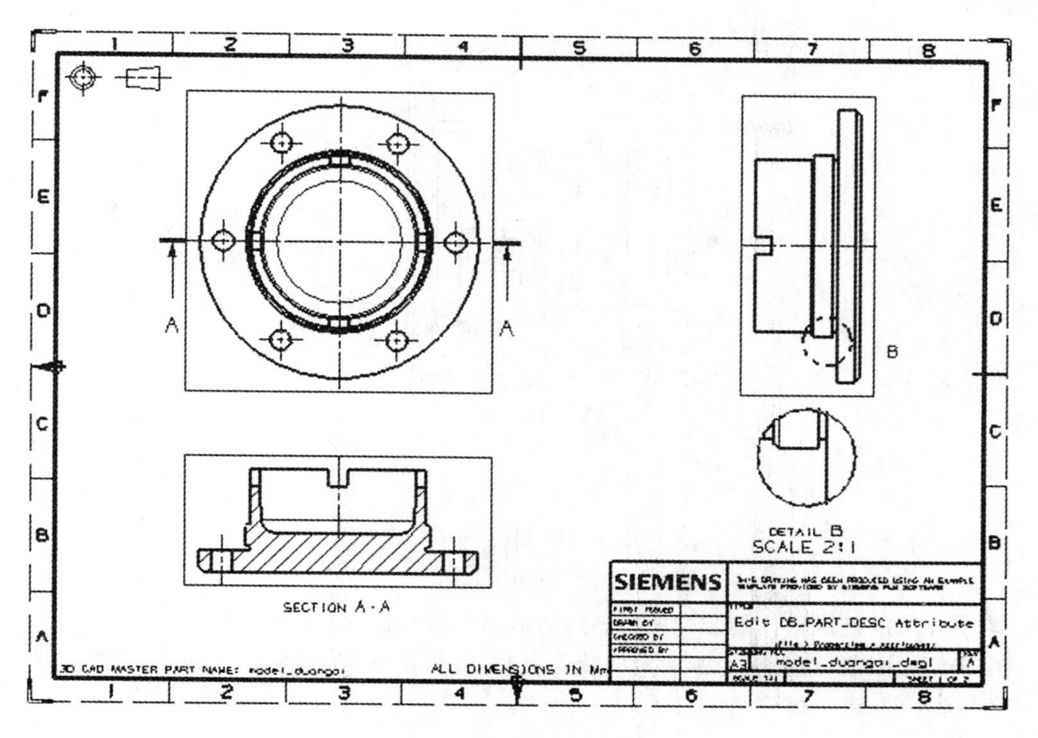

图 18-34　创建全剖视图

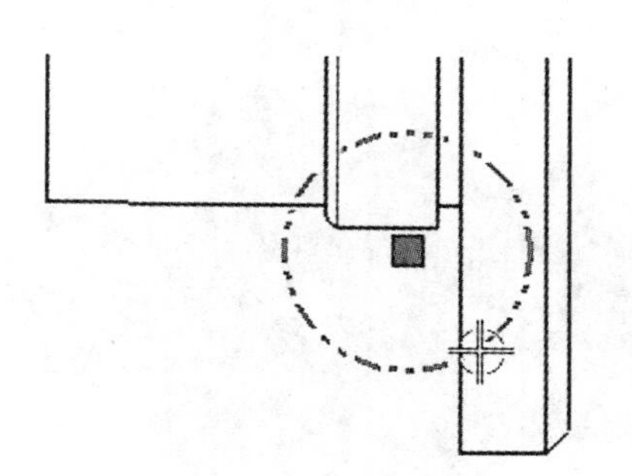

图 18-35　创建局部放大图

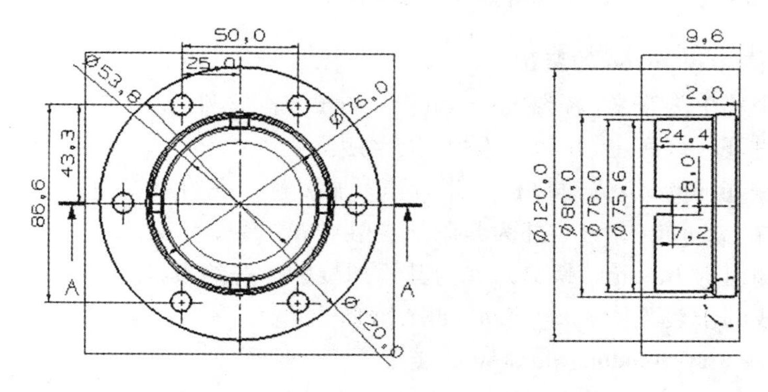

图 18-36　标注尺寸

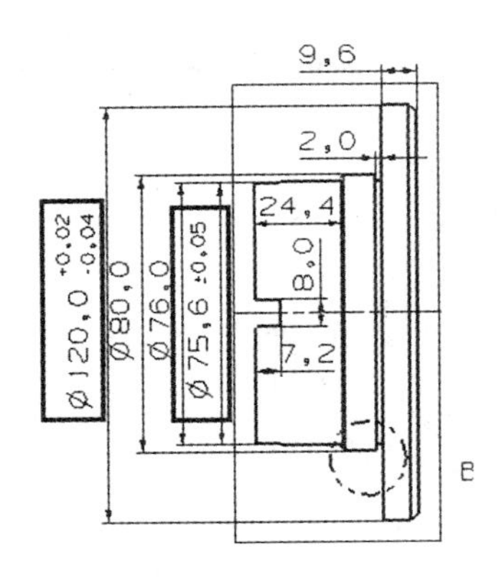

图 18-37　标注公差

18.3　虎钳综合实例

本节介绍的是虎钳体的装配建模、爆炸图的创建以及装配图的绘制过程。

由于篇幅限制，这里仅介绍大致的操作过程，具体步骤请参照立体词典学习软件中的综合实例“虎钳的装配、爆炸与工程图”。

18.3.1　虎钳装配

虎钳的装配模型如图 18-38 所示。

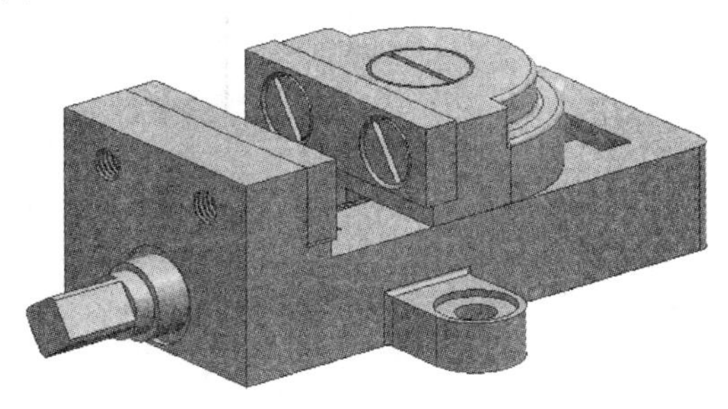

图 18-38　虎钳的装配模型

1．子装配体 assy_dizuo 的装配

1）新建一个单位为毫米，名为 assy_huqian 的子装配文件。

2）添加组件 dizuo（底座）并为其添加固定约束。

3）添加组件 qiankouban（钳口板），并为其添加接触对齐约束。

4）添加组件 luoding（螺钉），并为其添加接触对齐约束。

5）再次添加组件 luoding（螺钉），并为其添加接触对齐约束。

6）最终完成的子装配体 assy_dizuo 如图 18-39 所示。

2．子装配体 assy_huodongqiankou 的装配

操作步骤与 assy_dizuo 类似，首先新建一个空的子装配文件，然后依次添加活动钳口、钳口板、螺钉等组件，最终完成的子装配体 assy_huodongqiankou 如图 18-40 所示。

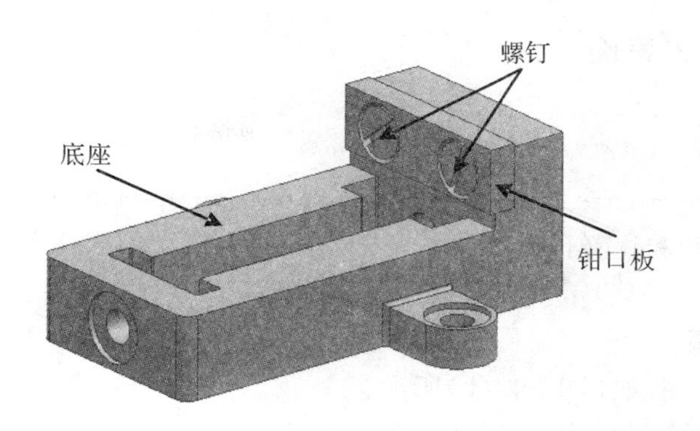

图 18-39　底座装配体

3. 其他组件的装配

1)新建一个单位为毫米,名为 assy_huqian 的总装配文件。

2)添加组件 assy_dizuo(底座子装配)并为其添加固定约束。

3)添加组件 assy_huodongqiankou(活动钳口子装配),并为其添加接触对齐约束和距离约束。

4)添加组件 fangkuailuomu(方块螺母),并为其添加接触对齐约束。

5)添加组件 chentouluoding(沉头螺钉),并为其添加接触对齐约束。

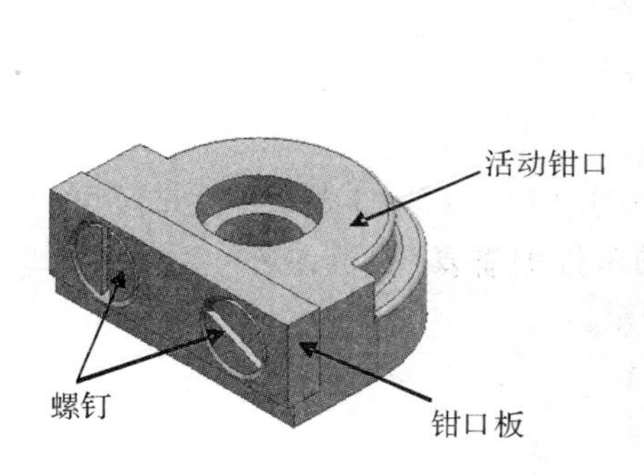

图 18-40　后动钳口装配体

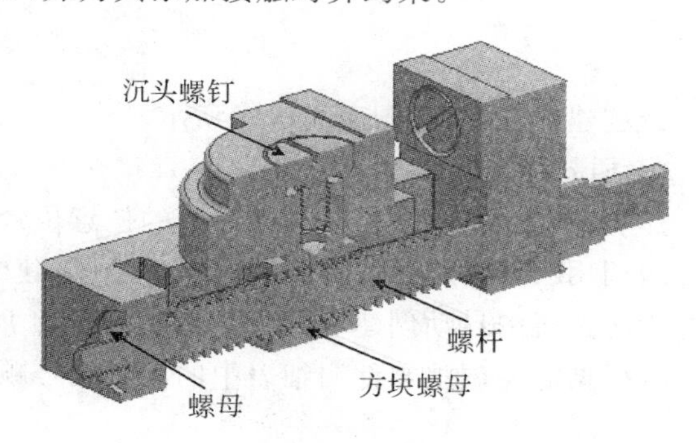

图 18-41　虎钳内部结构

6)添加组件 luogan(螺杆),并为其添加接触对齐约束。

7)添加组件 luomu(螺母),并为其添加接触对齐约束。

8)完整虎钳的总体装配,结果如图 18-38 所示。虎钳内部结构如图 18-41 所示

18.3.2　虎钳爆炸图

利用【自动爆炸组件】工具创建虎钳爆炸图,其效果如图 18-42 所示。从图中可以看出,通过自动爆炸方式创建的爆炸图效果不是很理想。请读者自己通过【编辑爆炸图】工具,对该爆炸图进行编辑,使其达到理想的效果。

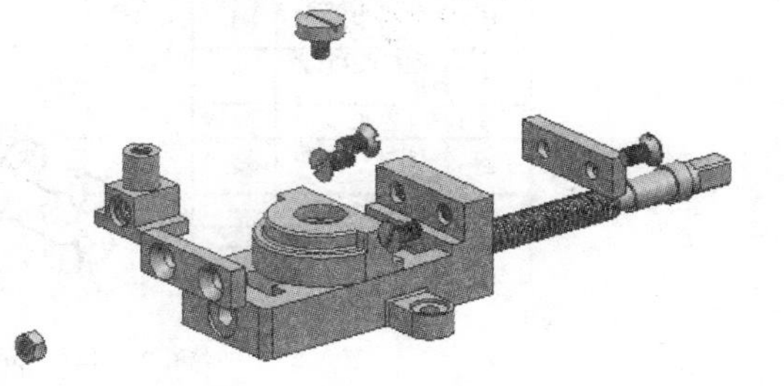

图 18-42　虎钳自动爆炸图

18.3.3 虎钳工程图

其操作步骤如下：

1. 进入制图模块

1)打开文件“assy_huqian.prt”，将其另存为“drafting_huqian.prt”，进入制图模块。

2)进行制图、视图和注释预设置。

3)新建图纸页。

2. 布置基本视图

1)创建正二测视图，如图 18-43(b)所示。

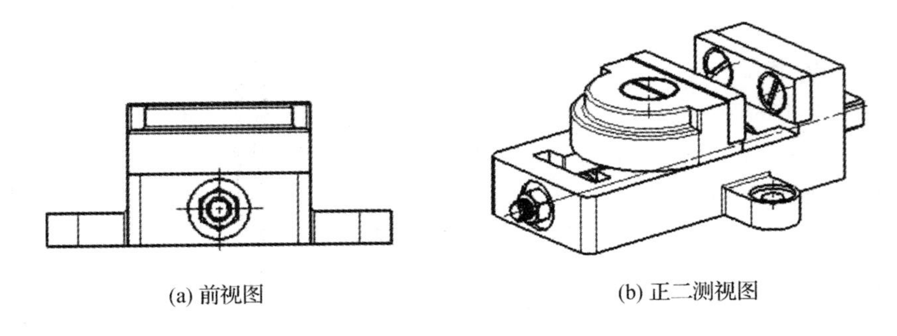

(a) 前视图　　(b) 正二测视图

图 18-43　虎钳基本视图

2)创建前视图，如图 18-43(a)所示。

3. 插入零件明细表

1)利用【零件明细表】工具在图纸的任意位置单击 MB1 以放置明细表。

2)调用【自动标注符号】工具，先选择刚创建的零件明细表，然后再选择正二测视图，系统会为所选视图自动创建零件标号，如图 18-44 所示。

3)根据需要调整零件明细表中的零件编号顺序。

PC NO	PART NAME	QTY
10	LUOMU	1
9	LUOGAN	1
8	CHENTOULUODING	1
7	FANGKUAILUOMU	1
6	ASSY_HUQDONGQIANKOU	1
5	HUODONGQIANKOU	1
4	ASSY_DIZUO	1
3	DIZUO	1
2	QIANKOUBAN	2
1	LUODING	4

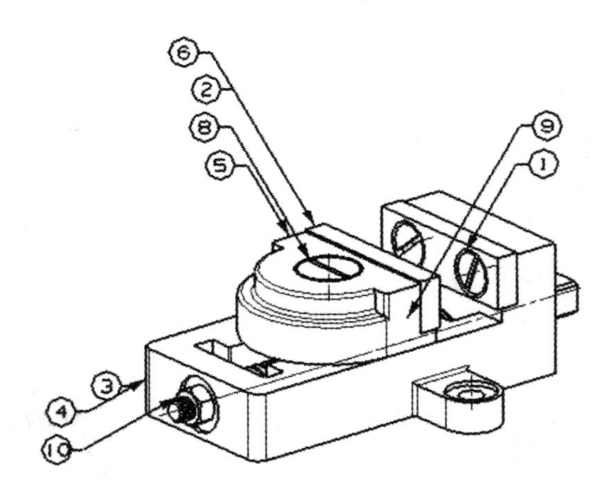

图 18-44　插入虎钳零件明细表

4. 创建全剖视图

以前视图为父视图,创建全剖视图,如图 18-45 所示。

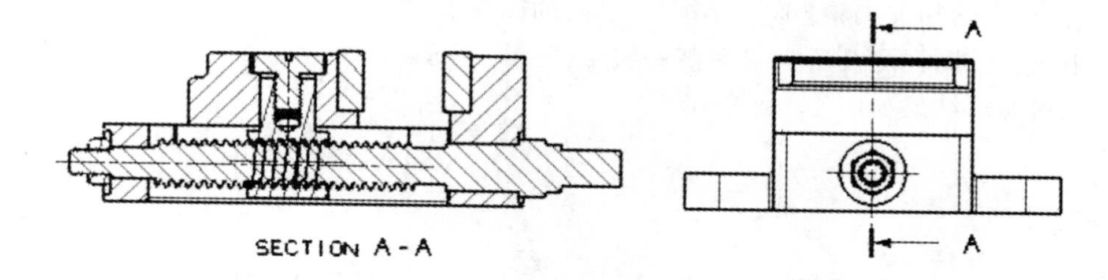

图 18-45　创建虎钳全剖视图

5. 创建局部剖俯视图

1)调用【投影视图】工具,以上一步创建的全剖视图为父视图,创建俯视图。

2)在俯视图上绘制封闭样条线,如图 18-46 所示。

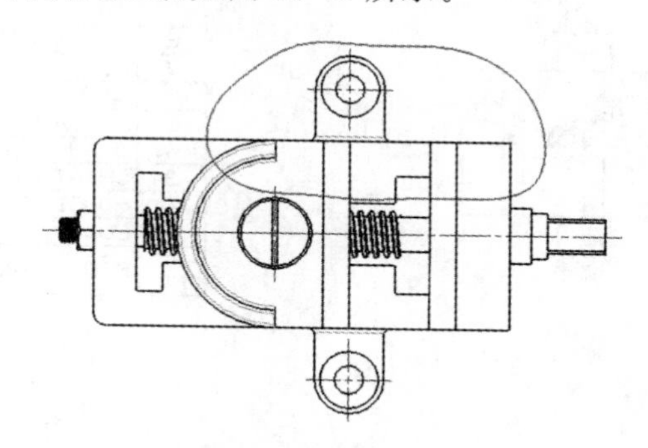

图 18-46　在虎钳俯视图上绘制封闭样条线

3)创建局部剖视图。

4)编辑局部剖视图,使两个螺钉组件变为“非剖切”。

5)更新视图,结果如图 18-47 所示。

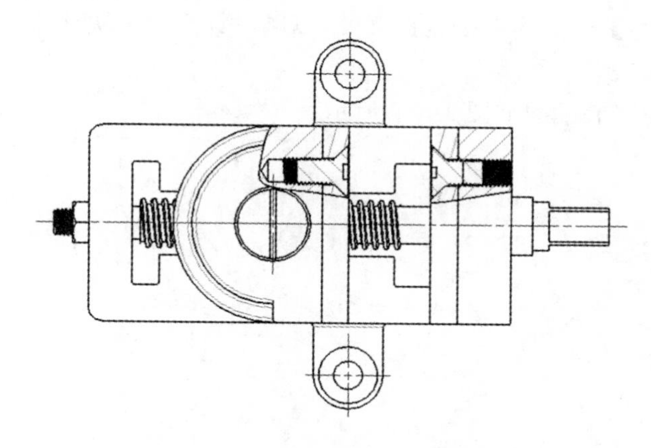

图 18-47　创建虎钳局部剖俯视图

6. 视图编辑

1)调整视图布局,使各视图保持相对齐。

2)调用【视图相关编辑】工具,擦除不必要的图线。

3)删除正二测视图及所有自动零件编号。

4)视图编辑结果如图 18-48 所示。

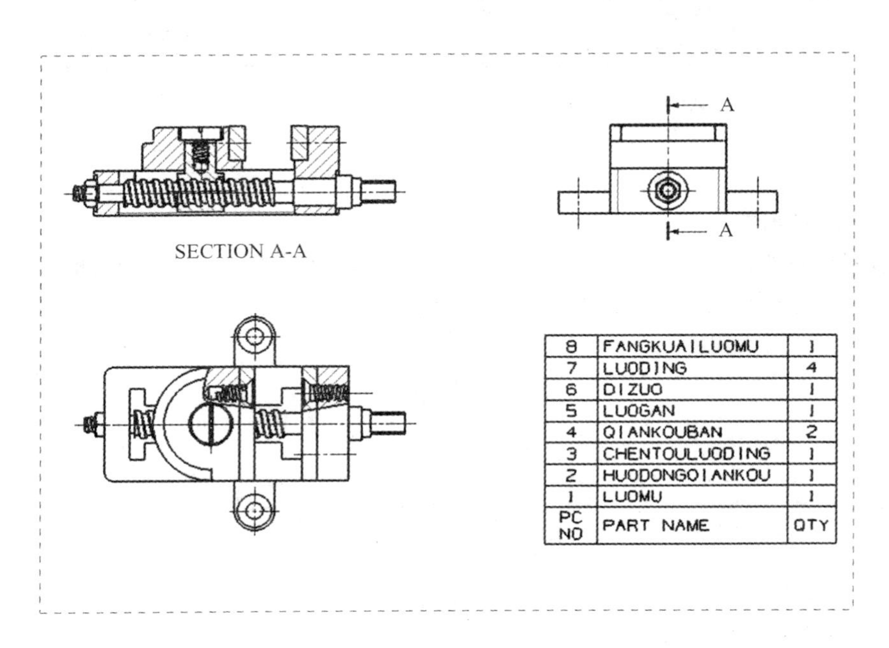

图 18-48 虎钳的各视图

7. 视图标注

1)通过【2D 中心线】、【3D 中心线】等创建中心线的工具,为视图中的部分特征添加中心线。

2)添加尺寸。

3)调用【标识符号】工具,由全剖视图开始,以顺时针方向依次标注 ID 符号。

4)编辑零件明细表。

5)最终完成的虎钳装配图如图 18-49 所示。

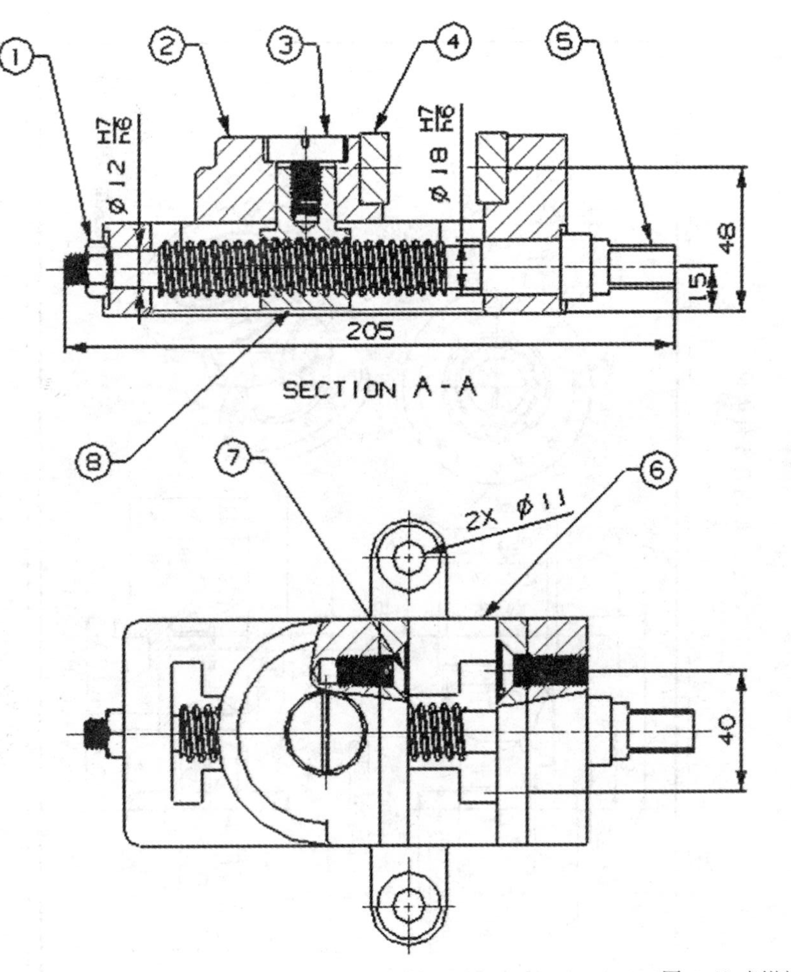

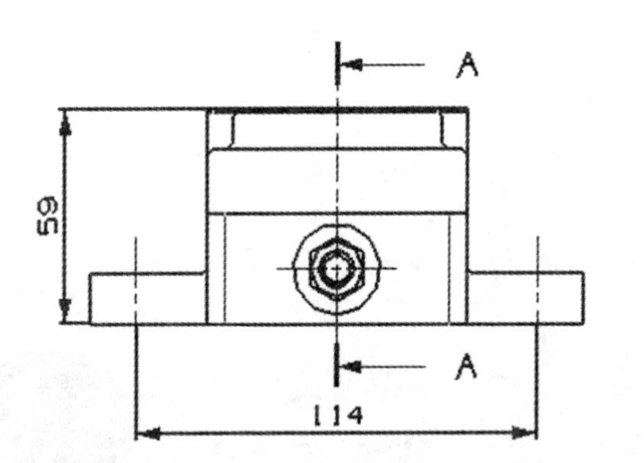

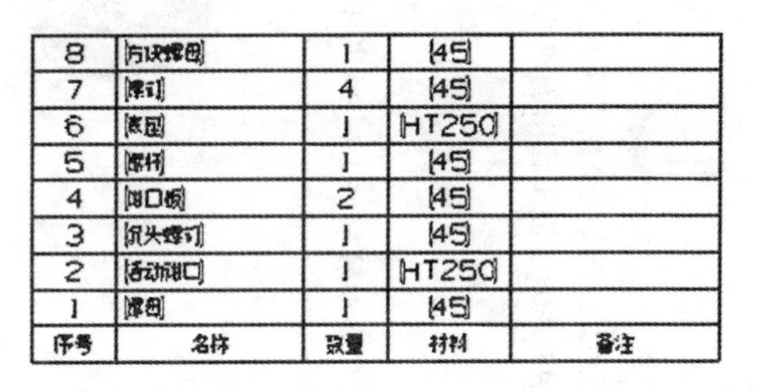

8	方块螺母	1	45	
7	螺钉	4	45	
6	底座	1	HT250	
5	螺杆	1	45	
4	钳口板	2	45	
3	沉头螺钉	1	45	
2	活动钳口	1	HT250	
1	螺母	1	45	
序号	名称	数量	材料	备注

图18-49 虎钳装配图

18.4 本章小结

本章通过三个实例介绍了 UG NX 的制图功能。学习本章后，希望能加强读者对制图功能的应用，并能掌握工程图创建的流程。在创建二维工程图时，务必要做到准确、规范。

18.5 思考与练习

1. 创建多通管零件工程图，其零件模型如图 18-50 所示，创建完成的工程图如图 18-51 所示。

图 18-50 多通管零件模型

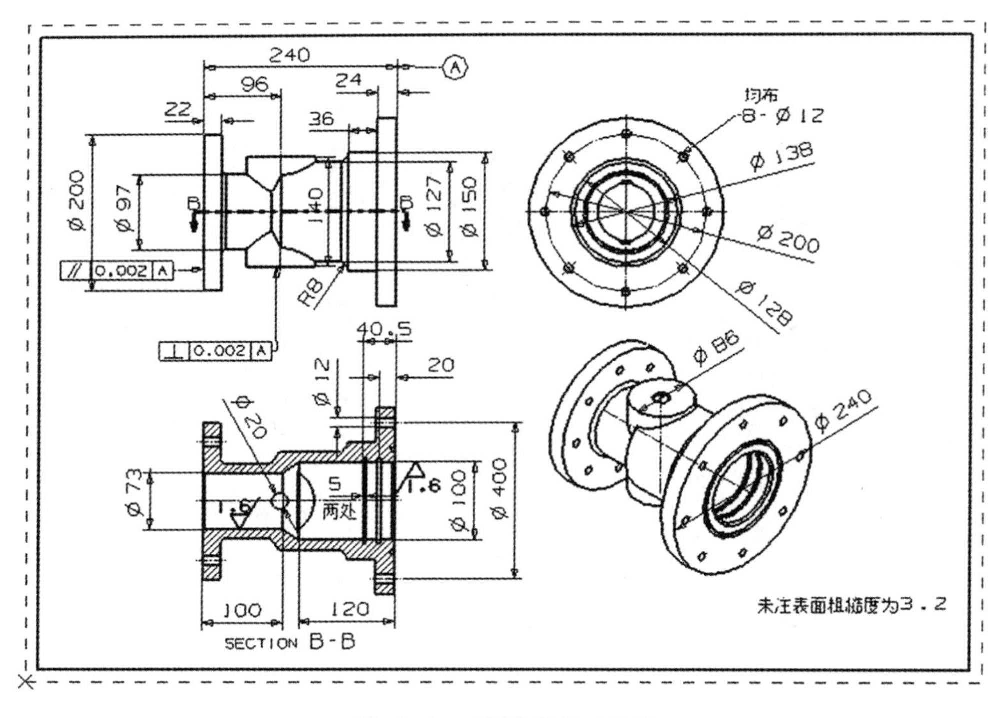

图 18-51 多通管零件工程图

2. 创建齿轮轴工程图，其零件模型如图 18-52 所示，创建完成的工程图如图 18-53 所示。

图 18-52　齿轮轴零件模型

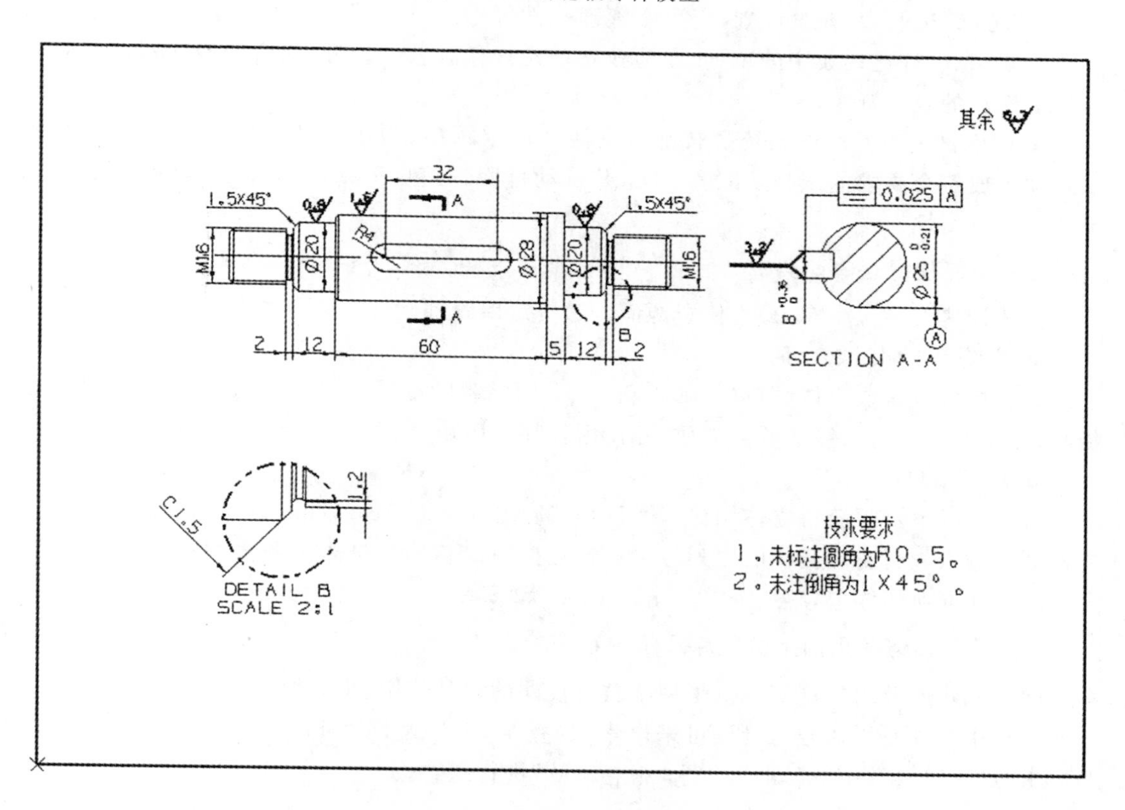

图 18-53　齿轮轴工程图

配套教学资源与服务

一、教学资源简介

本教材通过 www.51cax.com 网站配套提供两种配套教学资源：

■ 新型立体教学资源库：**立体词典**。“立体”是指资源多样性，包括视频、电子教材、PPT、练习库、试题库、教学计划、资源库管理软件等等。“词典”则是指资源管理方式，即将一个个知识点（好比词典中的单词）作为独立单元来存放教学资源，以方便教师灵活组合出各种个性化的教学资源。

■ 网上试题库及组卷系统。教师可灵活地设定题型、题量、难度、知识点等条件，由系统自动生成符合要求的试卷及配套答案，并自动排版、打包、下载，大大提升了组卷的效率、灵活性和方便性。

二、如何获得立体词典？

立体词典安装包中有：1）立体资源库。2）资源库管理软件。3）海海全能播放器。

■ 院校用户（任课教师）

请直接致电索取立体词典（教师版）、51cax 网站教师专用账号、密码。其中部分视频已加密，需要通过海海全能播放器播放，并使用教师专用账号、密码解密。

■ 普通用户（含学生）

可通过以下步骤获得立体词典（学习版）：1）在 www.51cax.com 网站“请输入序列号”文本框中输入教材封底提供的序列号，单击“兑换”按钮，即可进入下载页面；2）下载本教材配套的立体词典压缩包，解压缩并双击 Setup.exe 安装。

三、教师如何使用网上试题库及组卷系统？

网上试题库及组卷系统仅供采用本教材授课的教师使用，步骤如下：

1）利用教师专用账号、密码（可来电索取）登录 51CAX 网站 http://www.51cax.com；2）单击“进入组卷系统”键，即可进入“组卷系统”进行组卷。

四、我们的服务

提供优质教学资源库、教学软件及教材的开发服务，热忱欢迎院校教师、出版社前来洽谈合作。

电话：0571－28811226，28852522

邮箱：market01@sunnytech.cn，book@51cax.com

机械精品课程系列教材

序号	教材名称	第一作者	所属系列
1	AUTOCAD 2010 立体词典:机械制图(第二版)	吴立军	机械工程系列规划教材
2	UG NX 6.0 立体词典:产品建模(第二版)	单岩	机械工程系列规划教材
3	UG NX 6.0 立体词典:数控编程(第二版)	王卫兵	机械工程系列规划教材
4	立体词典:UGNX6.0 注塑模具设计	吴中林	机械工程系列规划教材
5	UG NX 8.0 产品设计基础	金杰	机械工程系列规划教材
6	CAD 技术基础与 UG NX 6.0 实践	甘树坤	机械工程系列规划教材
7	ProE Wildfire 5.0 立体词典:产品建模(第二版)	门茂琛	机械工程系列规划教材
8	机械制图	邹凤楼	机械工程系列规划教材
9	冷冲模设计与制造(第二版)	丁友生	机械工程系列规划教材
10	机械综合实训教程	陈强	机械工程系列规划教材
11	数控车加工与项目实践	王新国	机械工程系列规划教材
12	数控加工技术及工艺	纪东伟	机械工程系列规划教材
13	数控铣床综合实训教程	林峰	机械工程系列规划教材
14	机械制造基础—公差配合与工程材料	黄丽娟	机械工程系列规划教材
15	机械检测技术与实训教程	罗晓晔	机械工程系列规划教材
16	机械 CAD(第二版)	戴乃昌	浙江省重点教材
17	机械制造基础(及金工实习)	陈长生	浙江省重点教材
18	机械制图	吴百中	浙江省重点教材
19	机械检测技术(第二版)	罗晓晔	“十二五”职业教育国家规划教材
20	逆向工程项目实践	潘常春	“十二五”职业教育国家规划教材
21	机械专业英语	陈加明	“十二五”职业教育国家规划教材
22	UGNX 产品建模项目实践	吴立军	“十二五”职业教育国家规划教材
23	模具拆装及成型实训	单岩	“十二五”职业教育国家规划教材
24	MoldFlow 塑料模具分析及项目实践	郑道友	“十二五”职业教育国家规划教材
25	冷冲模具设计与项目实践	丁友生	“十二五”职业教育国家规划教材
26	塑料模设计基础及项目实践	褚建忠	“十二五”职业教育国家规划教材
27	机械设计基础	李银海	“十二五”职业教育国家规划教材
28	过程控制及仪表	金文兵	“十二五”职业教育国家规划教材